PRÁTICA DAS PEQUENAS CONSTRUÇÕES

Blucher

ALBERTO DE CAMPOS BORGES

Atuou como Professor Titular de Topografia e Fotometria e de Construções Civis
na Universidade Presbiteriana Mackenzie.
Foi Professor Pleno das cadeiras de Topografia e de Construção de Edifícios
na Escola de Engenharia Mauá e
Professor Titular de Topografia na Faculdade de Engenharia
da Fundação Armando Alvares Penteado.

PRÁTICA DAS PEQUENAS CONSTRUÇÕES

Volume I
9ª edição revista e ampliada

REVISORES

JOSÉ SIMÃO NETO
Engenheiro Civil, formado pela Escola de Engenharia da Universidade Presbiteriana Mackenzie.
Atua na iniciativa privada, na área de Gerenciamento de Projetos e Obras de Construção Civil.

WALTER COSTA FILHO
Engenheiro Civil, formado pela Escola de Engenharia da Universidade Presbiteriana Mackenzie
Atua na iniciativa privada, na área de Gerenciamento de Projetos e Obras de Construção Civil.

Prática das pequenas construções - vol. 1

9ª edição - 2009
8ª reimpressão - 2019
Editora Edgard Blücher Ltda.

Blucher

Rua Pedroso Alvarenga, 1245, 4° andar
04531-934 - São Paulo - SP - Brasil
Tel.: 55 11 3078-5366
contato@blucher.com.br
www.blucher.com.br

Segundo o Novo Acordo Ortográfico, conforme 5. ed. do *Vocabulário Ortográfico da Língua Portuguesa*, Academia Brasileira de Letras, março de 2009.

FICHA CATALOGRÁFICA

Borges, Alberto de Campos,
Prática das pequenas construções, volume 1 / Alberto de Campos Borges. - 9. ed. rev. e ampl. por José Simão Neto, Walter Costa Filho. - São Paulo: Blucher, 2009.

ISBN 978-85-212-0481-7

1. Construções I. Simão Neto, José. II. Costa Filho, Walter. III. Título.

08-09861 CDD-690

Índices para catálogo sistemático:
1. Construções: Indústria 690
2. Indústria da construção 690

Apresentação

Como profissional no ramo das construções e professor em Escola de Engenharia, tive inúmeras ocasiões de constatar a falta de uma publicação em bases práticas e despretensiosas sobre a execução de pequenas obras. O assunto em si, não atrai autores; primeiro, porque todo o livro abordando o tema terá reduzido valor científico; segundo, porque deverá ser colocado rapidamente na praça, pois as variações e progressos nos materiais de construção e seus empregos são constantes e rápidos, fazendo com que uma publicação se torne, em pouco tempo, de valor prático reduzido; haverá pois a necessidade de permanentes revisões para atualizá-la.

Apesar de tais fatores, não desisti do trabalho, porque, a meu ver, existem outros aspectos que tornam indispensável uma publicação desse tipo. O estudo de engenharia é composto de diversas cadeiras, abordando os vários ramos da profissão, porém, todos os que frequentam ou frequentaram uma escola sabem que é muito difícil estabelecer a necessária ligação entre conceitos teóricos e sua aplicação prática. Esta última exige o exercício da profissão para que seja dominada. Tomemos o exemplo de uma tesoura para telhado; nas cadeiras de Grafo-Estática, Resistência dos Materiais e Estruturas de Madeiras aprende-se muito bem o seu cálculo; porém, ao levarmos o problema para aplicação real, verificamos que as peças de madeira são vendidas em bitolas comuns chamadas comerciais, a preços inferiores àqueles de outras bitolas especiais, isto é, cortadas sob encomenda; por isso, muitas vezes, uma viga de peroba de 6 × 16 cm tem preço inferior a uma de 6 × 15 cm; tal fato, deverá ser conhecido pelo calculista da tesoura, pois haverá dupla vantagem no emprego da peça 6 × 16 cm, apesar do cálculo indicar como suficiente a peça menor: maior resistência e menor preço. Esse simples exemplo poderá ser multiplicado para outros inúmeros setores; para executarmos uma obra, devemos saber que madeiramento de telhado não se faz com pinho e sim com peroba; que peroba não se usa para folhas de portas; e que, no entanto, usa-se para os batentes dessas portas; que a melhor areia para o concreto é a grossa e lavada; para argamassa de assentamento de tijolos a melhor é a areia média levemente argilosa etc.

O desconhecimento desses fatos, faz com que o engenheiro recém-formado tropece em coisas simples, apesar dos sólidos conhecimentos teóricos. Neste trabalho, procurei abordar exatamente a ligação entre a teoria e a prática no ramo das edificações e de preferência nas pequenas obras, exatamente aquelas em que mais se nota a falta desses conhecimentos. Uma parte dos recém-formados procurará colocação em firmas particulares ou em empregos públicos, onde encontrarão colegas mais experientes que lhes guiarão nas primeiras atividades, adquirindo assim a necessária prática, sem aborrecimentos.

Porém, aqueles que procuram trabalhar por sua própria conta e risco geralmente iniciam executando pequenas obras, principalmente residências. É para estes que o livro foi escrito.

A obra compreenderá pelo menos dois volumes, havendo a possibilidade de um terceiro. No primeiro volume, abordarei exclusivamente o serviço de obra propriamente dito, incluídos aqueles que estão relacionados à garantia da boa execução.

Os assuntos foram tratados na ordem em que são executados, servindo assim a seriação dos capítulos como indicação do andamento da obra; fiz apenas exceção nos capítulos de hidráulica e eletricidade, que deixei propositadamente para o final, já que seus trabalhos são executados em fases, não se encaixando inteiramente em nenhuma época do andamento e, sim, um pouco em todas.

O primeiro volume está saindo em 9ª edição, totalmente revista e atualizada, pois da data de sua publicação (1957), da segunda edição (1959) e da 8ª (1981), diversas modificações apareceram no ramo. O segundo volume, 3ª edição (1962), trata das atividades no escritório, correspondentes aos serviços de obra. Os principais temas desse volume são:

1. Contratos entre engenheiro e cliente; obras por administração e por empreitada; discussão das vantagens e desvantagens de cada modalidade de contrato; exemplos e modelos de contratos. Memoriais descritivos.

2. Contratos entre cliente e mão de obra ou entre engenheiro e mão de obra (empreiteiros); como encanadores, pintores, eletricistas, pedreiros etc.

3. Processo comercial de cobrança para com os clientes; emissão de faturas; notas, faturas e duplicatas dos fornecedores e mão de obra.

4. Cálculo de quantidades de materiais para efeito de compra e para orçamento; orçamentos aproximados e definitivos. Exemplo completo para o orçamento de um sobrado residencial de cerca de 350 metros quadrados com planta, memorial descritivo, cálculos de quantidades e preços.

No segundo volume todas as explicações estão acompanhadas de fartos exemplos e modelos.

Aproveito a oportunidade para agradecer a aceitação do trabalho por estudantes e colegas, provada pela rapidez com que se esgotaram os milhares de exemplares das oito primeiras edições.

Terminando, reafirmo não ter qualquer pretensão científica neste trabalho, mas tão só prática. Escrevi em linguagem simples, que é a única que conheço. Espero ter feito alguma coisa de útil.

Agradeço às pessoas e empresas que ajudaram nesta obra com catálogos, ilustrações e especificações de materiais. Agradeço, ainda, as manifestações de apoio recebidas pessoalmente ou por correspondência de diversas partes do País.

Alberto de Campos Borges
autor

Mensagem dos revisores

Adeus ao Mestre

No início do mês de maio de 2009, fomos convidados para revisar o excelente livro do Prof. Alberto de Campos Borges, carinhosamente chamado de Prof. Borges, reconhecido por meio século de atuação no magistério.

Aceitamos de imediato o convite pois, sem sombra de dúvida, não foi apenas um enorme privilégio, mas um presente que recebemos e que, com humildade, aceitamos. Fomos alunos do Prof. Borges no início da década de setenta e usuários frequentes desse excelente manual que é o *Prática das Pequenas Construções*.

Nosso querido professor nos deixou no meio tempo em que trabalhávamos nesta revisão e atualização. Sua partida deixou em luto profundo seus familiares e os milhares de alunos das diversas instituições de ensino que com tanta dedicação atuou como mestre, nos legando o exemplo de homem reto, de mestre que cuida de seus alunos e os prepara para a lida da vida profissional.

O Prof. Borges não viveu para si e sua família apenas, como é comum à grande maioria, ele se doou aos seus milhares de alunos, sempre preocupado com sua preparação plena.

Pedimos a Deus que nos tenha capacitado a honrar o convite recebido e, Prof. Borges, o senhor deixa saudades em todos nós mas, leva consigo os galardões de uma vida de serviços prestados. Citando a última estrofe da oração de São Francisco de Assis... "é morrendo que se vive para a vida eterna".

José Simão Neto
Walter Costa Filho

Conteúdo

1 Chegada e apresentação do cliente 1

2 Visita ao terreno 4

3 Elaboração dos anteprojetos 14

4 Projeto definitivo 18

5 Início da obra 35

6 Alicerces 50

7 Levantamento de paredes do andar térreo 69

8 Lajes 93

9 Levantamento das paredes do andar superior 131

10 Forros em geral 133

11 Telhados 146

12 Revestimento de paredes 183

13 Revestimentos nobres para alvenarias 197

14 Revestimentos de áreas molhadas 204

15 Preparação dos pisos em concreto magro 210

16 Pisos de madeira 213

17 Pisos diversos 222

18 Esquadrias de madeira 255

19 Esquadrias metálicas 284

20 Vidros 312

21 Pinturas 316

22 Instalação hidráulica 333

23 Instalação elétrica e de telefonia 374

24 Impermeabilização 380

25 Limpeza geral e verificação final 384

Chegada e apresentação do cliente

• Exposição dos seus planos

Se tentarmos localizar o ponto inicial de uma obra, quase sempre o encontramos na primeira entrevista com o cliente. De fato, o marco zero dos trabalhos de uma construção, na quase totalidade dos casos, é esta entrevista inicial. Não há dúvida, portanto, que tem a sua importância, já que constitui trabalho profissional.

Considerando que o futuro cliente é praticamente um leigo, caberá então ao profissional orientar a entrevista para um campo objetivo, extraindo dela o maior número possível de dados necessários para a elaboração dos anteprojetos que se seguirão.

Em linguagem simples, o que precisamos saber é:

1. O que o cliente quer fazer.
2. O que o cliente pode fazer.

A prática mostra que o item 1 é sempre muito maior que o item 2, daí a razão de tentarmos averiguar este segundo item.

Para conseguirmos nosso objetivo de uma forma rápida, convém indagar:

a. Localização, metragem e característica do terreno de sua propriedade, objeto da obra em questão. Deve-se indagar: rua, número, bairro, ruas próximas; enfim, dados que facilitem a localização do terreno: metragem de frente, da frente ao fundo, área; descrição aproximada do perfil (caimento para a rua ou para os fundos).

b. Tipo de construção: residencial, comercial, industrial, mista; número de pavimentos.

c. Número e designação dos cômodos necessários. No caso de construção de residência própria, além de indagar sobre o número dos dormitórios, salas etc., convém saber o número, sexo e idade das pessoas que irão residir, para um projeto mais objetivo. Mesmo reconhecendo que será o cliente e sua família, quem utilizarão a futura casa, cabe ao profissional sugerir e aconselhar determinados detalhes. Vem daí a necessidade de conhecer os futuros ocupantes não só em número, idade e sexo, como também o seu nível e estilo de vida.

Não serão indiscretas, portanto, as perguntas que nos permitam conhecer a família que residirá na casa para podermos aconselhar certos detalhes, que de outra forma seriam desconhecidos: como número de dormitórios, banheiros, salas etc.

d. Metragem aproximada dos cômodos. Também aqui procuramos conhecer a vontade do cliente, sem a obrigação de atendê-lo na totalidade nos anteprojetos.

e. Descrição resumida e aproximada do acabamento. Com certa prática, o profissional poderá, com poucas perguntas, conhecer o tipo aproximado de acabamento requerido. O conhecimento do tipo de acabamento se torna necessário para aquilatar as possibilidades de execução em função da verba disponível.

f. Verba disponível aproximada para a obra.

Devemos fazer ao cliente perguntas diretas sobre a verba, o orçamento destinado a obra para evitar a feitura de anteprojetos completamente fora de qualquer possibilidade de execução. Explicamos ao cliente que basta nos informar aproximadamente a verba que pretende empregar no empreendimento. Tem-se observado que são inúmeros os empreendimentos que deixam de ser realizados por falta de verba, constatada logo nos primeiros estudos.

Ao se encerrar a entrevista, é hábito a promessa ao cliente da elaboração de anteprojetos, fixando-se determinado prazo para sua apresentação. Porém, é útil, e em certos casos indispensável, uma visita ao terreno antes de iniciarmos qualquer projeto.

Para ajudar na objetividade da entrevista inicial com o cliente, damos a seguir um possível modelo de questionário, que tem a vantagem de orientar o profissional, evitando-se possíveis esquecimentos quanto ao levantamento dos dados preliminares.

O modelo do questionário servirá de lembrança e poderá ser parcialmente preenchido durante a entrevista. Outros dados poderão ser colhidos na visita ao terreno e também em consulta ao Poder Municipal. Deverá também ser modificado em função do local e do tempo (novas e diferentes leis que surjam).

Em alguns casos, o cliente não tem dados para todos os itens, porém, a visita ao terreno e a consulta à subprefeitura local ajudará a completar o que for necessário.

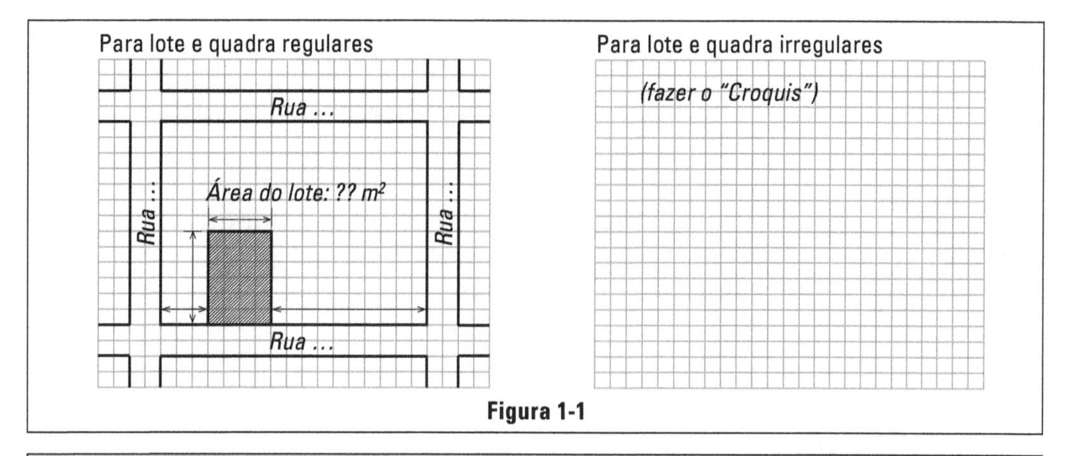

Figura 1-1

Questionário n.

I. Dados do cliente:

Endereços__________

Residencial:__________ Telefone__________

Comercial:__________ Telefone__________

e-mail:

Futuros moradores

Sexo: masculino__________

feminino__________

II. Dados do terreno (Figura 1-1):

Nome da rua:__________

Bairro:

Inclinação do terreno:
- Sobe para os fundos ☐
- Desce para os fundos ☐
- Para a lateral esquerda ☐
- Para a lateral direita ☐

Utilidades públicas existentes:
- Água ☐
- Luz e força ☐
- Iluminação pública ☐
- Pavimentação ☐
- Telefone ☐
- Gás ☐

Padrão das construções existentes:
- Alto ☐
- Médio ☐
- Popular ☐

Restrições por parte do Poder Municipal:
Munido de uma cópia do IPTU, requerer uma Certidão de Diretrizes na subprefeitura local.

III. Da futura construção (pretensões do cliente):

Tipo de construção:
- Residencial ☐
- Comercial ☐
- Industrial ☐
- Mista ☐
- Número de pavimentos ☐

*Tipos de cômodos*__________

*Acabamentos a serem utilizados*__________

Visita ao terreno

- Medidas e dados a serem obtidos
- Consulta à seção competente da prefeitura local sobre restrições e exigências para o lote

Visita ao local

Considerando que os anteprojetos serão elaborados para um determinado terreno, é preciso que se conheça bem o lote para que se desenvolvam estudos apropriados.

Com o objetivo de orientar, vamos subdividir as pesquisas:

a. *Confirmação das medidas planialtimétricas do lote*

Nem sempre as medidas indicadas na escritura de compra e venda conferem com aquelas que encontramos na realidade. Se a escritura prova o que o cliente legalmente comprou, as medidas do local provam o que realmente existe. Pena que não se possa construir sobre o papel da escritura. Pequenas diferenças na metragem de frente, por exemplo, podem influir nos anteprojetos. Por isso, a necessidade de se confirmar as metragens.

Apesar de não pretendermos invadir o campo da topografia, vamos mostrar com alguns desenhos os processos mais rápidos para medir um lote urbano. Os terrenos urbanos são geralmente de pequena área, possibilitando, portanto, sua medição sem aparelhos topográficos que, às vezes, não estão a nosso alcance.

1. *Lote regular.* Apresenta geralmente forma de retângulo (Figura 2-1), bastando, portanto, medir os seus quatro lados. Não estranhem falar em quatro lados, porque se teoricamente o retângulo tem seus lados iguais dois a dois, na prática geralmente são diferentes, sendo conveniente verificá-los e usar o valor médio.

2. *Lote irregular com pouco fundo.* Na Figura 2-2 procuramos indicar as distâncias que deverão ser medidas, isto é, além dos 4 lados as 2 diagonais.

   Podemos, ainda, tentar obter o ângulo entre 2 alinhamentos, por meio de 3 medidas lineares (Figura 2-5). Medindo-se as distâncias l, m e n, pode-se calcular o ângulo α pela fórmula:

$$\cos\alpha = \frac{l^2 + m^2 - n^2}{2 \cdot l \cdot m}$$

É necessário, porém, que, para maior precisão, os valores l, m, e n sejam grandes, os maiores possíveis. Exemplo: m= 6,00 m; l = 8,00 m; n = 6,35 m.

$$\cos\alpha = \frac{8,00^2 + 6,00^2 - 6,35^2}{2 \cdot 8,00 \cdot 6,00} = 0,6216406$$

logo α é igual a: 51° 33' 50"

3. *Lote irregular com muito fundo.* Já que se torna imperfeita a medição de uma diagonal (Figura 2-3), convém utilizar um ponto intermediário A, diminuindo o comprimento da diagonal e subdividindo-a em duas.

4. *Lote com um ou mais limites em curva circular.* Para se levantar o trecho em curva (Figura 2-4), o mais preciso será a medição da corda e da flecha máxima (central).

   Quando o trecho em curva for longo e irregular, podemos usar o processo indicado na Figura 2-6. Estabelece-se uma reta AB, próxima ao alinhamento, onde são marcados pontos com uma equidistância d; destes pontos são medidas as perpendiculares y_1, y_2, y_3 ... y_{15} até o alinhamento, que, assim, tornar-se-á conhecido com múltiplos pontos.

5. *Lote com grandes dimensões e formas completamente irregulares.* Os lados são mal definidos, porque os muros divisores existen-

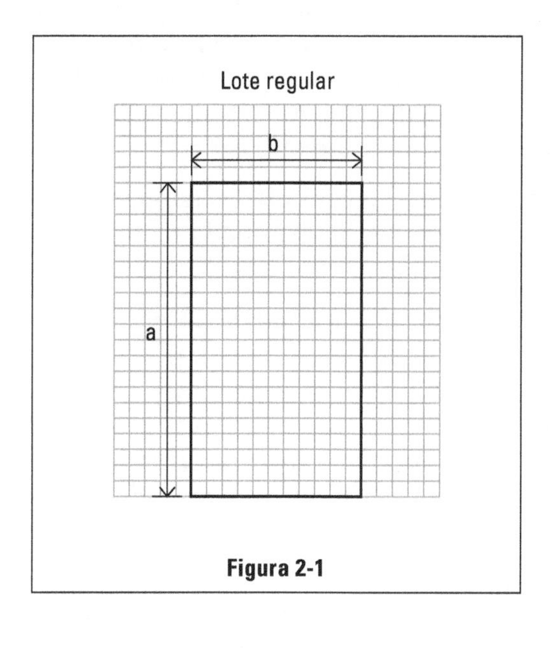

Figura 2-1

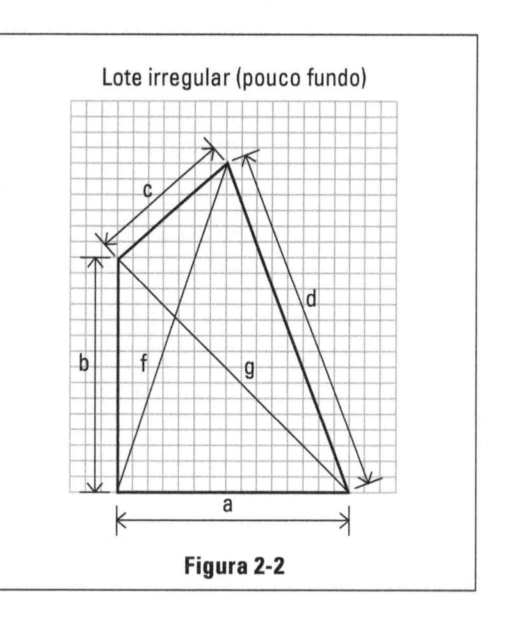

Figura 2-2

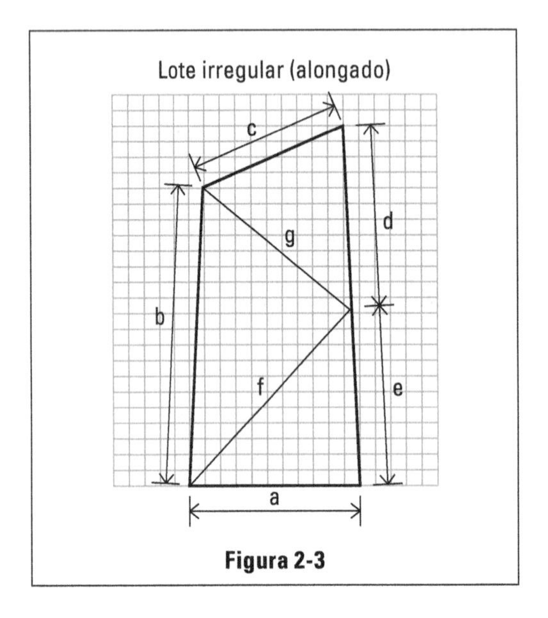

Figura 2-3

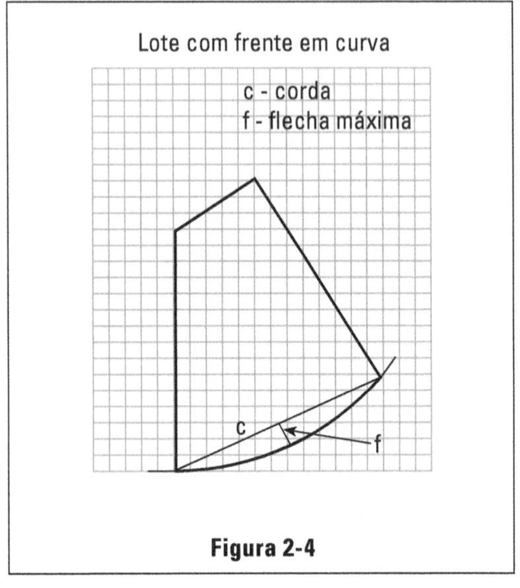

Figura 2-4

tes são desalinhados. Esse fato ocorre com relativa frequência nos terrenos que foram divididos e murados ou cercados há muitos anos, quando o valor da terra era relativamente pequeno e a técnica de construção precária.

Para tal caso, o processo mais indicado será o de quadriculação. Vamos explicá-lo:

Ver a Figura 2-7. Partindo do alinhamento da frente, procura-se quadricular o terreno, digamos de 10 em 10 metros; serão colocadas estacas em cada ponto de quadriculação; assim a fila A tem os pontos Al, A2, A3, A4, A5, a fila B tem B1, B2, B3, B4, B5 e, assim por diante. Esta quadriculação, de preferência, deverá ser executada com teodolito e trena de aço para maior precisão. A seguir medem-se todas as distâncias fracionárias, isto é, Alm, A2k, A3i, A4g, A5e etc.

Algum ponto que não fique bem definido, deverá ainda merecer atenção especial; digamos o ponto X; poderá ser determinado medindo-se as distâncias XE e D4E.

Por esse processo, a gleba será medida em detalhe de 10 em 10 metros, distância esta que poderá ser reduzida para 5 metros, se o quadriculado for de 5 em 5 metros. O levantamento será quase perfeito. Apresenta ainda outra vantagem: o quadriculado está preparado para um possível trabalho de nivelamento, pois com o nível de tripé pode-se determinar as cotas de todos os pontos, resultando um magnífico trabalho de altimetria.

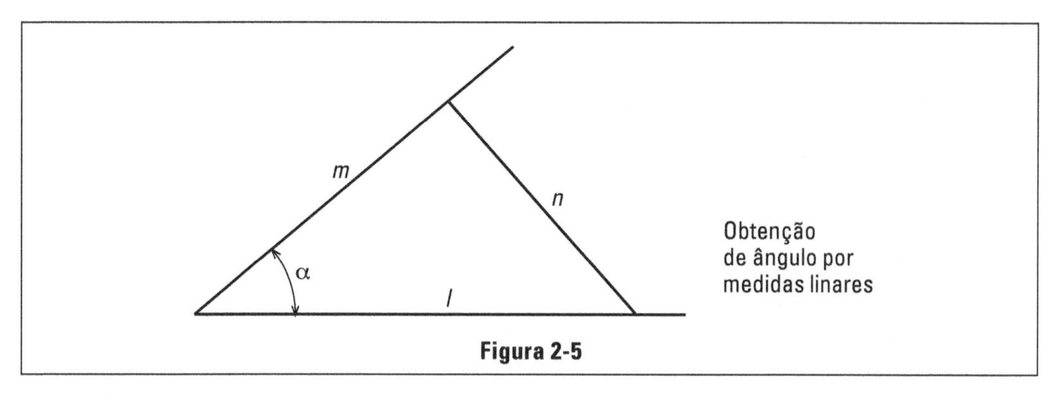

Figura 2-5

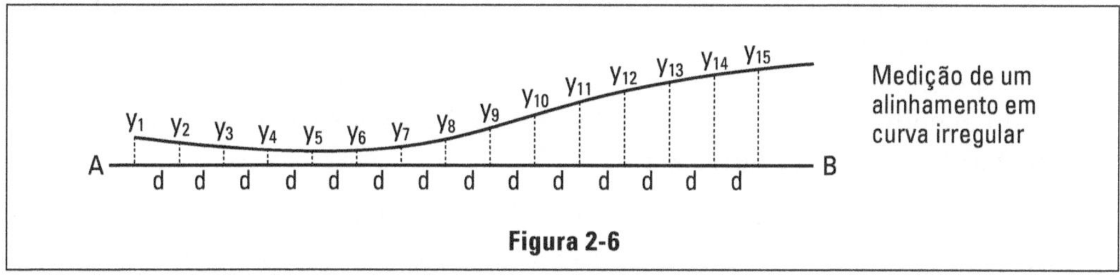

Figura 2-6

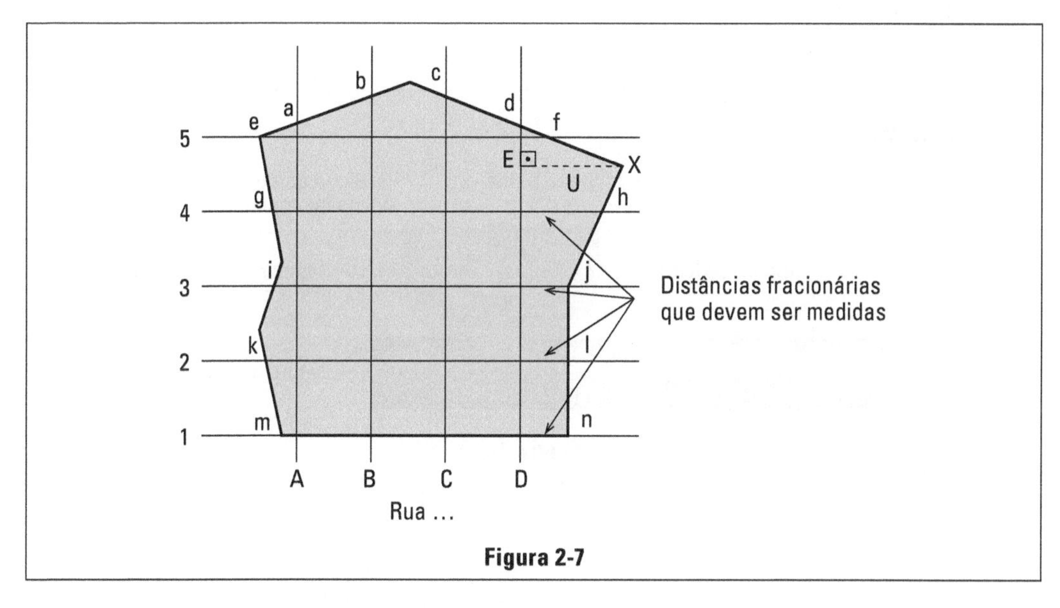

Figura 2-7

b. Medição altimétrica aproximada

É também importante para a elaboração de projetos racionais, que aproveitem favoravelmente as diferenças de nível do lote. Como exemplo, vemos que um lote com caimento exagerado para os fundos facilita a colocação das edículas (dormitório de serviço, lavanderia, garagem etc.) no subsolo ou porão. Já um terreno com rampa positiva para os fundos facilita a colocação da garagem no alinhamento e nível da rua e a construção principal sobre ela.

Nessa fase do trabalho não convém que se faça um levantamento exato, mas apenas aproximado. Para isso, geralmente é suficiente que se tire um perfil longitudinal médio, isto é, pelo eixo longitudinal do lote. Esse perfil pode ser obtido rapidamente com o uso do clinômetro (nível de Abney) ou com o nível de mão, aparelhos que podem ser levados no bolso. Aqui novamente pedimos licença à topografia para invadir seus domínios.

O clinômetro, conhecido com o nome de seu inventor Abney, é muito prático para este trabalho, porque utiliza como acessórios apenas duas balizas e uma trena. É composto de um tubo com um retículo na abertura posterior. Sobre este, está preso meio círculo graduado em graus ou em porcentagem. Um parafuso com movimento de rotação aciona ao mesmo tempo uma bolha de ar e um índice de leitura que desliza pelo meio círculo graduado. Essa bolha é visível da ocular, porque o tubo apresenta um orifício sob ela, e um espelho no seu interior, colocado de forma a refletir a imagem da bolha para o ocular. (Figura 2-8)

Procura-se conseguir uma linha paralela ao terreno. Para isso, basta que se segure o clinômetro a uma altura do chão igual à altura do ponto visado. (Figura 2-9)

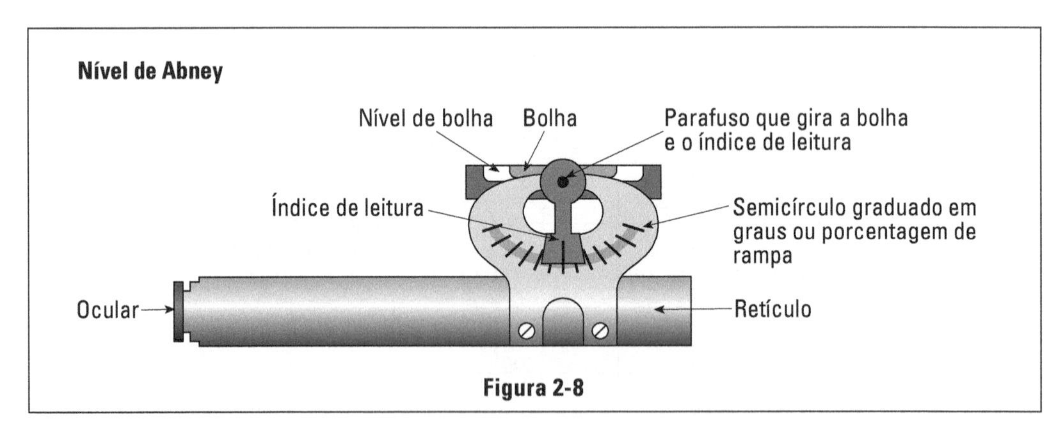

Figura 2-8

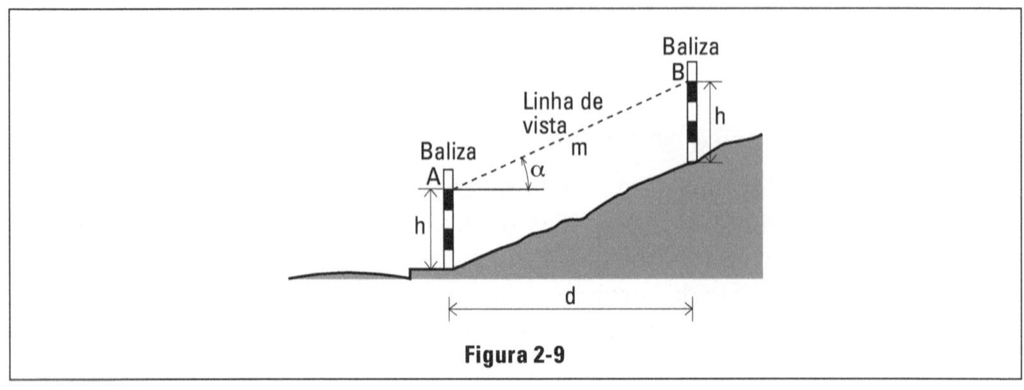

Figura 2-9

O valor de "h" mais conveniente é de 1,50 m, por ficar na altura da vista do observador. Sabemos que as balizas comuns vêm pintadas em duas cores (vermelho e branco) em espaços de meio metro. Portanto, se colocarmos a baliza invertida (de ponta para cima) sobre o chão e segurarmos o clinômetro na terceira mudança de cor, sabemos que estaremos a 1,50 m do chão. Basta visar para o mesmo ponto de outra baliza, também invertida, colocada no final do trecho para a qual se quer medir a inclinação.

Para visarmos o ponto B (Figura 2-9), devemos inclinar o tubo do clinômetro, com ele também se inclina o semicírculo graduado.

Pela ocular, pode-se ver a bolha; giramos o parafuso de rotação até colocá-lo centrado. Ao fazermos isso, o índice de leitura ficará na vertical e produzirá sobre a graduação a leitura do ângulo α. (Figura 2-10)

Resta medir a distância horizontal "d", ou a distância inclinada "m", para termos os dados necessários para a construção do perfil longitudinal do trecho. Repetindo para diversos trechos sucessivos o perfil completo.

Com o nível de mão (Figuras 2-11 e 2-12) o trabalho é semelhante, porém necessita como acessórios, além de baliza e trena, também a mira. A Figura 2-13 mostra um exemplo da utilização do aparelho.

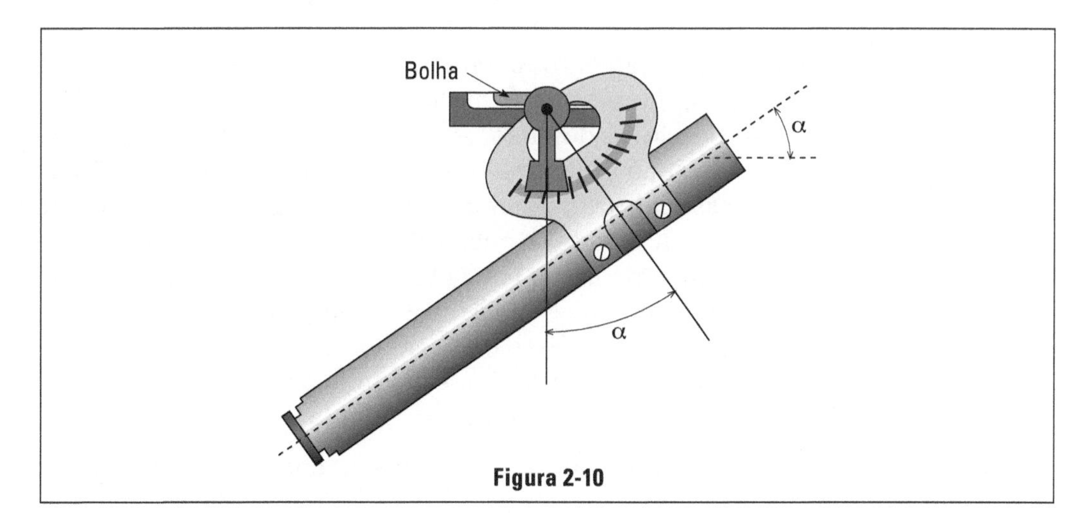

Figura 2-10

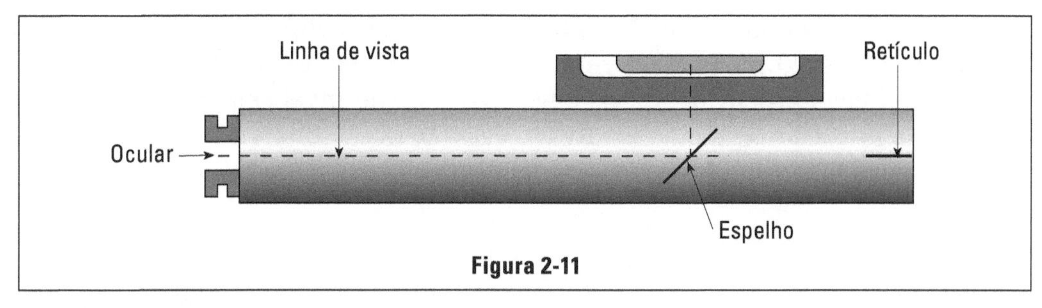

Figura 2-11

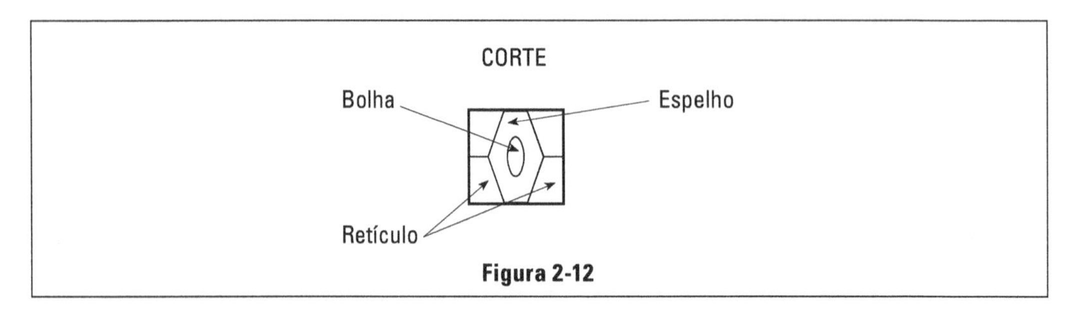

Figura 2-12

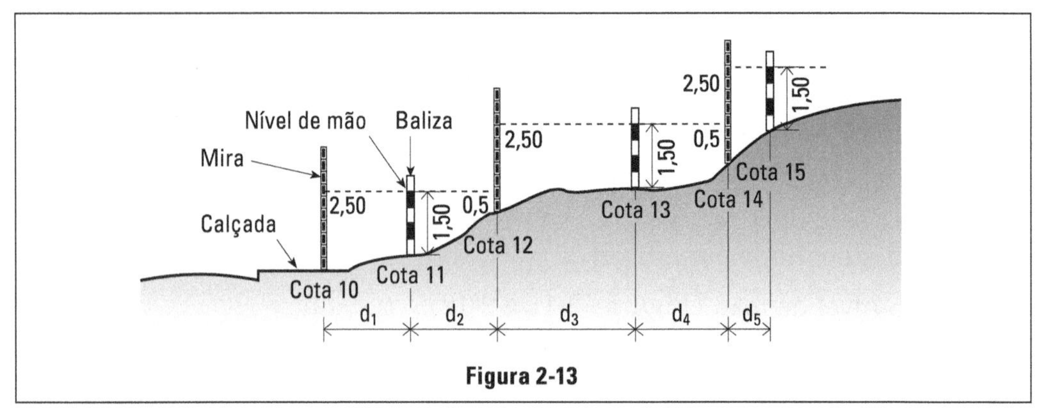

Figura 2-13

A mira é colocada no alinhamento da rua, onde se inicia o levantamento da seção longitudinal. Segura-se o nível de mão encostado a uma baliza invertida e a 1,50 m de altura do chão. Anda-se com a baliza para frente ou para trás, até termos uma altura que produza na mira leitura de 2,50 m. Quando obtivermos essa leitura, estaremos com a baliza sobre um ponto 1,00 m mais alto que o ponto onde se encontra a mira. Portanto, se dermos cota 10 ao ponto da mira, o ponto da baliza terá cota 11. Mantemos a baliza estacionada nesse local e andamos com a mira ao longo da seção, até que se obtenha a leitura 0,50 m. Quando isso ocorrer, a mira estará sobre o ponto de cota 12. Continuamos com o trabalho, repetindo as mesmas operações até o fim da seção que se deseja levantar.

Medindo-se as distâncias horizontais d_1, d_2, d_3 etc. poderemos desenhar a seção.

No exemplo dado, foram levantados pontos cuja diferença de elevação é sempre de 1,00 m. Para terrenos com pouco declive ou aclive, será mais aconselhável procurar pontos cuja diferença de nível seja de apenas meio metro, já que as de metro em metro estarão muito distantes entre si.

c. Orientação do terreno com respeito à linha N-S magnética

A posição da linha N-S é necessária na elaboração dos anteprojetos para o uso adequado do gráfico de insolação.

Caso haja dificuldade de se obter a orientação do lote no local por falta de bússola ou declinatória, ainda nos resta a possibilidade de conseguí-la nas plantas da cidade, com aproximação razoável para o caso.

d. Situação do lote em relação à quadra em que se encontra

Na Figura 2-14 aparecem os dados que devem ser obtidos: distância x, y, e z. Nomes das ruas: A, B, C e D e referências diversas:

1. número de casas vizinhas ao lote;
2. existência ou não de posteamento para luz e força (número do poste mais próximo);
3. existência ou não de rede de água;
4. existência ou não de rede de esgoto;
5. existência ou não de rede de gás;
6. existência ou não de cabos telefônicos;
7. profundidades de poços vizinhos (caso não haja rede de água);
8. natureza do leito carroçável (terra, asfalto, paralelepípedo etc.).

Todos esses dados facilitarão o trabalho de construção, caso a obra venha a ser executada, sendo muito fácil a sua obtenção.

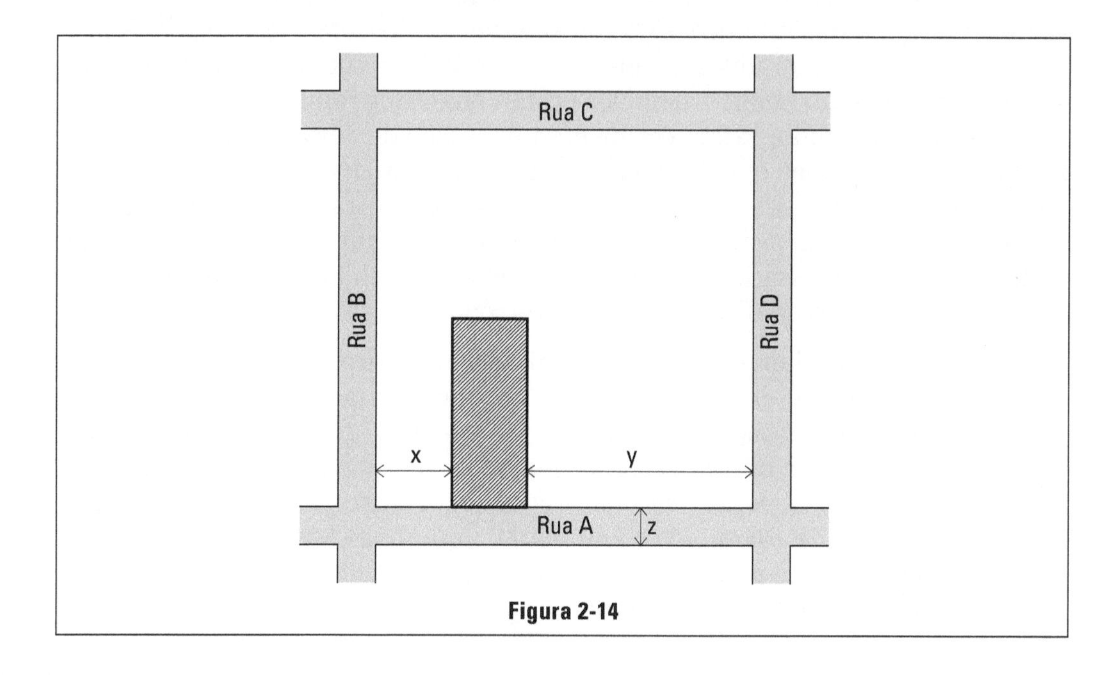

Figura 2-14

Consulta à subprefeitura local

Com o objetivo de planificar zonas, orientar as construções e uniformizá-las, cabe à prefeitura impor restrições ao uso e ocupação do solo urbano. Estas restrições variam conforme o zoneamento local. É imprescindível, portanto, a necessidade de consulta, para que se projete obedecendo tais restrições, condição necessária para que o estudo a ser aprovado tenha a sua construção autorizada. As restrições mais comuns são:

a. área do lote que pode ser edificada;
b. recuo mínimo de frente;
c. recuos mínimos laterais;
d. recuo mínimo de fundo;
e. altura máxima para o edifício;
f. existência ou não de projeto de desapropriação para alargamento da rua ou outro melhoramento público;
g. zona a que pertence a rua para efeito das horas de insolação, que deverão ser consideradas.

As restrições impostas pela Prefeitura são, na realidade, uma necessidade, pois sem elas, as construções urbanas seriam uma completa desordem. Com a crescente e indiscriminada valorização dos terrenos, seus proprietários querem aproveitá-los o máximo possível; este aproveitamento leva a excessos; portanto, nenhum profissional bem intencionado e de bom senso pode deixar de reconhecer a necessidade das limitações do aproveitamento dos lotes. Porém, o que ocorre nas prefeituras de grandes cidades de nosso País, é que essas limitações não são de conhecimento público, nem dos profissionais que militam no ramo de edificações. Em São Paulo, existe realmente um código de obras minucioso e lei de zoneamento rígida mas que, frequentemente, são regulamentados e complementados por vários atos adicionais, alguns, por vezes, contraditórios. Ainda assim, esses códigos não são sempre editados, de modo a permitir que os profissionais mais novos possam adquiri-los. Assim, é imprescindível que se requera à prefeitura local, a certidão de diretrizes para o terreno onde se pretende construir.

Outra razão fundamental para consultar a prefeitura local antes de iniciar o projeto é a hipótese de que haja projeto de melhoramento público que afete o lote em relação à desapropriação total ou parcial. Aliás, esse risco envolve também o comprador de um terreno qualquer, sendo aconselhável, antes de qualquer transação, a verificação na seção competente da prefeitura local da existência ou não de tal projeto. Lembramos que nos dias atuais os poderes públicos trabalham ativamente nesse setor, o que é elogiável, porém, o risco de uma supresa de desapropriação aumenta.

Só agora, racionalmente, estamos em condições de projetar.

Basicamente são dois os conjuntos de leis municipais que controlam o uso de lotes urbanos:

1. código de edificações;
2. lei de zoneamento.

Código de edificações

O primeiro, com o nome de Código de Obras, surgiu em São Paulo em 19/11/1929 (Código Saboya). De sua elaboração até o presente, sofreu modificações de menores ou maiores portes; em 10/08/1934 teve uma nova redação e consolidação. Em 13 de janeiro de 1955 teve uma reformulação total, e passou a ser conhecido com o nome de Código Ayres Netto. Sempre com modificações, permaneceu até 20 de junho de 1975, quando a Lei n. 8.266 modificou-o completamente sob o nome de Código de Edificações. De lá para os nossos dias, ainda em vigor, constantemente recebe mudanças e adaptações de pequena monta.

Em 1992, o Município de São Paulo, passou a ter um novo Código de Edificações, Lei n. 11.228 de 25 de junho de 1992, regulamentada pelo Decreto n. 32.329 de 23 de setembro de 1992. Atualmente existe uma excelente publicação editada pela Pini Editora chamada *Código de Obras e Edificações do Município de São Paulo*, de autoria do Arquiteto Luiz Laurent Block e do Engenheiro Manoel Henrique Campos Botelho.

Lei de zoneamento

Todos reconhecem a necessidade de se regulamentar o tipo de uso a que deve se destinar cada zona de uma região urbana. Se isso é verdade para os núcleos urbanos de uma centena de milhares de habitantes, quanto mais para uma metrópole de milhões de habitantes como é o caso de São Paulo.

Entretanto, o primeiro trabalho realmente sério e de grande porte só surgiu em São Paulo em 28/06/1974, por meio do Decreto n. 11.106 que ficou conhecido com o nome de "Lei de Zoneamento", depois complementado com a Lei n. 8.205 de 06/02/1975, para edificações de grande porte e conjunto de comércio e serviços.

Finalmente, em 13/02/2005, foi publicada no *Diário Oficial do Município de São Paulo*, o novo Plano Diretor da Capital, não existindo, entretanto, publicação que possa ser adquirida, em razão das revisões em contínuo estudo pela Secretaria Municipal de Planejamento — SEPLAN e pela Secretaria Municipal de Habitação — SEHAB, obrigando os profissionais a solicitarem a Certidão de Diretrizes.

Elaboração dos anteprojetos

- Forma de apresentação

De acordo com seu nome, anteprojeto é um estudo feito antes de organizarmos o projeto definitivo. Normalmente são necessários vários anteprojetos, até que se consiga um que, satisfazendo as necessidades, torna-se, com ligeiros retoques, o projeto definitivo.

Os anteprojetos são elaborados levando-se em consideração todos os dados obtidos nos capítulos anteriores, ou sejam:

a. ideias e necessidades do cliente;
b. medidas e condições do lote;
c. restrições da prefeitura;
d. verba prevista para a obra.

O item "d" nos obriga a certas considerações. De fato, o limite de despesa para a obra deve ser imediatamente levado em consideração, pois é quesito eliminatório. É absolutamente inútil projetarmos o que não se poderá executar por falta de verba.

Porém, como conhecer o custo de uma obra ainda não projetada? A solução é bastante simples, pois pode-se determinar um preço por metro quadrado de construção, em função da época e do nível do acabamento requerido. Naturalmente esse preço por metro quadrado é aproximado, mas satisfaz para a solução do nosso primeiro problema. Exemplificando:

1. verba disponível para a obra: R$ 100.000,00.
2. custo aproximado por metro quadrado (para a época e para o tipo de acabamento): R$ 400,00.

Devemos ter anteprojetos variando em torno de 250 m^2.

Mais adiante, quando tivermos o projeto definitivo, um orçamento cuidadosamente elaborado irá corrigir pequenas diferenças de previsão. Torna-se necessária, nesse quesito, uma prática razoável para a escolha do valor do item 2 (custo do m^2).

Diversas revistas especializadas publicam o custo do metro quadrado, variando com o tipo de acabamento, número de pavimentos e número de dormitórios. Acontece, porém, que são custos onde não são incluídas obras complementares, tais como pavimentações e ajardinamentos externos, muros, elevadores etc. É necessário que tenhamos uma certa vivência prática, para conhecermos o preço real ou próximo dele, e, nesse ponto, sugerimos também a troca de ideias com colegas atuantes no ramo e visitas aos Institutos de Engenharia e locais que permitam esse intercâmbio profissional.

Os anteprojetos são, na maioria dos casos, feitos sem compromisso por parte do cliente. Apenas em hipóteses muito raras, são remunerados. Há casos em que um cliente procura um arquiteto com o intuito de remunerar um projeto, o mais comum, no entanto, é condicionar o projeto à execução, isto é, não se executando a obra também nada se recebe pelo anteprojeto, pois este não chega a ser aproveitado. Esse fato obriga a uma economia de tempo com os anteprojetos que devem ser simples, sem detalhes exagerados, apenas traçando em linhas gerais um plano que futuramente será desenvolvido, caso aceito.

Para isso, basta uma planta em escala 1:100, e, eventualmente, a vista da fachada em escala 1:50, quando esta apresentar papel importante no estudo.

Na planta deverão constar as paredes, as portas e janelas, ainda sem dimensionamento exato. Não é hábito constar dos anteprojetos os sentidos de abertura das portas, as posições dos pontos de luz e dos interruptores e tomadas, por exemplo. Devem ser desenhados sobre papel-vegetal, permitindo a obtenção de cópias heliográficas.

As diversas soluções obtidas devem ser exibidas ao cliente para julgamento. É boa norma enviar ao cliente apenas cópias, conservando-se os arquivos originais.

Cada anteprojeto poderá ser acompanhado de descrição, onde se procura discutir os detalhes mais importantes e se determina o custo aproximado da obra. A Figura 3-1 mostra um anteprojeto típico para uma construção simples.

Para este anteprojeto se supõe um lote de 10 m de frente em que não haja restrição de recuo lateral, ou ainda exista esta exigência, porém, nesse caso, o sobrado ali representado faz parte de um grupo de seis, em que apenas os dois laterais seriam recuados, conforme a Figura 3-2.

Sobre a importância dos anteprojetos, pouco se deveria dizer, pois o seu valor é evidente. Geralmente os fatores positivos de uma obra são:

a. construção boa;
b. construção econômica;
c. construção rápida.

Inegavelmente o projeto influi de forma preponderante nos itens a e b.

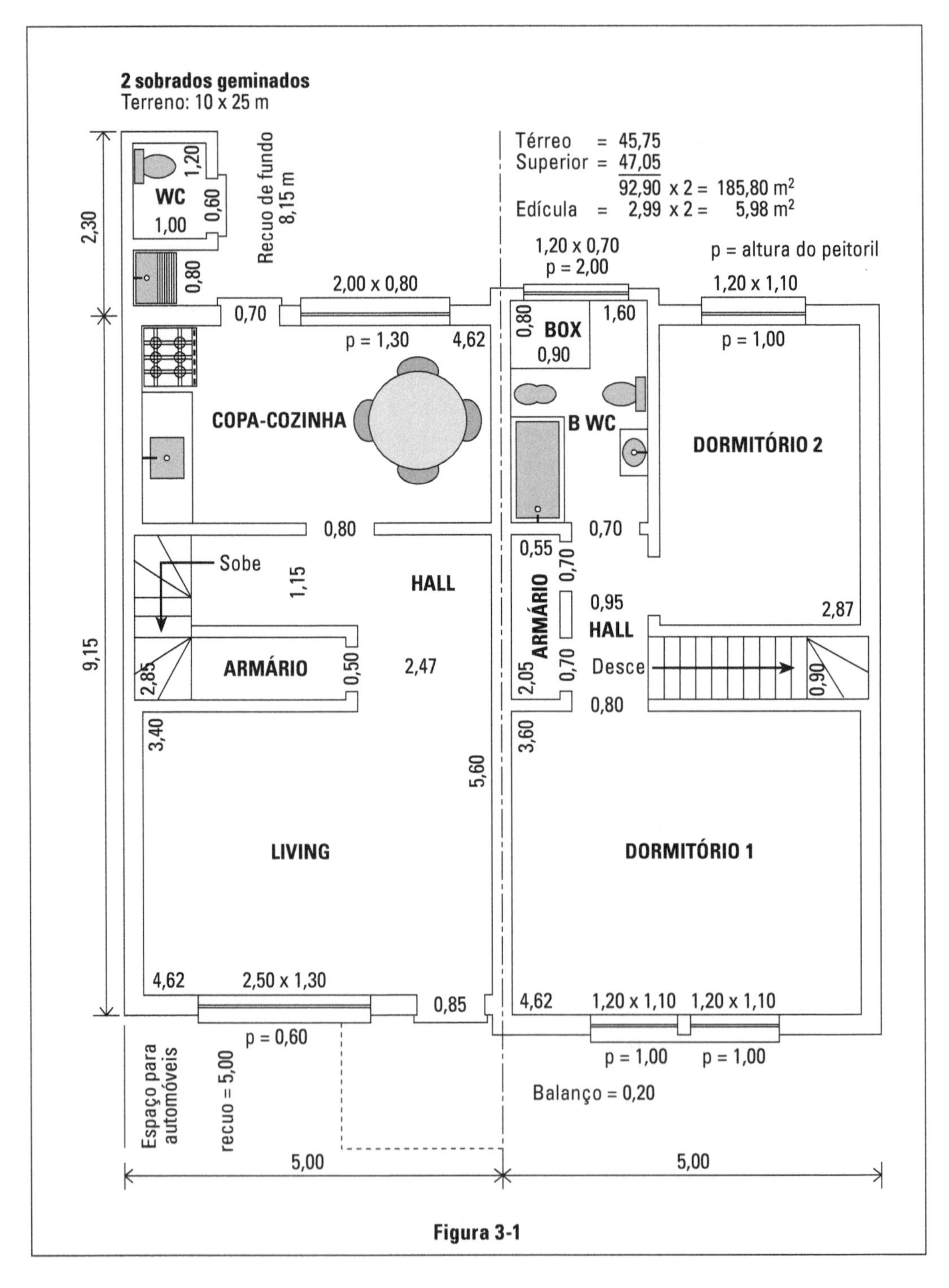

Figura 3-1

Nota: Estas plantas correspondem a dois sobrados geminados e foi desenhado o pavimento térreo da casa da esquerda junto ao pavimento superior da casa da direita. Esta é a razão de os lances da escada não combinarem.

Um engenheiro previdente sempre guardará os originais dos anteprojetos apresentados, mesmo que não tenham sido aceitos. Ele irá verificar que, após alguns anos de trabalho, possui uma quantidade suficiente para evitar a feitura de novos anteprojetos. Na realidade, os terrenos urbanos variam pouco de dimensões, com casos mais frequentes de lotes pequenos (8, 9 ou 10 m de frente). Por isso, as necessidades dos clientes mais ou menos coincidem (2 ou 3 dormitórios) e, por isso os anteprojetos arquivados podem servir para casos atuais.

Ao finalizar este capítulo, devo uma explicação aos senhores arquitetos que o lerem. Todo profissional consciente deve conhecer os limites de suas atribuições e, assim, não invadir atividades próprias de outros profissionais, bem como defender a sua. Assim, deverá pertencer ao arquiteto a atribuição de projetar. É ele quem durante seu estudo, recebe ensinamentos apropriados para tal. O engenheiro que projeta, arquitetonicamente falando, invade atribuição alheia.

Em virtude de condições independentes a vontade do profissional, de sua ética, constantemente se vê engenheiro sendo solicitado a projetar não só as obras de simples solução como também estudos mais complexos. E a forma pela qual é solicitado não lhe dá margem de escolha: ou projeta ou abandona a possibilidade de execução. Os motivos porque esse fato ocorre em nosso país fogem do objetivo deste livro, motivo pelo qual abstenho-me a discuti-los. Este capítulo foi escrito encarando a situação atual como está e não como deveria estar.

Defendemos que os colegas engenheiros saibam impor as próprias limitações nesse mister, para o qual não foram devidamente preparados. Quando se tratar de edificação, cujo projeto de fato exija conhecimentos especializados, encaminhe-o para um arquiteto. Listamos os projetos de hospitais, escolas, edifícios públicos em geral, edifícios de apartamentos e os demais como projetos que exigem o conhecimento técnico e prático do arquiteto e que devem ser expostos e defendidos ao contratante da obra.

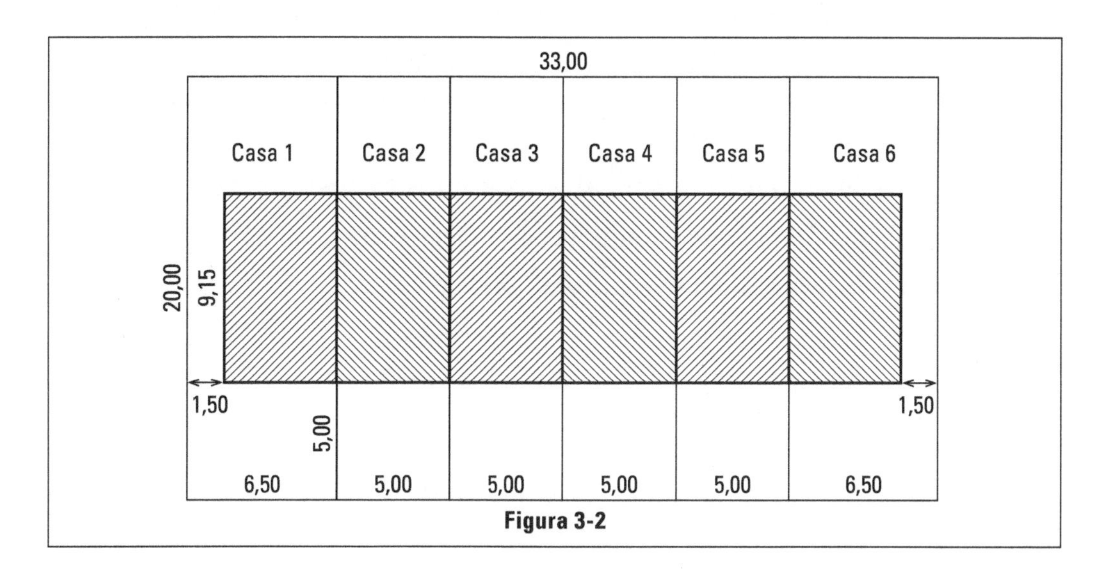

Figura 3-2

Projeto definitivo

- Plantas, memorial e requerimento para a prefeitura local
- Planta construtiva ou de obra

No capítulo anterior vimos que a partir dos diversos estudos preliminares (anteprojetos) surgirá o projeto definitivo. E, nesse momento, a providência imediata será obter aprovação junto ao órgão competente do projeto definitivo para sua execução. Dentro da legislação brasileira, esse órgão é a Prefeitura Municipal, salvo casos especiais em que o Estado ou mesmo o Governo Federal devem interferir. O poder estadual, que em determinados casos deve ser consultado, é a Secretaria do Meio Ambiente, Cetesb e Sabesp e no Federal, os Ministérios Militares. Porém, é pouco frequente, a procura destes organismos estaduais e federais, por isso, deixamos de detalhar esse campo.

Atualmente, a Prefeitura de São Paulo atende no edifício Martinelli, onde se situa a Secretaria de Habitação. No 22° andar, Sala Artur Saboya, existem arquitetos de plantão, e estes, mediante endereço do terreno, indicam em que zona de uso o mesmo se enquadra e, consequentemente, o que se permite e se exige da possível construção. Entre as informações e instruções dadas estão: categorias de uso permitido; frente mínima; área mínima; recuos de frente, fundo e lateral; taxa de ocupação e coeficiente de aproveitamento.

Para a obtenção do Alvará de Construção deverá ser dada a entrada na subprefeitura em que o terreno pertença, sendo que os seguintes documentos são exigidos para o processo:

a. Requerimento padrão para alvarás e autos (modelo anexo).
b. 2 vias das plantas que compõem o projeto completo.
c. 2 vias do levantamento planialtimétrico.
d. Cópia da escritura devidamente registrada.
e. Cópia da frente e do verso do carnê do IPTU.
f. Cópia da carteira do CREA dos profissionais responsáveis pelo projeto.
g. Cópia do registro da PMSP atualizado dos profissionais responsáveis pelo projeto.

h. Anotação de Responsabilidade Técnica – ART dos profissionais responsáveis pelo projeto devidamente recolhida junto ao Conselho Regional de Engenharia e Arquitetura – CREA.

i. Comprovante de pagamento das taxas e emolumentos devidos à PMSP.

Esses documentos referem-se a construção nova. Tratando-se de reforma ou modificativo, exigem-se dos itens “a” ao “i”, descritos anteriormente, além do comprovante de regularidade da construção já existente.

No caso de modificativos, exigem-se itens “a” ao “i”, descritos anteriormente, um jogo completo do projeto anteriormente aprovado (original ou cópia autenticada pela prefeitura) e alvará de licença original ou cópia autenticada pela prefeitura. Os valores das taxas e emolumentos, cobrados pela PMSP, são informados na obtenção da Certidão de Diretrizes.

a. Requerimento

Na retirada da Certidão de Diretrizes, solicitem o modelo de requerimento padrão vigente.

b. Plantas

Atualmente, os desenhos são feitos em programas de computador que geram um arquivo. Esses arquivos são copiados (plotados) em uma máquina chamada “plotter” em duas vias e devem ser encaminhados para a aprovação. O papel deve obedecer ao dimensionamento imposto por cada prefeitura.

As diferentes partes que compõem a planta são:

1. plantas propriamente ditas;
2. cortes;
3. fachadas;
4. gradil de frente;
5. perfil longitudinal do terreno;
6. quadro de informações. (A Prefeitura de São Paulo tem um modelo padrão que deve ser solicitado.)

1. Plantas propriamente ditas

Devem ser desenhadas vistas em plantas de cada pavimento da construção principal e das edículas. Por edículas entende-se as construções acessórias, tais como: garagem, dependências de empregados, banheiro, quando projetados isoladamente do corpo principal.

É comum o uso de escala 1:100 nas vistas em plantas, e aparecem: a posição das paredes, denominação e dimensão das peças, posição e dimensões de portas e janelas, recuos da construção em relação às divisas de frente (fundo e laterais), vista em planta das escadas de acesso a pavimentos superiores, posição por onde passam os cortes desenhados.

2. Cortes

Cada projeto deverá ter, pelo menos, dois cortes: da construção principal e das edículas.

Os cortes da construção principal devem ser: um no sentido longitudinal (da frente aos fundos) e outro transversal. Os cortes poderão passar por qualquer posição escolhida pelo projetista, contanto que a cozinha e os banheiros sejam cortados pelo menos uma vez.

O corte das edículas poderá ser longitudinal ou transversal, de preferência aquele que apanhar maior número de detalhes.

Nos cortes deveremos detalhar e representar: as paredes atingidas pelo corte; as portas e janelas cotadas (largura e altura); os revestimentos dos cômodos, banheiros, cozinha, garagem; especificar os pisos e forros das diferentes peças, a natureza da laje, a forma cortada do telhado, o tipo aproximado do alicerce, as alturas de piso a forro (pé direito). Escala mais usada: 1:100, podendo ainda ser usada 1:50.

3. Fachada

Deve ser desenhada a vista de frente para a rua, da construção principal e das edículas. Caso o lote seja de esquina, deverão ser desenhadas as duas fachadas, isto é, as vistas de frente para as duas ruas. Não é necessário que esses desenhos sejam exageradamente detalhados, mas sim compostos das linhas importantes: telhado, janelas, portas, sacadas, corpos salientes. É hábito usarmos a escala 1:50, pois a escala 1:100 das plantas e cortes torna a vista exageradamente pequena apesar da escala 1:100 ser permitida.

4. Gradil de frente

Deve ser desenhada a vista de frente do gradil em escala 1:100, em que apareçam os pilares, muretas, posição e forma dos portões. Deve-se cotar a altura do conjunto. Não é necessário desenhar toda a frente, bastando um trecho que contenha o portão e parte do gradil.

5. Perfil longitudinal do terreno

Pode ser desenhado em escala 1:100 ou 1:200 e, de preferência, o perfil médio, isto é, aquele que passa pelo eixo longitudinal do lote. Caso as declividades sejam insignificantes, pode-se abster de desenhá-las, substituindo por uma nota: *terreno em nível.* Pode-se ainda representá-lo juntamente com o corte longitudinal da construção principal.

6. Quadro de informações

Deve estar situado no canto direito e inferior do papel e ter 19 cm de largura por 29 cm de altura, deixando margem de 1 cm com as bordas da folha. A subdivisão do quadro obedece a indicação da Figura 4-1.

Retângulo A: Nomenclatura das peças gráficas constantes da folha de desenho. Exemplo: plantas, cortes, fachadas etc.

Retângulo B: Deve-se inscrever: folha n ... (caso seja uma única prancha, escreve-se "folha única").

Retângulo C: (1) Tipo de obra: construção, reforma com aumento ou reforma sem aumento.
(2) Localização do lote: rua, número do lote, número da quadra.
(3) Bairro em que situa.
(4) Nome(s) do(s) proprietário(s).
(5) Escalas de peças gráficas.

Retângulo D: Planta de situação sem escala. (ver Figura 2-14)

Retângulo E: Quadro de áreas: nele devem constar as áreas do lote de cada pavimento em separado das edículas. Exemplo:

Área do lote = 15 × 30	=	450,00 m^2
Área do pavimento térreo	=	122,50 m^2
Área do pavimento superior	=	131,40 m^2
Área de edículas (térreas)	=	31,20 m^2
Área de edículas (superiores)	=	25,30 m^2
Área total construída	=	310,40 m^2
Área ocupada	=	135,40 m^2

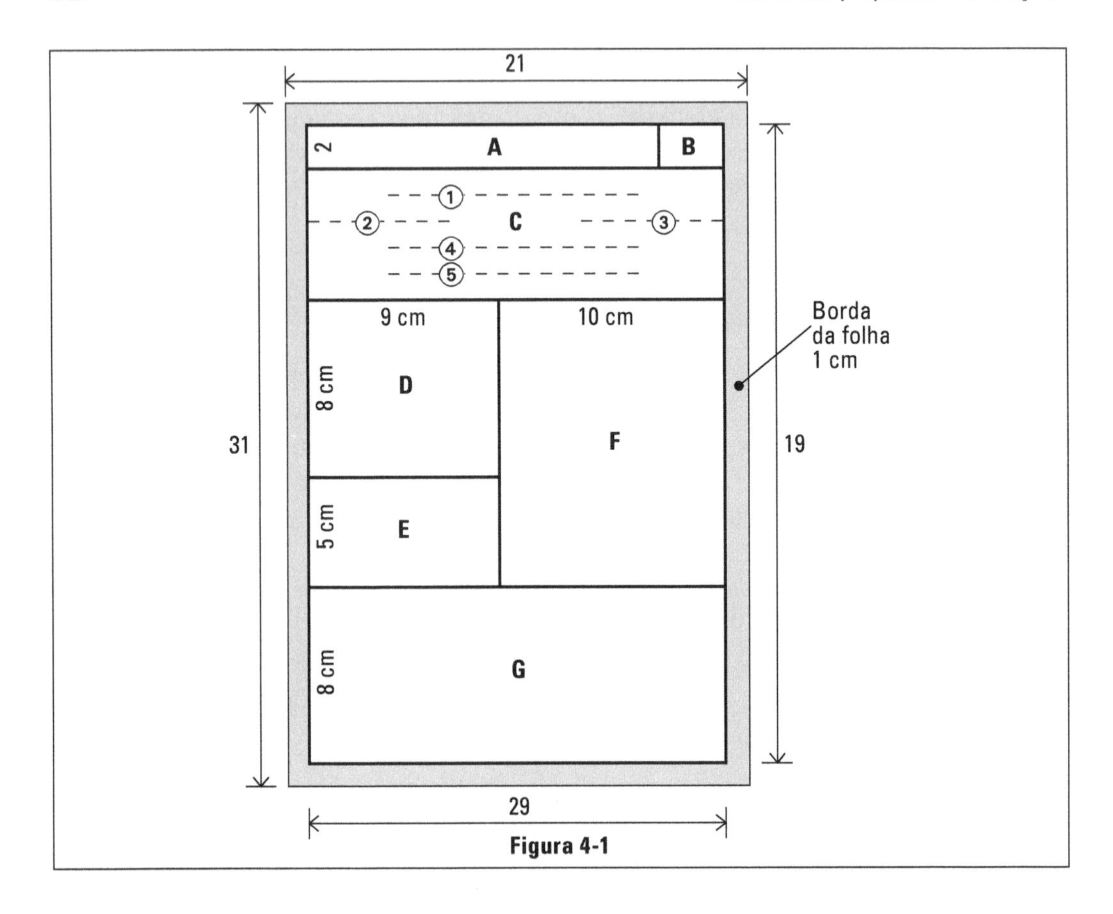

Figura 4-1

Para calcular a área ocupada, explicamos que essa é a área da projeção da construção sobre um plano horizontal, portanto, constará da área do pavimento térreo mais a soma dos balanços do pavimento superior, como exemplificados na Figura 4-2. No caso em que a área de construção é limitada por restrição da prefeitura, é a superfície ocupada que deve ser considerada. No nosso exemplo da Figura 4-2, caso houvesse o limite comum de construção numa terça parte da área do lote, nossa planta seria reprovada: 140 é maior do que 300/3, mesmo verificando-se que a área do pavimento térreo igual a 100 m^2. Atualmente, por exemplo, em zona ZER (uso exclusivamente residencial, densidade demográfica baixa), pode-se ocupar 50% da área do lote (que é a taxa de ocupação) e a área construída poderá ser de 100% da mesma área (que é o coeficiente de aproveitamento).*

A outorga onerosa foi instituída pelo poder público municipal para, mediante pagamento de uma taxa determinada pela prefeitura, autorizar um maior

***Observação**: A Certidão de Diretrizes indica a Taxa de Ocupação Máxima do lote e o Coeficiente de Aproveitamento, que variam conforme ao classificação do zoneamento local, bem como, se existe outorga onerosa para o local.

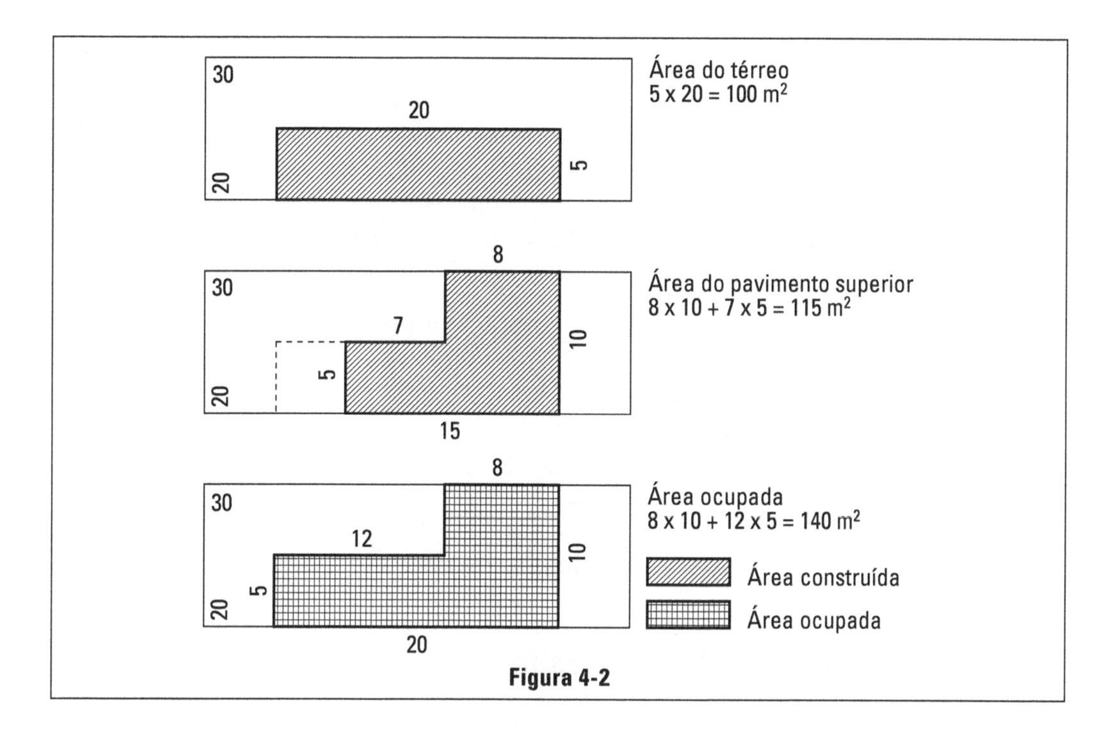

Figura 4-2

aproveitamento do terreno, isto é, construir área maior do que aquela determinada pelo Código de Obras e pela Lei de Uso e Ocupação do Solo Urbano.

Assim, em um terreno de 10×30 (300 m^2) poderemos ocupar 150 m^2 e construir até 300 m^2 (em dois pavimentos de 150 m^2 cada um ou três pavimentos de 100 m^2 cada etc.).

Retângulo F: Local para assinaturas: devem constar as assinaturas do(s) proprietário(s) e do(s) engenheiro(s) ou arquiteto(s) sob uma declaração nos seguintes termos:

"Declaro que a aprovação do projeto por parte da prefeitura não implica no reconhecimento do direito de propriedade do terreno."

Esta declaração é uma precaução da prefeitura municipal contra possíveis demandas de posse de terrenos. Caso o terreno se enquadre no regime de compromisso de compra e venda, isto ocorre quando nosso cliente adquiriu o terreno a prestação e não está inteiramente pago, ou seja, sem escritura definitiva, devem assinar o compromissário comprador e o compromissário vendedor.

A declaração deve ser assinada pelo autor do projeto e pelo engenheiro construtor, mesmo que as duas atividades pertençam a um só profissional. Abaixo dessas assinaturas, deverá constar o número de registro no CREA e na prefeitura local.

Retângulo G: Será deixado em branco para utilização da prefeitura.

As paredes que aparecerem nas plantas e aquelas seccionadas nos cortes, deverão ser preenchidas no desenho desenvolvido no computador antes das cópias plotadas. No caso de reformas em que hajam demolições de algumas paredes e reconstrução de outras novas, as paredes que não sofrerão mudança serão hachuradas, as paredes a demolir serão tracejadas e as paredes a construir serão preenchidas.

As cópias deverão ser dobradas no padrão estipulado pela Associação Brasileira de Normas Técnicas – ABNT, conservando-se o quadro de informações como face visível.

c. Levantamento planialtimétrico

Obtido conforme já visto anteriormente no capítulo 2 deste livro.

d. Título de propriedade do terreno

Este documento pode ser a escritura de compra e venda, escritura de compromisso de compra e venda ou ainda certidão de propriedade expedida pelo Registro de Imóveis. É aconselhável o uso deste último documento, por ser facilmente obtido, evitando-se assim que a escritura original saia das mãos de seu possuidor. Lembrando que a escritura fica retida na prefeitura até a aprovação do projeto.

e. Cópia do IPTU

Deverá ser anexada a cópia da primeira página do carnê do IPTU. Nela encontram-se dados da rua e do terreno que serviram de base para o cálculo do valor lançado.

f. Cópia do CREA

Deverá ser anexada a cópia da carteira do CREA dos profissionais responsáveis pelo projeto, bem como a cópia do recibo da anuidade quitado.

g. Cópia do registro na prefeitura local

Deverá ser anexada a cópia do registro do(s) profissional(s) responsável(eis) pelo projeto, na prefeitura municipal.

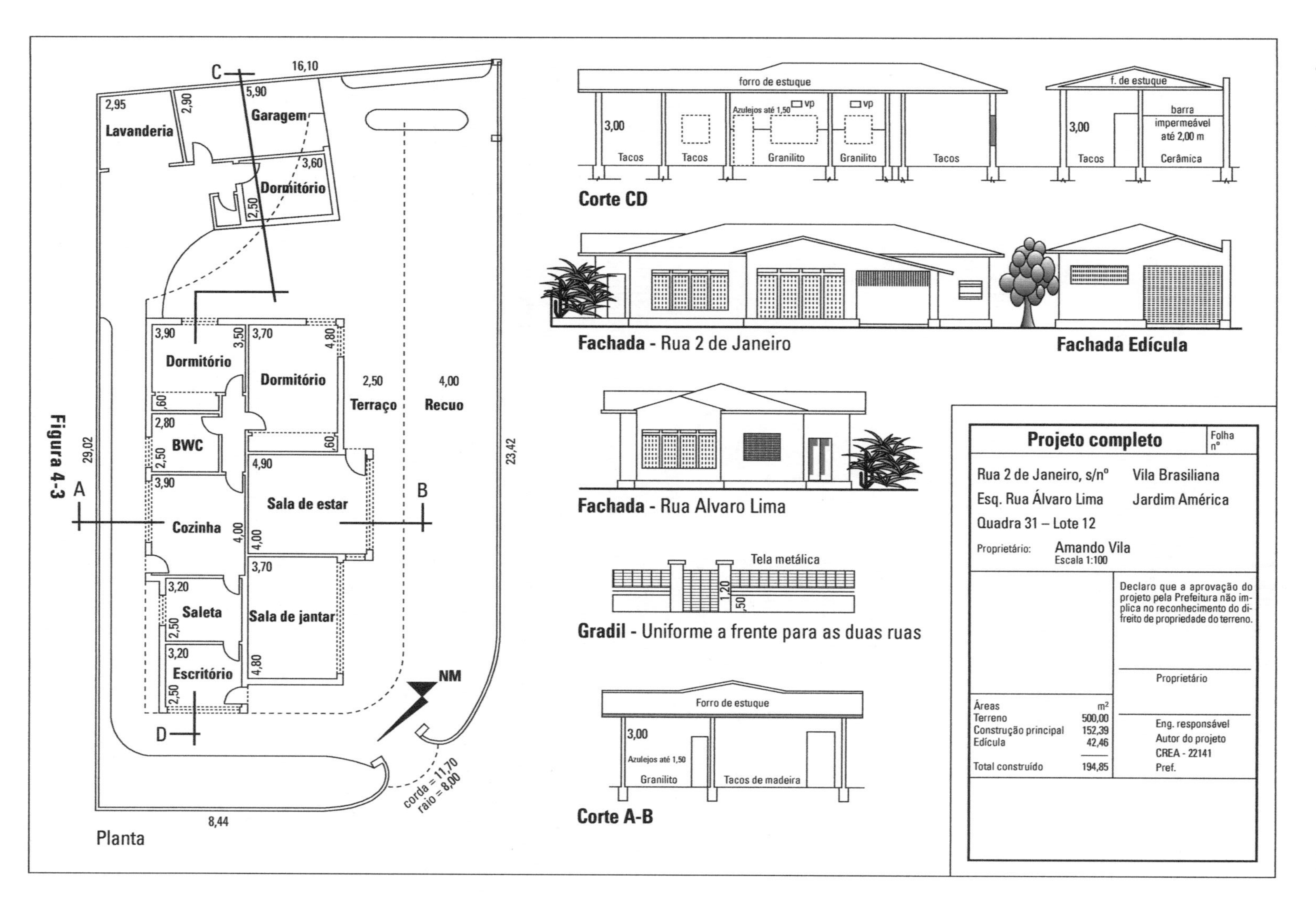

16,10
5,90
2,95
2,90
Lavanderia
Garagem
3,60
Dormitório
2,50
3,90
3,50
3,70
4,80
Dormitório
Dormitório
2,50
Terraço
4,00
Recuo
,60
2,80
BWC
2,50
,60
4,90
3,90
Sala de estar
Cozinha
4,00
4,00
3,70
3,20
Saleta
Sala de jantar
2,50
3,20
4,80
Escritório
2,50
NM
corda = 11,70
raio = 8,00
29,02
23,42
8,44
A
B
C
D
Planta
forro de estuque
Azulejos até 1,50
vp
3,00
Tacos
Granilito
f. de estuque
barra impermeável até 2,00 m
Cerâmica
Corte CD
Fachada - Rua 2 de Janeiro
Fachada Edícula
Fachada - Rua Alvaro Lima
Tela metálica
1,20
,50
Gradil - Uniforme a frente para as duas ruas
Forro de estuque
Tacos de madeira
Corte A-B
Projeto completo
Folha nº
Rua 2 de Janeiro, s/nº
Vila Brasiliana
Esq. Rua Álvaro Lima
Jardim América
Quadra 31 – Lote 12
Proprietário:
Amando Vila
Escala 1:100
Declaro que a aprovação do projeto pela Prefeitura não implica no reconhecimento do direito de propriedade do terreno.
Proprietário
Áreas m²
Terreno 500,00
Construção principal 152,39
Edícula 42,46
Total construído 194,85
Eng. responsável
Autor do projeto
CREA - 22141
Pref.

Figura 4-3

h. Recolhimento da ART

Deverá ser preenchida a Anotação de Responsabilidade Técnica - ART perante o Conselho Regional de Engenharia e Arquitetura - CREA, pelo(s) responsável(eis) pelo projeto, bem como recolhida as taxas pertinentes. Sendo anexadas ao processo as devidas vias do documento.

i. Taxas e emolumentos

Conforme visto anteriormente, deverão ser recolhidas as taxas e emolumentos devidos junto à prefeitura e anexadas ao processo cópias dos recibos.

Andamento do processo

No ato da entrada das plantas receberemos um cartão de protocolo numerado (o mesmo número constará no processo de aprovação que se criou). O cartão deverá ser apresentado à mesma seção uma ou duas vezes por semana, para informações a respeito do andamento do processo.

Se houver necessidade da presença do interessado na prefeitura, serão marcados no cartão os dizeres: "comunique-se" ou ainda "chamado". Esses chamados aparecem cada vez que a prefeitura necessitar de alguma informação suplementar ou quando houver pontos em desacordo com o Código de Obras e que, portanto, devam ser alterados. Devem ser atendidos com urgência pelo interessado (engenheiro ou proprietário), pois o prazo é relativamente reduzido (15 dias úteis na Prefeitura de São Paulo), findo o qual o processo será indeferido por abandono. Para dar novo andamento ao processo é necessário requerimento solicitando reconsideração de despacho, o que implica grande atraso. Quando os "comunique-se" são motivados por alterações necessárias nas plantas, estas, exceto uma, devem ser retiradas, deixando-se uma via em poder da prefeitura. Quando corrigidas são providenciadas novas vias e entregues a prefeitura. Toda essa operação se dá na seção de protocolo das subprefeituras regionais.

Quando as plantas são aprovadas, os dizeres que aparecem no protocolo são "aprovada, pagos os emolumentos devidos". O interessado deverá se dirigir a seção indicada atrás, pagar os emolumentos e receberá uma via de planta devidamente carimbada, a devolução do título de propriedade, o alvará e mais uma guia para retirada da placa (número da casa), o que se fará no mesmo local.

Os processos de aprovação são normalmente bastante demorados, principalmente quando há pontos em desacordo com a legislação vigente. Esse fato tem provocado diversas tentativas de soluções, que nem sempre chegam a dar resultados. Durante certo período a prefeitura forneceu o que chamou de "aprovação prévia", isto é, as plantas entravam em determinado dia pela manhã e mediante um estudo rápido e superficial, se nada em desacordo fosse encontrado, pela tarde eram devolvidas com carimbo, fato que permitia iniciar a obra. Porém a prefeitura se resguardava contra possíveis alterações necessárias e jogava a responsabilidade sobre o interessado. Não era, evidentemente, a solução adequada, pois, salvo construções de pequeno vulto, não era interessante ao engenheiro o início da obra em tais condições, com o risco de se ver forçado a fazer alterações com os trabalhos já em andamento.

Obtida a aprovação, o passo a seguir é a elaboração da planta construtiva da obra (ou projeto executivo).

Planta construtiva da obra

Já vimos que tanto o anteprojeto escolhido, como as plantas para a prefeitura carecem de maiores detalhes. São plantas em que não se teve a preocupação de exatidão e de representação de minúcias, pois para a finalidade seriam exageradas.

Porém, a mão de obra exige tais detalhes, sob pena de ficarem indeterminados diversos pontos importantes. Daí a necessidade de feitura de uma nova planta, que é conhecida com o nome de "construtiva" ou "de obra".

A escala mais indicada para tal planta é a de 1:50, para que, com esta ampliação, possam ser representados o maior número de detalhes e torná-la compreensível.

Deverá ser inteiramente cotada, não bastando o dimensionamento gráfico. Aliás, a falta de cotas é responsável por grande número de falhas, pois as cópias utilizadas nas obras são feitas em papel que facilmente se dilata com o clima, não merecendo fé as distâncias obtidas graficamente no desenho. Deve-se ainda tomar extremo cuidado com os enganos, evitando-se que diversas cotas sucessivas e somadas resultem diferentes das cotas totais. Os detalhes que compõem a planta construtiva são:

a. Paredes: é habito, para facilitar a exatidão do trabalho, que se considere as espessuras de paredes com 25 cm para as paredes de um tijolo e de 15 cm para as paredes de meio tijolo.
b. Posição e dimensão dos vãos (portas e janelas): marcando-se altura, largura e ainda a altura dos peitoris. É hábito determinarmos a posição das portas e janelas, contando a distância do seu eixo até a parede mais próxima.
c. Sentido de abertura das portas das dobradiças e abertura igual à largura do vão. Traça-se, então, pequeno arco de círculo, e assim ficará determinado o sentido de abertura.

d. As escadas devem ser bem detalhadas, constando a largura, altura e número de degraus. Quando necessário, pode-se detalhar a escada em ampliação em espaço ao lado da planta ou mesmo em folha separada.

e. Localização dos pontos luminosos, interruptores, tomadas de corrente, campainhas, telefones, quadro de distribuição e chuveiros elétricos.

f. Localização dos aparelhos sanitários nos banheiros e lavabos; da pia, filtro e fogão na cozinha; do tanque e da máquina de lavar na lavanderia e das torneiras de jardim.

g. Localização de peças embutidas tais como, cofres, caixa de lixo, exaustores etc.

É hábito ainda detalhar em folhas a parte:

1. o madeiramento do telhado
2. as esquadrias de madeira
3. as esquadrias metálicas
4. os sanitários
5. a cozinha

Nas páginas seguintes apresentamos modelos de plantas de execução e de detalhamento do madeiramento do telhado.

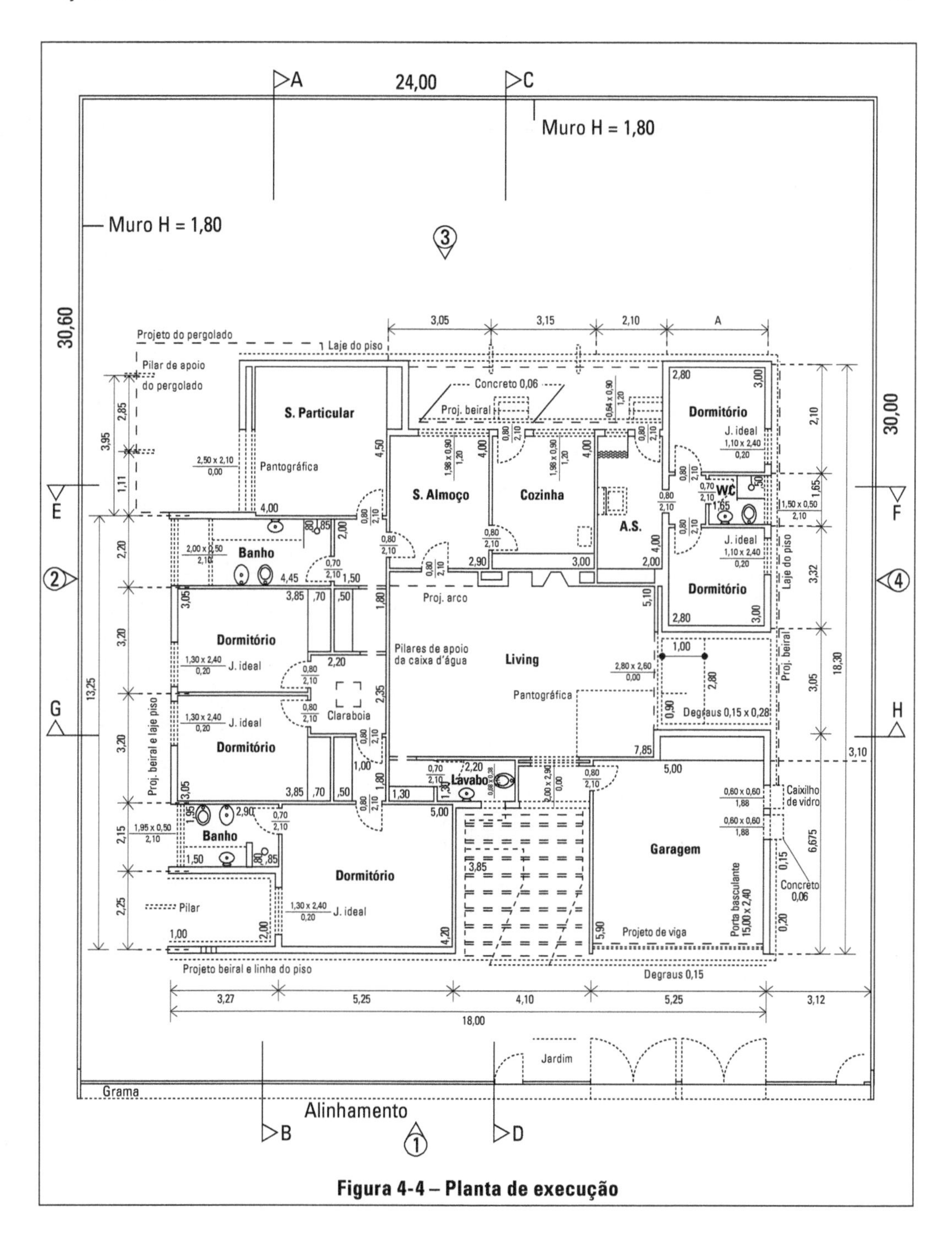

Figura 4-4 – Planta de execução

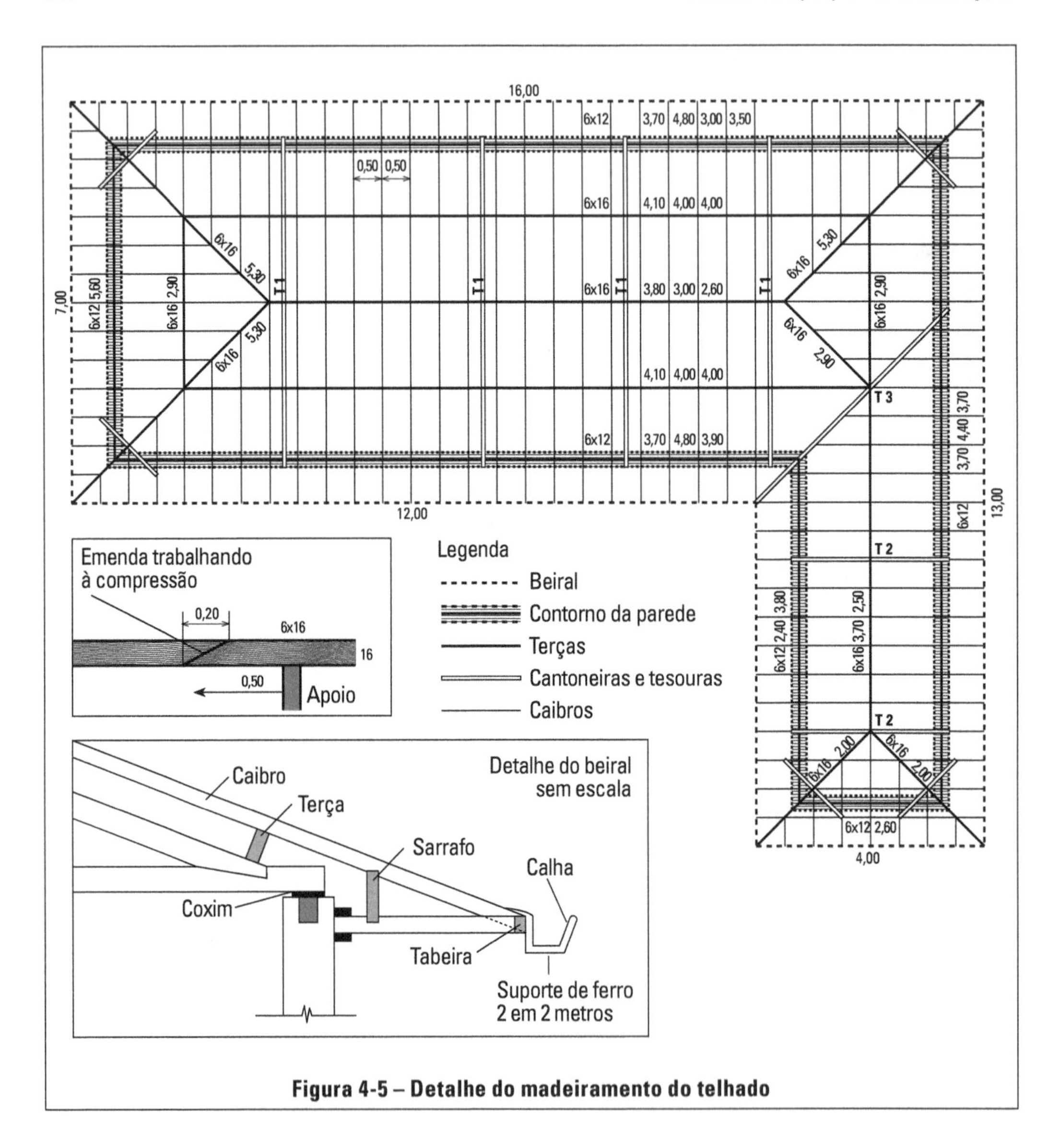

Figura 4-5 – Detalhe do madeiramento do telhado

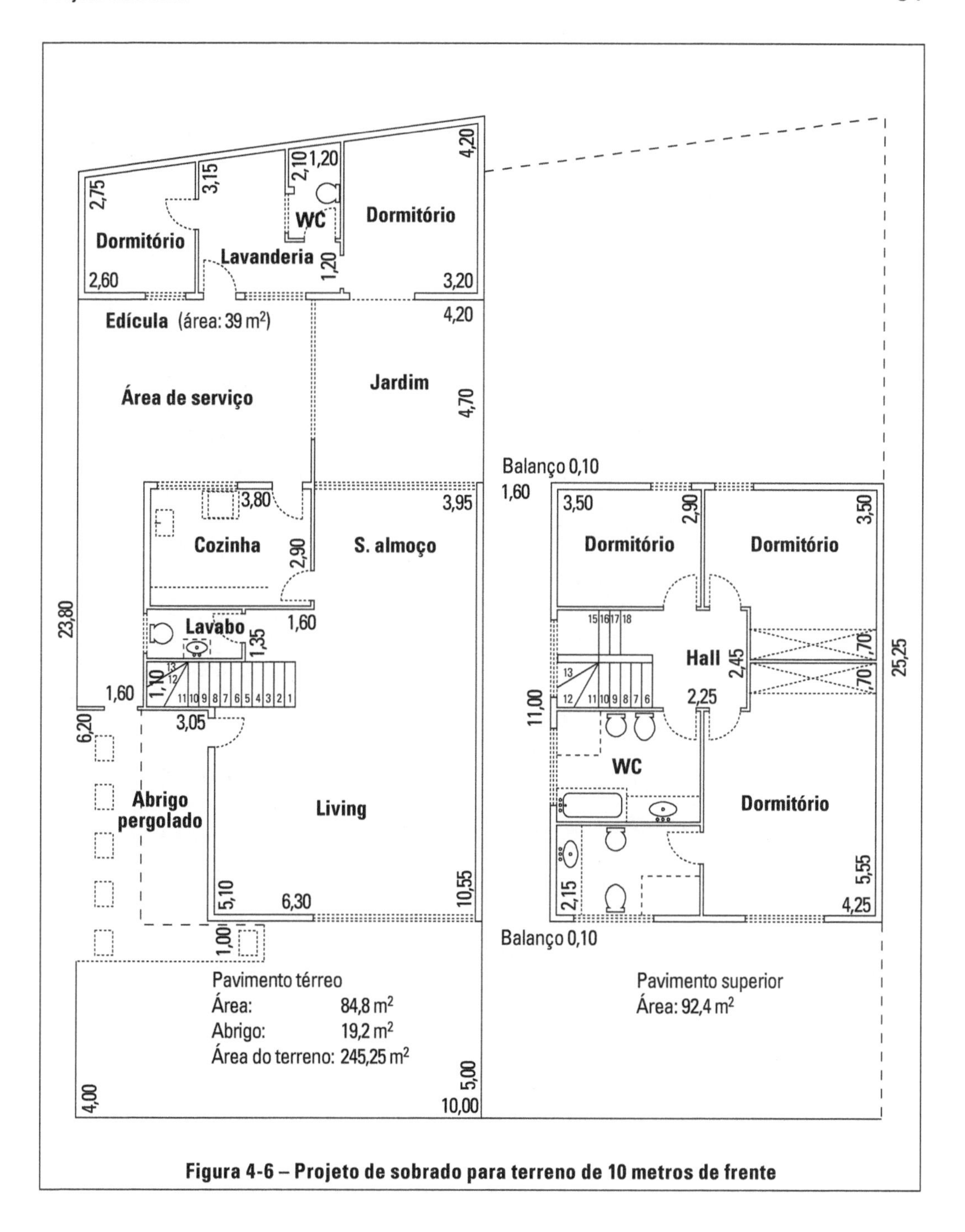

Figura 4-6 – Projeto de sobrado para terreno de 10 metros de frente

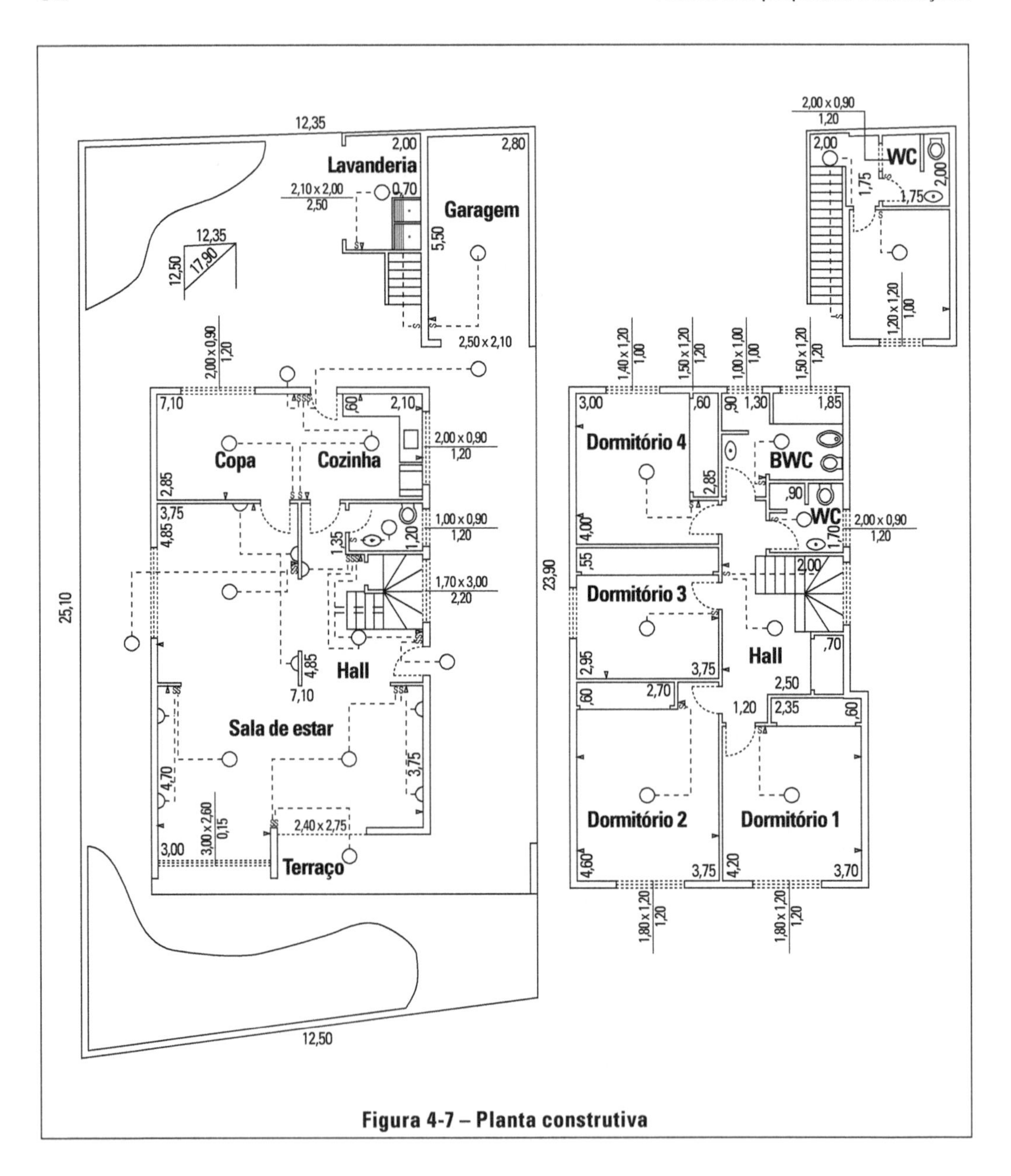

Figura 4-7 – Planta construtiva

HABITE-SE

O HABITE-SE é outro procedimento que deverá ser observado antes da entrega da obra para seus futuros ocupantes. O HABITE-SE nada mais é que a verificação, por parte da fiscalização da prefeitura local, de que o projeto por ela aprovado, antes do início dos serviços de construção, foi executado conforme o constante no processo de aprovação. Em outras palavras, construiu-se exatamente o proposto em projeto.

Para a obtenção do HABITE-SE, na Prefeitura de São Paulo, são necessários os seguintes documentos, a serem encaminhados à Regional pertinente:

1. Requerimento padronizado (retirar modelo na subprefeitura local).
2. Original da guia de quitação do Imposto Sobre Serviços – ISS.
3. Cópia autenticada do Alvará de Construção.
4. Cópia autenticada, frente e verso, do carnê de IPTU.
5. Dois jogos completos de plantas do projeto, aprovadas, ou um jogo da planta aprovada e três jogos de plantas alteradas, se for o caso, juntamente com o memorial descritivo das alterações em duas vias.
6. Declaração assinada pelo proprietário e pelo dirigente técnico, nos termos do artigo 2° do Decreto n. 33.673 de 21/09/93.
7. Cópia autenticada do Certificado de Vistoria do Corpo de Bombeiros, quando exigível.
8. Guia quitada da taxa devida, quando forem apresentados projetos alterados.
9. Cópias autenticadas de quaisquer outros documentos exigidos nas ressalvas e/ou notas do alvará.
10. Cópias autenticadas da quitação de multas incidentes sobre o imóvel, quando for o caso.
11. Termo de Responsabilidade relativo às instalações de gás.
12. Cópias de carteiras do CREA e da prefeitura do dirigente técnico da obra.

Observação: A guia do item 2 é fornecida, atualmente, na rua Pedro Américo, 32 – 3° andar – Edifício Andraus, mediante a apresentação de um jogo da planta aprovada, alvará, IPTU e faturas de mão de obra, com guias de pagamento do ISS.

ISS

O Imposto Sobre Serviços – ISS é um imposto cobrado sobre a parcela referente a mão de obra de um serviço. Trata-se de um imposto municipal e o valor da alíquota é determinado por cada prefeitura e normalmente varia de 2 a 5%. No Município de São Paulo, o valor da alíquota é de 5%, atualmente.

O cálculo e a maneira como é cobrado esse imposto é descrito a seguir:

Quando o engenheiro é contratado para executar uma obra, pode ocorrer uma das seguintes situações:

1. Fornecimento de mão de obra e do material inclusos nos serviços.
2. Fornecimento somente da mão de obra.
3. Cobrança de uma taxa de administração, aplicada ao total das despesas de material e mão de obra empregados na obra, quando fornecidos pelo cliente.

A cobrança dos serviços executados é feita por meio de nota fiscal ou fatura No corpo da nota são especificados os serviços realizados e seus respectivos valores.

Na primeira situação, acima descrita, o cálculo da parcela relativa à mão de obra é feito descontando-se os valores dos materiais gastos para a execução dos serviços, e sobre o saldo aplica-se, então, a alíquota do imposto a pagar.

No segundo caso, aplica-se o valor da alíquota sobre o valor integral da nota, sendo o resultado o total do imposto a ser pago.

No terceiro caso, o pagamento será feito ou sobre o valor do total da folha de pagamento ou por estimativa. É bom salientar que a prefeitura, quando da emissão do HABITE-SE, confrontará os valores recolhidos do ISS, com suas estimativas de valores a serem recolhidos, tendo como base uma obra com as características semelhantes àquelas apresentadas. Normalmente é estimado a esse valor 40% sobre o valor do metro quadrado do custo da construção. Em caso de divergência entre o valor recolhido e o valor calculado pela prefeitura, é necessário comprovar os cálculos ou recolher a diferença apurada.

O ISS é uma das grandes fontes de receita do município e sua legislação sofre contínuas alterações. Aconselhamos consultar um contador com experiência, para que o valor do imposto seja calculado corretamente, evitando-se assim atrasos na obtenção do HABITE-SE.

Os comprovantes do recolhimento desse imposto deverão ser guardados, pelo engenheiro ou proprietário.

Início da obra

- Água para consumo
- Terrero para preparação de argamassas
- Locação de paredes

Água para consumo

A primeira providência a ser tomada para o início dos trabalhos é a de se conseguir água para o consumo da obra (consumo, aliás, nada pequeno). Utilizando uma das referências conseguidas na primeira visita ao terreno, já saberemos se a rua é servida de rede de água e de esgoto. Em caso positivo, devemos requerer na concessionária dos serviços de água e esgoto da localidade onde se irá construir, a ligação provisória para o consumo de água na obra. Essa ligação demora geralmente de 15 a 20 dias, e, se não lembrada com a devida antecedência, provoca um atraso no início da obra ou recorrer a boa vontade de algum vizinho para nos fornecer água por meio de mangueira. Na cidade de São Paulo, a concessionária dos serviços de água é a Companhia de Saneamento Básico do Estado de São Paulo – SABESP, e para solicitar a ligação, é necessário que se construa no terreno o abrigo para conter o cavalete, Figura 5-1. As dimensões úteis do abrigo são: largura 0,80 m; altura 0,60 m; profundidade 0,30 m. Podem ser construídos de alvenaria com portinhola na frente e convém que se construa o cavalete no local projetado, aproveitando-o mais tarde como abrigo definitivo.

Existem também à venda, abrigos totalmente de concreto, inclusive com portas e que são muito práticos de serem instalados e facilmente encontrados em depósitos de material de construção.

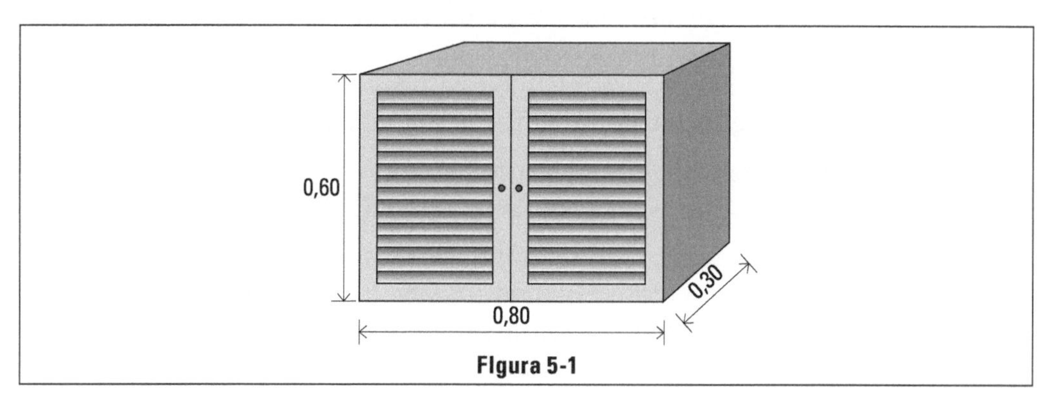

Figura 5-1

No caso de não haver rede de água na rua, devemos imediatamente providenciar a perfuração do poço no local definitivo. Lembre-se que a perfuração do poço também requer vários dias, devendo seu início ser programado para não atrasar o início dos trabalhos.

Outra opção é comprarmos água potável de empresas que a entregam em caminhão-pipa, abastecendo diretamente as caixas d'água da obra. Para saber a quantidade de água a ser comprada e a cada quantos dias deverá ser feita a entrega, devemos estimar não só o consumo dos funcionários como também da obra.

No caso de haver rede de águas, mas não haver rede de esgotos, sabemos que mais tarde teremos a necessidade de perfuração de poço para funcionar como fossa negra. É natural, portanto, que se antecipe a sua perfuração, pois poderá ser usado como poço e assim fornecer água para a obra.

Deverá também ser executada uma fossa séptica, que servirá para a coleta do esgoto proveniente do banheiro que servirá a obra e terá o dimensionamento de forma a atender o número de funcionários previstos para a obra.

A fossa séptica poderá ser revestida de tijolos de barro comum, ou esse revestimento poderá ser comprado em casas especializadas, na forma de anéis pré-moldados de concreto que se sobrepõem de acordo com as dimensões estabelecidas.

Deve-se ter a responsabilidade de, terminada a obra, limpar os dejetos da fossa e aterrá-la.

Barracão de guarda

A providência seguinte será a construção de barracão para guarda de materiais e abrigo, se for o caso dos operários residentes ou, simplesmente para revezamento de pernoite dos funcionários, o que evitará roubo de material e trará maior segurança para a obra. O cuidado e a verba utilizada para a construção do barracão, dependem do valor da obra e do tempo previsto para sua utilização. No caso de construções residenciais, o barracão ou é feito de alvenaria de blocos assentados com argamassa mista ou de folhas de compensado reciclado, utilizando-se, muitas vezes, madeiramento de segunda mão.

A cobertura será com madeiramento, telhas onduladas e pontaletes de pinho (3" × 3") poderão substituir os caibros de peroba. Geralmente não se usa forro.

A forma mais conveniente é a retangular com largura de 2,50 m no máximo, para evitar complexidade no madeiramento de telhado. O comprimento deverá variar com o vulto da obra, sendo no mínimo 6,00 m, para que possam armazenar as barras de tubos galvanizados, conduítes etc. O telhado deverá ser de uma só água. Normalmente, três operários conseguem erguer e cobrir o barracão em dois dias.

Atualmente o mais utilizado para a construção do barracão de obra são as chapas de compensado (madeirite) resinadas de 6 cm de espessura. Essas chapas revestem uma estrutura executada com pontaletes de pinho 3" × 3", e são cobertas com telhas de fibrocimento tipo "Vogatex" ondulada com espessura de 6 mm.

O piso do barracão é feito com uma camada de concreto magro (150 kg de cimento por metro cúbico) na espessura de 6 cm, podendo, para melhorar o aspecto, ser feito um recobrimento com argamassa de cimento e areia no traço (1:3) com 2 cm de espessura.

Para o dia fixado como início dos trabalhos, devemos contar, logo cedo, com todo o material necessário para o levantamento do barracão, blocos, telhas, madeiramento para o telhado e tábuas usadas para a feitura de porta e janela. Nesse mesmo dia, os empreiteiros deverão levar para o local, madeiramento usado para andaimes e suas ferramentas: pás, picaretas, enxadões, carros de mão, barricas para depósito de água etc.

Fechamento da obra

Outra providência a ser tomada antes do início da obra é o fechamento de todo o perímetro do terreno, além de ser uma exigência da prefeitura também é um serviço que aumenta a segurança da obra.

O fechamento poderá ser feito com tijolos de barro, blocos de concreto ou folhas de compensado resinado (madeirite) com espessura de 6 mm, com um portão com pelo menos 3 m de largura para facilitar a entrada de material na obra.

É conveniente, para melhorar o aspecto da obra, que se pinte o "tapume", nome dado ao fechamento com cal ou com latex de 2ª linha.

Segurança

A segurança é item fundamental nos dias de hoje e deverá ser feita 24 h por dia, por meio de um vigia contratado pela própria obra ou então, dependendo do vulto da mesma, por uma empresa de vigilância contratada.

Na análise do custo desse serviço a alternativa de se optar por um operário da obra e considerar no custo: turno de trabalho, folga semanal com o adicional noturno no valor do salário, feriados e finais de semana.

Canteiro de serviço

Resolvido o problema de abrigo, com a construção do barracão, inicia-se a preparação do terreno para receber a locação das paredes e a construção do canteiro de serviço.

A limpeza do terreno se resume em mero carpimento, para livrá-lo da vegetação. O capim arrancado deverá ser empilhado, e, depois de alguns dias, queimado. Se o volume for muito grande para ser queimado, deverá ser providenciado carreto para retirada do material.

O local para o canteiro de serviços deve ser escolhido atendendo tanto quanto possível as seguintes condições:

1. Local onde possa permanecer até o final da obra sem atrapalhar os trabalhos.
2. Proximidade do ponto de água.
3. Espaços livres laterais para a descarga dos caminhões de areia e de pedra.
4. Proximidade das diversas partes entre si.

Terreno para preparo de argamassa

Devemos limpar e regularizar o terreno em uma área de cerca de 6 m^2. A seguir, serão dispostos tijolos em forma de piso ou tábuas de pinho 1" × 12", para proteger a argamassa contra mistura com terra. As juntas entre tijolos ou entre tábuas, durante a primeira vez que se prepara a argamassa sobre o terreno, ficarão preenchidas evitando perdas futuras. Uma solução eficaz, principalmente para preparo de concreto com mistura manual, é preparar uma área cimentada circular com caimento para o centro; desta forma, evita-se que, durante as misturas, a água fuja para os lados carregando cimento. Quando se preparar argamassa à base de cimento (cimento e areia ou concreto) deve haver o cuidado de não deixar sobras sobre o piso que endurecem e o inutilizam para novo uso lavando o espaço em todo final de expediente.

A mistura da argamassa poderá ser manual ou então mecânica, dependendo do vulto da obra.

Para obras de pequeno porte, em que se escolheu a mistura mecânica, é suficiente uma betoneira de 320 litros de volume, que poderá ser comprada ou alugada, dependendo do prazo da obra.

Atualmente, não é aconselhável que se prepare argamassa na obra, tanto para assentamento de tijolos ou blocos, como para revestimento, pois as argamassas já são industrializadas e, para cada fim a que se destina, há um tipo específico e sua utilização correta, evitando bolhas que aparecem nos revestimentos das paredes, consequência da hidratação mal feita da cal.

Placas de obra

A propaganda é a alma do negócio e todo e qualquer fornecedor de material ou serviço de uma obra faz questão de pendurar sua plaquinha na frente da obra. Para evitar que o nosso tapume vire uma verdadeira "porta de tinturaria", devemos reservar um local apropriado para que as mesmas sejam colocadas sem causar poluição visual, de acordo com legislação local a respeito de propaganda, como é o caso de São Paulo, com a Lei Cidade Limpa.

Deve-se colocar uma placa com o nome do engenheiro responsável, número de sua carteira do CREA, endereço comercial e telefone para contato nesse espaço.

A placa com número do alvará de construção é a mais importante e deve ser colocada em local visível, destacada de todas as outras. Trata-se de uma placa simples, com 50 × 50 cm de dimensão, fundo branco, dizeres em preto e contendo o número do alvará de construção e o número do processo na prefeitura. A não colocação dessa placa implicará multa aplicada pela prefeitura.

Locação da obra

Locação de estacas

Os diversos detalhes de um projeto sobre o terreno é mostrado pelas paredes que aparecem na planta. Porém, desde que haja necessidade de estaqueamento, a posição da estaca deve ser fixada inicialmente. Só depois do estaqueamento pronto, locaremos as paredes. Devemos lembrar que o bate-estacas, como máquina extremamente pesada, e que é transportada arrastando-se no terreno, desmancharia qualquer locação prévia das paredes.

Para locação das estacas, convém preparar uma planta desse detalhe, tal como aparece na Figura 5-2. Notem a preocupação de se escolher uma origem para os eixos de coordenadas ortogonais, e as distâncias marcadas sobre eles serão, portanto, acumuladas desde a referida origem. Para construções que possuem estruturas de concreto, caberá ao escritório de cálculo o fornecimento da planta de locação das estacas. No local, providenciamos a colocação de tábuas ou sarrafos em volta de toda a área de construção formando um retângulo. Os sarrafos devem ser colocados inteiramente nivelados. Sobre os sarrafos serão medidas as diversas distâncias marcadas na planta, fixando por intermédio de cravação de pregos os mesmos pontos nos lados opostos do retângulo. Isso faz com que

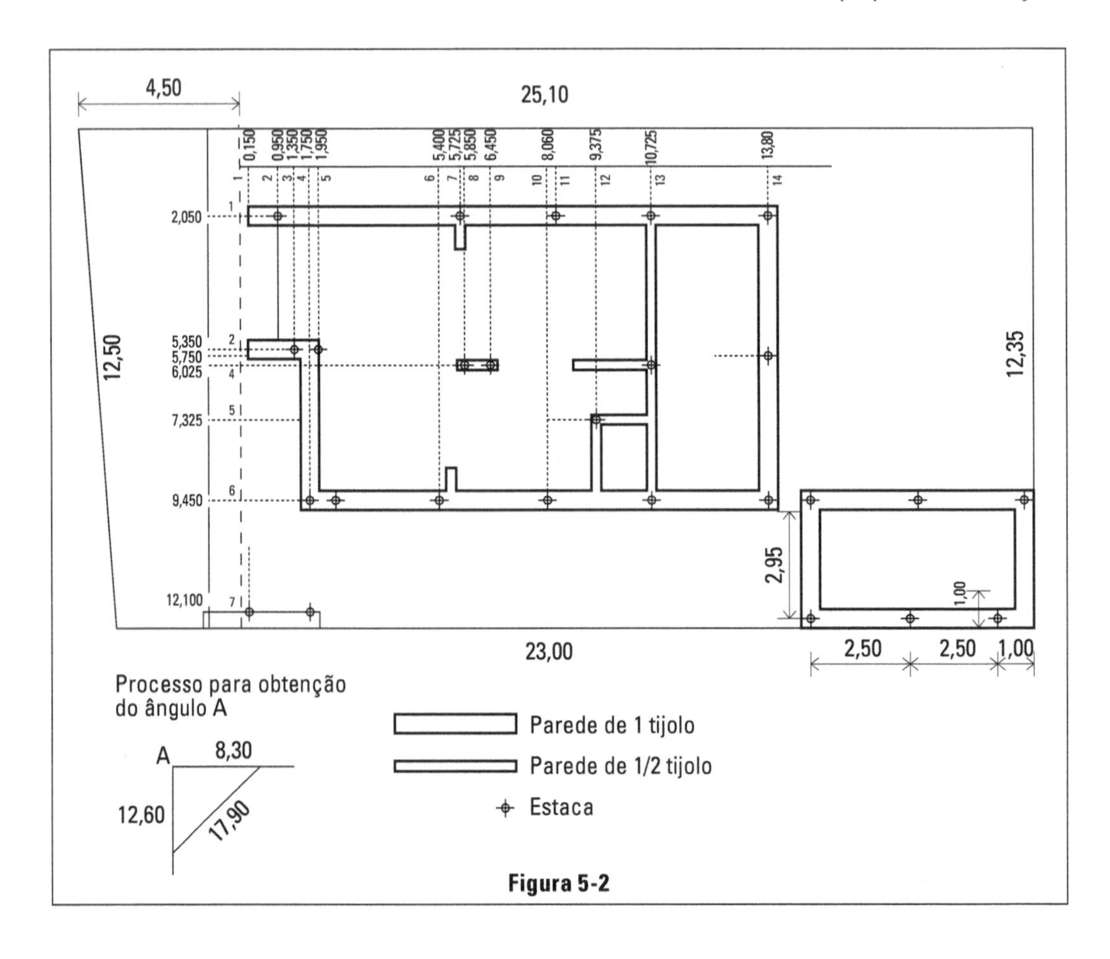

Figura 5-2

uma estaca exija a colocação de quatro pregos sobre os sarrafos, como mostra a Figura 5-3. A estaca X tem seu local fixado pela interseção de duas linhas esticadas: uma do prego 1 ao 2 e outra do 3 ao 4. Caso sejam diversas estacas no mesmo alinhamento, o mesmo par de pregos servirá para todas elas. Depois de terminada a cravação de todos os pregos necessários, esticaremos linhas duas a duas e as interseções estarão no mesmo prumo do local escolhido pelo projeto para a cravação da estaca. Porém, como o cruzamento das linhas poderá estar muito acima da superfície do solo, por intermédio de um prumo levamos a vertical até o chão e nele cravamos pequena estaca de madeira (piquete), geralmente de peroba, com 2,5 × 2,5 cm e 15 cm de comprimento. Esse piquete deverá ser pintado com uma cor berrante (laranja) para sua fácil identificação posterior. O piquete deve ser cravado até o nível do chão, para que o bate-estacas não o arranque ao passar sobre ele.

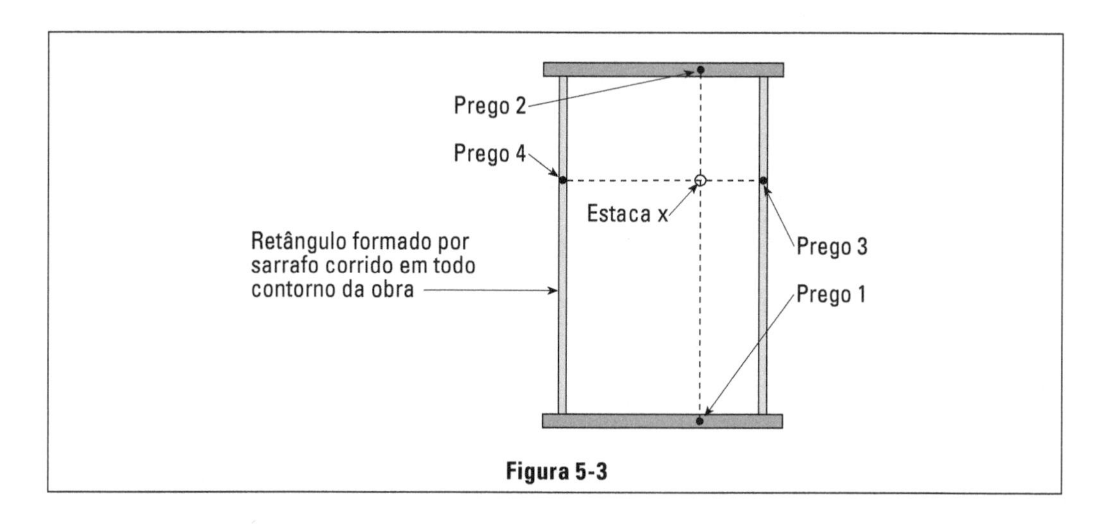

Figura 5-3

Locação de paredes

Tanto a locação das paredes como a das estacas deve, de preferência, ser executada pelo próprio engenheiro. Uma locação deficiente trará desarmonia entre projeto e execução, cujas consequências poderão ser bem graves. Caso na obra haja um mestre de obras experiente, a locação pode ser feita por ele, desde que verificada as suas partes básicas (esquadros perfeitos e comprimentos totais exatos) pelo engenheiro.

Devemos marcar as posições das paredes pelo eixo, para que haja distribuição racional das diferenças de espessura da parede, no desenho e na realidade. Nas plantas, é hábito desenhar as paredes de um tijolo com 25 cm de espessura. Sabemos que na execução depois do revestimento, fica com espessura 27 ou 28 cm. As paredes de meio tijolo aparecem nos desenhos com 15 cm e na execução com 14 cm. Essas diferenças, isoladamente são insignificantes, porém acumuladas representam considerável modificação entre projeto e execução, caso não sejam bem distribuídas. A melhor forma de distribuição será a locação das paredes pelo eixo e não por uma das faces. A seguir, como exemplo, as Figuras 5-4, 5-5 e 5-6 explicam a razão do fato.

Na Figura 5-4 aparece o trecho de construção tal como é desenhado na planta construtiva. A Figura 5-5 mostra o resultado da locação pelas faces das paredes, e nota-se que a diferença total de 3 cm foi acumulada na sala 2.

Na Figura 5-6 aparece o resultado da locação pelos eixos, notando-se que a diferença de 3 cm total foi distribuída pelas duas salas e pelos dois recuos laterais, de forma a não modificar sensivelmente o projeto.

Além dessa vantagem, teríamos menor risco de confusão por parte dos pedreiros, uma vez que sabemos que todos os alinhamentos marcados representam o eixo das paredes e, portanto, os tijolos serão colocados metade para cada

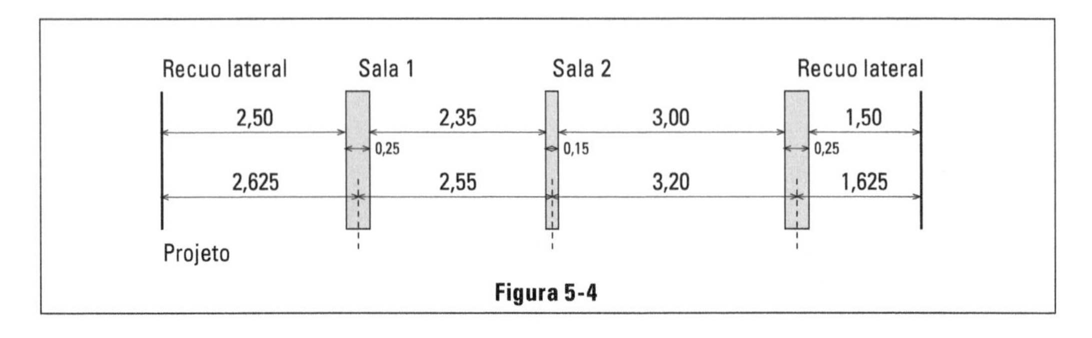

Figura 5-4

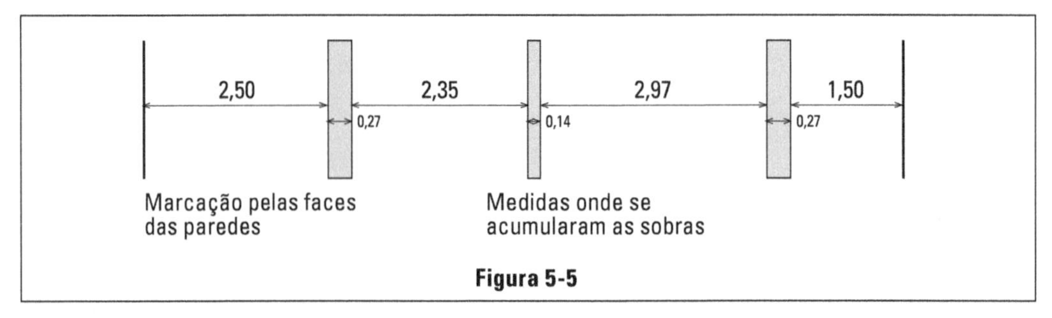

Figura 5-5

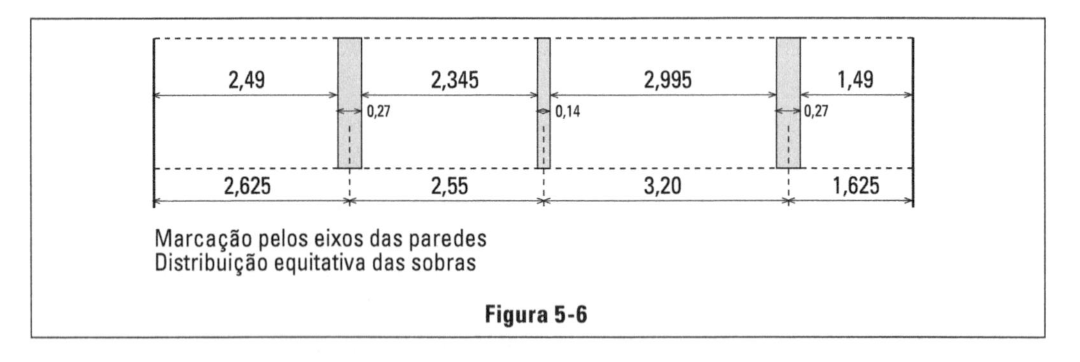

Figura 5-6

lado. Marcando pelas faces, poderia surgir dúvida quanto a parede ser de um ou de outro lado do alinhamento marcado.

Quanto ao processo de fixação dos alinhamentos no terreno, são conhecidos dois processos:

1. *Processo dos cavaletes*

Os alinhamentos são fixados por pregos cravados em cavaletes. Estes são constituídos de duas estacas cravadas no solo e uma travessa pregada sobre elas. A Figura 5-7 mostra como o alinhamento da parede foi estabelecido por intermédio de dois cavaletes opostos.

Deve-se, tanto quanto possível, evitar tal processo, em função dos cavaletes serem facilmente deslocados por batidas de carrinhos de mão, pontapés, por exemplo, sem que tal mudança seja notada.

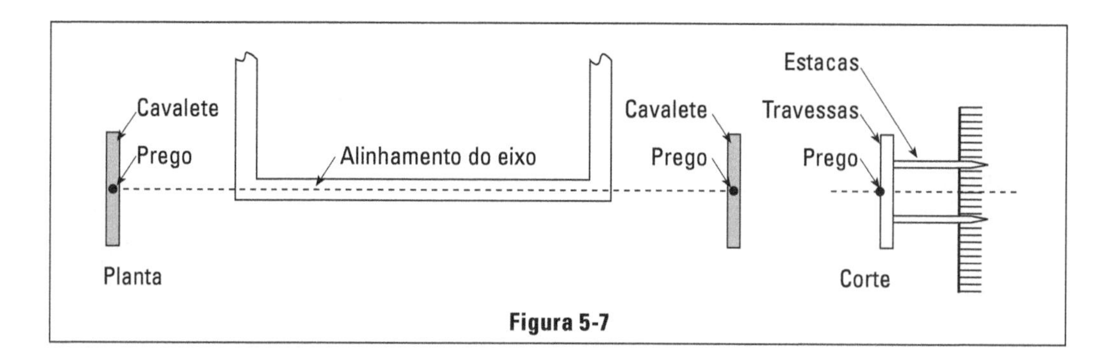

Figura 5-7

Só se justifica o uso de cavaletes em construção muito pequena, em que os alinhamentos permanecem fixados nos cavaletes poucas horas e logo são levantadas as paredes (construção de dormitórios de criada, garagem etc.).

2. *Processo da tábua corrida*

Consiste na cravação de pontaletes de pinho (3" × 3" ou "3 × 4"), distanciados entre si em 1,50 m aproximadamente, e afastados das futuras paredes cerca de 1,20 m. Esses pontaletes servirão mais tarde para o erguimento de andaimes, sempre necessários. Nos pontaletes serão pregadas tábuas sucessivas, formando uma cinta em volta da área a ser construída. As tábuas deverão estar estendidas em nível, para que se possa esticar a trena sobre elas. Pregos fincados nas tábuas determinam os alinhamentos.

Não há dúvida de que o deslocamento dos pontos marcados desse modo é impossível e, considerando que os pontaletes serão usados para andaimes, não haverá perda de tempo. Esse processo é considerado o ideal.

A locação deve ser procedida com trena de aço, a única que nos merece fé. É proibido o uso de trena de pano, já que estica a vontade de quem a usa (pode-se empregar também trena de plástico).

Para perfeito esquadro entre dois alinhamentos, devemos usar o teodolito. Atualmente é empregado equipamento a raio laser com leitura ótica.

Desde que se fixem dois alinhamentos ortogonais com o aparelho, os pontos restantes podem ser marcados com trena de aço. É hábito, ao terminarmos a locação, estendermos linha em dois alinhamentos finais e verificar a exatidão do ângulo reto com o aparelho. Se o primeiro e o último esquadros estiverem perfeitos, os intermediários também estarão, salvo engano facilmente visível e retificável.

A Figura 5-8 mostra um trecho de construção locada pelo processo de tábua corrida.

Ponto A, que servirá de referência de distância e nível. (Figura 5-9)

Desde que apenas o eixo foi demarcado, caberá ao mestre a colocação de pregos laterais que marquem a largura necessária para a abertura da vala, do alicerce e da parede. A Figura 5-10 mostra um conjunto de pregos que 2 a 2 marcam com 20 cm a largura da parede (só tijolos, sem revestimento), com 30 cm a largura do alicerce (de um tijolo e meio) e com 45 cm a largura da vala. Este último par de pregos pode ser dispensado, já que os pedreiros abrem a vala um pouco maior do que a largura do alicerce. A recomendação é que os pregos utilizados sejam sempre diferentes (menores) do que aquele que marca o eixo, para evitar confusão.

Execução do esquadro no gabarito, utilizando o processo do triângulo retângulo 3-4-5. (Figura 5-11) Nivelamento do gabarito com nível de pedreiro ou nível de mangueira. (Figura 5-12) Locação de um ponto específico (cruzamento de eixos). (Figura 5-13)

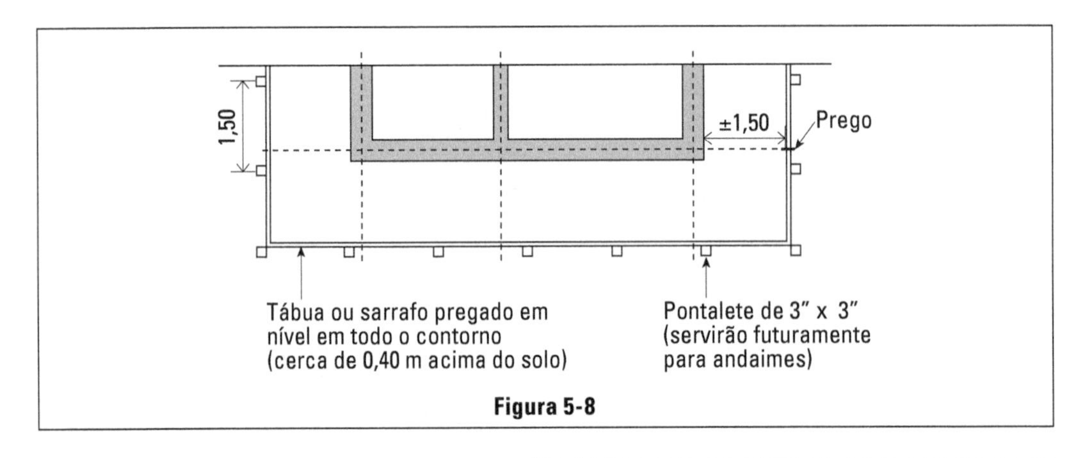

Figura 5-8

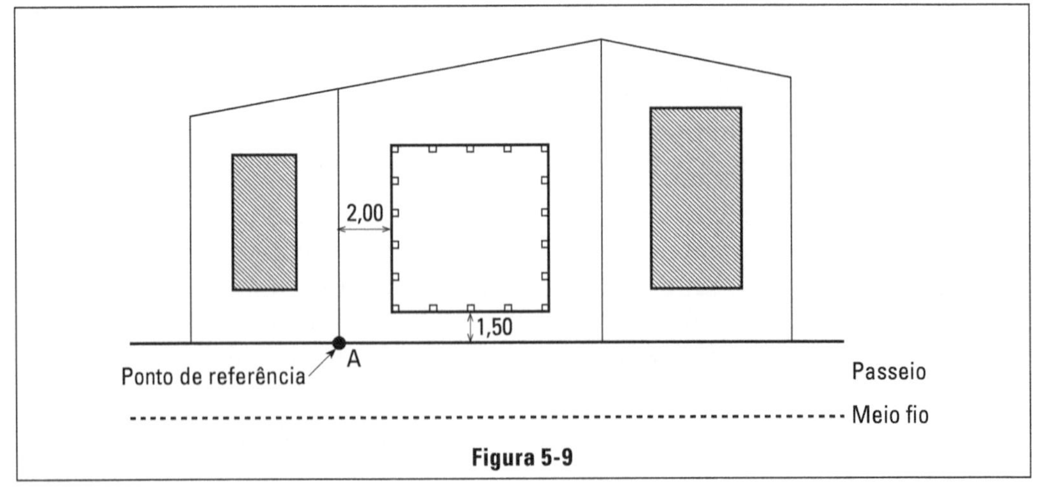

Figura 5-9

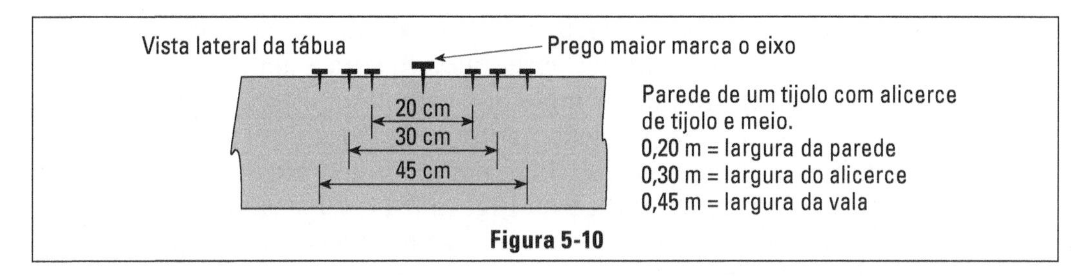

Figura 5-10

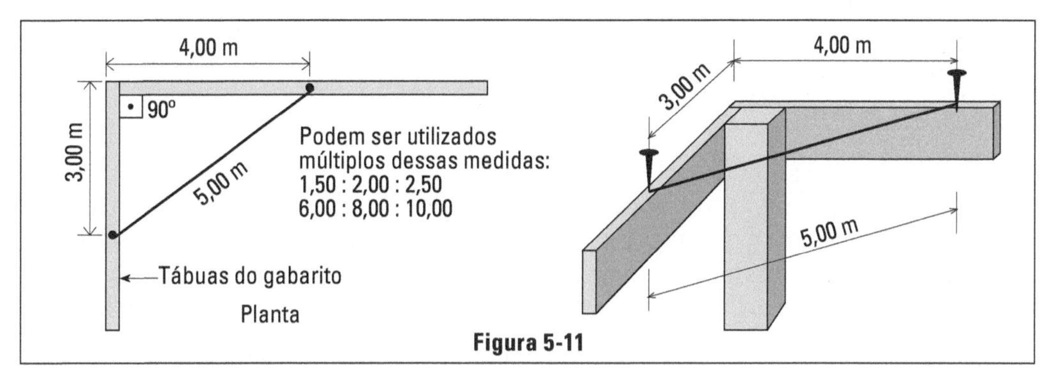

Figura 5-11

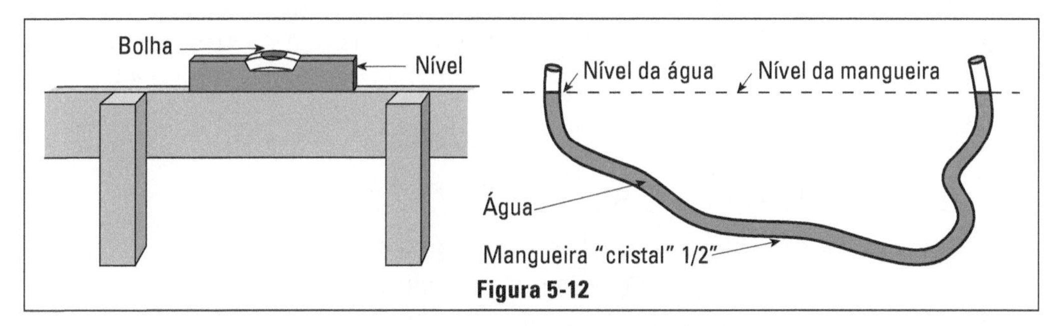

Figura 5-12

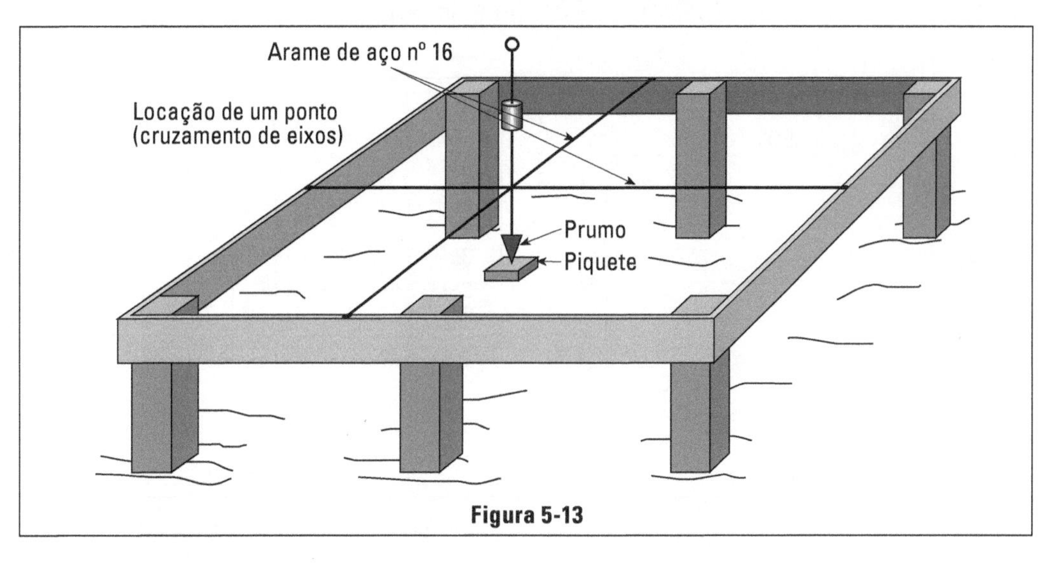

Figura 5-13

Geralmente, o engenheiro preocupa-se com a falta de exatidão na colocação da tábua estendida em volta da obra, quando esta é feita pelo mestre de obra. Queremos mostrar em um exemplo que esta preocupação é injustificada; em outras palavras: a falta de precisão nos ângulos retos e no nivelamento das tábuas não significa valor apreciável. Supomos que o mestre de obra ao colocar as tábuas cometa o erro que aparece na Figura 5-14, ou seja, ao colocá-las em redor da área a ser locada, acertou em todas as medidas, exceto que na tábua dos fundos (10 m 30) errou em 30 cm. Verifique a consequência deste erro na locação das paredes que aparecem na Figura 5-15. Para não tornarmos a solução muito longa, vamos verificar quais os erros cometidos na locação dos eixos 2-2 (longitudinal) e C-C (transversal).

Solução:

O eixo 2-2 não será afetado, não aparecendo nenhum erro, isto porque ele será marcado a partir do eixo 1-1, e este, por sua vez, a partir do alinhamento lateral do lote, que nada tem a ver com a tábua lateral esquerda, que se encontra mal colocada.

Quanto ao eixo C-C, este será afetado pelos erros que aparecem na Figura 5-16 (e_x e e_y). Nesta figura verificamos que deveriam ser medidos os 5 m ao longo do alinhamento SR, e, no entanto, foram marcados 5 m no alinhamento SM.

$$\frac{0,30}{15,0} = \frac{e_x}{5,00}$$

$e_x = 0,10$; o valor de $e_x = 5,00 - SR$

$$SR = 5,00^2 - e_x^2 = 25,00 = 0,01$$
$$SR = 24,99 = 4,9990$$

portanto, $e_y = 5,0000 - 4,9990 = 0,001$, ou seja, apenas um milímetro.

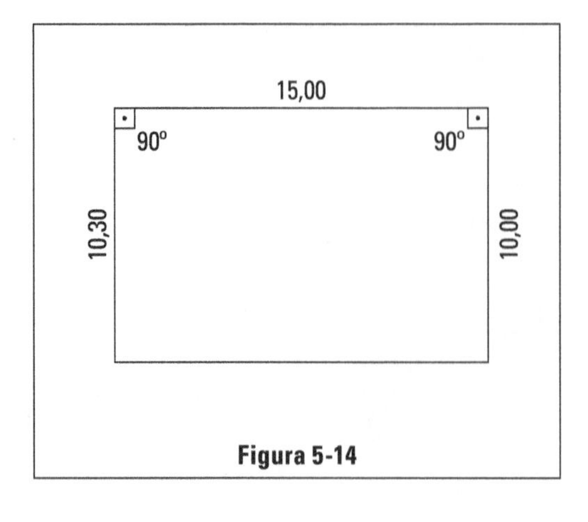

Figura 5-14

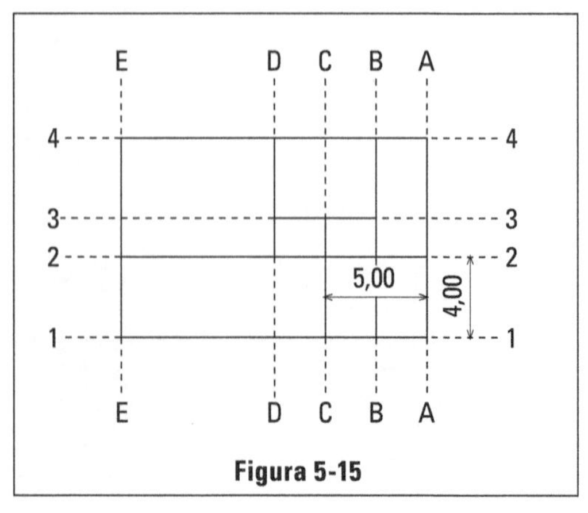

Figura 5-15

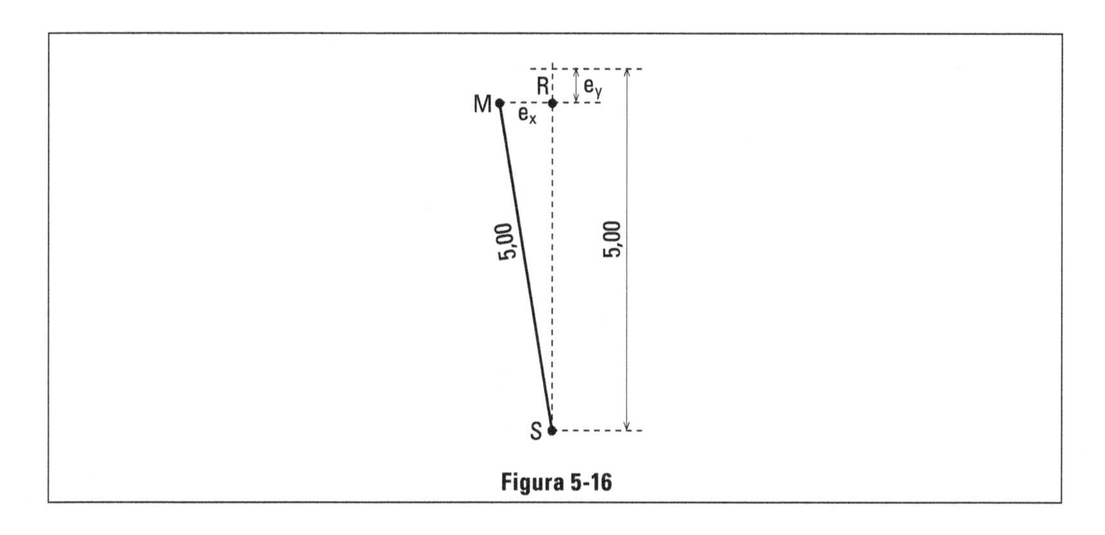

Figura 5-16

Ora, o erro e_x = 0,10 não afetará o levantamento das paredes, pois, sendo a linha esticada entre os pregos C-C, sua posição somente será afetada pelo erro em y ou seja ey = 0,001 (desprezível). Isso mostra que a tábua corrida em volta da construção poderá ser colocada pelo mestre de obra, mesmo sabendo que serão cometidos erros nos ângulos retos e nos nivelamentos, uma vez que o mestre de obra não possui os recursos (teodolito e nível topográfico) do engenheiro e usará o sistema 3-4-5 ou esquadro de pedreiro e o nível com tubo de plástico cheio d'água (vasos comunicantes).

Terminando este capítulo, apresentamos a planta de execução de uma casa térrea de área relativamente grande: 322 m^2 em terreno de 24 m × 30,30 m = 727,2 m^2. (Figura 5-17) E, logo a seguir, o preparo das coordenadas para locação dos eixos das paredes, aliás em grande quantidade. No sentido transversal são 19 eixos, e no sentido longitudinal também 19 eixos. Esse preparo merece um cálculo cuidadoso, para serem evitados enganos. Seria interessante que os leitores fizessem o seu próprio cálculo, como treino, precavendo-se principalmente nos locais onde se juntam duas paredes, uma de um tijolo com outra de meio tijolo, na mesma direção e com uma das faces em comum. Essa obra foi depois facilmente locada, sendo gastas apenas três horas no local. Tanto a planta como o preparo das coordenadas são mostradas a seguir.

Em seguida, sequência ilutrativa das etapas que compõem os serviços de locação de uma obra.

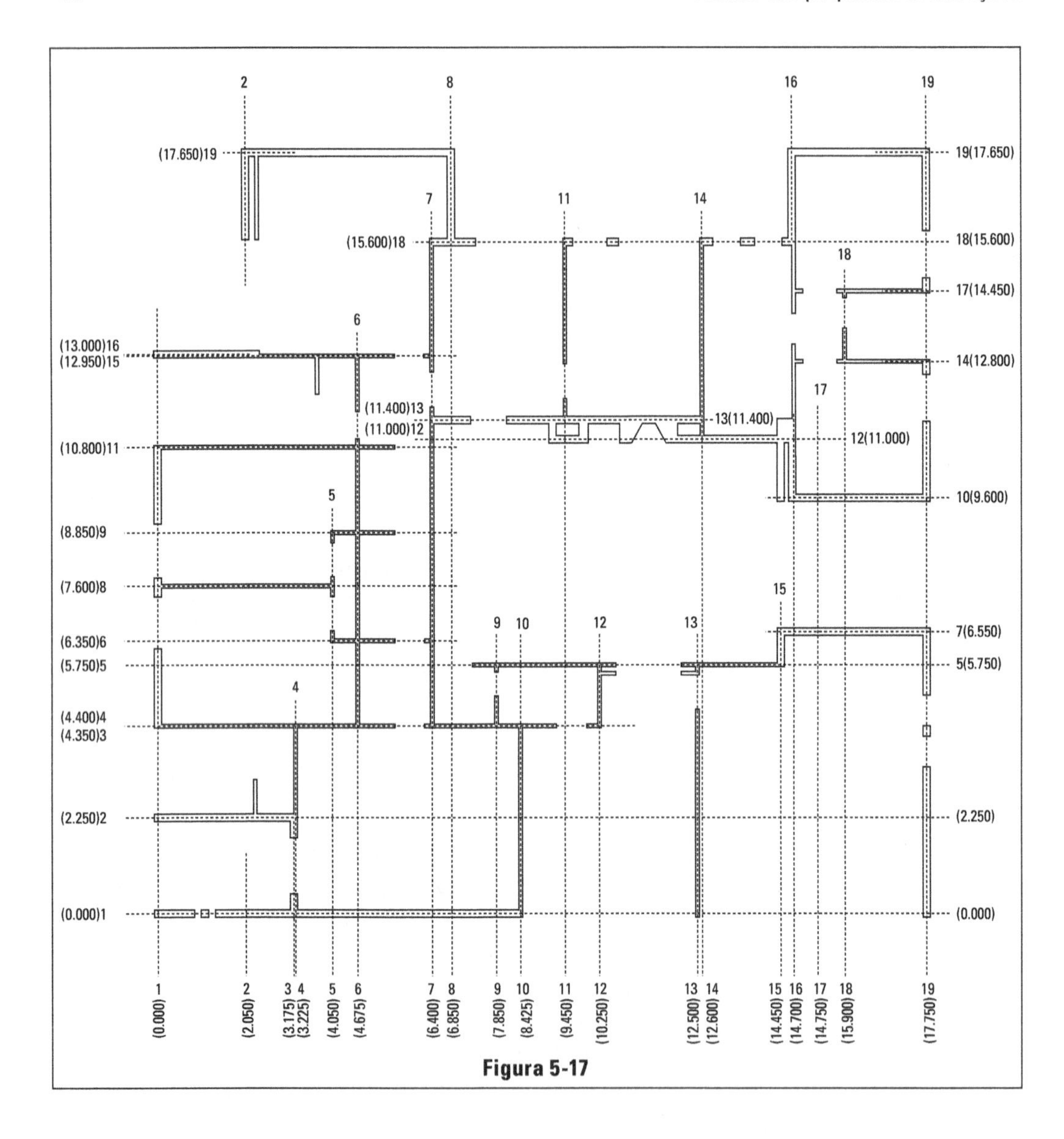
2
8
16
19
(17.650)19
19(17.650)
7
11
14
(15.600)18
18(15.600)
18
17(14.450)
6
(13.000)16
(12.950)15
14(12.800)
17
(11.400)13
(11.000)12
13(11.400)
12(11.000)
(10.800)11
5
10(9.600)
(8.850)9
(7.600)8
15
9 10
12
13
(6.350)6
7(6.550)
(5.750)5
5(5.750)
4
(4.400)4
(4.350)3
(2.250)2
(2.250)
(0.000)1
(0.000)
1 2 3 4 5 6 7 8 9 10 11 12 13 14 15 16 17 18 19
(0.000) (2.050) (3.175) (3.225) (4.050) (4.675) (6.400) (6.850) (7.850) (8.425) (9.450) (10.250) (12.500) (12.600) (14.450) (14.700) (14.750) (15.900) (17.750)

Figura 5-17

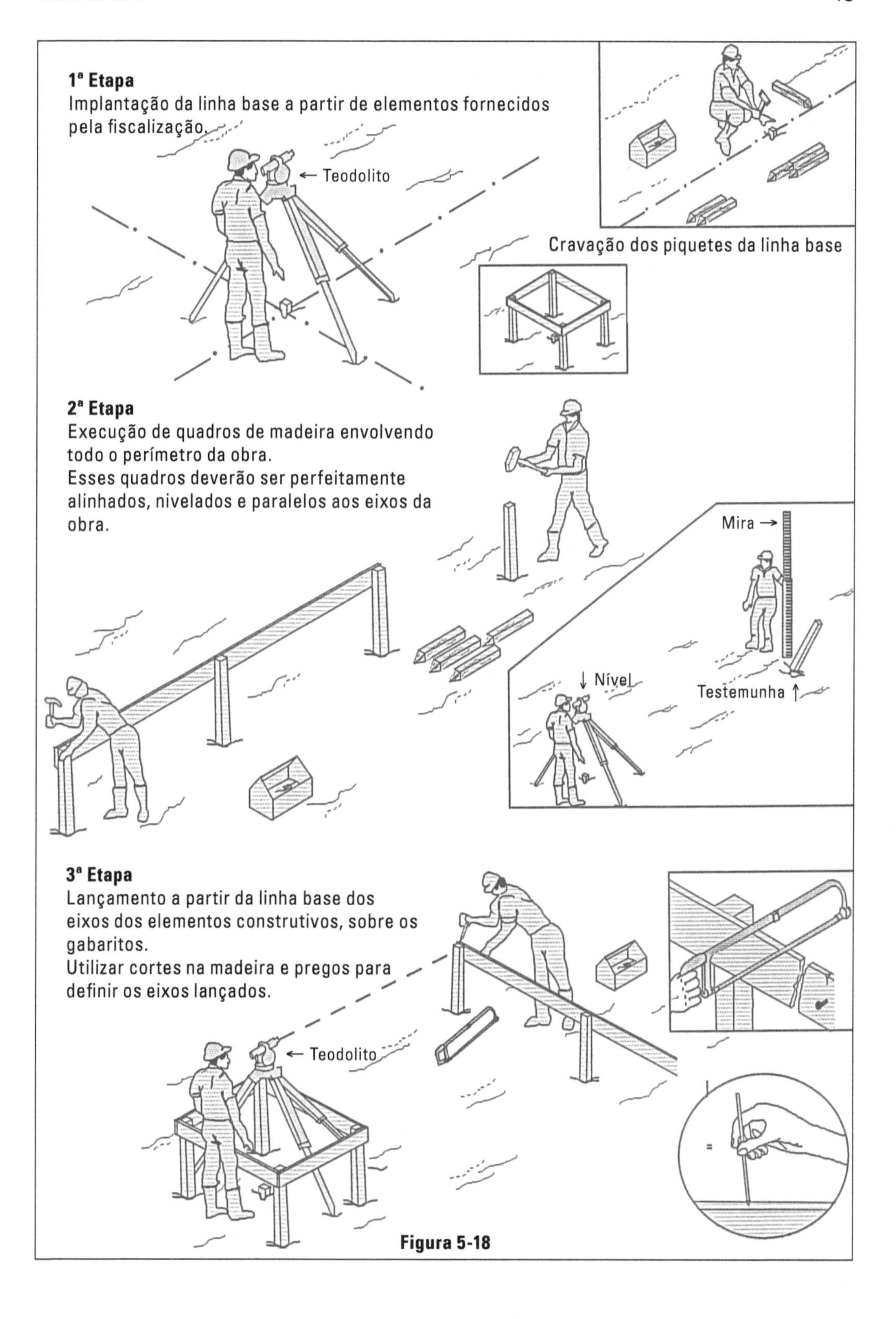
1ª Etapa
Implantação da linha base a partir de elementos fornecidos pela fiscalização.
← Teodolito
Cravação dos piquetes da linha base
2ª Etapa
Execução de quadros de madeira envolvendo todo o perímetro da obra.
Esses quadros deverão ser perfeitamente alinhados, nivelados e paralelos aos eixos da obra.
Mira →
↓ Nível
Testemunha ↑
3ª Etapa
Lançamento a partir da linha base dos eixos dos elementos construtivos, sobre os gabaritos.
Utilizar cortes na madeira e pregos para definir os eixos lançados.
← Teodolito

Figura 5-18

Alicerces

- Abertura de valas
- Alicerce de alvenaria
- Cintas de amarração
- Impermeabilização

Todo o peso de uma obra é transferido para o terreno em que a mesma é apoiada. Os esforços produzidos pelo peso da construção deverão ser suportados pelo terreno em que esta se apoia, sem a ocorrência de recalques ou ruptura do mesmo.

A parte de uma construção que recebe o seu peso e o transfere para o solo, chama-se fundação (alicerces). É a primeira etapa da construção a ser executada e é o "pé" da edificação. O tipo, formas e dimensões dependem das cargas a serem transferidas (peso da construção) e do terreno onde essa se apoiará (resistência). Temos, portanto, para cada situação possível de ocorrer na prática, um tipo de fundação mais adequada a ser utilizada. Usualmente as fundações classificam-se como segue:

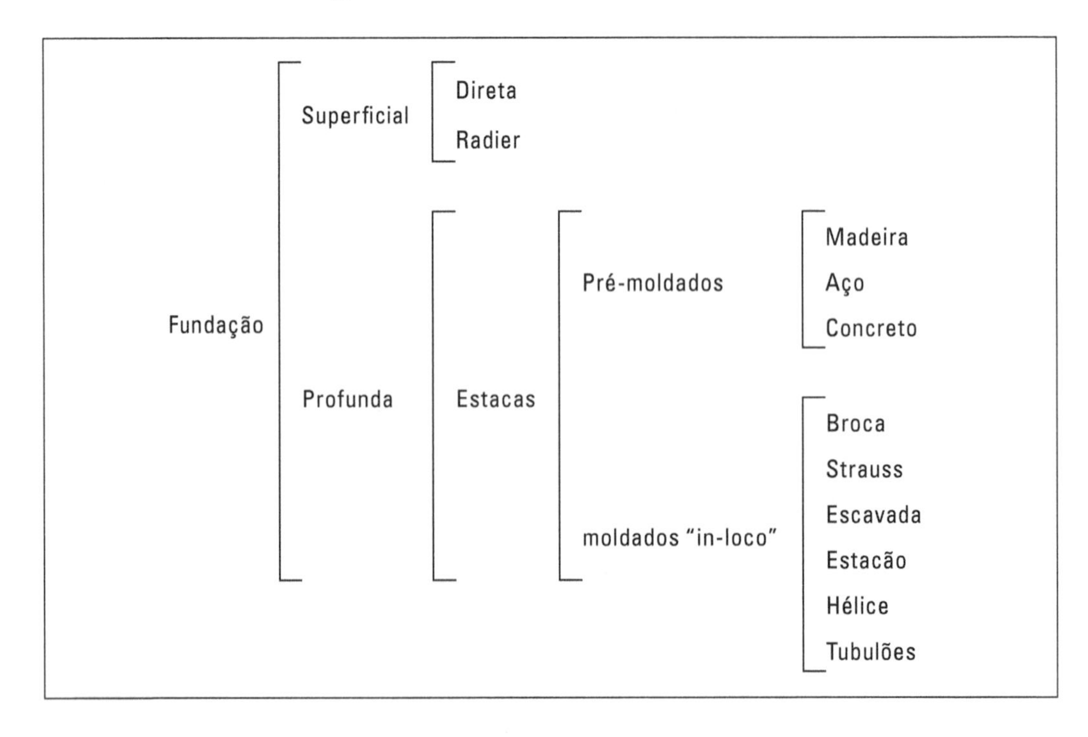

Afirmamos, de uma maneira bastante simples, que as fundações devem fazer com que a tensão transmitida ao terreno seja menor que a tensão que este terreno é capaz de suportar.

A seguir, fornecemos algumas taxas de tensões de compressão admissíveis para determinados tipos de solo.

Tipos de solo	Resistência à compressão
Areia movediça	0,5 kg/cm^2
Barro (argila) macio	1,0 kg/cm^2
Barro úmido com areia molhada	2,0 kg/cm^2
Barro e areia em camadas alternadas	2,5 kg/cm^2
Barro seco ou areia fina e firme	3,0 kg/cm^2
Areia grossa, cascalho ou terra natural compacta	4,0 kg/cm^2
Cascalho grosso, pedra e barro estratificados	6,0 kg/cm^2
Piçarra ou xisto duro	10,0 kg/cm^2
Rocha nativa muito dura	20,0 kg/cm^2

Podemos dizer que quando um terreno for firme na superfície ou à pequena profundidade, empregamos fundações superficiais, e quando o terreno for firme em camadas de maior profundidade, empregamos fundações profundas. Utilizamos também fundações superficiais, quando o terreno tiver pouca resistência na superfície.

Nesse caso, podemos utilizar a solução de radier, que nada mais é que uma superfície de concreto executada como se fosse um grande piso sobre o qual será construída a edificação. (Figura 6-1)

Esse piso será armado com aço, para evitar trincas, e concreto de boa resistência, como se fosse uma laje.

Pode ser um contrassenso, mas vejamos:

$$\text{Tensão} = \frac{\text{Força}}{\text{Área}}$$

Se aumentarmos a área, diminuiremos o valor da tensão, que poderá ficar menor que a tensão admissível do solo, mesmo que esta seja pequena. Ou seja, distribuímos com essa solução o peso da construção para todo terreno.

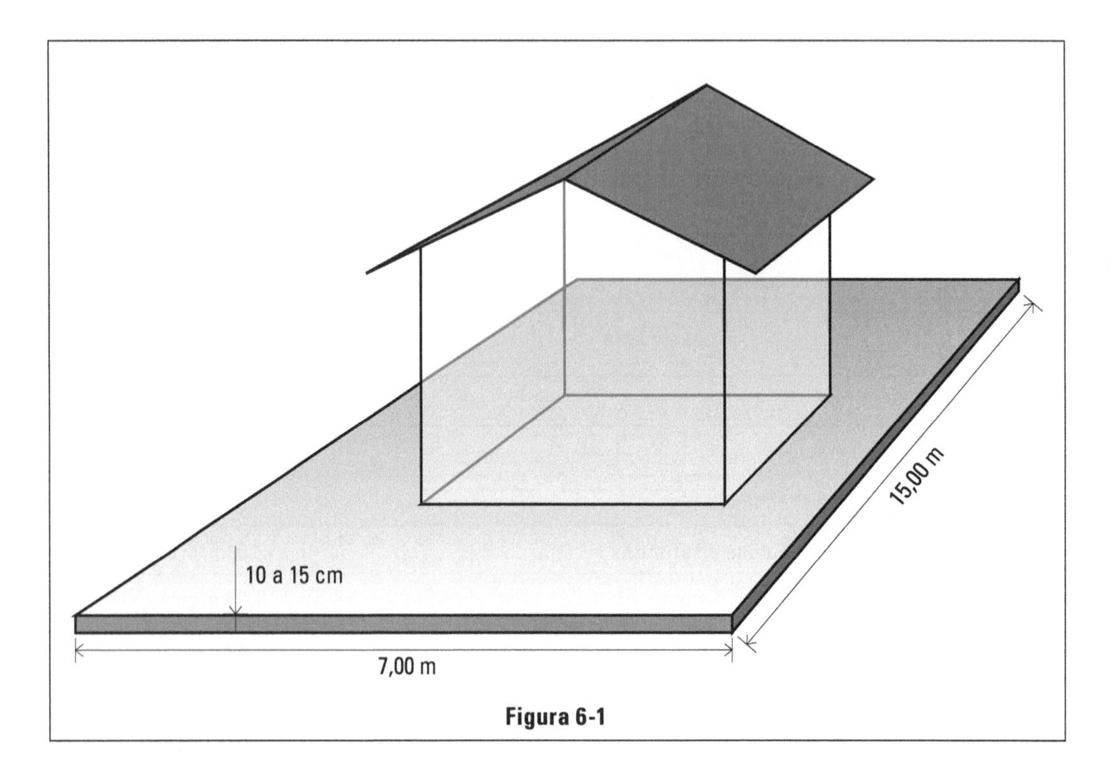

Figura 6-1

Procuramos, a seguir, indicar o procedimento, no caso de pequenas obras, com respeito à escolha do tipo de fundações. Sabemos que tratando-se de obras de grande vulto, o engenheiro encarregado de sua construção não terá dúvida sobre recorrer a uma firma especializada e solicitar uma sondagem e inclusive o próprio projeto de fundação a um engenheiro especializado nessa área. Porém, quando se estuda o projeto de uma pequena construção, tal procedimento, além de desnecessário torna-se muito dispendioso.

Fundação superficial direta

Constatado que o terreno apresenta resistência adequada em sua superfície, partiremos para a adoção de uma solução de fundação direta.

Tendo-se sempre em mente que este livro destina-se a orientar a construção de pequenas edificações, a solução adotada para a fundação direta será de alicerces em alvenaria.

Outros tipos seriam: vigas baldrames em concreto ou sapatas isoladas em concreto. Porém, para esses tipos de solução os procedimentos seriam outros, que fogem ao escopo desta obra.

O primeiro passo para a execução dos alicerces de alvenaria é a abertura das valas.

São dois os motivos que nos levam a procurar, para a base da construção uma camada de solo abaixo da superfície. O primeiro, para que se elimine a possibilidade de escorregamento lateral; de fato, se as bases das paredes estiverem na superfície, seriam simplesmente apoiadas, e haveria o risco de escorregamento para os lados sempre que um esforço nesse sentido vencesse o atrito. Segundo, porque aprofundando o alicerce, evitamos as primeiras camadas, que são ora de aterro recente, ora misturados com vegetação (corpos orgânicos), não merecendo confiança como base. Devemos abrir valas que tenham largura suficiente para permitir o trabalho de assentamento de tijolos no seu interior.

A largura da vala varia em função do alicerce pretendido. Quando as paredes forem de um tijolo, o alicerce será de um tijolo e meio (30 cm), e exige uma largura de 45 cm para as valas. Paredes de meio tijolo usam alicerces de um tijolo (20 cm), e exigem largura de vala mínima de 35 cm ou 40 cm. A profundidade será a necessária para que se encontre terreno firme, e nunca inferior a 40 cm.

Há casos em que as valas chegam a ser aprofundadas até 1,00 m ou mais, para que se encontre camada de solo suficientemente resistente. Quando estas camadas são encontradas em profundidades maiores, devemos desistir da fundação direta, recorrendo às fundações profundas (brocas ou estacas).

Quando o terreno apresentar perfil inclinado, para respeitar o mínimo de 40 cm onde o terreno for mais baixo e manter o fundo da vala em nível, teremos como consequência o fato de, no ponto de cota mais elevada no terreno, aparecerem profundidades exageradas dos alicerces.

Em três desenhos sucessivos (Figuras 6-2, 6-3 e 6-4) aparece a discussão do assunto. Na Figura 6-2, a solução certa, ou seja, o fundo da vala é formado em degraus, cada lance mantido rigorosamente em nível: o valor h deverá ser o mínimo de 40 cm, atrás referido; h_1 varia de acordo com a inclinação do terreno e o comprimento dos degraus planos; devemos evitar que h_1 assuma valores maiores que 50 cm, para não enfrentarmos problemas mais complicados, já que por compressão de um degrau superior poderia surgir no degrau inferior esforço lateral.

Supondo que um terreno tenha rampa de 10%, podemos calcular o comprimento de cada degrau, para respeitarmos h = 40 cm e h_1 = 50 cm.

$$\text{Comprimento do degrau} = \frac{0{,}50}{10\%} = \frac{0{,}50 \times 100}{10} = 5 \text{ m}$$

Considerando que 10% já é uma rampa bem considerável para um terreno, verificamos que com degraus de 5 metros poderemos ainda estar dentro do limite de 50 cm para h_1.

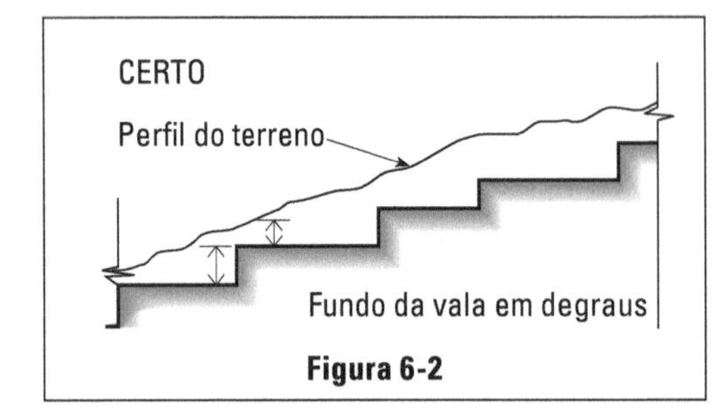

Figura 6-2

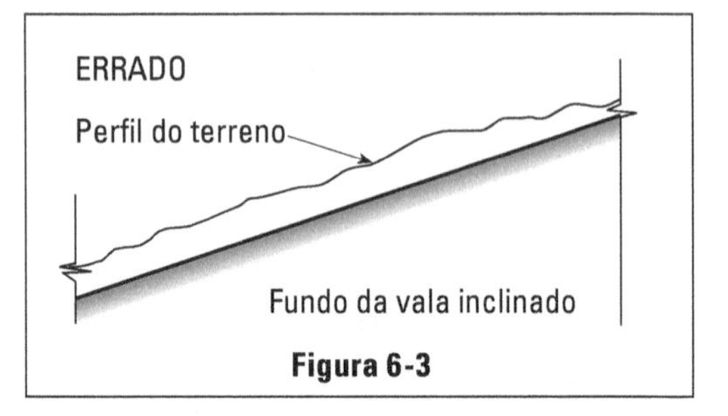

Figura 6-3

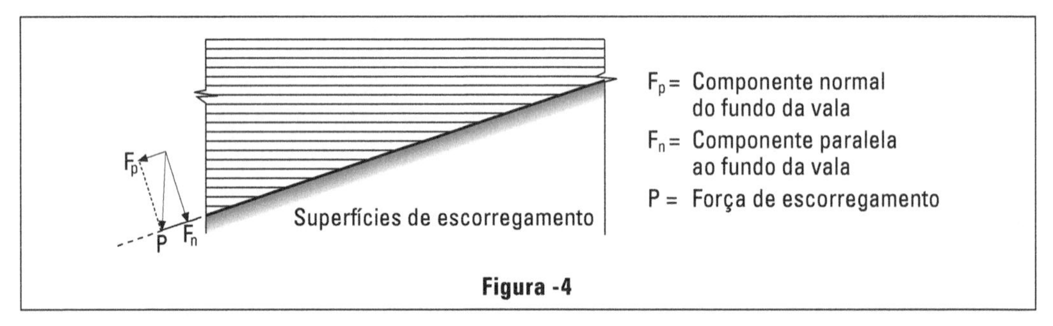

Figura -4

A Figura 6-3 representa uma solução errada, pois mantém o fundo da vala inclinado, o que acarreta dois inconvenientes como as fiadas dos tijolos desaparecerem à medida que sobe o fundo da vala; o contato entre tijolos, concreto e solo ser sobre uma superfície inclinada, o que traria uma força de escorregamento no plano da superfície de contato. Caso F_p vencer o atrito, teríamos um deslizamento do conjunto. Essas consequências são demonstradas na Figura 6-4.

Depois de aberta as valas, procede-se ao apiloamento do seu fundo. Deixamos claro que o apiloamento não tem absolutamente a pretensão de aumentar a resistência do solo. De fato, o objetivo não é este, pois os soquetes usados são relativamente leves, e com apiloamento manual não se consegue grande altura de queda. O objetivo desse trabalho é unicamente conseguir a uniformização do fundo da vala. Consegue-se com ele uma preparação para a camada de concreto que servirá para a base do alicerce, pois a terra solta que existe no fundo da vala não irá se misturar com o concreto.

Os soquetes utilizados têm peso variando entre 10 e 20 kg, e são constituídos de material de densidade elevada, por terem uma seção de pequena área. São em geral de ferro ou de concreto.

É comum os pedreiros fazerem seus soquetes na própria obra utilizando uma lata de 10 litros e um cabo de madeira ou de ferro (tubo galvanizado de 3/4"). A Figura 6-5 indica o processo utilizado para a sua feitura.

A peça assim obtida ficará com peso de cerca de 24 kg e com uma seção aproximada de 15 × 15 cm (225 cm).

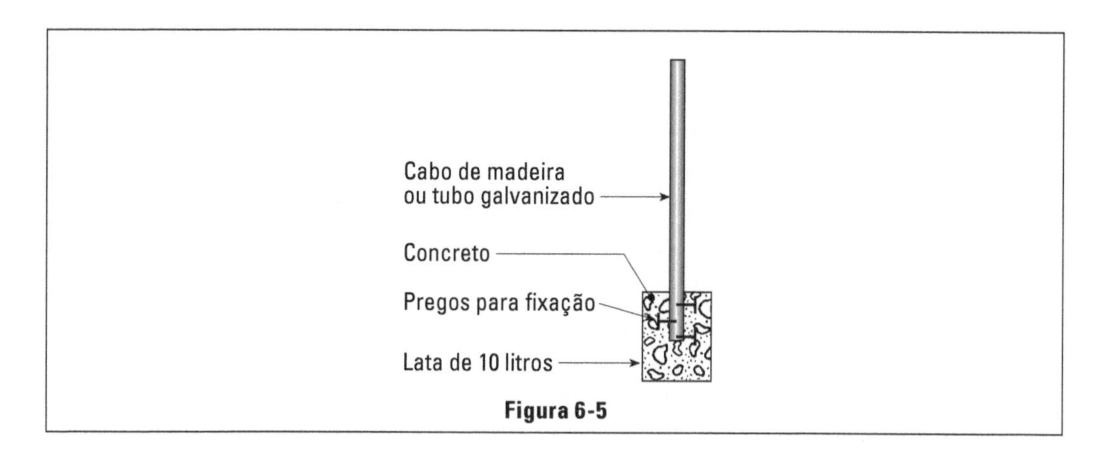

Figura 6-5

Devemos, ainda durante a abertura das valas, observar a existência de formigueiros. Caso apareçam sinais de sua presença, existem providências a serem tomadas. A saúva é o tipo de formiga que pode ocasionar complicações e o centro do formigueiro está geralmente localizado a profundidade de 2 a 3 m e constitui um volume considerável. Chega a formar espaços vazios de mais de um metro cúbico. Deste centro saem ramificações, que aparecem na flor da terra em diversos locais a grandes distâncias. Nota-se a sua presença no terreno, justamente porque estes canais servem para a retirada da terra do núcleo central e as formigas deixam a terra retirada ao lado dos canais.

Formam-se assim amontoados de terra solta, facilmente visível. Não são os canais que constituem perigo nas obras, uma vez que esses possuem diâmetro muito reduzido, mas sim o núcleo que, constituindo um volume às vezes maior que um metro cúbico, pode produzir recalques em determinados trechos da obra que esteja sobre ele. Caso o formigueiro esteja ainda vivo, devemos providenciar a sua extinção com formicida, para que não aumente com o tempo o volume do núcleo central. Quando os formigueiros estão abandonados, é muito mais difícil a sua descoberta e, neste caso, não há dúvida de que o apiloamento do fundo das valas é útil porque poderá denunciar a presença de um núcleo que esteja mais à superfície. Caso surja um núcleo nessas condições, é necessário preenchê-lo com entulho, ou mesmo concreto magro se suas dimensões forem grandes.

Sapata de concreto

Sobre o fundo das valas devemos aplicar uma camada de concreto com traço econômico e com uma espessura média de 10 cm. Normalmente, não se empregam ferros, isto é, não se arma o concreto. De fato, seria desperdício a sua aplicação, pois em camadas com apenas 10 cm de espessura o ferro terá pouca utilidade.

As finalidades dessas sapatas são:

a. Diminuir a tensão transmitida ao solo pela construção, pois tem largura maior que a do alicerce (aumentando, portanto, a superfície de contato entre alicerce e terreno).
b. Uniformizar e limpar o piso sobre o qual será levantado o alicerce de alvenaria.

A largura das sapatas será a própria largura da vala, ou seja, para alicerces de um tijolo e meio, 45 cm, e para alicerces de um tijolo, 35 cm a 40 cm. Quanto à espessura, referimo-nos a um valor médio de 10 cm, porque é impossível termos uniformidade, já que o fundo será o próprio terreno, que por mais que se faça não terá um plano perfeito. Já a superfície superior do concreto deverá estar perfeitamente nivelada e apresentando um plano uniforme, para que as fiadas de tijolos dos alicerces possam continuar esta uniformidade. Para conseguirmos uma superfície superior de concreto plana e uniforme, os pedreiros deverão cravar pequenas estacas de madeira cujas faces superiores fiquem completamente em nível. O concreto será lançado até cobrir estas cabeças das estacas, que terão sua parte emersa do solo igual à espessura requerida para a camada de concreto.

Já que esse concreto não tem função estrutural, pode e deve ser empregado em traço econômico 1:3:6 (cimento, areia grossa lavada e pedras n. 2 e 3 ou pedregulho).

Alicerces de alvenaria

São maciços de alvenaria sob as paredes e em nível inferior ao do piso de andar térreo. Ficam semiembutidos no terreno. Em geral possuem larguras maiores que a das paredes para as quais servem de base (sempre procurando aumentar a superfície de contato com o solo, distribuindo mais as cargas concentradas). Por isso, os alicerces de paredes de um tijolo são feitos com tijolo e meio de espessura, e os das paredes de meio tijolo em largura de um tijolo.

Terão uma parte embutida no solo, justificando a abertura das valas. Por outro lado, o seu respaldo ou superfície superior deve estar acima do nível do terreno, evitando que as paredes tenham contato com a terra. A parte embutida não deve ser inferior a 30 ou 40 cm, não havendo também interesse em soterrar alturas exageradas. Só se aprofundam mais as valas no caso de não encontrarmos resistência satisfatória nas camadas superficiais.

A finalidade de se soterrar uma parte dos alicerces é a de se evitar possíveis deslocamentos laterais, a que já no referimos anteriormente. O assentamento dos tijolos nos alicerces será feito com suas fiadas em nível, acompanhando o plano das sapatas, que já é horizontal.

As Figuras 6-6 e 6-6a apresenta um corte para alicerces de um tijolo e meio, com suas dimensões resultantes daquelas dos tijolos empregados. Aparecem nas Figuras 6-7 e 6-8 duas fiadas consecutivas, vistas em planta, mostrando a preocupação da amarração dos tijolos, ou seja, evitando a posição de junta sobre junta, para que não haja cisalhamento vertical, já que sabemos ser a junta o ponto fraco da alvenaria.

As Figuras 6-9 e 6-10 repetem a demonstração, agora para alicerces de um tijolo.

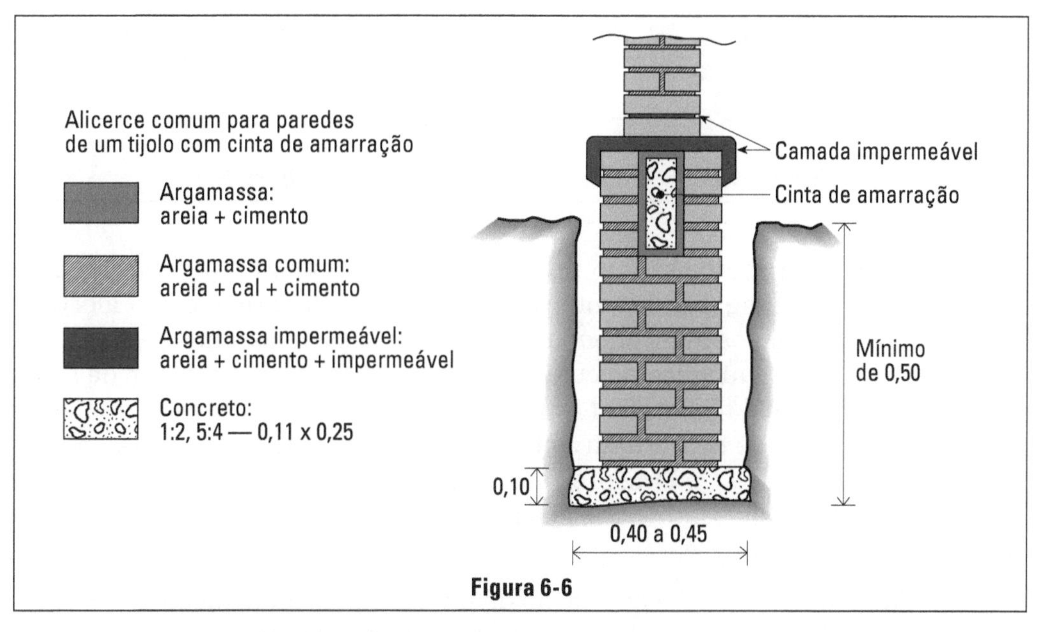

Figura 6-6

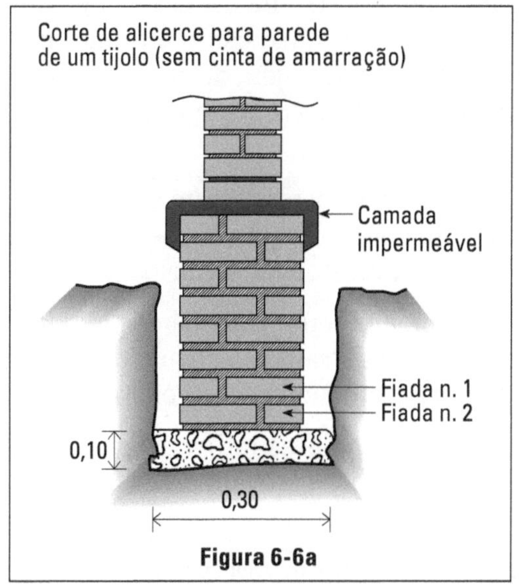

Figura 6-6a

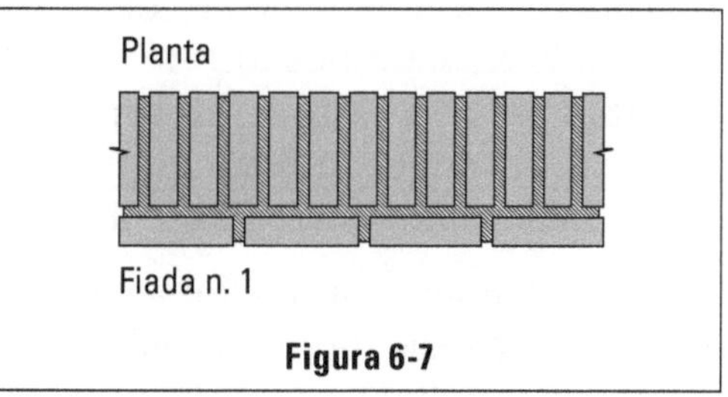

Figura 6-7

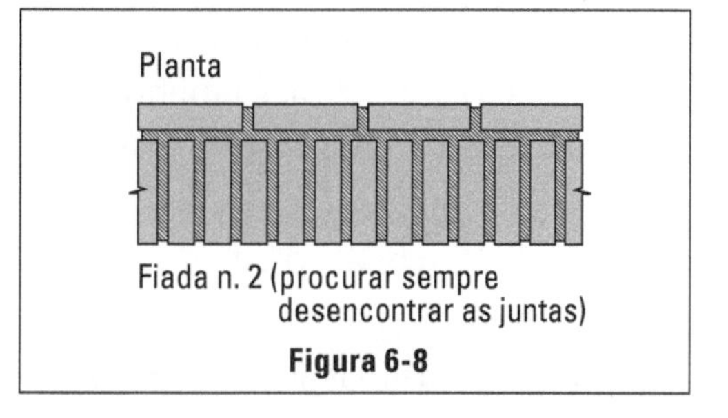

Figura 6-8

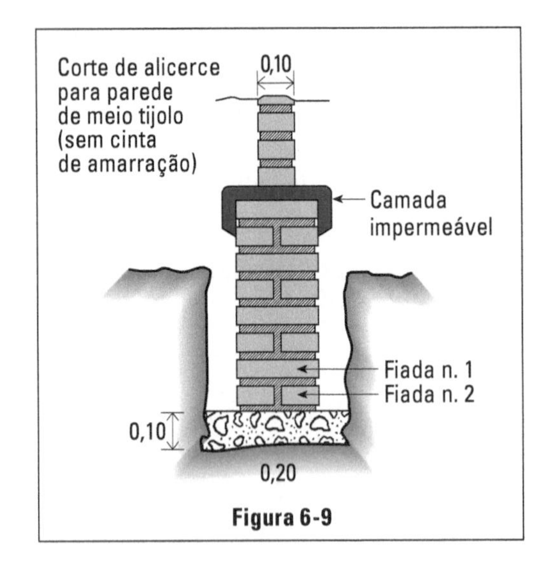

Figura 6-9

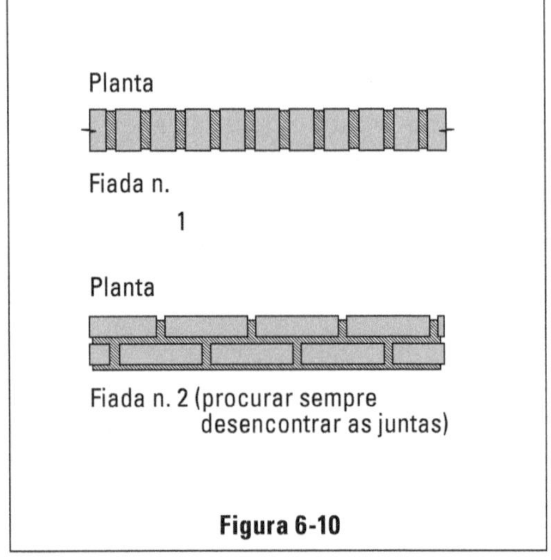

Figura 6-10

Os tijolos empregados são do tipo comum, cujas medidas atuais são: 20 × 10 × 5 cm (sinalizo aqui a diminuição de tamanho gradativa, como alerta) e são preferíveis os tijolos mais queimados. A argamassa de assentamento é composta de cal e areia, enriquecida com cimento. O traço usual é de: 1 m de areia, de 160 a 200 kg de cal hidratada (dependendo da qualidade da cal) e 100 kg de cimento. Os tijolos que contornam a cinta de amarração deverão ser assentados com argamassa de areia e cimento (sem cal): cerca de 350 kg de cimento por metro cúbico de areia, sendo os tijolos previamente molhados para aumentar a aderência com a argamassa*.

É sempre aconselhável a colocação de uma cinta de amarração no respaldo dos alicerces. A carga sobre eles pode trazer, em determinadas condições, um esforço horizontal nos alicerces, de dentro para fora. Esse esforço é que deve ser anulado pela cinta de amarração. Uma segunda vantagem de sua utilização, consiste em suportar e anular pequenos recalques do terreno, evitando trincas nas paredes que sobre elas se apoiam.

Normalmente, a sua ferragem consiste de barras corridas, sem cavaletes ou estribos. No caso de se pretender a sua atuação como viga deverá ser calculada ferragem para tal, surgindo então os estribos e cavaletes necessários.

A cinta de amarração, salvo no caso de funcionar como viga, não é calculada e sim empregada empiricamente. Por essa razão, mostramos a seguir uma série de tipos geralmente utilizados com sucesso por serem facilmente construídos.

Para os alicerces de tijolo e meio, usam-se as canaletas indicadas nas Figuras 6-11, 6-12 e 6-13, verificando que as suas dimensões variam.

***Observação**: para tijolos menores é necessário retificar as medidas mencionadas.

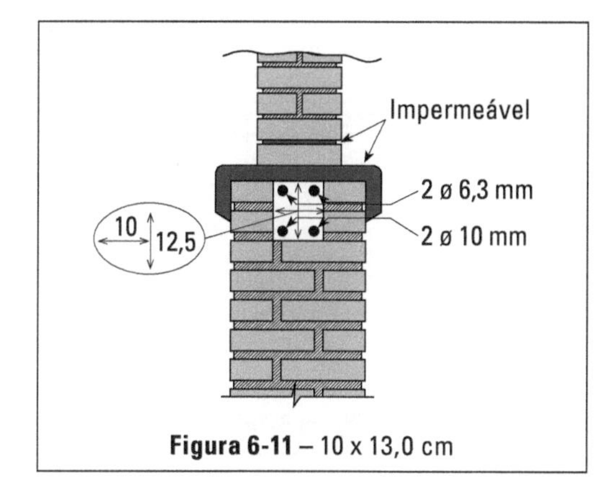

Figura 6-11 – 10 x 13,0 cm

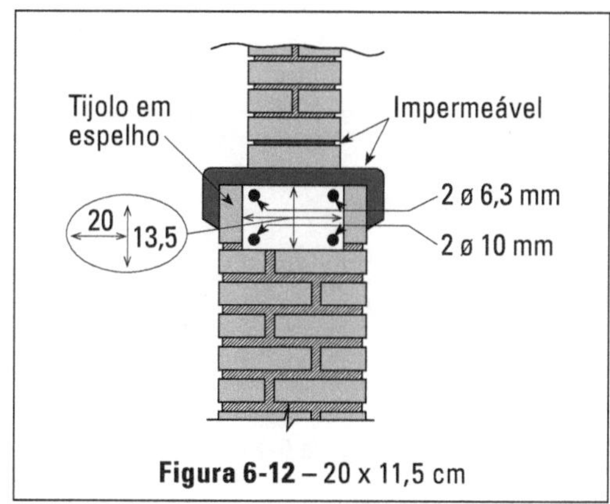

Figura 6-12 – 20 x 11,5 cm

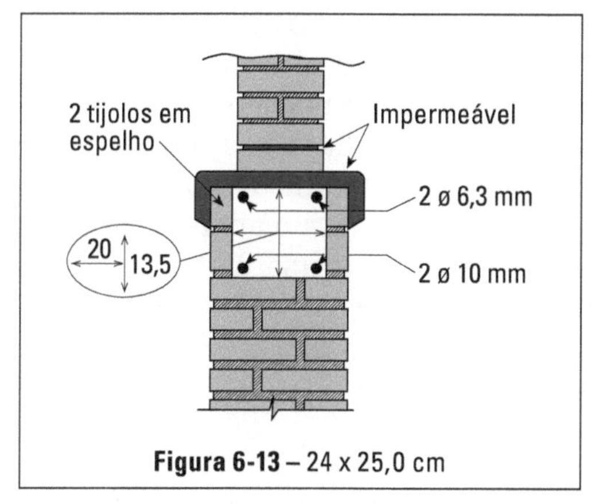

Figura 6-13 – 24 x 25,0 cm

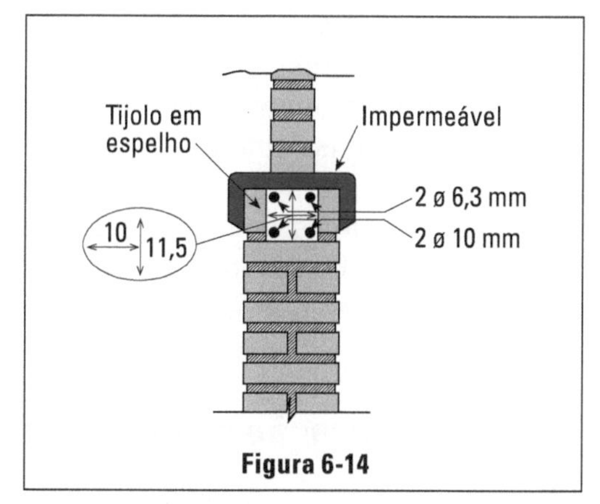

Figura 6-14

Os tijolos laterais, que servem de forma para enchimento da canaleta, devem ser assentados com argamassa de cimento e areia (1:3), para maior resistência aos esforços durante a concretagem.

Para alicerces de um tijolo, os tipos utilizados estão indicados nas Figuras 6-14, 6-15 e 6-16*.

O modelo da Figura 6-14 tem dimensões de 11 × 12,5 cm. O da Figura 6-15 apenas utiliza barras de ferro colocadas entre duas fiadas de tijolos com argamassa de cimento e areia (1:3).

O da Figura 6-16 utiliza fôrmas de madeira para se obter canaleta de maior dimensão: 20 cm de largura e altura a escolher.

Destacamos a importância dessa cinta de amarração, como também as outras normalmente usadas: no telhado, vergas sobre e sob os vãos de janelas.

* **Observação:** as providências adotadas quando utilizados tijolos, são idênticas àquelas empregadas para blocos de concreto e tijolos "baianos".

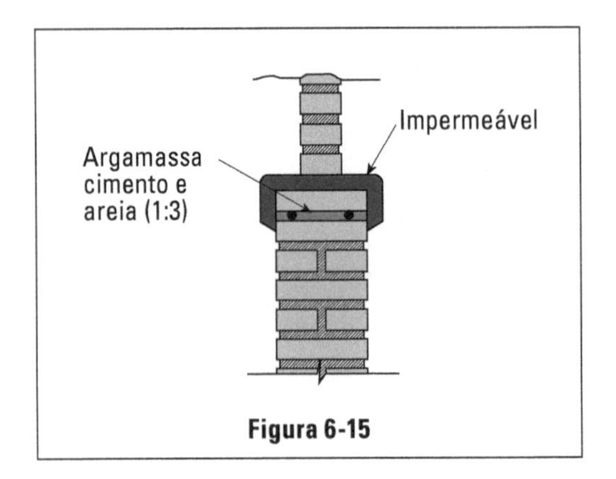

Figura 6-15

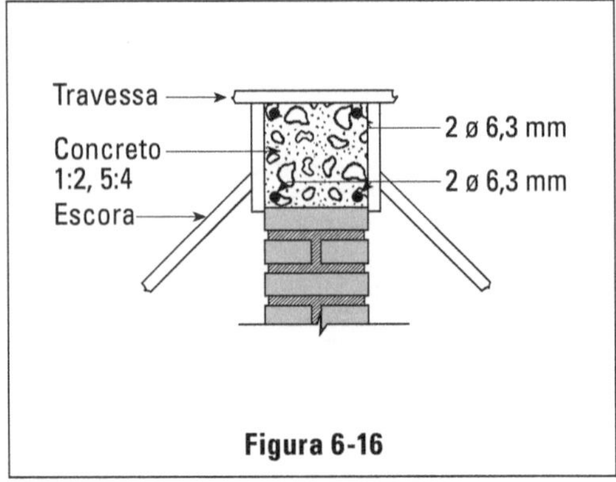

Figura 6-16

Lembramos que as pequenas construções, não utilizando estrutura completa de concreto armado, empregam alvenaria não só como vedação dos ambientes mas também com função estrutural (portante). Os maciços de alvenaria estão sujeitos a movimentos ocasionados ora por acomodação de seus diversos painéis, por pequenos recalques do terreno, ora por modificações repentinas das cargas a que estão sujeitas. Isso fatalmente ocasionará o aparecimento de trincas, frestas ou fissuras no revestimento com péssima aparência. As cintas de amarração são importantes por eliminarem tais possibilidades.

Impermeabilização nos alicerces

O solo se conserva permanentemente úmido e o alicerce, em contato com ele, absorve essa umidade que, assim, penetra na alvenaria. O tijolo é constituído de material poroso de grande absorção. Por capilaridade a água tende a subir, penetrando nas paredes superiores. É, portanto, indispensável uma boa impermeabilização no respaldo dos alicerces, local mais indicado para isto, pois é o ponto de ligação entre a parede, que está livre de contato com o terreno, e o alicerce que, como dissemos, sempre possui água absorvida.

A Figura 6-17 mostra, em corte, o processo mais aconselhável para se proceder a impermeabilização. Notamos que a camada impermeável dobra lateralmente cerca de 10 cm, para evitar o aparecimento de falhas nas bordas como indica a Figura 6-18. As duas primeiras fiadas de tijolos das paredes sobre os alicerces devem também estar assentadas com impermeável, reforçando a vedação de água. A Figura 6-17 mostra com maior detalhe essa providência. As setas da Figura 6-17 mostram o caminho percorrido pela água, que infiltra no maciço de alvenaria dos alicerces e que é interrompida pela impermeabilização.

Geralmente, se utiliza impermeável líquido (Vedacit, Sika ou similar) dosado em argamassa de cimento e areia em traço 1:3 em volume (jamais adicione cal na argamassa impermeável):

1 lata de cimento (18 litros) (cerca de 9 sacos de cimento por m^3 de areia);

3 latas de areia (54 litros);

1,5 kg de impermeável.

A mesma dosagem é utilizada para o assentamento das duas primeiras fiadas da parede. A camada de impermeável não deve ser alisada com colher de pedreiro, mas apenas desempenada para que sua superfície fique semiáspera, evitando rachaduras e dando maior aderência e atrito para as paredes que nela se apoiam. A camada não deve ter espessura muito exagerada, variando de 1 a 1,5 cm. Caso se deseje espessura superior, deve se fazer em duas camadas de 1 cm cada. Após a aplicação da primeira camada e depois de passar a desempenadeira, é aconselhável jogar um pouco de areia grossa seca, para melhorar a aderência da segunda camada a ser aplicada no dia seguinte.

Não pinte a superfície impermeabilizada com pixe líquido (Neutrol ou similar). O pixe, com o passar dos anos, desagrega a argamassa impermeabilizada, possibilitando infiltração.

Recomendamos o máximo rigor na aplicação dos princípios referidos, pois se há coisa sem remédio é uma impermeabilização errada. De fato, caso não funcione satisfatoriamente, a impermeabilização não terá mais remédio. As paredes permanecerão úmidas, a pintura manchará e embolorará, o ambiente ficará úmido, e nada mais se poderá fazer para remediar, a não ser demolir e reconstruir completamente.

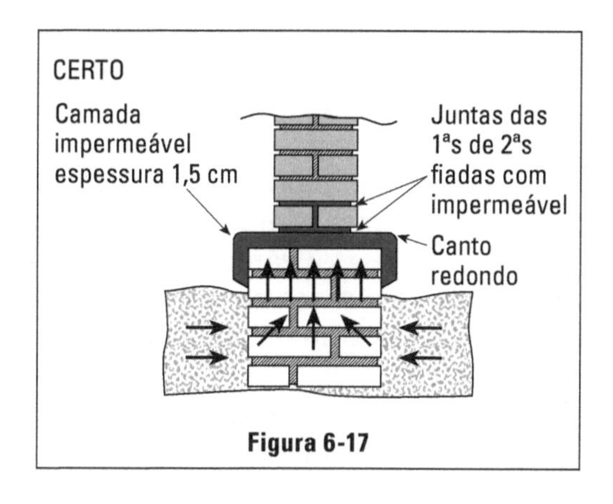

Figura 6-17

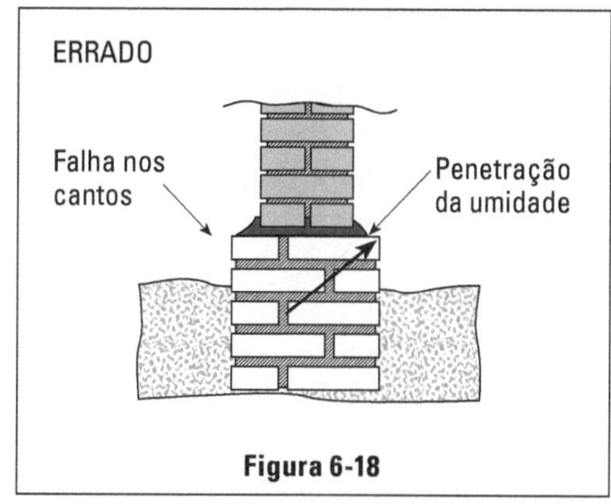

Figura 6-18

Alicerces em alvenaria de pedra

Quando defrontamos com terrenos arenosos e alagados (normalmente terrenos do litoral) devemos substituir os maciços de alvenaria de tijolos de barro pelos de pedra bruta (granito). Os tijolos de barro, pelo excesso de umidade, podem se decompor; a camada de concreto como sapata dos alicerces não pode ser utilizada, pois não pode ser fundida dentro d'água. Devemos utilizar pedra bruta, sem qualquer argamassa, até se elevar acima da superfície da água. Desse ponto para cima as pedras serão assentadas com argamassa de cimento e areia (1:3). O reforço deverá ser feito no respaldo, com vigas apoiadas sobre as pedras e formas laterais de madeira. A impermeabilização é procedida de forma idêntica a dos alicerces comuns.

Fundações profundas

Para a escolha do tipo de fundação profunda mais adequada para cada caso, é necessário que se conheça a profundidade em que se encontram as camadas do subsolo com a resistência necessária para suportar as cargas a que foram submetidas.

Esse conhecimento depende de uma sondagem do subsolo; voltamos a salientar, no entanto, que por tratar o escopo deste livro de pequenas construções, não utilizaremos nenhum dos processos de sondagem mais avançados, limitando-nos a apenas recolher o material por meio de uma broca.

Um terreno de baixa resistência, geralmente é denunciado na própria superfície. Algumas vezes aparece alagado, outras com terra de cor quase preta, mostrando possuir matéria orgânica em decomposição ou indica lençol d'água a pequena profundidade, quase na superfície, o indicativo certo para se fazer a perfuração com uma broca manual para exame do subsolo.

A broca é um instrumento relativamente barato e obrigatório para todo o engenheiro que se dedica ao ramo de construções. Basicamente se compõe de quatro facas formando um recipiente. As lâminas das facas se encontram em níveis diferentes, para que, ao se dar um movimento de rotação ao conjunto, possam cortar a terra e retê-la no recipiente. Assim, sempre que notamos estar a broca cheia de terra a retiramos do orifício e descarregamos seu conteúdo. Tornamos a colocá-la no buraco, e dando novas rotações voltamos a carregá-la. Desse modo conseguimos perfurar até camadas bastante profundas (mais ou menos 8 metros). O cabo da broca será feito com canos galvanizados de 3/4", em pedaços de 1,20 m que podem ser emendados com rosca e luvas. A medida que o orifício vai se aprofundando, vamos prolongando o cabo com novos pedaços de canos. Na parte superior do cabo, enrosca-se, por intermédio de um tê, dois pedaços de cano horizontais para facilitar a rotação do conjunto. O limite de ação da broca é determinado pelo excessivo comprimento do cabo que impossibilita a sua retirada rápida do orifício. Por isso dificilmente se consegue perfurar mais que 8 metros. O diâmetro das brocas varia de 10 cm a 30 cm e o mais usado é o de 20 cm.

Durante a perfuração podemos conhecer o subsolo por dois indícios: o primeiro é a qualidade da terra que é retirada e que, examinada, indica o tipo de solo para as diversas profundidades e o segundo é a resistência oferecida pelo terreno ao trabalho da broca. Quando realmente encontramos camadas resistentes, o trabalho da broca é quase impossível e sem rendimento. Essa é a melhor comprovação de que se encontrou camada ideal para a base. Se essa camada for encontrada até 5 ou 6 m, resolvemos nosso problema, perfurando em espaços sucessivos. Os buracos são preenchidos com concreto armado até quase a superfície do solo. Sobre as estacas correrá uma viga baldrame e sobre ela serão levantadas as paredes.

O espaçamento das brocas, a ferragem usada e os dados para a construção da baldrame dependerão de cálculo. A resistência à compressão de cada broca varia com o seu diâmetro. Admite-se que uma broca de 20 cm de diâmetro suporte sobrecarga de 4 a 5 toneladas quando não é armada; com armadura poderá chegar a 6 ou 7 t; brocas de 25 cm de diâmetro poderão suportar 7 a 8 t quando não armadas. Geralmente a armadura é composta de 4 ferros verticais (10 mm ou 12,5 mm – CA50) ligados por estribos (5 mm CA24 ou 4,2 mm – CA60). A feitura dos estribos poderá ser facilitada se usarmos uma espécie de sarilho de poço, visto esquematicamente na Figura 6-21. Ao fazermos a rotação da manivela, um ferro, amarrado na barra AB, enrola-se nele produzindo uma espiral de diâmetro constante (espécie de mola espiral), que devidamente estendida resulta em estribos contínuos de ótimo desem-

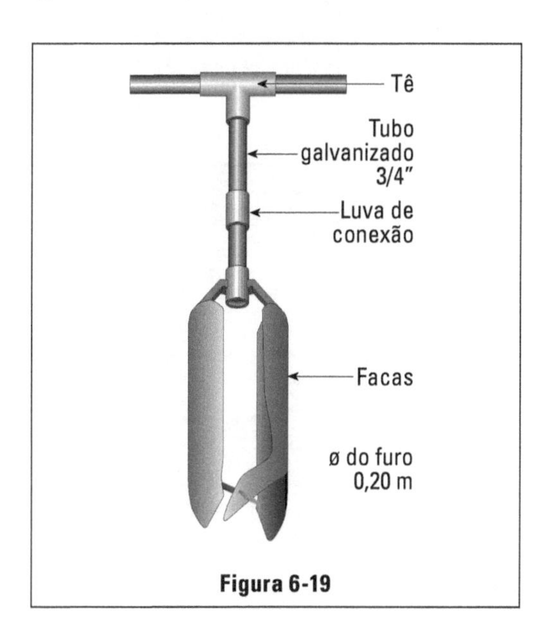

Figura 6-19

Figura 6-20

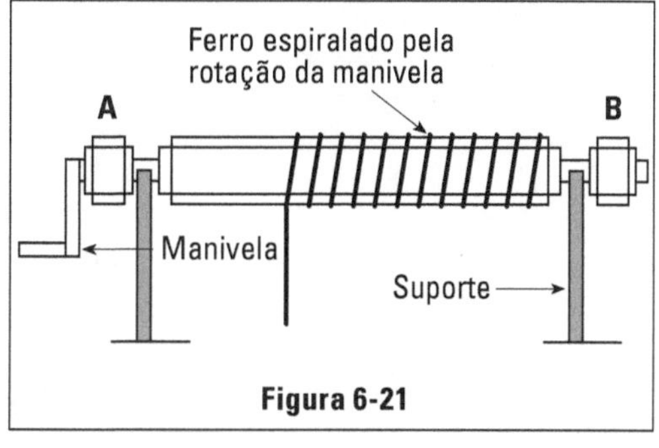

Figura 6-21

penho para brocas. Um ferro de 12 m produz uma espiral de cerca de 6 m de comprimento.

Um problema constante enfrentado na confecção das brocas é a existência de água nos orifícios. Sempre que perfuramos abaixo do nível do lençol freático, é evidente que o orifício se encherá de água. A forma de proceder quando encontramos água a cerca de 3, 4, ou 5 m e constatamos que mesmo perfurando mais abaixo não encontraremos base firme (geralmente cascalho, pedregulho), é parar a perfuração no nível da água e evitarmos ter o orifício cheio de água.

No caso de encontrarmos água próxima da superfície e, vermos vantagem de perfurar mais baixo, porque encontramos base firme, o orifício ficará cheio de água até o nível do lençol freático. A prática de preencher com concreto seco, isto é, mistura de pedra, areia e cimento sem água, apesar de usual, não deve ser empregada, porque, ao lançarmos a mistura no orifício apenas a pedra mais pesada irá ao fundo, ficando na superfície o cimento com a areia e, portanto, não haverá concreto. Deve-se, assim, retirar a água tanto quanto possível. Para isso, usa-se um acessório especial, representado na Figura 6-22.

Trata-se de um tubo com cerca de 10 a 15 cm de diâmetro, preso a uma haste de comprimento capaz de atingir o fundo do orifício. Na parte inferior do tubo existem duas portinholas, que se abrem automaticamente quando ele é abaixado por causa da pressão da água e, assim, o tubo se enche de água. Quan-

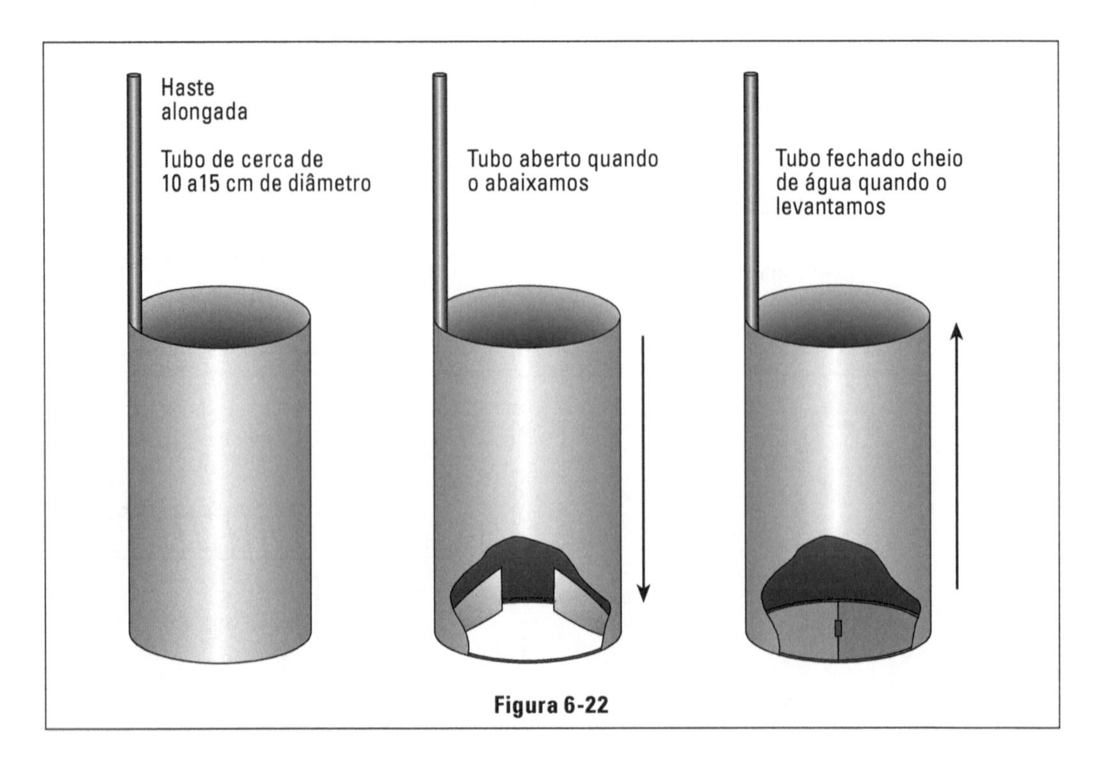

Figura 6-22

do o levantamos, as portinholas se fecham, porque agora a pressão da água é de cima para baixo. Assim, conseguimos esvaziar a água até um nível bem baixo, que pouco atrapalhará uma boa concretagem.

Na falta de tal ferramenta, a imaginação brasileira pode resolver o problema com varas de bambu, onde se amarram latas estreitas e altas (latas de óleo comestível), uma sobre as outras. Devemos ter duas destas varas para que, enquanto um operário está retirando um, outro servente já esteja colocando outra no orifício. A seguir, o concreto a ser lançado será feito com pouca água, isto é, apenas o necessário para que haja realmente mistura do cimento, areia e pedra, cerca de metade do usual. Se as camadas de boa resistência se encontram a profundidades superiores a 6 metros, deveremos abandonar o uso das brocas, recorrendo então às estacas. Estas podem ser de concreto armado ou de madeira (eucalipto ou guaratã). As estacas de madeira devem ser evitadas, apesar de bem mais baratas que as de concreto (cerca de uma quarta parte do preço), por oferecerem perigo de apodrecimento. Elas só não apodrecem quando cravadas imersas no lençol d'água; em terreno seco fatalmente apodrecerão rapidamente. Ora, o lençol d'água tende a baixar com o tempo, por causa de drenagens em terrenos vizinhos e por novas construções nas imediações reduzirem a superfície de infiltração para as águas pluviais. Isto faz com que uma estaca de madeira, que foi cravada hoje por encontrarmos o lençol d'água na superfície, amanhã possa ter sua cabeça apodrecida pelo abaixamento do nível d'água. A madeira tem o seu uso condenado para construções permanentes, só devendo ser, portanto, utilizada para obras provisórias. Um sistema apropriado para obras de pequeno porte são as estacas tipo Strauss que consiste na cravação de tubos com diâmetros variando em torno de 20 cm até a profundidade desejada. Em seguida, é colocada a armadura (ou não, caso não seja prevista). A medida que se vai lançando o concreto, o tubo é retirado para ser usado em outra estaca. O concreto que é lançado, não só penetra no furo do tubo como é comprimido contra as paredes do solo quando o tubo vai sendo retirado e ganha aderência lateral que aumenta bastante a capacidade de resistência da estaca. Esse sistema é rápido e econômico.

Resta-nos o uso de estacas de concreto. São pré-moldadas e cravadas por empresas especializadas, uma vez que requerem maquinaria (bate-estacas) e operários acostumados e práticos em tal serviço. Podem ser cravadas mesmo em locais em que não haja força elétrica pois o bate-estacas é acionado por motor à gasolina. Estacas são encontradas até o comprimento de 12 m, comprimento este mais do que suficiente para as obras tratadas neste livro. Encomendas especiais podem conseguir estacas maiores.

Em resumo:

a. Terreno firme situado até 1,20-1,50: fundação direta
b. Terreno firme situado até 6,00 m: brocas
c. Terreno firme situado a mais de 6,00 m: estacas de concreto

Utilizamos estacas de madeira apenas em terrenos alagados e para obras provisórias.

Outro modo usual de se conhecer a natureza no subsolo, em suas camadas superficiais, será a observação da terra retirada na perfuração de poços para abastecimento de água e para fossas, tão comum nas cidades sem rede de águas e esgoto.

Temos esperança de, sem invadir o campo da Mecânica dos Solos, ter orientado a forma de proceder para o profissional nos casos de pequenas obras, onde as cargas sobre o terreno não alcançam valores que justifiquem estudos perfeitos e minuciosos que poderiam encarecer indevidamente o nosso trabalho. No entanto, para obras de maior carga, devemos recorrer a técnicos especializados. Com o progresso dos diversos ramos de nossa profissão, é praticamente impossível trabalharmos eficientemente em diversos deles e ressaltamos que assim como é errado exagerarmos em cuidados em pequenos trabalhos, também é errado o desleixo em relação a problemas mais complexos.

A seguir, apresentamos a sequência dos serviços que normalmente ocorrem na execução de fundações profundas.

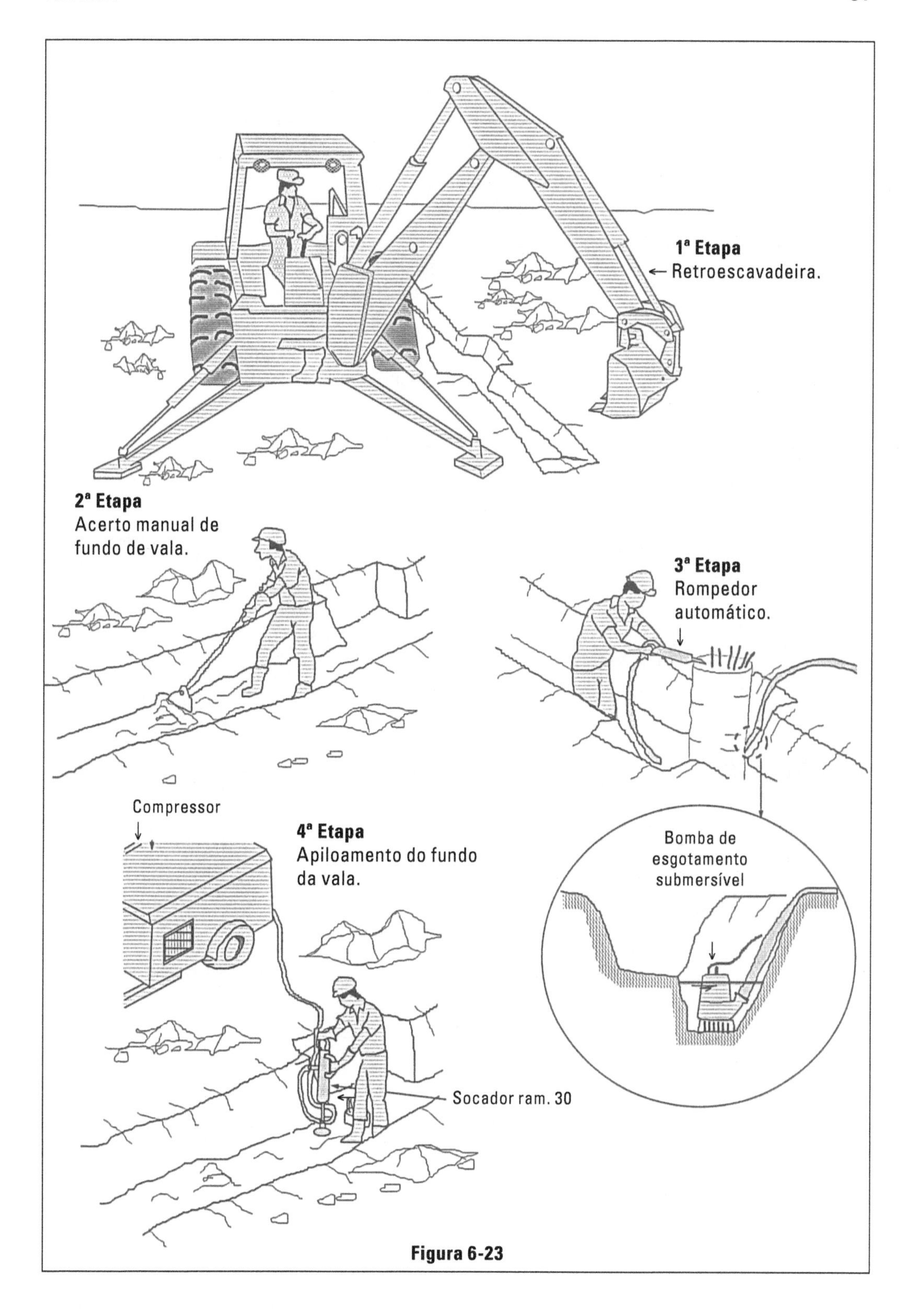
1ª Etapa
Retroescavadeira.
2ª Etapa
Acerto manual de fundo de vala.
3ª Etapa
Rompedor automático.
Compressor
4ª Etapa
Apiloamento do fundo da vala.
Bomba de esgotamento submersível
Socador ram. 30

Figura 6-23

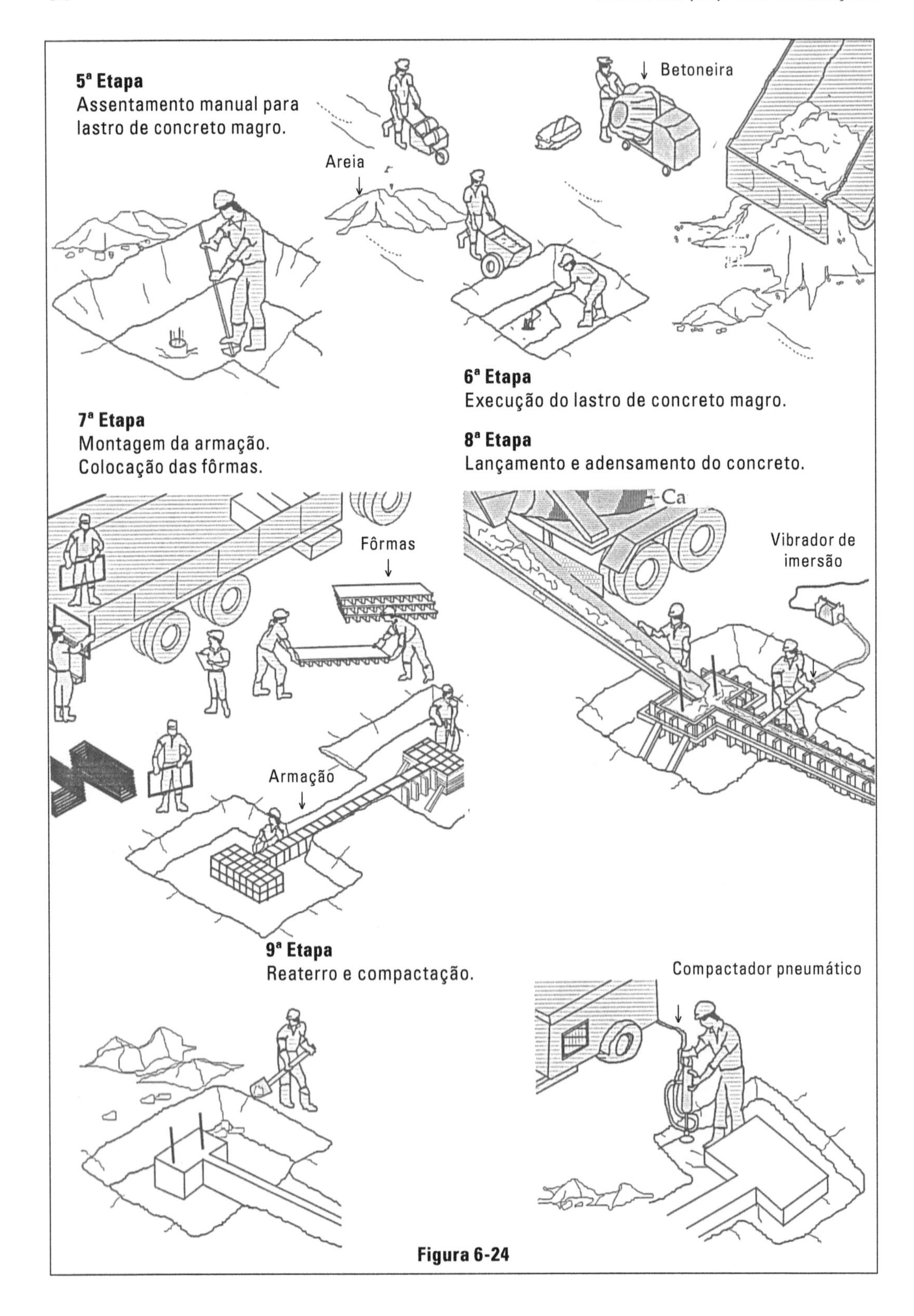

5ª Etapa
Assentamento manual para lastro de concreto magro.
Areia
Betoneira
6ª Etapa
Execução do lastro de concreto magro.
7ª Etapa
Montagem da armação.
Colocação das fôrmas.
8ª Etapa
Lançamento e adensamento do concreto.
Fôrmas
Vibrador de imersão
Armação
9ª Etapa
Reaterro e compactação.
Compactador pneumático

Figura 6-24

Levantamento das paredes do andar térreo

• Vergas e cintas de amarração

Levantamento das paredes

Devemos deixar no mínimo um dia para a secagem da camada de impermeabilização e, só então, serão erguidas as paredes do andar térreo que devem obedecer a planta construtiva em suas posições e espessuras (um ou meio tijolo).

O serviço é iniciado pelos cantos, de preferência os principais e obedecer o alinhamento vertical o prumo de pedreiro. No sentido horizontal, uniformizando as alturas ou espessuras das fiadas cabe ao cantilhão funcionar como guia. O cantilhão consiste de uma régua de madeira, com comprimento do pé direito do andar (distância que vai do piso ao forro) graduada fiada por fiada. A graduação é de 6,5 em 6,5 cm, pois o tijolo tem 0,50 cm de espessura e prevê-se uma camada de 1,5 cm de argamassa entre duas fiadas (se a opção for pela utilização de tijolos baianos ou blocos de concreto, deve-se adotar os espaçamentos correspondentes). A marcação dos traços sobre a régua é feita com o auxílio do serrote, abrindo-se pequenos sulcos, que assim permanecem bem visíveis, o que não aconteceria com um traço de lápis. Os cantos são levantados em primeiro lugar, pois desta forma o restante da parede será erguido sem maiores preocupações de prumo e horizontabilidade das fiadas. Estica-se uma linha entre os dois cantos já levantados, fiada por fiada, servindo esta de guia para os tijolos. A Figura 7-1 explica essa vantagem mais claramente demonstrando nela o cantilhão que se encarregará de manter todas as fiadas num mesmo plano horizontal, evitando o aspecto desagradável de uma alvenaria com linhas inclinadas e irregulares. Observe ainda nesta figura a preocupação de manter as juntas desencontradas (em amarração), para evitar o cisalhamento vertical do maciço.

Sempre recebemos certa porcentagem de tijolos partidos juntamente com os perfeitos. Esses pedaços devem ser aproveitados nos alicerces e nas paredes de um tijolo. O seu emprego deve ser evitado nas paredes de meio tijolo, pois atrapalham a amarração, além de provocarem falhas no alinhamento e no prumo.

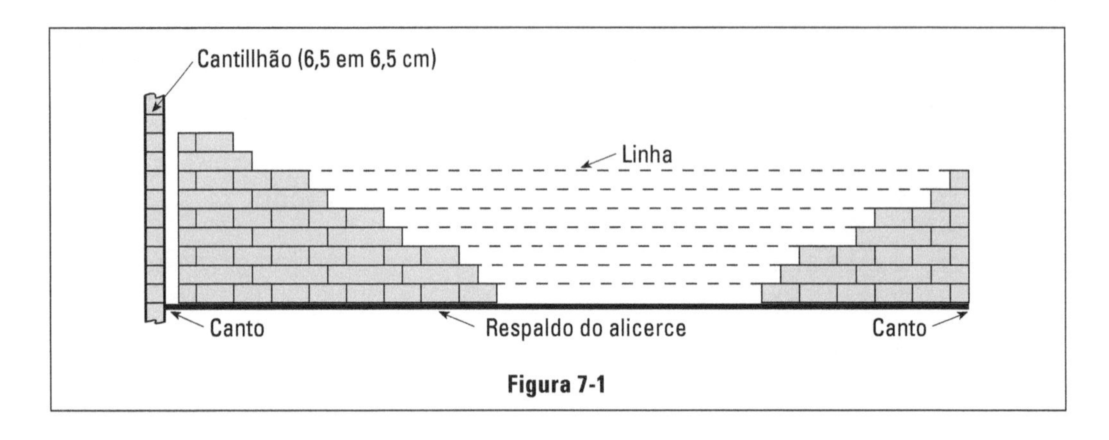

Figura 7-1

Mesmo que os tijolos recebidos venham da mesma olaria, há certa diferença de medidas entre eles, o que é natural, pois esta indústria é extremamente rudimentar e sem a absoluta uniformidade. Por esse motivo, somente uma das duas faces da parede pode ser aparelhada, constituindo um plano vertical liso. A outra face terá um aspecto desagradável, com alguns tijolos mais salientes do que outros. A face regular deve ser a externa para dar melhor aspecto para quem olha de fora, mesmo porque os andaimes são montados por este lado, fazendo com que o pedreiro trabalhe aparelhando esta face. A exceção existe no erguimento de paredes ao lado de outra já existente (casa vizinha), quando então a face aparelhada será a interna.

A Figura 7-2 mostra um tijolo em vista lateral, com as argamassas inferiores e lateral direita mostrando que, caso o tijolo tenha as medidas de $0{,}20 \times 0{,}10 \times 0{,}05$ m e se considere a espessura ideal de 0,015 m de argamassa, ele ocupa uma área de $0{,}215 \times 0{,}065 = 0{,}013975$ m^2. Dessa forma, serão necessários 72 tijolos para cobrir um metro quadrado de parede. A Figura 7-3 mostra o tijolo com as medidas de $c = 0{,}20$ m, $l = 0{,}10$ m, $e = 0{,}05$ m.

A Figura 7-4 mostra a vista lateral de parede de meio tijolo que será revestida (não interessa a aparência). Pelo fato de não interessar a aparência da distribuição dos tijolos, procura-se manter a sequência de juntas em uma linha

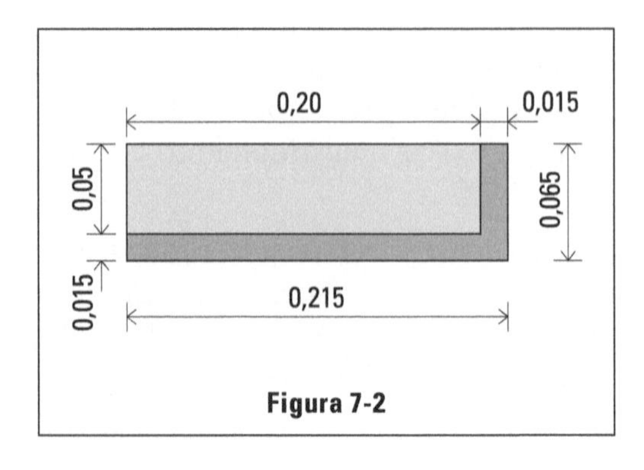

Figura 7-2

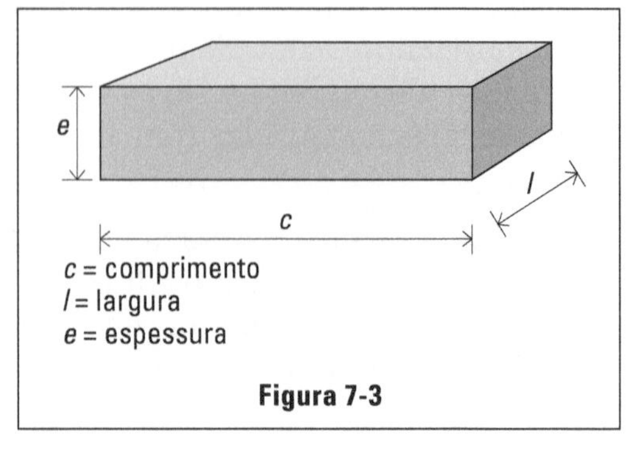

Figura 7-3

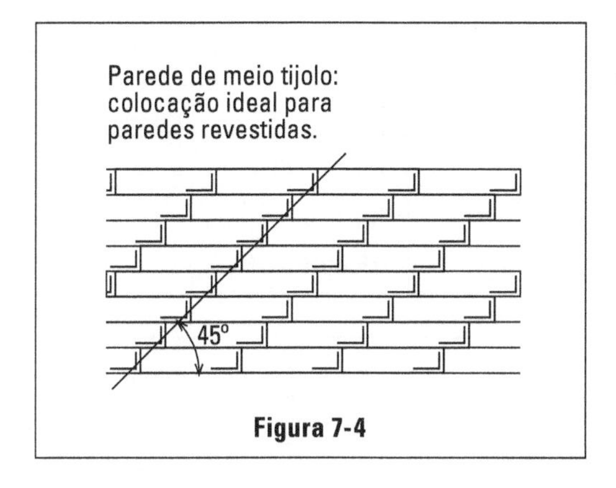

Figura 7-4

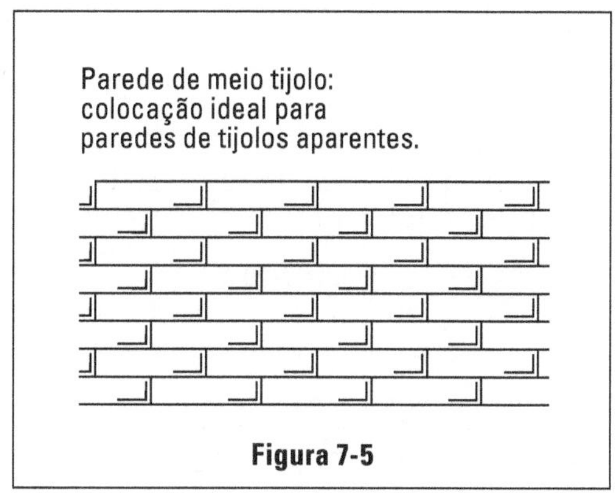

Figura 7-5

inclinada de 45°, que beneficia a resistência estrutural. Quando, porém, pretendemos que a parede não seja revestida (tijolo aparente) optamos pela distribuição da Figura 7-5, inegavelmente mais estética. Note que poucos mestres observam esses detalhes irrefutáveis.

A distribuição de tijolos em paredes de um tijolo apresenta duas opções: amarração comum ou amarração "francesa". A primeira está representada nas Figuras 7-6, 7-7, 7-8 e 7-9. A vista em planta de uma fiada aparece na Figura 7-6, notando-se que os tijolos são dispostos em duas filas longitudinais. A fiada anterior (*n*) aparece na Figura 7-7, onde os tijolos são transversais. Tal colocação, chamada de "amarração comum" aparece em vista lateral na Figura 7-8 e em corte na Figura 7-9. A distribuição em "amarração francesa" aparece nas Figuras 7-10 e 7-11 em planta de duas fiadas consecutivas, na Figura 7-12 em vista lateral e na Figura 7-13 os dois cortes (1-1 e 2-2). Essa colocação é vantajosa quando se quer o tijolo aparente usando tijolo prensado especial, portanto de

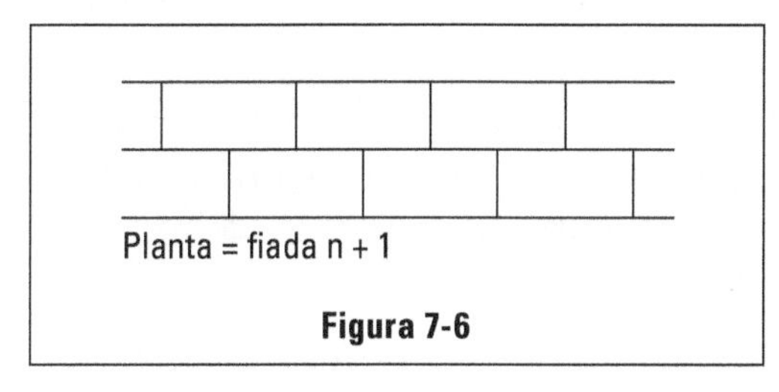

Figura 7-6

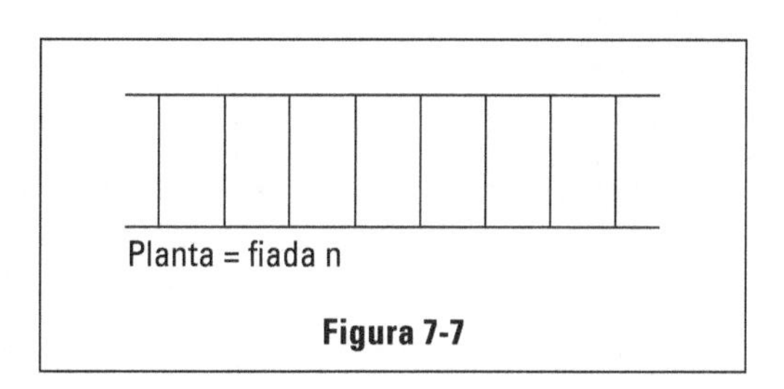

Figura 7-7

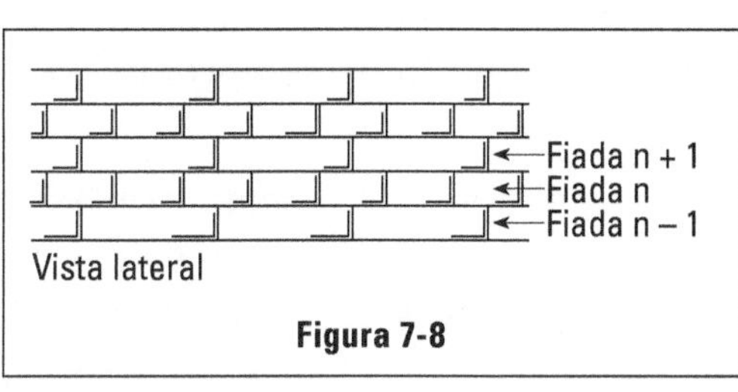

Figura 7-8

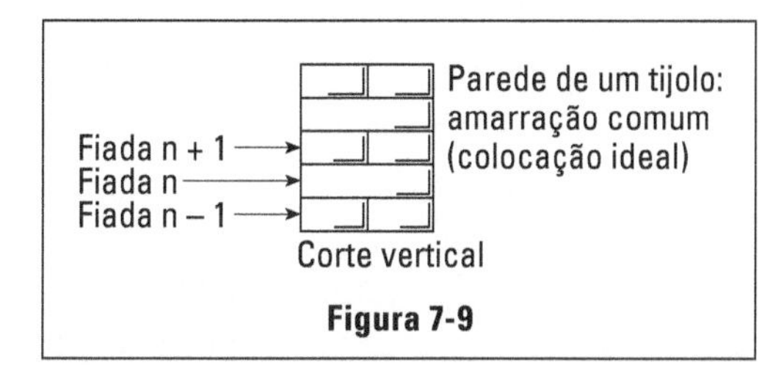

Figura 7-9

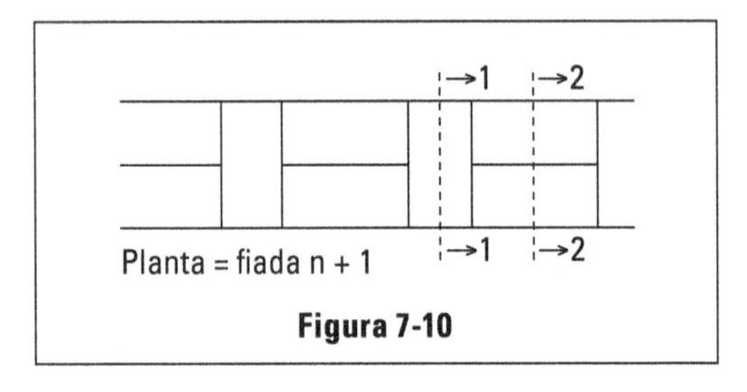

Figura 7-10

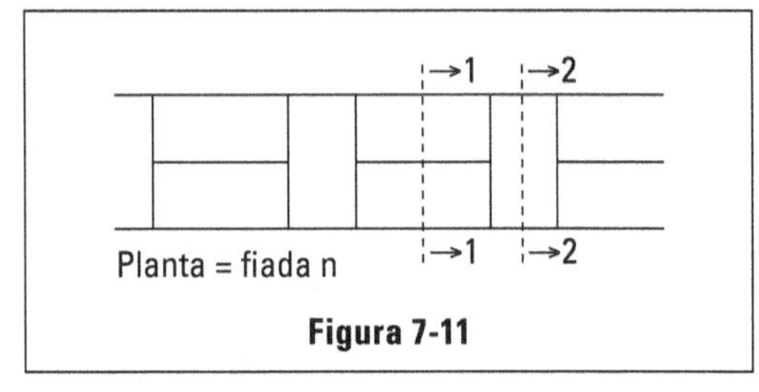

Figura 7-11

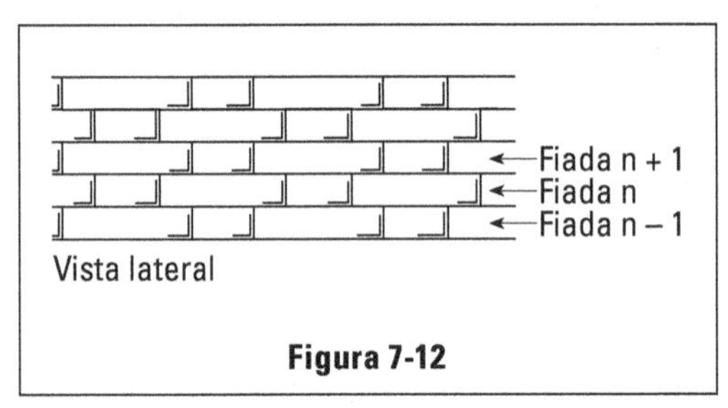

Figura 7-12

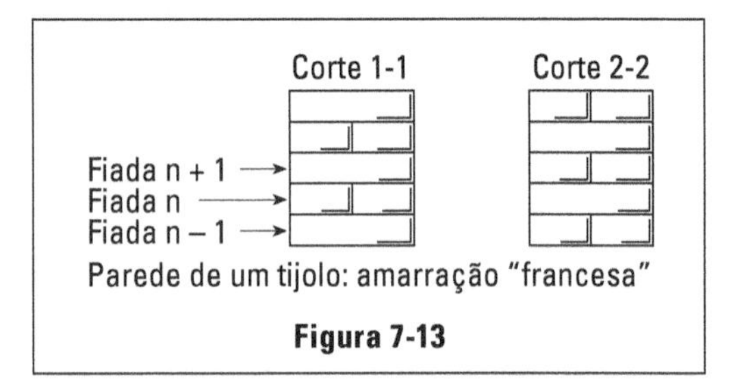

Figura 7-13

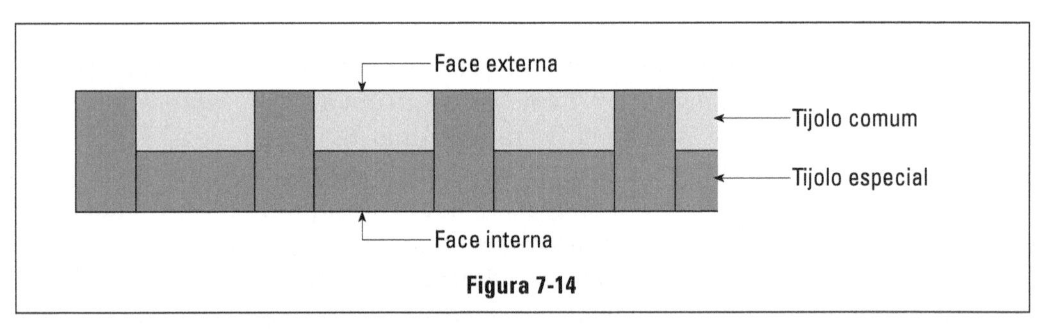

Figura 7-14

alto preço. Como vemos na Figura 7-14, desde que a face interna seja revestida, economiza-se um tijolo especial em cada três. Temos uma economia de 33,33%, portanto. De cada 10.000 tijolos podemos comprar 3.300 comuns e 6.700 especiais, sem comprometer a estética.

Para paredes de um tijolo e meio, a colocação mais aconselhável é a que aparece nas Figuras 7-15 e 7-16, em planta de duas fiadas consecutivas. Na Figura 7-17 em vista lateral, aliás com aparência idêntica a da parede de um tijolo com amarração comum e na Figura 7-18, vista em corte.

É importante observar que as colocações indicadas devem ser obedecidas em princípio, porém, sem o rigor de medidas que possam atrasar muito os trabalhos. Mas devemos instruir os pedreiros no sentido de se aproximarem do ideal.

Uma parede de alvenaria que se encontra com outra em esquadro (90°) deve ser amarrada a esta. Isso é feito deixando-se tijolos salientes na espessura de meio tijolo, alternadamente, na parede que servirá de suporte para a outra, como se verifica na Figura 7-19.

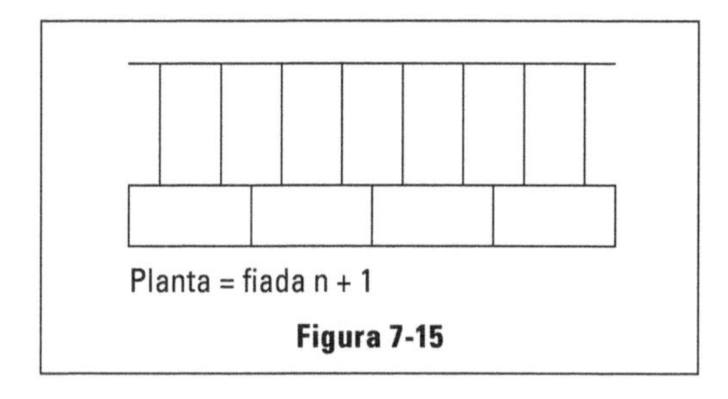

Figura 7-15

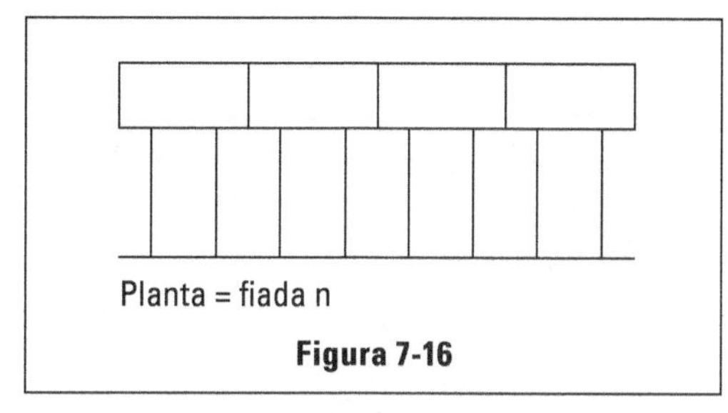

Figura 7-16

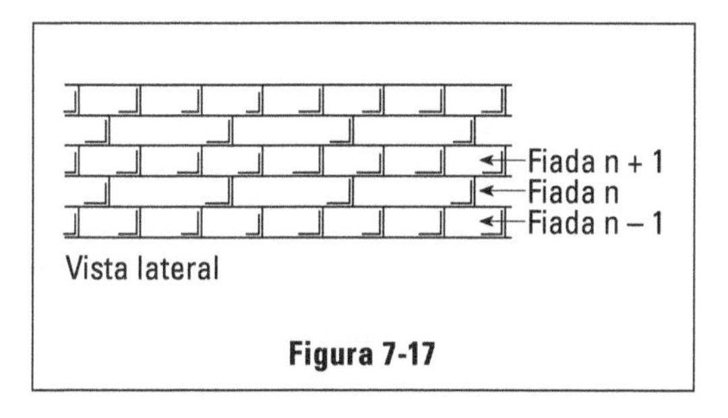

Figura 7-17

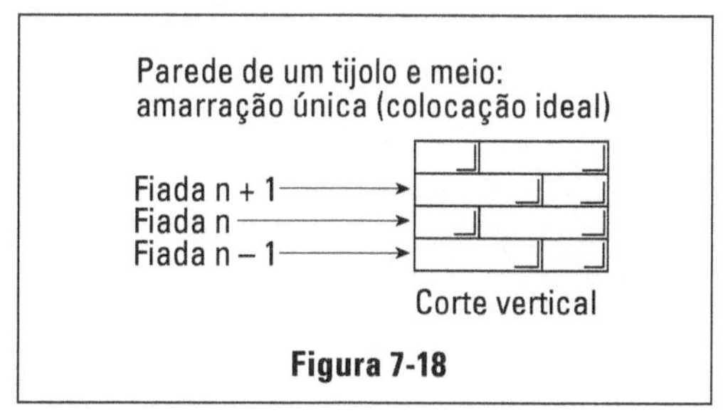

Figura 7-18

Se as precauções e indicações indicadas não forem atendidas, ocorrerá uma trinca no encontro das paredes com o risco de que uma delas caia ao menor esforço lateral.

Quando o encontro se dá entre uma parede de alvenaria e um pilar de concreto, o usual é chapiscarmos a face do pilar que ficará em contato com a alvenaria. O chapisco é feito com argamassa de cimento e areia no traço 1:3. É aconselhável que seja um chapisco grosso: adicionar pedriscos, com aplicação feita por meio de peneira. Isto resultará em uma argamassa bem irregular na face revestida do pilar e melhorará a aderência da alvenaria. Em alguns casos pode-se até deixar "esperas" de aço nos pilares que servirão de amarração para a alvenaria, conforme demonstrado na Figura 7-20.

Outro cuidado a ser tomado quando da execução das alvenarias é o encontro da alvenaria com a laje ou fundo de viga. Quando a argamassa de assentamento seca ocorre uma pequena retração da alvenaria e isto provocará uma trinca no encontro da alvenaria com a laje ou fundo de viga.

Existem duas soluções para esse problema. A primeira é executarmos as últimas fiadas de alvenaria das paredes somente após a cura da argamassa de assentamento que na prática significa fazermos estas últimas fiadas sete dias após terminado aquela da alvenaria. Essas últimas fiadas serão executadas com tijolos maciços, colocados a 45° em relação ao restante da alvenaria que chamamos de encunhamento. (Veja Figura 7-21)

A segunda solução será a utilização de uma argamassa de assentamento especial chamada "grout" ou "expansor", que nada mais é que um produto químico eliminador de bolhas de ar da argamassa, fazendo com que o volume

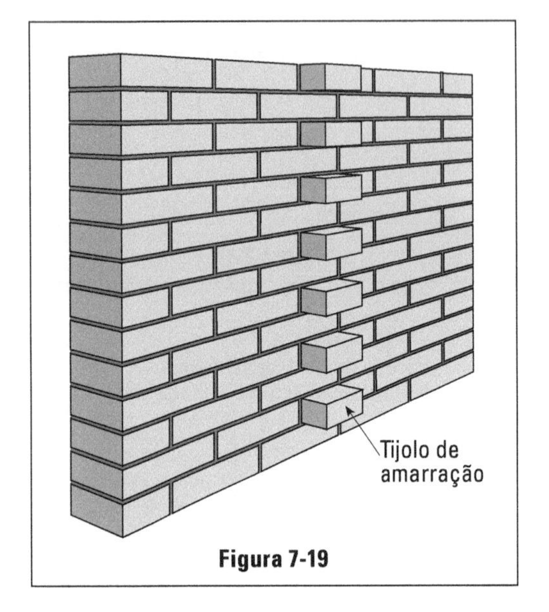

Figura 7-19

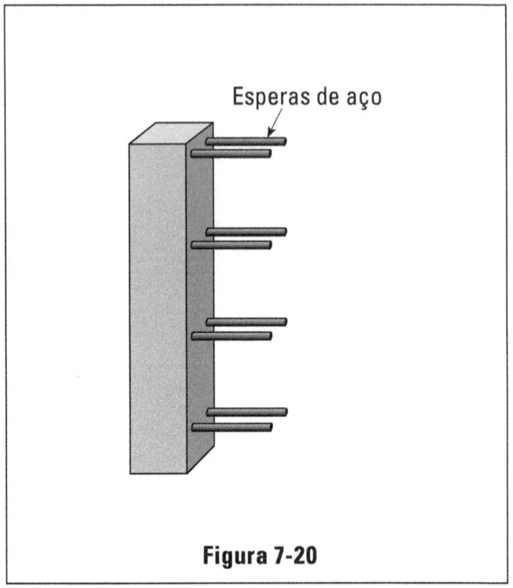

Figura 7-20

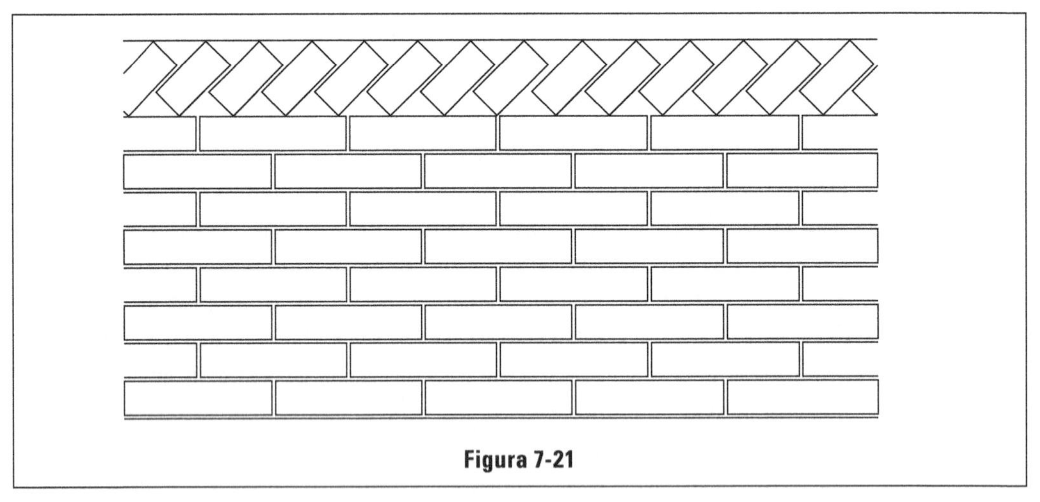

Figura 7-21

de vazios da mesma fique extremamente reduzido com a redução do efeito da retração da argamassa. Nesse caso a alvenaria é executada normalmente até o encontro com a laje ou fundo da viga.

Quando as paredes do térreo atingirem a altura de 1,50 m, aproximadamente, deve-se providenciar o primeiro plano de andaimes para que possa ser continuada. O segundo plano se dará na altura da laje; o terceiro a 1,50 m acima da laje etc. Os andaimes utilizam pinho, geralmente em tábuas de 1" × 12" e pontaletes de 3" × 3". Os pés direitos (pontaletes de 3" × 3") são cravados no solo, como foi explicado ao descrevermos o processo de locação das paredes. Na altura de 1,60 m, sobre o respaldo dos alicerces, são pregadas tábuas formando uma cinta em volta de toda a construção. Apoiados nessa tábua de um lado e de outro nas paredes já levantadas, são colocados novos pontaletes que servem de sustentação para as tábuas que formam o assoalho. É hábito pregarmos todas as peças de madeira, exceto as últimas, que assim serão facilmente removidas quando não mais necessárias.

Os vãos para portas e janelas já serão deixados em aberto, obedecendo as medidas previstas na planta construtiva. Não devemos esquecer de deixar a folga necessária para o encaixe dos batentes, já que as medidas marcadas na planta de obra são as do vão livre ou vão luz. Assim, para esquadrias de madeira devemos acrescentar:

a. Para portas: 10 cm na largura, 5 cm na altura
b. Para janelas: 10 cm na largura, 10 cm na altura

Para esquadrias de ferro, já que não utilizam batentes, os acréscimos serão de 3 cm tanto na largura como na altura. Lembramos que o batente tem a espessura de 4,5 cm; 4,5 cm de cada lado fazem aproximadamente 10 cm. Nas portas, o batente só existe na travessa superior, por isso o acréscimo é de apenas 5 cm.

Atualmente, perdeu-se o hábito do uso desses tacos; para maior facilidade os batentes são fixados nas alvenarias por meio de "ganchos", colocados previamente nas "pernas" (montantes) dos batentes. (Figura 7-22) Esses "ganchos" já são entregues com os batentes e o chumbamento dos mesmos é feito com cimento e areia. (Figura 7-23) É também uma queda de qualidade de serviço, em uma tentativa de barateamento da construção. Com tacos, os batentes podem ser melhor verticalizados.

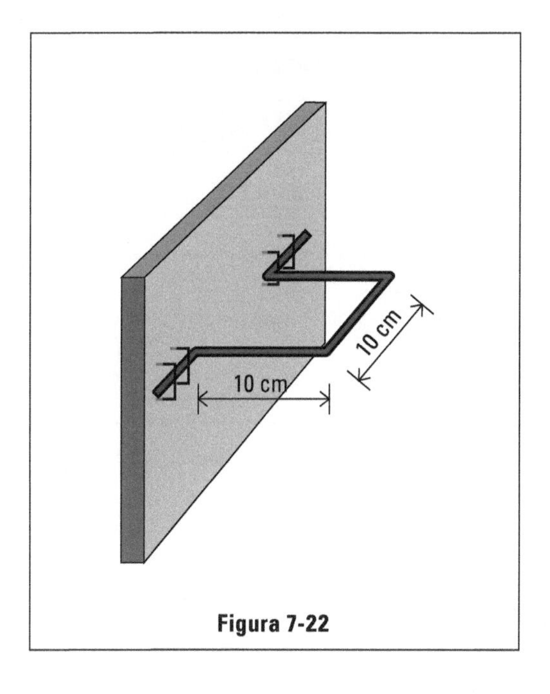

Figura 7-22

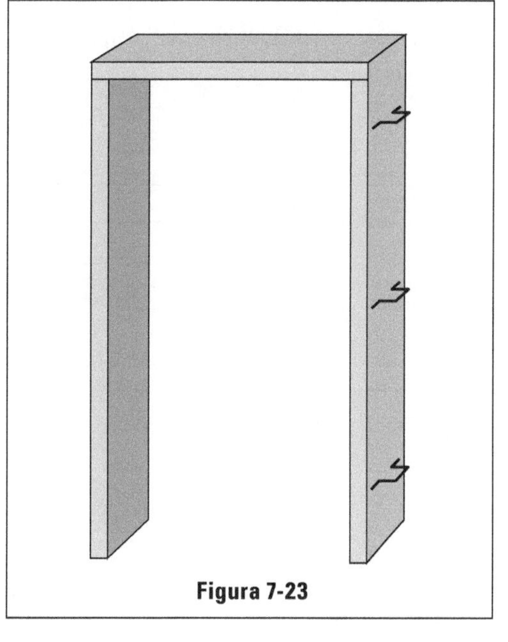
Figura 7-23

Um cuidado essencial que o engenheiro deve ter na execução das alvenarias é em relação a seu prumo e esquadro (encontro de duas paredes). Se o prumo não estiver perfeitamente vertical e o encontro das alvenarias em esquadro (90°) perfeito, a tendência é que se faça a correção com a massa de revestimento que elimina estes dois problemas, mas cria um outro pior, que é o "afundamento" do batente. (Figuras 7-24 e 7-25)

No caso de ocorrer esse problema, temos duas opções: refazer a alvenaria ou trocar os batentes por batentes mais largos (muito mais caros).

Outro erro bastante comum em relação aos batentes é esquecermos as paredes que receberão revestimento de azulejo. (Figura 7-26)

Aparentemente, na execução da alvenaria, do revestimento e da colocação do batente tudo estaria correto, mas não quando é feito o revestimento de azulejo, pois criamos um degrau entre o azulejo e o batente, o que prejudicará a colocação das guarnições (peças de madeira que arrematam a junta entre o batente e a parede). Caso isso ocorra a solução será comprarmos as guarnições com um encaixe para resolvermos o problema; claro se este tiver uma espessura de no máximo 1,0 cm como na Figura 7-27.

Devemos também ter todo o cuidado com as tubulações das instalações elétricas e hidráulicas, pois as mesmas devem ficar embutidas nas alvenarias. Caso isto não ocorra, teremos que aumentar a espessura do revestimento, recaindo desta maneira no problema do "afundamento" dos batentes.

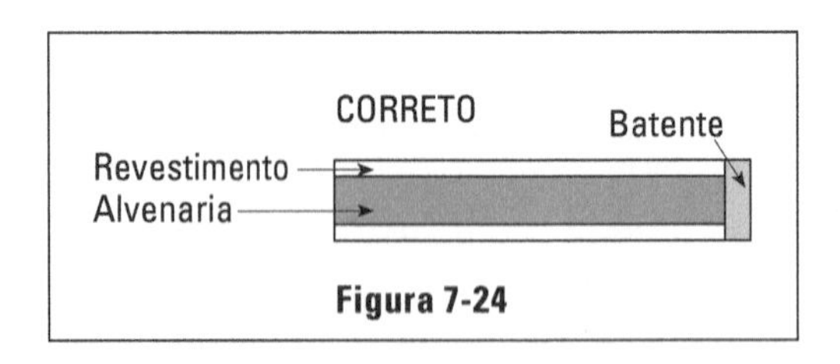

Figura 7-24

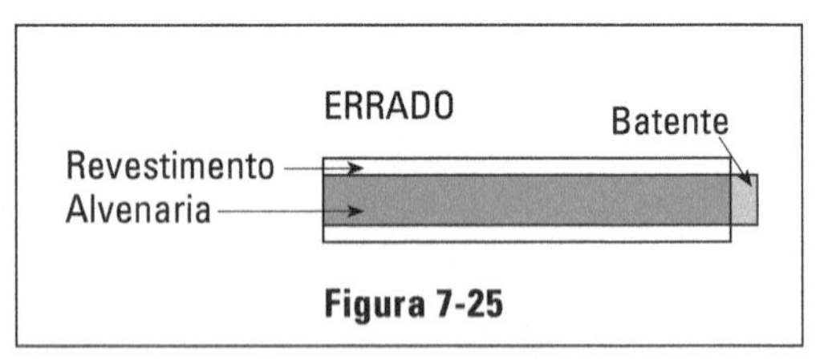

Figura 7-25

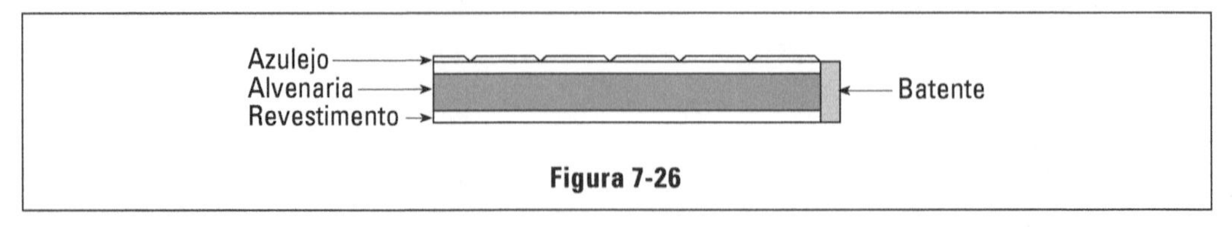

Figura 7-26

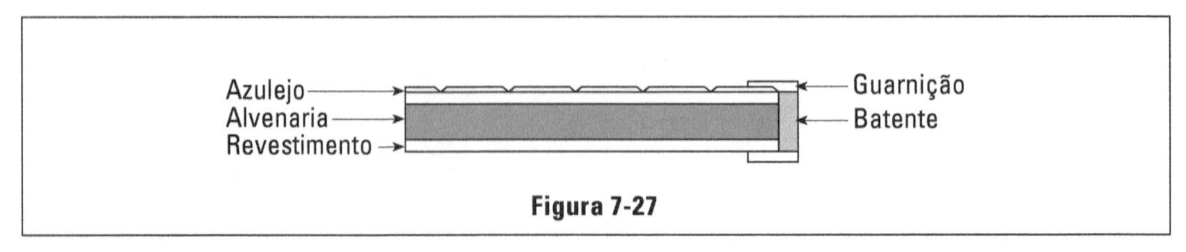

Figura 7-27

Argamassa de assentamento

A argamassa para assentamento do tijolo é composta de cal e areia, com traço aproximado de 1:3. Digo aproximado, porque se trata de uma dosagem onde não são medidas as quantidades de cal e areia. Varia, porque constantemente se mudam as qualidades da areia recebida e a concentração do leite de cal (atualmente, utiliza-se argamassa produzida industrialmente, facilitando o trabalho e melhorando a qualidade).

A areia utilizada é do tipo médio (grão médio) levemente argilosa, pois nos traz certa economia de cal. A areia grossa e lavada, usada para concreto, se for utilizada para argamassa de assentamento exige muito cal para chegar à consistência pastosa necessária para este tipo de trabalho.

A argamassa é feita em mistura manual, exceto em obra de maior vulto, onde se emprega com sucesso a betoneira. Deve ser preparada com vários dias de antecedência (5 dias ou mais) para que fique "curtindo", termo prático de obra que denomina a ação de deixar a argamassa em descanso durante algum tempo, para que pequenas partículas de cal virgem que ainda não queimaram o façam. Com isso, evitamos que depois de aplicada, com a parede pronta e às vezes já revestida, essas partículas se queimem, estourando a argamassa e produzindo pequenos buracos no revestimento. Deve-se, portanto, sempre ter estoque de argamassa, para não sermos obrigados a usar aquela recentemente preparada. Na ocasião de usá-la, acrescenta-se mais um pouco de leite de cal para lhe trazer maior força. A argamassa preparada com antecedência adquire também maior plasticidade.

Pode-se ainda aplicar a cal hidratada. Esta é recebida em pó dentro de sacaria de papel (embalagem idêntica a do cimento). É misturada com a areia em seco, usando o traço 1:5 em volume. A seguir é adicionada a água até se obter a consistência adequada. A argamassa assim preparada resulta em preço mais elevado do que aquela de cal virgem, só se justificando o seu emprego quando não há espaço para a instalação dos tanques de queima e o depósito de cal, ou ainda quando se trata de trabalhos muito pequenos (pequenas reformas), onde não se justifica a construção dos tanques; existe também muita dificuldade na obtenção de cal virgem, bem como de operários acostumados com o seu uso. Por essa razão, temos que recorrer à cal hidratada, correndo-se o risco de adquirir cal misturada e de baixo rendimento. Entre dezenas de marcas, apenas algumas merecem confiança. A argamassa com cal hidratada exige sempre uma certa dosagem de cimento, variando de 2 a 3 sacos por metro cúbico, isto é, de 100 a 150 kg por metro cúbico. Naturalmente o cimento só poderá ser introduzido na ocasião do uso, pois, caso contrário, provocaria o endurecimento da argamassa. De início mistura-se a cal com areia média; em seguida acrescenta-se água, completando-se a mistura inicial ainda sem cimento. Esta mistura deverá "descansar" durante alguns dias (cinco dias é um tempo razoável). Na ocasião do uso, a argamassa receberá acréscimo do cimento e a água necessária para completar a mistura. Fazendo a comparação entre o custo da argamassa anterior (somente cal virgem e areia) e o custo da argamassa que hoje somos obrigados a usar, nota-se uma diferença gritante. A argamassa mista (cal-areia-cimento) resulta cerca de quatro vezes mais dispendiosa do que a argamassa de cal virgem e areia.

A argamassa usinada, adquirida nas usinas de concreto, pode ser comprada para obras de vulto, normalmente grandes conjuntos habitacionais que exige a produção de argamassa em quantidade que atenda a produção diária.

Tem-se aplicado também a argamassa pronta, que é comprada em sacos (igual saco de cimento) de 50 kg e só é necessária a adição de água. É uma excelente solução para reformas, principalmente em locais em que a estocagem de material e lugar para o preparo das argamassas seja difícil.

As normas a serem verificadas para um bom trabalho de assentamento são:

a. Juntas de argamassa entre os tijolos completamente cheias. Deixá-las semicheias resultará em problemas futuros.

b. Painéis de paredes perfeitamente no prumo e alinhadas, pois do contrário será necessário uma camada de revestimento de muita espessura para acertá-las. Além de antieconômico, pelo excesso de consumo de argamassa de revestimento, esta poderá se desprender da parede pela grande espessura.

c. Fiadas perfeitamente em nível para que não seja necessário o seu acerto, o que só se consegue aumentando a espessura de massa entre duas fiadas.

Vergas

Sobre o vão das portas e sobre e sob o vão das janelas devem ser construídas as vergas. Quando trabalha sobre o vão, o seu papel é evitar que as cargas da alvenaria superior recaiam sobre a esquadria, deformando-a. Quando trabalha sob o vão, a finalidade é distribuir as cargas concentradas uniformemente pela alvenaria inferior. A Figura 7.28 mostra a posição das duas vergas numa janela. As setas sobre a verga superior indicam a carga distribuída que se concentra nas partes laterais do vão e que depois torna a distribuir, em virtude da verga inferior. As consequências do não emprego dessas vergas são:

a. Faltando a verga superior, a carga incide sobre a esquadria, provocando uma deformação.

b. Faltando a verga inferior, a alvenaria ficará sujeita a carga concentrada nos lados do vão e sem carga no centro. Essa diferença de solicitação fará com que surjam rachaduras na alvenaria e visíveis no revestimento e de mau aspecto, conforme se verifica na Figura 7-29.

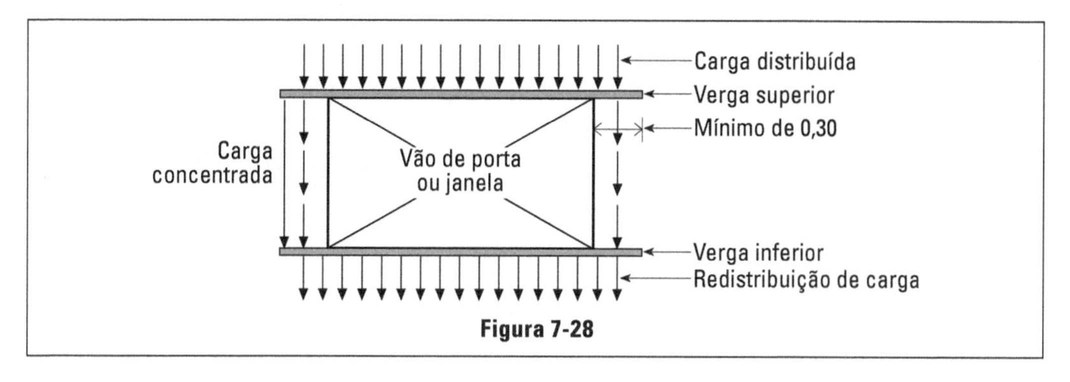

Figura 7-28

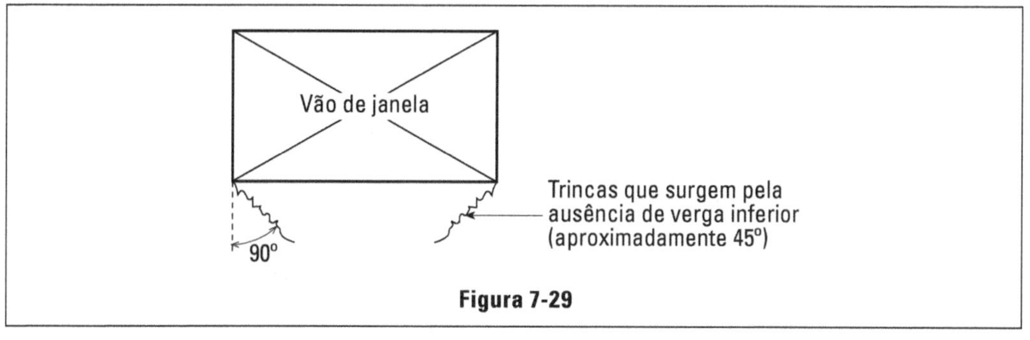

Figura 7-29

Quando os vãos são maiores que 2,40 m, as vergas deverão ser calculadas como vigas. Abaixo dessa medida é hábito usarmos formas práticas e rápidas para construi-las. A Figura 7-30 mostra a solução ideal para vãos até 1 m. Notamos apenas o uso de duas barras de ferro 6,3 mm entre duas fiadas de tijolos assentadas com argamassa de cimento e areia (traço 1:3). A verga representada na Figura 7-31 é aplicada para vãos entre 1,00 e 2,40 m e em paredes de meio tijolo. A peça será previamente fundida em fôrma e depois aplicada pronta sobre o vão.

As Figuras 7-32 e 7-33 mostram como uma verga de 0,10 × 0,07 pode ser pré-moldada com a ajuda de uma tábua de 1 × 12 e dois pontaletes de 3 × 3.

Quando a parede é de um tijolo e o vão entre 1,00 e 2,40 m, usamos a solução indicada na Figura 7-34; fôrma inferior de tábua e laterais com tijolo

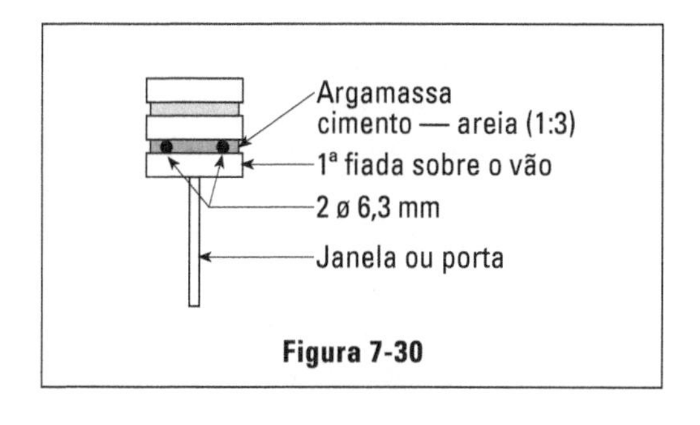

Figura 7-30

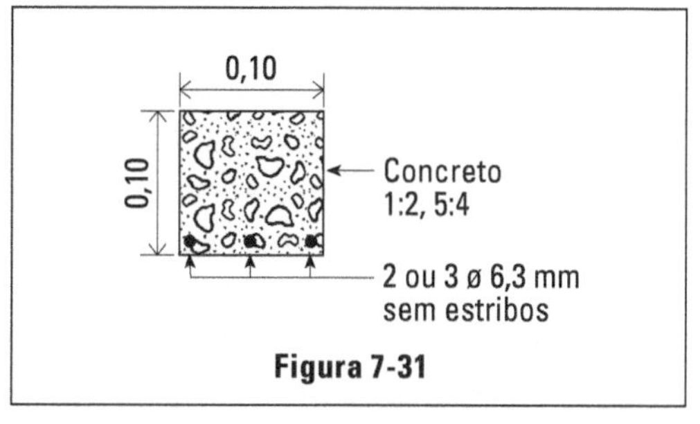

Figura 7-31

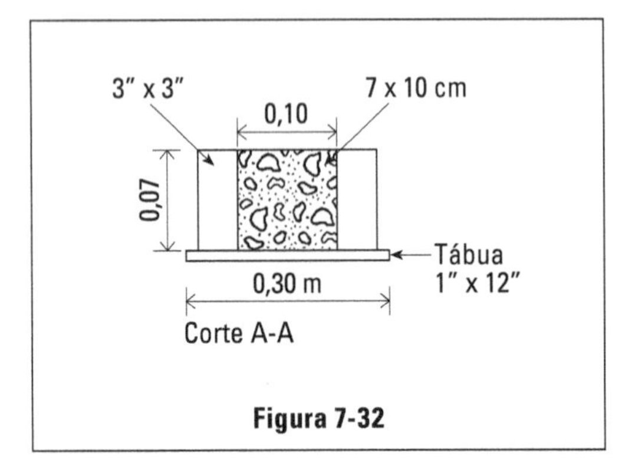

Figura 7-32

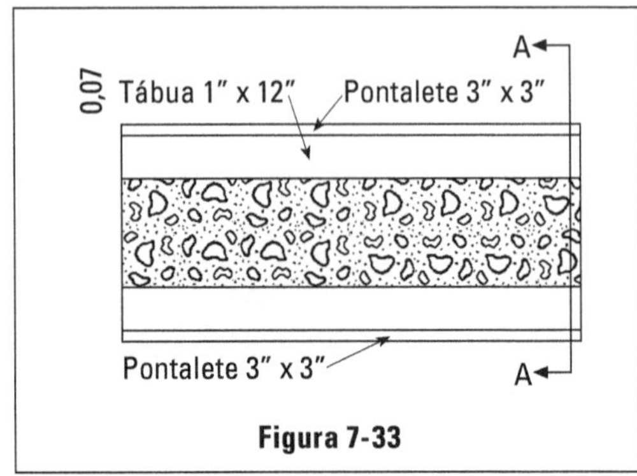

Figura 7-33

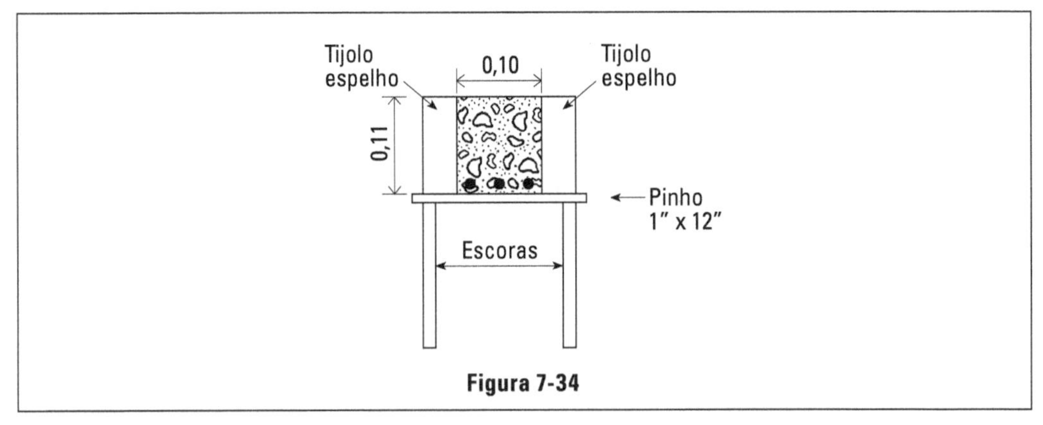

Figura 7-34

espelho, isto é, tijolo arrumado de topo. Não devemos esquecer que as vergas devem exceder a largura do vão, pelo menos 30 cm de cada lado, para melhor apoio. No caso de janelas sucessivas, com o fechamento na mesma altura e relativamente próximas, é mais rápido a junção de todas as vergas numa só sobre todos os vãos.

Quando as paredes estiverem na altura de fundir a laje de apoio do andar superior, os trabalhos de alvenaria devem ser interrompidos até que se tenha a laje concretada.

Quando não temos uma verdadeira estrutura de concreto, isto é, lajes apoiadas em vigas e essas sobre pilares, aquelas se apoiam na alvenaria. Devemos evitar então a concentração de cargas muito grandes diretamente sobre tijolos. Para isso, usamos uma nova cinta de amarração sob a laje e sobre todas as paredes que dela recebem carga. A Figura 7-35 mostra esse detalhe, as fôrmas laterais são constituídas de tijolo espelho em duas fiadas e assentadas com argamassa de cimento e areia. A cinta poderá ser fundida diretamente com a laje. Evidentemente esse procedimento é necessário quando o cálculo de concreto armado das lajes não previu vigas nos seus bordos. A canaleta tem ferros corridos, sem estribos, já que não representa papel de viga. Nota-se na

Figura 7-35 a marcação das alturas em função do pé direito de 2,70 m e, assim, a canaleta deverá ser iniciada a 2,54 m acima do piso, para que se possa ter 24 cm de altura de concreto com resultado de um pé direito bruto de 2,78 m com o piso e o revestimento do forro.

Ainda para se evitar que vigas com grandes cargas concentradas nos apoios recaiam diretamente sobre a alvenaria, ocasionando cisalhamento nos tijolos, fazem-se coxins de concreto, distribuindo-se as cargas. É o que se vê na Figura 7-36.

Alvenaria com blocos de concreto

Existem, permanentemente, tentativas para modernizar e simplificar os métodos mais antiquados de construção. Por essa razão, constantemente surgem novidades no ramo. Infelizmente, a maioria delas apresenta apenas o característico "novo" e, pela ausência de outras vantagens, não chega a merecer aprovação, caindo no esquecimento. Reconhecemos que um dos detalhes que tem permanecido mais fiel aos processos antigos é a alvenaria de tijolos comuns de barro. Somente o tamanho do tijolo tem se apresentado cada vez menor com consequente diminuição da espessura das paredes. São as vantagens apresentadas pelo tijolo comum que tem feito resistir processo tão antigo, contra outros mais modernos. De fato, o tijolo comum apresenta uma garantia de salubridade para os ambientes que fecha, que não pode ser suplantada por outros materiais. Pelo fato de absorver a umidade dos ambientes internos e permitir a sua passagem para a face externa, à espera do calor solar para evaporá-la, torna a construção isenta de umidade. Portanto, parece não existir melhor material para alvenaria externa. Tem ainda a vantagem de permitir um trabalho fácil para os encanadores e eletricistas, já que nelas são abertos os rasgos para o embutimento de canos e conduítes, sem estragá-las.

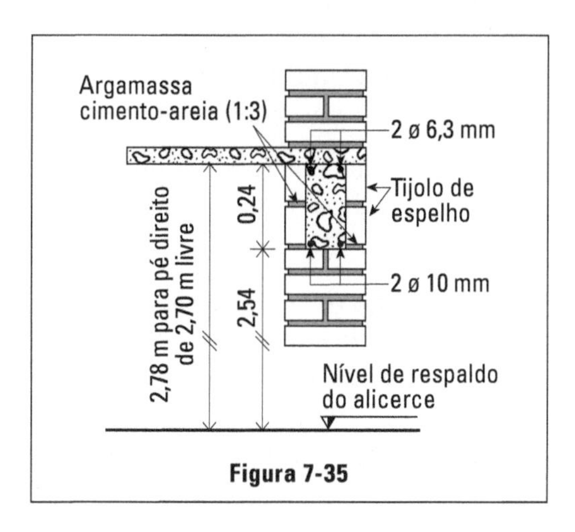

Figura 7-35

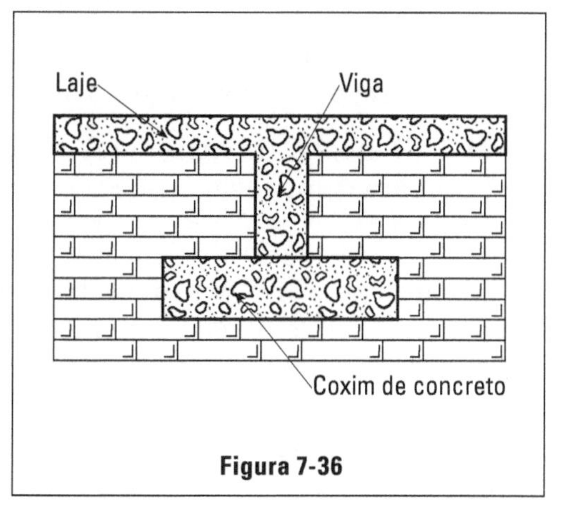

Figura 7-36

Os eventuais substitutos do tijolo comum para fechamento de paredes são:

a. Blocos de concreto
b. Tijolos furados
c. Blocos prensil
d. Placas de pumex
e. Bloco cerâmico

Os blocos de concreto são constituídos de cimento, areia e pedrisco. A mistura é colocada em fôrmas, prensadas e vibradas em máquinas (prensas) especiais. Podem ser fabricados industrialmente em larga escala, mas também existe a possibilidade de uma construtora adquirir ou alugar as prensas e produzir os seus próprios blocos. Naturalmente a qualidade varia, desde blocos de alto padrão até peças de lamentável aspecto e resistência. Quando se aplicam blocos de boa qualidade e acabamento, o posterior revestimento pode ser muito simplificado. Como veremos em capítulos seguintes, a alvenaria de tijolos comuns será posteriormente revestida com duas camadas: revestimento grosso (emboço) e o revestimento fino (reboco). A parede de blocos bem acabados poderá ser revestida com um leve chapisco coberto do revestimento fino, ou coberto com gesso estuque. Por outro lado, os blocos podem ser colocados em alvenaria autoportante, isto é, eliminando a necessidade de estrutura independente de concreto armado. Num resumo de vantagens e desvantagens citamos:

a. Blocos tornam a parede mais leve, aliviando a estrutura.
b. Blocos exigem menos mão de obra, resultando em economia no custo e no tempo.
c. Blocos tornam mais difícil embutimentos posteriores. Para diminuir essa desvantagem, toda a instalação hidráulica, a instalação elétrica, esquadrias etc., devem ser planejadas e pré-colocadas.
d. Para ambientes residenciais, o bloco perde em salubridade para a alvenaria de tijolos comuns, principalmente em climas quentes e úmidos.
e. Economia de mão de obra no uso do bloco necessita ser bem usada, para compensar o maior custo por metro quadrado do material.

Quanto ao custo por m^2 de parede, a comparação entre alvenaria de tijolos comuns e a de blocos dependerá dos preços unitários dos diversos materiais utilizados: blocos, tijolos de barro, areia, cimento, cal, mão de obra etc. Somente um cálculo atualizado poderá afirmar qual das duas soluções será a mais econômica. E finalmente demandam menor tempo de assentamento e revestimento.

Para esclarecimentos, faremos adiante um cálculo comparativo. Para esse cálculo foram usados os preços do dia, que, sabemos, sofrem enorme e rápida variação. O interessado deverá corrigir os valores da época, para atualizar permanentemente a comparação. Os blocos mencionados no cálculo são aqueles fornecidos em São Paulo com especificações tiradas de seus catálogos.

Comparação de custo e peso entre tijolos comuns e blocos de concreto

- Paredes internas:
  Blocos de concreto (20 × 10 × 40) (altura × largura × comprimento)

  Peso:

  Alvenaria comum.......................... 0,15 3 × 1.600 = 240 kg/m

  Blocos:

  Peso dos blocos................................ 12,5 × 8,85 = 110,625 kg/m^2
  Peso da argamassa
  de assentamento.......0,015 × 0,10 × 0,60 × 12,50 = 24,75 kg/m^2

  Peso revestimento fino......... 0,01 × 1,00 × 1.600 = 16,00 kg/m^2

  Soma = 151,385 kg/m^2

  Conclusão: os blocos pesam apenas 62,5% do que pesa a alvenaria comum. Cálculos feitos em setembro 1995.

- Parede de meio tijolo revestida de massa grossa (emboço) de ambos os lados.

  1. tijolos 80 unids. a R$ 0,07... 5,50
  2. argamassa de assentamento = 0,05 m^3
     areia 0,05 m^3 a R$ 26,25... 1,31
     cal hidratada 10 kg a R$ 0,10 1,00
     cimento 5 kg a R$ 0,13... 0,65
  3. revestimento grosso (2 lados) = 0,04 m
     areia 0,04 m^3 a R$ 26,25... 1,05
     cal hidratada 8 kg a R$ 0,10... 0,80
     cimento 4 kg a R$ 0,13... 0,52
  4. mão de obra de assentamento 1 m^2 a R$ 13,41 13,41
  5. mão de obra de revestimento 2 m^2 a R$ 5,40 10,80

  Soma = R$ 35,04

- Parede com blocos de 40 × 20 × 10 cm, com chapisco de ambos os lados.

  1. blocos 40 × 20 × 10 cm 13 unidades a R$ 0,45 5,85
  2. argamassa de assentamento = 0,011 m
     areia 0,011 m^3 a R$ 26,25 0,29
     cimento 4,5 kg a R$ 0,13 0,59
  3. argamassa de chapisco 0,010 m
     areia 0,008 m^3 a R$ 26,25 0,21
     cimento 4 kg a R$ 0,13 0,52
  4. mão de obra de assentamento 1 m^2 a R$ 5,42 5,42
  5. mão de obra de chapisco 2 m^2 a R$ 0,94 1,88

  Soma = R$ 14,76

- Parede de um tijolo revestida, de massa grossa (emboço) de ambos os lados.

  1. tijolos 150 unidades a R$ 0,07 10,50
  2. argamassa de assentamento = 0,094 m
     areia 0,094 m^3 a R$ 26,25 2,47
     cal 18,8 kg a R$ 0,10 1,88
     cimento 9,9 kg a R$ 0,13 1,29
  3 revestimento grosso (2 lados) = 0,04 m
     areia 0,04 m^3 a R$ 26,25 1,05
     cal 8,0 kg a R$ 0,10 0,80
     cimento 4,0 kg a R$ 0,13 0,52
  4 mão de obra de assentamento 1 m^2 a R$ 21,64 21,64
  5 mão de obra de revestimento 2 m^2 a R$ 5,40 0,80

  Soma = R$ 50,95

- Parede com blocos de 40 × 20 × 20 cm, com revestimento grosso (emboço) de ambos os lados.

  1. blocos 40 × 20 × 20 cm 13 unidades a R$ 0,90 11,70
  2. argamassa de assentamento = 0,022 m^3
     areia 0,022 m^3 a R$ 26,25 0,58
     cimento 90 kg a R$ 0,13 1,17
  3. argamassa de chapisco 0,010 m^3
     areia 0,04 m^3 a R$ 26,25 1,05
     cal 8,0 kg a R$ 0,10 0,80
     cimento 4 kg a R$ 0,13 0,52
  4. mão de obra de assentamento 1 m a R$ 5,85 5,85
  5. mão de obra de chapisco 2 m^2 a R$ 5,40 10,80

  Soma = R$ 32,47

$$\frac{32,47}{50,95} \times 100 = 63,7\%$$

Observações: Não foi considerado o custo do revestimento fino (reboco), pois é comum aos dois materiais.

- A mão de obra para a colocação dos blocos é estimativa aproximada. É difícil estabelecer um valor exato, uma vez que o custo varia conforme o desenvolvimento do serviço. O custo em um grande painel, sem interrupções ou vãos, é mais baixo do que o mesmo em uma parede de pequena área cheia de requadrações.
- A argamassa de assentamento dos blocos foi prevista em cimento e areia, admitindo-se a espessura de 1,5 cm. A outra hipótese seria o assentamento com cola, quando os blocos são de formas quase perfeitas, isto é, muito uniformes.

Ressaltamos o fato de o bloco de concreto aplicado nas paredes internas dispensarem o revestimento grosso ou emboço. Isto se dá em função de a sua face uniforme produzir, quando bem assentado, uma superfície lisa que apenas com a massa fina alcança um acabamento bom, tão satisfatório quanto as duas demãos (grossa e fina) sobre a alvenaria comum. É nesse fato que reside a verdadeira economia. Se o pedreiro não assentar devidamente os blocos, tal vantagem desaparece.

Melhor do que as palavras, os números do cálculo anterior permitem um julgamento comparativo.

Em resumo podemos afirmar:

- Para paredes internas
  a. Vantagens do bloco de concreto
     1. peso inferior
     2. maior rapidez na execução
     3. menor espessura dos maciços, economizando área interna e permitindo batentes de porta mais estreitos
     4. maior resistência
  b. Vantagens do tijolo comum
     1. maior facilidade de embutimento de canalizações (água, gás, luz etc.)
     2. maior salubridade

Esse quadro comparativo leva às seguintes conclusões:

a. Para paredes internas, vantagens na aplicação de blocos de concreto.
b. Para paredes externas, uso dos tijolos comuns em virtude da importância, neste caso, do fator de salubridade.

Há, ainda, um detalhe que merece menção: quando aplicamos os blocos em paredes externas, nos dias de chuva aparecem, mesmo depois de revestidos, os desenhos dos blocos. Isso acontece em função da absorção de umidade nos blocos ser diferente da absorção da argamassa de assentamento. Por isso, quando temos a parede molhada, vemos perfeitamente o desenho dos diversos blocos, mesmo quando os blocos são assentados com argamassa de cimento e areia.

Os tipos de blocos mais usados são os seguintes:

a. Para paredes internas (normalmente de meio tijolo): usar o bloco com a espessura de 9,0 cm para a parede sem revestimento e 10,0 cm depois de revestidos dos dois lados apenas com massa fina. Os batentes das portas terão a largura de 10,0 cm. Dimensões 19 × 39 × 9 cm, como na Figura 7-37.

b. Para paredes externas (normalmente de um tijolo) usar o bloco da Figura 7-38, cujas dimensões são 19 × 39 × 19 cm, com espessura final de parede de 23 cm. Quando os regulamentos municipais permitem espessuras mais finas, usar o bloco de 19 × 39 × 14 cm, com espessura final de 18 cm* (revestimento interno só de massa fina e externo com argamassa grossa e fina).

Alguns fabricantes produzem outras peças acessórias como vergas, peitoris, meia peça etc. Acreditamos que quase na totalidade dos casos tais peças, apesar de úteis, são dispensáveis, pois poderemos resolver os pequenos problemas que surgem com as peças comuns.

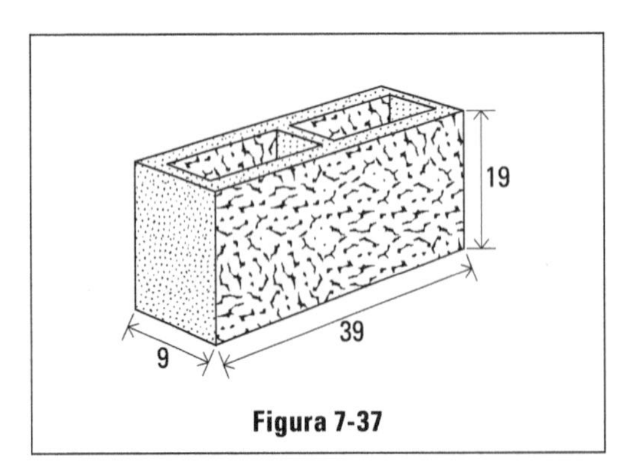

Figura 7-37

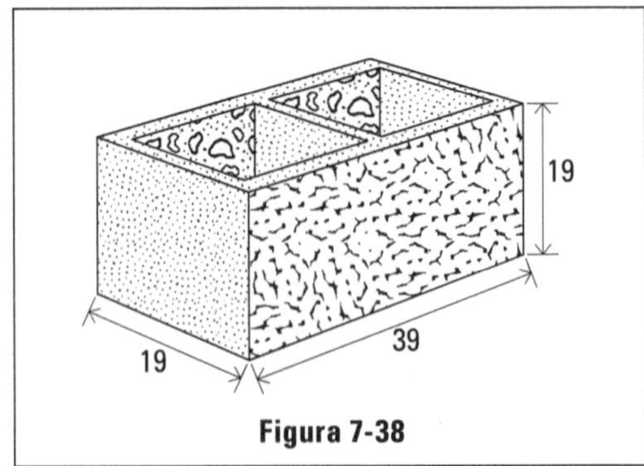

Figura 7-38

* **Observação**: Algumas fábricas fornecem os blocos com os orifícios tapados em um dos lados, iniciativa para facilitar a colocação da argamassa de assentamento. Neste caso, o pedreiro trabalhará com a face tapada para cima, de modo a aplicar a argamassa sem o inconveniente da mesma cair pelos furos.

Concreto celular

O produto conhecido com o nome industrial de "pumex" constitui outra possibilidade moderna para a vedação de painéis, de paredes, substituindo tanto os tijolos comuns quanto os blocos de cimento.

Trata-se de concreto extremamente leve, em função do tratamento industrial, semelhante a uma espuma endurecida. Seu peso específico é de 550 kg por metro cúbico, contra 1.400 do tijolo.

A Prefeitura de São Paulo aprova sua aplicação para paredes externas com espessura de 10 cm e internas com 7,5 cm. Existe ainda a possibilidade de aplicá-lo para paredes internas secundárias, tais como a vedação de armários embutidos ou box para chuveiros, com a espessura de 5 cm.

As placas ou blocos são fornecidos nas seguintes dimensões (cm):

Comprimento	Altura	Espessura	Aplicação
56	40	5,5	Paredes secundárias
56	40	7,5	Paredes internas
56	40	10	Paredes externas
70	40	10	Paredes externas
80	40	10	Paredes externas

O material é facilmente serrável com um serrote comum de carpinteiro com dentes maiores. Deve ser empilhado com as placas sempre em pé, para evitar trincas daquelas que se encontram por baixo das grandes pilhas.

Para evitar quebras, deve-se evitar pancadas violentas no meio da peça antes da aplicação e seu assentamento é idêntico ao de tijolos comuns, isto é, usando-se fiadas horizontais em forma de amarração, inclusive nos cantos. (Figura 7-39)

Parede com pumex

As argamassas de assentamento recomendáveis são

a. Para paredes de 5 ou 7,5 cm 1:2:9 (cimento, cal, areia média).
b. Para paredes de 10 cm 1:3:12 (cimento, cal, areia média).

As espessuras da argamassa (juntas) devem ser aproximadamente de 1,5 a 2 centímetros. Para a cunhagem do painel da parede com as vigas superiores e com os pilares laterais, usam-se os sistemas indicados na Figura 7-40.

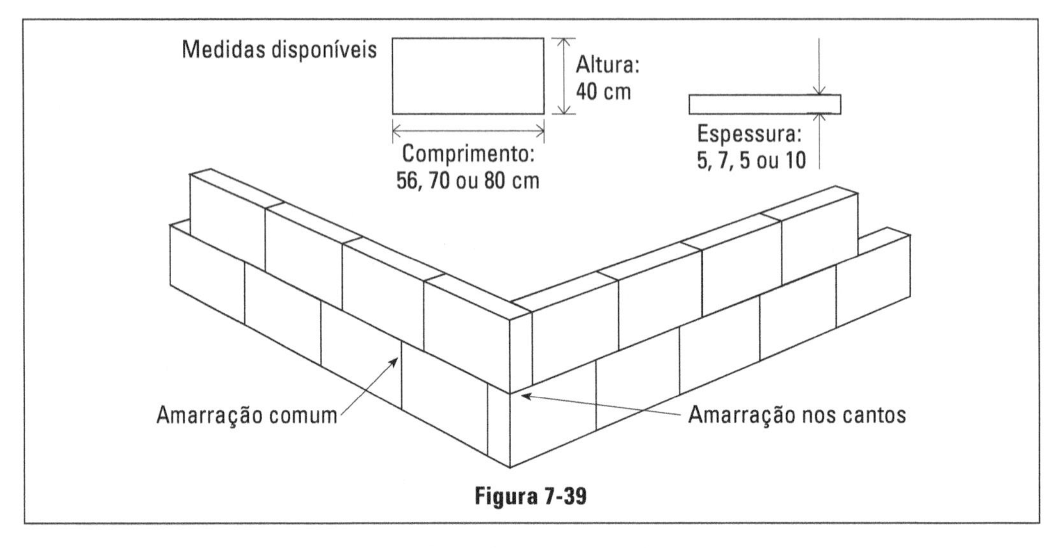

Figura 7-39

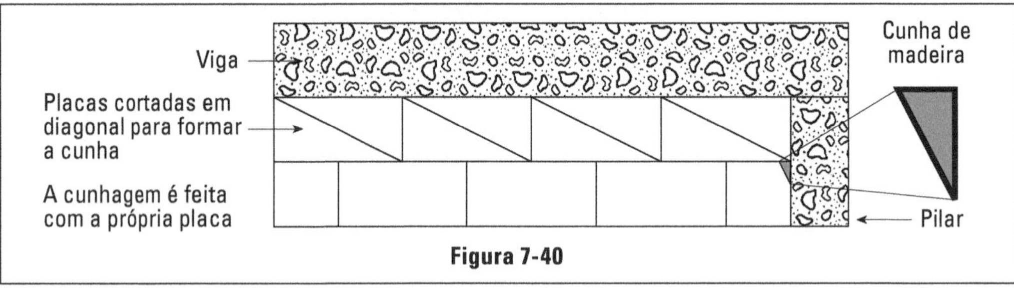

Figura 7-40

A cunhagem é feita ou com a própria placa cortada em diagonal ou com uma pequena cunha de madeira. Geralmente usa-se pontalete de pinho de 3 × 3 com corte enviesado. (Figura 7-41)

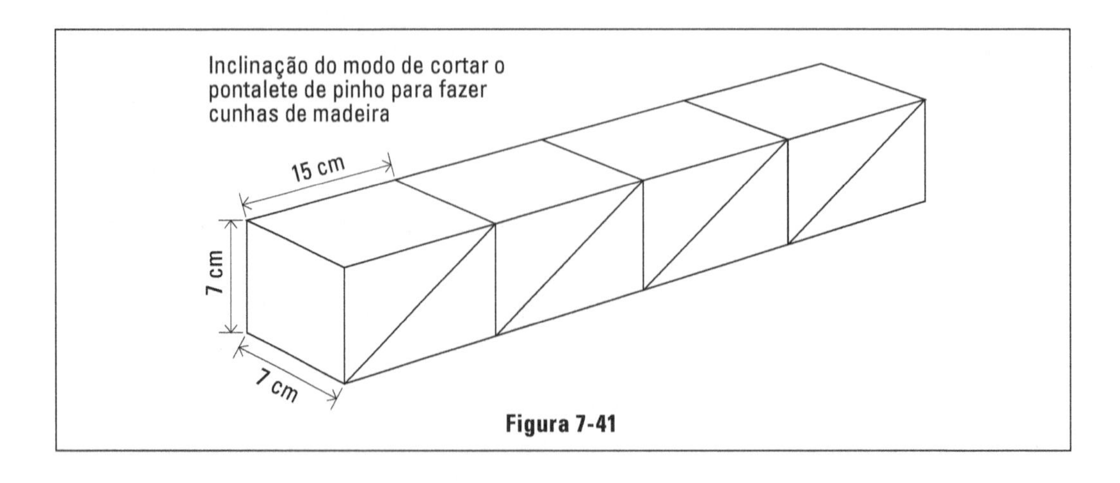

Figura 7-41

Revestimento em pumex

A superfície deverá ser limpa e molhada previamente. Em seguida, aplica-se um chapisco extremamente ralo (cimento, areia e muita água). Finalmente, aplica-se o revestimento comum (cal e areia), porém mais seco do que o usual, porque o pumex absorve muito pouco a água. Quando a aplicação é eficiente, pode-se perfeitamente dispensar a massa grossa, aplicando-se a massa fina diretamente sobre o chapisco.

Para o embutimento de canalizações de água ou condutos elétricos, escava-se o material com talhadeira ou, para peças maiores o serrote pode ser utilizado.

A fixação dos batentes de portas é feita sem a utilização de tacos de madeira. Depois de perfurado o montante do batente, usa-se um parafuso que penetra no bloco como se fosse madeira. É aconselhável ainda o uso de cunhas de madeira entre as paredes e o batente, no caso de vãos maiores.

Na tabela a seguir, apresentamos alguns dados técnicos fornecidos pelo fabricante do pumex, comparativamente ao tijolo comum.

Outras aplicações do material:

1. Como preenchimento de espaços vazios (pelo seu peso diminuto).
2. Como isolante térmico revestindo paredes ou lajes.
3. Para a formação de degraus ou patamares sobre lajes inclinadas de salas de espetáculos. (Figura 7-42)

Como exemplo deste emprego temos os anfiteatros do prédio da Fundação Cásper Libero (Gazeta) na Av. Paulista.

	Tijolo comum	Pumex
Peso específico	1.400,00 kg/m^3	550,00 kg/m^3
Peso da parede por m^2 (externa)	308,00 kg/m^2	55,00 kg/m^2
Resistência à compressão	5,00 kg/cm^2	30,00 kg/cm^2
Condutibilidade térmica	0,65 kgcal/m^{2}h	0,07 kgcal/m^{2}h
Absorção superficial	13,50 g/cm^2	2,60 g/cm^2
Consumo de argamassa	0,08 m^3/m^2	0,01 m^3/m^2
Assentamento por dia de 8 horas	8,00 m^2	30,00 m^2
Preço por metro quadrado	35,00	15,00 (de 0,4 x 0,8)

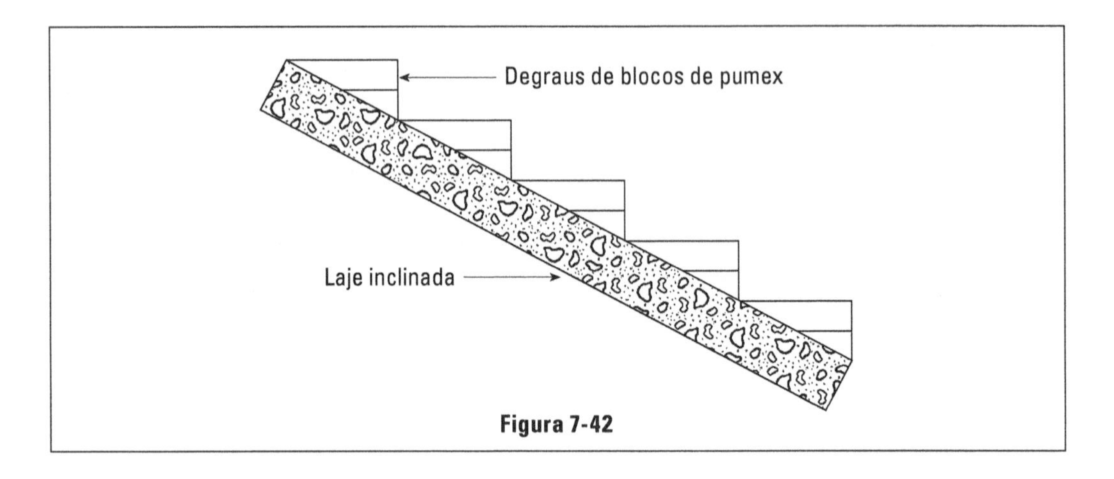

Figura 7-42

Alvenaria com tijolos furados

O tijolo furado na feitura de paredes tem a finalidade principal de diminuição de peso e secundária de economia. Geralmente emprega-se o tijolo de 8 furos, que colocado em pé, resulta em espessura de 20 cm para paredes externas. Os principais inconvenientes são:

1. Consumo alto de argamassa, em função dos tijolos quebrarem com facilidade.
2. Paredes onde não poderão ser aplicados pregos, sob pena de se lesarem. Não oferecem grande resistência e, portanto, só devem ser aplicados com a única função de vedarem um painel na estrutura de concreto. Sobre ele não deve ser aplicada nenhuma carga direta.

A seguir, uma sequência ilustrativa das etapas e cuidados quando da execução de alvenarias.

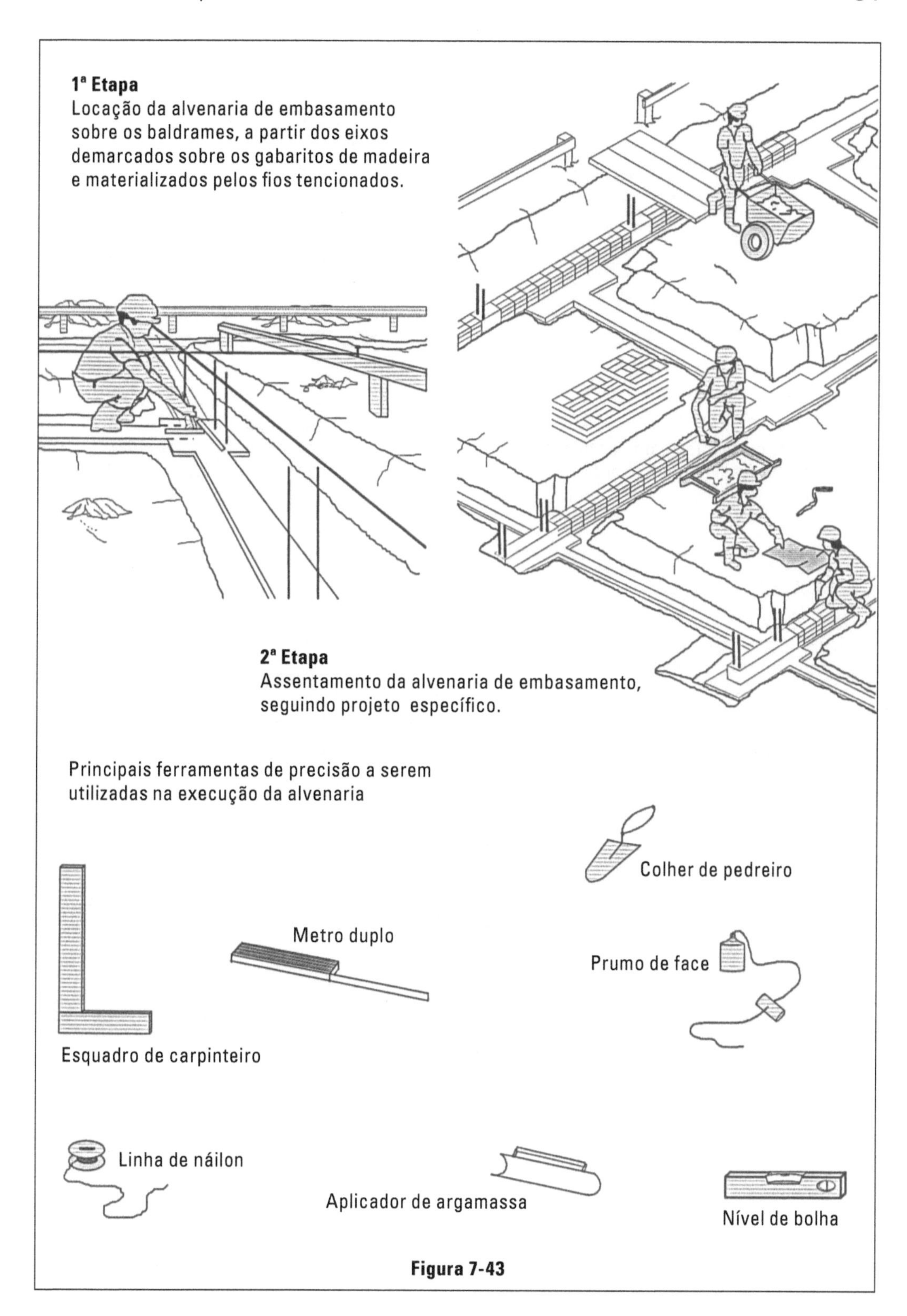
1ª Etapa
Locação da alvenaria de embasamento sobre os baldrames, a partir dos eixos demarcados sobre os gabaritos de madeira e materializados pelos fios tencionados.
2ª Etapa
Assentamento da alvenaria de embasamento, seguindo projeto específico.
Principais ferramentas de precisão a serem utilizadas na execução da alvenaria
Colher de pedreiro
Metro duplo
Prumo de face
Esquadro de carpinteiro
Linha de náilon
Aplicador de argamassa
Nível de bolha

Figura 7-43

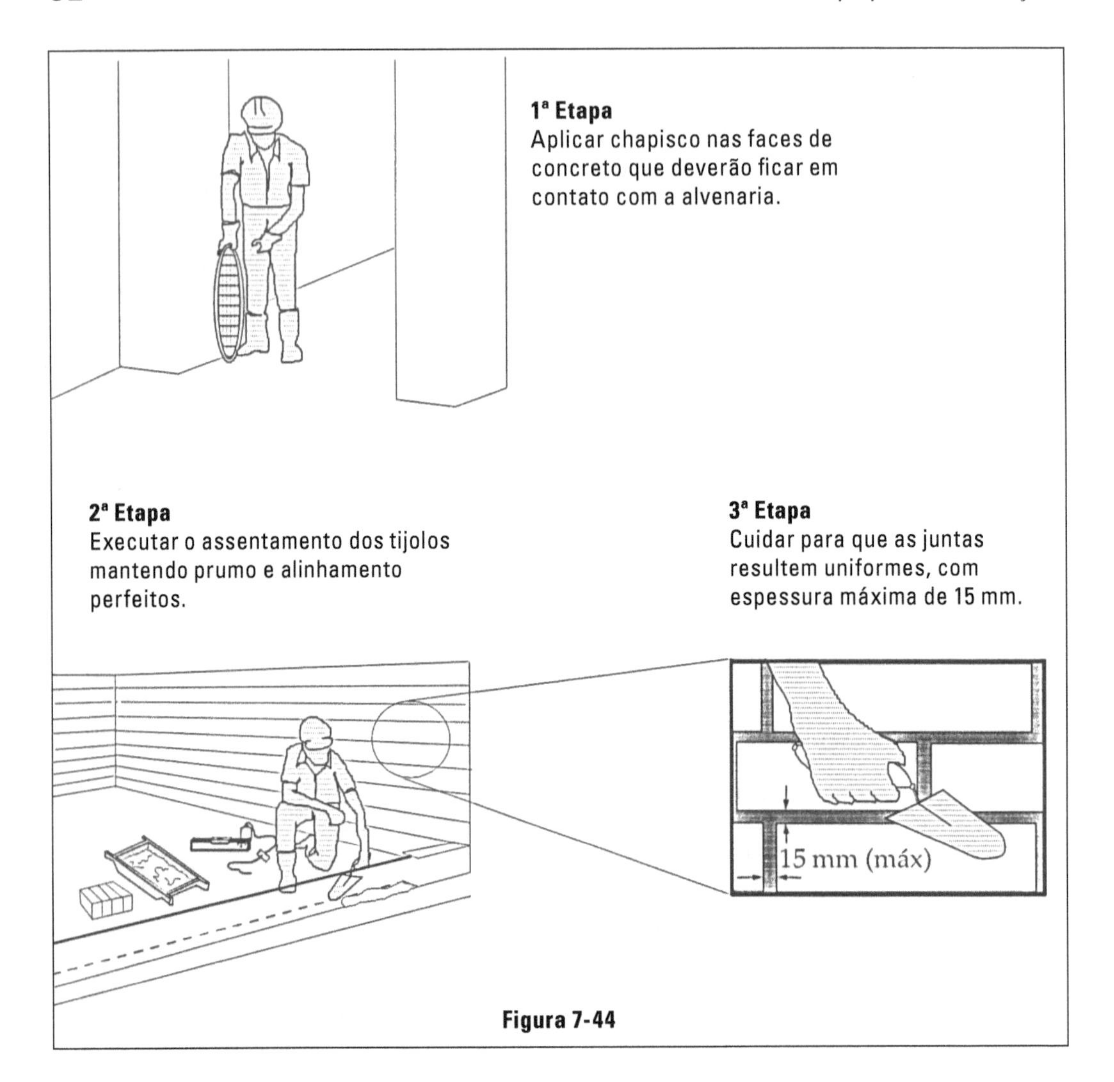
1ª Etapa
Aplicar chapisco nas faces de concreto que deverão ficar em contato com a alvenaria.
2ª Etapa
Executar o assentamento dos tijolos mantendo prumo e alinhamento perfeitos.
3ª Etapa
Cuidar para que as juntas resultem uniformes, com espessura máxima de 15 mm.
15 mm (máx)

Figura 7-44

Lajes

- Madeiramento para fôrmas
- Ferragens
- Enchimento

Uma construção tem como exigência primordial suportar todos os esforços produzidos pelo peso próprio, peso de seus ocupantes, vento e sobrecargas. Esses esforços são suportados por um conjunto formado de vigas, pilares e lajes, que juntos constituem a estrutura de uma construção. É aquele "esqueleto" de concreto que vimos quando passamos por uma construção que a alvenaria ainda não foi iniciada como na Figura 8-1.

No caso de obras de pequenos porte, a maneira como se constrói não permite que esta estrutura seja vista como citado acima, uma vez que o mais usual é que, depois de executados os alicerces, inicie-se os serviços de alvenaria, sendo os pilares executados posteriormente conforme Figura 8-2. O tipo de laje utilizado é a pré-moldada, que se apoiará sobre as alvenarias.

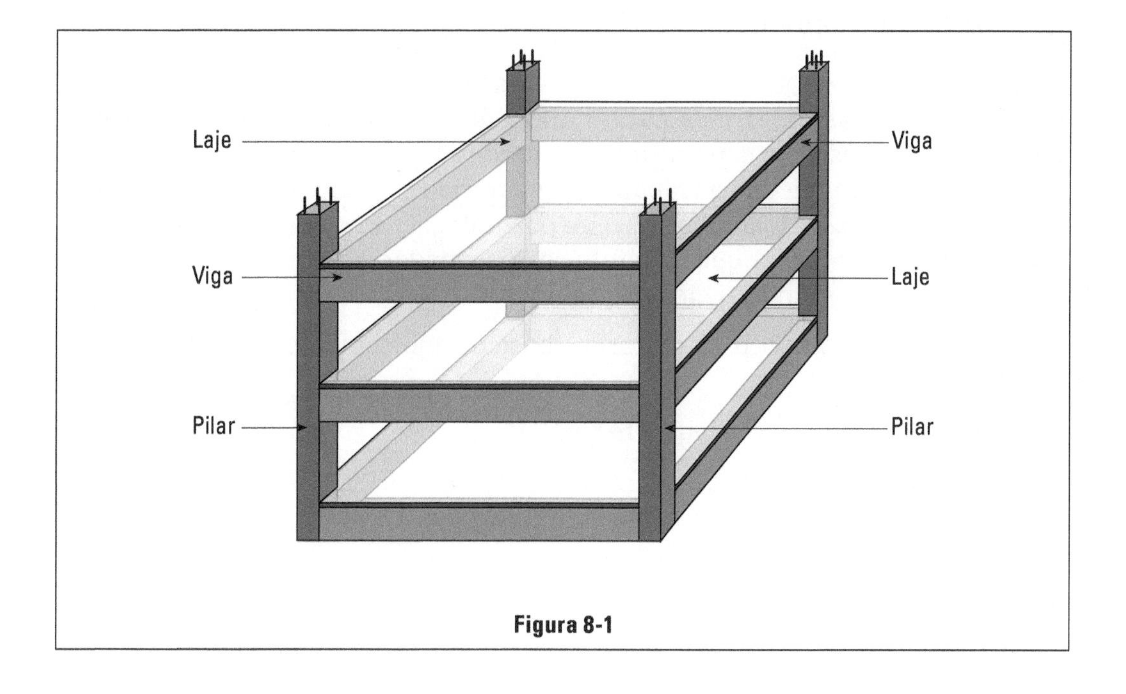

Figura 8-1

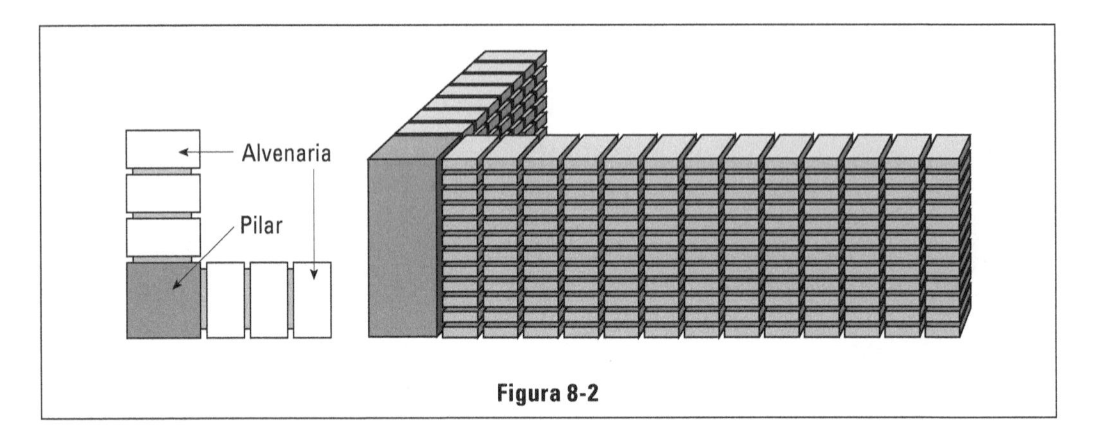

Figura 8-2

As estruturas podem ser constituídas de diversos materiais: concreto, aço ou madeira. Existe também o caso das alvenarias com função estrutural e podem ser alvenarias armadas ou não. Os casos mais comuns são as estruturas de concreto armado, muito embora, atualmente, as alvenarias estruturais e as estruturas de aço tenham um espaço considerável no mercado da construção civil, apesar de sua aplicação restringir-se apenas a grandes obras ou conjuntos habitacionais.

Nos concentraremos a estudar os casos de estruturas de concreto e alvenarias, sempre lembrando do escopo deste livro voltado para as obras de pequeno porte.

Estrutura de concreto

É interessante notar que em todas as fases de trabalhos é indispensável a previsão das datas oportunas para o início de determinados detalhes. Assim, nesse caso, se fossemos esperar que as paredes estivessem levantadas até a altura das lajes para iniciar os trabalhos preparativos, fatalmente teríamos atraso de alguns dias. Esses trabalhos devem, portanto, ser iniciados durante o levantamento das paredes, já que carpinteiros e armadores poderão preparar suas respectivas peças com antecipação.

Estudaremos a seguir os materiais básicos que compõem as estruturas de concreto:

- madeiramento (carpinteiro)
- ferros (armador)
- pedra, pedregulho (agregado graúdo) ou cascalho
- areia (agregado miúdo)
- cimento

Madeiramento (carpinteiro)

É o material utilizado para a feitura de fôrmas, portanto, de aplicação provisória. Para o madeiramento provisório utilizamos o pinho de terceira qualidade. É madeira imprópria para usos mais delicados como de carpintarias e marcenarias, que são fornecidas para madeiramento de fôrmas de concreto. Deve-se, no entanto, recusar tábuas com excesso de nós, pois racham facilmente, dando baixo rendimento, e só podem ser usadas uma vez.

As bitolas comerciais deste material são:

Tábuas: 1" × 12", 1" × 9", 1" × 6", 1" × 4", 1" × 2", 1/2" × 12".

Pontaletes: 3" × 3", 3" × 4", 4" × 4"

O comprimento básico é de 4,27 m, ou seja, 14 pés. Nota-se como fato interessante e incômodo, que todo o madeiramento de pinho é bitolado em polegadas e em pés. O comprimento das peças poderá variar entre 4,00; 4,30; 4,60 ou 4,90 m, mas o preço do dia sempre se refere à dúzia com o comprimento básico de 4,27 m, ou seja: 12 × 4,27 = 51,24 m, devendo-se calcular o valor para o comprimento requerido.

O assunto, para ser melhor explicado, requer um exemplo:

Preço do dia: R$ 121,54

Tábuas recebidas: 3,5 dúzias de 4,90 m

$$\text{Preço total: } 121{,}54 \times 3{,}5 \times \frac{4{,}90}{4{,}27} = \text{R\$ } 488{,}15$$

Os preços das bitolas diferentes são aproximadamente proporcionais. Portanto é necessário investigar para um cálculo exato. Há uma forma econômica de se adquirir este material que consiste em pedirmos um certo número de dúzias de tábuas 1" × 12", com uma porcentagem (geralmente 30%) de 1" × 9". Nestes casos há um pequeno desconto (3 a 4%).

Vejamos um exemplo:

Preço do dia: tábuas 1" x 12" → R$ 121,54/dúzia.

Tábuas de 1" × 12" com 30% de 1" × 9" → R$ 115,75/dúzia.

Material recebido:

10 tábuas de 1" × 12" de 4,00 m
14 tábuas de 1" × 12" de 4,60 m
15 tábuas de 1" × 12" de 4,90 m
18 tábuas de 1" × 9" de 4,00 m
10 tábuas de 1" × 9" de 4,60 m

Cálculo do preço total:

1. metragem total de tábuas de 1" × 12"
   10 de 4,00 = 40,00 m
   14 de 4,60 = 64,40 m
   15 de 4,90 = 73,50 m

   Total = 177,90 m
2. metragem total de tábuas de 1" × 9"
   18 de 4,00 = 72,00 m
   10 de 4,60 = 46,00 m

   Total = 118,00 m
3. preço total: $\left(177{,}90\ \text{m} + \frac{9}{12} \times 118{,}00\ \text{m}\right) \times \frac{115{,}75}{51{,}24} = \text{R\$ } 601{,}79$

Os 118 m 1" × 9" foram multiplicados por 9/12 para reduzir a metragem comparada a 1" × 12" com resultado de 88,50 m.

O fator 51,24 m corresponde a 12 tábuas com comprimento básico de 4,27 m, para o qual foi fornecido a cotação do dia.

Acrescenta-se ainda, além da economia, que a tábua de 1" × 9" é bastante útil para ser aplicada onde a de 1" × 12" for demasiadamente larga, evitando recortes.

Fôrmas para lajes, vigas e pilares em uma estrutura de concreto

Fôrmas para lajes

São constituídas de um piso de tábuas de 1" apoiadas sobre uma trama de pontaletes horizontais. Estes, por sua vez, são apoiados sobre pontaletes verticais (todos os pontaletes de 3" × 3").

A Figura 8-3 mostra, com bastante detalhe, o assoalho na parte superior pregado sobre pontaletes horizontais e transversais, separados cada 0,90 m a 1,00 m. Estes apoiam-se sobre novos pontaletes horizontais no sentido longitudinal com o mesmo espaçamento. Todo o conjunto é sustentado por pontaletes verticais que formam, portanto, um quadriculado de 0,90 m ou 1,00 m. Quando o piso for de terra (acontece quando concretamos a primeira laje) o pontalete vertical deve apoiar sobre outro horizontal colocado deitado sobre o solo. Quando a distância do piso até a laje for maior que 3,00 m é necessário um sistema de travessas e escoras para evitar a flambagem dos pontaletes, ao receber a carga de concretagem. Para essas travessas e escoras, usam-se geralmente restos e retalhos de madeira. O uso das cunhas, que aparecem na

Figura 8-3, tem o papel de forçar os pontaletes verticais para cima, permitindo um bom ajuste do nivelamento do assoalho, ao mesmo tempo que evita o trabalho em falso de alguma escora. As tábuas que formam o assoalho devem estar bem juntas umas nas outras, não sendo permitido folgas com mais de 5 mm.

As folgas pequenas desaparecem quando o madeiramento é molhado, providência que se toma horas antes da concretagem. Caso surjam folgas maiores em virtude de irregularidade das tábuas, deve-se tapá-las com raspas de madeira. É importante frisar que essas folgas oferecem o grave perigo de permitir a passagem de cimento no ato da concretagem, restando no concreto maior porcentagem de areia e pedra, o que enfraquece o traço. O perigo é tanto mais grave, quando se sabe que os corpos de prova não acusam tal irregularidade, já que o material para a sua confecção é retirado da betoneira, isto é, antes da perda de certa porcentagem de cimento pelas frestas.

Para obras de maior vulto, costuma-se utilizar o escoramento metálico, que são quadros que se encaixam entre si até a altura necessária. Nas pontas para conseguirmos uma regulagem mais precisa da altura e também para apoio das vigas ou pontaletes que sustentam o assoalho, existem umas peças na forma de "U" como na Figura 8-4.

Fôrma de pilares

São constituídas de quatro tábuas laterais, estribadas com cintas para evitar o seu abaulamento no ato da concretagem. Constataremos na Figura 8-5 um corte de fôrma de pilar e na Figura 8-6 uma vista lateral. São deixadas portinholas nos pés dos pilares para permitir a ligação dos ferros de um pavimento para outro.

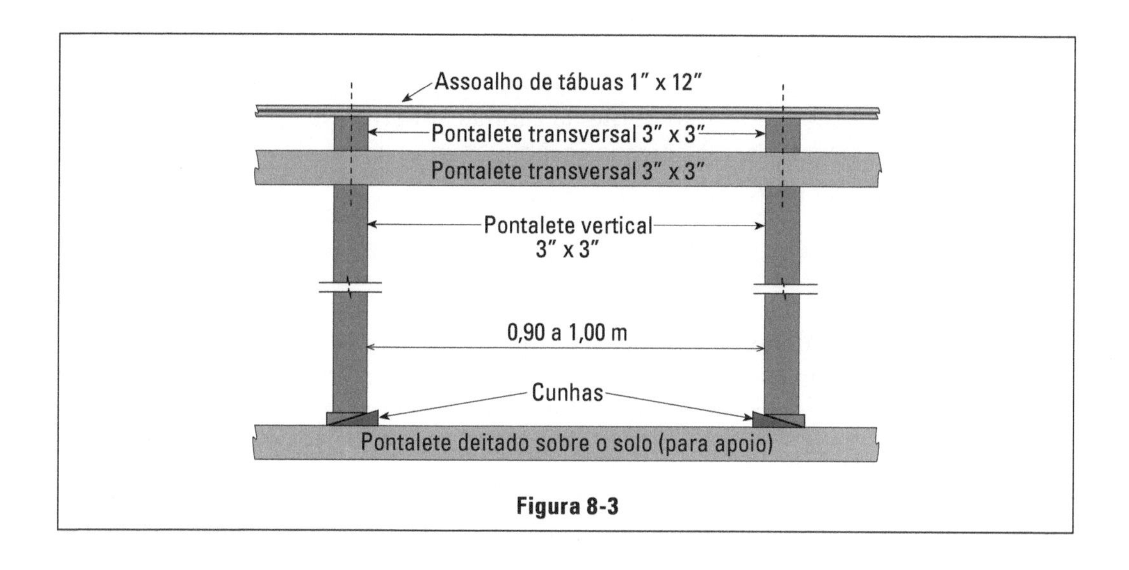

Figura 8-3

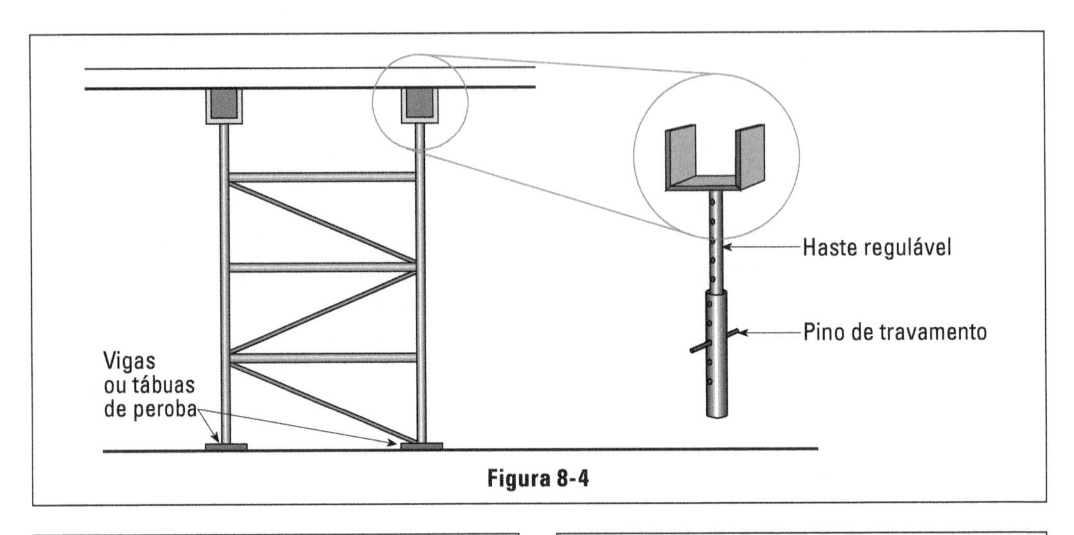

Figura 8-4

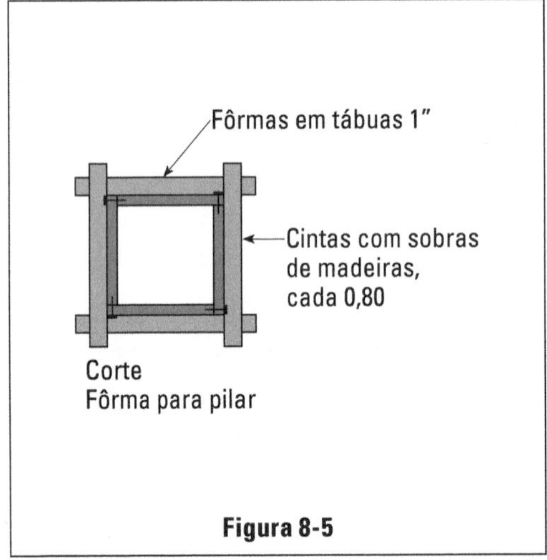

Figura 8-5

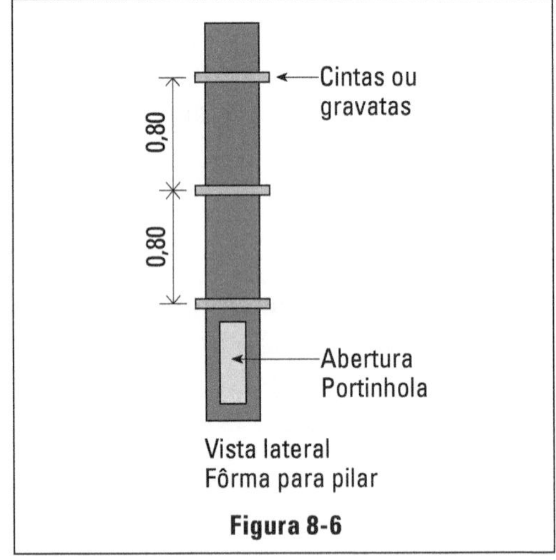

Figura 8-6

Os pilares de seção circular terão as tábuas substituídas por sarrafos 1 × 2 para permitir a curvatura, e as cintas serão cortadas de retalhos de tábuas mais largas em forma circular.

Fôrma para vigas

Semelhantes àquelas dos pilares, apenas se diferenciando pela face superior livre. Devem ser escoradas de 0,80 m em 0,80 m, aproximadamente, por pontaletes verticais como as lajes. A Figura 8-7 mostra em corte a fôrma para viga.

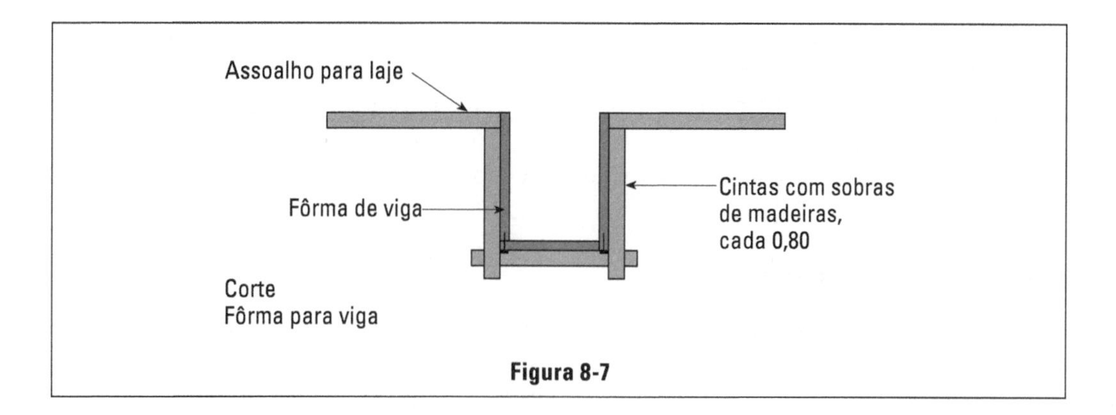

Figura 8-7

Resumindo, os pontos a serem examinados no madeiramento, são:

a. Espaçamento entre tábuas do assoalho.
b. Assoalho de lajes perfeitamente em nível.
c. Pilares em prumo.
d. Escoramento perfeito e sólido pelos pontaletes, evitando recalques no ato de concretagem.
e. Obediência as medidas previstas pela planta de concreto armado.
f. Jogar água em abundância, horas antes da concretagem.

Chapas compensadas revestidas com plásticos, madeirite, wagnerite ou similares

O emprego de chapas compensadas revestidas com plásticos, cuja aderência é conseguida com cola e base de resina sintética, é um produto industrial conhecido como madeirite ou wagnerite, atualmente aplicado com abundância para fôrmas de concreto. Resistentes a água (não há descolagem), lisas e práticas, apresentam diversas vantagens na substituição do pinho. Destaca-se que a sua superfície lisa transmite ao concreto qualidade, tornando inevitável seu emprego para "concreto aparente" (este termo é aplicado para concreto que não será revestido de massa grossa e fina).

Mesmo quando se pretende revestir o concreto, pode-se dispensar o emboço ou reboco grosso, aplicando-se a massa fina diretamente sobre um leve chapisco prévio.

As chapas tem as dimensões de 1,10 m × 2,20 m com espessuras de 4, 5, 6, 8, 9, 10, 12, 14, 17 e 20 mm.

As chapas de 12 e 14 mm são as mais empregadas para lajes, vigas e pilares comuns. Para pilares circulares, pode-se empregar a chapa de 6 ou 8 mm, que aceita a curvatura necessária.

No caso da construção de edifício, o mais utilizado é o processo de "fôrmas prontas". Projeto desenvolvido por empresas que vendem o compensado e que se especializaram neste tipo de projeto, utilizando painéis, o que permite maior número de reaproveitamento das fôrmas. Utiliza-se um jogo destas fôrmas para a execução de todos os andares de um prédio.

Emprego para fôrmas de laje

O espaçamento entre os pontaletes que receberão a chapa deve ser 0,55 ou 0,73 para serem submúltiplos de 220: $4 \times 0{,}55 = 2{,}20$ m, $3 \times 0{,}73 = 2{,}20$ m; na dependência da espessura da chapa e da laje, usaremos um ou outro espaçamento (Figura 8-8).

Excepcionalmente, para chapas de 17 ou 20 mm e para lajes até 10 cm, o espaçamento poderá ser de 1,10 m. Cada chapa é pregada apenas nos quatro cantos, com economia de pregos e facilidade na desmontagem.

Os pregos indicados são:

para chapas de 17 e 20 mm: 15×21
para chapas de 12 e 14 mm: 13×18
para chapas de 5 e 10 mm: 12×15

Emprego para firmas de vigas

Observem que na Figura 8-8, quando a largura das vigas for inferior a 30 cm, deve-se, de preferência, empregar uma tábua de pinho de 1" (2,5 cm) para facilitar a pregagem das folhas laterais. Quando a largura for superior, desaparece tal vantagem, empregando-se a chapa, porém, de espessura 20 mm.

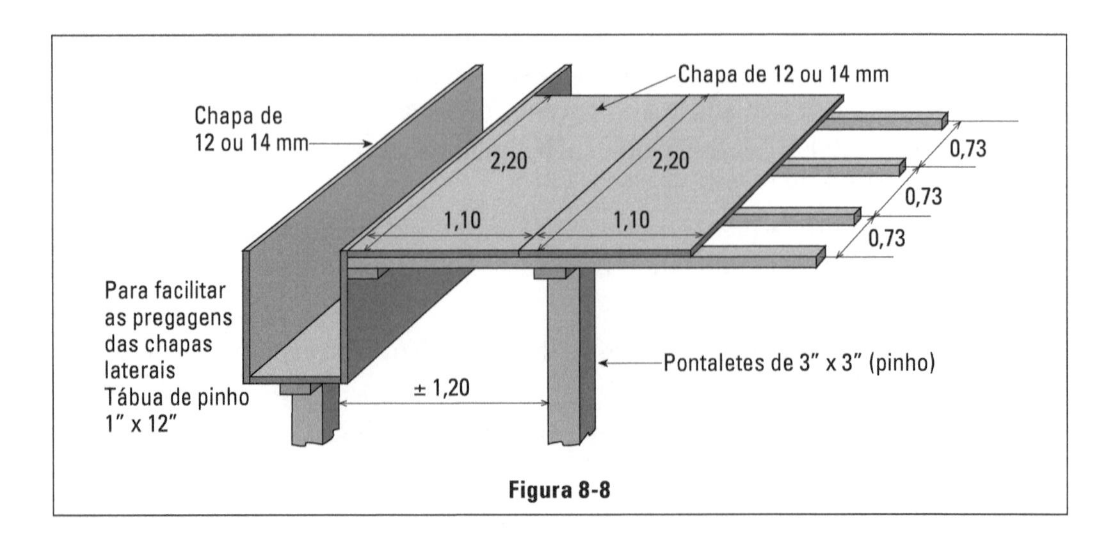

Figura 8-8

Quando o comprimento das vigas for superior ao das chapas (2,20 m), as emendas laterais não devem coincidir na mesma seção da viga de um e outro lado, para evitar enfraquecimento do conjunto. As emendas são feitas usando-se retalhos das mesmas chapas. (Figura 8-9)

O emprego de *gravatas* ou *cintas* devem usar o espaçamento de 0,55 m ou 0,73 m. As gravatas ou cintas servem de reforço para a flexão das chapas, podendo-se reforçar mais com o emprego de ferro de 5,0 mm, atravessando as fôrmas de lado a lado, conforme verificado na Figura 8-10.

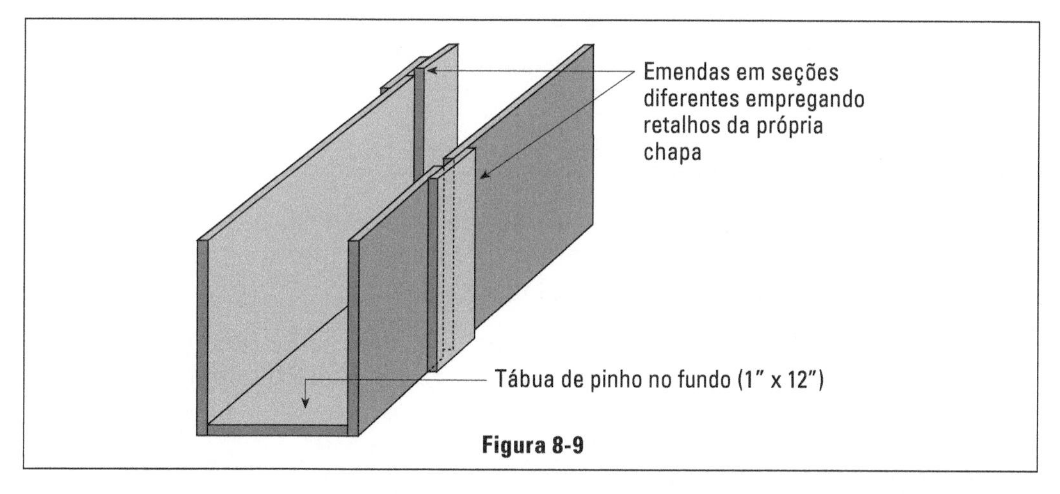

Figura 8-9

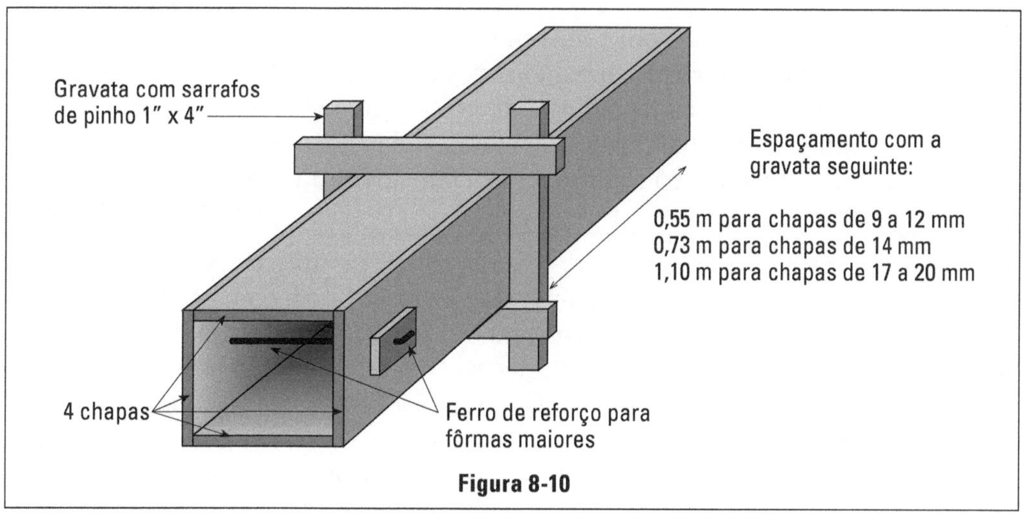

Figura 8-10

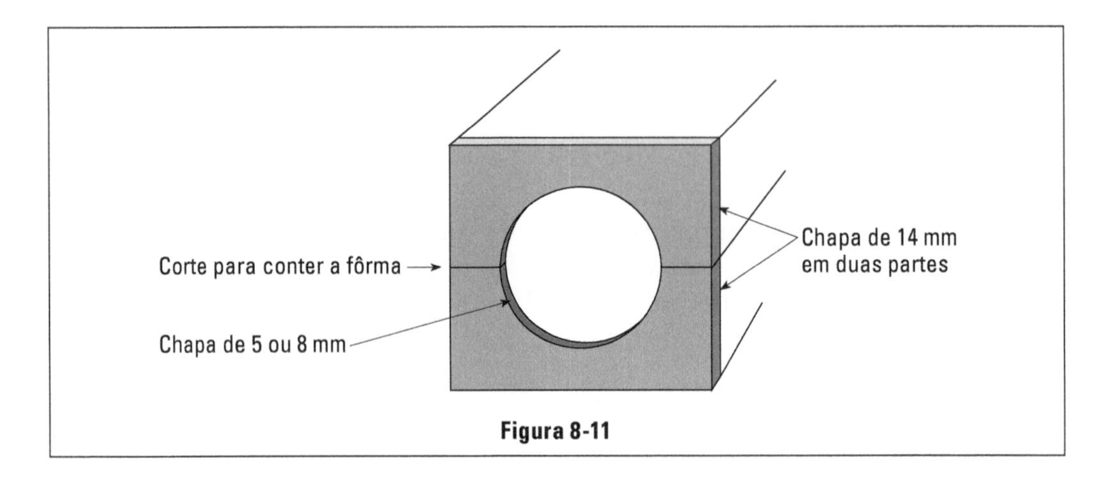

Figura 8-11

Emprego em fôrmas para pilares

Para pilares de seção curva, deve-se, de preferência, usar "cintas" feitas com a própria chapa de 14 mm, cortadas de tal forma que acompanhem exatamente o desenho do pilar. (Figura 8-11)

O reemprego das chapas é de tal ordem, que o seu maior preço inicial (comparado às tábuas de pinho de 3ª qualidade) torna-se, com o tempo, menor.

Ferros (armador)

Os ferros necessários a obra devem ser adquiridos com antecedência para que não haja atraso. O ferreiro, mesmo antes do término das fôrmas trabalhará no material, executando as fases iniciais de seu mister, que são: alinhamento, corte e dobramento das barras conforme medida das plantas. Desta maneira, ao terminarem as fôrmas, só restará a ele a fase final, que será a armação sobre o madeiramento.

O ferro é recebido em feixes de barras de 12 m, aproximadamente. O número de barras de cada feixe varia em relação a sua bitola com peso por volta de 90 kg. As barras são dobradas ao meio, medindo cada feixe cerca de 6 metros de comprimento. Os ferros de menor diâmetro (5,0 e 6,3 mm) também podem ser fornecidos em rolos com cerca de 100 quilos. Devemos, tanto quanto possível, recusar tal remessa por ocasionar maior trabalho para o seu alinhamento. Geralmente, os ferreiros requerem acréscimo de remuneração para tal serviço.

Correspondência entre espessura e peso (em kg/m) de ferro. (Tabela 8-1) O seu preço é calculado por peso (quilo) e tal fato ocasiona desencontro entre previsão e consumo. Sabemos que o calculista retira do desenho as medidas das diversas barras. Somando-se o comprimento das diversas barras chega-se a metragem total necessária de cada diâmetro. Essas metragens, multiplicadas pelo peso por metro linear das tabelas, nos dão o peso total necessário de cada bitola. Os pedidos são feitos com um acréscimo de 5 a 10% para perdas. Porém, a maioria de nossas usinas, por erros na fabricação, produzem barras com peso superior ao tabelado e como consequência, a metragem fornecida é menor do que aquela prevista.

Tabela 8-1		
Ø polegada	Ø milímetro	kg/m
3/16"	5,0	0,16
1/4"	6,3	0,25
5/16"	8,0	0,40
3/8"	10,0	0,63
1/2"	12,5	1,00
5/8"	16,0	1,60
3/4"	20,0	2,50
1"	25,0	4,00

Exemplo: metragem prevista pelo cálculo em ferro de 6,3 mm = 5.220 m.

Cálculo do peso p necessário, usando-se o fator 0,25 kg/m (das tabelas usuais e acrescentado 5% para perdas):

$$p = 5.220 \times 0,25 \text{ x } 1,05 = 1.376 \text{ kg}$$

Cálculo do peso P realmente necessário, se o ferro vier fora de bitola, pesando 0,290 kg/m:

$$P = 5.220 \times 0,290 \times 1,05 = 1.598 \text{ kg}$$

Portanto, na obra haverá falta de:

$$P - p = 1,589 - 1.376 = 213 \text{ kg}$$

Ou seja, aproximadamente 800 m.

É necessário que se conheça este detalhe para que a responsabilidade de eventual falta de ferro, não recaia sobre o mestre ou guarda de obra. Devemos explicar tal fato aos nossos clientes, quando se constrói por administração, para que não sejamos responsabilizados por erro de cálculo ou mesmo desconfiança de desvio de material que pertence ao cliente.

Infelizmente não é apenas o peso em desacordo com as tabelas que traz contraste com o cálculo. O peso entregue nas obras inferior àquele pedido e constante nas notas é outro fato ainda mais grave e que ocorre com frequência. Ou seja, o peso é roubado. Tal fato ocorre por diversos motivos e não nos cabe discuti-los, mas realmente acontece muitas vezes; pode ser que o ferro seja retirado dos feixes durante o transporte do depósito para a obra; pode ser que seja o chefe do depósito que frauda no peso com a ideia de vender clandestinamente as sobras assim obtidas. Pode ser que o próprio chefe da firma seja o responsável pelo furto. Não nos interessa o autor ou o motivo do furto, e sim, relatar essa possibilidade e alertar o leitor para o rigoroso controle do peso. Tal controle nem sempre é fácil; quando temos uma obra de vulto e a solução será a presença de balança que pese até 200 kg. Assim, todos os feixes recebidos serão pesados para a verificação. Esta operação nos dá grande trabalho e despesa, mas será compensada pelo fato de não sermos furtados. Aliás, quando se sabe que existe balança na obra, geralmente o peso chega certo. Para compras menores, a solução será assistir a pesagem no próprio depósito tomando-se o cuidado de testar a balança antes de usá-la.

O trabalho com o ferro para o concreto pode ser dividido em duas fases:

1. corte e preparo
2. armação

A primeira fase é executada em qualquer local da obra previamente preparado, onde será colocada a bancada de trabalho com os alicates de corte. O ferro é recebido em feixes com barras de comprimento em torno de 12 m que chegam dobradas ao meio. Além disso, durante a carga, transporte e descarga, as barras se tornam irregulares (dobradas e tortas).

A barra deve, portanto, ser estendida antes de ser cortada. A seguir serão feitos os dobramentos, formando ganchos e cavaletes. Este trabalho deve ser feito em série para melhor rendimento, isto é, quando o ferreiro estiver lidando com um feixe de 6,3 mm já deve cortar todos os ferros desta bitola e a seguir dobrá-los, antes de iniciar o trabalho com outra bitola. Nesta fase torna-se importante um bom aproveitamento dos comprimentos, para que reste menor quantidade possível de retalhos. Geralmente em peso, os retalhos representam 5% sobre o peso total do ferro e, em hipótese alguma, deve ultrapassar 10%. Este fator determina um bom trabalho do armador, juntamente com outros detalhes que veremos adiante.

A segunda fase, isto é, a armação, é executada sobre as próprias fôrmas no caso de vigas e lajes; no caso dos pilares, a armação é executada previamente, pela impossibilidade de fazê-lo dentro das fôrmas. A fixação entre as diferentes barras de ferro é feita com arame recozido n. 18, pois o fato de ser recozido torna o arame mais maleável e, portanto, mais fácil de ser trabalhado. A amarração não deve ser escassa, uma vez que o arame custa relativamente pouco. É preciso lembrar que antes e durante a concretagem, os ferros serão pisados por operários, e se não estiverem bem amarrados perderão sua forma prevista no cálculo, sendo amassados e deslocados. Os outros fatores que classificam um trabalho de ferreiro como bom, são: abundância de amarração, alinhamento e espaçamento perfeito das barras. Antes de autorizar a concretagem, o engenheiro ou seu preposto deverá comparar a armação com as plantas de cálculo e certificar a perfeita obediência a elas. Serão examinadas as quantidades das barras, suas bitolas, seus espaçamentos, as posições dos cavaletes e estribos.

De acordo com a Associação Brasileira de Normas Técnicas – ABNT, o aço é classificado como barra, o produto de bitola 5 mm ou superior, obtido por laminação a quente ou laminação a quente e encruamento a frio, e, como fios os de bitola 12,5 mm ou inferior, obtidos por trefilação ou processo equivalente.

Os aços são divididos em duas classes:

1. Barras de aço classe A, obtidas por laminação a quente, sem necessidade de posterior deformação a frio, com patamar de escoamento definido caracterizado no diagrama tensão-deformação.
2. Barras e fios de aço classe B, obtidos por deformação a frio, sem patamar no diagrama tensão-deformação.

Os aços também são classificados por categorias, de acordo com o valor característico do limite de escoamento.

Categorias:

CA-25; CA-32; CA-40; CA-50; CA-60

A categoria CA-60 aplica-se somente para fios.

O aço normalmente considerado pelos calculistas quando do cálculo de uma estrutura é o CA-50 A.

Para efeito deste livro é fundamental sabermos seguir corretamente o indicado no projeto estrutural, seja na compra do material ou na execução do projeto.

Por se tratarem de aços muito resistentes, o que implica dificuldade na hora da dobra, é prática muito comum nas obras quando da confecção dos "caranguejos" aquecer o aço que será utilizado, fazendo assim que o mesmo perca a têmpera, ficando muito maleável o que torna a execução da peça muito mais simples. Caranguejo são pontas de aço dobradas conforme Figura 8-12, que servirão de separação entre duas camadas de armação, já que a tendência das barras, quando colocadas nas fôrmas, é "embarrigarem".

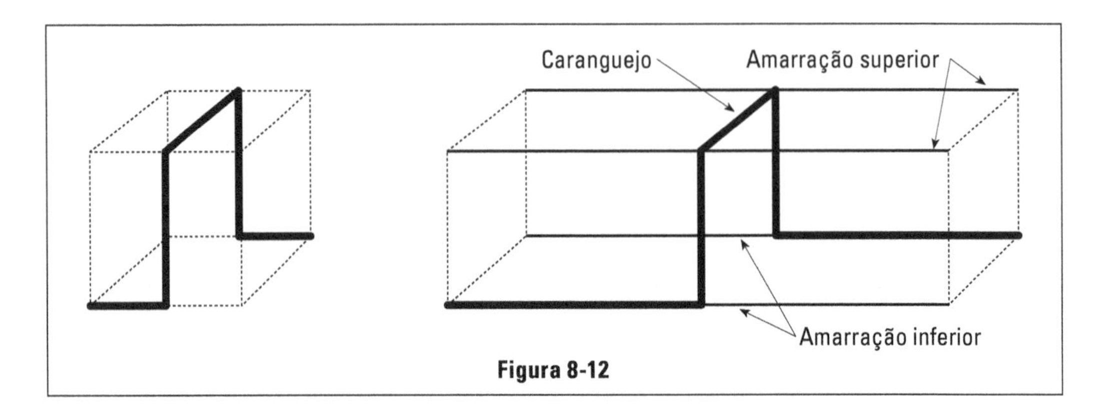

Figura 8-12

Colocação de condutos elétricos (eletrodutos)

Ainda antes do enchimento das fôrmas, deverá ser feita a colocação de conduítes e caixas para pontos de luz. O eletricista executará esse serviço logo após, ou mesmo durante o trabalho do armador.

Serão obedecidas as plantas de distribuição de circuitos que fazem parte do projeto. Deve-se tomar cuidado para não prejudicar a armação de ferro, principalmente a de ferro negativo que é a que mais sofre pressões. Todas as aberturas de tubos e as caixas devem ser hermeticamente fechadas com tufos de pano ou de papel, para que, durante o enchimento das fôrmas, não penetre concreto no seu interior, o que inutilizaria o conduto, pois não permitiria a passagem dos fios. É comum, mas proveniente de falta de cuidado, haver a necessidade de se arrebentar uma laje para a substituição de um conduíte, pois o inicial estava entupido de concreto. Tal fato aumenta a gravidade, se lembrarmos que o entupimento só será descoberto no final da obra, ocasião em que serão passados os fios e quando o revestimento e pintura já se acham prontos.

Pedra, pedregulho (agregado graúdo) ou cascalho

Sempre que contamos na obra com betoneira e vibrador, devemos preferir a pedra como agregado graúdo. A preferência é motivada por sua limpeza e uniformidade, já que é um produto obtido mecanicamente. De fato, as pedras britadas são separadas por peneiras de diferentes malhas e numeradas segundo o seu tamanho. Para o concreto, usam-se os números 1, 2 e 3, dependendo da dosagem estudada. Com o pedregulho ou cascalho, tal uniformidade não existe, variando de remessa a remessa o tamanho de suas pedras. Além disso, como é retirado do solo, se não houver uma boa lavagem, virá misturado com terra, o que prejudica a resistência do concreto. No entanto, quando não se possui betoneira, é mais facilmente misturado à areia e ao cimento, e quando não se tem vibrador, permite um enchimento mais uniforme das fôrmas, pois as arestas de suas pedras não são vivas e agudas como as da brita. Portanto, em obras em geral, contando-se com vibrador e betoneira a preferência é sempre para a pedra. Em locais onde a pedra é difícil, podemos usar pedregulho, pois suas desvantagens se anulam.

Areia (agregado miúdo)

Deve ser sempre grossa e lavada, não se devendo em absoluto admitir outra areia para o concreto. Um mau agregado miúdo trará péssimo concreto. A areia não poderá ter substâncias orgânicas nem na sua mistura. Quando se constrói em localidade onde não há areia de boa qualidade, a solução é de fato difícil. A sua substituição por pó de pedra é proibida; por areia de pedra, quanto se consegue obtê-la, é um pouco melhor, mas também não satisfaz. A norma, no caso, será a feitura por tentativas com diversas soluções, mediante exame com corpo de prova e adaptação do cálculo com taxas de trabalho inferiores as normais, se não obtivermos nenhuma dosagem satisfatória.

Cimento

A única recomendação necessária é que o cimento Portland utilizado seja novo. Cimento empedrado é sinal de cimento velho e seu uso é proibido para o concreto. Não deve ser adquirido com antecedência já que, por vezes, a feitura das fôrmas e a armação do ferro demoram mais do que o previsto.

Concretagem (pedreiros)

Deve-se iniciar a concretagem pela manhã, bem cedo, para que haja rendimento de trabalho durante o dia. Quando sabemos que a concretagem total requer mais do que um dia de trabalho, não devemos iniciá-la no sábado, para não interromper durante um dia inteiro (domingo).

As tábuas da fôrma devem ser molhadas com abundância, para que as pequenas frestas e aberturas desapareçam com o inchamento da madeira. Este é um detalhe de grande importância, já que influi na perfeita dosagem do concreto. Já vimos anteriormente que pelas frestas escorre o cimento, empobrecendo a dosagem.

A preparação do concreto pode ser feita com mistura manual ou mecânica (com betoneira). Com o emprego da betoneira se consegue uma mistura mais perfeita e rápida e, portanto, mais econômica. No entanto, nem sempre contaremos com a sua presença por muitas vezes o volume do concreto necessário não justificar o seu transporte. Sendo assim, a mistura manual executada com cuidado será a solução. Lembramos ainda que o uso da betoneira exige força ligada no local, para acionar o seu motor elétrico. O acionamento com motor a explosão, se bem que possível, é complicado e trabalhoso, exigindo no local operário conhecedor destes motores que enguiçam facilmente.

Para se respeitar com exatidão a dosagem prevista, deve-se utilizar caixotes construídos para medir as quantidades dos diversos componentes do concreto. A Figura 8-13 mostra em planta e vista lateral, a forma destes caixotes. Preferimos explicar as suas medidas por meio de um exemplo: queremos a dosagem 1: 2,5: 4 em volume; fazemos as áreas dos fundos das caixas todas iguais: digamos 30 × 30 cm; as alturas serão proporcionais as quantidades dos componentes: assim a altura do caixote para o cimento será de 20 cm. A altura da caixa para a areia de 25 cm e serão colocadas 2 medidas para cada uma de cimento; a altura da caixa da pedra será de 20 cm e serão colocadas 4 medidas:

Cimento 1 medida de 20 cm = 20 cm
Areia 2 medidas de 25 cm = 50 cm
Pedra 4 medidas de 20 cm = 80 cm
20 : 50 : 80; 1 : 2,5 : 4

As medidas das caixas não serão obrigatoriamente as acima expostas, podendo variar a superfície do fundo assim como as alturas, desde que se respeite a mesma proporção. As medidas serão escolhidas de acordo com o volume da betoneira. O emprego de latas deve ser evitado, porque não medem com exatidão os volumes necessários por amassarem facilmente.

Quando o concreto é preparado com mistura manual, esta é feita sobre o terreiro previamente preparado e descrito nos capítulos iniciais. A pedra e a areia são colocadas inicialmente, e já mais ou menos misturados, pois as caixas são despejadas sem uma ordem determinada. A seguir, despeja-se o cimento e mistura-se a seco. Com auxílio de pás, joga-se o material do monte original para outro local, formando-se aos poucos outro monte. Esta operação é repetida de 2 a 3 vezes, até que não se note qualquer diferença entre as diversas partes do aglomerado, sinal de que a mistura a seco estará boa. A seguir, abre-se uma cratera central, onde se despeja a água na quantidade prevista para a dosagem.

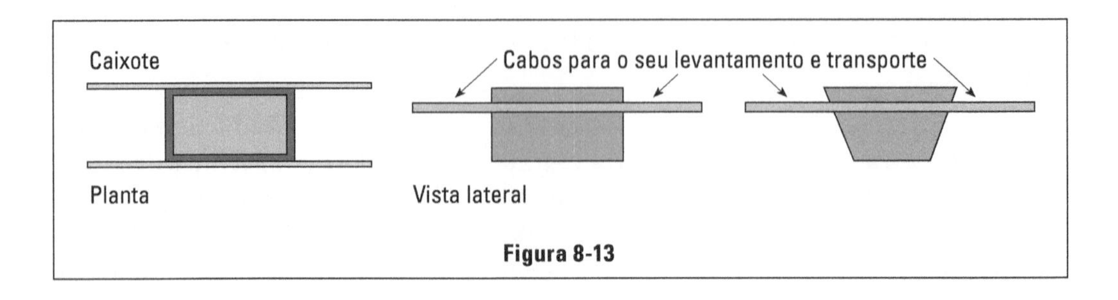

Figura 8-13

Inicia-se nova mistura agora úmida, que não obedece a nenhuma técnica especial, salvo aquela de não permitir que a água escorra lateralmente e se espalhe pelo terreiro carregando parte do cimento.

A dosagem é geralmente empírica para pequenas obras, pois a dosagem racional exige aparelhagem apropriada para o exame do material utilizado (areia e pedra).

O emprego desta aparelhagem só se justifica para obras de maior vulto em que a economia de material justifica e sobrepuja a despesa com exames.

Transporte do concreto durante a concretagem

Podemos subdividir o transporte do concreto durante a concretagem em transporte horizontal e transporte vertical.

O transporte vertical será feito por intermédio do guincho, quando a obra tiver vários pavimentos. O guincho é um elevador provisório, rústico, que servirá durante a construção, sendo acionado por motor elétrico, que enrola ou desenrola um cabo de aço num carretel. Esse cabo passa por uma roldana no alto da torre e sustenta uma plataforma que sobe e desce entre os montantes desta torre, possuindo, naturalmente, um freio de segurança.

Para obras de apenas dois pavimentos, podemos solucionar o problema de transporte vertical com corda e roldana, sendo o seu acionamento manual, colocando-se a roldana em nível um pouco superior ao da laje a ser concretada e passa por ela uma corda que terá numa das pontas um gancho para nele se dependurar as latas. Um operário, puxando a extremidade livre da corda, suspenderá a lata até a altura necessária. Outra solução será a construção de um plano inclinado com tábuas de andaimes, por onde subirão os operários carregando as latas. São processos rústicos, não há dúvida, mas os únicos possíveis quando não se conta com equipamentos e energia elétrica no local.

O transporte horizontal é feito por carrinhos de mão basculantes que trafegam sobre estrados previamente preparados, para evitar que a ferragem seja amassada e prejudicada. Estes estrados são feitos com retalhos de tábuas e obedecem a forma da Figura 8-14. Inicia-se a concretagem pelo ponto mais afastado do local de entrada de carrinhos e, à medida que o trabalho vai sendo executado, vão sendo retirados os estrados mais afastados até chegarmos ao ponto de acesso.

Quando se utiliza guincho para a elevação de carrinhos, naturalmente o ponto de acesso será o local do guincho, já que os carros serão enchidos diretamente da betoneira. Depois sobem na plataforma do guincho até a altura da laje a ser concretada, sendo empurrados até o local em que serão despejados, fazendo o mesmo processo de volta até a betoneira para receber nova carga.

O sistema de guindastes, cujo emprego se iniciou há alguns anos apenas em grandes obras, vem aos poucos se generalizando, resolvendo todas as necessidades de transporte. O conjunto de seus movimentos: levantamento, rotação e recolhimento, por cabos de aço, permitem retirar os materiais do solo, elevá-lo até o nível do pavimento em obras e colocá-lo no local necessário. O guindaste vai sendo elevado à medida que as obras atingem pavimentos superiores.

Deve-se cuidar que o concreto encha integralmente a fôrma, sendo muito vantajoso o uso de vibradores que, além de uniformizar o concreto, aumentam sua resistência (o concreto vibrado apresenta maior resistência). Mas também aqui nem sempre podemos contar com os vibradores, que também necessitam de energia elétrica. Nesse caso, também surgem as soluções rústicas para solução do problema: procura-se socar o concreto dentro das fôrmas por meio de paus e bater na face externa das fôrmas de viga e pilares para melhorar a distribuição da massa.

Esses cuidados devem ser aumentados quando se tratam de vigas e pilares com ferragem abundante, pois nelas o concreto sente mais dificuldade de penetração para bem se distribuir. Quando tais cuidados não são tomados, notam-se falhas e buracos (chamados "ranhos") que constituem grave perigo, pois reduzindo as áreas nessas secções constituem pontos fracos nas vigas e pilares.

Quando se torna necessária a interrupção da concretagem no fim de um dia de trabalho, para continuação no seguinte, ela deve ser feita sobre uma viga de pequena secção, de preferência sobre pilares. A superfície de interrupção não deve ser um plano vertical e sim inclinado de 45° aproximadamente. Essa superfície deve ser deixada bastante rústica e irregular para maior aderência da camada posterior. Veja Figura 8-15.

Os trabalhos sobre a laje concretada podem ser iniciados no dia seguinte, pois o concreto adquire consistência em 12 horas, porém tomando-se o cuidado de não aplicar impactos ou cargas violentas. Pode-se pisar e trabalhar com cuidado, salvo quando se aplicarem apressadores da pega. Sejam produtos químicos ou cura a vapor, as normas recomendam aguardar 28 dias para se fazer o descimbramento.

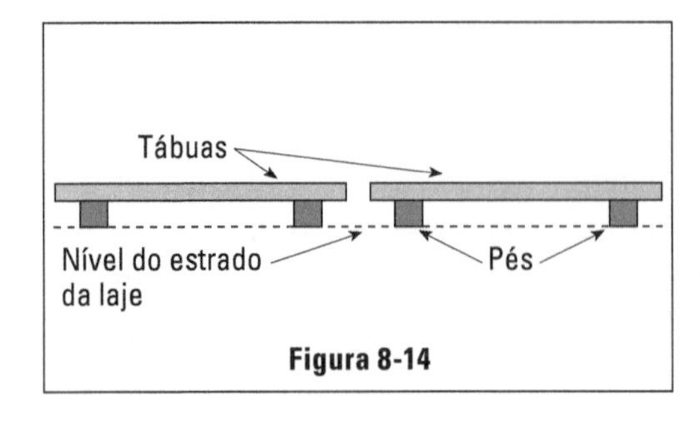

Figura 8-14

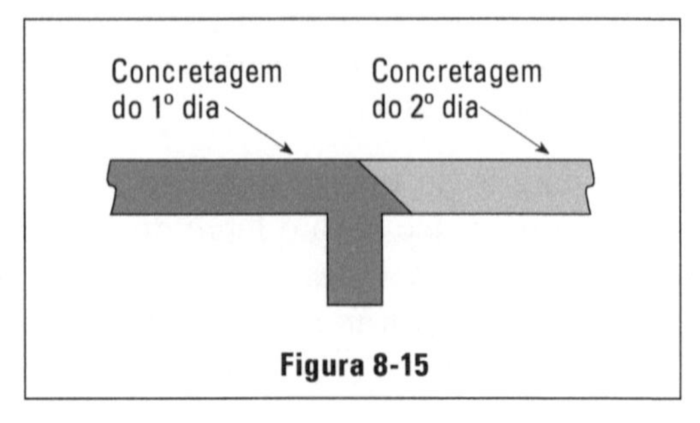

Figura 8-15

Quando se trata de prédios de diversos pavimentos, deve-se cuidar também de não fazer qualquer retirada de formas, mesmo em pavimentos inferiores, logo após a concretagem de uma laje e quando o concreto ainda está extremamente mole. Devemos aguardar pelo menos 7 dias, pois o descimbramento implica vibração, que prejudica o concreto ainda recente.

Em residências, as paredes do andar superior em alvenaria já podem ser iniciadas no dia seguinte ao da concretagem, deixando-se o decimbramento para após 28 dias.

A retirada das formas é erradamente feita somente por serventes, pois estes, não sendo operários especializados, irão estragar muita madeira ainda boa, diminuindo a capacidade de aproveitamento para novas formas. Essa operação deve ser feita por carpinteiros e seus ajudantes, com uso de pés-de-cabra, martelos etc. A madeira representa no custo do concreto cerca de 20%, justificando-se, assim, maior cuidado na sua conservação e aproveitamento.

Outro cuidado que deve ser tomado é o da cobertura e lavagem diária da laje, principalmente nos três primeiros dias, pois a pega do cimento em ambiente úmido dará maior resistência ao concreto e evitará o aparecimento de rachas que se dá quando a pega é a seco. A cobertura poderá ser feita com chapas de papelão.

Em alternativa às lajes de concreto maciço, existem as chamadas "lajes pré-moldadas", termo foi popularizado no mercado, embora não muito correto, pois pode dar a ideia de que a laje é uma peça acabada, que só precisa ser colocada na posição correta e está pronta para o uso.

Não é bem assim, como veremos a seguir, pois à exceção das lajes de painéis de concreto protendido, os outros tipos necessitam de serviços complementares, realizados "in-loco", para que possam estar em condições de utilização. Alguns as chamam de pré-lajes ou lajes mistas. Dos diversos tipos existentes no mercado, iremos estudar as que se seguem:

- lajes de tijolos furados
- lajes mistas
- lajes tipo treliça
- lajes nervuradas
- lajes de concreto protendido

Lajes de tijolos furados

É uma solução sempre procurada por ser considerada mais econômica. Nem sempre isso ocorre, isto é, nem todos os tipos empregados resultam mais econômicos do que os de concreto maciço. O seu principal fator, economia, está em menor quantidade de madeiramento que utiliza para formas. Nos edifícios com grande estrutura de concreto armado, principalmente naqueles de grande número de pavimentos, essa economia não é tão sensível, porque o volume de concreto de lajes é relativamente pequeno ao ser comparado com os volumes de blocos de apoio, vigas e pilares. Nos sobrados, no entanto, a economia é considerável, sendo por isso muito acentuado o seu emprego.

As lajes feitas na própria obra, usando tijolos de oito furos, resulta em espessura muito grande (25 cm), o que às vezes se torna inconveniente e outras vezes se torna vantajosa. Há interesse em sua aplicação quando o cálculo obriga emprego de vigas que não podem aparecer no forro inferior (por efeito estético) e nem podem ser invertidas (quando as paredes superiores contêm portas). Nesse caso, o emprego de lajes nervuradas resolve o problema, pois, aumentando a espessura para 25 cm ou mais, permite a construção de nervuras. A Figura 8-16 (em corte) mostra um trecho dessa solução.

Lajes mistas (ou de tijolos furados)

É uma solução também muito procurada, por apresentar economia e rapidez de feitura. A ideia surgiu há cerca de quatro ou cinco decênios e, de início, deviam ser totalmente produzidas na própria obra, o que não oferecia muita segurança. Em muitos casos, eram feitas sem a devida atenção para o cálculo estrutural; logo a seguir, começaram a surgir fábricas que confeccionavam as vigotas com técnica mais industrial (concreto vibrado em mesas vibratórias e pega a vapor em estufa), blocos mais perfeitos, resultando em um emprego mais generalizado. Hoje podemos dizer que é uma boa opção, desde que se adapte bem à obra.

Basicamente, o painel da laje é constituído de vigas de pequeno porte (vigotas), em que são apoiados os blocos, que podem ser de cerâmica ou de concreto; depois é aplicada uma camada de concreto de cobertura com o mínimo de três centímetros de espessura. (Figura 8-17)

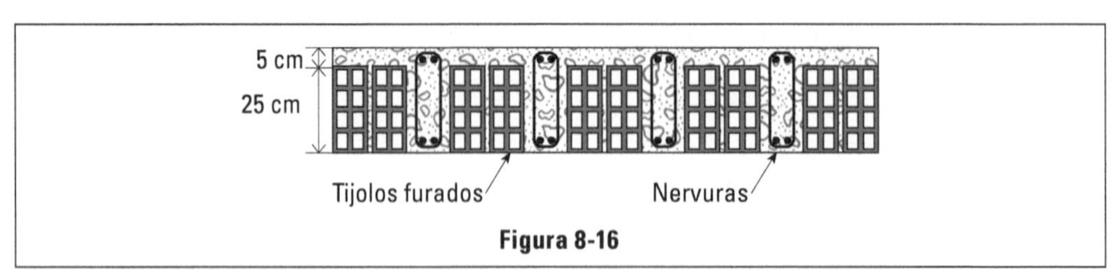

Figura 8-16

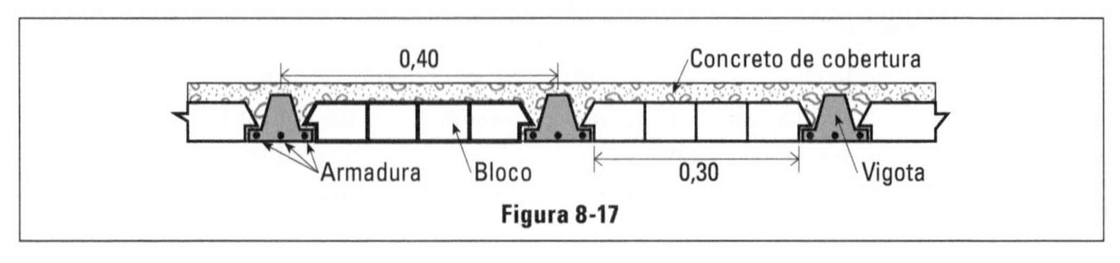

Figura 8-17

As vigotas são colocadas no sentido da menor dimensão da peça, por exemplo, uma laje sobre uma sala 4,00 × 3,00 m. (Figura 8-18) As vigotas serão colocadas com o vão de 3 m. Nelas serão apoiados os blocos furados.

A principal vantagem desse tipo de laje é o reduzido emprego de madeiramento para firmas e cimbramento. No exemplo que estamos vendo, serão colocadas três tábuas de topo (verticais) no comprimento de 4 m. (Figura 8-19)

Geralmente, usamos tábuas de pinho de 1" × 12" (tábuas de 30 cm) apoiadas em pontaletes de pinho de 3" × 3" (7 × 7 cm). Os pontaletes, no sentido longitudinal da tábua, são colocados em intervalos de 0,50 m a 1,00 m, um de cada lado da tábua para evitar a torção e flambagem. (Figura 8-20)

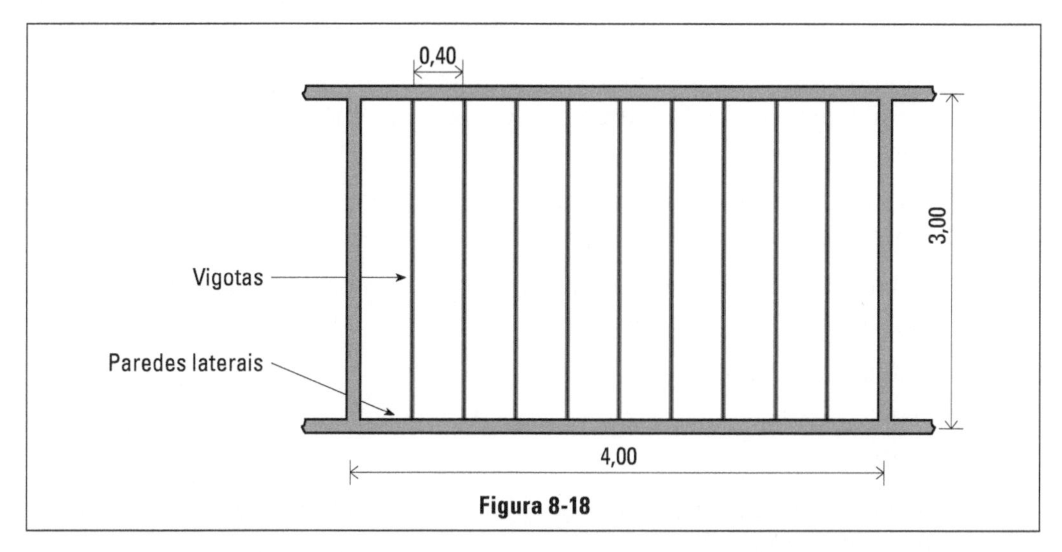

Figura 8-18

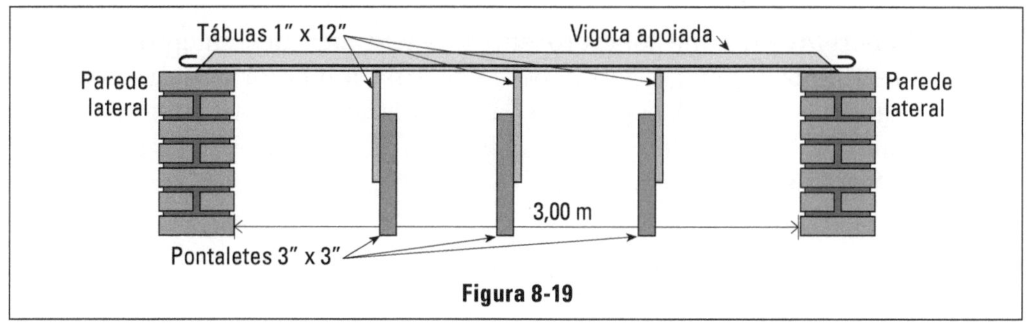

Figura 8-19

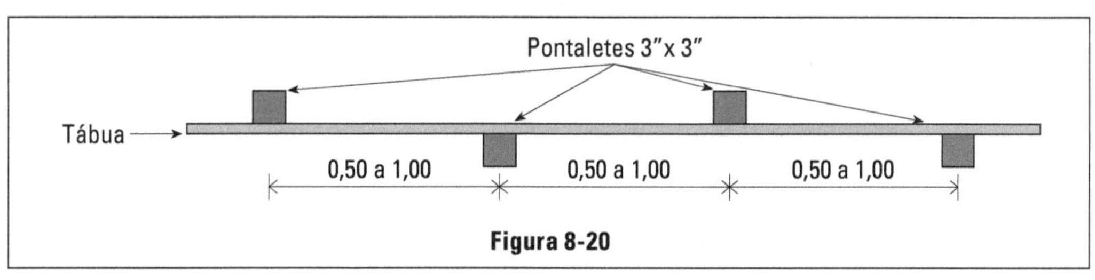

Figura 8-20

A tábua central é colocada um pouco acima das demais para dar a contra-flecha prevista, isto é, a laje enquanto estiver apoiada deve ser levemente arqueada para cima, para que, quando se tirar o escoramento, assuma a posição horizontal. A contra-flecha é indicada pelos cálculos.

É importante saber que a primeira vigota não é encostada na parede lateral, pois começa-se com um bloco apoiado na parede e na primeira vigota. (Figura 8-21)

A seqüência de atividades que regulam o emprego deste tipo de laje é a seguinte:

1. Consulta às firmas fornecedoras para a feitura de orçamento, tendo como base a planta de execução enviada.
2. Quando as paredes estiverem começando a ser levantadas, deve-se avisar a firma escolhida para a conferência das medidas, que são feitas na obra.
3. Na montagem das lajes, inicia-se pela colocação das tábuas de escoramento com os respectivos pontaletes.
4. Colocação das vigotas, obedecendo tipos e medidas que vêm indicadas na planta técnica fornecida pela fábrica das lajes.
5. Colocação dos blocos.
6. Colocação das caixas dos pontos de luz e respectiva tubulação (conduítes).
7. A concretagem deve ser precedida por abundante rega das vigotas e lajes (usar muita água).
8. Concretagem com concreto em dosagem rica de cimento (de 1:2:3 até 1:2,5:3,5), empregando pedra n. 1 para melhor penetração entre vigotas e blocos. A espessura da camada de concreto deve ser no mínimo de três centímetros, podendo ser maior caso o cálculo assim o determine.

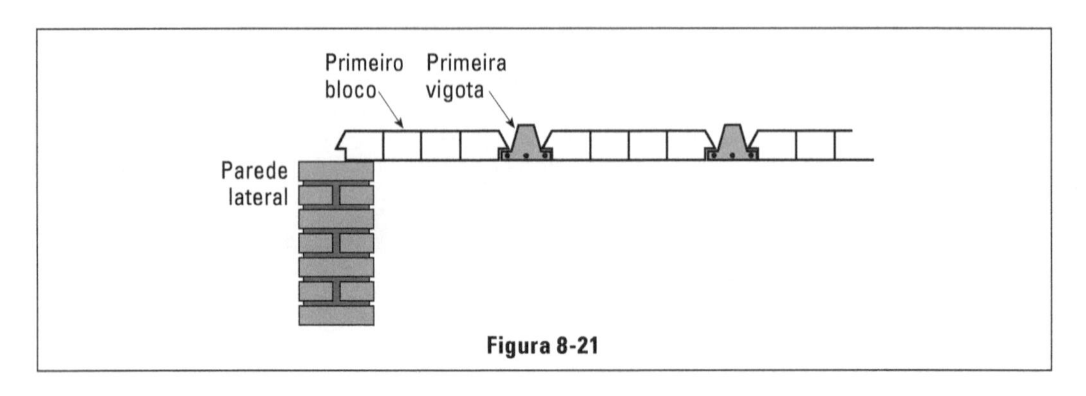

Figura 8-21

9. Rega nos 3 a 4 primeiros dias para melhor pega do concreto.
10. Descimbramento após 28 dias (mínimo de 21 dias).

São inúmeras as firmas especializadas no fornecimento dessas lajes. A seguir, com a colaboração de Spitalette S.A., vamos exemplificar diversas soluções para os casos mais comuns que ocorrem no emprego de lajes mistas pré-fabricadas.

A Figura 8-22 mostra a solução para quando se tem laje de forro que continua com um beiral com calha embutida. Em função da largura do beiral, deve-se calcular o tipo de vigotas e seu comprimento até o engaste na viga embutida na própria laje.

A Figura 8-23 mostra o engaste da laje em vigas de concreto, notando as duas soluções para o ferro negativo. As vigas foram determinadas pelo cálculo estrutural de toda a obra.

A Figura 8-24 representa a solução para lajes contínuas em vigas de concreto. A ferragem negativa ficará embutida na camada de cobertura de concreto e poderá ser uma continuação do estribo ou ser independente.

A Figura 8-25 cuida do mesmo caso quando a viga intermediária é invertida.

Quando não há viga intermediária, a solução é representada na Figura 8-26.

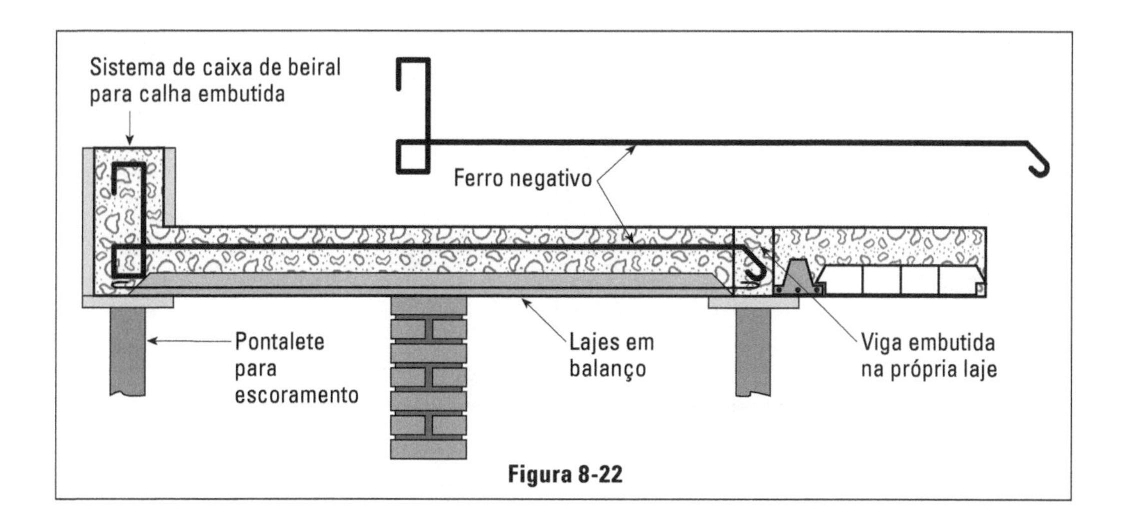

Figura 8-22

Observação: o cálculo determinará a necessidade de ferragem negativa no caso de lajes contínuas. Essa ferragem será colocada sobre os blocos, ficando depois embutida no concreto de cobertura. As vigotas serão de concreto vibrado com ferragem de alta resistência (CAT-60) e os blocos devem ser de formas regulares e suficientemente fortes para não quebrarem antes da concretagem.

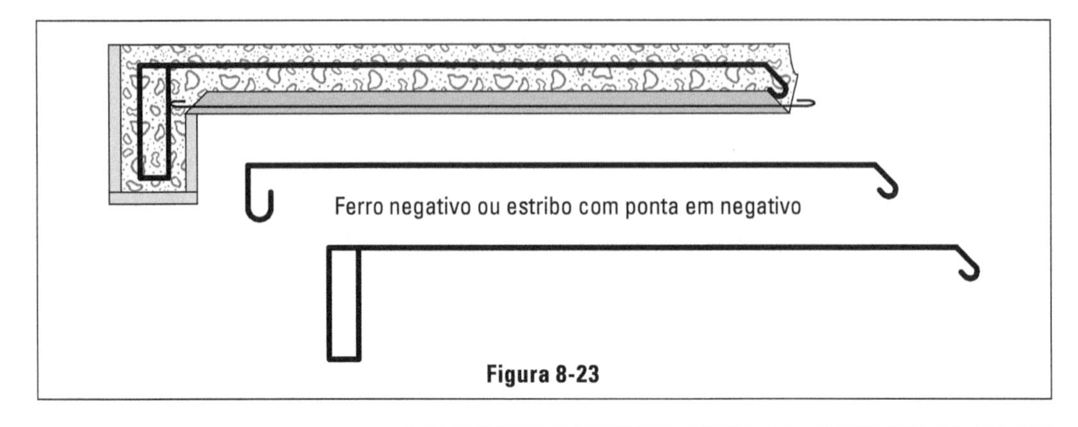

Figura 8-23

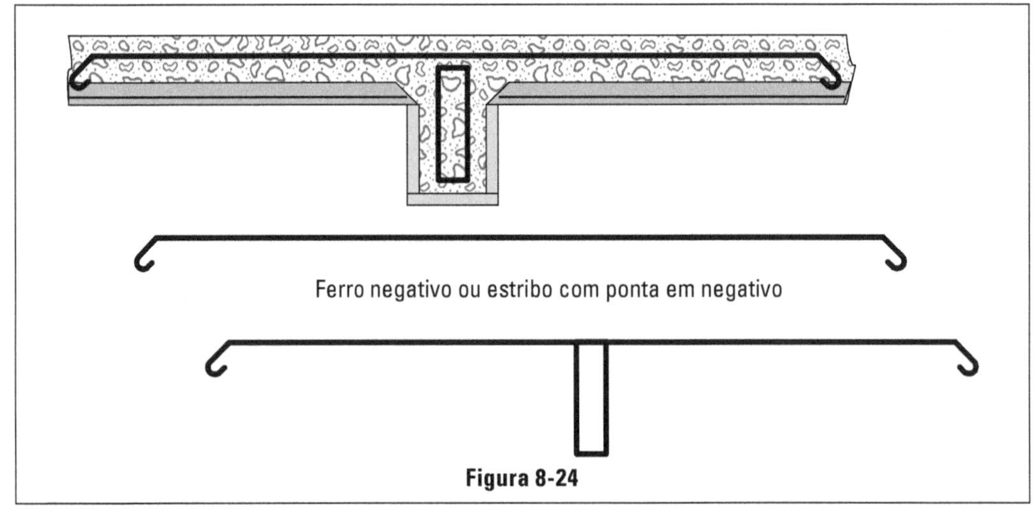

Figura 8-24

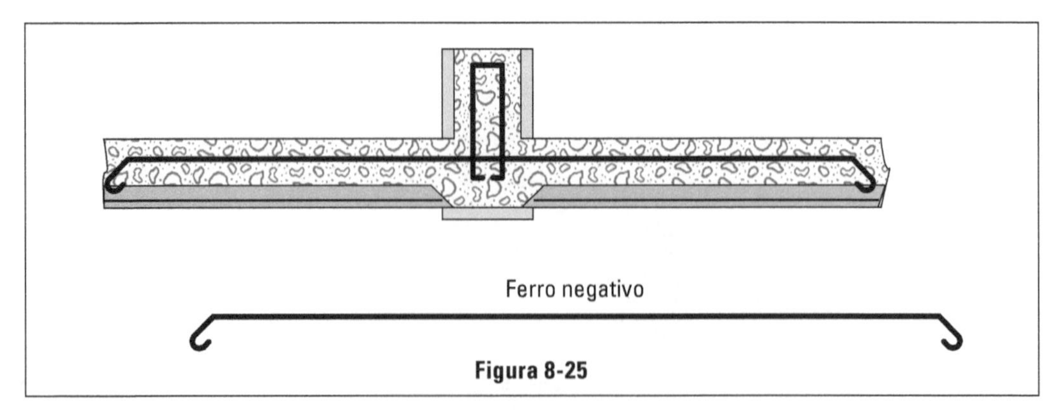

Figura 8-25

É relativamente comum a necessidade de se apoiar paredes internas sobre lajes, principalmente paredes de armários embutidos de dormitórios. A Figura 8-27 representa paredes apoiadas na laje. Para isso são colocadas duas vigas sob as paredes para servir de reforço. É importante, porém, que seja procedido o cálculo para determinar os tipos de vigas que devem ser usados. Em geral, o departamento técnico do fornecedor poderá assessorar esse cálculo.

A Figura 8-28 mostra o engaste da laje em parede de alvenaria sem viga ou cinta de amarração. Não é, porém, uma solução aconselhável. Com a baixa qualidade dos tijolos (baixa resistência) e a fragilidade das argamassas de assentamento, a partir do uso da cal hidratada substituindo a cal virgem, as alvenaria não oferecem confiança. Por isso, é aconselhável a colocação de uma cinta de amarração para apoio e engaste das lajes nas paredes laterais. (Figura 8-29)

A Figura 8-31 é a solução para lajes que se encontram numa viga intermediária quando uma das lajes é rebaixada. É o caso comum de lajes sob banheiros, em que o rebaixo é necessário para a colocação dos esgotos embutidos no piso.

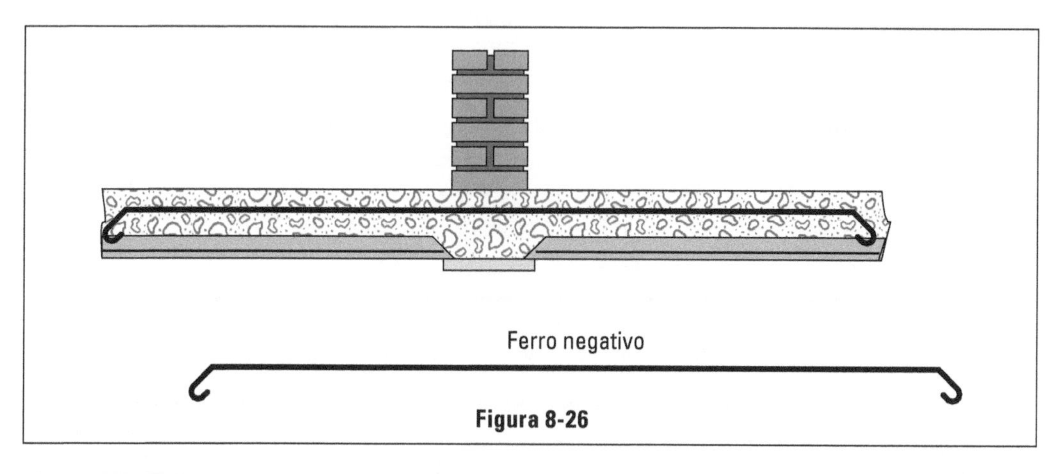

Figura 8-26

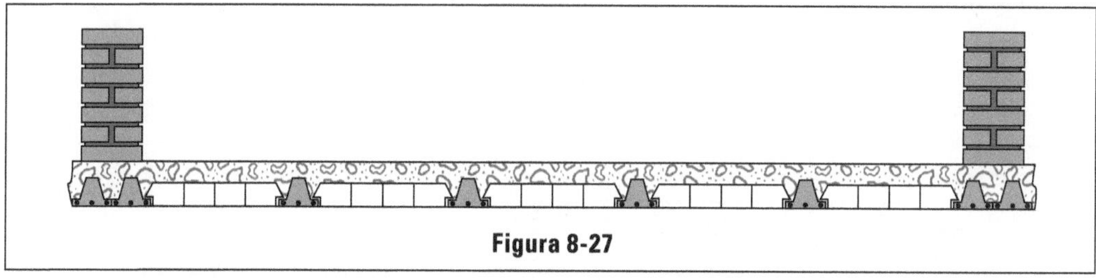

Figura 8-27

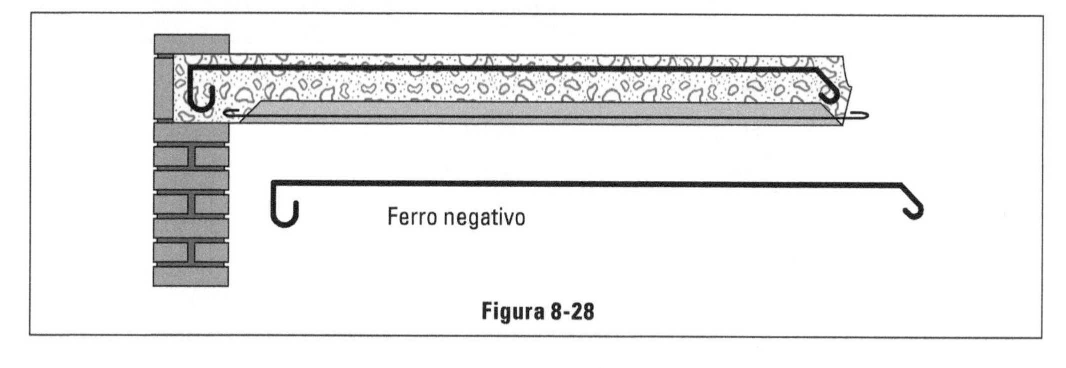

Figura 8-28

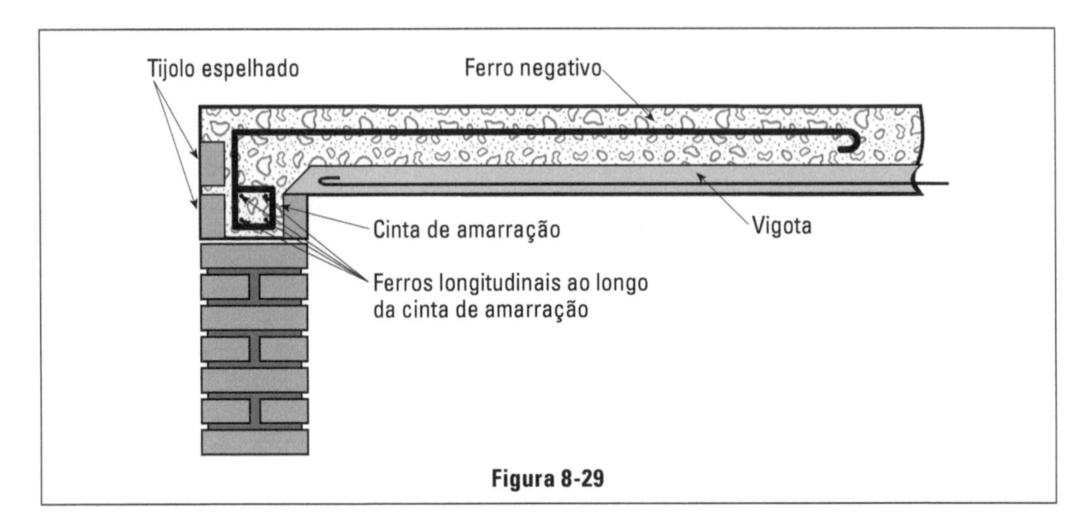

Figura 8-29

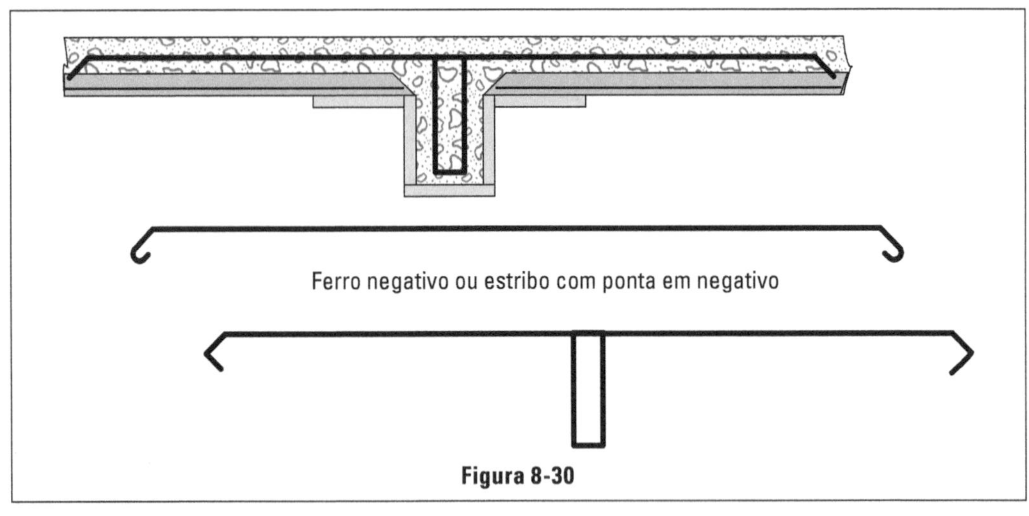

Figura 8-30

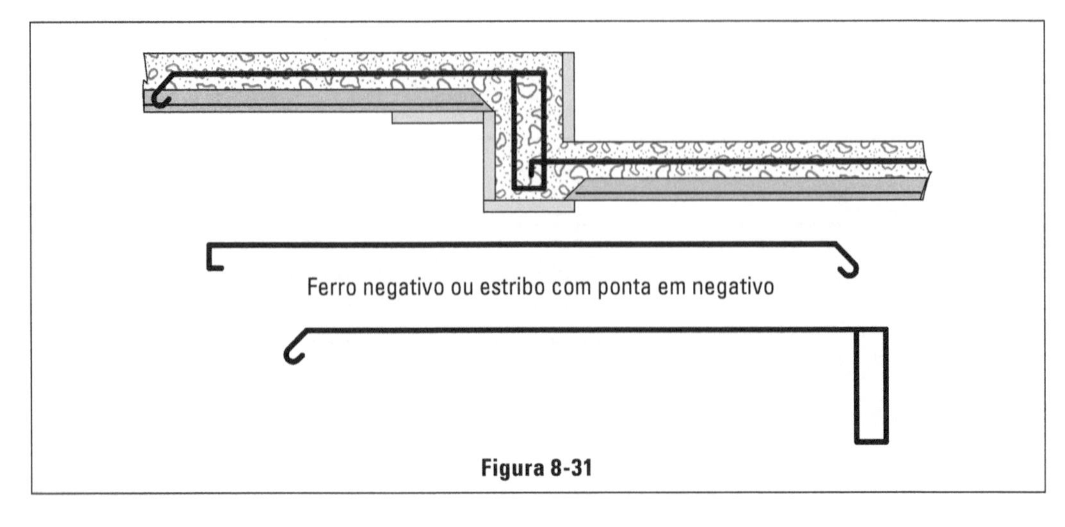

Figura 8-31

O emprego das lajes mistas pré-fabricadas é normal até o vão de 5,00 m, com sobrecargas até 500 kg na hipótese do vão máximo de 5 m. Para vãos menores, pode ser usada laje para sobrecargas maiores.

A seguir, apresentamos duas tabelas fornecidas por Spitalette S.A.

A Tabela 8-2 indica as sobrecargas máximas que podem ser aplicadas em função do vão e da espessura da laje, em que d representa a espessura total, isto é, a altura dos blocos acrescida do concreto de capeamento.

Tabela 8-2
Lajes normais de linha de produção – Lajes para piso

Vão teórico	Sobrecarga útil em kg/m²			
V_{int}	Intereixo de 40 cm			
	d – 9,5 – d – 11	d – 15	d – 20	d – 25
1,00	Lajes com mais de 12 m² 150 kg/m²	810	1.120	1.430
1,50		450	640	840
2,00		440	600	790
2,50		350	510	680
3,00	Lajes com mais de 12 m² 200 kg/m²	290	430	590
3,50		290	430	590
4,00		260	380	530
4,50		220	340	470
5,00	NB 5	220	340	470
Lajes para forro Vão teórico de 5,00 m. Sobrecarga útil da NB 5 de 50 a 100				

A Tabela 8-3 é interessante, porque calcula o consumo de concreto e seus componentes: cimento, areia e pedra para capeamento com dosagem 1:2:3.

Tabela 8-3
Consumo de materiais para capeamento e nervuras por metro de laje
Intereixo de 40 cm

Tipo d	Destino	Altura total cm	Altura das intermediárias ou blocos cm	Capeamento	Peso c/ capeamento kg/m²	Concreto Lts	Cimento kg	Areia Lts	Pedra
9,5	forros	9,5	8,0	1,5	110	19,5	7,0	9,9	14,8
11,0	pisos	11,0	8,0	3,0	145	34,5	12,4	17,5	16,2
15,0	terraços	15,0	12,0	3,0	205	41,6	14,9	21,2	31,6
20,0	tetos	20,0	16,0	4,0	260	58,7	21,1	29,9	44,6
25,0	abóbadas	25,0	20,0	5,0	305	83,1	29,5	42,2	62,3

Finalmente, a Figura 8-32 mostra esquematicamente o corte das diversas espessuras das lajes, notando-se que, até d = 15 cm, emprega-se capeamento de 3 cm; para d = 20 cm ou d = 25 cm, o capeamento é aumentado para espessura de 5 cm.

Lajes tipo treliça

Este tipo de laje tem o mesmo princípio de funcionamento das lajes mistas (vigotas e tijolos), porém, com intuito de se melhorar a aderência das vigotas ao concreto utilizado no capeamento das lajes, desenvolveu-se um tipo de armação das vigotas em forma de treliça. (Figura 8-33)

Em que: V = Vigas de concreto treliçada
C = Capeamento de concreto (utilizar fck = 18 Mpa)
D = Intereixo
β = Altura final da laje com capeamento de concreto.

As alturas das vigas de concreto treliça (V) são 8,0, 12,0, 16,0 e 20,0 cm.

O capeamento será de 3,0 cm para V de 8,0 e 12,0 cm, e de 4,0 cm para V de 16,0 e 20,0 cm.

Os vão livres máximos variam de acordo com as sobrecargas consideradas também conforme os fabricantes.

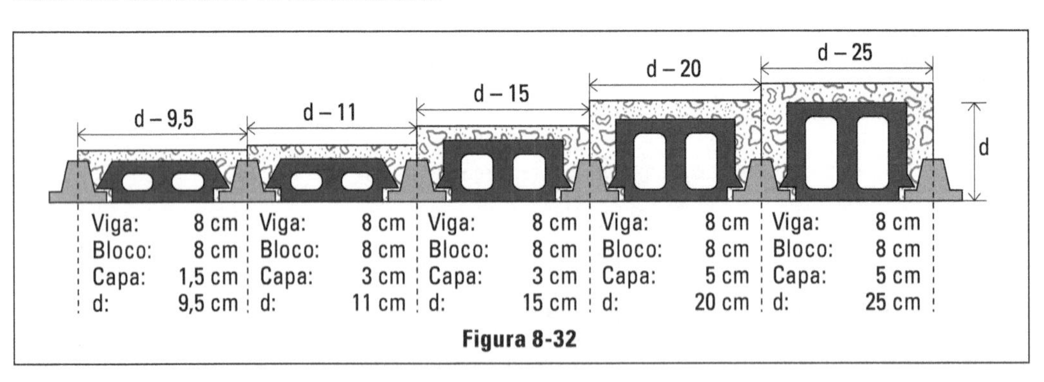

Figura 8-32

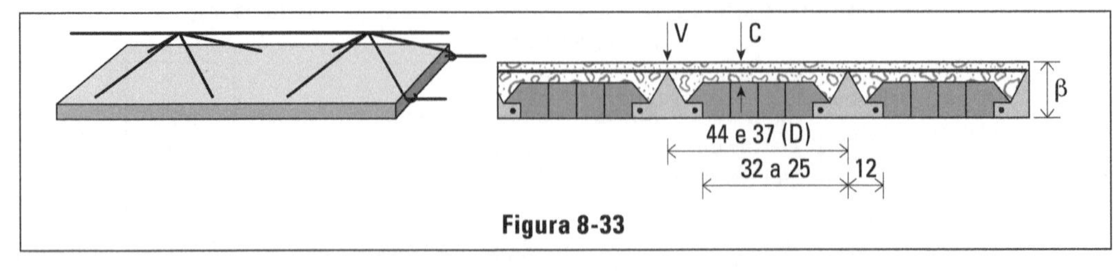

Figura 8-33

(Agradecimentos à Spitalette S/A pelo fornecimento dos desenhos e tabelas).

Observação: as flechas recomendáveis são de 2 cm para vãos entre 2 e 3 m; de 3 cm para vãos entre 3 e 4 m; e de 4 cm para vãos entre 4 e 5 m. Para vão menores de 2 m, não há necessidade de contraflecha.

Lajes nervuradas com blocos de concreto celular

O concreto celular autoclavado é um produto leve, formado a partir de uma reação química entre cal, cimento, areia e pó de alumínio que, após uma cura em vapor a alta pressão e temperatura, dá origem a um silicato de cálcio, composto químico estável, que o faz um produto de excelente desempenho na construção civil.

Uma grande aplicação deste tipo de laje encontra-se nas obras em que haja a necessidade no projeto arquitetônico do chamado "teto liso", constituído por lajes de grandes vãos sem vigas ou nervuras salientes.

O bloco de concreto celular torna-se uma excelente alternativa para este tipo de "teto", pois, com a eliminação das vigas e nervuras, teremos automaticamente uma laje com espessura maior. Para não tornar a estrutura muito pesada usamos os blocos que, caso fosse executada em concreto convencional, serviram de enchimento da laje.

As dimensões desses blocos são de 60 × 60 cm e sua espessura modulada de 2,5 cm em 2,5 cm, até a espessura máxima de 60 cm. Essas dimensões permitem que, com apenas uma peça, possamos utilizar todo o espaço entre as nervuras da laje permitida por normas, bastando uma ligeira verificação de cisalhamento da nervura nos apoios.

Obtemos também um melhor aproveitamento das formas, pois estas ficarão com uma área de contato muito maior com os blocos em relação ao concreto das nervuras. Também verificamos que um bloco com maiores dimensões proporciona a redução no número de nervuras, redução da lâmina média do concreto (sem acréscimo do consumo de aço), menor trabalho de montagem e uma concretagem mais simples e rápida.

Já os blocos com maiores espessuras proporcionam aumento da rigidez estrutural, reduz as deformações angulares (flecha) e possibilitam vencer vãos e/ ou cargas maiores.

Temos também uma facilidade muito grande na montagem e concretagem das lajes, pois os operários se movimentam normalmente sobre os blocos, sem que haja quebra do material. A execução desse tipo de laje é bastante simples, conforme veremos a seguir:

Em primeiro lugar, preparamos o assoalho da laje de maneira idêntica ao das lajes do concreto maciço.

Terminado o assoalho iniciamos a armação da laje, que neste caso será armada em duas direções, os ferros sendo colocados de maneira a formarem um quadriculado em todo o assoalho.

No interior do quadriculado formado pela armação são colocados os blocos. Figura 8-34. As tubulações também podem passar pelos espaços entre os blocos. Esses espaços serão concretados e em seguida será executada uma camada de capeamento com espessura de 4 cm.

Estes blocos são fabricados pela Sical – Concreto celular autoclavado.

Lajes de concreto protendido

As lajes de concreto protendido são constituídas de painéis vazados de concreto protendido com armação de aço em uma só direção. (Figura 8-35)

São peças com 1,00 m de largura e comprimento de até 15,00 m. As espessuras são de 10, 15, 20 e 25 cm.

Os painéis são fabricados de modo a apresentarem uma superfície superior (piso) áspera, facilitando, assim, a aderência com a camada de regularização.

Recomenda-se a utilização de tela de aço leve no contrapiso para evitar fissuras na região sobre o rejuntamento das lajes.

A superfície inferior (teto) deve ter o acabamento das juntas entre lajes por meio de frisamento que se recomenda deixar aparente. (Figura 8-36)

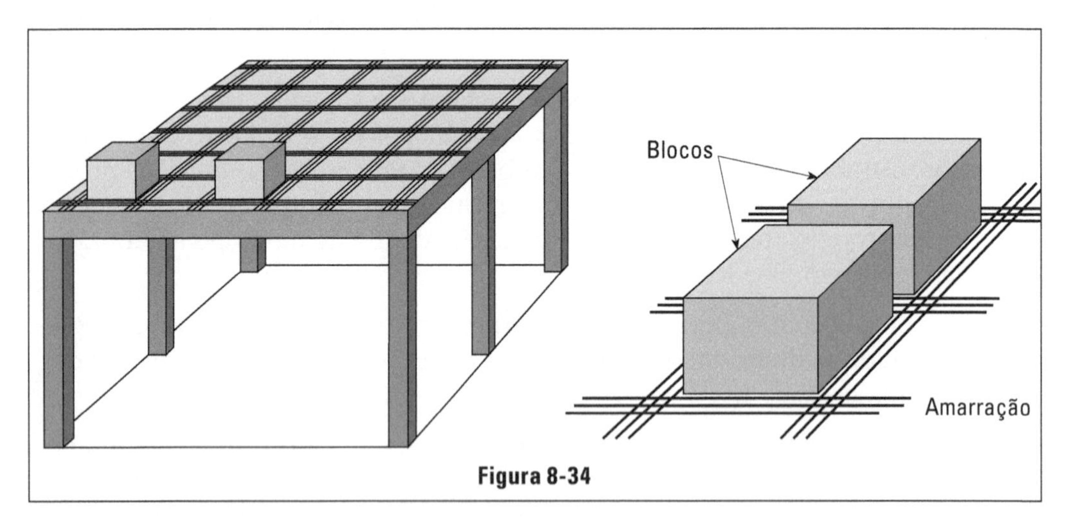

Figura 8-34

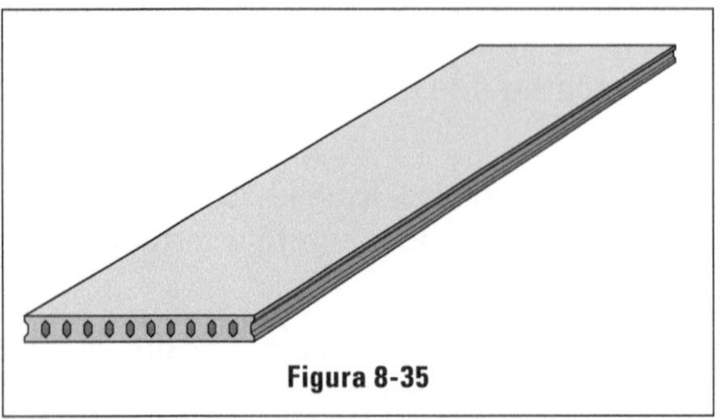

Figura 8-35

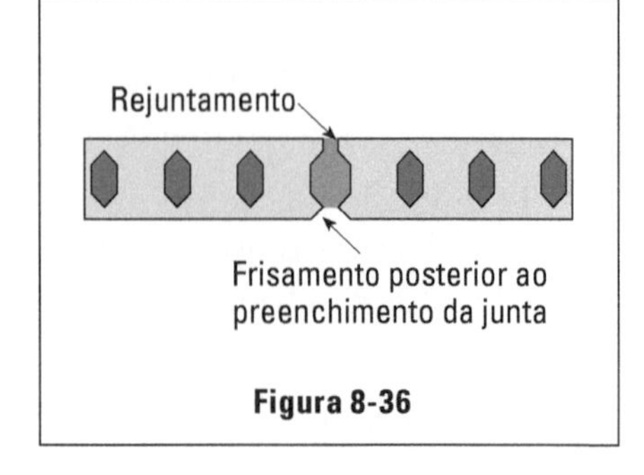

Figura 8-36

A aplicação de quaisquer revestimentos (gesso, massa corrida) não deve esconder a junta e as lajes poderão ser pintadas.

A estocagem dos painéis deverá ser feita em pilhas de, no máximo, oito peças em solo firme.

Os apoios deverão ser feitos por pontaletes colocados a 30 cm das bordas das peças. (Figura 8-37)

O mesmo procedimento deverá ser tomado para o apoio entre as lajes, tomando-se o cuidado de deixá-las alinhadas verticalmente com os primeiros apoios. Os painéis serão colocados no local de acordo com o projeto, com guindastes de lança telescópica ou treliça e devem estar devidamente amarrados com cabos de aço.

Os apoios dos painéis deverão estar muito bem nivelados, caso isso não ocorra, deveremos fazer a "equalização das lajes". A "equalização" é feita colocando-se um pontalete de madeira nas faces superior e inferior dos painéis presos com torniquetes de aço CA 25. (Figura 8-38)

O rejuntamento dos painéis justapostos deve ser feito com argamassa de cimento e areia traço 1:3 de consistência seca, devendo a junta estar limpa e molhada.

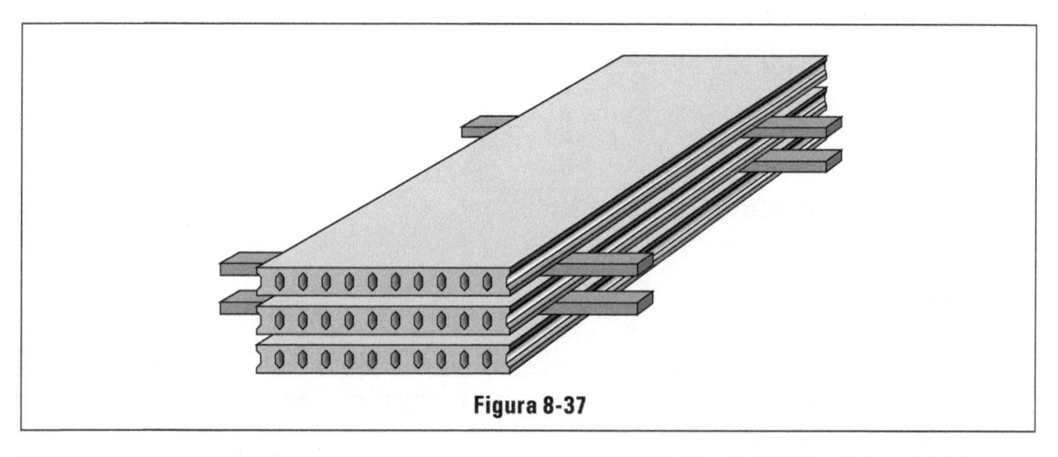

Figura 8-37

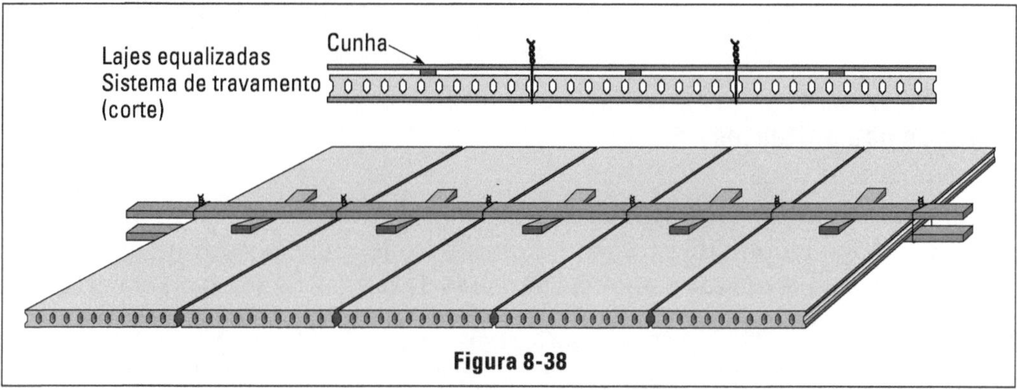

Figura 8-38

Para lajes com espessura acima de 20 cm, recomenda-se rejuntar o vão de concreto com cimento, areia e pedrisco no traço 1:2:3 (volume).

Não deverá haver trânsito de pessoas ou materiais durante 24 horas, após o rejuntamento. O sistema de travamento será removido 48 horas após o rejuntamento.

As informações aqui contidas foram uma gentileza da empresa Reago S.A., fabricante deste produto. Para mais informações, aconselhamos que seja consultado o livro "Alvenaria armada", dos autores Arquiteto Carlos Alberto Tauil e Engenheiro Cid Luiz Rocca – Projeto Editores Associados Ltda.

Alvenaria estrutural

Uma outra forma de estrutura, além da que vimos é a estrutura em alvenaria, comumente chamada de "alvenaria estrutural". O conceito básico é que os esforços gerados sejam absorvidos pela própria alvenaria.

É um processo extremamente simples de construção, que, no entanto, requer que seu projeto seja executado por profissionais habilitados, para que se consiga obter todas as vantagens oferecidas.

Iremos expor apenas os tipos de materiais utilizados e as etapas construtivas do processo.

Elementos da alvenaria estrutural

Paredes portantes

São aquelas que estão sujeitas a cargas permanentes e acidentais, além das cargas verticais, deverão ser consideradas as cargas laterais provenientes da ação do vento.

Paredes não portantes

São aquelas que não suportam nenhuma carga a não ser o peso próprio. Deverão ser definidas também como paredes não portantes aquelas que possam absorver pequenas parcelas de cargas de forro ou cobertura que entretanto não poderão exceder a 300 kg/m.

Pilastras

São consideradas como porções integradas das paredes projetando-se para um ou ambos os lados, atuando como viga vertical, coluna, efeito arquitetônico ou combinando alguma dessas soluções.

Colunas

São elementos portantes de cargas verticais que são limitadas por uma largura não maior do que três vezes a sua espessura.

Vigas e vergas

Vigas são elementos geralmente horizontais que suportam cargas e atuam perpendicularmente à sua direção de maior comprimento.

Vergas são vigas especiais sobre determinado vão, tais como portas e janelas.

Definições extraídas do livro *Alvenaria Armada* – 2ª edição Arquiteto Carlos Alberto Tauil e Engenheiro Cid Luiz Rocca – Editora Projeto.

O Brasil, por ser um país em que a carência de habitação é extrema e os recursos para a construção muito limitado, requereu de seus técnicos o desenvolvimento de processo construtivos que fossem rápidos e econômicos.

O processo de alvenaria estrutural é um deles, que, ao contrário de tantos outros já desenvolvidos, demonstrou total aceitação e comprovada eficiência. No entanto, alguns aspectos fundamentais devem ser observados no projeto:

- Caráter repetitivo das construções.
- Modulação das dimensões dos projetos, incluindo-se aí as portas e janelas. Com isso não só diminuiremos as perdas da construção e também os prazos de conclusão das obras, com a consequente diminuição de custos.

Por se tratar de um processo em que as fases da construção limitam-se ao assentamento de blocos, a armação utilizada constitui-se de barras de aço sem dobras e o madeiramento para fôrmas ser praticamente eliminado, a mão de obra necessária limita-se apenas à categoria de pedreiro e ajudantes.

O processo da alvenaria estrutural consiste na definição das paredes que terão caráter estrutural (portantes) e as que não terão essa função (não portantes). Essa definição se dará baseada no projeto arquitetônico.

Uma vez tendo-se esta definição, passa-se a detalhar a armadura necessária não só para efeitos estruturais como também construtivos.

A seguir, indicaremos um modelo em que se indica as posições usuais das armaduras. (Figura 8-39)

Os blocos por onde passarão as ferragens, agregados miúdos (cimento, areia, cal e pedrisco) no traço especificado em projeto, servem de pilares ou vigas de uma estrutura em que as firmas serão os próprios blocos. Esse concreto recebe o nome de Grout.

O procedimento para o preparo e lançamento do Grout é o mesmo do concreto, devendo ser misturado em betoneira na obra ou usinado em centrais e transportados em caminhões betoneira. O lançamento será feito em camadas e vibrado, tomando-se o cuidado de não abalar a parede já erguida.

O assentamento dos blocos deverá obedecer os mesmos cuidados que de uma alvenaria comum no que se refere a alinhamento, nivelamento e prumo, sendo que, nos casos de se tratar de alvenaria estrutural, a argamassa de assentamento deverá ser espalhada no topo dos blocos para garantir uma perfeita transmissão de esforços entre os blocos.

Deverá ser evitada a movimentação entre os blocos, quando a argamassa ainda não estiver endurecida, para que se evite o aparecimento de trincas.

Os blocos utilizados para as alvenarias estruturais são os de concreto e os cerâmicos. Recomenda-se a aquisição desses blocos de fabricantes idôneos, tendo em vista as centenas de marcas existentes no mercado.

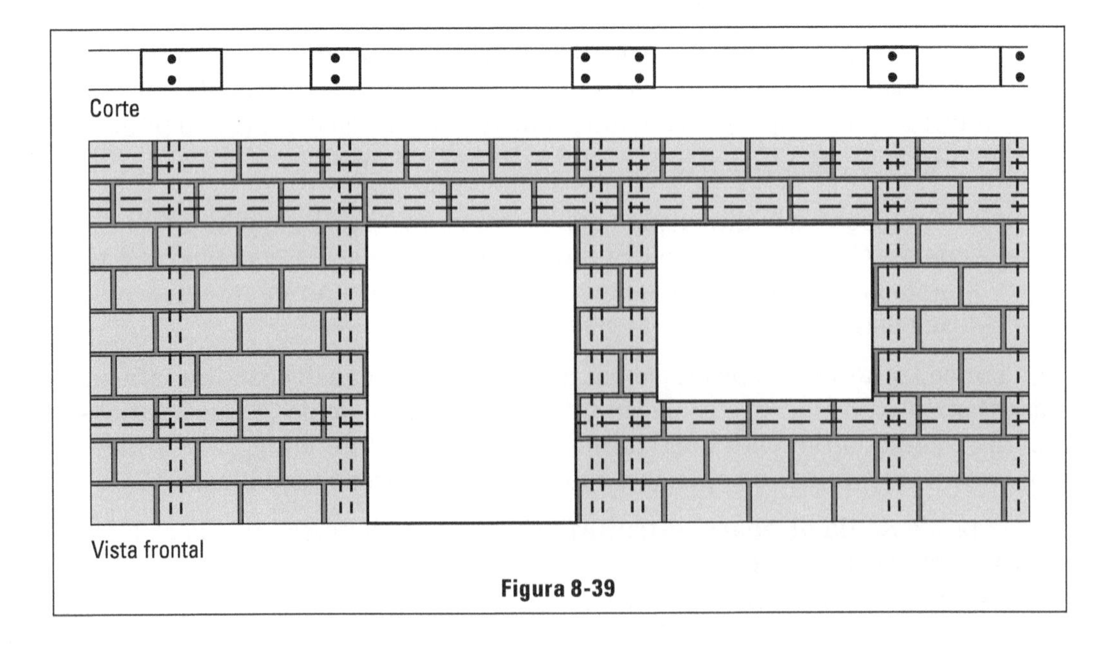

Figura 8-39

A seguir, apresentamos algumas ilustrações nas quais podemos ver detalhes típicos de cimbramentos metálicos, painéis de formas de blocos, pilares e lajes, bem como de alguns serviços que precedem a uma concretagem.

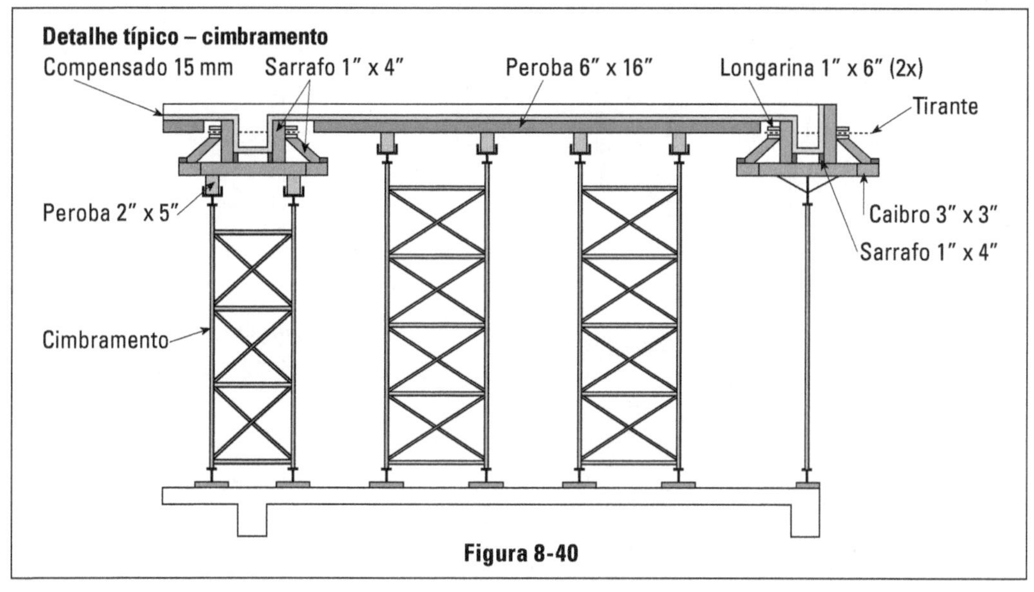

Figura 8-40

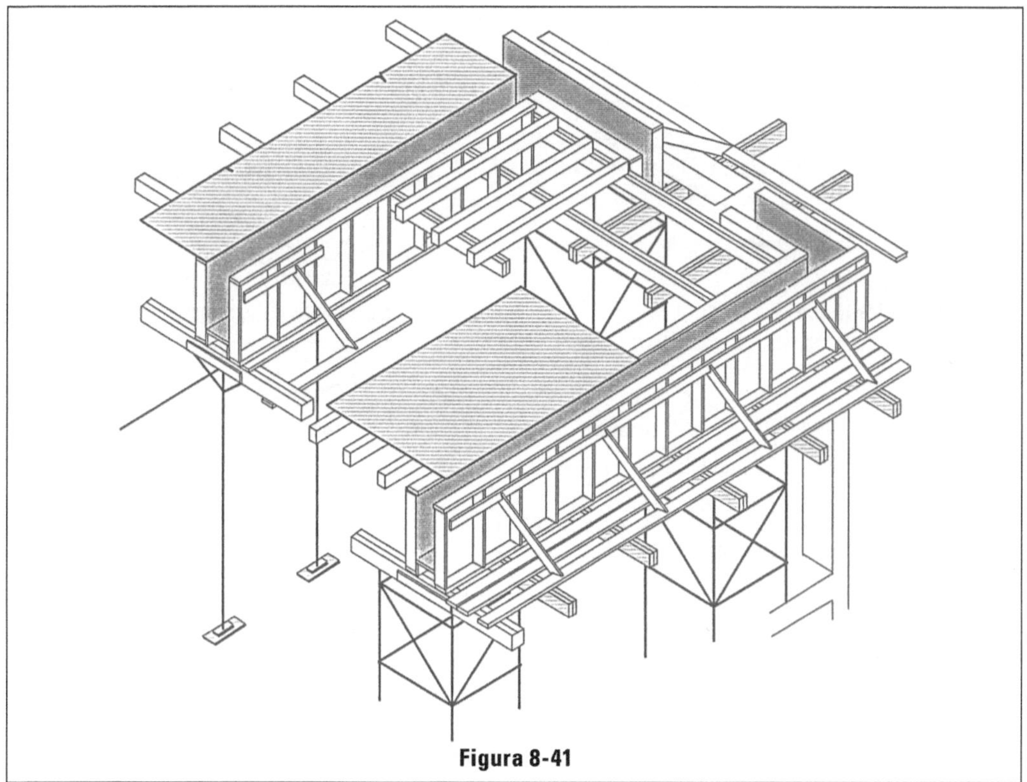

Figura 8-41

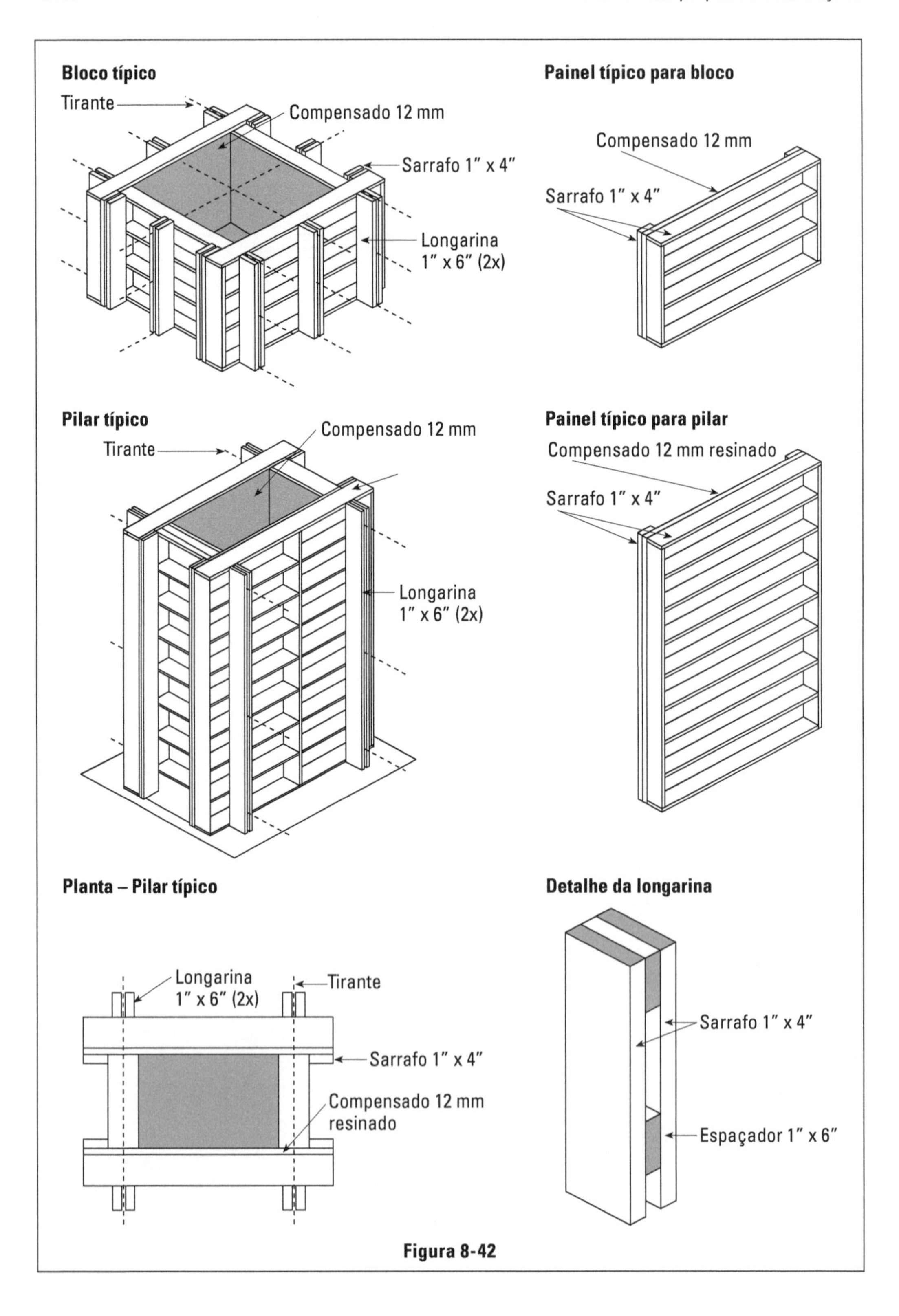

Bloco típico
Tirante
Compensado 12 mm
Sarrafo 1" x 4"
Longarina
1" x 6" (2x)
Painel típico para bloco
Compensado 12 mm
Sarrafo 1" x 4"
Pilar típico
Tirante
Compensado 12 mm
Longarina
1" x 6" (2x)
Painel típico para pilar
Compensado 12 mm resinado
Sarrafo 1" x 4"
Planta – Pilar típico
Longarina
1" x 6" (2x)
Tirante
Sarrafo 1" x 4"
Compensado 12 mm
resinado
Detalhe da longarina
Sarrafo 1" x 4"
Espaçador 1" x 6"

Figura 8-42

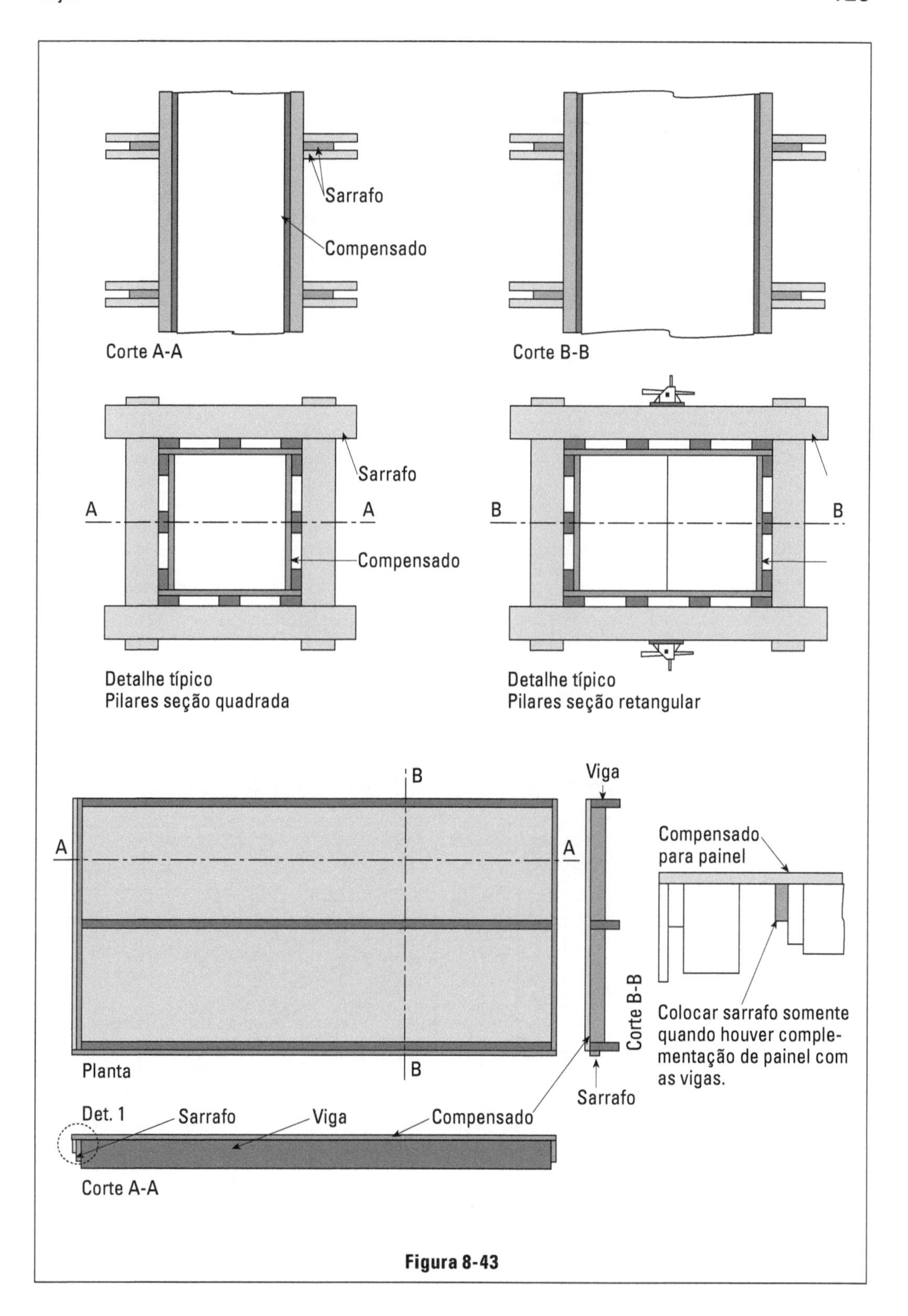
Sarrafo
Compensado
Corte A-A
Corte B-B
Sarrafo
A
A
Compensado
B
B
Detalhe típico
Pilares seção quadrada
Detalhe típico
Pilares seção retangular
B
Viga
A
A
Compensado
para painel
Corte B-B
Colocar sarrafo somente quando houver complementação de painel com as vigas.
Planta
B
Sarrafo
Det. 1
Sarrafo
Viga
Compensado
Corte A-A

Figura 8-43

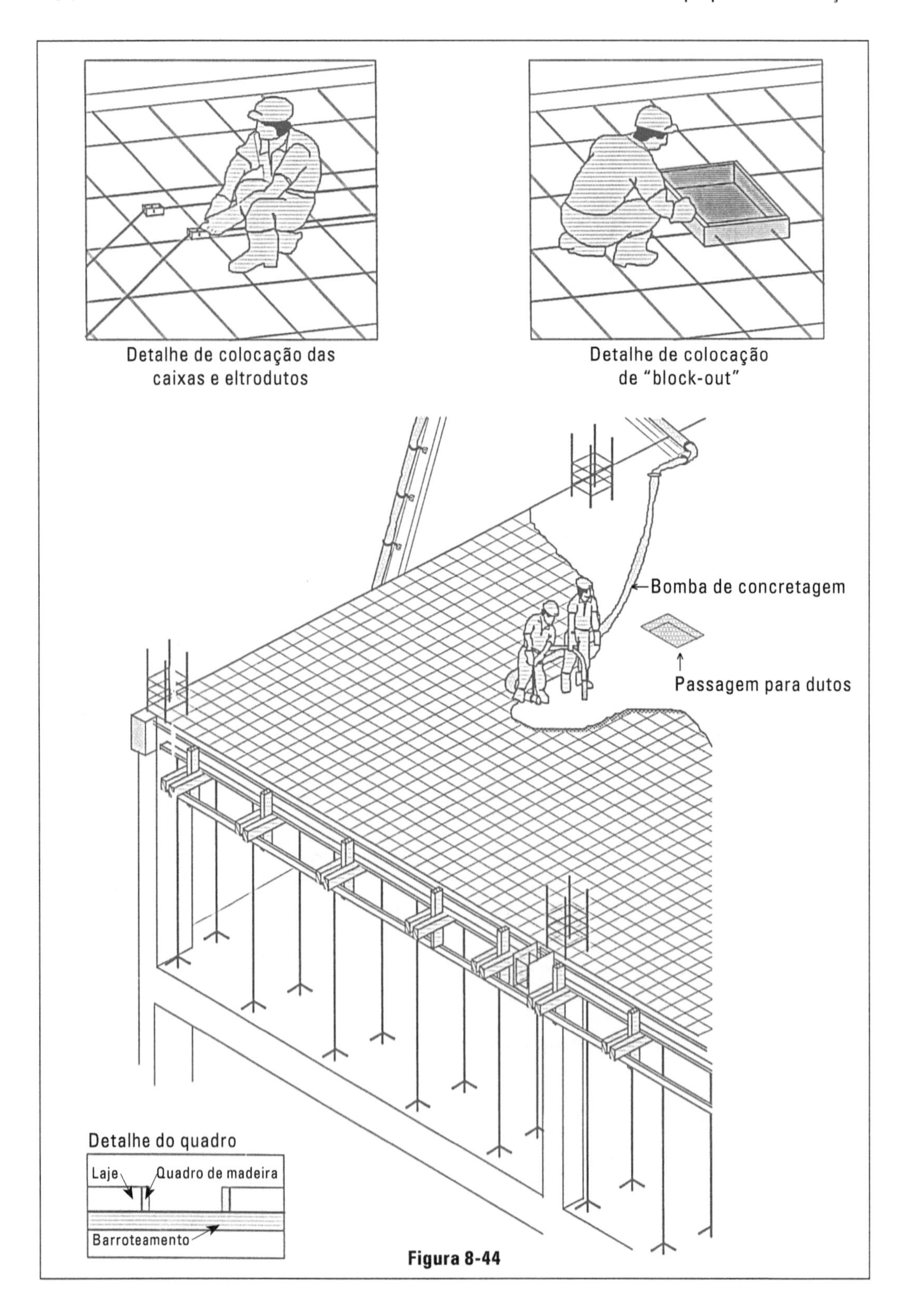
Detalhe de colocação das
caixas e eltrodutos
Detalhe de colocação
de "block-out"
Bomba de concretagem
Passagem para dutos
Detalhe do quadro
Laje
Quadro de madeira
Barroteamento

Figura 8-44

9 Levantamento das paredes do andar superior

- Cinta de amarração no respaldo do telhado

O assentamento dos tijolos sobre a laje de piso, no caso de sobrados, pode ser iniciado no dia seguinte ao da concretagem, pois já encontramos na massa pega suficiente para andarmos sobre ela. É necessário uma nova marcação das paredes obedecendo à planta construtiva. Esta marcação é mais fácil do que a primeira, já que a própria laje estabelece os contornos externos e as vigas invertidas marcam a posição de algumas paredes internas. A localização das paredes pode ser feita pelo próprio mestre de obras, cabendo ao engenheiro a fiscalização dos resultados. A posição das paredes ficará demarcada com o assentamento dos primeiros tijolos, que assim determinam os alinhamentos.

Os trabalhos a seguir não apresentam novidade, cabendo aqui tudo o que foi descrito para o levantamento das paredes do andar térreo. Os tijolos são assentados da mesma forma, com a mesma argamassa, obedecendo às mesmas regras de amarração. Também aqui se tornam necessárias as vigas sobre e sob o vão de janelas e sobre o vão das portas. Os andaimes serão suspensos para acompanhar os trabalhos, sendo feito um estrado na altura da laje e outro posterior, cerca de 1,50 m acima.

Quando as paredes atingirem ao respaldo do telhado, deve ser feita a cinta de amarração de forma idêntica a do respaldo da laje. A superfície superior da cinta de amarração deve coincidir com o nível requerido para o forro, como mostra a Figura 9-1.

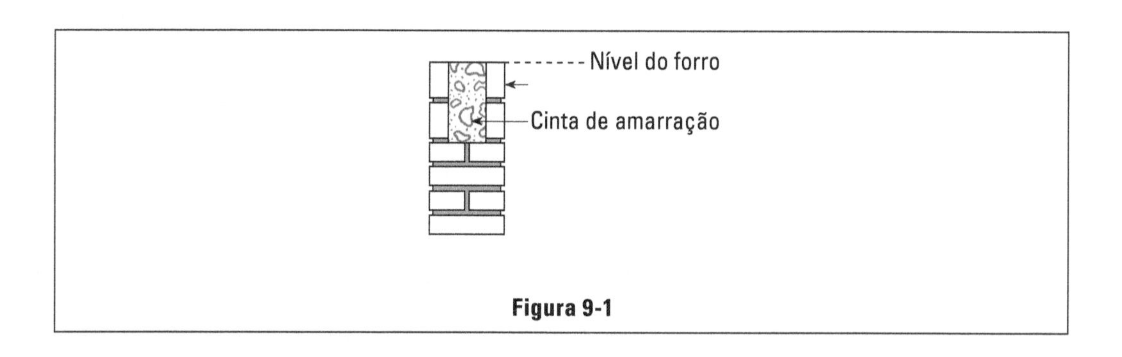

Figura 9-1

Outras soluções para a cinta de amarração, podem ser vistas nas figuras do Capítulo 7; para paredes de meio tijolo (internas) a Figura 7-22; ou ainda nas figuras do Capítulo 6 para paredes de um tijolo, Figuras 6-17 e 6-19.

Um cuidado sempre deve ser tomado quando se levantam paredes em alvenaria comum: devem todas serem levantadas em conjunto, pois a reunião de painéis longitudinais e transversais é que produz resistência contra a força do vento (horizontal). Se erguermos painéis isolados e muito altos, estes, nos primeiros dias, poderão vir abaixo, enquanto a argamassa não forma a peça completa. Tal cuidado torna-se mais importante no levantamento de paredes dos andares superiores, pois aqui a força do vento é geralmente maior, bem como as consequências da queda de um pedaço de painel são piores.

Antes de termos atingido a altura do forro, já foram iniciados os preparativos para a sua feitura e do telhado. Assim, já se encontrariam na obra os materiais necessários; o carpinteiro já iniciou a preparação do madeiramento. Atrasos serão evitados.

Forros em geral

- de concreto
- de tijolos furados
- de estuque
- de chapas
- de gesso

Forro de concreto

Caso a solução escolhida tenha sido a da laje de concreto para forro, esta será feita obedecendo às mesmas regras descritas em capítulos anteriores. Naturalmente, o calculista projetou-a com dimensões menores de espessura e de área de ferros do que aquela para piso. Já possuímos quase todo o madeiramento necessário para fôrmas, pois o descimbramento da laje inferior já deve ter sido feito.

Forro de tijolos furados

Encontra-se descrito no Capítulo 8.

Forro de estuque

É constituído de:

a. madeiramento
b. tela
c. enchimento da tela (argamassa)

Madeiramento

É formado por sarrafos colocados nas duas direções normais das paredes, constituindo um quadriculado.

Na direção da menor dimensão do cômodo (largura), são colocados os sarrafos maiores, espaçados de 0,50 m. A bitola do sarrafo maior será de 1" × 4" para vão até 3,50 m e de 1" × 6" para vãos maiores e podemos utilizar peças de peroba de 3 × 12 cm. Na outra direção, isto é, formando 90° com os sarrafos maiores, são colocados os sarrafos menores de 1" × 2", também espaçados de 0,50 m. A Figura 10-1 mostra a posição dessas peças e também um detalhe ampliado.

Os sarrafos de 1" × 2" não são utilizados como peça única, mas sim em pedaços entre dois sarrafos de 1" × 4". A Figura 10-2 mostra a sua colocação, tal como é executada geralmente pelos carpinteiros.

Sabemos que todo o forro de estuque apresenta fendas que geralmente surgem depois de prontos. As fendas são ocasionadas por movimentos de madeira, dilatando-se ou retraindo-se, conforme o ambiente mais ou menos úmido. Tal fato é perfeitamente normal, sendo de boa norma prevenirmos o cliente sobre essa circunstância para evitar futuras reclamações. No entanto, as rachas e fendas podem ser agravadas, aumentando suas aberturas quando não se usa o madeiramento adequado.

Assim, para vão relativamente grande (cômodos maiores do que 4,00 × 6,00 m aproximadamente), devemos tomar outra providência para evitar tanto quanto possível tais rachas. Pelo meio quadriculado, apoiado nas paredes, e na direção à 90° dos sarrafos maiores, coloca-se uma tábua (preferivelmente pinho 1" × 12") de topo. Nesta tábua, são pregados alguns sarrafos maiores e principalmente os centrais. Temos, assim, um aumento de resistência bastante grande.

Não devemos esquecer que encostados às paredes são colocados também os sarrafos. Por isso, em um cômodo de 3,00 m de comprimento, usamos sete sarrafos em vez de seis (ver Figura 10-3). O espaçamento entre os sarrafos não

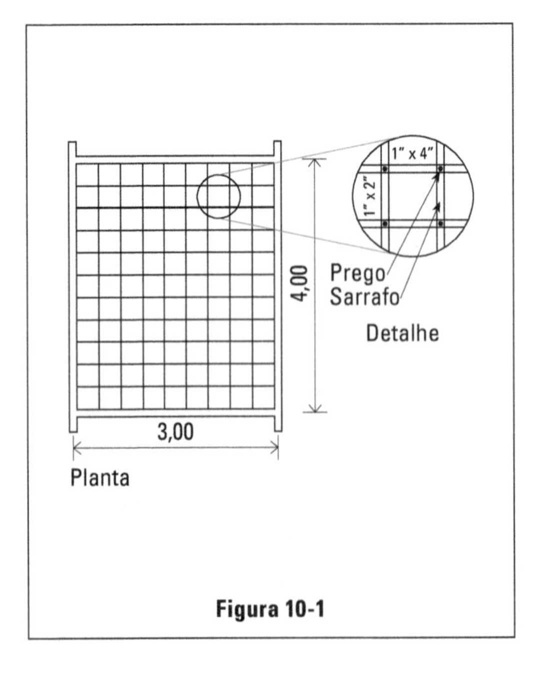

Figura 10-1

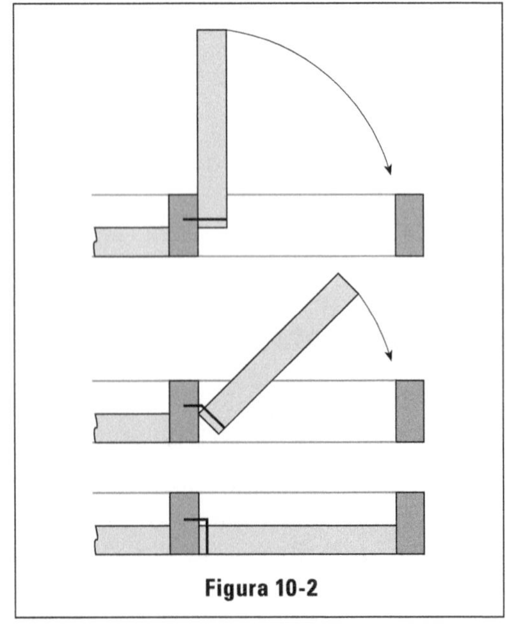

Figura 10-2

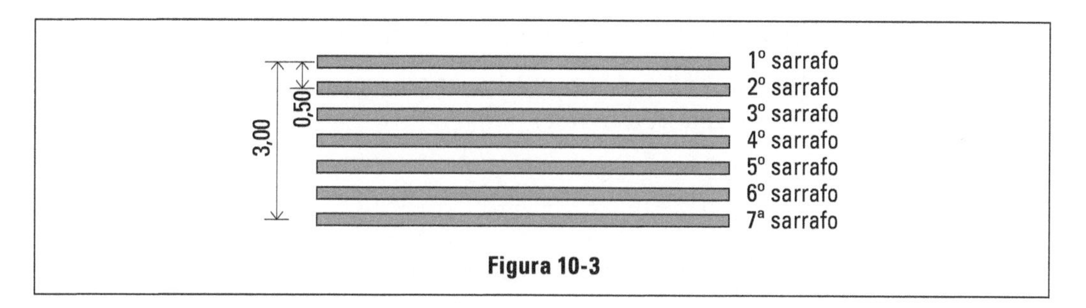

Figura 10-3

deve exceder a 50 cm. Portanto, em um cômodo com 3,10 m de comprimento usam-se oito sarrafos, sendo seu espaçamento reduzido para 3,10/7 = 0,443 m de eixo a eixo.

O sarrafo deve ser comprado com um comprimento 30 cm maior do que o vão da sala em que será usado para que se tenha um apoio de 15 cm de cada lado. Assim, uma sala de 3,10 × 2,90 necessita de 8 sarrafos de 1" × 4" de 3,20 m de comprimento. Uma sala de 3,80 × 3,60 utiliza 9 sarrafos de 1" × 6" de 3,90 m etc.

Os sarrafos maiores são colocados logo após a concretagem da cinta de amarração, enquanto os menores poderão ser pregados depois do madeiramento do telhado se encontrar pronto. Os primeiros devem ser colocados com antecipação para evitarmos a necessidade de se abrir buracos na alvenaria. Dessa forma, o pedreiro só assentará os tijolos sobre a cinta de amarração quando encontrar os sarrafos no lugar, deixando-os já embutidos na alvenaria. Entretanto, não convém pregar logo em seguida os sarrafos menores para não fechar logo o quadriculado e permitir a passagem de peças do telhado pelo meio dos sarrafos maiores.

Tela metálica

Quando o quadriculado se encontrar pronto, será fixada na superfície inferior a tela metálica. Esta tela é constituída de um trançado de arame (galvanizado ou não) de formas losangulares (Figura 10-4). Três fatores determinam o tipo e qualidade da tela:

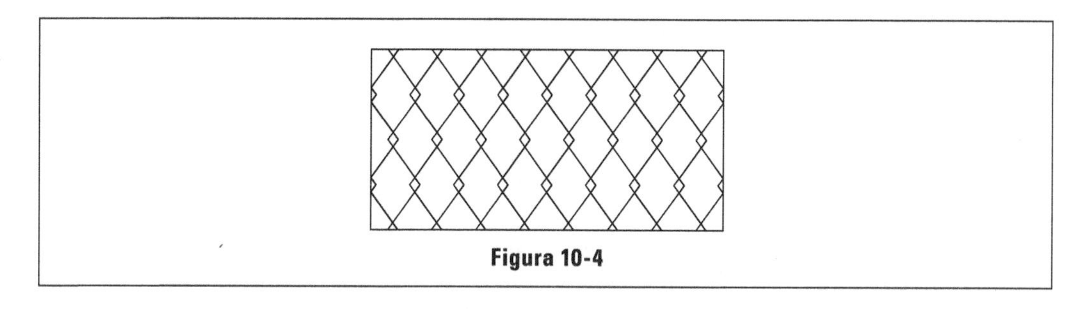

Figura 10-4

a. diâmetro do arame utilizado (fio 21 ou 22);

b. tamanho das malhas (geralmente caracterizado na prática por malha A, a menor, e malha B, a maior);

c. fio galvanizado ou não.

O preço da tela colocada é relativamente baixo e não se deve economizar. Aconselha-se a usar malha A fio 21 galvanizado. A galvanização do arame diminui a possibilidade de ferrugem, o que é vantajoso.

Além deste tipo comum, encontramos na praça um tipo especial de tela, em que o arame cilíndrico é substituído por outro de chapa. Também pode ser usado sem vantagem ou desvantagem. As telas são fornecidas em rolos com as larguras de 0,50 m ou 1,00 m, que assim combinam com o espaçamento dos sarrafos. É aconselhável adquirirmos a tela colocada, evitando ter de lidar com uma mão de obra a mais.

Enchimento da tela

Utilizamos para o enchimento da tela uma argamassa mista de cal, cimento e areia, traço aproximado de 1:0,5:6. Conseguimos obtê-la, preparando argamassa magra de cal e areia e depois misturando 2 a 3 sacos de cimento por metro cúbico.

Poderemos encher a tela por cima ou por baixo dela. O enchimento feito pela parte superior é muito mais perfeito e econômico. Para isso, preparamos um suporte inferior constituído de uma prancha de 50 × 50 cm presa a um cabo. (Figura 10-5)

Um servente segura este suporte, vedando, assim, um painel do entarugamento, enquanto um pedreiro por cima do ferro preenche a tela com a arga-

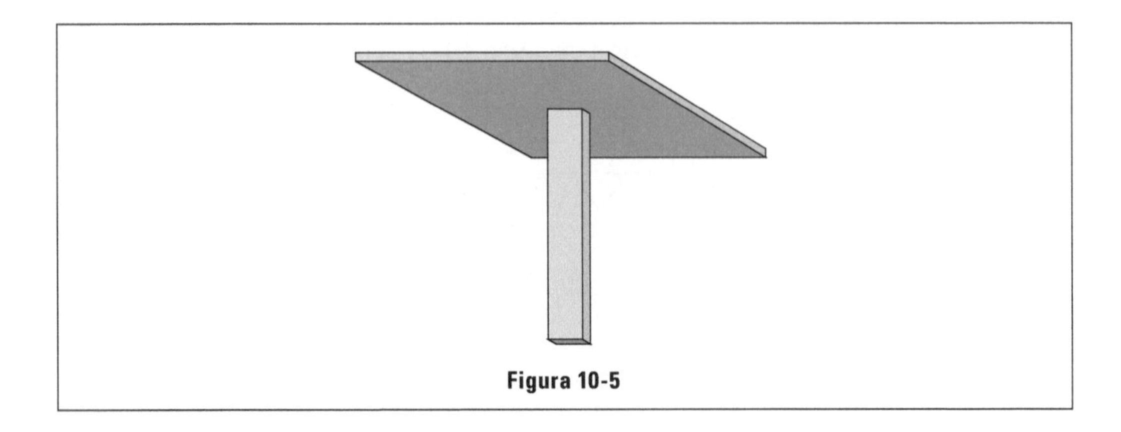

Figura 10-5

massa usando a colher de pedreiro. Esse processo é eficiente, porque evita o desperdício de argamassa e permite um enchimento perfeito.

Para se fazer o enchimento por baixo, é necessário que o andaime interno esteja pronto e na altura aproximadamente de 1,40 m sobre o piso. O pedreiro com um saco de estopa na mão, carrega-o de argamassa e esfregando-o na superfície inferior da tela consegue preenchê-la, porém deixando falhas e desperdiçando grande quantidade de argamassa que cai sobre os andaimes. Só se deve admitir tal processo quando o anterior for impraticável. Isto se dá quando não há espaço entre forro e telhado para o serviço do pedreiro. Já nos beirais, tal dificuldade é regra.

Só devemos preencher a tela depois da cobertura, mesmo que provisória da obra, pois se chover a argamassa estará protegida. Caso contrário, ela cairá desperdiçando material e mão de obra.

Forro de gesso

O forro de gesso é um dos mais utilizados na construção civil, basicamente aplica-se o forro de gesso em banheiros e cozinha de prédios onde não existe o rebaixo das lajes e consequentemente as tubulações de esgoto passam por baixo das lajes. (Figura 10-6)

É utilizado também como solução arquitetônica para rebaixamento do pé direito, embutimento de luminárias e para esconder vigas aparentes no teto.

Os forros de gesso são formados por placas de gesso e sistema de fixação (arames ou estruturas de alumínio).

As placas possuem uniformidade e superfície lisa, baixo peso (19 kg/m), resistência ao fogo, são isolantes térmico e acústico e aceitam qualquer tipo de pintura ou revestimento.

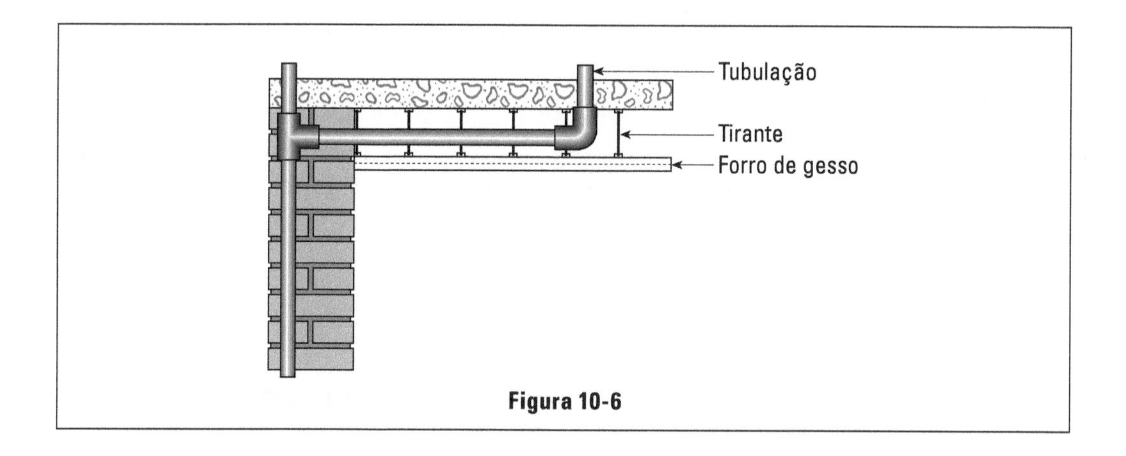

Figura 10-6

Os forros de gesso podem ser classificados de acordo com o tipo de estruturas que o sustenta e também conforme o tipo de placas utilizada, removível ou fixa.

A seguir, mostramos uma forma de classificação considerando-se os parâmetros anteriores:

Forro FGA = Forro de gesso fixo com arame;

Forro FGE = Forro de gesso fixo com estrutura metálica;

Forro RG = Forro de gesso removível fixo com estrutura metálica.

A fixação das placas de gesso são feitas utilizando-se parafusos ou pregos GN, especialmente desenvolvidos para este fim.

O parafuso GN é de aço fosfatizado. Sua ponta em formato de broca, associada a dupla rosca e haste mais fina, possibilita uma penetração 50% mais rápida que o parafuso comum. A cabeça chata, com fendas "Philips" permite perfeito acabamento da superfície. (Figura 10-7)

O uso da aparafusadeira elétrica, com ponta magnética, aumenta consideravelmente o rendimento da colocação.

O prego GN é de aço zincado, tipo ardox ou anelado, com cabeça maior e chata. (Figura 10-8)

Não devem ser usados parafusos e pregos comuns e não devem ser aplicados a menos de um centímetro das bordas das placas.

Tipo	Comprimento (mm)
Parafusos GN25	25
Parafusos GN42	42
Prego GN30	30

As juntas formada pelo encontro de duas placas deverão ter tratamento para que não fiquem visíveis, obtendo-se uma superfície lisa, uniforme e isenta de trincas, além de permanecerem inalteradas com o tempo. Para sua execução, utiliza-se gesso natural calcinado (pó) e fita de papel Kraft.

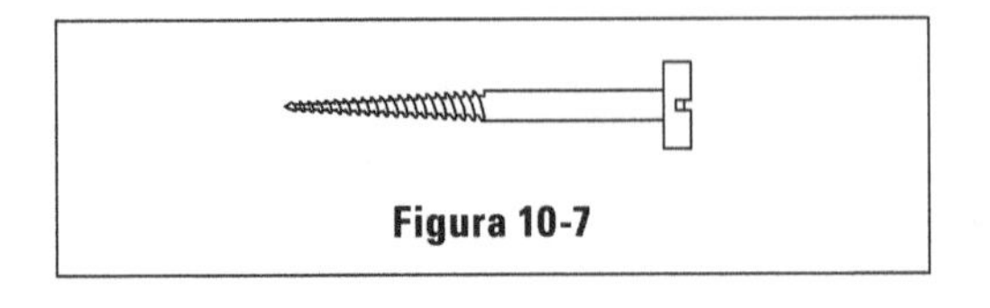
Figura 10-7

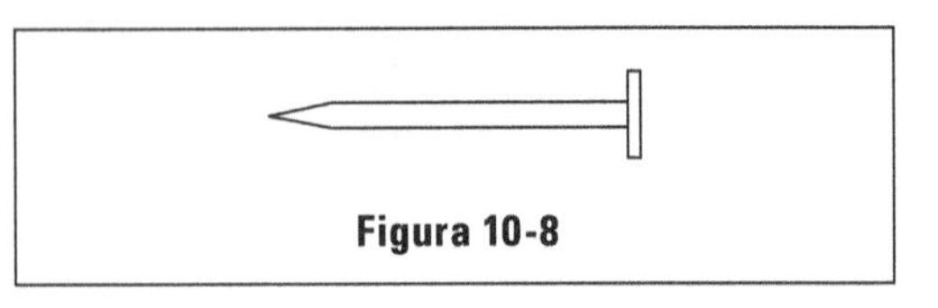
Figura 10-8

A sequência recomendada é:

1.ª Etapa: Preenche-se a junta com uma camada de gesso, dissolvido em água até termos uma pasta de consistência plástica. O preenchimento da junta é feita com espátula.

2.ª Etapa: Aplica-se a fita de papel Kraft sobre a primeira camada de gesso já seca. Elimina-se as bolhas de ar que se formam no papel, com a utilização da espátula.

3.ª Etapa: Aplica-se uma segunda camada de gesso mais larga do que a primeira.

4.ª Etapa: Aplica-se a última camada de gesso, mais larga do que a segunda. Esta camada deverá ser aplicada com desempenadeira de aço.

5.ª Etapa: Caso necessário, após a secagem, lixa-se com lixa fina, ficando a superfície pronta para receber pintura ou outro acabamento. Recomenda-se que a execução dos forros de gesso seja feita por profissionais especializados.

Forro de gesso fixo com arame – FGA

É empregado em todos os tipos de construção de alto nível ou populares: residências, escritórios, escolas edifícios públicos, shopping centers, lojas de departamentos, supermercados e conjuntos habitacionais.

Depois de pronto, forma um conjunto monolítico perfeito, permitindo a instalação de luminárias, difusores de ar condicionado, som e sprinklers. (Figura 10-9)

Componentes do forro:

Placa de gesso com nervuras

Junção "H" zincada

Pino com furo para fixação

Cargas

Gesso

Arame galvanizado n. 18

Sisal

Fita Kraft

Alguns profissionais costumam passar gesso em todo o arame galvanizado com a finalidade de evitar a corrosão do arame.

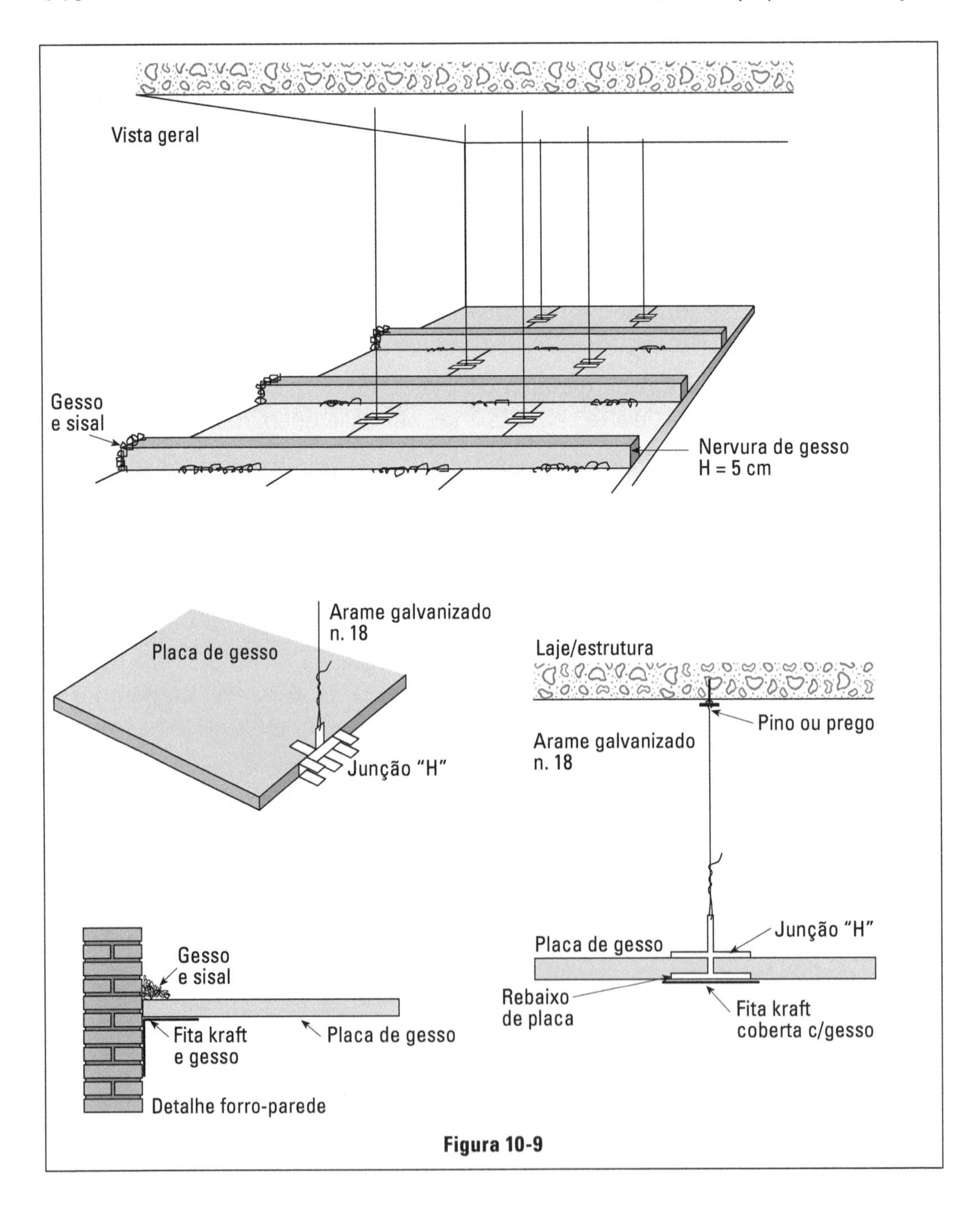
Vista geral
Gesso
e sisal
Nervura de gesso
H = 5 cm
Arame galvanizado
n. 18
Placa de gesso
Junção "H"
Laje/estrutura
Pino ou prego
Arame galvanizado
n. 18
Junção "H"
Placa de gesso
Rebaixo
de placa
Fita kraft
coberta c/gesso
Gesso
e sisal
Fita kraft
e gesso
Placa de gesso
Detalhe forro-parede

Figura 10-9

Forro de gesso fixo com estrutura metálica – FGE

É recomendado para grandes vãos com grande número de aberturas para luminárias, difusores ou sprinklers.

Pode ser também utilizado como forro isolante acústico, com utilização de lã de vidro.

Componentes do forro:

1. placa de gesso
2. união metálica zincada
3. borboleta metálica zincada
4. tirante de arame galvanizado n. 8
5. pino de rosca-aço
6. canaleta de aço galvanizado
7. cantoneira de aço galvanizado
8. parafuso GN25
9. parafuso sextavado com porca 5/16 × 5/8 zincado
   - fita kraft
   - gesso

A estrutura metálica é montada e fixada à laje ou à estrutura auxiliar. (Figura 10-10)

As chapas são aparafusadas a cada 0,20 m com parafusos GN 25, em canaletas afastadas a cada 0,60 m. As juntas entre as chapas são preenchidas com fita kraft e gesso, formando uma superfície uniforme.

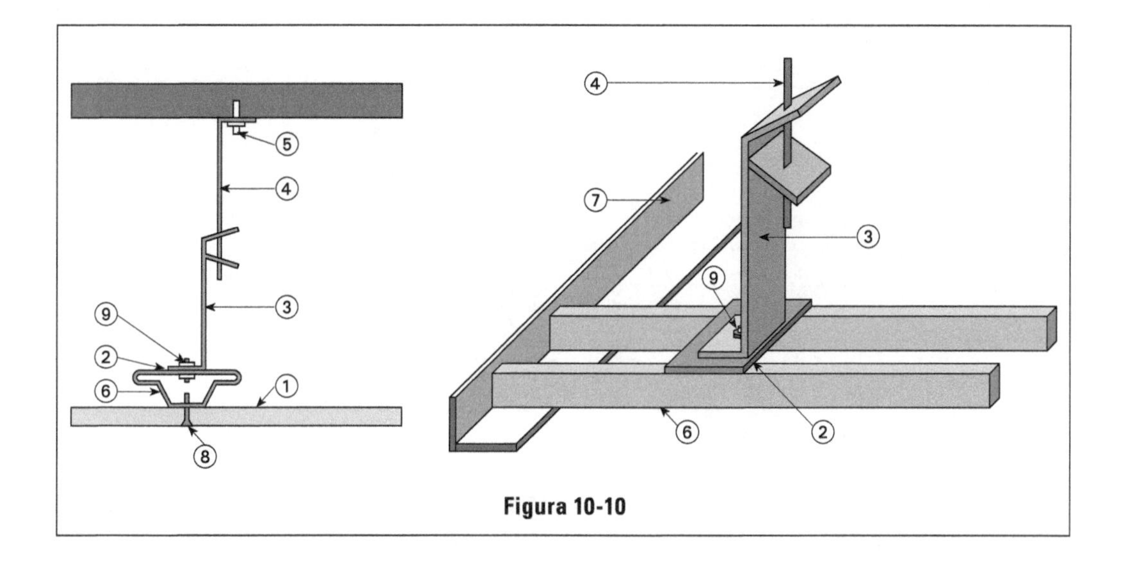

Figura 10-10

Forro de gesso removível – RG

É empregado para permitir a fácil inspeção da instalação elétrica, ar condicionado, "sprinkler", som etc.

Componentes do forro:

- placa de gesso
- cantoneira de aço galvanizado
- perfil de aço galvanizado
- trava de aço galvanizado
- carga
- piso
- prego de aço
- arame galvanizado n. 18

A colocação é feita com perfis metálicos fixados ao madeiramento do telhado, estrutura metálica ou laje, por meio de arame galvanizado n. 18. O arremate junto às paredes é feito por cantoneiras metálicas fixadas com pregos ou parafusos com bucha quando as paredes forem revestidas de azulejo.

As placas de gesso são encaixadas nos perfis, simplesmente apoiadas. (Figura 10-11)

Existem no mercado vários tipos de perfis de sustentação das placas de gesso que podem ser aparentes, canaletadas ou embutidas, sendo a escolha por motivos arquitetônicos. (Figura 10-12)

Em termos de custo, podemos classificar em ordem crescente de valores por m2 FGA, RG, FGE.

Agradecemos a Gypsum do Nordeste S.A., que fabrica as placas de gesso Gypsalum.

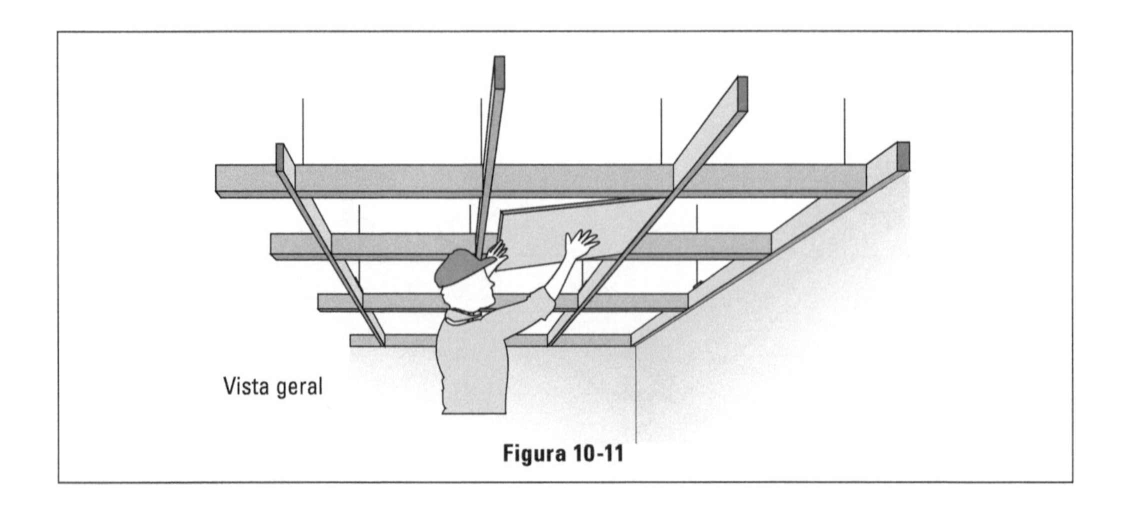

Figura 10-11

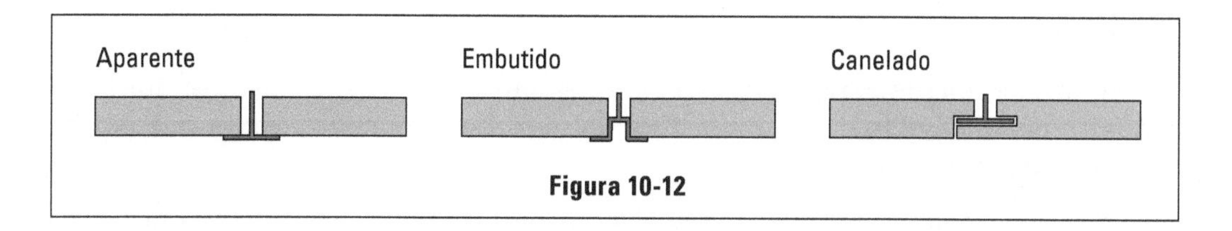

Figura 10-12

Forro de chapas

Como uma alternativa aos forros de gesso temos os forros de chapas compostas de fibras de madeira, que, além de um bom acabamento, possibilitam grande conforto termo-acústico.

O maior fabricante dessas placas é a Eucatex S.A. Indústria e Comércio.

Os forros desse tipo mais utilizados no mercado são:

- forros acústicos
- forros isolantes
- forro pacote
- forro fibra roc
- forro Eucavid

Forros acústicos

Os forros acústicos são fabricados à base de fibras de madeira entrelaçadas, formando milhares de células de ar, que proporcionam grande capacidade de absorção de ruídos, sendo indicados para locais em que o conforto acústico é essencial.

São encontrados em vários padrões de acabamento, lisos ou perfurados.

São fabricados em placas moduladas nas dimensões 300 × 300 mm, 600 × 600 mm e 304,8 × 304,8 mm (encaixe macho e fêmea) e espessura 12,7 mm e 19 mm.

Poderão ser colocados diretamente à laje e esta deverá ser revestida com argamassa desempenada.

A argamassa deverá estar seca e sua superfície neutralizada por solução de vinagre e água (1:1), ácido acético (5%) ou ácido muriático (2%). Deverá ser utilizado adesivo 3M-EC461, consumo 300 g/m.

A aplicação desse forro poderá ser feita sob tarugamento de madeira com sarrafo aparelhado de 10 × 2,5 cm e 5 × 2,5 cm.

Essas placas não necessitam de pintura, pois já vem acabadas da fábrica, devendo-se tomar cuidado para que não sujem quando de sua colocação.

Forros isolantes

Igual aos forros acústicos, os isolantes são fabricados a base de fibras de madeira entrelaçadas e sua maior função é proporcionar um eficiente isolante térmico dos ambientes.

As placas tem dimensões 600 × 600 mm e sua estrutura de sustentação é por tarugamento de madeira, como os forros acústicos.

Forro pacote

Chama-se assim a um sistema integrado de chapas de fibra de madeira e perfis metálicos de aço pintado com resina epóxi ou vinílica; ou perfis de alumínio. (Figura 10-13)

Esse sistema proporciona um excelente isolante termo-acústico.

Os compostos do sistema são:

1. chapa de fibra de madeira
2. perfil principal
3. perfil travesso
4. perfil cantoneira
5. pendural
6. presilha para fixação das chapas
7. presilha para fixação das travessas
8. união de perfis com parafusos

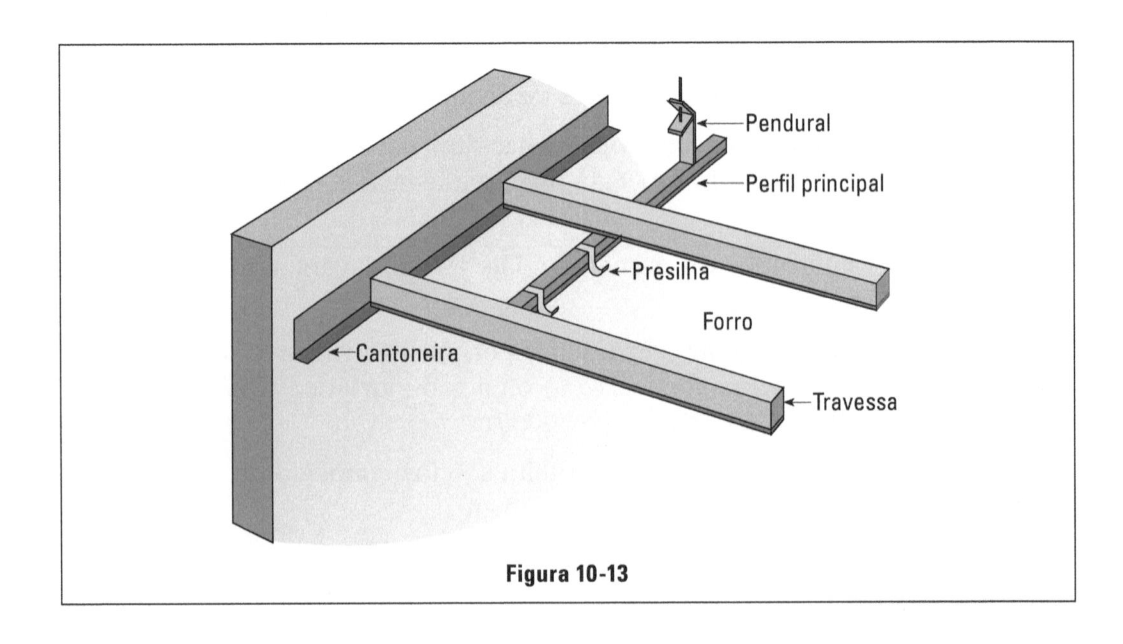

Figura 10-13

Forro fibra roc

O forro fibra roc é um sistema de forros de segurança máxima, composto por chapas à base de vermiculita (produto mineral) apoiadas em perfis de aço galvanizado pintado com epóxi poliéster ou perfis de alumínio.

Esse forro é dotado de excelentes propriedades fogo-retardantes, baixo coeficiente de absorção de som e se integra facilmente aos sistemas de iluminação, condicionamento de ar, detecção e combate a incêndio e sonorização.

O seu sistema de sustentação é igual ao do forro pacote.

Forro Eucavid

É um forro termoacústico de lã de vidro, composto de painéis modulares com sustentação em perfis de aço ou alumínio.

A título de ilustração, observamos que também existem os forros de alumínio, que não se aplicam ao escopo deste livro. São muito utilizados em bancos, edifícios de escritórios de alto padrão e shopping centers.

Telhados

- Madeiramento
- Cobertura

Para facilitar a descrição das peças que compõem o telhado, convém examinar o seguinte resumo:

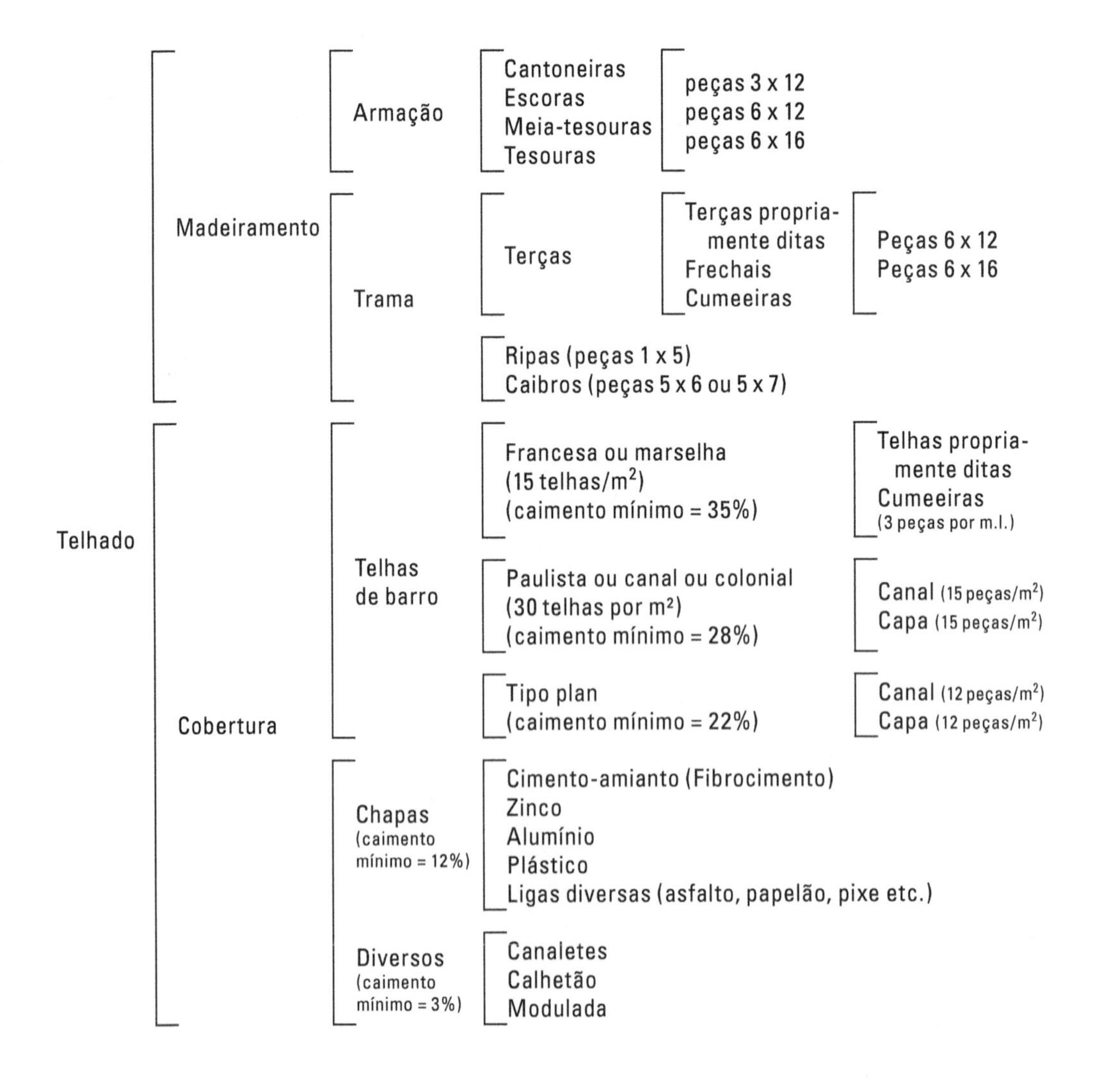

Madeiramento

Para facilitar a descrição, subdividimos este item em armação e trama.

A armação é parte estrutural propriamente dita e constituída pelas tesouras ou treliças, cantoneiras, escoras etc. Todas essas partes utilizam a peroba como madeira padrão, por ser mais resistente ao apodrecimento e também por não ser tão dura quanto o ipê, cabreúva etc. A peroba é também, entre as madeiras de lei, a mais econômica e comum no sul de nosso país. As serrarias utilizam como bitolas comerciais as de 6 × 12, 6 × 16 e de 3 × 12 (todas as medidas em centímetro). Tais peças são adquiridas por metro cúbico ou por metro linear, obedecendo ao preço mínimo se tiverem comprimentos iguais ou inferiores a 5 m. As peças com comprimentos maiores terão preço mais elevado, o que nos obriga a evitá-las tanto quanto possível.

Não iremos nos estender sobre a parte estrutural por constituir assunto de cadeira a parte: o de estruturas de madeira. Queremos apenas lembrar que, ao calcularmos e projetarmos uma tesoura, devemos utilizar peças com bitolas comerciais, pois as outras encarecem bastante a estrutura. A trama é quadriculada e constituída de terças, caibros e ripas, que se apoiam sobre a armação e que por sua vez servem de apoio às telhas.

A Figura 11-1 mostra que as terças recebem nomes especiais quando estão na parte mais alta do telhado (cumeeiras) e quando se apoiam sobre as paredes laterais (frechais).

Para telhas de barro, o espaçamento horizontal e entre duas terças será no máximo de 2,00 m quando usarmos caibros de 5 × 6 e no máximo de 2,50 m para usarmos caibros de 5 × 7. As terças se apoiam sobre duas tesouras consecutivas e suas bitolas dependem do espaço entre elas (vão livre entre as tesouras).

Usamos terças de 6 × 12 se o vão entre tesouras não exceder a 2,50 m e de 6 × 16 para vão entre 2,5 e 4,00 m. Verificamos, assim, que não devemos espaçar as tesouras mais que 4,00 m, se pretendemos usar terças de peroba em bitola comercial (6 × 16), a não ser que empreguemos terças treliçadas.

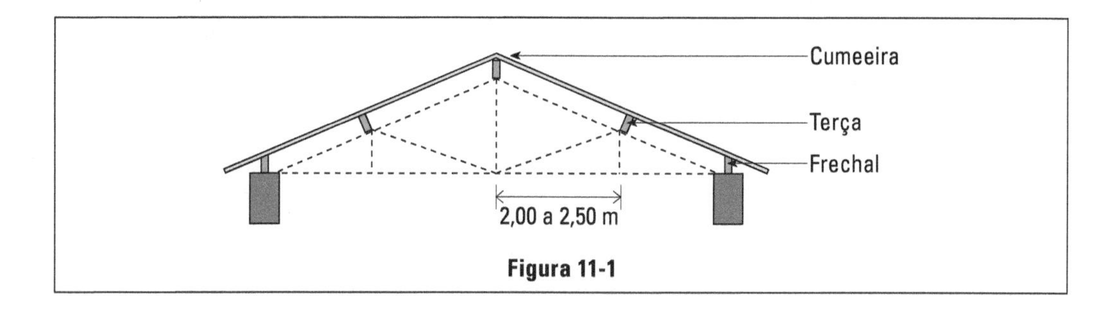

Figura 11-1

As terças são peças horizontais colocadas em direção perpendicular às tesouras.

Os caibros, por sua vez, serão colocados em direção perpendicular às terças, portanto paralelamente às tesouras. Os caibros são inclinados e seu declive determina o caimento do telhado. O caimento é sempre representado em forma de rampa, por ser mais simples sua aplicação pelos carpinteiro. A bitola dos caibros, tal como vimos anteriormente, varia com o espaçamento das terças, já que este espaçamento constitui o vão livre em que irão trabalhar. Assim, quando as terças estão espaçadas horizontalmente até 2,00 m, usamos caibros de 5 × 6. Quando a distância horizontal entre dois eixos de terças exceder esse limite, e não ultrapassar a 2,50 m, empregamos caibros de 5 × 7. Os caibros são colocados com uma distância máxima de 0,50 m (eixo a eixo) para que se possa usar as ripas comuns de peroba 1 × 5.

As ripas constituem a última parte da trama. Serão pregadas transversalmente aos caibros, portanto paralelamente às terças. O espaçamento entre duas ripas consecutivas depende da telha utilizada. Portanto, para se proceder ao ripamento é necessário que se tenha na obra pelo menos algumas telhas para que o carpinteiro possa medir a sua bitola, isto é, o espaço entre duas ripas. Será então construída pelo carpinteiro uma guia (Figura 11-2), que facilita a colocação das ripas com o espaçamento requerido e constante.

As ripas são compradas por dúzia e sem comprimento padronizado, pois podem ser emendadas, raramente dando retalhos, portanto. No entanto, o seu preço é especificado para o comprimento padrão de 4,40 m. Assim, se nos informam seu preço, já devemos saber que é para 12 ripas de 4,40 m, ou seja, 52,80 m lineares.

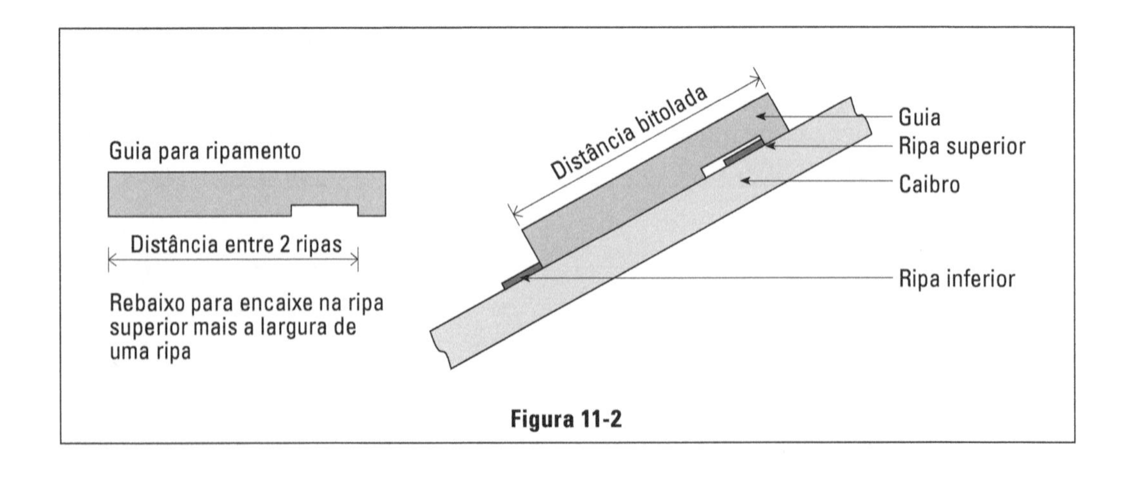

Figura 11-2

Como exemplo, vamos calcular o valor da seguinte remessa de ripas.

preço do dia: R$ 8,73

2 dz. de 2,80 m..........	5,60
3 dz. de 3,40 m..........	10,20
1 dz. de 3,80 m..........	3,80
3 dz. de 4,00 m..........	12,00
	31,60

$$\text{Valor total} = \frac{31,60}{4,40} \times 8,73 = \text{R\$ } 62,70$$

Podemos verificar este cálculo, procurando primeiramente encontrar a metragem total recebida e multiplicando-a pelo preço unitário:

24 x 2,80	67,20
36 x 3,40....................	122,40
12 x 3,80....................	45,60
36 x 4,00....................	144,00
metragem total	379,20

$$\text{Valor total} = \frac{379,20}{52,8} \times 8,73 = \text{R\$ } 62,70$$

Todo trabalho com o madeiramento deve ser executado por carpinteiro especializado. O carpinteiro estará na obra alguns dias antes do respaldo das paredes no nível do telhado, preparando a madeira para que não haja atraso. É comum, ao utilizarmos beirais visíveis, isto é, sem revestimento, recortar as pontas dos caibros e das terças como mostra Figura 11-3; este é um trabalho que deve ser executado antecipadamente, pois demanda muito tempo.

Nos pequenos telhados, existe abundância de paredes internas e é aconselhável evitar o uso de tesouras, fazendo a trama se apoiar diretamente sobre a alvenaria; para isto, sobre as paredes internas, serão levantadas colunas de alvenaria devidamente amarradas em que se apoiarão as terças.

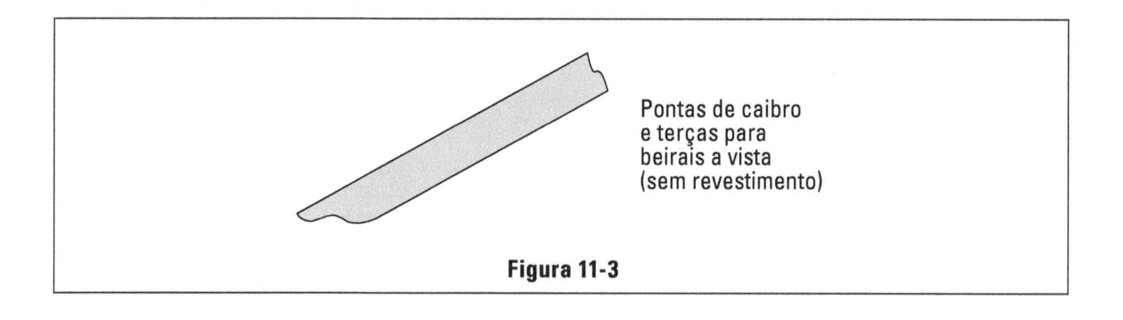

Figura 11-3

Além de ser mais econômica esta solução, evita movimentos pronunciados do madeiramento. Tal solução é facilmente obtida nas coberturas de residências, existindo abundância de paredes que subdividem a área construída em dormitórios, banheiros etc. No entanto, torna-se necessário aplicar contraventamentos transversais e diagonais para combater os esforços do vento e do movimento de dilatação e contração da madeira.

As emendas das peças são feitas com chanfros à 45°, tomando-se o cuidado de fazê-las trabalhar à compressão e não à tração como mostra a Figura 11-4. Devem ser feitas próximas dos apoios.

Reconhece-se um bom trabalho de carpinteiro quando os alinhamentos das peças são perfeitos formando cada painel do telhado um plano uniforme, sem saliências e reentrâncias. Lembramos que um madeiramento defeituoso, nesse particular, nos dará um telhado ondulado de péssimo aspecto, pois as telhas não encobrem as falhas dos alinhamentos do telhado. É inegável que as peças de peroba recebidas nas obras vêm geralmente mal alinhadas e empenadas, sendo necessário, para conseguirmos planos perfeitos, o uso de calços com sobras de madeira que funcionam como cunhas.

Um particular importante, e que não deve ser esquecido neste momento, é que a caixa d'água, sendo colocada entre o forro e o telhado, e sendo ainda uma peça de grande tamanho, deve ser providenciada antes que o carpinteiro termine o madeiramento para que ela possa entrar. Mais exatamente, o momento propício será depois da feitura das tesouras para que já se possa ter uma ideia do local mais indicado para a sua colocação, mas antes de serem pregados os caibros, já que depois não haveria espaço para sua entrada. Geralmente as caixas são adquiridas colocadas no forro e assim a firma fornecedora fará a sua elevação e colocação no local exato, pois tem aparelhagem própria para isto.

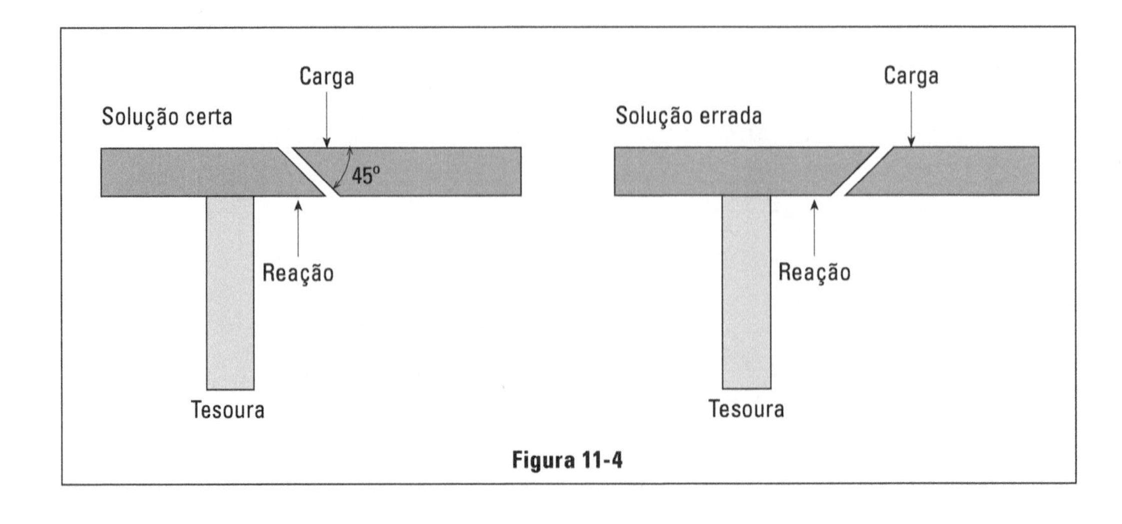

Figura 11-4

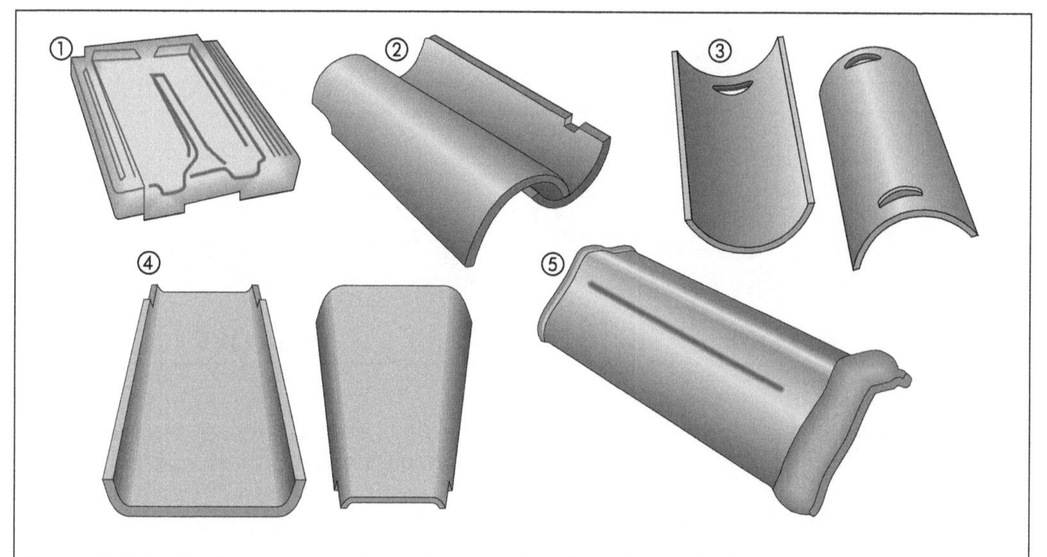

Figura 11-5 1. telha francesa; 2. telha paulista ou colonial; 3. telha paulistinha; 4. telha plan; 5. cumeeira.

Cobertura

A cobertura pode ser feita com telhas de barro ou de materiais diversos como indica nossa chave inicial. Comecemos pelas indicadas na Figura 11.5:

a) francesa ou marselhesa
b) paulista ou canal ou colonial
c) paulistinha
d) tipo plan

Telhas de barro

a. Telha francesa (ou tipo marselha)

São utilizadas de 15 a 16 peças para cobrir um metro quadrado medido em plano horizontal. Assim um telhado cuja projeção horizontal mede 100 metros quadrados da área, utiliza de 1.500 a 1.600 telhas. O mínimo caimento com que deve ser utilizadas é o de 35%, sendo mais garantindo o emprego de 40% de rampa.

Os caimentos nos telhados são medidos por porcentagem de rampa, isto é, a relação entre as distâncias vertical e horizontal expressa em porcentagem. Assim, a Figura 11-6 indica um telhado com 35% de caimento. As telhas francesas serão sempre usadas quando queremos um telhado econômico, pois entre suas irmãs de barro é a que cobre maior área por peça, resultando um preço igual à metade daquele produzido pelas telhas paulistas.

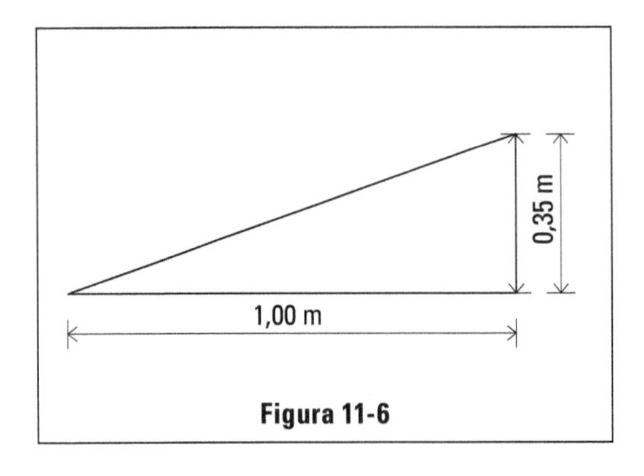

Figura 11-6

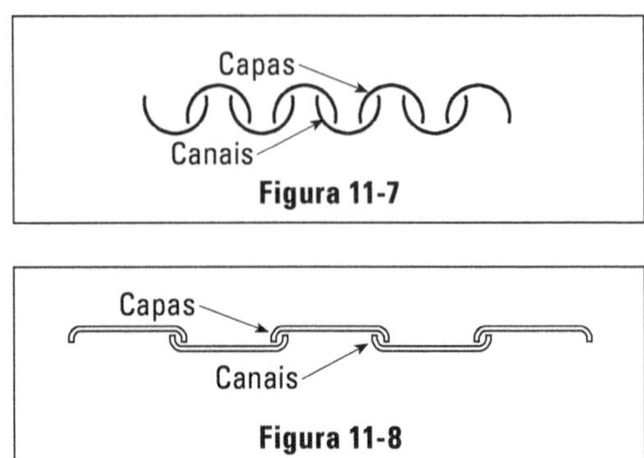

Figura 11-7

Figura 11-8

Devemos ainda adquirir peças especiais para formar as cumeeiras e que por isso recebem o nome de "cumeeira". São necessárias 3 peças por metro linear de cumeeira.

b. Telhas paulistas

São também conhecidas com os nomes de telhas tipo canal ou colonial. Constituem-se em duas peças diferentes: canal, cujo papel é de conduzir a água e a capa que faz a cobertura do espaço entre dois canais. Ver Figura 11-7.

São necessárias 30 a 32 peças para cobrir um metro quadrado em plano horizontal, sendo 50% canais e 50% capas. As capas servirão também para cobrir as cumeeiras e espigões, bem como para arrematar os oitões. Devem ser utilizadas com um caimento mínimo de 28% para evitar vazamentos no forro. São telhas de melhor aspecto que o do tipo francês e só poderão ser usado se dispõe a gastar o dobro do preço para sua compra. Tem o mesmo preço unitário do tipo francês e são empregadas em número dobrado por metro quadrado.

c. Tipo "paulistinha"

Apresenta as mesmas características da telha paulista, porém, melhoradas. São fabricadas por cerâmica especializada (São Caetano).

d. Tipo Plan

A Figura 11-8 mostra as telhas tipo Plan que diferem do tipo paulista por serem de seção retangular com os cantos arredondados.

Tem consumo menor = 24 por metro quadrado, sendo 12 canais e 12 capas. Podem ser empregadas com caimentos menores: mínimo de 22%.

Quando se usa telha de barro de qualquer modelo, são feitas duas coberturas. Uma provisória, imediatamente após a terminação dos trabalhos do madeiramento. O madeiramento do telhado não deve estar sujeito ao tempo (sol e chuva), por isto exige uma cobertura imediata. A cobertura definitiva é executada por operário especializado (telhadista), logo que as peças de funilaria (calhas, águas-furtadas, rufos) estejam colocadas. Essa cobertura definitiva é demorada, daí a necessidade de outra provisória, que protegerá a madeira e permitirá o trabalho dentro da obra mesmo antes daquela.

O telhadista assenta as telhas com o máximo cuidado, alinhando-as perfeitamente. Algumas peças deverão ser assentadas com argamassa de cal e areia, com um pouco de cimento: são as cumeeiras e espigões, e quando do tipo canal também as telhas dos beirais e oitões é o que se chama de emboçamento das telhas. Depois de terminada a cobertura definitiva, deve-se proibir tanto quanto possível que operários pisem sobre as telhas, pois iriam deslocá-las do lugar.

Telhas de materiais diversos

São constituídas de chapas onduladas de cimento-amianto ou de zinco, alumínio, plástico e ainda ligas diversas como celulose-asfalto etc. O maior destaque é para chapas de cimento-amianto. Essas telhas caracterizam-se por serem muito leves e pela grande dimensão das chapas, comprimento que varia entre 0,91 até 3,66 m e largura de 0,91 ou 1,10 m. Estas características trazem grande economia no madeiramento, já que seu pequeno peso exigem estrutura menos forte e pelo grande tamanho diminuem as peças da trama que se reduz às terças, porque os caibros e ripas não são necessários. É bom que se faça um estudo comparativo de preços na hipótese de se visar apenas economia, porque a diminuição de consumo de madeira e mão de obra deve compensar o maior custo do material de cobertura por metro quadrado. Apenas para exemplificar, tomemos um telhado com vão livre de 10 m preço vigente em setembro de 1979:

Para telhas francesas:

madeiramento 12,80/m
cobertura.................. 5,15/m

total .... 17,95/m^2

Para chapas de fibro-cimento (8 mm de espessura):

madeiramento 6,00/m
cobertura.................. 5,50/m

total .... 12,50/m^2

Como se vê, para esse caso específico havia uma pequena vantagem na época para a cobertura com telhas onduladas, isto porque o menor consumo de peroba era suficiente para vencer o maior preço da cobertura por metro quadrado.

Em geral, pode-se considerar que para vãos superiores a 8 m haverá menor custo no emprego de chapas onduladas; porém, repetindo, é sempre aconselhável um estudo para determinar os custos para a época e para o local da obra, já que as variações são frequentes.

As telhas onduladas de cimento-amianto, mais conhecidas por chapas de fibrocimento são muito importantes para construções industriais, pois permitem vencer os grandes vãos dos pavilhões, impossível antes de seu aparecimento no mercado brasileiro. O emprego é tão intenso que determinou a elaboração de normas brasileiras especificas, da ABNT (NB-94). Essas normas, que devem ser consultada pelos construtores, especificam diversos detalhes; apenas alguns exemplos: vãos máximos entre terças conforme a espessura da chapa ondulada (6 ou 8 mm), caimentos mínimos relacionados com recobrimentos longitudinais, máxima largura de beirais com ou sem calhas etc. As chapas são encomendadas juntamente com as peças acessórias de fixação: parafusos, ganchos, pregos, arruelas etc.

Os departamentos técnicos dos produtores dispõem-se a assessorar ás construtoras interessadas em aplicar o material. Por essa razão, é aconselhável que sejam consultados, sempre que as firmas construtoras tenham quaisquer dúvidas.

A Eternit, gentilmente colocou a disposição deste Autor seus catálogos técnicos, de onde serão extraídos alguns desenhos e tabelas. Naturalmente far-se-á um resumo dos tópicos mais comuns e importantes. A Tabela 11-1 é para as telhas com largura de 0,92 m, cujos comprimentos vão variando de 1 a 1 pé, desde 0,915 até 2,44. A área de cobertura, no caso, deve-se entender como inclinada e sua projeção horizontal dependerá do caimento do painel de cobertura. Exemplo: Uma chapa de 2,13 m, com caimento de 22% e recobrimento de 0,14 m tem uma área inclinada útil de cobertura de 1,737 m, porém, em projeção horizontal a área será de 1,696 m.

É importante notar que as telhas de 6 mm de espessura podem ser usadas sem apoio (terça) intermediário, até o comprimento de 1,83 m inclusive; a telha de 2,13 m já obriga a colocação de terça intermediária (Figura 11-9).

A Tabela 11-2 é idêntica à 11-1, porém para telha ondulada de 1,10 m de largura. Vê-se que o comprimento varia de 1 a 1 pé até 12 pés, isto é, 3,66 m.

As peças acessórias de fixação são ganchos, pregos (balmázios), parafusos, vedações metálicas (arruelas) e massa plástica. Vamos destacar as peças mais usadas para as telhas de largura 0,92 m.

Largura útil = 873 mm   Largura total = 920 mm
51 mm + e   62 177 177 177 177 150   165

Tabela 11-1

Código		Comprimento				Área			Peso aproximado kg	
Espessura 6 mm	Espessura 8 mm	Total		Útil-sobreposição % onda		Total	Útil-sobreposição % onda			
		mm	pés	S = 140	S = 200	m^2	S = 140	S = 200	e = 6 mm	e = 8 mm
002.001	002.008	915	3	775	715	0.842	0.677	0.624	11	15
002.002	002.009	1220	4	1.080	1020	1.222	0.943	0.891	15	20
002.003	002.010	1530	5	1.390	1330	1.408	1.214	1.161	18	25
002.004	002.011	1830	6	1.690	1630	1.684	1.475	1.423	22	30
002.005*	002.012	2130	7	1.990	1930	1.960	1.737	1.685	26	34
002.006*	002.013*	2440	8	2.300	2240	2.245	2.008	1.956	30	39

* Estas telhas exigem apoios intermediários.
** Na montagem com recobrimento de 1% onda, a largura útil é de 708 mm, a área útil das telhas igual a 90% do valor tabelado.

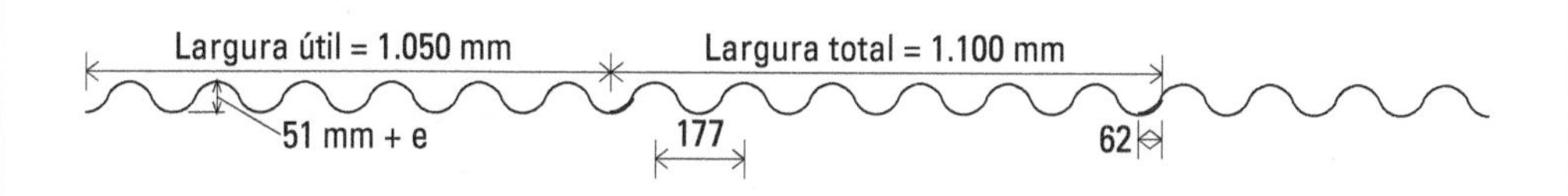

Tabela 11-2

Código			Comprimento			Área **(m^2)		Peso aprox. (kg)	
Espessura 6 mm	Espessura 8 mm	Total	Útil-sobreposição lateral de 1/4 onda e longitudinal de:		Total	Útil-sobreposição lateral de 1/4 onda e longitudinal de:		Espessura 6 mm	Espessura 8 mm
			14 cm	20 cm		14 cm	20 cm		
005.001	005.011	0,91	0,77	0,71	1,01	0,81	0,75	13	17
005.002	005.012	1,22	1,08	1,02	1,34	1,13	1,07	17	23
005.003	005.013	1,53	1,39	1,33	1,68	1,46	1,40	22	29
005.004	005.014	1,83	1,69	1,63	2,01	1,77	1,71	26	35
005.005*	005.015	2,13	1,99	1,93	2,34	2,09	2,03	30	41
005.006*	005.016*	2,44	2,30	2,24	2,68	2,42	2,35	35	46
005.007*	005.017*	3,05	2,91	2,85	3,35	3,06	2,99	44	58
005.008*	005.018*	3,66	3,52	3,46	4,02	3,70	3,63	52	70

* Estas telhas necessitam de apoios intermediários.
** Nas montagens com recobrimento de 1 1/4 de onda a largura útil é de 0,885 m.

Gancho chato para terça de madeira (Figura 11-10).

São de 3 comprimentos: para superposição "S" de 10, 14 ou 20 cm.

Balmázio (pregos de fixação) (Figura 11-11).

Os pregos, como todas as outras peças, são zincados para cortar a oxidação; não devem ser empregados pregos comuns.

Parafuso de ferro zincado diâmetro 7,9 mm (Figura 11-12). São parafusos com rosca soberba em duas medidas de comprimento: C = 11 cm, para fixação de telhas, cumeeiras, rufos e cantoneiras, e o de comprimento C = 15 cm, para fixação de espigão normal e cumeeira universal, sempre em estruturas de madeira.

Gancho chato, formato "S", para estruturas metálicas (Figura 11-13).

Apresentam-se em dimensão " S " de recobrimento, de 10, 14 ou 20 cm.

Vedação metálica (Figura 11-14): são duas arruelas, uma de alumínio e outra de chumbo, que servem para fazer a vedação quando se usa o parafuso zincado de 7,9 mm. Deve ser colocada massa plástica sob a arruela de chumbo.

Existe ainda longa série de acessórios, alguns que podem, inclusive, ser fabricados sob encomenda para atender às medidas das estruturas de madeira ou concreto. Consultar o catálogo 10. 3 da Eternit.

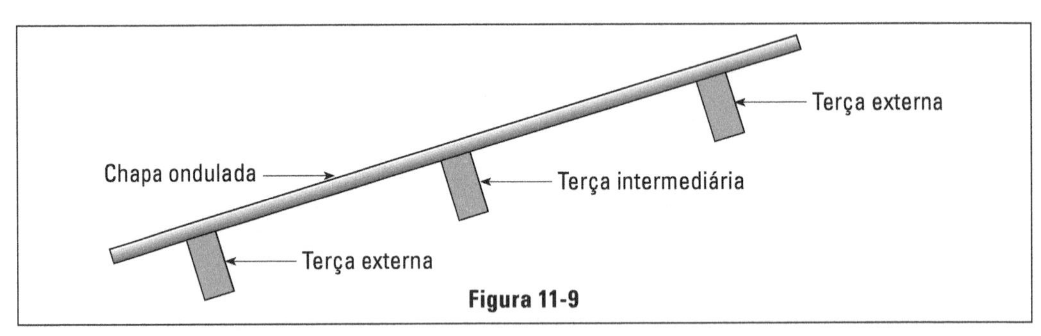

Figura 11-9

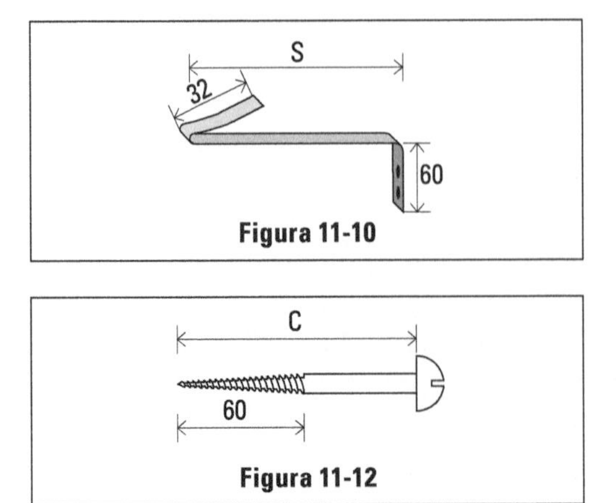

Figura 11-10

Figura 11-12

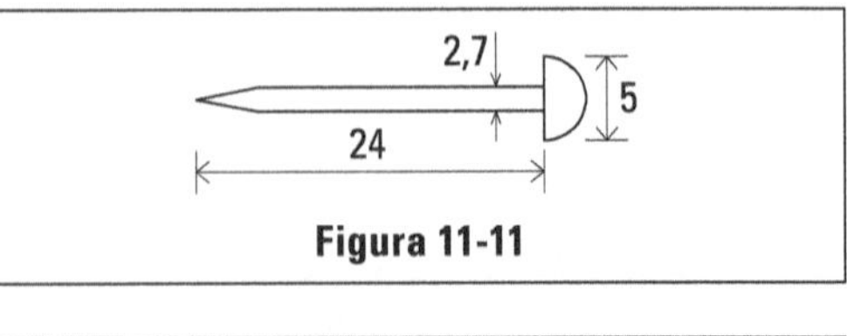

Figura 11-11

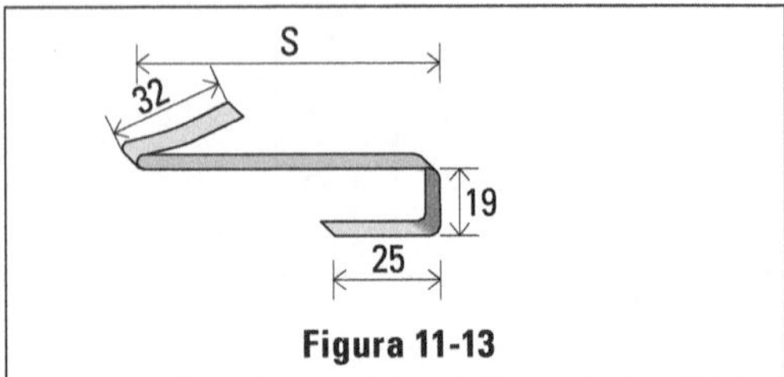

Figura 11-13

Para as telhas de 1,10 m existe também uma outra série de acessórios semelhantes, cuja listagem pode ser encontrada no catálogo 10.4 da Eternit.

Vejamos agora as peças acessórias de fibrocimento.

Cumeeiras

Existem 3 tipos de peças para cumeeira:

a. cumeeira universal
b. cumeeira articulada
c. cumeeira normal

A cumeeira universal (Figura 11-15) serve para telhado cujo caimento esteja compreendido entre 10°e 30°, ou seja, entre 17,6% e 57,7%.

Deve ser usado apenas quando o caimento não foi preestabelecido.

A cumeeira articulada (Figura 11-16) pode ser com ou sem ventilação e serve para caimentos entre 10° e 60°, portanto uma variação mais ampla. É interessante intercalar cumeeira com ventilação entre outras sem ventilação para regular a circulação de ar desejado.

A cumeeira normal (Figura 11-17) deve ser encomendada com a inclinação já determinada do telhado, pois é fabricada para inclinação desde 5o até 45° com variação de 5o em 5o.

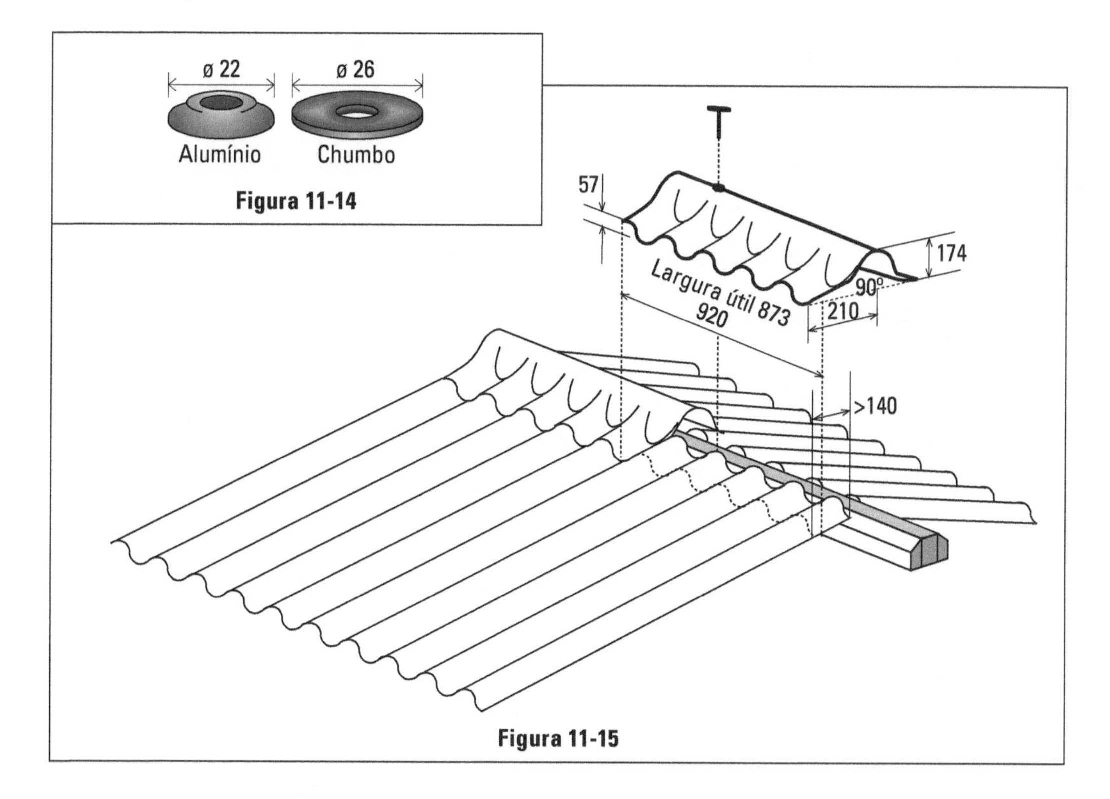

Figura 11-14

Figura 11-15

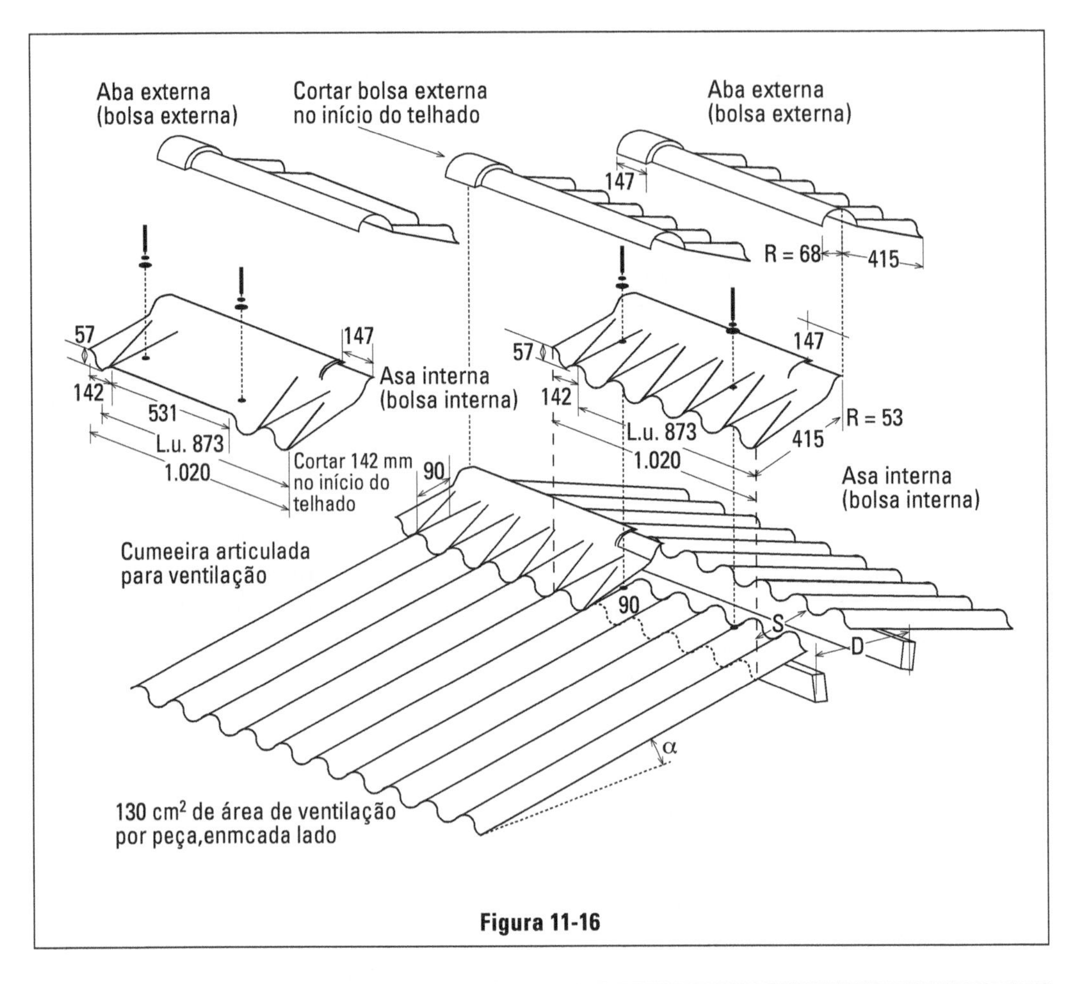

Figura 11-16

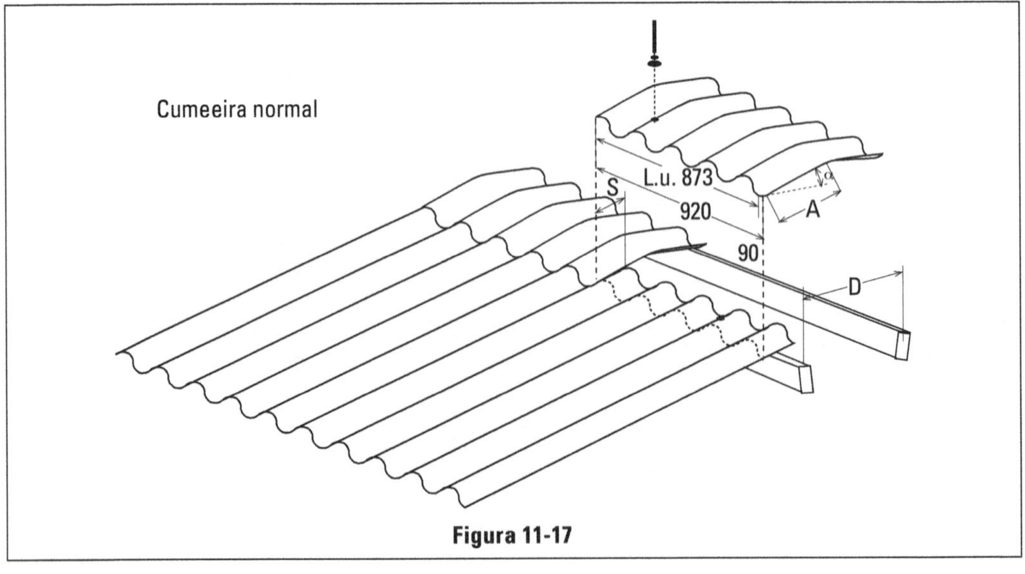

Figura 11-17

A linha de espigões apresenta dois tipos: plano e normal. O espigão plano pode ser visto na Figura 11-18.

O espigão normal aparece na Figura 11-19 e pode ser usado para qualquer inclinação, enquanto o anterior, o espigão plano, deve ser encomendado para uma inclinação determinada.

Outra peça acessória muito usada é o rufo, que está na Figura 11-20 e serve para arremater o telhado quando encontra uma parede.

Existem ainda a telha para claraboia, a telha para ventilação, a cumeeira normal para ventilação, o rufo para ventilação, a cumeeira normal terminal, a cumeeira "shed" comum e terminal, a placa para vedação, a telha para aspirador, o aspirador, o chapéu para chaminé, o aerador. Pela variação de peças, é possível verificar quando é importante a consulta aos catálogos, no caso o catálogo 10.3 da Eternit.

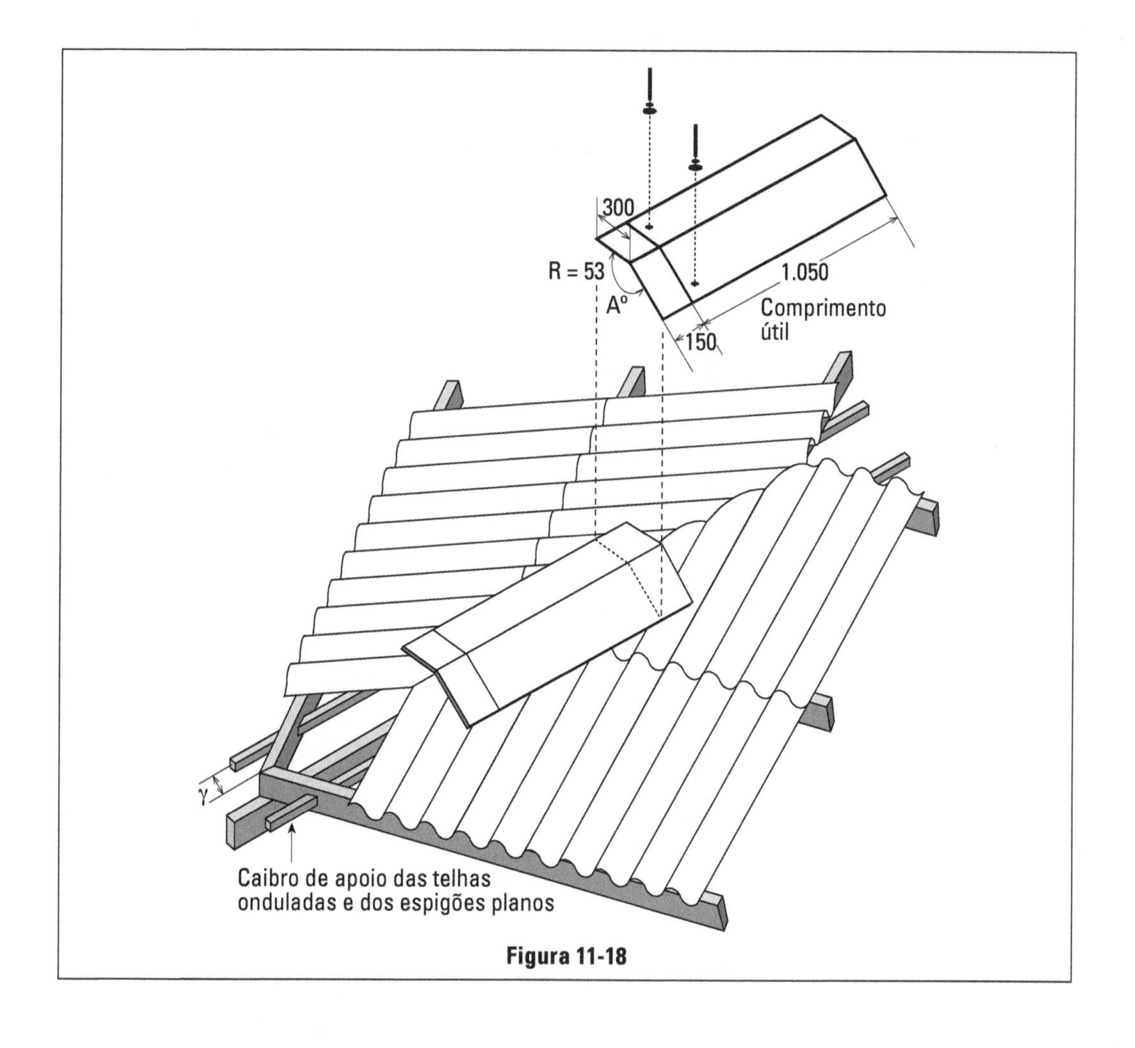

Figura 11-18

Outro aspecto importante é a obediência às regras de montagem das chapas de fibrocimento.

Com respeito à direção dos ventos dominantes, deve ser observado o sentido de recobrimento lateral. Ver as Figuras 11-21 e 11-22.

Quando a colocação das chapas é para a cobertura de curta duração e pretende-se usar as mesmas telhas futuramente para outro cobertura, pode-se evitar o corte dos cantos das chapas, desde que se empregue o esquema da Figura 11-23.

Vemos que as chapas da fileira n são colocadas desencontradas com respeito às fileiras n –1 e n +1 para permitir que, nos pontos de encontro A, B, C, D etc., só hajam três superposições. É isso permite que se evite cortar os cantos das chapas que, assim, mantendo-se inteira, estarão prontas para outra aplicação.

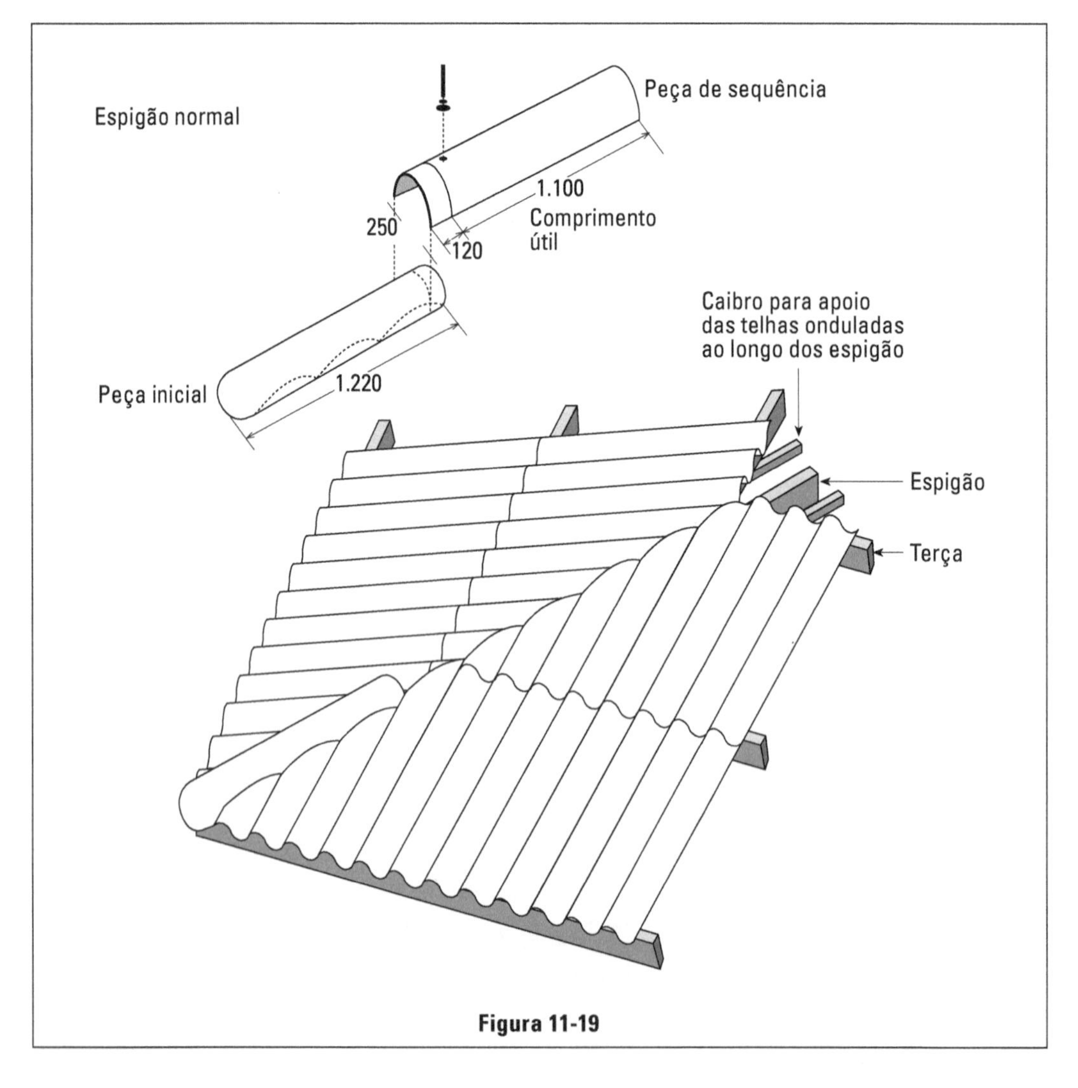

Figura 11-19

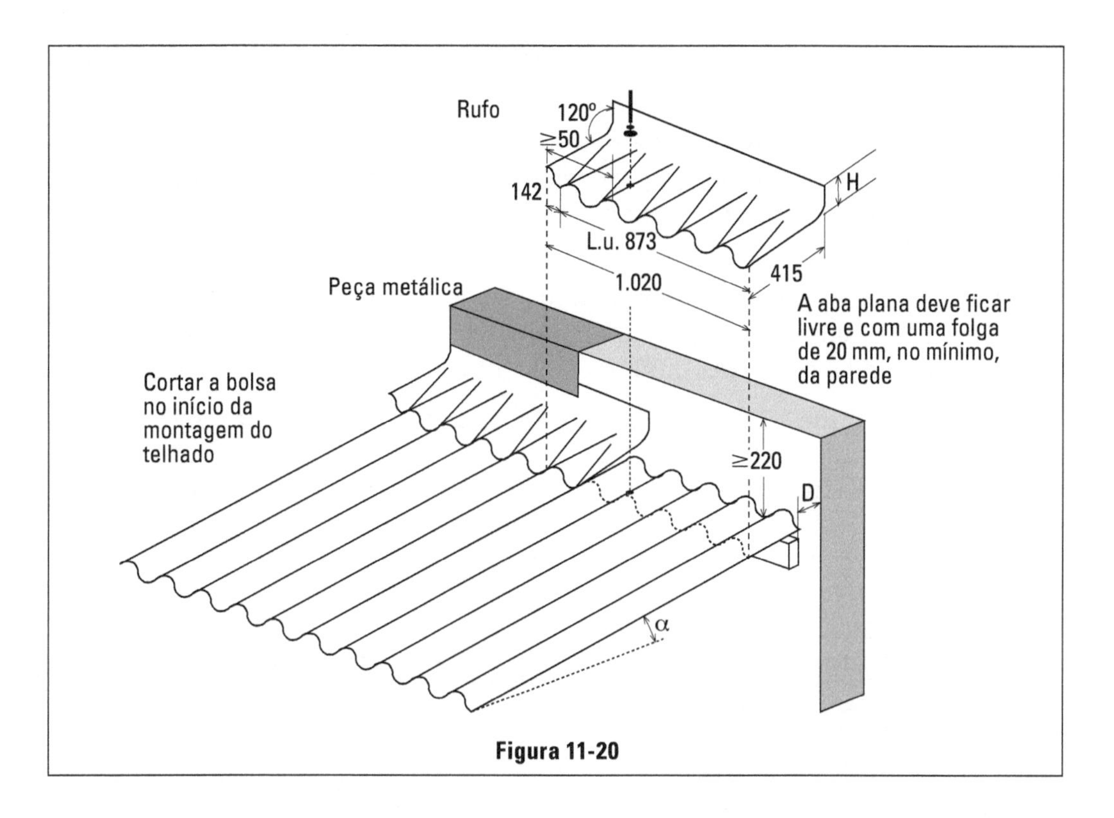

Figura 11-20

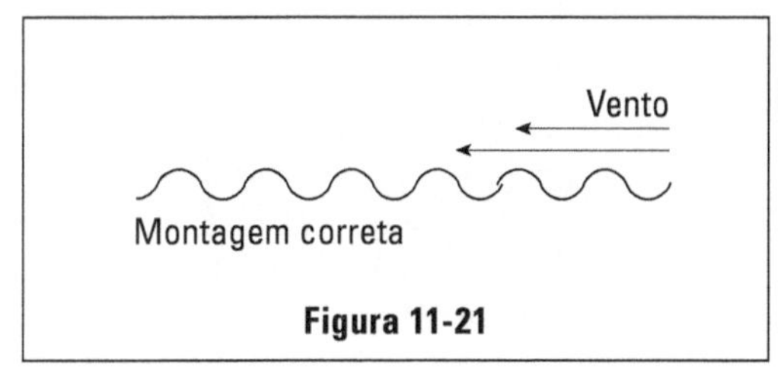

Figura 11-21

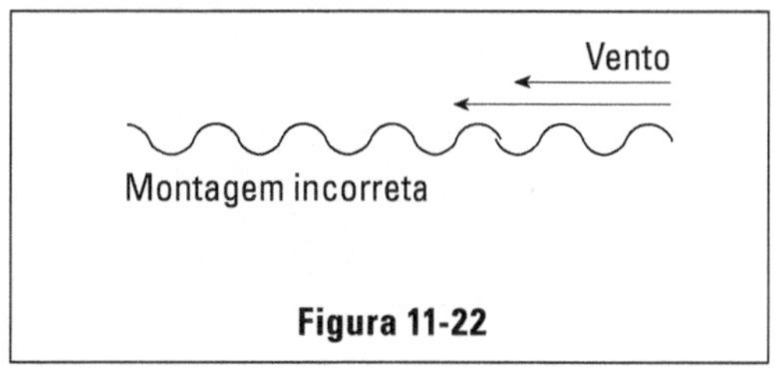

Figura 11-22

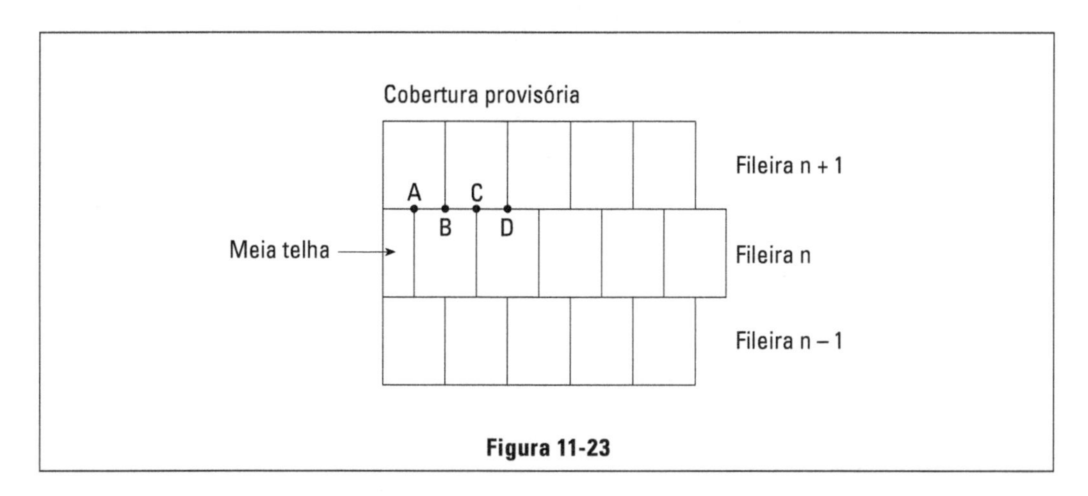

Figura 11-23

É, no entanto, uma colocação pouco usada, pois as hipóteses de coberturas provisórias são pouco frequentes.

A cobertura definitiva coloca as telhas da fileira n na mesma linha das outras duas, havendo, portanto, superposição de 4 chapas nos pontos de encontro e então cortam-se os cantos de 2 chapas para se reduzir a 3 superposições. Ver Figura 11-24.

As dimensões do corte dependem das superposições em que serão empregadas e serão iguais a elas. Se a superposição longitudinal for de 14 cm e a lateral de 1/4 de onda, os cortes também terão estas medidas (Figura 11-25).

Lembrando que o madeiramento da estrutura sempre faz movimento, devem ser deixadas folgas entre duas chapas que se encontram de topo. É o caso das duas chapas de cantos cortados. Recomenda-se uma folga de 5 a 10 mm.

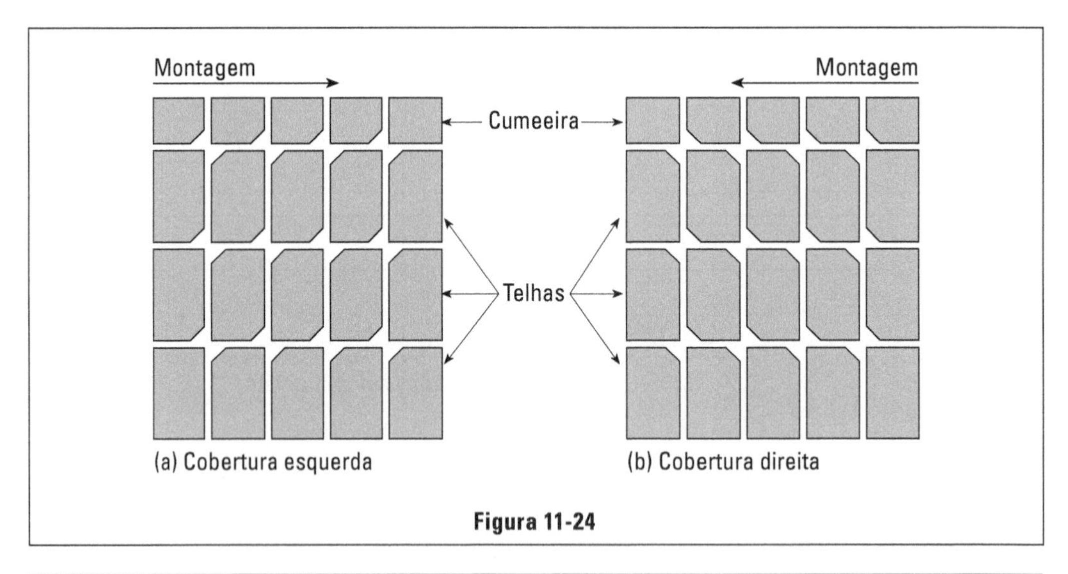

Figura 11-24

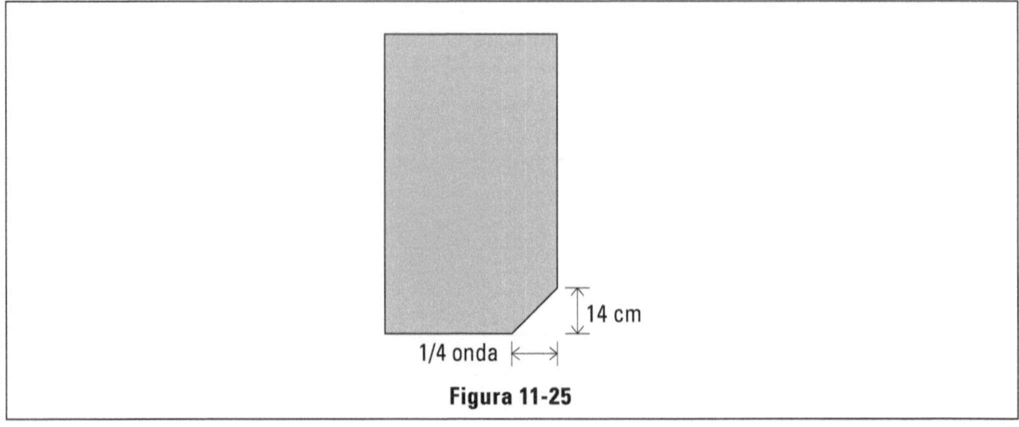

Figura 11-25

No entanto e pela mesma razão, os orifícios para penetração de parafusos de fixação devem ter largura muito superiores aos seus diâmetros. Por exemplo: para os parafusos de 5/16" (7,9 mm) da Figura 11-11, os furos devem ser feitos com broca de 10,0 mm ou 3/8".

As principais regras para colocação dos acessórios de fixação são:

- o parafuso ou gancho com rosca é sempre colocado na crista da onda, mn a 2ª e outro na 5ª. (Figura 11-26).
- o gancho chato (Figura 11-10 ou 11.13) deve ser colocado na cava da onda (ver Figura 11-27).
- nas telhas dos beirais e na fileira da cumeeiras, devem ser colocados 2 parafusos ou ganchos com rosca.
- nas demais telhas devem ser colocados 2 ganchos chatos.

Nas coberturas que não obedeçam ao aspecto comum, estas regras são modificadas, por isso recomenda-se a consulta aos catálogos ou ao departamento de assessoria técnica da fábrica.

Os catálogos da Eternit, que se relacionam com as telhas de fibrocimento, são o de número 10.3 para as telhas com largura de 0,915 me o de número 10.4 para as telhas com largura de 1,10 m.

Outros tipos de cobertura de fibrocimento são a canaleta 90 a canaleta 43, a chapa modulada, e a telha tropical.

A *canaleta 90* é assim chamada porque tem a largura útil de 90 cm e está no catálogo 26.2 da Eternit. Suas dimensões aparecem na Figura 11-28. Quando a cobertura empregar uma só canaleta longitudinal, poderá ser aplicado o caimento de 3%, o que resulta uma cobertura praticamente horizontal. Deve ser empregado com um vão livre máximo de 7 m e um balanço máximo de 2 m (Figura 11-29). O comprimento total máximo é de 9,20 m.

Quando houver superposição longitudinal, o caimento deverá ser, no mínimo, de 9%. Todas essas regras são estabelecidas pela NB 554 que regem o emprego da canaleta. Com caimento superior a 5%, as peças devem ser travadas para evitar deslizamento.

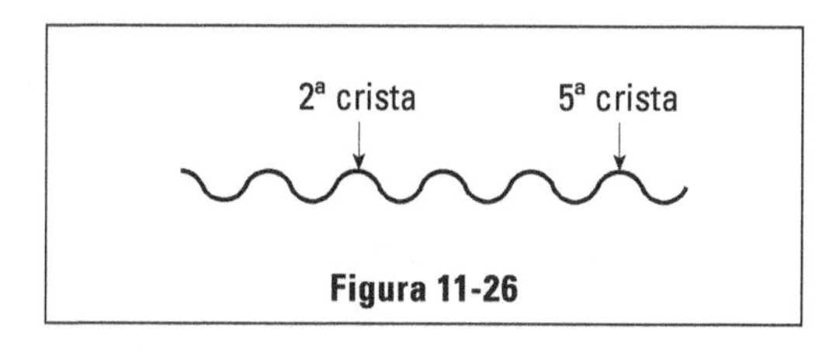

Figura 11-26

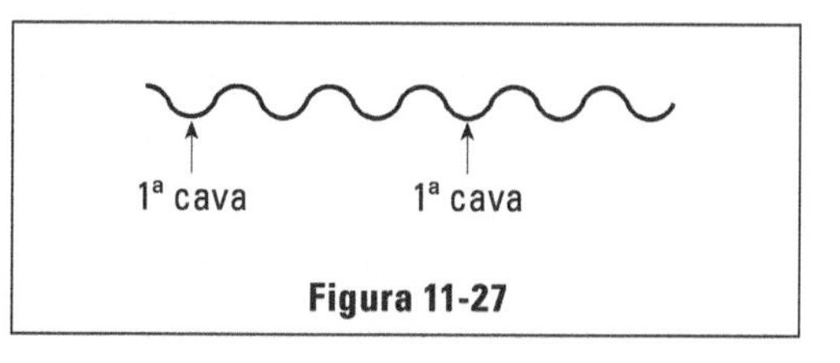

Figura 11-27

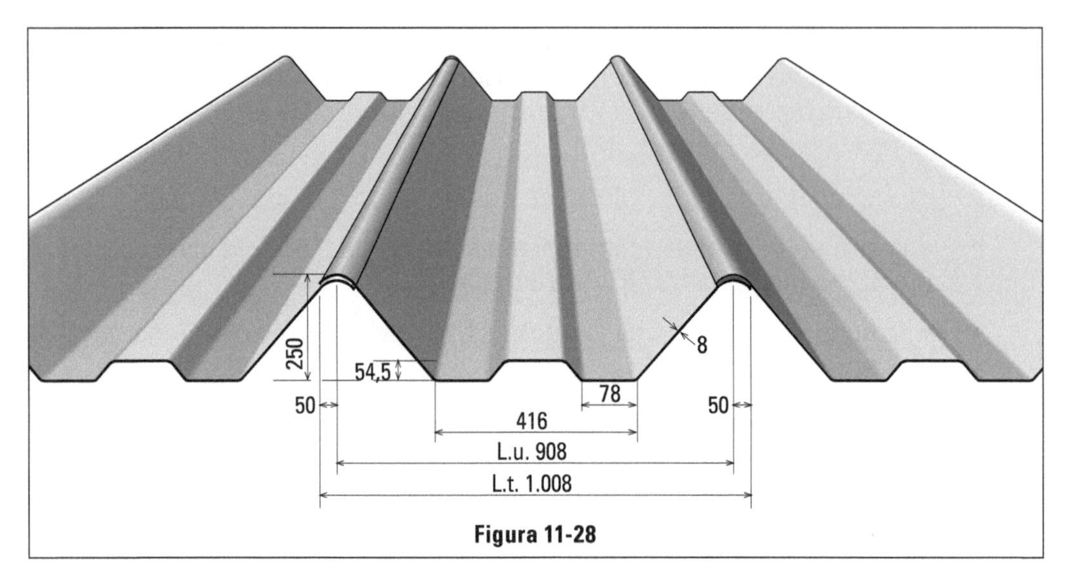

Figura 11-28

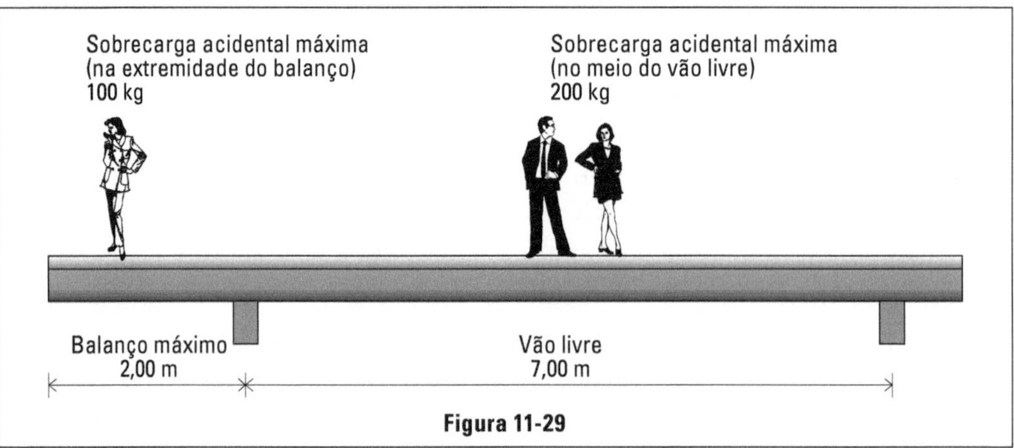

Figura 11-29

A *canaleta 90* tem também peças acessórias de fibrocimento, tais como cumeeiras normal e articulada, tampão, rufo, placa pingadeira etc. e acessórios de fixação, como ganchos, parafuso, arruelas, suportes, travas etc.

Pelas mesmas razões anteriores, aconselha-se a leitura do catálogo 26.2 ou a consulta ao departamento técnico do fabricante.

A *canaleta 43* tem a largura útil de 43 cm e seu comprimento varia desde 2 m até 7 m de 0,50 m em 0,50 m. Está descrito no *catálogo 22.3* da Eternit. Já que não são usados com superposições longitudinais, o caimento mínimo é de 3%, portanto, quase horizontal. Suas dimensões estão na Figura 11-30.

Pode ser usado com vão livre máximo de 5,50 m e balanço máximo de 1,50 m.

As diversas soluções arquitetônicas são: (Figura 11-31):

1. utilização normal
2. com calha central
3. com cumeeira central
4. em degraus
5. encostado à parede

As peças acessórias de fibrocimento são: cumeeira normal central e de extremidade, tampão e placa de ventilação (esta de plástico).

As peças acessórias de fixação são: parafusos, vedação para os parafusos, fixador de abas e grampos passa-fixação de pingadeiras. São usadas com massa plástica de vedação.

A *telha modulada* (catálogo 31.1 da Eternit) e um lançamento relativamente recente. Suas medidas estão na Figura 11-32. Largura total de 62 cm e largura útil de 50 cm. O comprimento c varia, 1,85 m, 2,30 m, 3,70 m, 4,10 m e 4,60 m. Pode ser usado com caimento mínimo de 5%. Entre 5% e 17% deve ser empregado o cordão de vedação nos recobrimentos longitudinais (mínimo de

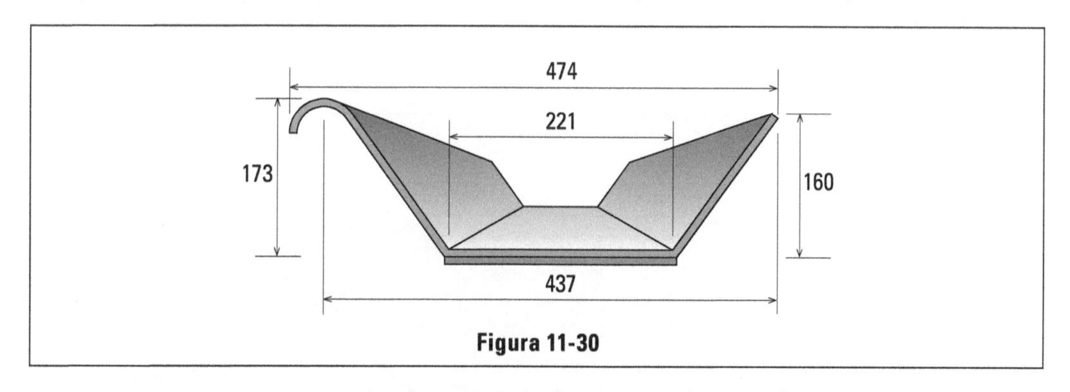

Figura 11-30

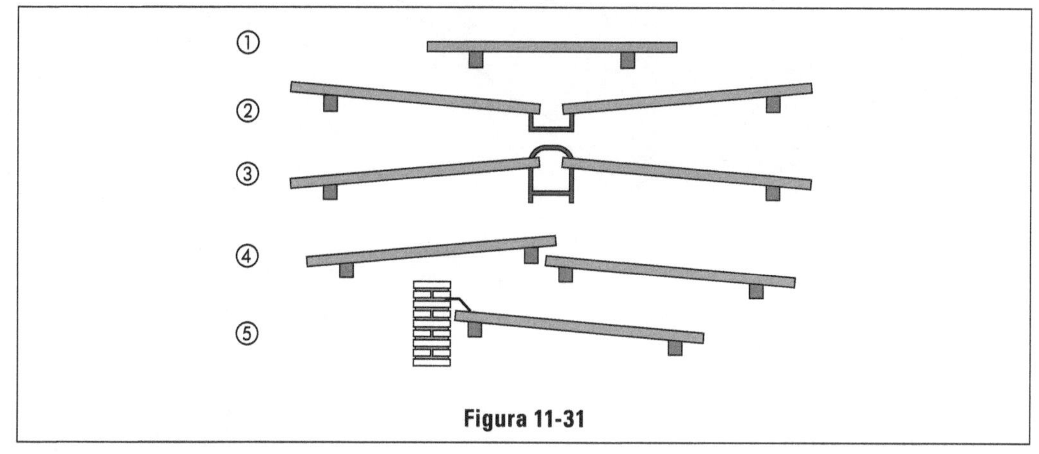

Figura 11-31

20 cm). Os cordões de vedação são filetes cilíndricos com diâmetro de 8 mm e comprimento de 55 cm. O recobrimento lateral é de 12 cm (Figura 11-33).

As peças acessórias de fibrocimento são: cumeeira articulada, cumeeira normal, rufo, espigão, pingadeira.

Os acessórios de fixação são: parafusos, fixador de abas, arruelas metálicas, grampo para fixação de pingadeiras acompanhadas de massa de vedação, cordão de vedação e "montacol" para colagem de pingadeiras. O sistema de montagem, exige também o corte dos cantos de 2 das 4 telhas que se encontram no mesmo ponto (Figura 11-34).

O corte é de 11 × 20 cm, ou mais, quando o recobrimento longitudinal for superior a 20 cm.

A *telha tropical* (catálogo 31.1 da Eternit) é uma solução leve e ligeira de chapa ondulada. São de cor avermelhada, com comprimentos de 0,91 ou 1,22 ou 1,53 ou 1,83 m, e largura de 0,92 ou 1,10 m. Devem ser usadas com inclinação mínima de 10° (18%), porém a inclinação mais econômica é de 15° (27%), porque pode ser diminuída a superposição longitudinal de 20 cm para 14 cm. Em geral, as peças acessórias de fibrocimento, as peças acessórias de fixação e os métodos de montagem são idênticos as das demais telhas onduladas. São mais empregadas para edificações residenciais.

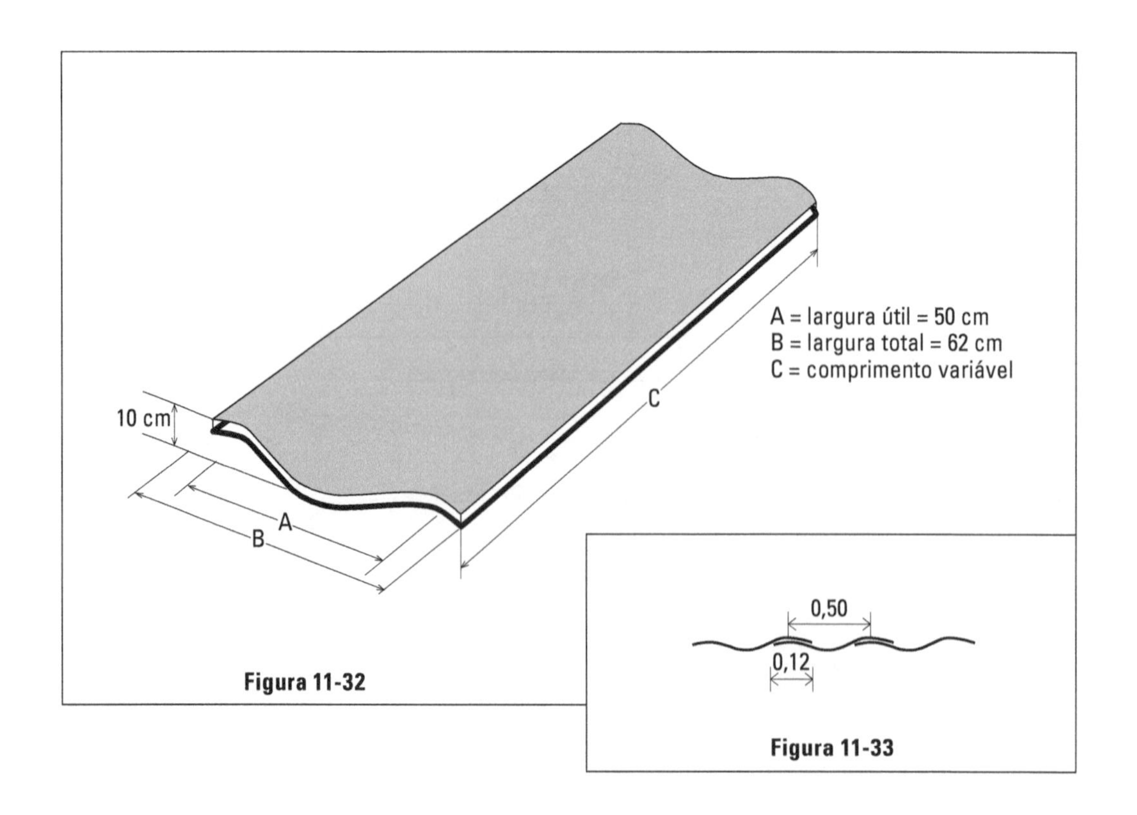

Figura 11-32

Figura 11-33

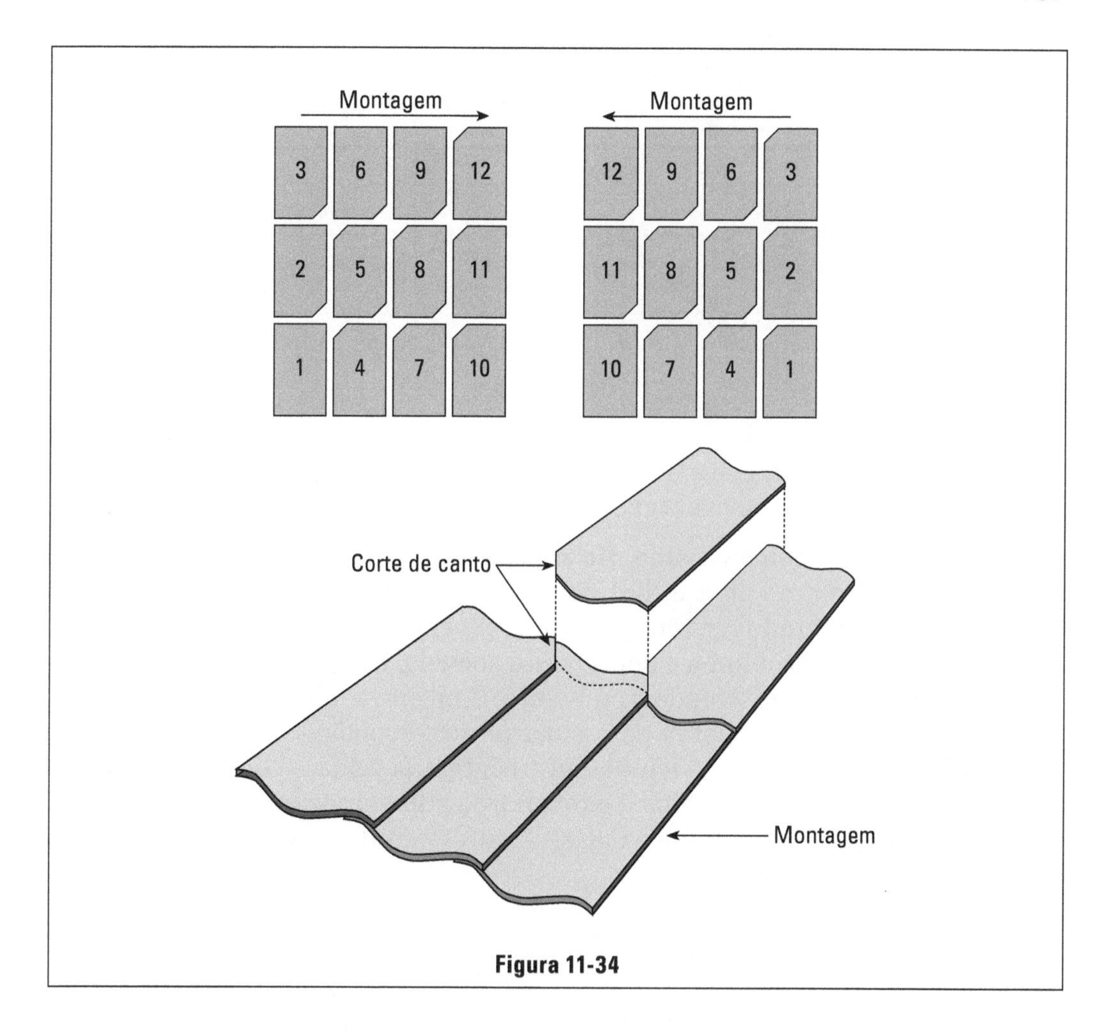

Figura 11-34

Formas dos telhados

As linhas principais dos telhados são: cumeeiras, espigões, água-furtadas ou rincões e calhas. Para começar entender o assunto, é necessário saber que todos os painéis de um mesmo telhado devem ter caimentos iguais. Isso é necessário por motivos estéticos e técnicos. Então, quando dois painéis se encontram, surge necessariamente uma linha que é justamente o traço de corte dos dois planos. Representaremos o sentido de caimento das águas por setas.

Quando as setas se afastam com ângulo de 180°, a linha divisória é uma cumeeira (Figura 11-35).

Quando se afastam com um ângulo de 90°, a linha divisória é um espigão.

Quando as setas se juntam com um ângulo de 90°, temos um rincão (ou água-furtada). Quando se juntam com um ângulo de 180°, aparece a necessidade de uma calha.

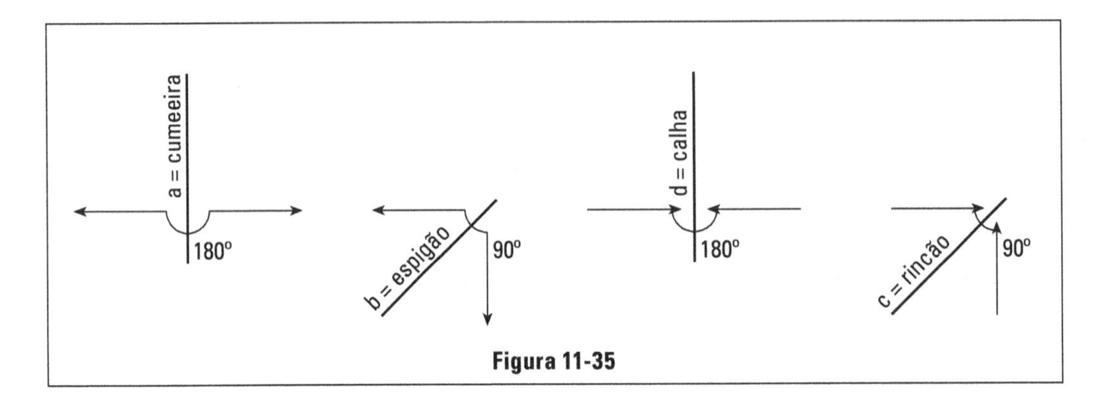

Figura 11-35

Então, tanto a cumeeira como o espigão são divisores de água; apenas a cumeeira é um divisor horizontal enquanto o espigão é inclinado.

Tanto o rincão como a calha são recolhedores de água, porém o rincão é inclinado, enquanto a calha é horizontal (ou praticamente horizontal). Se os leitores fizerem dobraduras com folhas de papel entenderão facilmente o que foi indicado. Tomando a folha e dobrando-a ao meio, e depois colocando a dobra virada para cima, estarão vendo a cumeeira. Com outra folha, dobrando um dos cantos a 45°, colocando a dobra para cima verão o espigão, e colocando a dobra para baixa verão o rincão. Pegando novamente a la folha e colocando a dobra para baixo verão a calha. A calha é o inverso da cumeeira enquanto o rincão é o inverso do espigão. Nos desenhos que se seguirão, usaremos as seguintes letras para identificar as linhas:

a = cumeeira
b = espigão
c = rincão
d = calha

A Figura 11-36 mostra 3 soluções para telhado com uma só água, portanto, sem qualquer linha (aparece a planta e a respectiva fachada); a quarta solução é um telhado em que as paredes laterais são levantadas (platibandas) para esconder o telhado que poderá ter caimento para qualquer dos quatro lados.

Em seguida, aparecem os telhados com duas águas. (Figura 11-37 e 11-38) Na solução 5, a cumeeira é longitudinal, porque as águas caem para as partes laterais. Na solução 6, a cumeeira é transversal, porque as águas caem para a frente e para trás. Vejam como as vistas de frente (fachadas) se modificam completamente.

Na fachada 5, dizemos que o telhado termina em oitão na frente e nos fundos. Oitão é a parte da parede que deve ser levantada até atingir o telhado. (Figura 11-39)

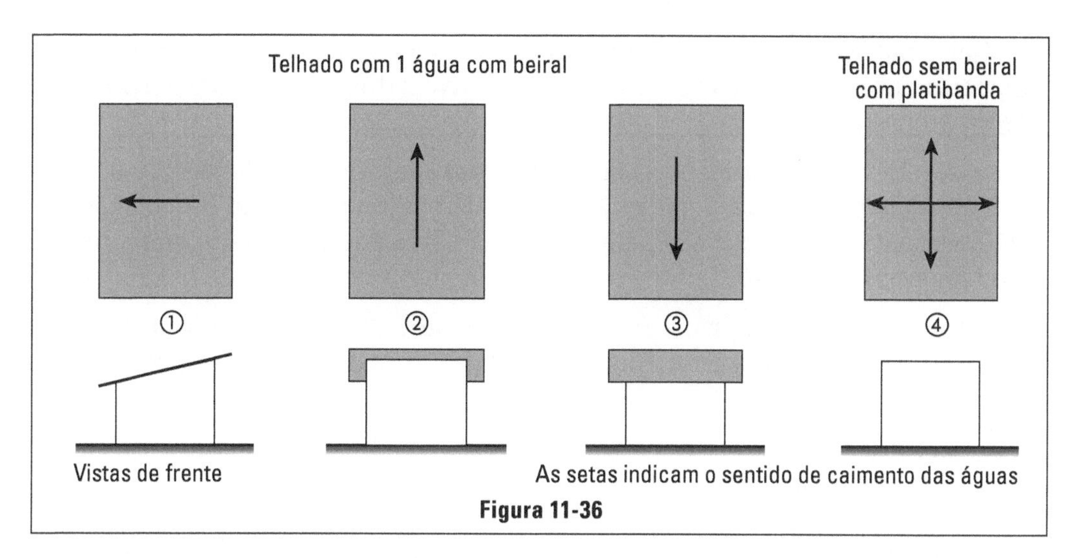

Figura 11-36

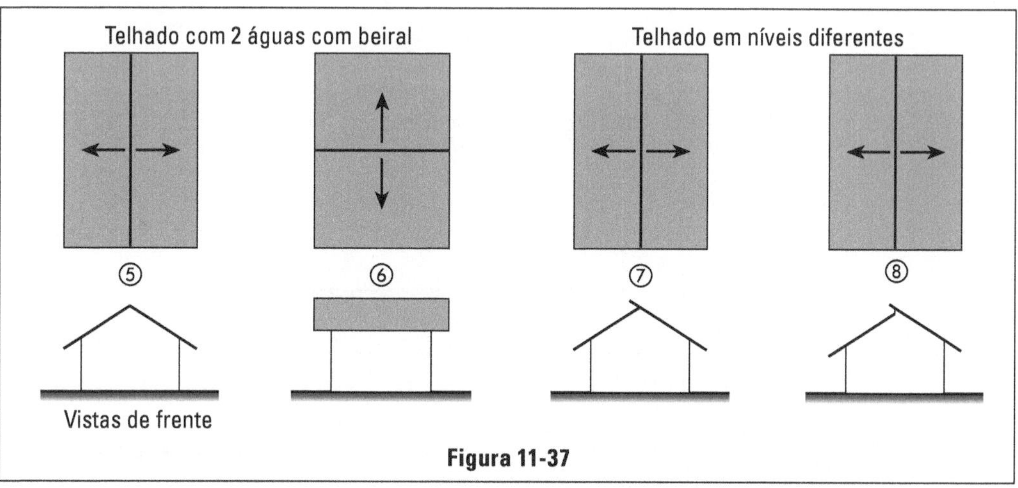

Figura 11-37

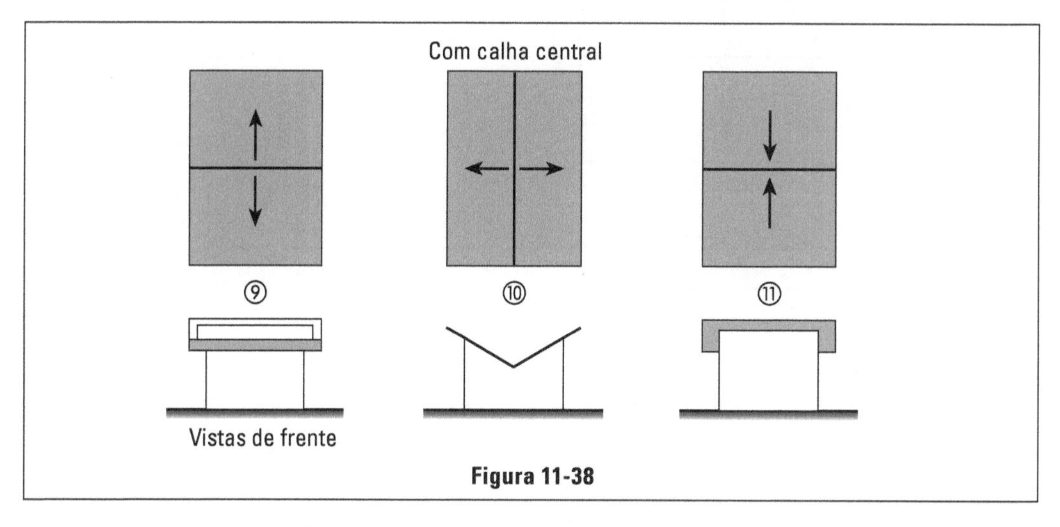

Figura 11-38

Nas soluções 7 e 8, apesar dos telhados terem duas águas, não acontece a cumeeira porque as águas se encontram em níveis diferentes, como se pode ver nas vista de frente.

A planta e fachada 9 representa uma vista lateral da solução 8 e a parte pintada do beiral é vista pelo verso, isto é, de baixo para cima. As soluções 10 e 11 apresentam uma calha central e na 10 a calha é longitudinal, enquanto na 11 é transversal.

Agora aparece pela primeira vez a linha chamada espigão, divisor de águas inclinado (letra b). Está na Figura 11-40 onde aparece um telhado com 3 águas.

Aparece a planta e as vistas laterais do lado A, B e C. O telhado termina em água em três lados, porém do lado C termina em oitão.

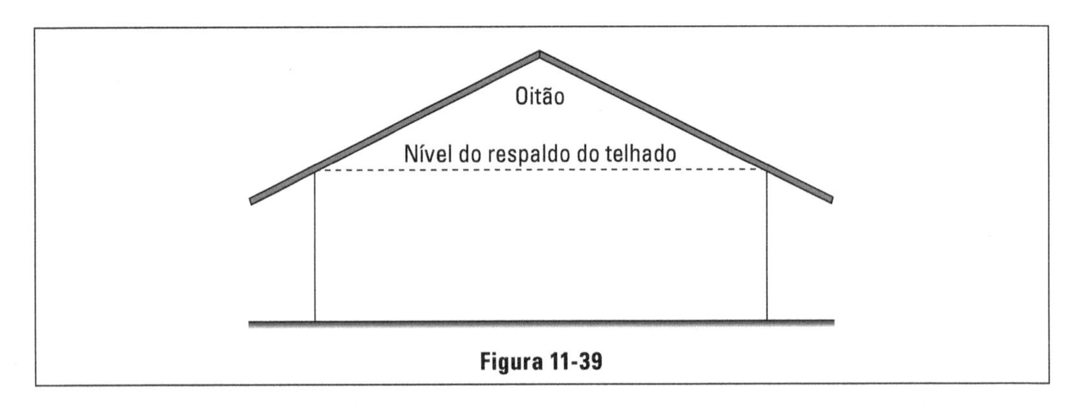

Figura 11-39

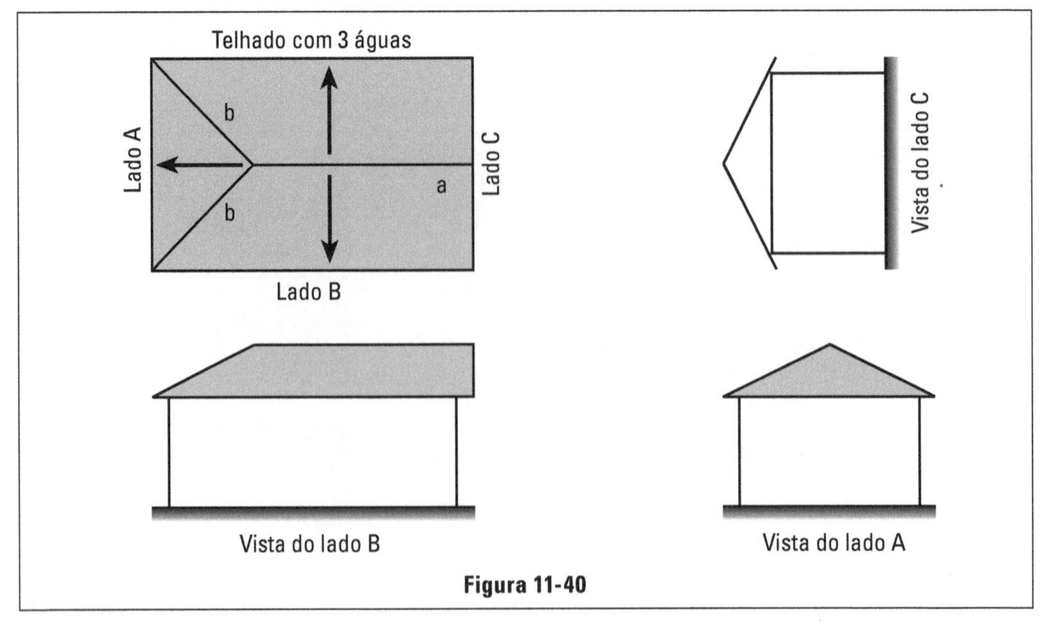

Figura 11-40

A Figura 11-41 mostra um telhado de quatro águas, em comparação com o telhado de duas águas, já visto.

O aparecimento da terceira linha, rincão ou água furtada (C), está na Figura 11-42 e é provocada pelo aparecimento de um canto interno no contorno (perímetro) da construção.

A Figura 11-43 mostra o mesmo telhado com 4 águas e suas duas vistas laterais.

Com o que aprendemos até agora, vamos tentar projetar telhados, as vezes extremamente complicados, com águas para todas as paredes, sem oitão e sem calhas internas. Devemos lembrar das definições das linhas: cumeeira, espigão e rincão e mais as seguintes três regras:

1. Os rincões ou águas-furtadas (c) formam ângulos de 45° com as projeções das paredes e começam nos cantos internos.

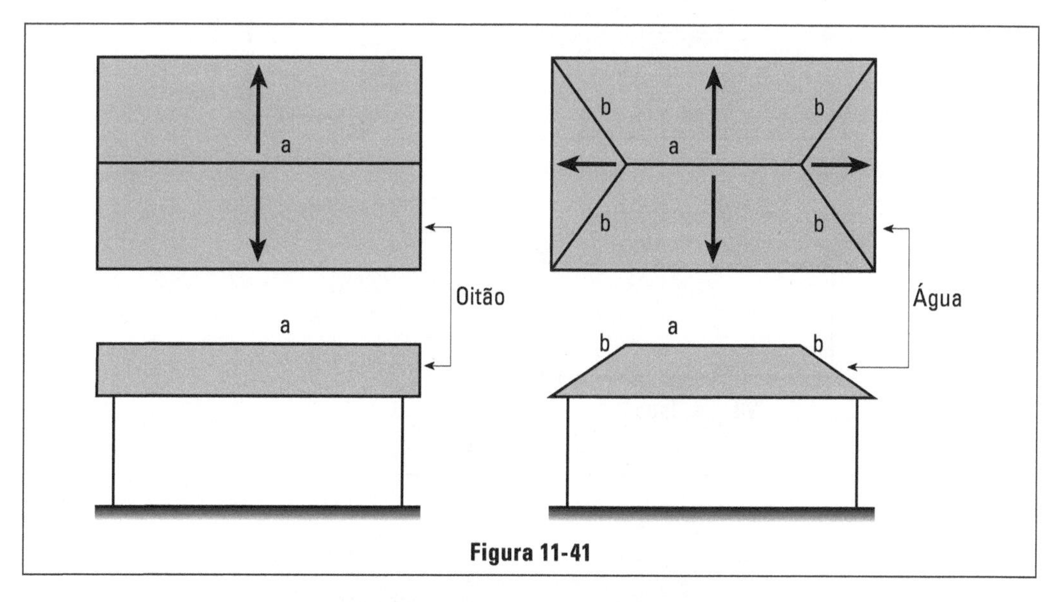

Figura 11-41

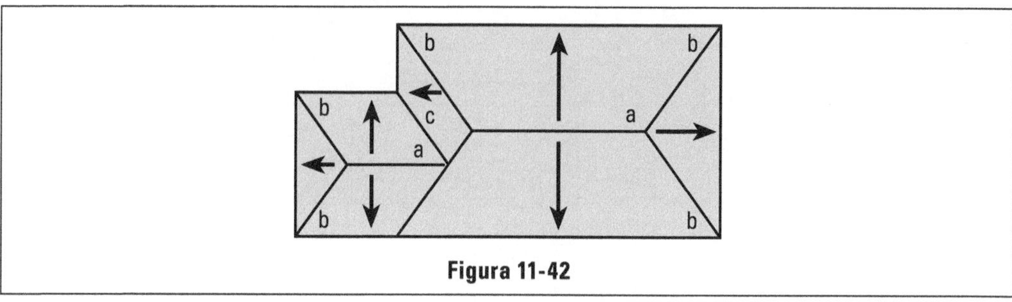

Figura 11-42

2. Os espigões (b) formam ângulos de 45° com as projeções das paredes e começam nos cantos externos.
3. As cumeeiras (a) são linhas paralelas a uma direção das paredes e perpendiculares a outra direção.

Tendo em atenção estas três regras práticas, podemos traçar qualquer projeto de telhado por mais recortados e complicado que seja. As Figura 11-44, 11-45 e 11-46 apresentam projetos dos mais complicados, já que o contorno externo da área construída é muito irregular, apresentando saliências e reentrâncias.

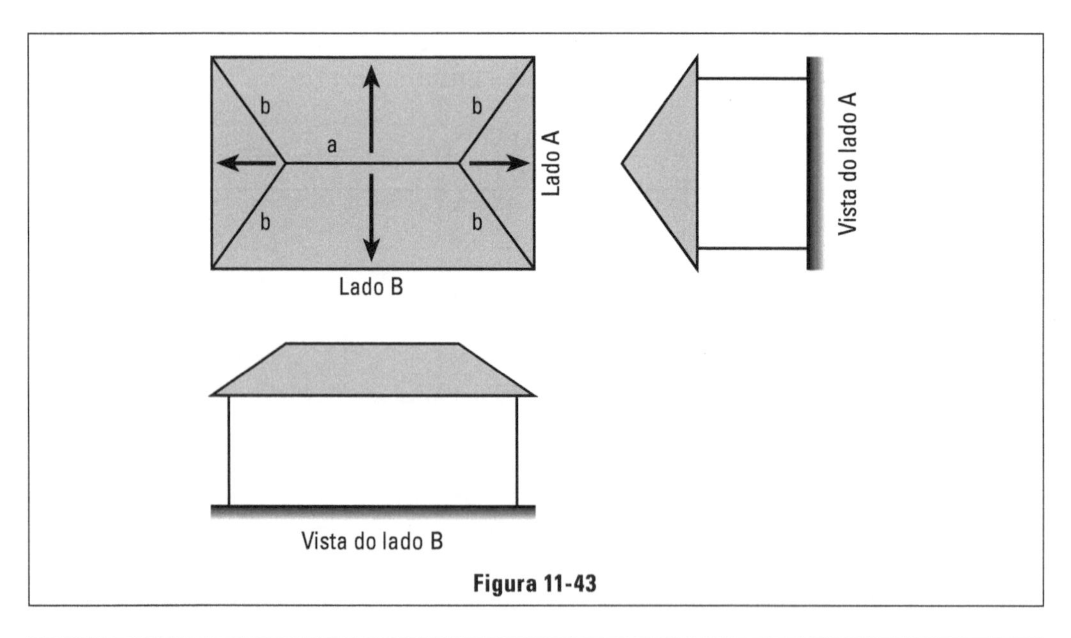

Figura 11-43

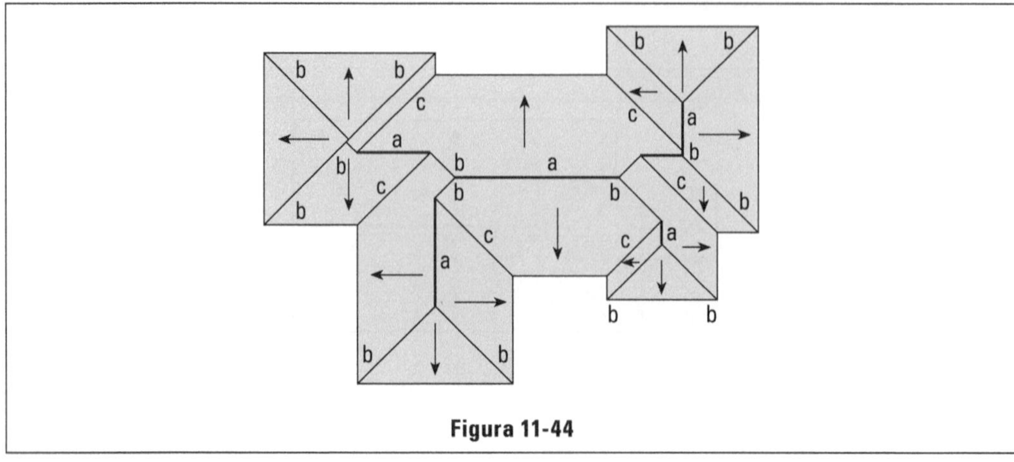

Figura 11-44

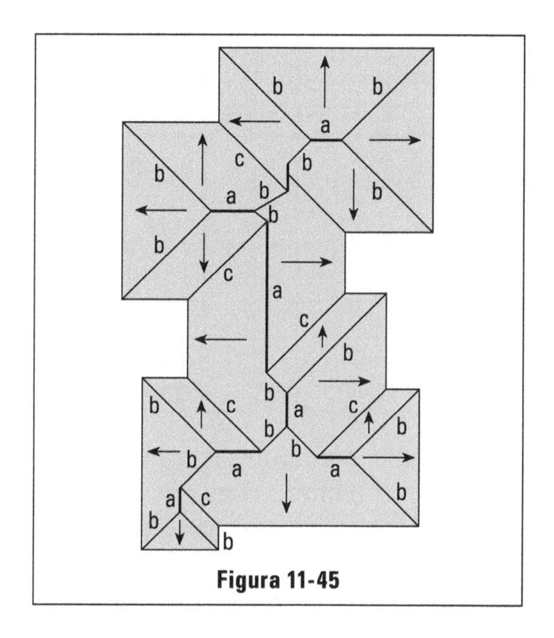

Figura 11-45

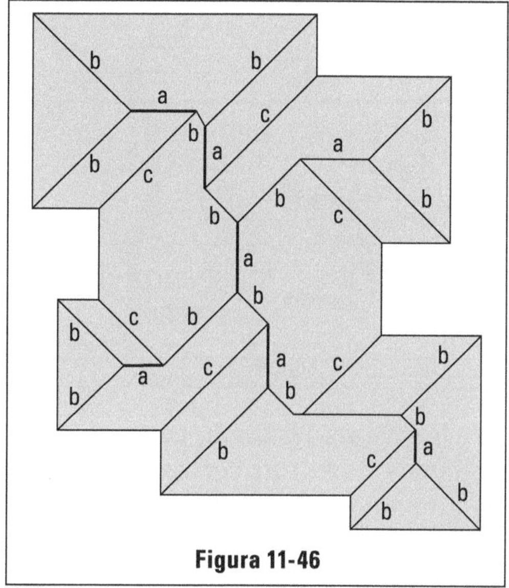

Figura 11-46

Nas figuras como sempre aparecem as letras a, b, c, respectivamente, representando as cumeeiras, espigões e rincões. Evidentemente, os três projetos são mais teóricos que práticos. Neles está convencionado que o telhado termina em água em todas as paredes e que não haja oitões nem calhas internas. Em geral, combinando-se numa série de detalhes simplificadores, evita-se muitos recortes que, além de provocarem desperdício de material (madeira e telhas), podem ocasionar vazamento e goteiras.

Vamos indicar algumas simplificações que podem ser empregadas. Quando temos ao longo da parede numa reentrância de pequena profundidade, como indica a Figura 11-47, o telhado pode passar segundo uma linha reta, sem tomar conhecimento das irregularidades da parede; naturalmente, como consequência, o beiral neste ponto ficará com uma largura b maior que a largura a normal; esta providência irá eliminar a necessidade de dois espigões e dois rincões. Se não quisermos aumentar o beiral no trecho considerado, para não escurecer o ambiente servido por janelas, a solução será proceder como na Figura 1-48. Vemos que o retângulo A-B-C-D foi recortado, ficando descoberto; naturalmente o beiral, neste caso, não ficará no mesmo nível já que as linhas de B para A e de D para C são ascendentes; o trecho AC será em nível, porém em altura maior do que o restante do beiral.

Quando, em vez de reentrância, temos um corpo saliente, o modo de proceder será o mesmo. A Figura 11-49 mostra que, no trecho saliente, o telhado foi completado segundo o retângulo ABCD, sem usar espigões, e rincões, já que o próprio painel foi prolongado de A para B e de C para D. O trecho do beiral BD estará em nível inferior ao do restante, e os trechos de A para B e de C para D são descendentes (inclinação negativa).

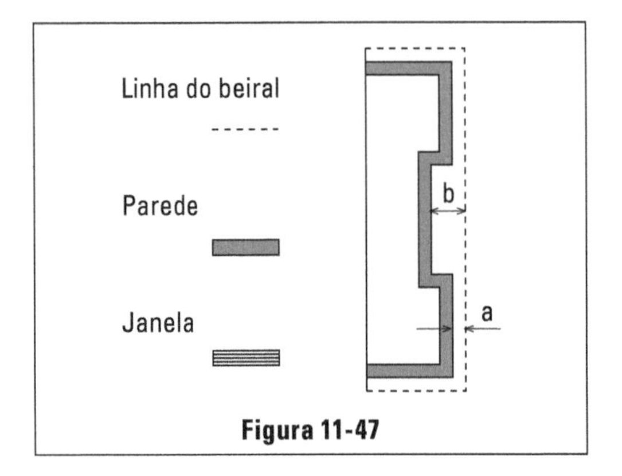

Figura 11-47

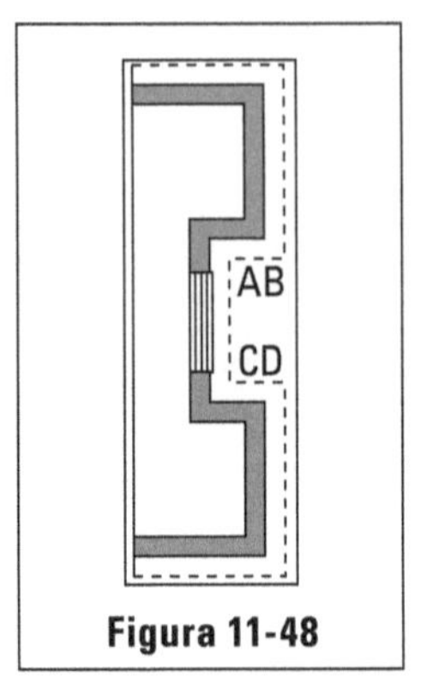

Figura 11-48

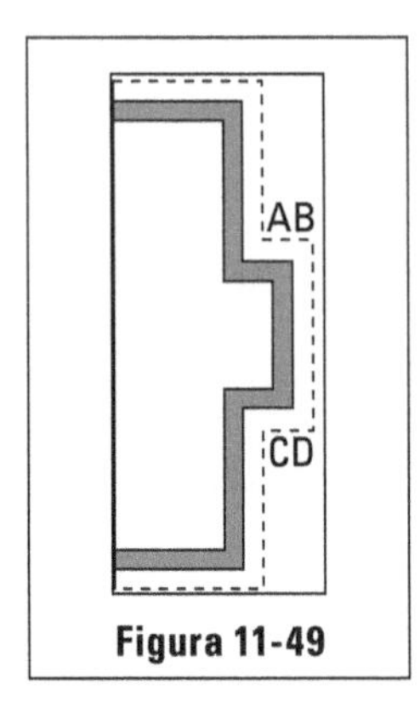

Figura 11-49

Por vezes também, com o intuito de simplificar e embelezar a cobertura, podemos substituir certas terminações em água por terminações em oitão, dependendo do gosto e ideia do projetista. Tomando-se como exemplo o telhado da Figura 11-45 mostramos na Figura 11-50 como ficará depois de simplificado. As linhas pontilhadas representam o contorno das paredes do telhado projetado na Figura 11-45.

Para, mais uma vez, esclarecer as possibilidades de simplificação, vemos na Figura 11-51 um telhado cobrindo uma área com reentrância, sem qualquer simplificação e, na Figura 11-52, o mesmo telhado depois de simplificado.

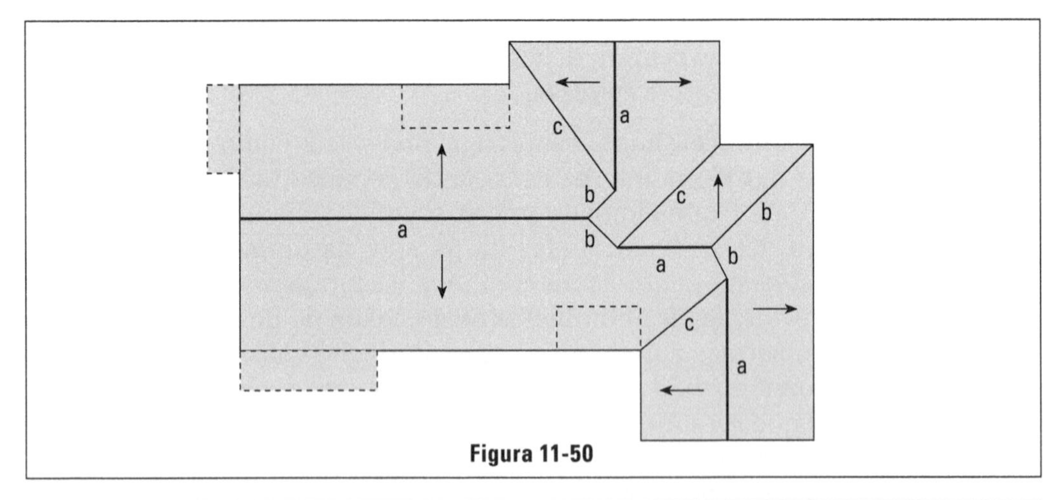

Figura 11-50

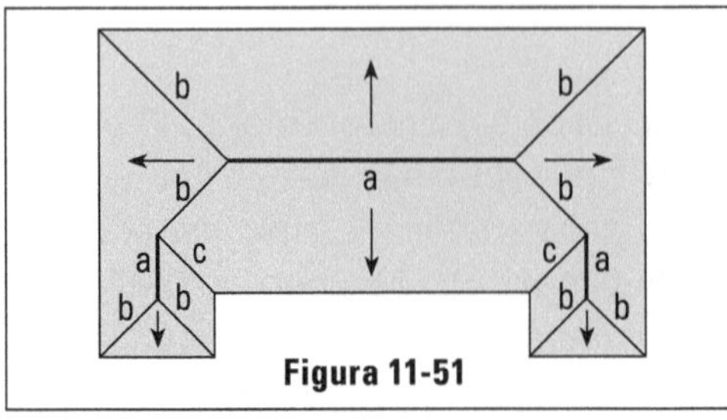

Figura 11-51

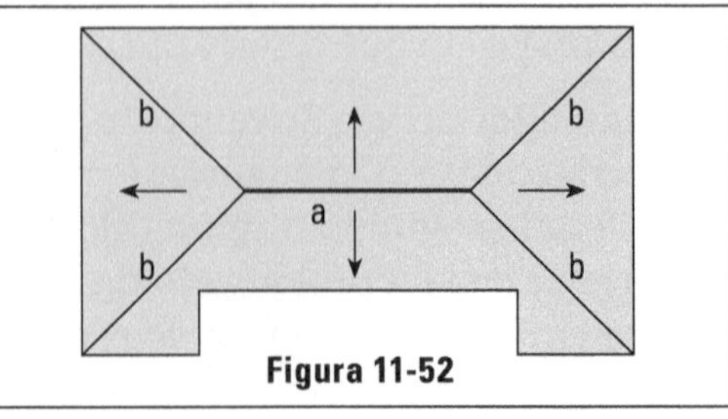

Figura 11-52

E agora uma área com saliência aparece na Figura 11-53, sem simplificação e simplificado na Figura 11-54.

Quando a área a ser coberta é irregular e não retangular, os espigões são colocados na bissetriz do canto externo. Ora, como esses não apresentam ângulos de 90°, naturalmente os espigões não ficam a 45° e sim na bissetriz (Figura 11-55). Como consequência, a cumeeira a não ficará horizontal, mas apenas próxima da horizontal.

Outro exemplo está na Figura 11-56, em que, inclusive, aparecem dois cantos internos nos pontos 4 e 5.

Nessa figura, como sempre todas as linhas são bissetrizes entre as direções de duas paredes, senão vejamos:

2-10 é bissetriz do ângulo 123
3-10 é bissetriz do ângulo 234
4-9 é bissetriz do ângulo 345

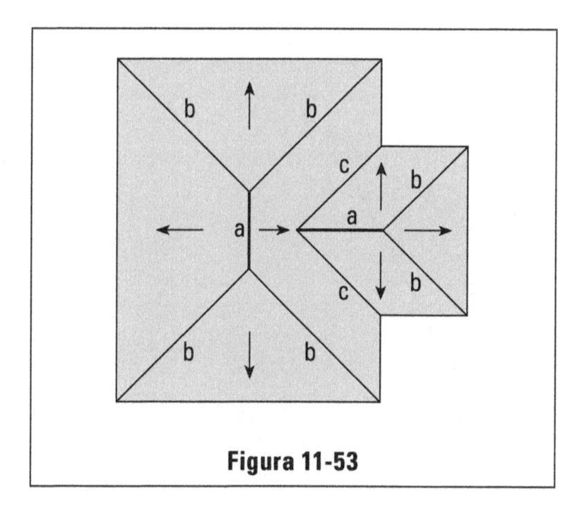

Figura 11-53

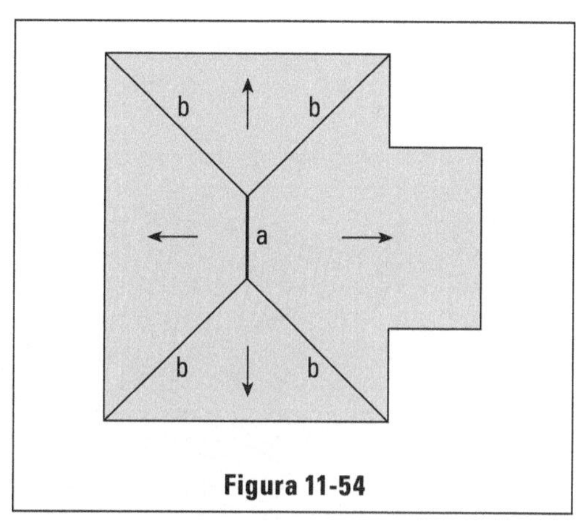

Figura 11-54

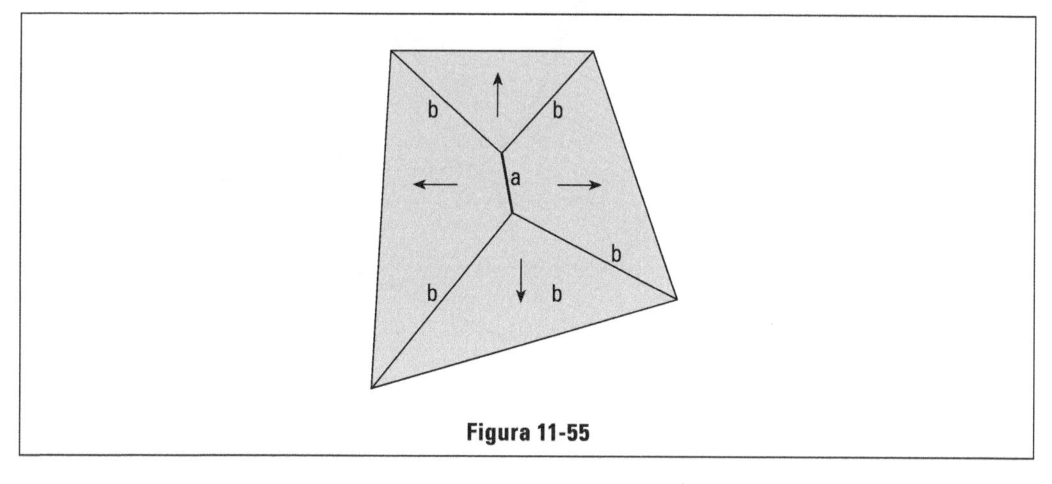

Figura 11-55

5-8 é bissetriz do ângulo 456
6-7 é bissetriz do ângulo 561
1-7 é bissetriz do ângulo 612
7-8 é bissetriz do ângulo formado pelas paredes 1-2 e 6-5
8-9 é bissetriz do ângulo formado pelas paredes 1-2 e 5-4
9-10 é bissetriz do ângulo formado pelas paredes 1-2 e 4-3

Quando a área construída tem um poço de ventilação e iluminação, como na Figura 11-57, e as águas devem cair também para suas paredes, o telhado torna-se também complicado.

Uma forma de simplificá-lo seria não tomar conhecimento do poço e simplesmente não cobri-lo, permanecendo esta área sem telhado (Figura 11-58).

Por vezes, o projetista poderá introduzir artificialmente um oitão em um telhado em que seria desnecessário; naturalmente o motivo só poderá ser estético. Vemos tal possibilidade na Figura 11-59.

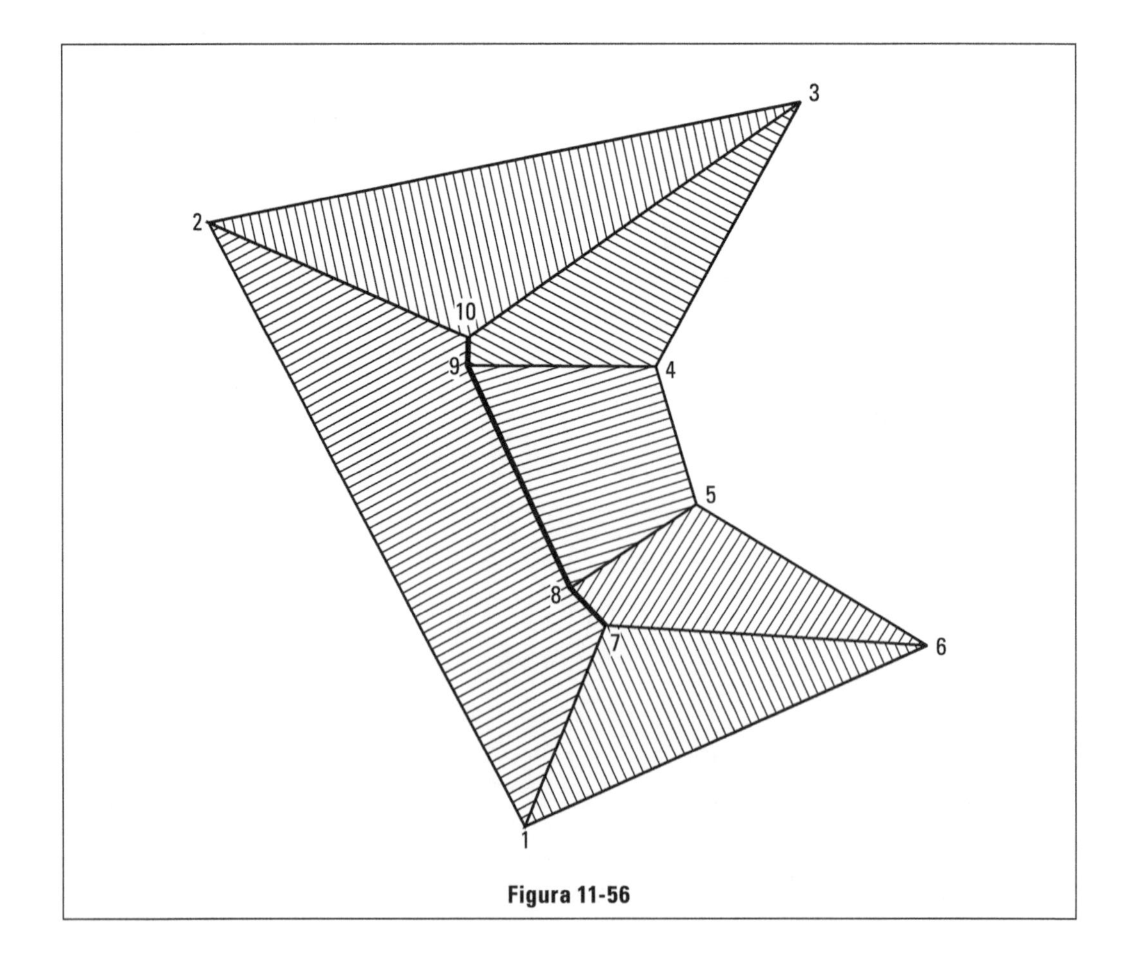

Figura 11-56

A área a ser coberta é totalmente regular (um retângulo) portanto a solução simples é o telhado de quatro águas. No entanto, poderá ser introduzido artificialmente um oitão no centro da parede lateral direita, que aparece na vista lateral.

É muito comum, em países de climas frios, os telhados serem com caimento superiores a 100% (150%, por exemplo). A razão é não permitir a acumulação de neve que poderá ocasionar lesões na parte estrutural do telhado. Isso estimulou o aproveitamento dos sótãos, ou seja, a área sobre o forro do andar térreo. É que, com a grande inclinação do telhado, estes espaços ficam muito

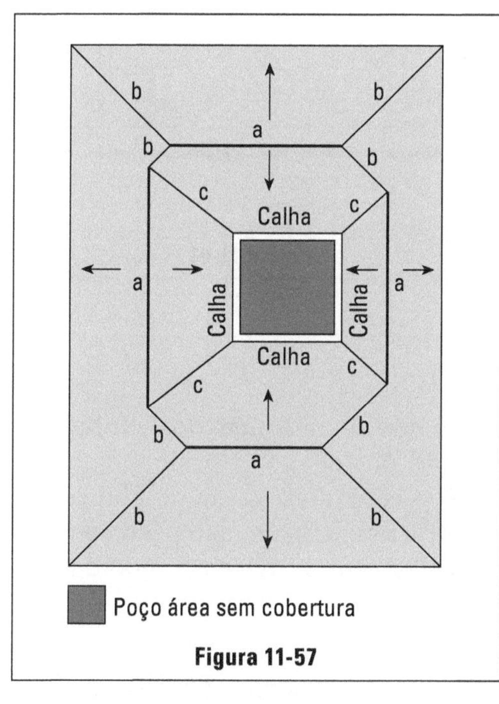

Figura 11-57

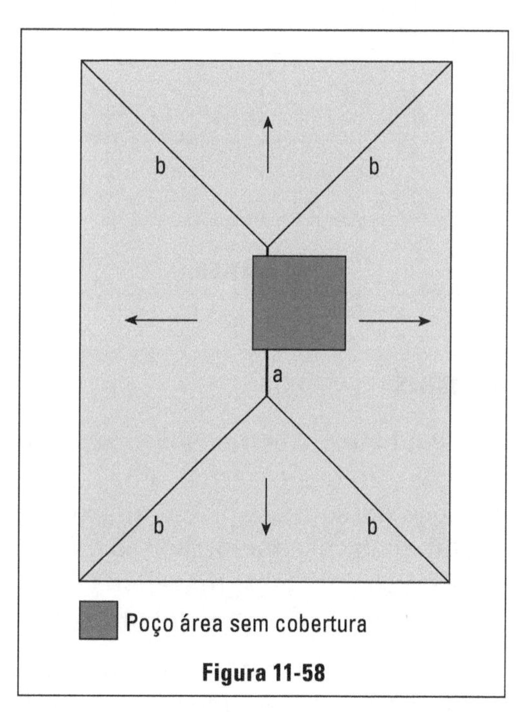

Figura 11-58

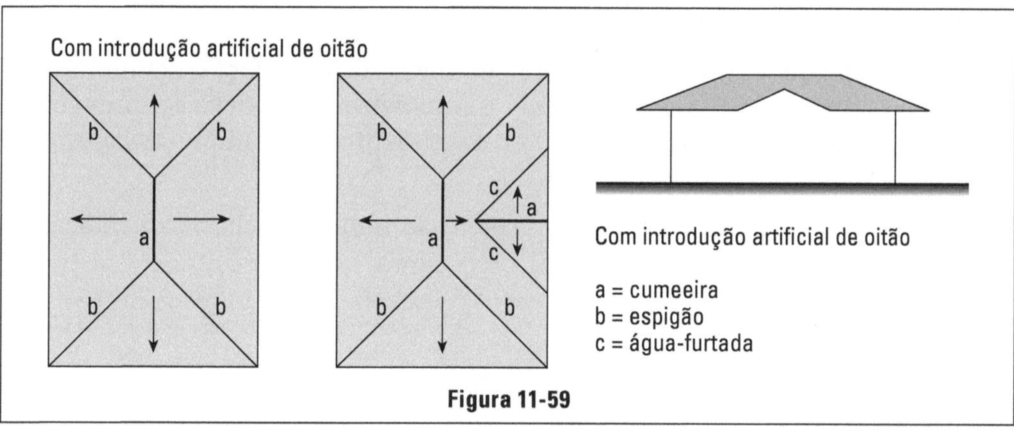

Figura 11-59

altos e permitem o seu aproveitamento. Quando são introduzidos os oitões, os espaços ficam ainda maiores. É o que aparece na Figura 11-60, em planta e em vista de frente (fachada) Figura 11-61. Tais soluções são comuns na regiões montanhosas do hemisfério norte (EUA, Suíça etc.).

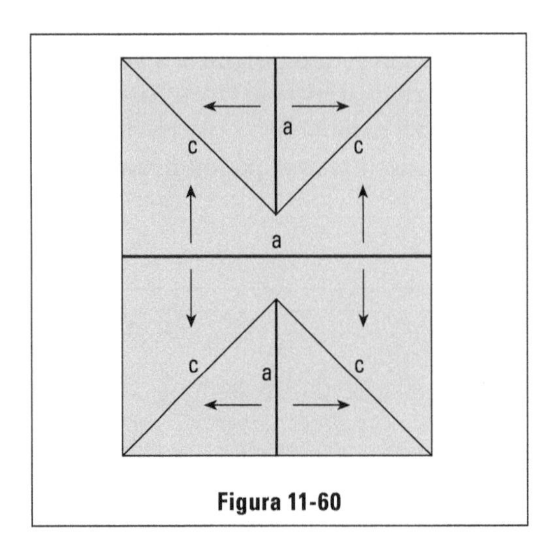

Figura 11-60

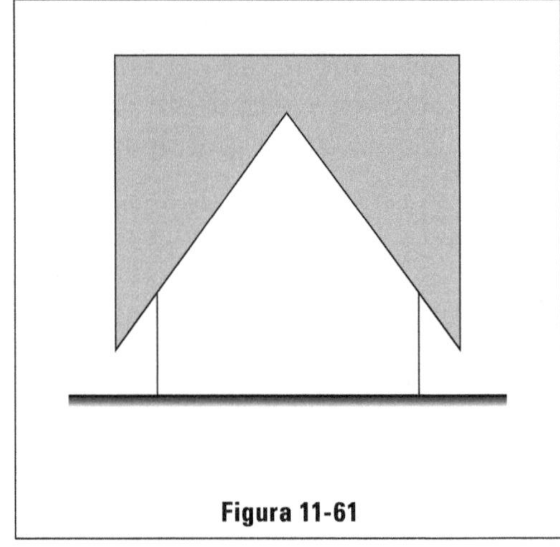

Figura 11-61

Beirais

Por beiral, é conhecida a parte do telhado que avança além dos alinhamentos das paredes externas. Faz o papel das abas dos chapéus; assim como esta protege nosso rosto, o beiral protege a parede contra as águas de chuva. É o beiral que conserva melhor as paredes, pinturas etc. Uma construção sem beiral está sempre suja, manchada e aparenta estar sempre necessitando de uma pintura, mesmo quando foi pintada semanas atrás.

Geralmente tem uma largura variando de 0,40 a 1,00 m, sendo interessante evitar beirais exagerados, já que roubam por demais o sol das paredes e acarretam problemas de perfeita sustentação.

Quanto à sua terminação, podem ser revestidos ou não. Quando não são revestidos, chamamo-os de "aparentes" e o madeiramento deve ser previamente aparelhado, pois ficaria visível. Os revestimentos podem ser de laje ou de estuque, tal como os forros internos.

A seguir, temos um exemplo de projeto de telhado incluindo a relação do madeiramento a ser comprado.

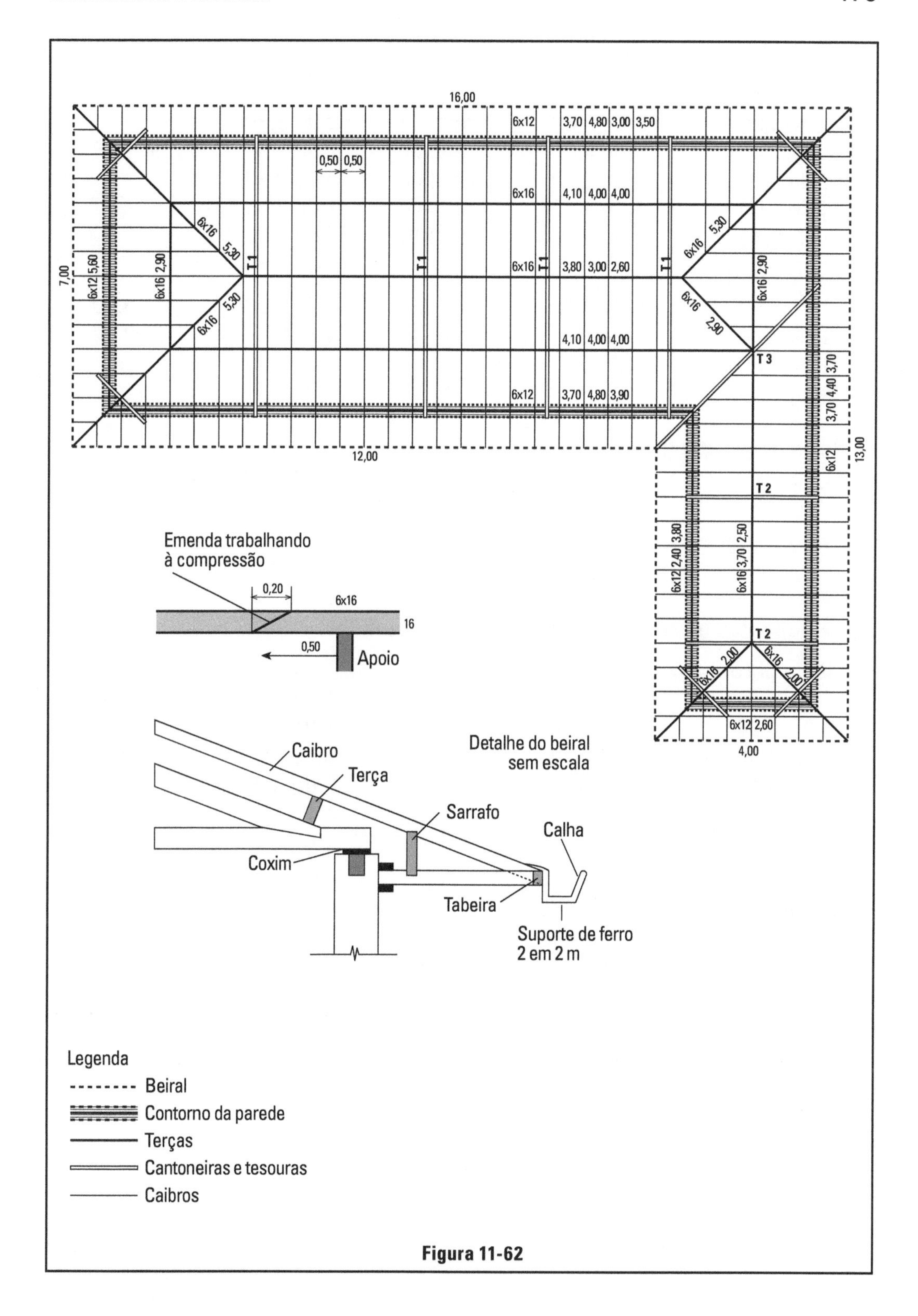
16,00
12,00
7,00
13,00
4,00
T 1
T 2
T 3
Emenda trabalhando à compressão
0,20
6x16
16
0,50
Apoio
Caibro
Terça
Sarrafo
Calha
Coxim
Tabeira
Suporte de ferro 2 em 2 m
Detalhe do beiral sem escala
Legenda
Beiral
Contorno da parede
Terças
Cantoneiras e tesouras
Caibros

Figura 11-62

Lista geral de madeiramento

Vigas de peroba 6 × 16

2 de 2,90	1 de 0,80	1 de 3,70	2 de 2,30	
3 de 5,30	1 de 3,00	1 de 2,50	1 de 4,30	4 de 1,20
2 de 4,10	1 de 2,60	2 de 2,00	8 de 3,40	
4 de 4,00	1 de 2,40	4 de 1,80	1 de 6,10	
1 de 3,80	2 de 3,10	2 de 3,10	2 de 0,70	

Vigas de peroba 6 × 12

1 de 5,60	2 de 3,70	2 de 4,80	1 de 3,00	1 de 3,50
1 de 3,90	2 de 3,70	1 de 4,40	1 de 2,60	1 de 2,40
1 de 3,80	8 de 1,80	10 de 1,00	5 de 1,60	

Caibros de peroba 5 × 6

2 de 2,80	2 de 4,80	5 de 3,40	3 de 4,40	8 de 2,70
8 de 3,20	1 de 1,40	1 de 2,40	20 de 2,20	42 de 3,70

Ripas de 1 × 5: 10,5 dúzias

Lista definidas e ordenada pelos comprimentos

Vigas de peroba 6 × 16

1 de 6,10	4 de 4,00	4 de 3,10	1 de 2,50	4 de 1,80
3 de 5,30	1 de 3,80	1 de 3,00	1 de 2,40	4 de 1,20
1 de 4,30	1 de 3,70	2 de 2,90	2 de 2,30	1 de 0,80
2 de 4,10	8 de 3,40	1 de 2,60	2 de 2,00	2 de 0,70

comprimento total: 136,70 m

Vigas de peroba 6 × 12

1 de 5,60	1 de 3,90	1 de 3,50	1 de 2,40	10 de 1,00
2 de 4,80	1 de 3,80	1 de 3,00	8 de 1,80	
1 de 4,40	4 de 3,70	1 de 2,60	5 de 1,60	
2 de 4,10	8 de 3,40	1 de 2,60	2 de 2,00	2 de 0,70

comprimento total: 86,00 m

Caibros de peroba 5 × 6

2 de 4,80	42 de 3,70	8 de 3,20	8 de 2,70	20 de 2,20
3 de 4,40	5 de 3,40	2 de 2,80	1 de 2,40	1 de 1,40

comprimento total: 295,80 m

Ripas de peroba 1 × 5

10,5 dúzias na base de 4,40 m

Comprimento total: 10,5 × 12 × 4,40 = 555,00 m

Metragem cúbica total: área do telhado: 136,00 m²

136,70 × 0,0096	1,319
86,00 × 0,0072	0,620
295,80 × 0,0030	0,886
555,00 × 0,0005	0,277
Total	3,102 m³

$$\text{Coeficiente} = \frac{3{,}102}{136} = 0{,}023 \text{ m}^3/\text{m}^2$$

0,023 m³ de peroba por m² de telhado.

Cálculo da tesoura T-I

Cálculo das cargas

Nos nós: (adotamos 130 kg/m²)

Nó II : 1,54 × 2,80 × 130 = 560 kg

Nó III: 0,71 × 2 × 2,80 × 130 = 520 kg

Nó I: 0,5 × 560 = 280 kg

Reações:

$R_A = R_B = 280 + 560 + 0{,}5 \times 520 = 1.100$ kg

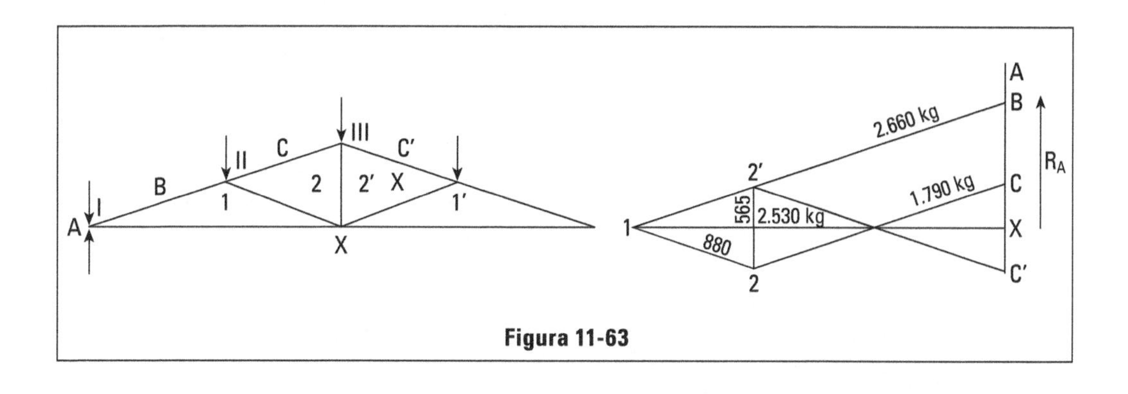

Figura 11-63

Dimensionamento (adotando como resistência da peroba = 60 kg/m²)

Perna: 2.660/60 = 44,5 cm^2

Linha: 2.530/60 = 42,0 cm^2

Escora: 880/60 = 14,6 cm^2

Pendural: 565/60 = 9,4 cm^2

Verificamos que empregando a bitola 6 × 12 na escora e a 6 × 16 nas demais, estaremos folgando.

Cálculo das cargas (idem ao anterior)

Nos nós: (adotamos 130 kg/m)

Nó II: 1,45 × 3,00 × 130 = 565 kg

Nó I: 0,5 × 565 = 283 kg

Reações:

$R_A = R_B = 280 + 560 + 0,5 \times 520 = 1.100$ kg

Dimensionamento (adotando como resistência da peroba = 60 kg/m)

Perna: 930/60 = 15,5 cm^2

Linha: 890/60 = 14,8 cm^2

Usando 6 × 16, teremos a tesoura trabalhando folgado.

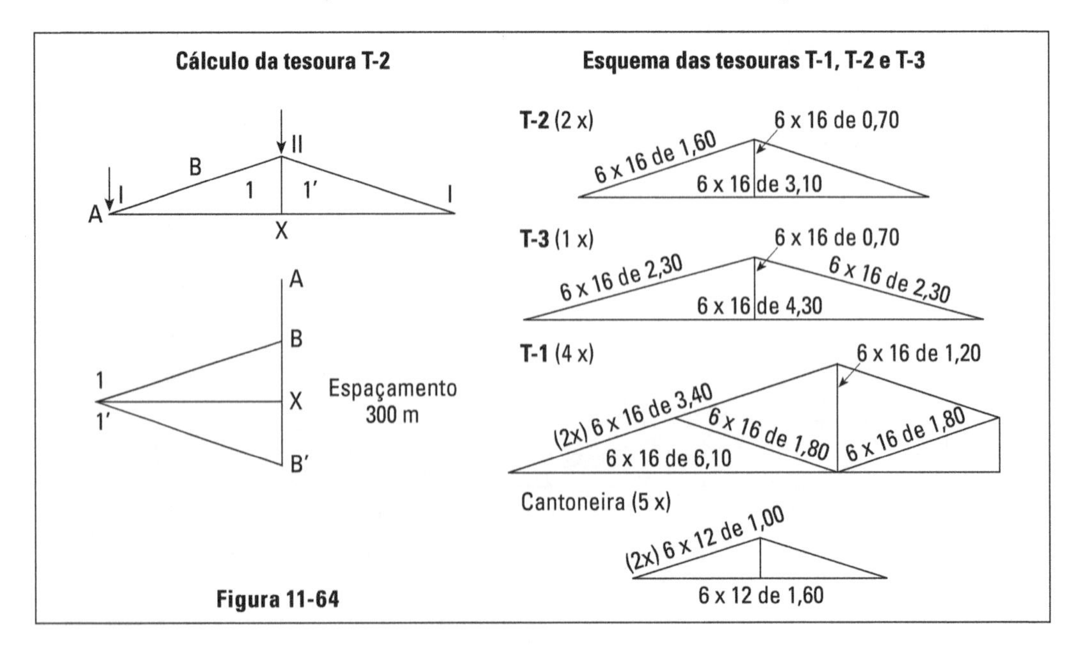

Figura 11-64

Revestimento de paredes

Os revestimentos protegem as alvenarias contra a chuva e a umidade, e também têm efeito arquitetônico, embelezando as fachadas e ambientes que compõem uma construção.

O primeiro tipo de revestimento utilizado nas paredes é a massa grossa e a massa fina, que servem de substrato (base) para a aplicação de pinturas, azulejos ou outros revestimentos mais nobres, como pedras ou cerâmicas.

Existem também os casos de alvenaria com tijolos ou blocos aparentes, que foram introduzidas com duas finalidades, a saber: para efeito arquitetônico e para se obter o barateamento das construções com a eliminação das camadas de revestimento (substrato).

Em ambos os casos, seremos obrigados a trabalhar com tijolos ou blocos de melhor qualidade e teremos maior cuidado no assentamento para que todas as juntas sejam preenchidas com a argamassa e que depois deverão ser frisadas.

O revestimento mais utilizado entre nós é o de argamassa de cimento, cal e areia, por ser o mais econômico e de simples execução. Normalmente, é aplicado em três camadas: chapisco, emboço e reboco.

O emboço e o reboco também são chamados massa grossa e massa fina.

Chapisco

O chapisco cria uma superfície áspera entre a alvenaria e a massa grossa (emboço), a fim de melhorar a sua aderência. É uma argamassa constituída de cimento e areia no traço 1:3, de consistência bem plástica. Sua aplicação é feita com colher de pedreiro, ficando a alvenaria com um aspecto "salpicado".

Por apresentar uma consistência plástica, a espessura será desprezível, não nos preocupando nesta fase em cobrir eventuais irregularidades da alvenaria.

Quando a superfície a ser revestida são peças de concreto (lajes, vigas ou pilares), é aconselhável o uso de um produto químico de nome "Bianco", que é uma resina sintética compatível com cimento e cal, que proporcionará grande aderência da argamassa sobre as superfícies aplicadas. O Bianco é adicionado à água de amassamento na proporção de 1:1 com a água.

A empresa "Argamassa Quartzolit S.A." fabrica um produto de nome "Xapis-cofix", que é uma argamassa extremamente adesiva, que forma uma ponte de aderência entre o concreto e as argamassas para acabamento (emboço e reboco).

É aplicada com desempenadeira de aço dentada, formando sulcos paralelos com 5 mm de profundidade, que oferecem ótima base de ancoragem para o emboço.

É vendida em sacos de papel de 50 kg e o consumo é de aproximadamente de 3 kg/m^2.

Outros produtos semelhantes também podem ser encontrados no mercado como o "Argamix" da Ciminas S.A. Este produto é também conhecido como cimento de alvenaria e deve ser utilizado da mesma forma que o cimento comum no traço 1:2 (argamix e areia). Com esse traço, teremos um consumo de 537 kg de Argamix por m^3 de argamassa e para uma espessura de 0,5 cm teremos para um saco de produto um rendimento de 15 m.

Revestimento grosso (emboço)

A argamassa usada no emboço, também chamada de massa grossa, é a mesma usada no assentamento dos tijolos comuns. Fica, portanto, valendo o que foi exposto no Capítulo 7 e que vamos repetir em forma de resumo.

Se a obra se localiza em região onde possa ser comprada cal virgem, é aconselhável o seu emprego, usando o método antigo de hidratá-la formando o leite de cal, que, em mistura com a areia média, dará uma excelente argamassa. Não haverá necessidade de acréscimo de cimento, salvo nos emboços que se destinarem a suportar recobrimentos pesados como azulejas, ladrilhos, pastilhas, pedra etc. Se o emboço se destina a receber apenas massa fina como acabamento, não há necessidade de cimento.

Cerca de 160 kg de cal virgem em pedra produzem leite de cal suficiente para ser adicionado a um metro cúbico de areia, produzindo um metro cúbico de argamassa grossa, que, por sua vez, recobrirá cerca de 30 m de parede de um só lado. Essa argamassa deve ser preparada cerca de uma semana antes de ser empregada por dois motivos: a espera tornará a argamassa mais plástica, mais trabalhável e haverá tempo para que partículas de cal virgem que ainda não se hidrataram o façam, evitando possíveis lesões nos revestimentos.

Sabemos que o comércio de cal virgem é muito difícil, substituído que foi pelo de cal hidratado, principalmente nos grandes centros. Devemos então preparar a mistura da cal hidratada com a areia média, mais água. A proporção será de cerca de 160 a 200 kg (8 a 10 sacos de 20 kg) para um metro cúbico de areia, dependendo da qualidade da cal. No momento do uso, será acrescentado cimento (cerca de 100 a 150 kg – 2 a 3 sacos) para o necessário reforço.

O revestimento é iniciado de cima para baixo, ou seja, do telhado para os alicerces. Sobre os estrados dos andaimes são colocados caixotes para depósito de argamassa. Essas caixas têm geralmente capacidade para 60 litros de argamassa. Delas, o pedreiro retira a massa com a colher, colocando-a sobre a desempenadeira com a prancha voltada para cima e preenchendo-a completamente. A seguir, ainda com a colher, recolhe a massa e atira-a sobre a parede previamente molhada. Aqui temos um detalhe importante, pois a parede deve ser previamente umedecida para que haja aderência entre a argamassa e o tijolo. Se a umidade for excessiva, o pedreiro não conseguirá a fixação, pois a massa escorre pela parede.

Daí se conclui que não se deve tentar revestir paredes que receberam chuvas excessivas e que se conservam saturadas de água. No entanto, se lançarmos a argamassa sobre o tijolo completamente seco, este absorverá repentinamente a água existente na argamassa e, da mesma forma, esta se desprenderá. A umidade necessária é conseguida simplesmente jogando-se água sobre a parede e isto é feito pelo pedreiro com uma latinha qualquer.

O revestimento de um painel é iniciado por intermédio de guias, que são faixas verticais distantes entre si aproximadamente 2,50 m. São elas que servem de referência para o prumo e o alinhamento do revestimento do restante no painel. A Figura 12-1 esclarece, mostrando vista de frente, a posição destas guias. A sua feitura é iniciada pela colocação de calços de madeira com a argamassa. Os calços são batidos até produzirem a espessura requerida para a argamassa (ver Figuras 12-2 e 12-3). Dois calços da mesma guia estarão em rigoroso prumo (conseguido pelo prumo de pedreiro).

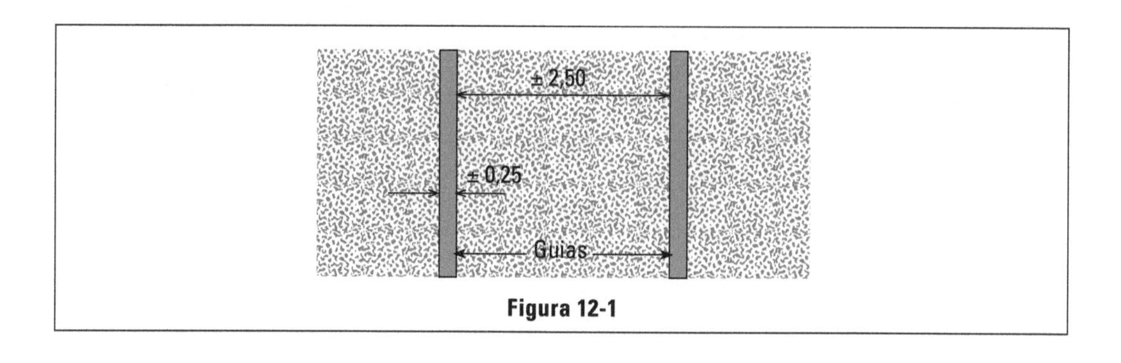

Figura 12-1

O espaço entre dois calços da mesma guia é preenchido com argamassa em excesso, passando-se uma régua entre os dois calços, com movimentos laterais de vai e vem, conseguindo-se retirar o excesso de massa deixando uma faixa alinhada e a prumo. As outras guias são conseguidas da mesma forma. O painel entre duas guias será inicialmente preenchido com argamassa em excesso.

A seguir, o pedreiro fará correr uma régua apoiada entre as duas guias e, com o movimento lateral de vai e vem, retira o excesso de massa. Ao correr a régua, o pedreiro perceberá onde existe falta de massa, atirando, neste ponto, mais argamassa, torna a correr a régua, retirando novamente o excesso. Assim se consegue uma superfície uniformemente plana, já que obedece ao plano formado pelas duas guias. A uniformidade do plano não significa, porém, que ele fique liso. Como foi apenas sarrafeado, seu aspecto será bastante rústico, poroso. Isso é bom, pois aumenta a aderência da massa fina que o recobre. Essa sim será desempenada, dando o acabamento liso desejado.

A uniformidade, a obediência ao prumo e ao alinhamento têm uma importância capital nesse revestimento grosso, pois o fino, de acabamento, que será aplicado a seguir, tem uma espessura muito reduzida, não sendo capaz de corrigir defeitos. Assim, um painel de parede cujo revestimento grosso não obedece ao prumo, ficará sempre neste estado, já que o revestimento fino não o corrigirá. Nos cantos em que se encontram dois painéis, essa junção deverá constituir uma linha vertical ou horizontal perfeita.

O emboço deve ter uma espessura média de 2 cm, pois uma espessura exagerada, além de constituir gasto inútil de argamassa, corre o risco de vir a se desprender depois de sêca. No entanto, e infelizmente, essa espessura não pode ser uniforme, porque os tijolos, tendo certa diferença de medidas de uma unidade para outra, fazem a alvenaria apresentar altos e baixos que o revestimento deverá eliminar.

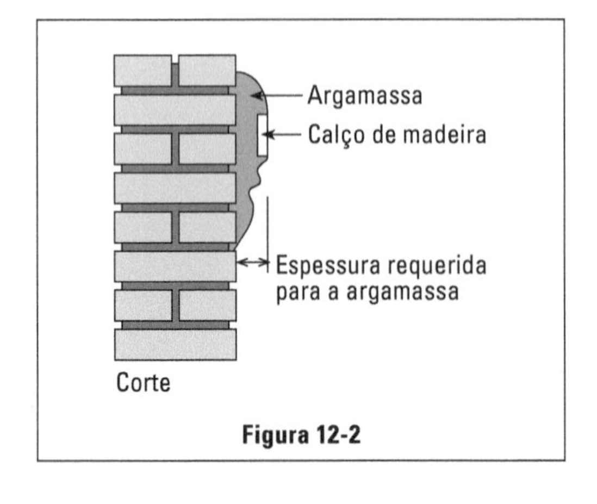

Figura 12-2

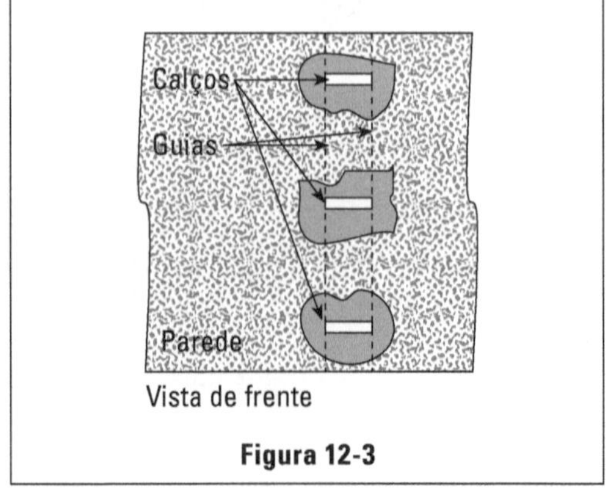

Figura 12-3

As irregularidades da alvenaria fazem-se mais frequentes na face não aparelhada das paredes de um tijolo do que nas duas faces das paredes de meio tijolo. Podemos notar, praticamente, as consequências desse fato pelas espessuras resultantes de cada parede pronta. Assim, uma parede de tijolos, depois de revestida, apresenta a espessura de 27 cm. Sabemos que o tijolo tem 20 cm, portanto, resulta revestimentos de 3,5 cm de cada lado. Enquanto isso, uma parede de meio tijolo depois de revestida tem a espessura de 14,0 cm, já que meio tijolo mede 10 cm e resultam 2 cm de revestimento de cada lado. A razão da maior irregularidade das paredes de um tijolo é que as diferenças de medida são mais acentuadas nos comprimentos dos tijolos do que nas larguras.

Quando alguns painéis estão com a alvenaria irregular, exigindo espessura muito variável de argamassa, encontramos pontos em que seriam necessárias espessuras exageradas (3, 4, 5 cm), sendo aconselhável que se acrescente um pouco de cimento (sem dosagem fixa) à massa, para maior pega. Não se deve, porém, exagerar na quantidade de cimento, pois haveria o risco do revestimento apresentar fendas por onde penetrará a umidade. A dosagem aproximada é de 2 kg para 20 litros de argamassa, ou seja, dois sacos de cimento por metro cúbico.

Esse cimento é acrescentado depois da argamassa de cal e areia se encontrar pronta e costuma-se fazê-lo nos próprios caixotes sobre os andaimes. Também para as paredes voltadas para o sul, é aconselhável o uso de argamassa com cimento (mesma dosagem) para torná-la mais impermeável à umidade.

Com o passar dos anos, alguns produtos foram sendo desenvolvidos com o objetivo de baratear a construção ou então reduzir o seu prazo.

Um desses produtos é o Argamix (cimento de alvenaria), que nada mais é que um cimento com uma resistência menor que o cimento comum, pois sua utilização será não estrutural. Seu processo de fabricação é idêntico aos do cimento comum. É apresentado em sacos de papel de 40 kg de aproximadamente 35 litros.

O preparo da argamassa é idêntico ao da argamassa tradicional com cimento comum. Recomenda-se que, após estar pronta a argamassa, deverá descansar por 15 minutos antes de ser aplicada. Isso permitirá a absorção da água pelo pó calcário, melhorando a plasticidade, a aderência e a retenção da água.

O traço em volume para emboço interno ou externo é 1:4 (Argamix: areia). Esse traço equivale a um consumo de 295 kg de Argamix por metro cúbico de argamassa.

O rendimento adotando-se a espessura de 2 cm é de:

1 m de argamassa: 50 m^2

1 saco de argamassa: 7 m^2

Outro produto utilizado para emboço é o denominado "Qualimassa", produzido por Cimento Mauá e uma massa pronta de cimento e areia, que vem acondicionada em sacos de papel de 50 kg, pronta para o uso, bastando acrescentar água.

O rendimento da "Qualimassa" é de 2,7 m para um saco de 50 kg e espessura de 1 cm de revestimento.

A quantidade de água a ser adicionada é de 7 litros por saco de 50 kg. O armazenamento deverá seguir os mesmos cuidados do cimento.

É preciso extremo cuidado na separação desse material, para que o mesmo não seja confundido com o cimento comum e acabar sendo utilizado na confecção de concreto estrutural.

Sua aplicação é ideal para reformas ou em obras com problemas de espaço para estocar material.

O engenheiro deverá computar em seus cálculos de custo todas as vantagens de cada produto para que a sua análise não seja distorcida, por exemplo, se comparar somente o preço do saco do produto.

Revestimento fino (reboco)

Sendo o emboço de acabamento rústico, há a necessidade de aplicarmos outra camada que venha a dar o acabamento final às paredes, esta será a de revestimento fino ou reboco ou, ainda, massa fina. Com uma espessura de 5 mm e composta de cal hidratada e areia fina no traço 1:2, esta camada permite um acabamento liso e uniforme.

A areia deverá ser obtida por meio de peneiramento e os grãos serão provenientes da areia grossa, consequentemente mais duros, fazendo o revestimento ter um maior grau de dureza.

Nas regiões em que for possível a obtenção de cal virgem, faremos a argamassa de cal e areia no traço 1:2, obtida pela mistura de pasta de cal e areia fina peneirada conforme procedimento anteriormente descrito.

A aplicação dessa argamassa, seja com cal hidratada ou cal virgem, deverá ser feita com desempenadeira bem cheia de argamassa, que será espremida e arrastada contra a parede, fazendo ficar bem fixada à superfície. Deve-se ter o cuidado de molhar o emboço antes de iniciarmos o reboco.

O acabamento é feito com desempenadeira em movimentos circulares, borrifando-se água sobre a massa por meio de uma brocha, conseguindo-se, assim, uma superfície uniforme. Também para o revestimento fino, existem no mercado inúmeros fabricantes de massa fina industrializada.

O cimento de alvenaria "Argamix" pode ser utilizado como reboco, sendo diferenciado em interno e externo. Para o reboco interno recomenda-se o traço

1:5 (Argamix: areia) em volume, que proporcionará um rendimento de 14,8 m por saco, para uma espessura de 1 cm de revestimento. Para o reboco externo é recomendado o traço 1:4 (Argamix: areia) em volume, que proporcionará um rendimento de 13,5 m por saco de argamassa, para uma espessura de 1 cm de revestimento.

Recomenda-se que os materiais sejam misturados a seco e, depois de bem homogeneizado, adicionar água aos poucos, misturando-se e sovando-se a massa. A argamassa deverá descansar 20 minutos depois do preparo e antes da aplicação.

A superfície a ser revestida, principalmente de tijolos comuns, blocos de concreto celular e sílico-calcários, deverá ser molhada.

Outro fabricante que oferece a argamassa industrializada é a Quartzolit S.A. De sua linha destacam-se o Rebofix I e II, Rebotex SH, Rebocret, Rebodur e Embocit. Cada um desses produtos tem uma finalidade específica, e deverá ser escolhido aquele que melhor se adaptar à situação da obra.

O preparo é feito misturando-se o produto com água limpa, ativando assim os aditivos químicos, que proporcionam grande plasticidade ao material, resultando maior rendimento e total aderência.

A superfície de aplicação deve estar firme e absolutamente limpa de detritos, poeira ou qualquer matéria que possa impedir a completa aderência do produto e deverá ser previamente molhada.

A aplicação é feita com desempenadeira e o acabamento é feito com movimentos circulares, tomando-se o cuidado de umedecer a superfície, jogando-se água com brocha.

Esses produtos são fornecidos em sacos de 50 kg, à exceção do Embocit, que vem em sacos de 20 kg. O consumo é de 1,8 kg por mm de revestimento por metro quadrado. O Rebotex SH tem um consumo de 5 a 7 kg por metro quadrado.

Revestimentos diversos (massa raspada, imitação de travertino, acrílicos, gesso)

Os tipos de revestimentos descritos a seguir são mais utilizados em áreas externas de edifícios e obras de maior vulto.

As construtoras optam por esse tipo de revestimento, baseando-se em dois fatores: a dificuldade que se tem para executar a pintura externa de obras maiores e a garantia de cinco anos da qualidade dos serviços executados exigida no Código de Edificações.

Por se tratar de revestimentos mais resistentes às intempéries, sua vida útil é muito superior à pintura comum e, embora seu custo seja superior a esta, torna-se compensador, pois evita-se ter de retornar à obra para fazer a manutenção dos serviços antes do término do prazo de sua garantia.

Massa raspada

Como o próprio nome diz, este tipo de revestimento apresenta como produto final, após sua aplicação, uma superfície rústica, porém homogênea e contínua.

O produto vem embalado em sacos de 50 kg e seu rendimento é de 1,8 kg por milímetro de espessura do revestimento por m. O preparo é feito misturando-se bem o material com água limpa, na proporção de 3 partes para 1 parte de água em quantidade suficiente para revestir a parte desejada. Caso forem aplicadas cores diferentes, usar uma masseira para cada cor. O material preparado deve ser utilizado dentro do prazo máximo de cinco horas,

A aplicação deve ser feita molhando-se bastante a massa grossa (emboço), em seguida estender a *massa raspada* com desempenadeira grande de madeira, em espessura de 8 a 10 mm. Esse trabalho não pode sofrer interrupção até a aplicação total do pano previsto para revestimento, evitando-se, assim, que seja criada emenda. A raspagem da massa é feita com régua rígida de aço, de cerca de 5 cm de largura por 40 cm de comprimento, com movimento semelhantes ao de limpador de pára-brisa, para a direita e para a esquerda, primeiro no sentido horizontal, depois no vertical. Dessa maneira, vai-se raspando a massa até obter-se uma superfície rústica, que será o resultado final.

Esse procedimento deverá ser feito quando a massa estiver no ponto apropriado, que é obtido observando-se a massa quando se passar a régua de aço e o material não empastar e sim desgranar. Dessa forma, a própria granulagem do material raspado é que vai dar o aspecto rústico à superfície.

Caso ocorra um descuido e o material passar do ponto, ficando mais seco do que o conveniente, deve-se remover esse material e substituí-lo.

Caso ocorra um descuido e o material passar do ponto, ficando mais seco do que o conveniente, deve-se remover esse material e substituí-lo. Caso ocorram pequenas imperfeições, usa-se a própria raspa da massa para as correções necessárias e como retoque final basta varrer a superfície com vassoura de pelo, sem cabo, removendo todo o pó solto e limpando os poros do revestimento já acabado.

Visto que a *massa raspada* não pode ter emendas, as paredes devem ser divididas em painéis por meio de frisos, em dimensões que possam ser completamente revestidas numa jornada de trabalho. O friso é feito com a parte curva de um pedaço de aço 5 mm, dobrado em forma de gancho sobre a massa ainda fresca com o auxílio de uma régua de alumínio. Abre-se assim o friso, que deverá receber o acabamento necessário, retirando-se as rebarbas.

Os panos revestidos devem acabar cerca de uns 5 mm abaixo dos frisos e serem chanfrados para que na continuação dos serviços as emendas fiquem completamente disfarçadas.

É importante que o friso não atinja o emboço e conserve-se a pelo menos uns 4 mm do revestimento para a proteção contra a penetração da umidade.

Imitação do travertino

É um tipo de revestimento de base mineral, cujo acabamento final assemelha-se ao mármore travertino, que lhe dá o nome.

Esse produto é comercializado em sacos de 50 kg e seu consumo é de 1,8 kg por milímetro de espessura de revestimento por metro quadrado. O seu preparo deve ser feito misturando o material com água limpa em uma masseira até obter-se uma mistura pastosa e homogênea.

Deverão ser feitas duas misturas, uma para ser aplicada com desempenadeira na proporção de 3 volumes de material para 1 volume de água. A outra mistura será a utilizada para ser aplicada com brocha de piaçaba na proporção de 2 volumes de material para 1 volume de água.

A mistura deverá ser aplicada sobre emboço sarrafeado, bem áspero. Aconselha-se, quando do sarrafeamento do emboço, utilizar-se régua de madeira para se obter a aspereza desejada da superfície. O emboço deverá ser molhado abundantemente ou então utilizado um “primer” de fundo antes da aplicação do produto, tomando-se cuidado de aplicar o produto sobre o “primer” ainda molhado para que a aderência não seja prejudicada.

O *travertino* deverá ser aplicado bem pastoso, em camada de cerca de 4 mm de espessura, com a desempenadeira de madeira. Desempenar ligeiramente o material ainda fresco.

Em seguida, imergir a brocha de piaçaba no próprio *travertino* mais liquefeito e projetá-lo com força sobre o fundo desempenado de maneira a perfurá-lo com as gotículas. O movimento com a brocha de piaçaba deve ser feito no sentido horizontal.

Finalmente, espera-se o ponto ideal para alisar-se o revestimento superficialmente com a colher de pedreiro ou com a desempenadeira de aço, conservando-se parte dos furos até conseguir-se o efeito desejado do mármore *travertino*. O mesmo procedimento com as emendas que tivermos no caso da massa raspada deverá ser aplicado neste caso. Agradecemos a Quartzolit S.A. pelas valiosas informações prestadas.

Revestimentos acrílicos

Granulares

Este tipo de revestimento é composto por grãos de mármore ou dolomita, tratados e pigmentados industrialmente e aglutinados com resina. Existem vários fabricantes desse revestimento, que dão nomes comerciais a esse produto, a exemplo do "Sunplast" da Tecnosun – Indústria e Comércio, "Grani-mármore Plus" da Ibratin – Tintas e Revestimentos e o Granigliato da Rev-plast – Indústria e Comércio Ltda.

O produto deverá ser aplicado sobre substrato (emboço), executado com traço 1: 3: 8: em volume (cimento, cal e areia), esperando-se sempre o tempo de cura da argamassa de no mínimo trinta dias.

Sobre o substrato (emboço) deverá ser aplicada uma camada de líquido selador; o fabricante deverá ser o mesmo do produto a ser aplicado. As demãos necessárias deverão obedecer às instruções de cada fabricante, em geral uma ou duas demãos são suficientes. Deixar secar pelo menos seis horas.

A fachada a revestir deverá ser dividida em painéis menores, possibilitando que o revestimento destes painéis seja executado de uma só vez, sem interrupção.

A divisão em painéis deve ser feita com fita crepe no sentido vertical. O revestimento é aplicado e espalhado com uma desempenadeira de aço isenta de ferrugem, sendo o excesso retirado com desempenadeira de plástico. O aparecimento de grãos maiores do revestimento indica que foi atingida a espessura correta da camada, que, em geral, atinge a espessura de 3 mm.

É importante identificar o momento certo para conferir o acabamento final, de forma a evitar dois extremos: molhado demais, o revestimento adere à desempenadeira seco demais, o revestimento não desliza, impossibilitando o trabalho. Para manter a textura consistente e uniforme, o movimento de aplicação da desempenadeira deve ser sempre no sentido vertical.

A desempenadeira deve ser constantemente limpa em água, para evitar a aderência de materiais que possam comprometer o acabamento.

Para dar continuidade ao serviço, deve-se retirar a fita crepe utilizada para definir o painel a ser revestido. Deixa-se secar o produto por no mínimo seis horas. Antes de iniciarmos o próximo painel a ser revestido, devemos colocar a fita crepe sobre o revestimento aplicado e seco, para desta maneira obtermos emendas perfeitas. O consumo desse produto é de 4 a 6 kg por metro quadrado aplicado.

Texturizados

São produtos 100% acrílicos, de média camada, hidro-repelentes e com pigmentos de alta resistência aos raios ultravioletas, o que impede o desbotamento das cores. Possuem alto poder de aderência e durabilidade.

Alguns fabricantes fornecem o produto já pronto para o uso; com outros é necessário o preparo, que geralmente consiste de uma simples diluição com água, na proporção especificada. São aplicados sobre o emboço, o qual deverá ser executado nas mesmas condições descritas para os produtos granulares.

Por se tratar de produto que não aceita retoque, as superfícies a revestir deverão ser de dimensões compatíveis a serem executadas em uma jornada de trabalho. Deve-se utilizar nesses casos a fita crepe de maneira idêntica à descrita anteriormente.

O procedimento a ser seguido para a aplicação do produto é em função do especificado pelo fabricante. Alguns recomendam uma demão de selador e duas do produto, outros recomendam a aplicação de duas demãos do produto, sendo a primeira mais diluída. O que não difere, no entanto, é a forma de aplicação das demãos do produto. A primeira é feita com rolo de lã, deixando-se secar por 6 horas no mínimo. A segunda demão é aplicada também com rolo de lã e, em seguida, dá-se o acabamento texturizado, passando-se o rolo alveolar (rolo de espuma com a superfície furada). Deve-se tomar o cuidado de se passar esse rolo sempre na mesma direção, de baixo para cima na vertical.

Obtém-se uma textura mais fechada ou mais aberta, conforme o número de passadas do rolo alveolar. Uma passada, textura mais aberta, duas passadas, textura mais fechada. O rendimento do produto é de aproximadamente 1,2 kg/m^2.

Revestimento de gesso

Com a evolução da fabricação de materiais para alvenaria, tais como: blocos de concreto, blocos cerâmicos e blocos sílico-calcários, que possuem uma definição muito boa de dimensões e acabamento, as empresas de construção passaram a utilizar-se do pó de gesso como revestimento para alvenarias executadas com estes materiais, tendo em vista a uniformidade das superfícies a revestir e também o bom produto final no que diz respeito a prumo e nivelamento das paredes.

O pó de gesso é misturado em água limpa, até que se obtenha uma pasta de gesso, com consistência que permita que esta seja espalhada pela alvenaria com a utilização de desempenadeira de aço lisa, proporcionando uma camada de gesso com uma superfície lisa e uniforme.

Desde que a alvenaria esteja assentada, em perfeitas condições de alinhamento, prumado e nivelado, a aplicação do gesso é feita de forma direta sobre a alvenaria; caso contrário não se recomenda a utilização deste processo, considerando-se que, sendo a camada de revestimento muito fina (5 mm), não será possível qualquer tipo de retoque, visando a correção das imperfeições que porventura apareçam.

O engenheiro, para poder aprovar o serviço executado, deverá passar a palma da mão na parede revestida e não sentir ondulação, sinal de um serviço bem executado. Deverá também observar os encontros entre paredes, e entre paredes e teto, que formam uma linha horizontal ou vertical. Essa linha deverá ser uma reta perfeita, sem ondulação ou inclinações, se isto ocorrer, o serviço será refeito.

Como o gesso não possibilita o retoque ou arremate, a correção do defeito deverá ser feita, retirando-se toda a camada de gesso aplicada. Caso o defeito verificado seja muito proeminente, aconselhamos que seja feita a regularização das superfícies com argamassa de cimento e areia e, posteriormente, o revestimento de gesso. É obvio que isso só se aplica em pequenos trechos de alvenaria a ser corrigido, pois do contrário não faria sentido a utilização do gesso como revestimento.

Não aconselhamos que o gesso seja aplicado em paredes cujo lado externo seja a fachada do prédio, pois, com o tempo, a umidade proveniente da chuva que bate na fachada deixará o revestimento de gesso amarelado. O ideal, portanto, é utilizá-lo nas paredes, cujas duas faces sejam internas à construção.

Outro problema que ocorre com frequência é em relação às caixas esmaltadas das tomadas e interruptores, que, em contato com o gesso, enferrujam, provocando uma mancha de aspecto ruim em torno de tomadas e interruptores. Alguns engenheiros utilizam como solução as caixas de plástico. Entretanto, essas caixas apresentam o problema de que as "orelhas" de fixação dos parafusos, quando se apertam demais os mesmos, perdem a rosca, deixando assim os parafusos soltos e consequentemente as tomadas, interruptores e espelhos.

Outra solução é fazer uma faixa de requadro nas tomadas e interruptores com argamassa de cimento e areia na mesma espessura do gesso, que deverá, quando da pintura, ser revestida com massa corrida. Recomendamos, também, que os serviços de revestimento de gesso sejam feitos por profissionais habilitados.

Cantoneiras

Visando o reforço dos cantos vivos das paredes, evitando-se assim que se quebrem com a batida de um móvel ou uma pequena raspada, utilizam-se as cantoneiras de chapa galvanizada ou de alumínio. Evita-se, assim, no caso de um acidente, o remendo mal feito, que trinca com o passar do tempo e não mantém o perfeito alinhamento do canto vivo.

A colocação dessas cantoneiras é feita antes do revestimento da alvenaria, sendo fixadas com argamassa de cimento e areia (traço 1:3).

Normalmente as cantoneiras são vendidas em barras até 6 m de comprimento.

Os perfis existentes no mercado tem as formas indicadas na Figura 12-4.

Revestimento rústico

Geralmente a parte dos alicerces que aparece acima da superfície do solo deve levar um revestimento especial, pois, por estar próximo do chão, é muito batido pela chuva que respinga. Essa água respingada carrega consigo o pó que se acha no chão, sujando a parede até certa altura. Por isso é hábito revestir tal superfície até uma certa altura (cerca de 50 cm acima do solo) com um revestimento especial que sirva de proteção. Quando não podemos fazer tal proteção com pedras aplicadas sobre a parede, por causa de seu custo elevado, recorremos ao revestimento rústico.

Prepara-se uma argamassa de cimento e areia grossa (traço 1:3) e atira-se esta massa de encontro à parede por meio de uma peneira com malha de cerca de 1,5 mm. O revestimento assim obtido apresenta-se irregular, mas sendo aplicado com perícia tem aspecto agradável. Ficará bastante forte e impermeável, protegendo a parede contra a penetração de água.

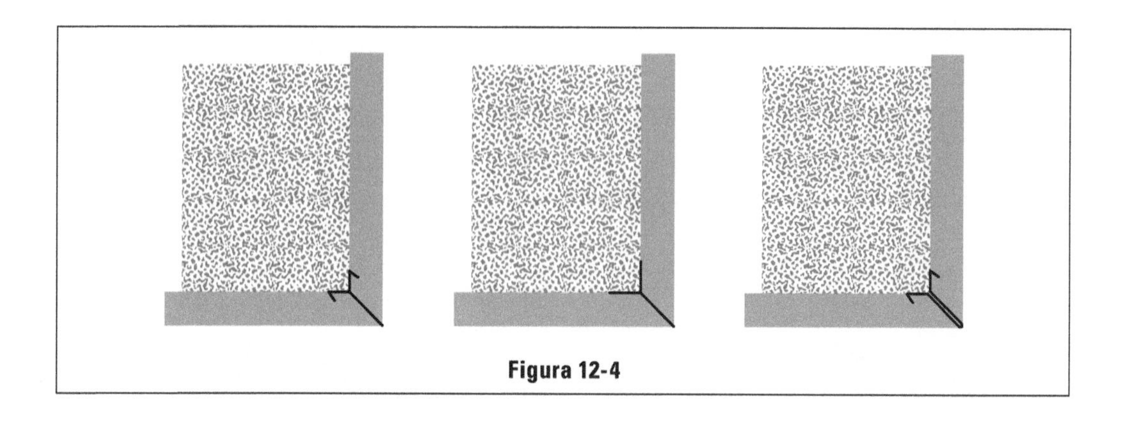

Figura 12-4

Se, em vez de argamassa de cimento e areia, utilizarmos uma argamassa mista com pouco cimento (50 kg por metro cúbico de argamassa de cal e areia), poderemos revestir todos os painéis de paredes. Às vezes, tal revestimento é usado para dar uma aparência rústica às construções, porém apresenta a desvantagem de reter muito pó, já que sua superfície é áspera.

Revestimentos nobres para alvenarias

São revestimentos empregados em grande escala atualmente, mais como efeito ornamental do que por necessidade construtiva.

Houve uma grande evolução nos tipos de materiais empregados para o revestimento de fachadas e paredes, principalmente no que se refere a produtos cerâmicos, que literalmente subiram as paredes, uma vez que sua aplicação originária sempre foram os pisos.

Já vai longe o tempo em que o comum era comprarmos uma pedra bruta em forma de grandes blocos e na própria obra eram cortados nas dimensões escolhidas para sua aplicação.

O operário que realizava esse trabalho era conhecido como "canteiro", e o serviço de revestimento de pedras "cantaria".

Os revestimentos mais usados atualmente são: cerâmicas, pastilhas, granito, mármore e pedras decorativas.

Cerâmicos

Antes de começarmos a falar sobre esse tipo de revestimento, deveremos fazer uma observação quanto ao produto mais utilizado atualmente para o assentamento de materiais cerâmicos. O nome comercial desse produto é Cimentcola, fabricado pela Quartzolit. É utilizado para o assentamento de azulejos, ladrilhos cerâmicos e pastilhas. Trata-se de um pó inodoro e não inflamável, composto de cimento CP-320, areia classificada e aditivos especiais. Poderá ser aplicado sobre o emboço, concreto limpo, blocos de concreto bem alinhados, blocos sílico-calcários bem alinhados e molhados antes da aplicação.

O preparo é feito adicionando água ao Cimentcola na proporção 1:4, um volume de água para quatro volumes do produto. Misturar bem, deixando a argamassa em repouso por 15 minutos, sendo necessário remisturá-la antes do uso.

Os azulejos e ladrilhos cerâmicos são aplicados a seco, sem a imersão prévia em água.

A aplicação da argamassa de Cimentcola deverá ser feita com desempenadeira de aço dentada, formando cordões e sulcos paralelos de 7 mm sobre a superfície a revestir. Deve-se estender material suficiente para a utilização por período aproximado de 15 minutos sobre a superfície a revestir, em se tratando de revestimentos interiores. No caso de revestimento exteriores, esse tempo passa a ser de 5 minutos.

O Cimentcola deve ser preparado em pequenas quantidades, o suficiente para ser utilizado por um período máximo de até 3 horas.

Caso apareça uma leve película esbranquiçada (início de secagem) na superfície do Cimentcola estendido, motivada por demora de aplicação dos elementos cerâmicos ou por condições climáticas, o que poderá diminuir a aderência do material, deve-se umedecer essa superfície levemente com uma brocha.

O consumo desse material varia entre 3 a 5 kg por metro quadrado. É comercializado em sacos de 10, 20 ou 25 kg.

Nota-se então o cuidado que deverá ser tomado quando da execução da alvenaria e do emboço nas áreas a serem revestidas com materiais cerâmicos, com o uso de Cimentcola, pois a película formada pelo produto é muito fina, não permitindo que as falhas de execução da alvenaria ou emboço, no que se refere a prumo, esquadro e ondulações, sejam corrigidas quando da colocação do revestimento cerâmico, o que acarretará um serviço de péssimo acabamento visual.

Os revestimentos cerâmicos mais utilizados atualmente são as peças cerâmicas 10 × 10 cm e 7,5 × 7,5 cm, produzidas pelas cerâmicas de primeira linha do mercado e as placas de cerâmica extrudidas, conhecidas comercialmente como cerâmica "Gail".

Cerâmica 7,5 x 7,5 cm e 10 x 10 cm

Revestimento cerâmico com acabamento em textura acetinada ou textura brilhante nas mais variadas cores, com excelente resistência às intempéries e à abrasão. A aplicação desse material é feita com Cimentcola sobre o emboço.

Recomenda-se que na hora da compra se adquira cerca de 10% a mais de material do que a área a ser recoberta, que será suficiente para cortes e eventuais manutenções.

No momento do recebimento do material na obra, verificar se todas as embalagens têm as mesmas referências e indicações de tamanho, cor e classificação. As peças devem ser retiradas de diferentes caixas ao mesmo tempo (5 ou 6 caixas de cada vez) e misturadas, pois dessa maneira consegue-se um melhor efeito visual do conjunto. Os recortes das peças deverão ser feitas com ferramentas de vidia ou diamante, para se obter um acabamento perfeito.

Para maior aderência de material cerâmico à superfície a revestir, as peças possuem um sistema de garras, que deverão ser totalmente preenchidas pela argamassa de assentamento. Essas garras possuem o formato de "asas de andorinha", conforme a Figura 13-1.

A cerâmica não deve ser molhada antes do assentamento.

Alguns fabricantes entregam as peças em painéis de 16 peças, para tamanho de 7, 5 × 7, 5 cm e de 9 peças para tamanhos de 10 × 10 cm.

A cerâmica Portobello possui um sistema exclusivo de entrega desses painéis, chamados "Belpoint", em que as peças são unidas por pontos de cola na parte não acabada das peças. (Figura 13-2) Esse sistema permite que os painéis sejam completamente limpos e visíveis em telas ou papéis. E também que as juntas de espaçamento das pastilhas sejam constantes e uniformes. O rejuntamento deverá ser feito com cimento e pó de quartzo, no traço de 1:2, uma parte de cimento e duas de pó de quartzo.

Cerâmica "Gail"

Tipo de revestimento cerâmico extrudido, com uma grande variedade de dimensões e cores, possibilitando inúmeras opções de uso.

Visando facilitar a escolha do produto adequado à sua finalidade, foram criadas as categorias industrial, comercial, ouro preto, esmaltado e brickskin.

A categoria *industrial* foi desenvolvida para resistir a ataques mecânicos, a corrosivos, óleos, graxas, produtos químicos, abrasão, bactérias, germes e variações térmicas. As dimensões das peças são 240 × 115 mm e a espessura varia de 13, 14, 17 e 30 mm, de acordo com a necessidade de utilização.

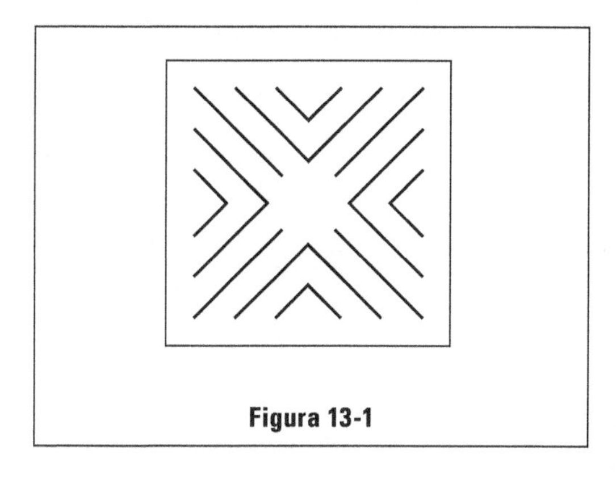

Figura 13-1

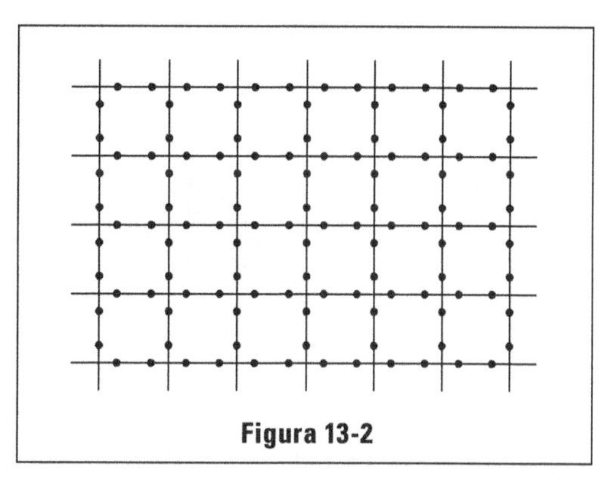

Figura 13-2

A categoria *comercial* foi desenvolvida para atuar nas áreas de tráfego intenso (lanchonetes, "shoppings", bancos etc). As dimensões das peças são 240 × 115 mm, 196 × 95 mm, 150 × 150 mm e 240 × 52 mm. O acabamento apresenta um aspecto da cerâmica natural.

A categoria *Ouro Preto* é utilizada tanto em edifícios comerciais quanto residênciais, onde se requer um padrão superior de acabamento. As dimensões das peças são 240 × 115 mm, 240 × 52 mm e 115 × 115 mm. O acabamento apresenta um aspecto uniforme no que se refere a cor das peças.

Na categoria *esmaltada*, as peças são de cerâmica extrudida com esmalte e cores especiais, e desenvolvidas para suportar as mais severas condições de utilização. Encontram-se nas dimensões de 240 × 115 mm, 115 × 115 mm, 196 × 95 mm e 240 × 52 mm.

A categoria *brickskin* apresenta um acabamento semelhante ao tijolo à vista, podendo as peças serem assentadas na vertical ou horizontal. Existem peças especiais de acabamento para serem aplicadas nas quinas das paredes, fazendo o revestimento parecer realmente com o tijolo à vista. Figura 13-3. O assentamento desse tipo de cerâmica é feito tomando-se inicialmente o cuidado de separá-los por bitola e por tonalidade, constantes no campo de identificação das embalagens.

Uma vez identificada a cerâmica pela bit/ton, calcule bem a superfície a ser revestida antes de iniciar o assentamento, para que sejam utilizadas em sequência todas as cerâmicas com suas respectivas bit/ton, necessárias para revestir a área escolhida.

Em se tratando de cerâmicas que se apresentam com nuances, no caso os tipos de arquitetura *Flash* e *Ouro Preto*, deverá ser feita uma mesclagem prévia, antes do início do assentamento, misturando-se as placas cerâmicas sempre do mesmo grupo de bit/ton, para se conseguir o padrão final desejado. As juntas de espaçamento deverão ter entre 7 e 9 mm entre as placas cerâmicas. Esse trabalho será facilitado com a preparação de um cantilhão (gabarito), isto é, uma régua de madeira, onde você vai demarcando em escala a dimensão da peça a ser colocada, somando-se também a medida da junta de espaçamento e com a fixação de

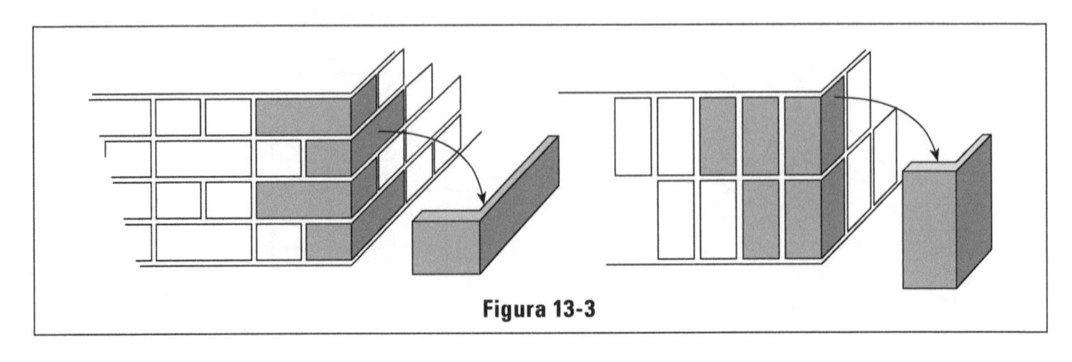

Figura 13-3

um prego em cada demarcação, para prender a linha de referência que determina o alinhamento das placas cerâmicas, fiada por fiada, no sentido longitudinal.

Dessa maneira, você deve confeccionar duas réguas-gabarito, no comprimento desejado, para serem fixadas uma em cada cabeça de pano a ser iniciado, sempre a prumo. A seguir estende-se sobre o emboço uma quantidade de Ciment-cola, segundo as recomendações do fabricante e inicia-se a colocação das peças, não se esquecendo de que deverão estar a prumo e em nível. Verifique também que no ato do assentamento as garras das cerâmicas sejam totalmente preenchidas e compactadas com a argamassa de assentamento para que não surjam falhas (espaços vazios) sob as cerâmicas, que possam causar a infiltração lenta das águas com posterior eflorescência, após reagir com o carbonato, afluindo em suspensão aquosa, com deposição sucessiva, em camadas de solução incrustante na superfície das placas cerâmicas assentadas na fachada.

O assentamento deve ser iniciado de baixo para cima, corrida a primeira fiada apoiada em um sarrafo. As peças não devem ser molhadas antes do assentamento. Para se criar o berço adequado para o rejuntamento, é necessário que se deixe uma junta com 8 mm de profundidade, e a argamassa para o rejuntamento deverá ser composta de uma parte de cimento portland para duas partes de pó de quartzo e deve-se iniciar o rejuntamento 24 horas após o assentamento, adicionando água o suficiente para dar plasticidade à argamassa.

Feito isso, a argamassa deve ser aplicada por meio da desempenadeira, removendo-se o excesso com a mesma desempenadeira em movimento diagonal em relação às juntas. O rejuntamento deve ficar cheio, compactado, polido e nivelado com a superfície das placas cerâmicas.

Nunca deve-se deixar que resíduos de argamassa de assentamento ou de rejuntamento curem sobre as cerâmicas, devendo-se removê-los ainda em estado úmido por intermédio da esponja umedecida sempre em água limpa.

Granito e mármores

Bastante utilizados em obras de alto padrão, as placas de granito e mármores possuem uma variedade muito grande de cores, o que permite as mais variadas opções de acabamento.

A superfície pode ser polida, lustrada, rústica ou levigada.

O assentamento poderá ser feito com argamassa de cimento e areia, traço 1:2, para peças e áreas de pequenas dimensões.

Existe também a opção de utilizarmos parafuso e bucha como reforço de fixação para as peças, o que não é aconselhável, dependendo do tipo de granito ou mármore utilizados, que faz a cabeça dos parafusos ficar aparente, dando um aspecto muito desagradável no trabalho final.

A empresa Moredo S.A. – Pedras, Mármores e Granitos – desenvolveu um sistema de fixação de placas que sem dúvida trata-se do mais eficiente processo para assentamento de placas de grandes dimensões. Esse processo é especialmente recomendado para fachadas de grandes edifícios. Nesse sistema as placas são encaixadas em suportes de aço galvanizado e aço inoxidável, fixos nas fachadas por meio de chumbadores "parabolt", por uma ranhura no topo da placa. O furo na peça do sistema de fixação, que se encaixa na placa de mármore ou granito, é ovalado; dessa maneira permite-se um ajuste para que as placas fiquem corretamente aprumadas entre si. Figura 13-4.

É um sistema muito superior ao tradicional, pois elimina o uso de argamassa de assentamento, telas de fixação e regularizações.

Pastilhas

Após caírem por longo tempo em desuso, voltam a ser empregadas com relativa intensidade em fachadas de edifícios. Por serem um revestimento durável e de preço relativamente mais baixo que outros tipos de revestimento existentes no mercado, torna-se uma opção bastante interessante de acabamento.

São pequenas peças de material cerâmico coladas sobre papel grosso, formando painéis que facilitarão sua colocação. Suas dimensões são de 2,5 × 2,5 cm ou 4 × 4 cm, podendo ter acabamento esmaltado ou não.

O processo de colocação das pastilhas consiste na aplicação de uma camada de Cimentcola sobre o emboço; com essa camada ainda fresca marca-se no centro da parede dois pontos em nível, utilizando-se o nível de borracha. Entre as marcas em nível estende-se a linha de pedreiro, que deverá ser batida contra a camada de Cimentcola, marcando-se desta maneira o nível na parede. Com o auxílio do

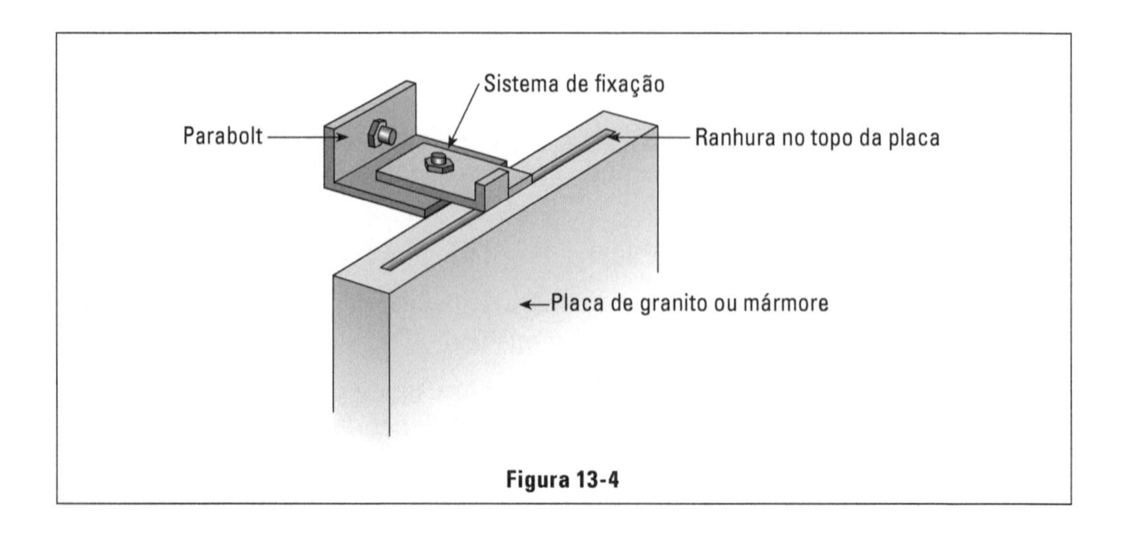

Figura 13-4

prumo, traça-se uma linha perpendicular à linha de nível, obtendo-se assim um esquadro perfeito para iniciarmos os serviços de colocação das pastilhas.

Em um caixote, deverá ser preparada uma nata de cimento branco na plasticidade desejada. Apoiar os painéis de pastilhas sobre o caixote com a nata de cimento branco com o papel voltado para baixo. Com o auxílio da colher de pedreiro, espalhar sobre a primeira placa de pastilha uma camada de nata, de modo a preencher as juntas e deixar uma fina camada sobre toda a placa. Molhando-se levemente a parede, colocar a placa com o lado coberto com a nata contra a parede com o auxílio das mãos.

Observar as linhas de prumo e nível traçadas.

Após serem colocadas 5 ou 6 placas de pastilhas, devem ser feitos dois cortes verticais em cada placa com a ponta da colher, para que sejam expelidas as bolhas de ar que se formam entre a parede e a placa, com o auxílio do batedor (pedaço de viga de peroba) e martelo. Todas as placas colocadas deverão ser batidas.

Após a colocação e a secagem de todas as placas, deveremos retirar o papel, com o auxílio de uma solução de soda cáustica, preparada na proporção de 250 gramas de soda para 5 litros de água.

Com o auxílio da brocha, molhamos o papel, sempre no sentido de cima para baixo, até que fique bem úmido. Espera-se cerca de 5 minutos e, com a ponta da colher de pedreiro, retira-se todo o papel com o cuidado de não descolar as pastilhas. Após a retirada do papel, lava-se as pastilhas com água para que seja retirado o excesso de cola de sua superfície.

O rejuntamento das pastilhas é feito com nata de cimento branco, utilizando-se um rodo de borracha, sem cabo. Todas as juntas deverão ser preenchidas e não se deve deixar excesso de nata sobre as pastilhas. Deixando-se secar por algum, tempo, limpa-se o pó, com o auxílio de uma estopa úmida.

A limpeza final é feita com uma solução de ácido muriático na proporção 5:1 (cinco partes de água e uma de ácido).

Pedras decorativas

Mais utilizadas atualmente para revestimentos de muros, embasamentos e detalhes de fachadas ou paredes. São assentadas diretamente sobre a alvenaria, com argamassa de cimento e areia no traço 1:3.

Os tipos mais comuns são: granito, quartzo branco ou rosa, pedra mineira, pedra são tome, itacolomi e dolomita.

Revestimentos de áreas molhadas

O código de edificações do Município de São Paulo prevê, como obrigatório, o revestimento das paredes das áreas molhadas (banheiros, cozinhas, bem como garagens, lavanderias etc.) em material lavável e impermeável. Diversos outros municípios seguem o mesmo código. Inegavelmente é uma necessidade, desde que nesses cômodos se usa água em abundância, podendo haver infiltração nas paredes caso não estejam impermeabilizadas.

Os materiais empregados para se obter a impermeabilidade são diversos. Entre eles os mais comuns são:

1. barra lisa
2. barra de estuque-lustre
3. azulejos
4. pintura acrílica texturizada
5. laminado melamínico (fórmica)

Barra lisa

Tem grande importância pelo fato de ser aceito pelo "código de obras" como revestimento de peças sanitárias e constituir o mais econômico entre todos. É, portanto, a solução ideal para satisfazer a essa exigência quando se constrói com grande economia. A argamassa para confecção da barra lisa é composta de massa fina com cimento de proporção de 1:1 ou 1:2. A massa fina, por sua vez, como vimos em capítulo anterior, é composta de areia fina e de cal. O fator mais importante é o de a areia ser, de fato, a mais fina possível. Essa massa é aplicada sobre o revestimento grosso no qual se dosou também um pouco de cimento. Depois de estendida sobre a parede, com uma espessura de aproximadamente 5 mm, é alisada com a colher de pedreiro até que se consiga uma superfície perfeitamente lisa e até com certo brilho.

Para isso, o pedreiro, ao alisar com a colher, vai atirando cimento sobre a superfície umedecendo-a com a brocha. Para se evitar a possibilidade de aparecimento de rachas com a dilatação da massa, é aconselhável fazer-se juntas de dilatação. Estas não passam de fendas riscadas sobre a massa quando ainda mole. Esses riscos podem ser feitos no sentido vertical, espaçados em, aproximadamente, 75 cm, formando assim painéis de 0,75 × 1,50 m. Na parte superior, costuma-se fazer uma fenda horizontalmente, a 7 cm do limite superior, com a ideia de se limitar uma faixa como a dos azulejos. A Figura 14-1 mostra um trecho de parede revestida com barra lisa, destacando-se os riscos referidos.

Barra de estuque-lustre

Se substituirmos a areia fina por pó de mármore e o cimento comum pelo cimento branco e ainda acrescentarmos uma pequena porção de gesso, teremos a transformação da barra lisa em estuque-lustre. Alguns chamam de estuque "lúcido". A dosagem do estuque é 45% de cimento branco, 45% de pó de mármore, 10% de gesso. Costuma-se ainda acrescentar um pouco de secante e o corante necessário para dar a tonalidade requerida. Outra composição também usada é a massa fina, cimento branco e pequena parte de gesso, adicionando o corante que se queira.

E, portanto, uma barra lisa melhorada, já que seus componentes são mais puros. O cimento branco e o pó de mármore fazem a massa ficar inteiramente branca, aceitando muito bem a cor que se deseja. Pode-se também aplicar em branco mesmo, com a inconveniência de escurecer um pouco depois de aplicada. O melhor será a aplicação numa só cor bem clara. Os estucadores tentam, às vezes, imitar o mármore, aplicando corantes diversos, porém o resultado é sempre negativo. Fiquemos numa só cor e bem clara. Quando bem aplicado, o estuque-lustre satisfaz perfeitamente à condição de impermeável e de economia. Normalmente, seu custo atinge cerca de 25% da barra de azulejos brancos.

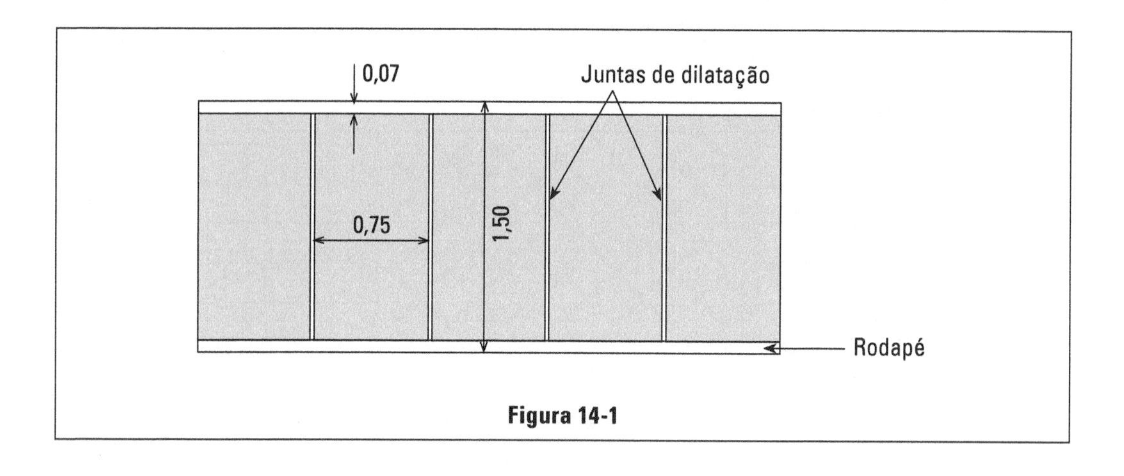

Figura 14-1

Azulejos

Entre os materiais empregados para o revestimento das áreas molhadas, destaca-se como o mais conhecido e usado o azulejo. É um material cerâmico ou louça vidrada. É fabricado normalmente em formato quadrado 15 × 15 cm ou 20 × 20 cm e retangular 20 × 30 cm. O mais utilizado é o tamanho 20 × 20 cm, e o 15 × 15 já não tem boa aceitação no mercado, sendo utilizado em obras populares. Alguns fabricantes já pensam em abandonar sua fabricação.

Existe hoje uma infinidade de tipos de acabamentos de azulejo: brancos, coloridos, decorados e com detalhes em alto relevo.

Aliás, é interessante que se conheça a origem da denominação "azulejos" empregada para esses ladrilhos. Originalmente vinham de Portugal e eram sempre decorados em azul e branco, daí o nome. Ainda é possível encontrá-los decorando fachadas de construções muito antigas; eram também muito empregados na decoração de fontes e chafarizes.

Com a finalidade de dar um melhor arremate no encontro de dois painéis de azulejos e também evitar que as quinas sejam quebradas com facilidade, utiliza-se cantoneiras de alumínio.

Antigamente era comum a utilização de azulejos à meia-altura ou meia parede, e então utilizava-se para dar terminação na parte superior de um painel peças com dimensões de meio azulejo, chamadas faixas. Hoje em dia, os fabricantes voltaram a fabricar as faixas, porém, com a colocação de azulejos até o teto, elas passaram a ter um caráter meramente decorativo. Normalmente, possuem cor ou acabamento diferenciados do azulejo utilizado no revestimento.

As maneiras mais comuns de assentamento de azulejos são: junta a prumo, em diagonal e em amarração. (Figura 14-2) A primeira maneira de assentamento (a prumo) exige cuidado na escolha dos azulejos, de forma a não apresentar grande diferença nos tamanhos, que seria facilmente acusada quando de seu assentamento. As outras duas disfarçam bem eventuais diferenças; salienta-

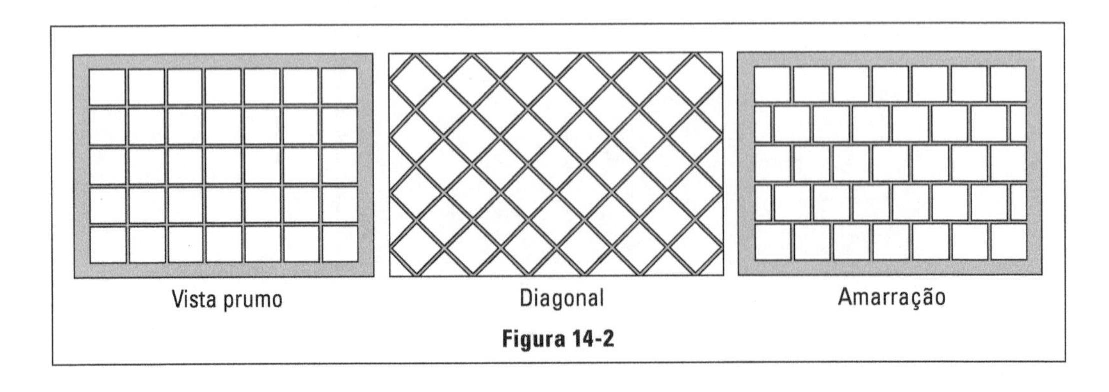

Figura 14-2

mos, porém, que, no caso da colocação em diagonal, o preço da mão de obra de colocação é maior que para os outros, bem como a perda de material.

Os azulejos hoje em dia são assentados com Cimentcola, o que torna o trabalho muito mais rápido e limpo. Também por esse processo, elimina-se o eterno problema do "azulejo oco". Isso ocorria quando se assentava azulejo com argamassa, que era colocada sob ele e, em seguida, posto na parede e batido com o cabo da colher de pedreiro. Acontecia que o azulejista não preenchia a totalidade do azulejo com argamassa, deixando os cantos vazios, que, depois de colocados nas paredes, partiam-se à menor pancada que recebessem.

A argamassa de Cimentcola é espalhada sobre o emboço com desempenadeira de aço dentada e o azulejo colocado sobre a argamassa.

Tanto o preparo da argamassa como os cuidados com a aplicação foram descritos no capítulo anterior. Uma das grandes diferenças entre a forma tradicional de assentamento e a com Cimentcola é que nesta última o azulejo é assentado seco, enquanto na primeira o azulejo ficava submerso em água antes da aplicação.

O assentamento do azulejo deverá ser feito de baixo para cima e sempre antes da colocação do piso, pois, dessa maneira, não só protegemos o piso, como também proporcionamos um melhor acabamento no encontro do azulejo com o piso. Devemos primeiro assentar dois azulejos, em nível, nas extremidades da parede a revestir. Em seguida, com o fio de prumo, alinhamos no sentido vertical, com cada um dos azulejos em nível e outros dois azulejos guias na parte superior. Temos então as guias horizontais e verticais para iniciarmos a colocação dos azulejos. Entre os azulejos da guia horizontal estica-se uma linha, que servirá de referência da altura dos azulejos e espessura da argamassa dos azulejos assentados entre eles. (Figura 14-3)

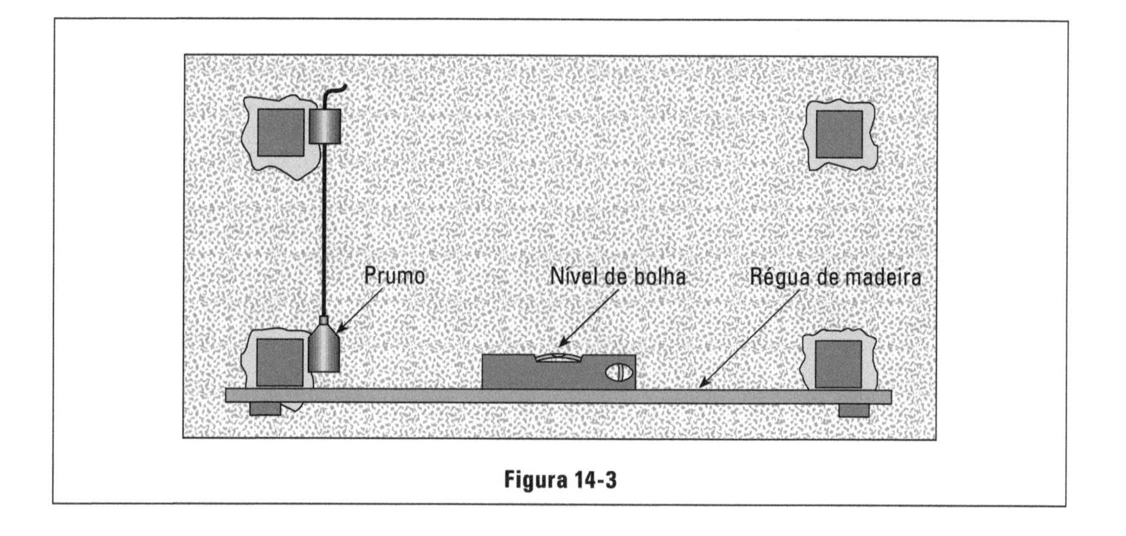

Figura 14-3

Os azulejos deverão ser rejuntados com uma pasta, composta de cimento branco e alvaiade, no traço 2:1, ou seja, duas partes de cimento branco para uma de alvaiade.

O alvaiade tem a propriedade de conservar branco por bastante tempo o rejuntamento.

A pasta de rejuntamento é aplicada com rodo de borracha sem cabo, não se devendo deixar qualquer excesso de pasta sobre os azulejos. Assim que o rejunte fique seco, limpa-se o pó que fica sobre os azulejos com estopa úmida. O rejuntamento só poderá ser feito após a completa secagem da argamassa de assentamento.

Já existe no mercado massa pronta para o rejuntamento, sendo bastante favorável a sua aceitação pelos azulejistas.

Cantoneiras de alumínio

Para obtermos um perfeito acabamento nos cantos-vivos das paredes azulejadas e também reforçá-los contra batidas acidentais, evitando-se a quebra de azulejo, cuja reposição torna-se sempre um trabalho chato de ser feito e que normalmente nunca fica bom, utilizamos as cantoneiras de alumínio. Estas cantoneiras são fixadas na argamassa de assentamento do azulejo e ficam externas conforme a Figura 14-4.

Pintura acrílica texturizada

Trata-se de um revestimento novo, com ótima aderência, impermeabilidade e lavabilidade, que pode ser empregado em áreas molhadas como opção ao revestimento de azulejo.

O acabamento é obtido aplicando-se três produtos: fundo, brilho e vitrificador impermeabilizante.

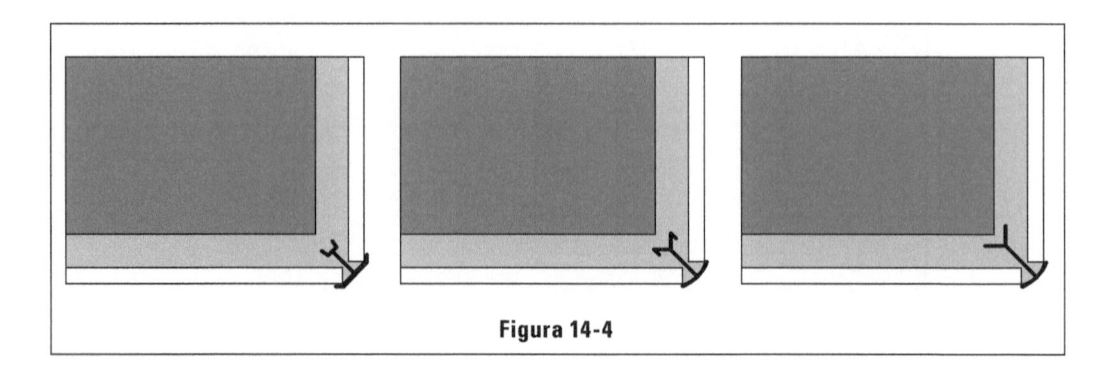

Figura 14-4

A aplicação consiste em uma primeira demão de fundo, utilizando-se rolo de lã, deixando-se secar por 6 horas. Em seguida, aplicar a segunda demão do produto, com rolo de lã e, a seguir, com o rolo alveolar para conferir o aspecto texturizado. A última passagem do rolo deve ser feita de uma maneira constante para se obter uma textura uniforme. Deixar secar por 48 horas. Em seguida, aplicar uma demão de brilho com rolo de lã comum e aguardar outras 48 horas para a secagem. Aplicar o vitrificador em uma ou duas demãos, dependendo do brilho desejado.

Laminado melamínico

Popularmente conhecido como "fórmica" é também uma opção de acabamento para áreas molhadas, sendo seu custo muito elevado em relação ao azulejo. Possui acabamento liso ou texturizado e várias opções de cores. O material é entregue em placas, que são coladas diretamente sobre o emboço, que deverá ser áspero para facilitar a aderência.

Preparação dos pisos em concreto magro

Quando se trata de aplicar qualquer tipo de piso no rés do chão ou andar térreo, não se pode fazê-lo diretamente sobre a terra. Deve-se fazer uma camada de preparação em concreto dosado com pouco cimento por motivo de economia. A dosagem geralmente empregada é a de 1:3:6. Nessa dosagem, teremos a seguinte composição de materiais:

a. pedra n. 2 ou pedregulho: 0,88 m^3
b. areia úmida: 0,56 m^3
c. cimento: 210 kg ou 150 litros
d. água: 200 litros

A aplicação desse concreto deve ser precedida de preparação do terreno; esta preparação é constituída de nivelamento e apiloamento. Novamente, afirmamos que o apiloamento é executado apenas com a finalidade de uniformizar a superfície e não de aumentar a sua resistência. Ele é feito porque evita que a terra solta se misture com o concreto, estragando sua dosagem. Lembramos que, se houver necessidade de aterro para atingirmos o nível requerido, e este aterro for maior do que 1,00 m de altura, deve ser feito com cuidados especiais, isto é, em camadas de 0,50 m cada uma delas, bastante regadas e apiloadas separadamente. Com isso tentamos evitar que o terreno venha a ceder depois de se ter o piso pronto, o que seria desastroso. Quando não se puder confiar num aterro recente, convém armar o concreto com ferro, calculando-se como uma verdadeira laje apoiada nas paredes laterais. Devemos também alterar a dosagem para aquelas usadas nos concretos para estruturas, como 1:2, 5:4. O nivelamento da superfície do solo será procurado tanto quanto possível, já que, com isso, economizaremos concreto.

O concreto de preparação de piso deve ser aplicado em espessura mínima de 5 cm, o que quer dizer que em certos locais sua espessura será maior (+ ou – 8 cm), pois o terreno nunca estará completamente plano e em nível, enquanto a superfície acabada do concreto deve obedecer estas condições.

A Figura 15-1 mostra como a falha do nivelamento do solo obriga a maiores espessuras de concreto.

Para que o pedreiro obtenha a superfície acabada do concreto perfeitamente plana e nivelada, deverá operar da seguinte maneira: num determinado cômodo fará inicialmente as guias, que são feitas de concreto bem niveladas. Para obter o nivelamento das guias, colocará tacos de madeira, cujo nivelamento é obtido com uma régua e o nível de pedreiro (Figura 15-2); o espaço entre dois tacos consecutivos será preenchido com concreto em excesso.

Passando a régua entre os dois tacos com um movimento lateral de vai e vem, o excesso de massa é retirado, restando a guia perfeitamente plana. A seguir fará uma segunda guia paralela à primeira e na mesma cota. Se ainda houver necessidade de maior número de guias (Figura 15-3), serão feitas da mesma maneira. O afastamento entre duas guias consecutivas dependerá do comprimento da régua utilizada, não devendo nunca ultrapassar a 4 m para evitar imperfeições. O espaço entre duas guias será agora preenchido com o concreto em abundância; passando a régua, apoiada nas guias, com movimentos laterais de vai e vem, o concreto em excesso será removido, apontando as falhas que houver; estas serão novamente preenchidas, repetindo-se a operação com régua até que não hajam mais falhas. Dessa forma, o pedreiro conseguirá uma superfície plana entre duas guias. Repete-se depois todo o trabalho entre as segundas e terceiras guias e assim por diante, até que todo o cômodo receba o concreto.

A superfície de acabamento do concreto magro, devido à presença da brita, não é homogênea e também não apresenta os caimentos necessários que os

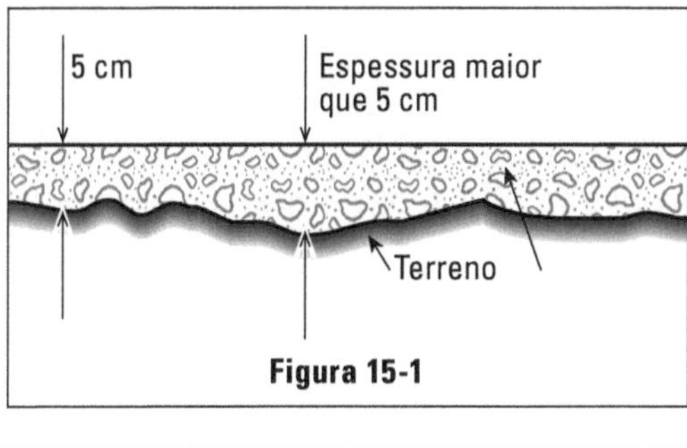

Figura 15-1

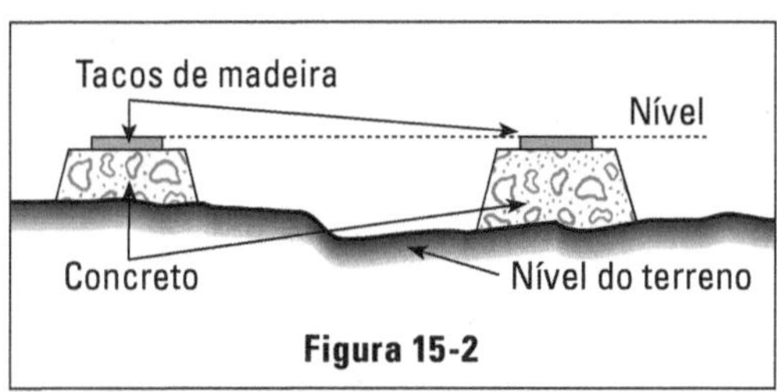

Figura 15-2

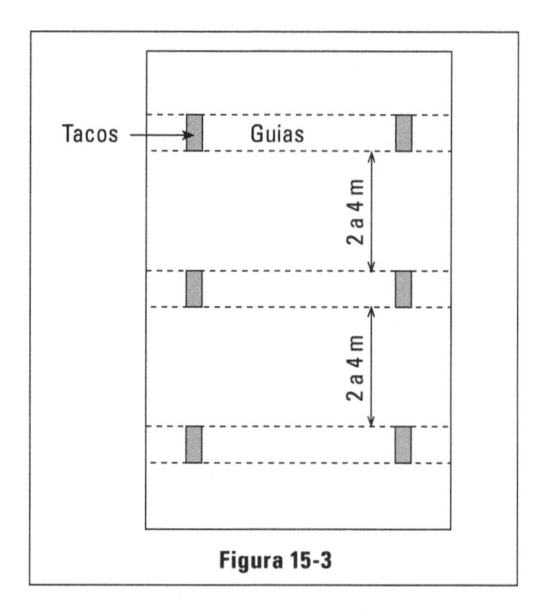

Figura 15-3

pisos deverão ter, principalmente, os pisos laváveis. O problema também ocorre no pavimento superior em que a superfície da laje que forma o piso também é irregular.

Para se resolver esses problemas, faz-se uso do que chamamos de argamassa de regularização, que permitirá a obtenção das condições necessárias de acabamento e caimento dos pisos. Essa argamassa é constituída de cimento e areia no traço 1:3. Devemos atentar de que essa camada será executada em qualquer situação, independente do tipo de piso a ser colocado sobre ela. A única diferença é se será feita antes ou ao mesmo tempo da colocação do piso.

A título de ilustração, podemos citar o exemplo da colocação de piso nas áreas molhadas. Essa colocação poderá ser feita pelo processo tradicional, que é assentar o piso sobre uma camada de argamassa de cimento e areia ainda fresca. Ou então como já é mais utilizado atualmente, executando-se a regularização do piso com argamassa de cimento e areia e, após sua secagem, aplicar o Cimentcola com desempenadeira de aço dentada e assentando-se o piso.

A espessura da camada de regularização, também chamada de contrapiso, deverá ser de dois centímetros. No entanto, devemos considerar essa espessura como sendo espessura mínima, não nos esquecendo dos desníveis que os pisos acabados apresentam, uns em relação aos outros. Exemplo: o piso da cozinha deve estar abaixo do piso da sala, para se evitar que quando da lavagem da cozinha a água não escorra pela casa. Figura 15-4.

Não devemos esquecer também da espessura dos materiais que servirão de piso, e principalmente dos caimentos necessários que devem ser dados nos pisos laváveis. Ocorrendo uma espessura muito elevada do contrapiso, principalmente sobre as lajes do andar superior, é recomendável que se aplique uma camada de material leve (argila expandida, conhecida corno sinasita) para que a camada de argamassa de regularização fique dentro de limites razoáveis (3,5 a 4 cm), não acarretando, desta forma, problemas de sobrecarga não previstas no projeto estrutural.

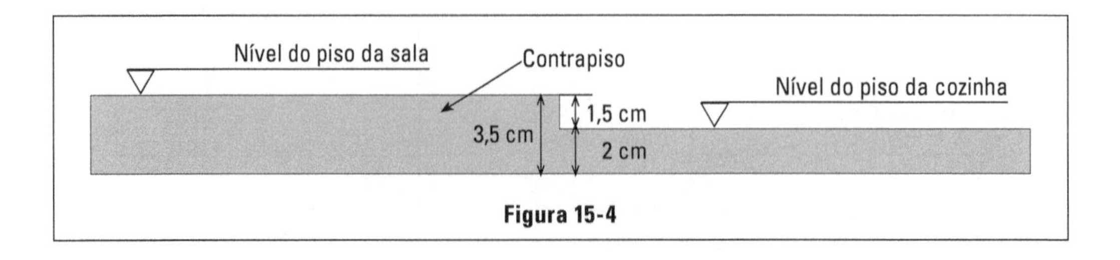

Figura 15-4

Pisos de madeira

Por exigência dos "códigos de edificações", é obrigatório que os pisos de cômodos de uso noturno (dormitórios) sejam de madeira ou material com características semelhantes. Se bem que constantemente surjam novidades no ramo, em matéria de pisos ainda não está certa a possibilidade de substituirmos os pisos de madeira com sucesso. Mesmo os "códigos de edificações" não fazem referência a tais pisos, não se sabendo, portanto, se é permitida a sua utilização em dormitórios. Nesse caso, encontra-se o piso de material plástico ou de cerâmica.

Os pisos de madeira podem ser divididos em dois tipos principais: tacos e assoalhos corridos.

Tacos

São hoje utilizados em grande escala, do que resulta o aparecimento dos mais variados modelos. São peças de madeira de dimensões reduzidas que serão aplicadas ao solo como se fossem ladrilhos. As dimensões variam, sendo as mais comuns 7 × 21 cm. (Figuras 16-1, 16-2 e 16-3)

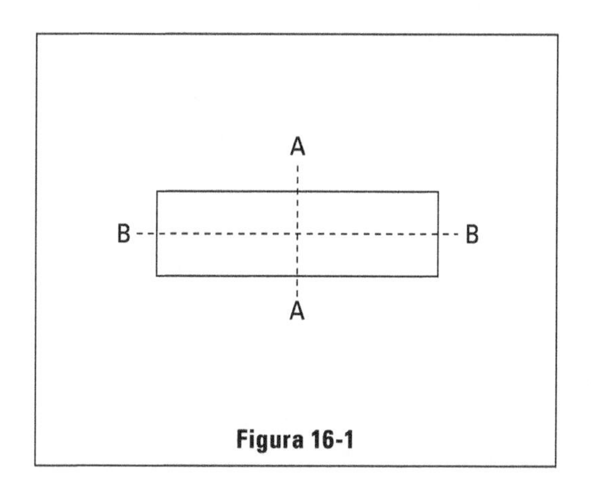

Figura 16-1

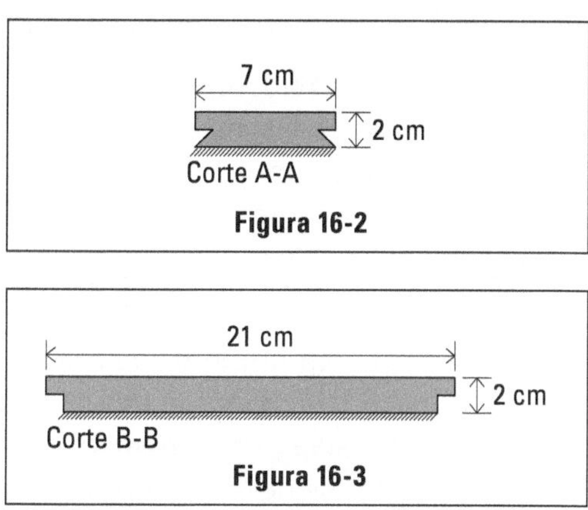

Figura 16-2

Figura 16-3

A sua parte inferior é chanfrada para que a argamassa de assentamento preencha o espaço vazio, retendo melhor o taco. O verso do taco é embebido em piche aquecido e encostado sobre pedrisco; este adere ao piche que, ao esfriar, endurece, prendendo-o. Com isso consegue-se dois objetivos; o piche impermeabiliza o taco e o pedrisco dá ao seu verso uma superfície áspera com melhor aderência à argamassa.

O taco de 7 × 21 vem acompanhado de pequena porcentagem de tacos de 7 × 7 e 7 × 14 para dar o necessário arremate ao encontro com o rodapé. Existem ainda tamanhos e formas diversas para que se consiga formar desenhos especiais: 7 × 28,7 × 35,5 × 15 etc.

Quaisquer das madeiras de lei poderão ser empregadas para tacos, variando, no entanto, a sua aplicação em função do preço e da resistência. As mais comuns são: peroba rosa, ipê e marfim. As menos comuns, mas também usadas, são: amendoim, canela, faveiro, jacarandá, sucupira, araracanga, guarucaia, acapú, peroba do campo, passuaré, arueira, braúna, óleo vermelho, pau setim etc.

De todas elas a mais usada é inegavelmente a peroba rosa conhecida com o nome de peroba apenas. Há motivos para o seu maior uso: é a madeira mais barata e apresenta um grau de dureza elevado, o que torna o piso econômico e durável. Quando se pensa, portanto, apenas em utilidade, deve-se utilizar a peroba. Caso se queira beleza ou luxo, usa-se outra madeira. Com o emprego, às vezes frequente, de carpetes, o piso de tacos não será visível. Neste caso, a melhor solução será o emprego da peroba pelas suas características: preço mais baixo e maior resistência. Não nos parece aconselhável o emprego de carpetes diretamente sobre um piso cimentado, pois diminui a durabilidade do tapete, além de tornar o ambiente menos saudável; diminui também o isolamento acústico para com o pavimento inferior (no caso de sobrado ou prédio).

Combinando duas ou mais qualidades de madeira, pode-se conseguir um desenho diferente; ainda mais se utilizarmos tacos com dimensões e formas diversas. Naturalmente, tais variações encarecem o piso.

Os desenhos padronizados e, portanto, mais econômicos, são conseguidos com tacos 7 × 21 em escamas simples (Figura 16-4) ou em ladrilhos (Figura 16-5). O desenho da Figura 16-6 (escamas duplas) é conseguido em algumas firmas sem acréscimo de preço.

Se fugirmos dos desenhos comuns, caímos nos especiais, que serão cobrados em função de sua complexidade. A variedade de figuras é enorme e pode ser encontrada em qualquer catálogo de firmas fornecedoras. Os desenhos das Figuras 16-7 e 16-8 são dos mais econômicos, enquanto o da Figura 16-9 é dos mais dispendiosos, por utilizar tacos irregulares. Esse último desenho (Figura 16-9) utiliza tacos de 7 × 35,7 × 7 e trapézios de 7 × 7 ou 14.

Há também tacos que se encaixam nos vizinhos (sistema macho e fêmea) com a finalidade de aumentar a fixação. Aliás, com esse objetivo, as tentativas são diversas: alguns apresentam pregos no verso; outros fendas ou canais etc. Mais adiante falaremos sobre o problema da fixação melhor ou pior.

Existem também ladrilhos de tacos; são placas de madeira sobre as quais são colocados diversos tacos de dimensões reduzidas. Tais placas serão assentadas como se fossem ladrilhos. O conjunto forma desenhos variados.

Mostramos, com as descrições anteriores, que a variedade de tacos é muito grande, cabendo a escolha em função da verba disponível.

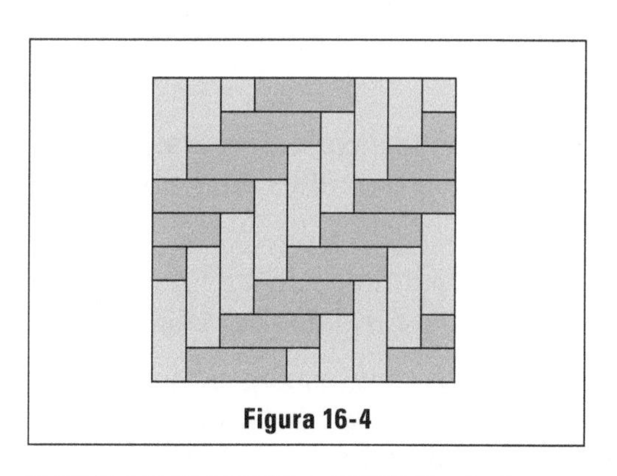

Figura 16-4

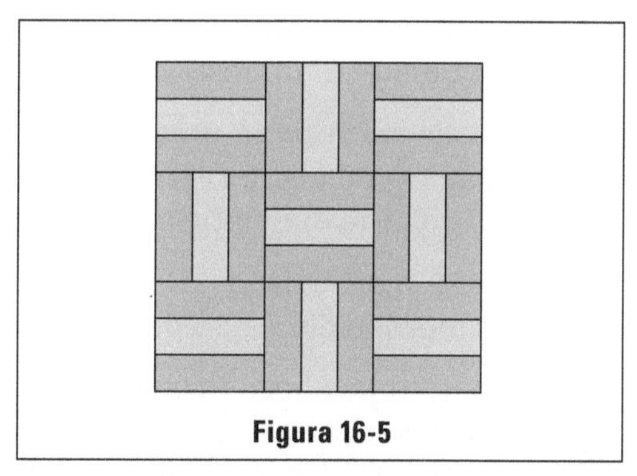

Figura 16-5

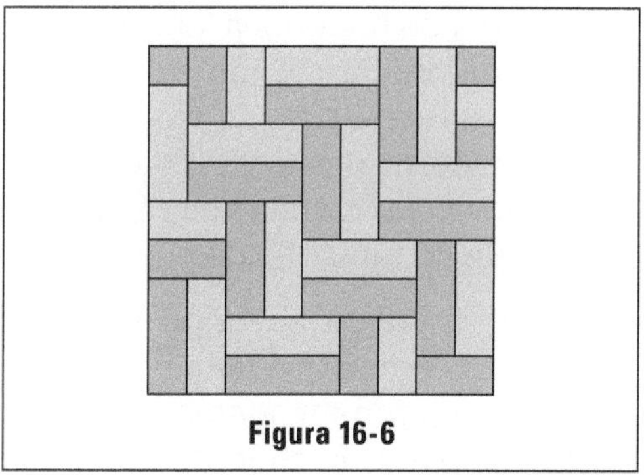

Figura 16-6

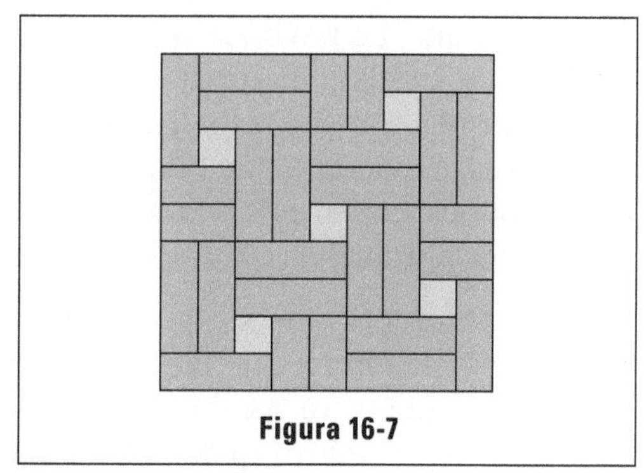

Figura 16-7

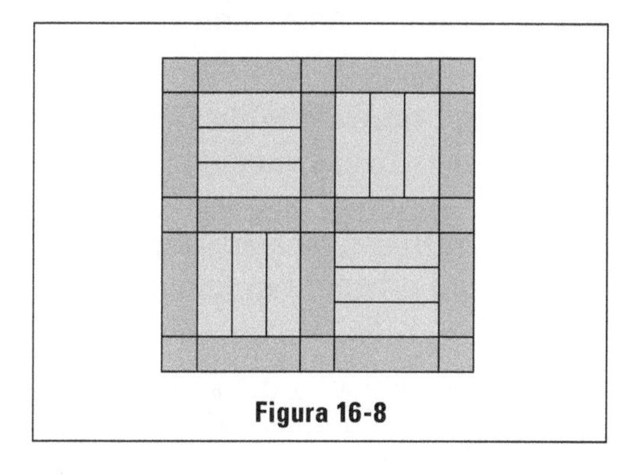

Figura 16-8

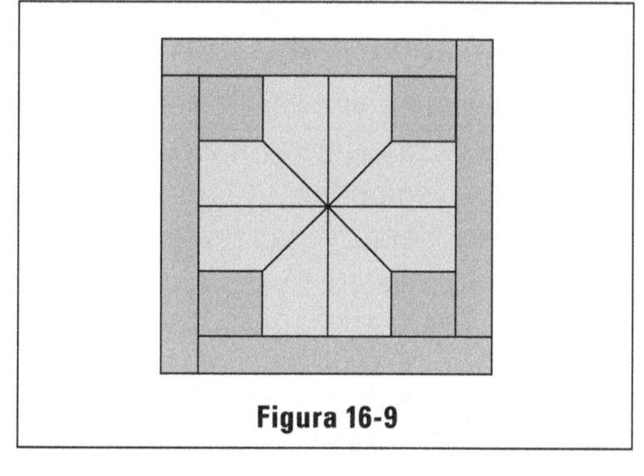

Figura 16-9

O assentamento dos tacos é feito sobre a camada de concreto de preparação de piso, quando no rés do chão e sobre a laje nos andares superiores. A colocação é feita pelos "taqueiros", mão de obra especializada; não é aconselhável entregar tal trabalho a pedreiros comuns que, não trabalhando continuamente em tal mister, poderão não ter a mesma prática dos especializados. Há uma série de pequenos detalhes que só serão conhecidos por aqueles que continuamente assentam os tacos. Aliás, é aconselhável encarregarmos a própria firma fornecedora da colocação dos tacos. Assim evitamos que, mediante um mau resultado, o taqueiro culpe os tacos, enquanto a firma fornecedora culpe o taqueiro. Quando compramos os tacos colocados, toda a responsabilidade caberá à firma fornecedora. Além disso, é bom lembrar da dificuldade de contratarmos um bom taqueiro e de que este, não sendo registrado, não ter de responder economicamente a um mau trabalho.

A colocação é feita após se encontrar o cômodo revestido de argamassa grossa e fina (emboço e reboco) e antes dos demais trabalhos de acabamento, tais como colocação de portas, rodapés etc.

O taco é o primeiro piso a ser colocado, antecipando-se ao ladrilho, ao granilito etc. porque ele é que fixará, com o seu nível, o nível dos demais.

O taqueiro, ao chegar à obra, convencionalmente, deve encontrar nos respectivos cômodos a areia e o cimento necessário para a preparação da argamassa de assentamento. Esta é composta de cimento e areia grossa lavada em traço 1:3, sendo que, no pavimento térreo, deve ser dosada de impermeável gorduroso (vedacit ou similar) na quantidade indicada de cada produto. É um cuidado necessário, que reforça o trabalho do piche que existe no verso do taco. Nos andares superiores, é evidente que tal impermeabilização se torna desnecessária por não haver contato com o solo. O taqueiro deverá ainda encontrar uma boa régua com dimensões apropriadas, dimensão esta que depende do tamanho do cômodo.

É o próprio taqueiro que prepara a argamassa com a ajuda do servente fornecido pela obra e que lhe traz a água necessária. A massa é feita no próprio cômodo em que será usada. A quantidade de areia é aproximadamente 2 latas de 18 litros por metro quadrado da área do cômodo e a de cimento 16 kg por metro quadrado, ou seja, 1 saco para cada 3 metros quadrados. Trata-se de argamassa na proporção de 1:3,5 (cimento – areia).

O taqueiro, depois de ter a argamassa pronta, iniciará a feitura das guias niveladas para orientar a extensão da massa. Tendo o nível fornecido pelo mestre de obra, colocará 2 tacos de madeira assentados sobre o piso com a própria argamassa, deixando o seu nível a cerca de um centímetro abaixo daquele fornecido pelo mestre. O espaço entre os dois tacos será preenchido com argamassa em excesso.

A seguir, passará a régua apoiada sobre os tacos, fazendo um movimento de vai e vem lateral para retirar o excesso da massa. É o que indica a Figura 16-10.

Com isso, terá uma faixa com cerca de 20 cm de largura toda ela nivelada; esta faixa constitui uma guia. Da mesma forma fará as outras guias necessárias. O afastamento "L" entre as guias dependerá do comprimento da régua utilizada, não devendo exceder a 4 m. Melhor será cerca de 2,5 m.

Depois de ter as guias prontas e relativamente endurecidas, encherá de argamassa o espaço entre elas e deslizará a régua, agora apoiada sobre as guias, e também com um movimento lateral de vai e vem retirará o excesso de massa; notando falhas ou buracos na argamassa, colocará nova quantidade, passando novamente a régua.

Dessa forma, teremos massa estendida e perfeitamente nivelada. A espessura mínima dessa camada deverá ser de 3 cm e em média 4 cm; poderá haver lugares, porém, onde a espessura será maior porque o piso anterior não estava perfeitamente nivelado; tal fato se dá principalmente no assentamento de tacos sobre lajes, já que estas dificilmente ficarão rigorosamente em nível. O sentido de aplicação da massa será do fundo da sala para a porta, para que o taqueiro possa sair por ela. (Figura 16-11)

A seguir, o operário atira cimento seco sobre a massa para enriquecer a sua dosagem na superfície de contato com o taco. Esse cimento é atirado com a mão sem uma medida exata, apenas o suficiente para cobrir a argamassa. Irá, agora, arrumando os tacos segundo o desenho escolhido, da porta para o fundo da sala, pisando sobre os tacos já colocados. Estes são arrumados com a mão e batidos com um pequeno martelo. Quando toda a sala estiver pronta, o colocador procederá ao batimento dos tacos com uma tabeira especial. Essa tabeira é

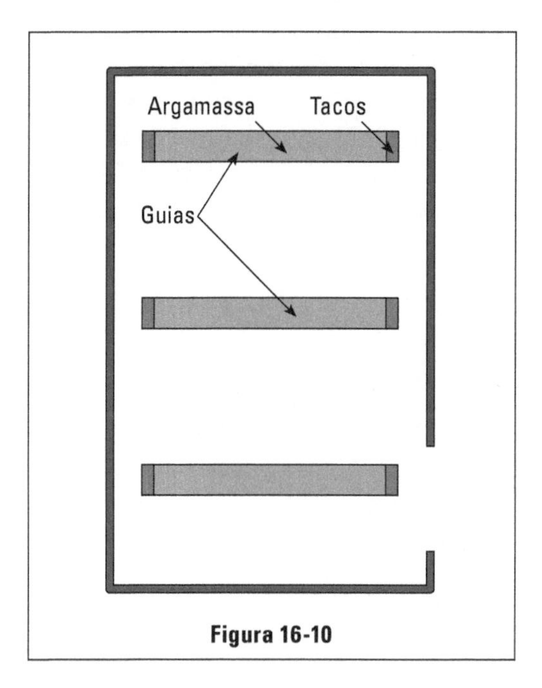

Figura 16-10

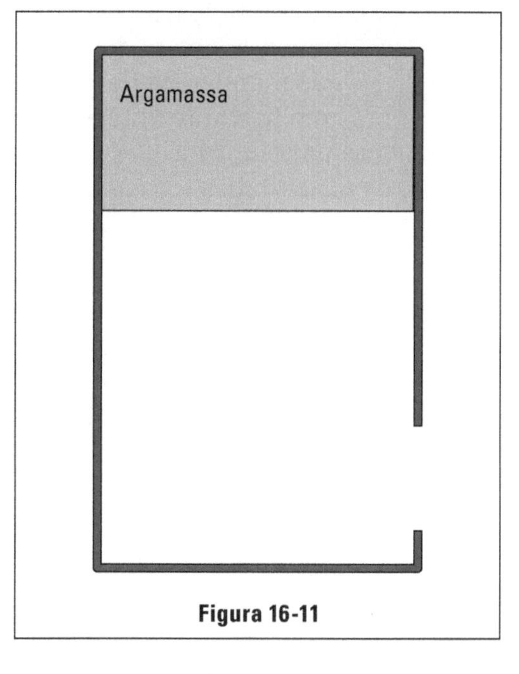

Figura 16-11

como uma desempenadeira de cerca de 20 × 40 cm com uma manopla (Figura 16-12). Os tacos são batidos para eliminarmos, o máximo possível, saliências e reentrâncias em sua superfície, bem como para que a massa penetre nos espaços entre as duas peças.

Os tacos assim assentados deverão permanecer pelo menos durante dois dias, sem que se pise sobre eles para que não se destaquem. Devem estar protegidos contra o sol e contra a chuva; os vãos das janelas que ainda não foram colocados deverão ser cobertos com panos (sacos de estopa).

Ao fiscalizarmos o trabalho do taqueiro, devemos nos preocupar com o perfeito encostamento de um taco com o vizinho. Não é muito importante o fato de alguns tacos estarem mais altos do que os outros, desde que as saliências não excedem a 3 mm aproximadamente; isto porque os tacos serão raspados com máquina especial (lixadeira) e desaparecerão tais imperfeições. Um dos fatos que mais vulgarmente ocasiona espaços exagerados entre as peças é terem os tacos rebarbas laterais, que não permitem seu perfeito encostamento. Devemos rejeitar tal material, pois o taqueiro, com ele, não poderá conseguir um bom resultado.

É voz corrente que os tacos costumam-se soltar depois de algum tempo, desprendendo-se da argamassa, fenômeno esse muito comum nas obras. Vejamos alguns cuidados para que isso não aconteça.

1. Compra dos tacos com bastante antecedência e entrega imediata na obra, pois uma das causas principais da saída dos tacos é a contração da madeira verde. Quando a madeira seca depois de se encontrarem os tacos assentados, a contração fará se desprender da massa. Já que, absolutamente, não podemos confiar no cuidado das firmas fornecedoras em nos mandar madeira bem seca, o melhor será efetuarmos a compra com bastante antecedência para que o material seque. Costuma-se mesmo comprá-lo ao se iniciar a obra e sua aplicação se dará após cerca de 60 a 90 dias.

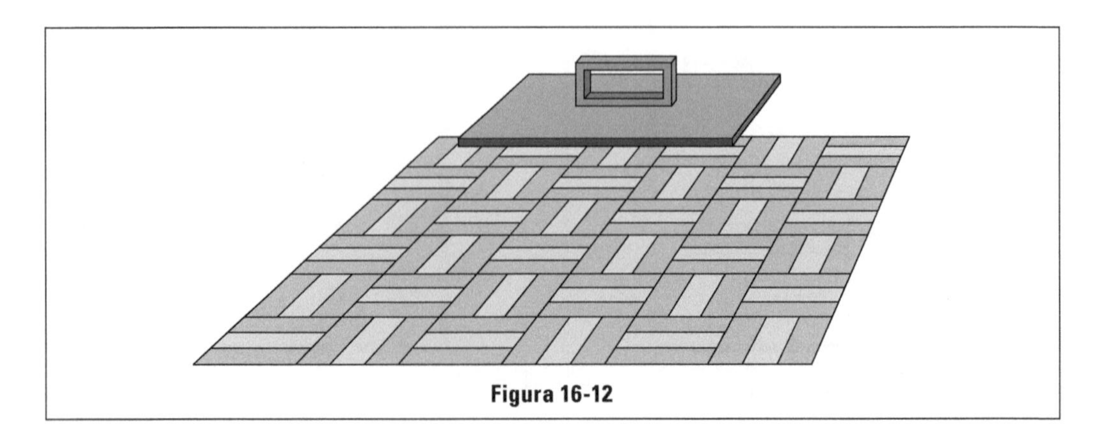

Figura 16-12

2. Assentamento dos tacos bem encostados aos vizinhos. Um taco para se desprender da argamassa terá seus movimentos barrados pelos tacos vizinhos. Podemos ver na Figura 16-13 que, para o taco 2 se soltar com um movimento de rotação em torno do ponto A, precisará de mais espaço do que aquele existente entre os tacos 1 e 3. Isso faz se soltar com tanta facilidade.
3. Não pisar sobre os tacos; somente depois de três dias após o seu assentamento. Enquanto a massa estiver sem pega, qualquer esforço trará o seu desprendimento irremediável.
4. Não deixar tomar sol ou chuva durante pelo menos um mês ou nunca, se possível, uma vez que o sol aumentará a contração da madeira e a chuva produz a dilatação. Tais movimentos exagerados soltam os tacos da massa.
5. Argamassa bem dosada, areia bem grossa e lavada e cimento novo.
6. Batimento dos tacos; o taqueiro deve bater bastante sobre o piso para que a massa penetre no espaço vazio entre dois tacos. (Figura 16-14)

O desenho escolhido para a arrumação dos tacos algumas vezes não encosta nas paredes laterais. Neste caso, entre o desenho do centro da peça e as paredes serão colocados tacos paralelos a elas, constituindo as faixas que podem ser de 3 a 4 tacos. (Figura 16-15)

Nas soleiras das portas, os tacos são geralmente arrumados como indica a Figura 16-16.

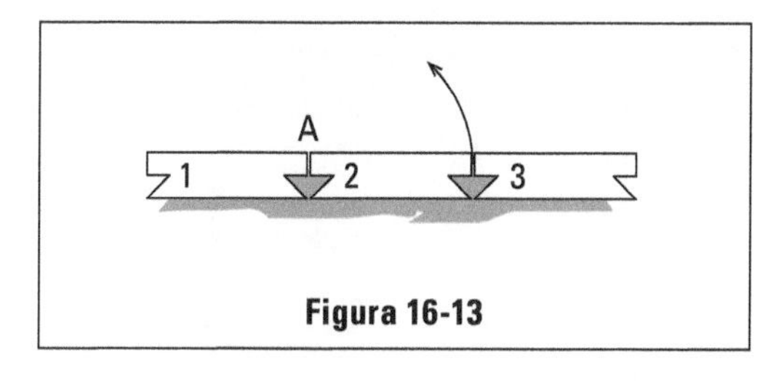

Figura 16-13

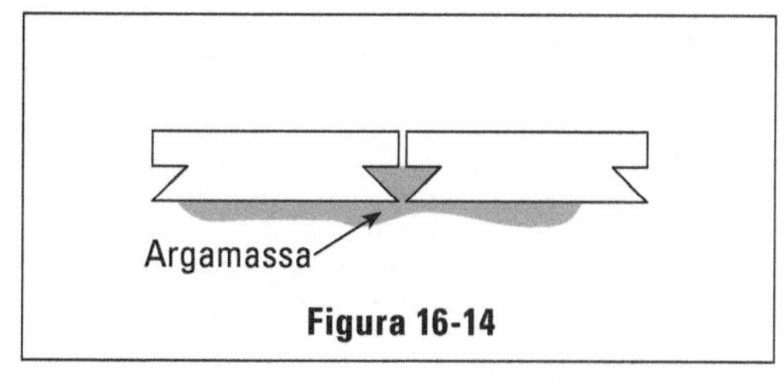

Figura 16-14

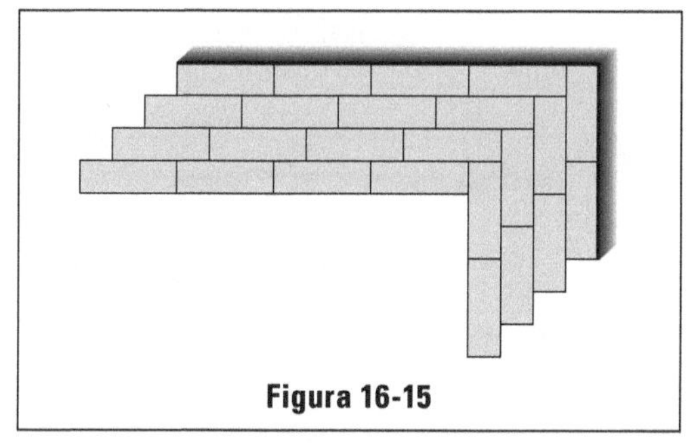
Figura 16-15

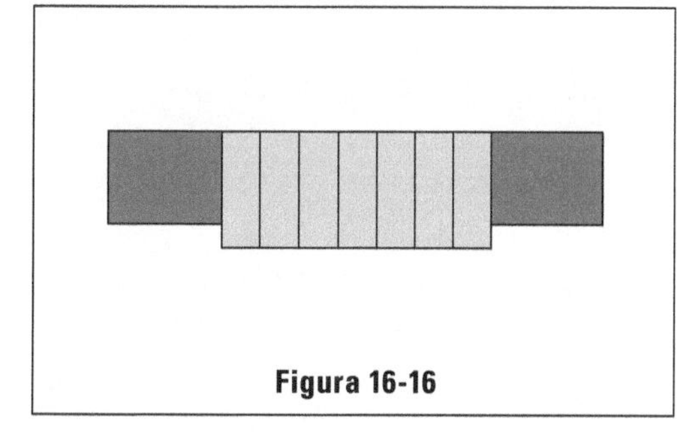
Figura 16-16

Assoalho

Bastante utilizado, principalmente nas salas, o assoalho é fornecido em madeiras como ipê, sucupira e cumaru, nas bitolas de 10×2 cm, 15×2 cm e 20×2 cm.

Na hora da compra, deve-se preferir aqueles cuja madeira foi seca em estufa, pois, caso não o seja, após a colocação e com o passar do tempo as tábuas tenderão a curvar-se, deixando o piso com um aspecto desagradável. Figura 16-17.

As tábuas que constituirão o assoalho possuem o encaixe "macho-fêmea", que permitirá maior solidez do conjunto. Figura 16-18. As tábuas são aparafusadas em ripas de madeira embutidas na argamassa de regularização dos pisos. Essa ripas têm forma trapezoidal, Figura 16-19 e deverão estar colocadas sobre o piso antes do enchimento com a argamassa de regularização.

O espaçamento entre as ripas será de 30 cm, medido entre os eixos. Todo o ambiente a ser revestido com tábuas deverá ser requadrado com ripas para que os extremos das tábuas fiquem bem fixados. (Figura 16-19)

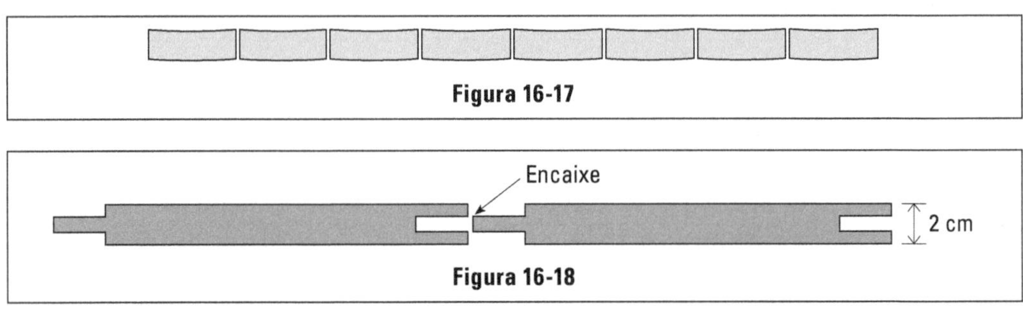

Figura 16-17

Figura 16-18

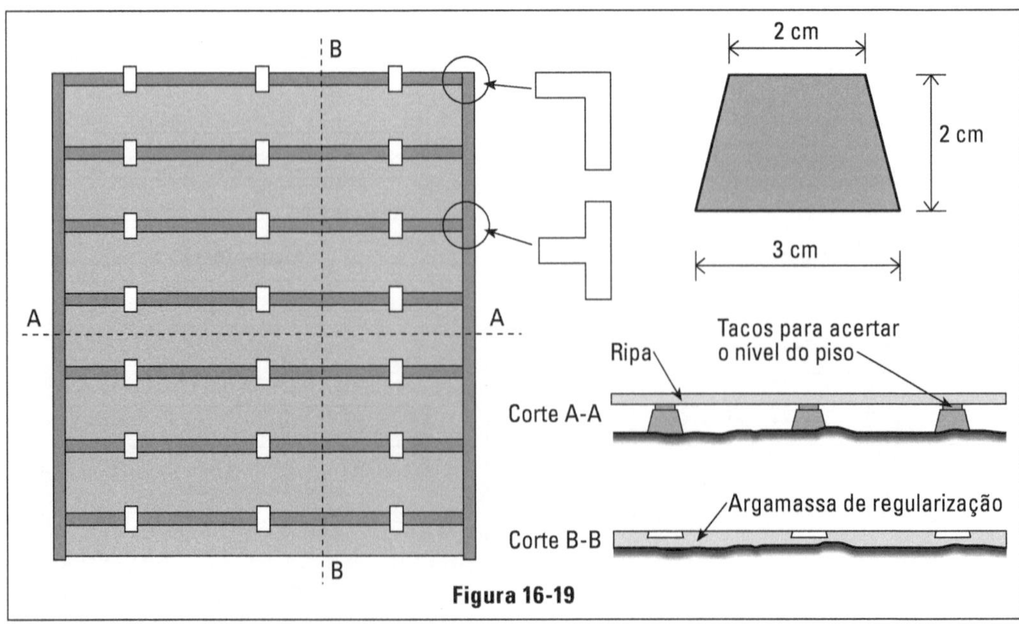

Figura 16-19

As tábuas deverão estar sempre perpendiculares às ripas, podendo ser colocadas na horizontal, vertical ou diagonal. (Figura 16-20)

As tábuas são fixas às ripas por meio de parafusos com os buracos feitos com furadeira. Deverão ser colocados no mínimo dois parafusos por cruzamento entre tábua e ripa. Os parafusos não deverão atingir a argamassa e deverão ficar um centímetro abaixo do piso. (Figura 16-21)

Esse espaço será preenchido por uma "rolha" de material idêntico à tábua conhecida como "cavilha". Após a raspagem do piso, a cavilha fica praticamente invisível. (Figura 16-22)

Um cuidado que devemos ter é de lixar as tábuas nas paredes para que não haja nenhum desnível entre elas por menor que seja. Com isso, quando da colocação dos rodapés, o acabamento entre estes e a tábua ficará perfeito, sem reentrâncias.

O acabamento final é dado com a aplicação de sinteco, feita após a raspagem de todo o piso.

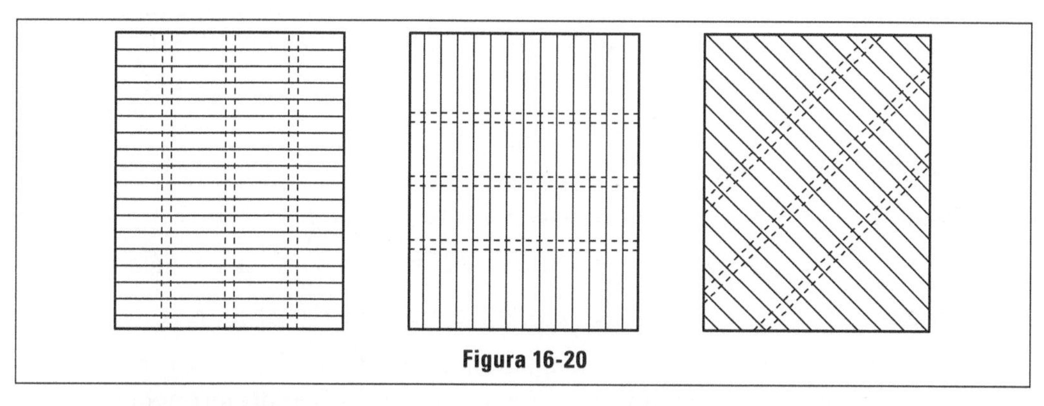

Figura 16-20

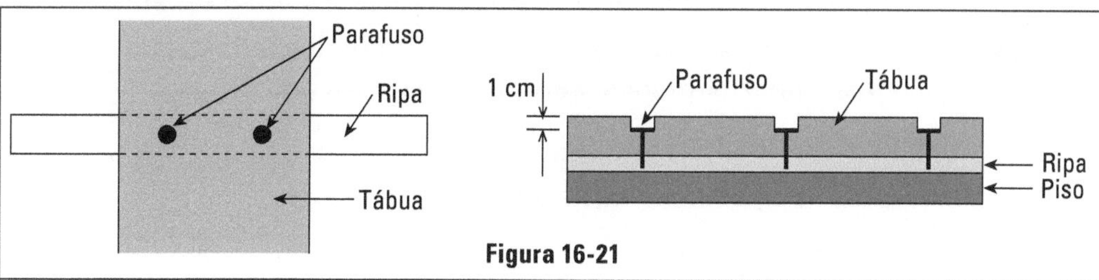

Figura 16-21

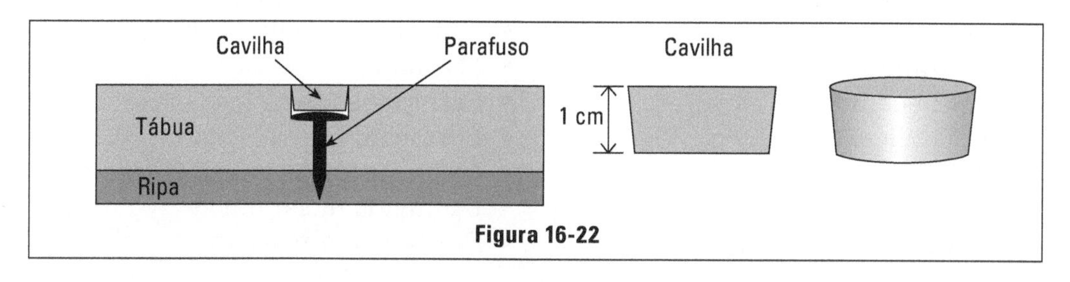

Figura 16-22

17 Pisos diversos

Com o avanço ocorrido na oferta de tipos de materiais utilizados para revestimentos de pisos, existentes hoje no mercado da construção, torna-se uma tarefa difícil a definição por um determinado produto, mesmo para um profissional experiente do setor.

Procuraremos a seguir descrever aqueles que são os mais utilizados, bem como divulgar os critérios normalmente empregados para a classificação dos pisos, conforme a necessidade do projeto.

Os pisos são classificados de acordo com sua capacidade de resistência à abrasão (desgaste da superfície).

Classe 1 *Tráfego leve*: banheiros e dormitórios residenciais.

Classe 2 *Tráfego médio*: interiores residenciais de menor tráfego.

Classe 3 *Tráfego médio/intenso*: lojas internas e corredores.

Classe 4 *Tráfego intenso*: lojas, lanchonetes, bancos, restaurantes, escolas, hospitais, hotéis, escritórios, caminhos preferenciais.

Classe 5 *Tráfego super intenso*: piso para unidades industriais e comerciais, supermercados, aeroportos e rodovias.

Descreveremos os tipos mais utilizados, como se segue:

- Lajotas cerâmicas (lajotão)
- Cerâmica esmaltada
- Granilito
- Granito
- Cimentado
- Vinílico
- Mosaico Português (petit-pave)
- Lajota de concreto
- Pisos elevados
- Ladrilhos de cerâmica
- Ladrilho hidráulico
- Mármores
- Prensados
- Borracha
- Pedras (ardósia, mineira, itacema)
- Laminado melanímico
- Pisos de alta resistência

Lajotas cerâmicas (lajotão)

Como uma espécie de "retorno ao passado", surgem as ideias de reativar os estilos coloniais. Uma dessas ocorrências é o emprego do lajotão colonial; é de cerâmica e de grandes dimensões, 30 × 30 ou 40 × 40 cm. Pode ser empregado o tipo comum, vermelho, geralmente com juntas largas. É também feita a tentativa de se imitar um envelhecimento, pintando-o com óleo queimado e cera. Existem também os decorados, de maior preço. A colocação é sempre feita com juntas retas. (Figura 17-1)

Mesmo utilizado para alguns casos em termos de decoração, não confundir produtos cerâmicos para pisos com o tipo de piso denominado lajotão. O lajotão não recebe tratamento técnico de temperaturas, sendo apenas barro prensado. Assim, não possui características de resistência à abrasão, impermeabilização e demais aspectos em termos de durabilidade.

Ladrilho de cerâmica

São constituídos basicamente de barro comprimido e tratado a altas temperaturas. Aparecem com superfície brilhante e vidrada. Nele se destaca o alto grau de dureza, não sendo possível riscá-lo por processos comuns. São fabricados por cerâmicas especializadas em formatos e tamanhos diversos. É tal a sua variedade, que aconselhamos aos novos engenheiros a obtenção de catálogos, que são distribuídos gratuitamente pelas firmas fornecedoras.

Os catálogos indicam cada ladrilho por um número de ordem e fabricação. Podemos assim efetuar o pedido, intencionando apenas o número e a cor.

As cores podem variar, sendo as mais comuns: vermelha, preta, amarela e marrom. A mais empregada é a vermelha, por ser a mais firme e uniforme.

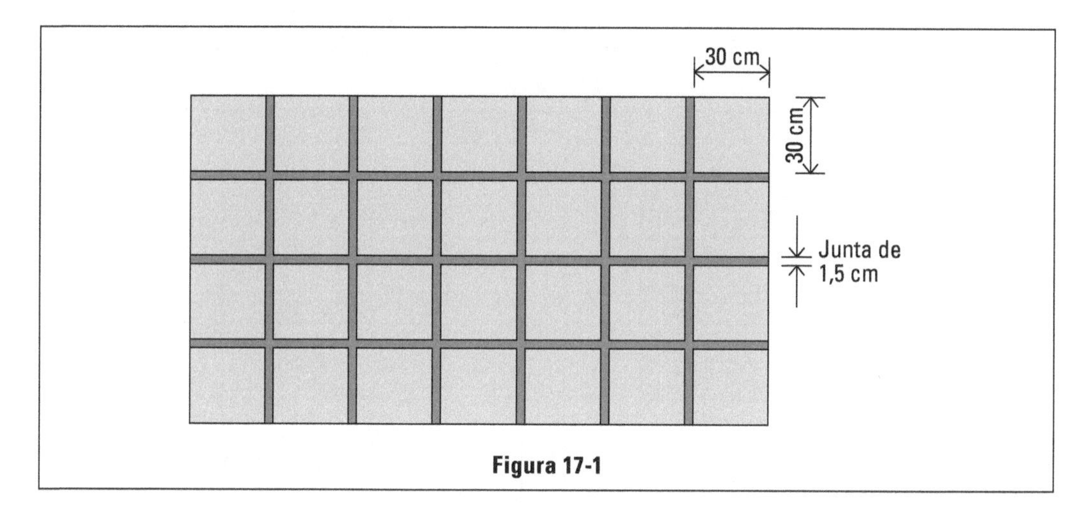

Figura 17-1

Ao falarmos sobre os pisos de ladrilhos de cerâmica, iremos aproveitar a oportunidade para citar as peças empregadas em peitoris, soleiras etc. Citaremos, porém, os tipos mais comuns, pois, como dissemos, a variedade é enorme.

As cerâmicas fabricam materiais de dois tipos bem distintos: o material ladrilho e o material tijolo. O primeiro é o que apresenta superfície vidrada e é realmente muito duro. O segundo é um tijolo melhorado, mas não vidrado, sendo facilmente riscável.

Para pisos, o tipo que é empregado com frequência é o hexagonal ou sextavado; é um hexágono perfeito. (Figura 17-2)

Outro modelo bastante empregado é o retangular de 7,5 × 15 cm, que é aplicado de preferência com desenho em amarração. (Figura 17-3) Podemos ainda aplicá-lo em forma de ladrilhos (Figura 17-4) ou em escamas (Figura 17-5) ou ainda com juntas alinhadas. (Figura 17-6)

Essa peça pode ser aplicada como rodapé em casos de economia forçada, pois resulta na metade do preço ao se comparar com o rodapé comum. Os rodapés aparecem em três tipos. (Figura 17-7)

Todos eles têm o comprimento uniforme de 15 cm e a altura de 7,5 cm. Por essa razão é que pode ser substituído pela retangular, pois a única diferença

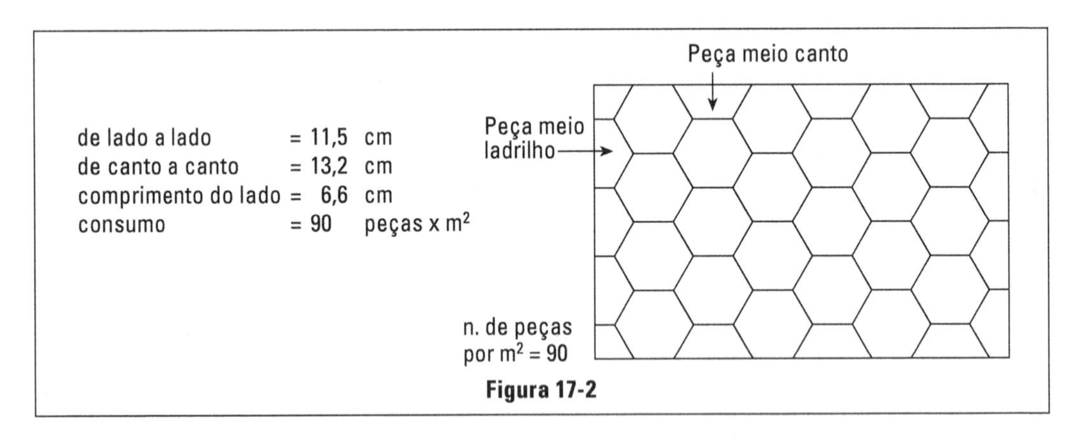

Figura 17-2

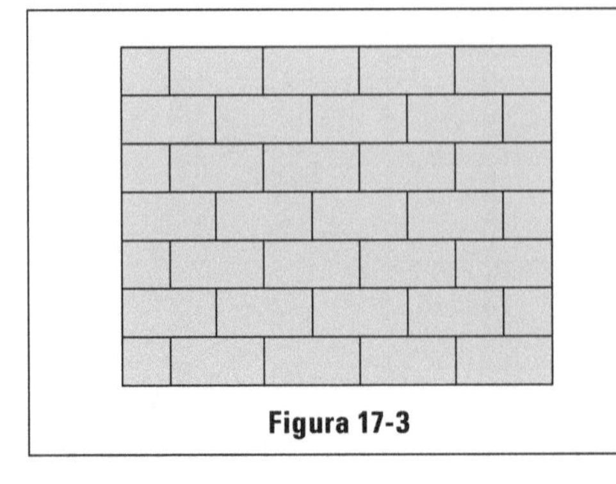

Figura 17-3

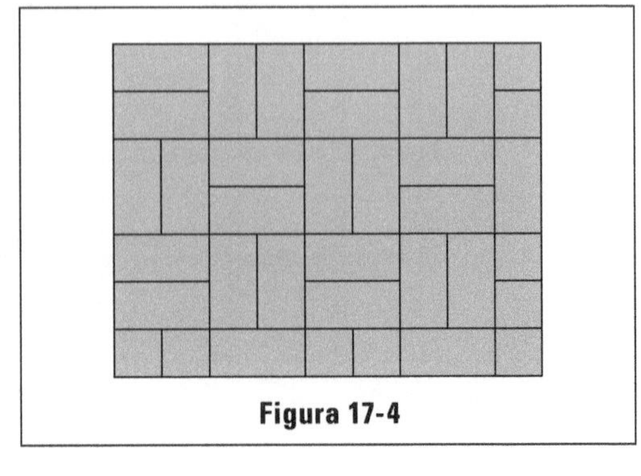

Figura 17-4

é a falta do acabamento boleado, o que poderá ser tolerado nos acabamentos modestos.

Devemos dar preferência ao tipo boleado, porque permite melhor acabamento entre o piso e o rodapé e por ser mais econômico. O acabamento será melhor porque o ladrilho entra sob o rodapé, não aparecendo corte irregular das peças que fatalmente surgiriam. A Figura 17-8 mostra tal fato.

Pela ordem devemos assentar os rodapés antes da colocação dos azulejos para dar o nivelamento do cômodo. Por sua vez, os azulejos deverão ser colocados antes do piso para que os pedreiros ao fazê-lo não pisem sobre os ladrilhos, riscando-os.

Vejamos a seguir outros tipos de cerâmicas também utilizadas. Nos terraços são aplicados de preferência os retangulares de maiores dimensões, tais

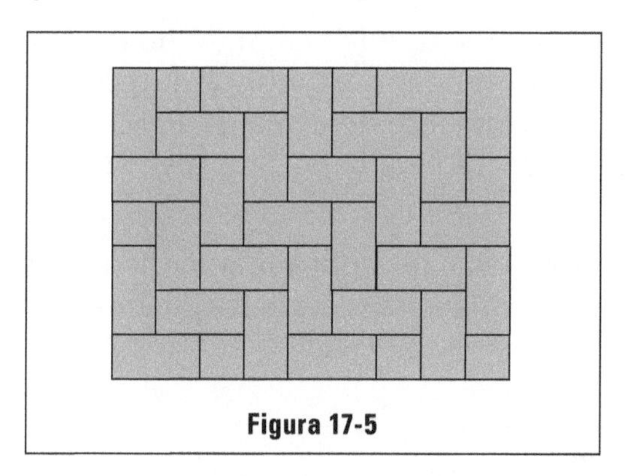
Figura 17-5

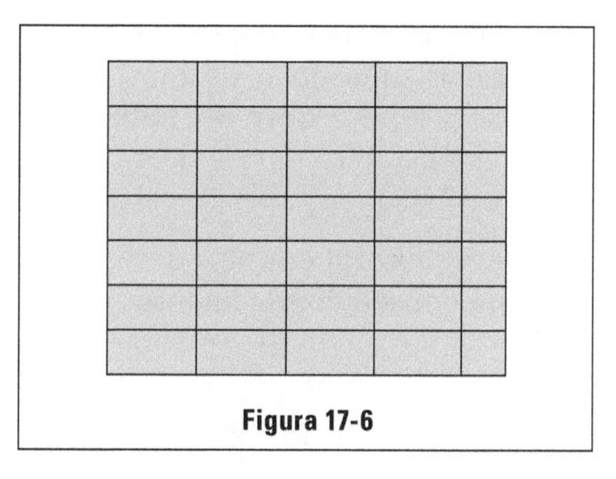
Figura 17-6

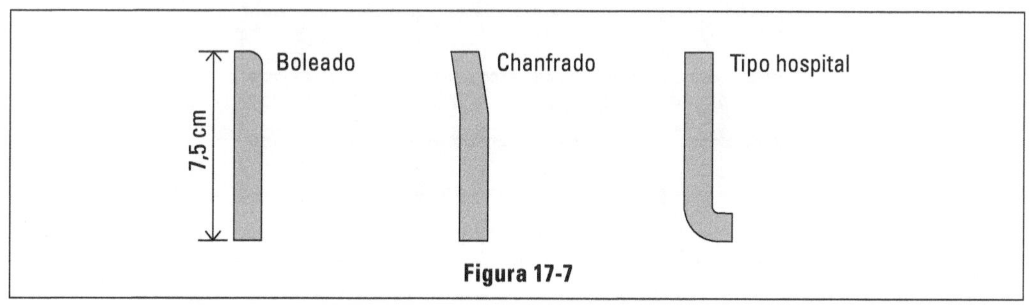

Figura 17-7

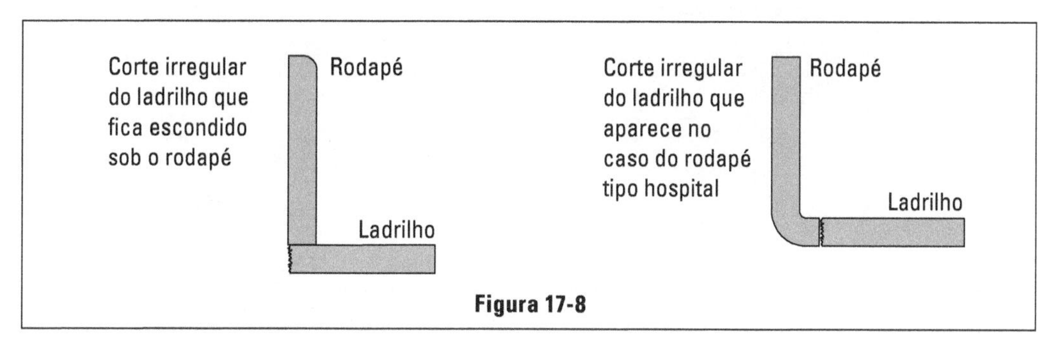

Figura 17-8

com 10 × 17 cm ou 25 × 40 cm ou ainda um terceiro tipo de 10 × 20 cm. Nessas aplicações, é hábito deixar as peças separadas entre si de mais ou menos 5 mm preenchendo a junta com cimento misturado a corante preto (Figura 17-9).

Podemos ainda aplicar peças de diferentes medidas, combinando-as para a formação de desenhos especiais. Para formação de tais desenhos existem as peças: quadrado de 7,5 cm, quadradinho de 3,5 cm, retângulo de 5 × 10 cm losango de 11,5 × 6,6 cm.

Apenas com a ideia de exemplificar, já que os catálogos fornecem desenhos diversos, a Figura 17-10 mostra uma composição com o hexagonal e o losango. A Figura 17-11 mostra outro desenho composto.

A variedade é grande, como dissemos, sendo ainda possível combinar cores diferentes.

Para peitoris é usado o boleado de 25 × 12 cm, que vem munido de pingadeira. É uma peça de material tijolo, não tendo, portanto, a dureza dos ladrilhos. A peça deve ser aplicada com um caimento de cerca de 10%, tendo a pingadeira livre para evitar que a água escorra pelo bancelete (ver Figuras 17-12 e 17-43).

Para peitoris em paredes de meio tijolo pode ser aplicada a mesma peça cortada em seu comprimento, já que o material aceita o corte facilmente.

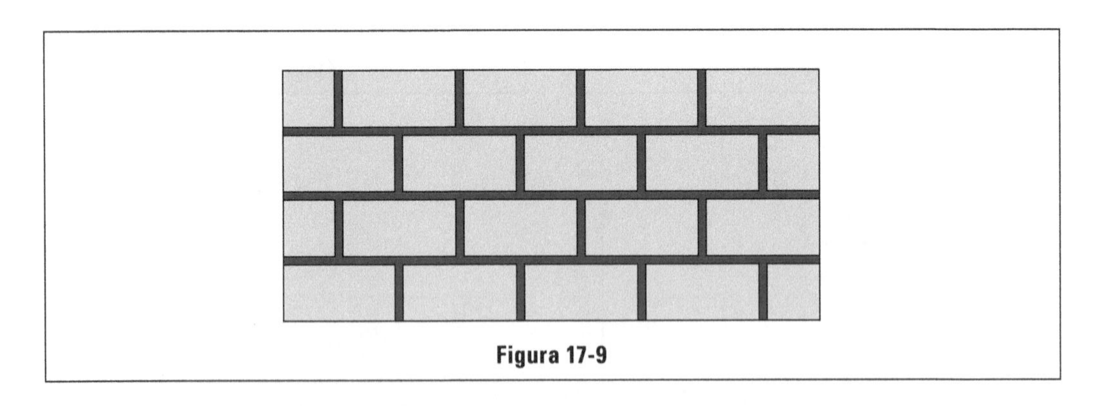

Figura 17-9

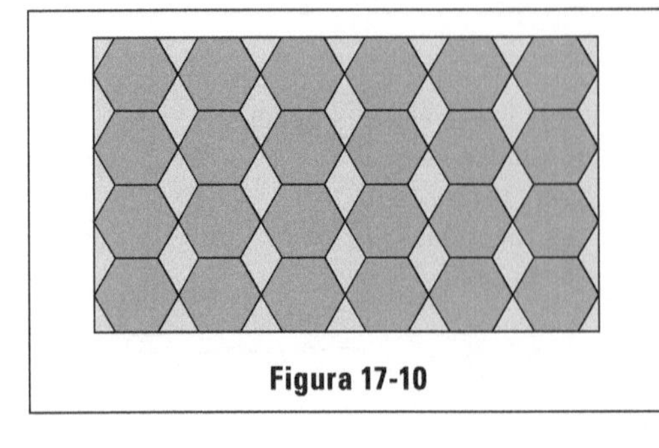

Figura 17-10

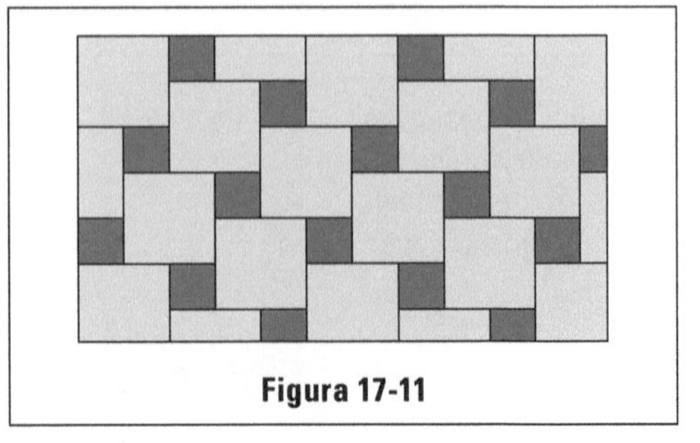

Figura 17-11

O pedreiro risca a peça com uma serra para ferro e depois, procurando arqueá-la, consegue parti-la.

Para capeamento de muretas ou muros, existem as peças boleadas de ambos os lados. Essa peça mede 32 × 15, ou 20 × 10, conforme o muro seja de um ou meio tijolo (Figura 17-14).

Para soleiras de portas ou terraços, há quem use a peça boleada de 29 × 12, mas o seu emprego deve ser evitado, pois, sendo de material tijolo, tem um desgaste muito rápido, contrastando com o resto do piso que, sendo de ladrilho, dura muito mais. Em substituição, deve-se usar o boleado que é de material ladrilho medindo 29 × 14,5 cm para soleiras menores, em paredes de meio tijolo, pode-se usar a meia peça, isto é, de 14,5 × 14,5 cm.

Para escadas internas, o uso de ladrilhos deve ser evitado, porquanto o acabamento não será bom nos degraus irregulares dos leques e há também o perigo de escorregamento de quem a utiliza. Nos degraus comuns, pode-se usar a peça boleada como piso (degraus) e a peça 29 × 14,5 cm sem boleado como espelho; porém nos degraus irregulares dos leques seria necessário que se partissem as peças; mas estas, por serem de material ladrilho, ficam com um corte irregular de mau aspecto, além de que muitos ladrilhos seriam perdidos no corte. (Figura 17-15)

Para escadas externas (a da edícula, por exemplo), pode-se, com a combinação do rodapé e cacos, compor uma escada econômica e durável (Figura 17-16). Os espelhos serão feitos totalmente com cacos e os degraus com o mesmo material, porém terminados nas bordas pelo rodapé boleado.

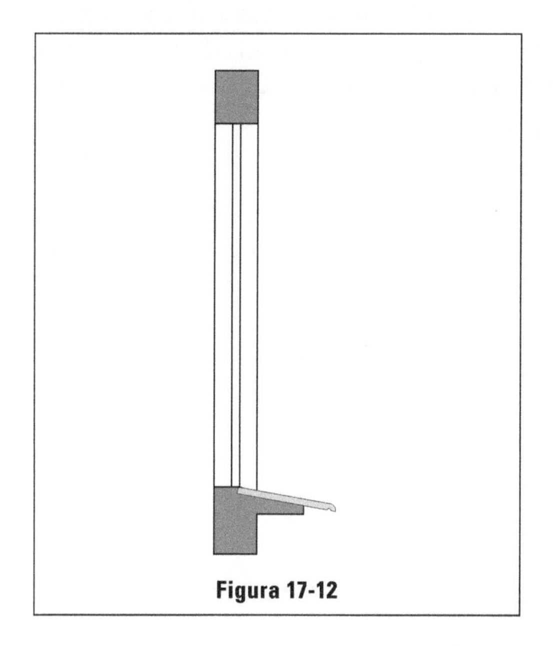

Figura 17-12

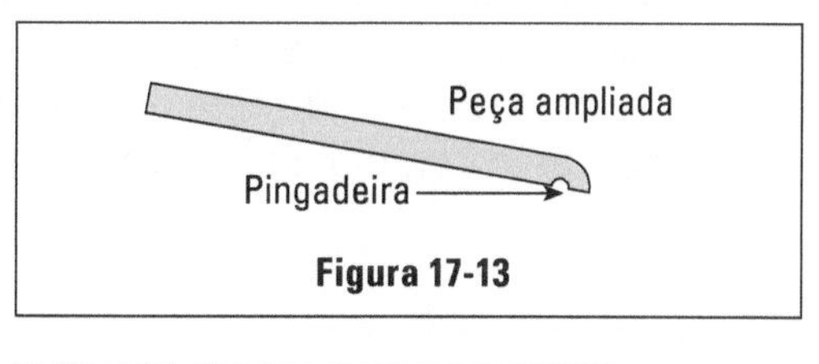

Figura 17-13

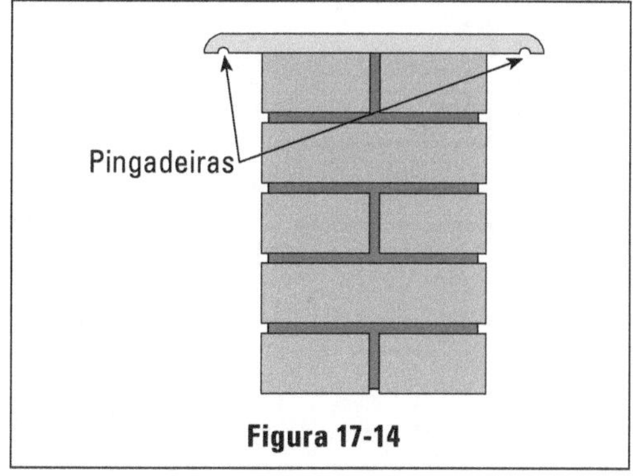

Figura 17-14

Para *cordão dos jardins*, existe o tijolo prensado. O cordão serve para reter a terra dos canteiros, impedindo que se espalhe pelas áreas pavimentadas.

Para *pisos de jardins* e *quintais*, além do caco de que falaremos adiante, pode-se ainda empregar o ladrilho filetado, que aparece em diversos tipos.

As cerâmicas fazem a seleção dos seus ladrilhos, após a saída dos fornos, em material de 1ª, 2ª e 3ª, conforme os defeitos que apresentam. Para manter o bom nome do produto, os ladrilhos que pelas suas falhas não puderam se enquadrar nas três categorias são quebrados e vendidos como cacos, aproximadamente pela metade do preço por metro quadrado, comparando com o valor da primeira. A medida de um metro quadrado desses cacos é feita por peso, isto é, se o metro quadrado de ladrilho pesa 19 kg, os cacos são colocados em sacos de estopa até o peso de 19 quilos, tendo-se assim o metro quadrado. Convém notar que no assentamento apresentam um rendimento de mais ou menos 10% maior, já que serão colocados com espaçamento entre os cacos.

A sua aplicação nos jardins e quintais é satisfatória, pois fornece um piso praticamente eterno por um preço relativamente baixo. Pode-se usar cores diferentes, sendo comum a aplicação de 90% vermelhos, 5% pretos e 5% amarelos, compondo o que se chama de mosaico cerâmico.

Atualmente, os pisos de ladrilhos cerâmicos têm sido muito pouco utilizados, tendo em vista o melhor aspecto dos pisos de cerâmica esmaltada.

Cerâmica esmaltada

Sem dúvida alguma é o tipo de piso mais utilizado atualmente, pois além do excelente aspecto que proporciona, mesmo aqueles considerados populares, possui uma variedade de tipos e padrões que não encontram concorrência nos mercados, bem como a alta qualidade apresentada.

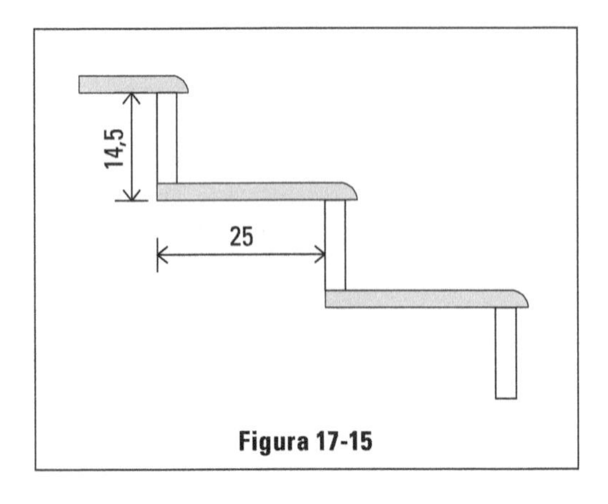

Figura 17-15

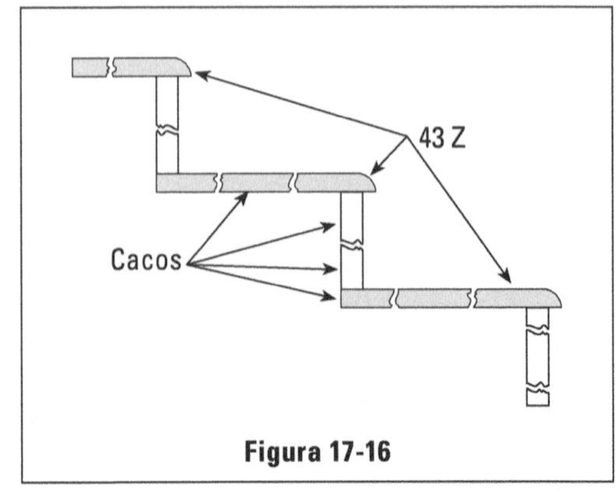

Figura 17-16

A evolução da técnica de fabricação de cerâmica esmaltada contribuiu muito para elevar os pisos cerâmicos à posição que ocupam hoje.

Os fabricantes de ladrilhos cerâmicos passaram a aplicar uma camada de esmalte sobre os ladrilhos que, após a queima em fornos, apresentaram uma aderência definitiva à cerâmica. Esse fato provocou uma inovação, cuja aceitação do mercado foi imediata. Existiam indústrias que adquiriam os ladrilhos e faziam exclusivamente a esmaltação.

No início a esmaltação era feita apenas em cores lisas e passou-se a fabricar peças decoradas. Posteriormente o processo de esmaltação passou a ser feito juntamente com a queima da base (biscoito); este processo chama-se "monoqueima". A "monoqueima" proporcionou uma baixa absorção de água, maior resistência e durabilidade aos pisos cerâmicos.

Em mais uma etapa da evolução dos processos de fabricação de pisos cerâmicos, chegamos aos revestimentos cerâmicos "grés". Estes revestimentos utilizam a monoqueima grés, que é um avanço qualitativo sobre os produtos obtidos pelo antigo processo da biqueima ou monoqueima tradicional.

A expressão monoqueima grés é a resultante de dois atributos: a queima, numa única etapa, tanto da base quanto do esmalte e a alta densidade estrutural da base argilosa, com queima simultânea, a uma temperatura de 1.180 °C, obtendo-se um corpo único resistente, assegurando no revestimento cerâmico uma alta resistência mecânica, maior resistência às variações térmicas e aos impactos, maior resistência à abrasão e a reagentes químicos.

A título de comentário, transcreveremos a seguir o parecer do Engenheiro Edgard Más, diretor do Centro Cerâmico do Brasil – CCB e representante da ISO 4000 no Brasil, a respeito das matérias-primas utilizadas na fabricação de revestimento cerâmico:

"A cor da massa e a qualidade do piso."

"A matéria-prima cerâmica é disponível na natureza em muitas cores: branca, cinza e vermelha. Isso não significa que sendo a massa branca, creme ou vermelha, o produto tenha características melhores ou piores. Não se conhece uma norma técnica que aprove ou rejeite um produto pela cor de sua matéria-prima, e sim pelas suas características de qualidade, que são, entre outras:

- resistência à abrasão;
- resistência a manchas (facilidade de limpeza);
- percentagem de absorção de água.

Um dos itens de qualidade que mais deve interessar ao consumidor é a *resistência à abrasão*, que significa a resistência ao desgaste de superfície, causado pelo movimento de pessoas e objetos.

O método internacional que mede a resistência à abrasão é o método PEI, que classifica os pisos de acordo com o tipo de uso e ambientes a que se destinam. Verifique a classificação PEI antes de comprar qualquer piso.

Não acredite mais que a cor da massa é que determina a boa ou má qualidade de um produto. Os produtos de boa qualidade atendem às normas técnicas".

Aplicação dos revestimentos cerâmicos

Os ladrilhos são assentados sobre camada de preparação de concreto magro (1:3:6), já anteriormente descrita, ou sobre a laje nos andares superiores. A argamassa de assentamento é de cimento e areia (traço 1:3), consumindo 7 sacos de cimento por metro cúbico. A forma de assentá-los é em tudo igual a dos tacos; a argamassa será estendida, uniforme e nivelada por meio de guias; a superfície deverá ser enriquecida em sua dosagem, atirando cimento seco sobre ela. Os ladrilhos devem ser submersos em água (já de véspera). Esse banho não é tão necessário como no caso dos azulejos, mas deve ser feito mais como uma medida de segurança contra a possível soltura dos ladrilhos após a pega da argamassa.

Na colocação dos ladrilhos, reparar que as peças, além de ficarem bem unidas, não fiquem salientes, pois aqui não haverá, como nos tacos, o recurso posterior de raspagem, para o nivelamento final.

Os ladrilhos devem ser adquiridos de uma só vez para a mesma sala, porque do contrário poderão vir de tamanho e tonalidade de cor diferentes; a diferença dos tamanhos obriga a colocação com juntas largas, principalmente no tipo hexagonal. As cerâmicas fazem, além da seleção da qualidade atrás referida, ainda as separações de cor e tamanho, valores estes marcados nas caixas. Assim, um ladrilho só deve ser aplicado ao lado de outro de mesma numeração de caixa, sob pena de termos um piso irregular na cor e nos tamanhos.

O rejuntamento do piso, isto é, o preenchimento das juntas entre os ladrilhos, é feito com pasta de cimento comum; adicionando-se água sobre o pó de cimento, forma-se uma pasta que é estendida sobre o piso e puxada com o rodo (vassoura de borracha). Espera-se que forme um pouco de pega e limpa-se com pano velho (saco de estopa). Essa limpeza deve ser feita com o máximo de perfeição, já que não será fácil retirar posteriormente o cimento que se cola no ladrilho. A limpeza final é feita com solução diluída de ácido clorídrico (conhecido no comércio como ácido muriático) sobre a qual iremos falar com maiores detalhes no capítulo "Limpeza de obras".

Também muito utilizado atualmente para os serviços de assentamento de pisos cerâmicos, destaca-se o uso do "Cimentcola", cuja forma de utilização foi descrita no capítulo 14 desse livro.

Ladrilho hidráulico

São constituídos basicamente de cimento e areia e trabalhados em formas e prensas. A argamassa de cimento e areia são acrescentados os corantes requeridos para a formação dos desenhos variados. Nas variedades mais econômicas, isto é, de cores cinzento, vermelho e preto, é utilizado o cimento comum cinza. Já nas cores mais claras e em ladrilhos de melhor acabamento, usa-se o cimento branco. As cores serão tantas quantos forem os corantes que possam ser utilizados; por isso se vê que a variação é muito grande.

Num mesmo ladrilho, por meio de formas especiais subdivididas, podem ser utilizados corantes variados, aparecendo os ladrilhos desenhados. Por serem os corantes verdes e azul mais caros, os ladrilhos que utilizam estas cores são também vendidos em preços mais elevados. Podemos, pois, numa escala crescente de preços, classificar inicialmente os ladrilhos de uma só cor (sem desenho, portanto) e nas cores: cinzento, vermelho e preto; a seguir, ainda de uma só cor: branco, amarelo, marrom, verde e azul. Vêm depois aqueles com desenhos e de preço crescente em função da complexidade dos desenhos. Atualmente são muito empregados para calçadas ornamentadas, com o mapa do Estado de São Paulo ou compondo outros desenhos.

São geralmente fabricados em quadrados de 20 cm de lado, e como peças acessórias apresentam a faixa e o rodapé. A faixa é também um ladrilho de 20 × 20 cm, com desenho diverso do comum e que desempenha o papel de dar terminações no encontro do piso com as paredes laterais. (Figura 17-17)

Quando os ladrilhos apresentam ornatos especiais; a faixa é também feita de modo a dar a ideia de uma moldura ao desenho.

O rodapé é constituído de ladrilhos de 20 cm, com 15 cm de altura, boleados na parte superior. (Figura 17-18)

É, inegavelmente um piso de preço baixo, quando utilizamos os ladrilhos mais simples e com cores econômicas. Porém, ao se complicarem os desenhos e cores, o preço subirá, mesmo acima daqueles de ladrilhos de cerâmica. No passado, era o piso mais empregado nas peças sanitárias e nas cozinhas, pois não haviam ainda surgido outros mais resistentes como cerâmica, granilito etc. O seu principal inconveniente reside no fato do corante penetrar muito superficialmente no ladrilho, gastando rápido e facilmente, aparecendo a parte do ladrilho onde não há corante.

O ladrilho é fabricado com uma espessura que varia entre 1,5 e 2 cm, enquanto o corante penetra cerca de 3 mm, e nos de melhor qualidade até 5 mm. Pensamos, portanto, que só devem ser utilizados quando a economia assim o exigir.

A sua aplicação é em tudo idêntica ao ladrilho cerâmico, isto é, a argamassa de assentamento é de cimento e areia (1: 3), estendida da mesma forma. O ladrilho deve estar desde a véspera submerso em água e, no ato da aplicação, atira-se sobre a massa estendida cimento em pó para enriquecê-la no contato com o ladrilho.

Chamamos a atenção para o seguinte ponto: o rejuntamento é feito com cimento umedecido, formando pasta (como no caso da cerâmica). No entanto, deve-se limpar rigorosamente cada ladrilho antes que a pasta seque completamente, pois, caso contrário, a sua limpeza posterior será praticamente impossível. Esse cimento em excesso adere ao ladrilho e deveria ser retirado com ácido muriático em solução fraca, mas não podemos fazê-lo, pois o ácido atacaria também o ladrilho que é de cimento, o que não acontece no caso do material de cerâmica.

Em resumo, como dissemos, é um piso econômico que terá sua aplicação em casas populares ou para renda, sendo preferível evitar sua utilização sempre que a verba disponível o permitir. A fabricação desse tipo de ladrilho é muito simples e exige pouco empate de capital; bastam prensas e fôrmas. Por esta razão, localizam-se em pequenas cidades do interior do Brasil onde sofrem pouca concorrência dos ladrilhos cerâmicos, já que estes chegam com preços mais elevados por causa do custo do transporte. É, pois, uma alternativa para estas localidades.

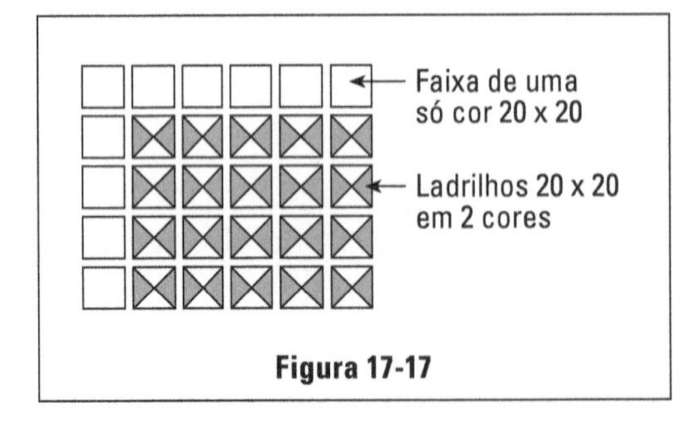

Figura 17-17

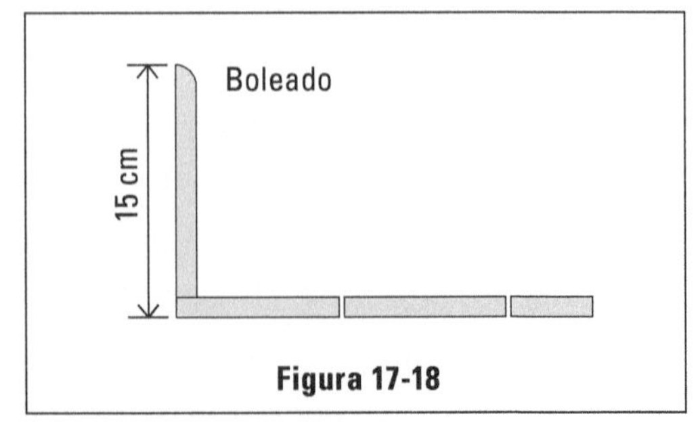

Figura 17-18

Granilito

É também conhecido com o nome de granilha. É obtido, aplicando-se uma argamassa sobre um cimentado previamente preparado. Essa argamassa, depois de seca, será polida. O cimentado deve ser perfeito e desempenado; para isto, sobre a laje nos andares superiores ou sobre a preparação do piso no andar térreo, aplica-se uma argamassa unicamente de cimento e areia (traço 1:3). Essa aplicação é feita de modo a que se obtenha um plano já com o caimento requerido para os ralos ou soleiras de portas, pois o granilito vai acompanhar esse plano, já que tem espessura muito reduzida (cerca de 5 mm).

Não é possível, com tal espessura, modificar os planos de caimento para as águas de lavagem. A argamassa de fundo não deve ser alisada com a colher de pedreiro, mas apenas trabalhada com a desempenadeira para ficar com uma superfície áspera sobre a qual o granilito irá aderir com maior intensidade.

A pasta que constitui o granilito é uma massa composta de cimento, pequenos cacos de pedra (granito) ou mármore e corantes. O cimento pode ser comum (cinzento) ou branco. Naturalmente aplicando-se o cimento branco, obtém-se um aspecto muito melhor, pois a cor final será unicamente a do corante empregado. Se usarmos cimento comum, a cor da anilina irá se misturar com o cinzento do cimento, produzindo cores indeterminadas. Os cacos de pedra ou de mármore, por alguns chamados "grana", devem ter dimensões reduzidas (5 mm) e, como caco, tem forma irregular. Quanto às cores, a grana também pode variar, dependendo da cor da rocha (igualmente granito ou arenito) de onde foi retirada. Aplicam-se também corantes dos mais variados, tal como nos ladrilhos hidráulicos.

Já que seis fatores podem variar na composição do granilito, este apresenta aspectos os mais variados possíveis, devendo ser escolhido de acordo com o mostruário da firma que o fornecerá, pois mostruários de firmas diferentes não combinam.

Os seis fatores que podem variar, alterando o aspecto final, são:

a. *Corante*: variando a cor
b. *Corante*: variando a dosagem
c. *Grana*: variando a cor
d. *Grana*: variando o tamanho dos cacos
e. *Grana*: variando a dosagem
f. *Cimento*: variando o tipo (comum ou branco)

Os tipos mais caros são aqueles de cores verde ou azul por terem os corantes de preço mais elevado.

A preparação da massa de granilito deve ser feita com dosagem bem classificada, pois poderá haver necessidade de se preparar nova porção para continuação do serviço e teríamos aspecto diferente caso a dosagem variasse.

A aplicação da pasta sobre o piso deve ser ainda precedida das tiras de latão ou de plástico para junta de dilatação. Quando o granilito é aplicado em painéis muito extensos, sem a junta de dilatação, poderá apresentar, depois de algum tempo, trincas que enfeiam e inutilizam o piso. A razão do aparecimento dessas rachaduras está no fato de ter o granilito coeficiente de dilatação diferente daquele subpiso.

Portanto, as duas camadas (granilito e cimentado inferior) dilatando ou retraindo diferentemente com a variação da temperatura, trazem como consequência lógica trinca na argamassa mais fraca; esta, pelo fato de ter a espessura menor, será o granilito. A melhor forma de evitarmos tal fato é o uso de juntas de dilatação, que, reduzindo os painéis a dimensões menores, praticamente igualam os movimentos.

No granilito usam-se juntas de latão ou de plástico (estas bem mais aplicadas, em virtude de preço bem menor também melhoram o acabamento, ajudando a enfeitar o piso). São tiras de espessuras variadas (1, 2, 3 mm e altura variando em torno de 1,5 cm). Não há uma regra fixa para a distribuição dos painéis, mas é aconselhável que estes não tenham dimensões maiores do que 1,50 m. Aplicamos também estas tiras na união do rodapé com o piso, principalmente quando aquele é tipo hospital, isto é, arredondado, também chamado de "meia cana" (ver na Figura 17-19).

Também a união de dois painéis de granilito em cores ou tipos diferentes só pode ser feita com bom acabamento, usando-se a tira de latão ou plástico, caso contrário esta região aparece como uma linha sinuosa de péssimo aspecto. Portanto, se desejarmos usar rodapé de cor diferente do piso, somos obrigados a empregar a tira de latão na linha de encontro e também para se obter o piso da Figura 17-20.

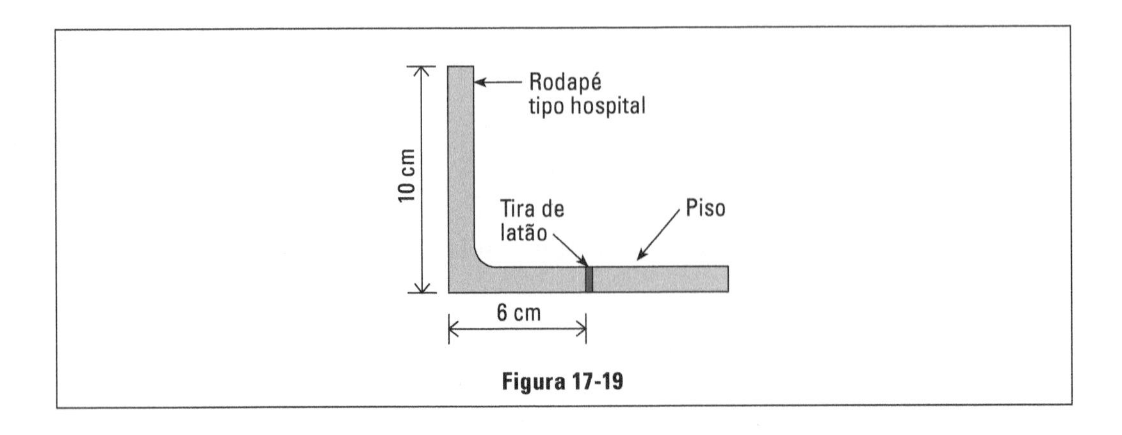

Figura 17-19

A tira é aplicada, abrindo-se um sulco no cimentado, chumbando-o com argamassa de cimento e areia.

A seguir, sobre o cimentado absolutamente limpo, varrido e umedecido, aplica-se a pasta. Ela é estendida por meio de réguas, que deslizam apoiadas nas tiras e finalmente alisada com desempenadeira e colher de pedreiro.

A pasta deve formar camada com espessura mínima de 5 mm (mais comum e aconselhável: 8 a 10 mm).

Cerca de dois dias após, a argamassa já está apta a sofrer o primeiro polimento. Este poderá ser à mão com pedra de esmeril ou à máquina (melhor acabamento). A máquina de polimento é basicamente constituída por um disco, que, ao girar sobre o piso, acionado por motor elétrico, produz um polimento rápido e muito mais uniforme do que o manual. Há, porém, partes que só poderão ser polidas à mão, porque a máquina não atinge estes locais, tais como rodapés, proximidades dos aparelhos sanitários etc.

O polimento é feito com bastante água que escorre da própria máquina. Essa água nos obriga também a uma precaução: evitar que a pasta produzido pelo polimento escoa sobre os pisos de tacos nos cômodos vizinhos, pois mancharia a madeira (note-se que geralmente se aplica o granilito após a colocação dos tacos). Terminado o primeiro polimento, o graniteiro (assim é chamado o operário especializado) lava o piso. Ao fazê-lo, perceberá os locais em que há falhas na constituição do granilito ou partes baixas nos pisos (depressões). Essas partes são novamente preenchidas para correção das falhas. Essa operação é chamada "estucamento".

Aguarda-se, outra vez, cerca de dois dias para consolidação da nova argamassa e faz-se novo polimento, agora com esmeril mais fino. Se, após a lavagem do piso, constata-se que todo ele é uniforme e perfeitamente liso, aplica-se óleo de linhaça ou mesmo óleo lubrificante fino (SAE 20) e puro para protejê-lo

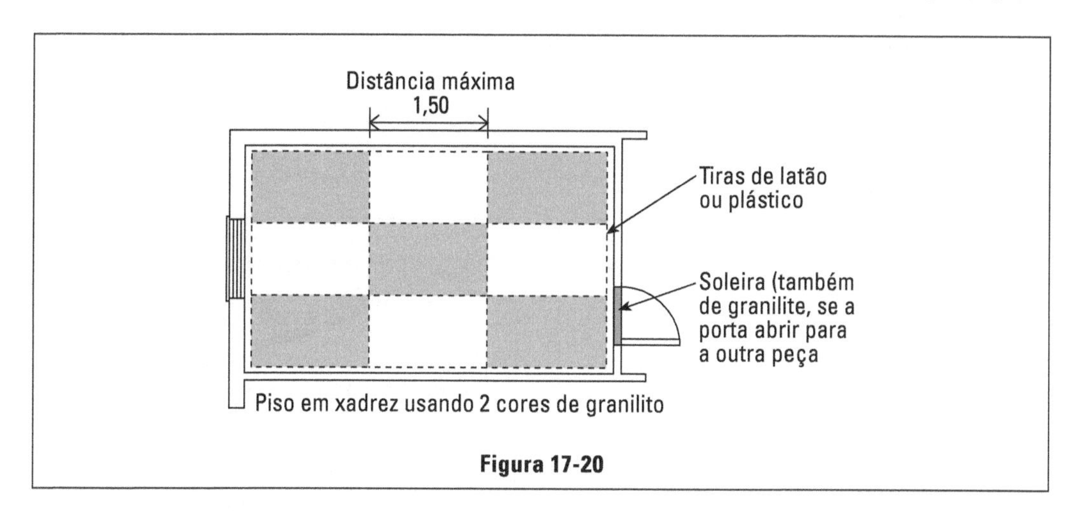

Figura 17-20

contra sujeiras. É hábito, na ocasião da entrega da obra, fazer-se nova limpeza e polimento de certos locais como acabamento final.

Deve-se notar ainda que o granilito deve ser aplicado o mais tarde possível e, principalmente, a limpeza final ser feita apenas na entrega da obra, porque se trata de um piso, geralmente claro, e que facilmente mancha para nunca mais ser limpo. Basta que o encanador, ao colocar o aparelho sanitário, atire uma ponta de cigarro no chão, e que esta fique sobre o piso molhado alguns dias para que surja uma mancha que ninguém conseguirá tirar a não ser arrancando o granilito. É comum surgirem manchas provenientes de massas de vidraceiro, resíduos de frutas e alimentos ou respingos de tinta por falta de cuidado dos pintores que irão trabalhar na peça.

O granilito pode ainda ser aplicado sobre escadas. Aliás é o revestimento talvez mais indicado para elas. De fato, usava-se antigamente escadas de madeira na estrutura, no acabamento e nos corrimões. Desde que se começou a utilizar laje de concreto, dá-se preferência em fazer os degraus sobre esta laje evitando os inconvenientes da escada de madeira, principalmente o desagradável ruído produzido pelo pisar (ruído de passos e o ranger das peças com o atrito) e também o rápido desgaste de seus degraus.

Fazendo-se a base em laje de concreto armado, duas soluções surgem:

a) Fundir os degraus juntamente com a laje (melhor solução). (Figura 17-21)

b) Fazer a laje segundo um plano inclinado e depois assentar tijolos para a formação dos degrau. (Figura 17-22)

Resta agora dar o acabamento, revestindo os degraus horizontalmente (piso) e verticalmente (espelho). A solução para revestimento de escadas mais comuns são:

1. madeira
2. mármore
3. cerâmica
4. granilito

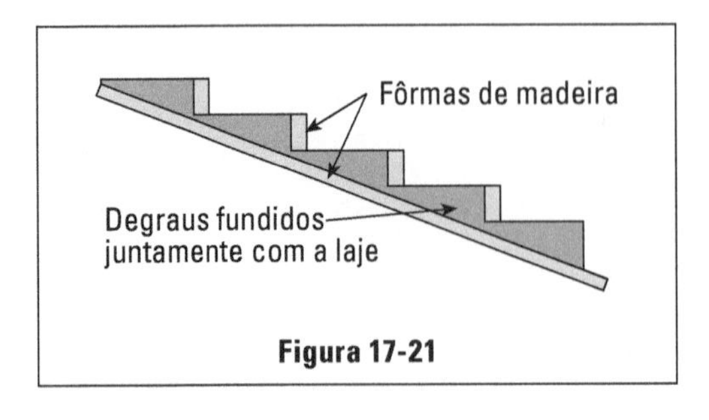

Figura 17-21

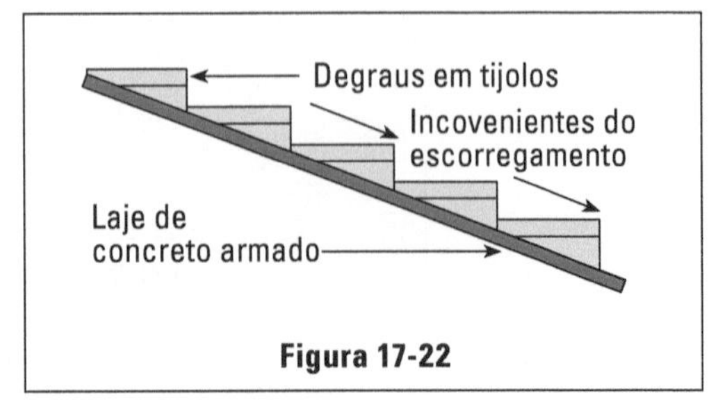

Figura 17-22

Rapidamente podemos verificar os inconvenientes de cada uma delas: a madeira desgasta rapidamente e empena; o uso do mármore é quase proibitivo na maioria das obras pelo seu elevado custo; a cerâmica deverá ser aplicada em ladrilhos cortados, o que dá péssimo acabamento; além do mais, é um material muito liso quando encerado e, portanto, perigoso para pessoas idosas.

Resta o granilito como solução mais empregada, pois, sem custar muito caro, satisfaz pelo aspecto.

Encontramos dois processos de aplicação do granilito nas escadas: poderá ele ser fundido no local ou serem os degraus e espelhos fabricados na oficina e virem prontos para serem assentados como se fossem chapas de mármore.

A segunda solução depende de uma medição prévia muito bem feita para evitar a vinda de peças de dimensões que não combinam. Lembramos que o granilito não aceita remendos, estes sempre serão notados. Quando moldada na própria escada, dá melhores resultados quanto ao tamanho dos degraus, porém apresenta mais dificuldade para o polimento, que deverá, neste caso, ser feito à mão. As peças fundidas na oficina serão colocadas em grupo sobre uma mesa e polidas em conjunto, à máquina. Em conclusão, podemos deixar a escolha a cargo de uma firma fornecedora, exigindo um bom acabamento em qualquer dos casos.

O rodapé das escadas poderá ter dois formatos: ou acompanha a escada segundo uma linha inclinada (Figura 17-23) ou acompanha os degraus e espelhos. (Figura 17-24) A primeira solução é a melhor, porque será a mais simples e como tal a que dará melhor acabamento.

Quando os degraus e espelhos forem fundidos na oficina, serão assentados sobre a escada com argamassa de cimento e areia, tomando-se o cuidado de observar que toda a superfície sob o degrau fique completamente tomada de massa, pois, do contrário, fatalmente o degrau se partirá ao ser usado.

Deve-se ainda proteger o granilito da escada para que não se estrague durante o uso, enquanto a obra não for entregue. Para isso, cobre-se os degraus com sacos de estopa, jogando-se entre eles gesso em pasta, que, ao endurecer, formará com a estopa uma sólida proteção, facilmente retirável na ocasião da

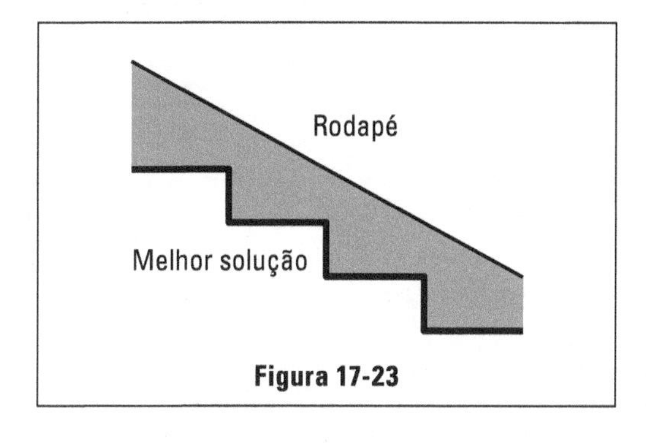

Figura 17-23

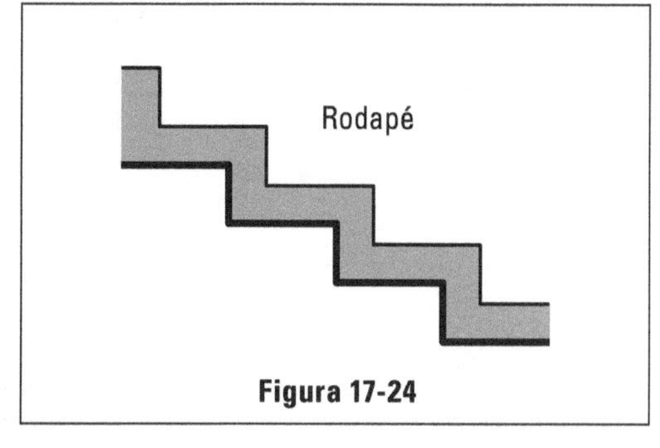

Figura 17-24

limpeza. A proteção com jornais velhos apresenta o perigo destes transmitirem sua tinta para o granilito e deve ser evitada.

Lembramos a necessidade de termos os degraus com uma pequena parte em balanço o que, além de aumentar a sua largura útil, favorece a sua aparência. (Figura 17-25)

Granilito no revestimento de paredes

O granilito é também usado para revestimento de paredes em cômodos sanitários, pois satisfaz à condição de impermeabilidade. Não é, porém, muito utilizado neste setor, pois os azulejos custam menos e, na opinião geral, agradam mais. Para seu uso em paredes, devemos ter a preparação do fundo com argamassa de cimento e areia, tal como para pisos. Normalmente, não se usam tiras de latão, a não ser em caso de luxo, mais para satisfazer ao ponto estético do que por necessidade. Neste caso, as tiras são aplicadas como na Figura 17-26.

O polimento deverá ser feito à mão ou à máquina, necessitando, neste caso, a firma contratada possuir polidora especial para paredes, pois a máquina comum não poderá trabalhar nas paredes. As polidoras para paredes são leves e trabalham seguras nas mãos do operário especializado se bem que basicamente são iguais àquelas para pisos, pois o polimento é realizado por pedras de esmeril presas a um disco que gira acionado por motor elétrico.

Usos diversos do granilito

É ainda aplicada para revestimento de tanques de lavagem de roupa, soleiras e peitoris. Os tanques de cimento comum, além do aspecto desagradável, são difíceis de limpar, portanto, sempre que há verba disponível, tentamos melhorá-lo. Há solução de revesti-lo com azulejos, o que nem sempre satisfaz, pois sua aplicação diminui muito a capacidade do tanque e, para um bom acabamento, a despesa sairá grande, pois o plano inclinado que serve de esfregão para as roupas, deverá ser revestido com calhas externas (peças caras); além do mais, as juntas dos azulejos retêm sujeira e empretejam rápida e permanen-

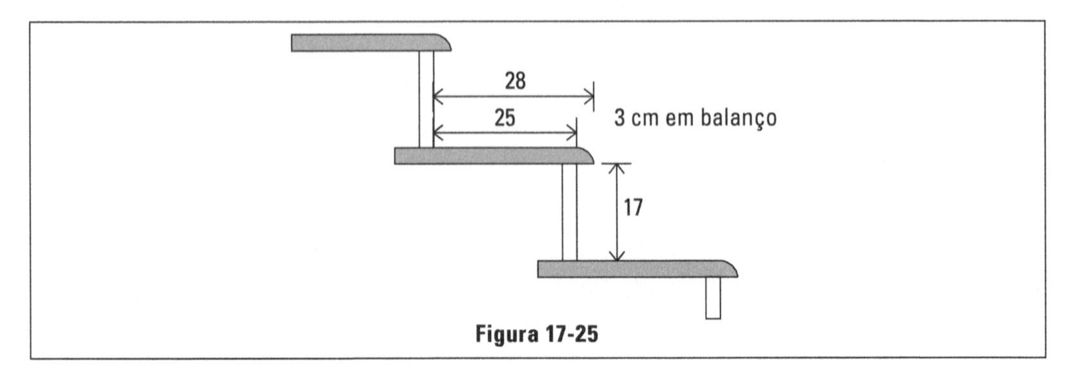

Figura 17-25

temente. A melhor solução será o emprego de revestimento de granilito. As firmas fabricam os tanques em diversas medidas e nos fornecem já prontos. Podemos consegui-los em unidades isoladas ou aos pares, constituindo os tanques duplos. Na obra nos resta só a sua fixação no local.

Os peitoris e soleiras, conforme suas dimensões, podem ser fornecidos prontos ou poderão ser fundidos no local.

Cálculo do preço do granilito

Pretendo alertar os novos compradores deste material para a forma utilizada pelas firmas para a cobrança dos trabalhos. Nada melhor do que um exemplo numérico. Supomos o quarto de banho da Figura 17-27.

a. área do piso = 2,40 × 4,20 = 10,08 m^2

b. rodapé = 1,30 + 1,10 + 3,40 + 2,40 + 2,90 + 0,70 + 0,10 + 0,70 + 1,20 + 1,20 + 1,20 + 0,10 = 16,3 ml (metro linear)

c. tiras de dilatação = 2,80 + 4,10 + 4,10 + 2,30 + 2,30 + 2,30 + 1,00 + 4 × 1,10 = 23,3 ml

O comprador pouco avisado perguntará o preço da aplicação do granilito e receberá como resposta (suponhamos): piso = R$ 10,00/m^2. Imediatamente colocará no seu orçamento:

Preço total = 10,08 × R$ 10,00 = R$ 100,80.

Mas, é também necessário indagar os preços do rodapé e das tiras de latão. Para este exemplo, digamos que os preços sejam: Rodapé: R$ 10,00 Tiras de dilatação: R$ 5,00/m Assim, o custo total será:

Piso	10,08 × R$ 10,00 =	R$ 100,80
Rodapé	16,30 × R$ 10,00 =	R$ 163,00
Tiras de latão	23,30 × R$ 5,00 =	R$ 116,50
Preço total		R$ 380,30

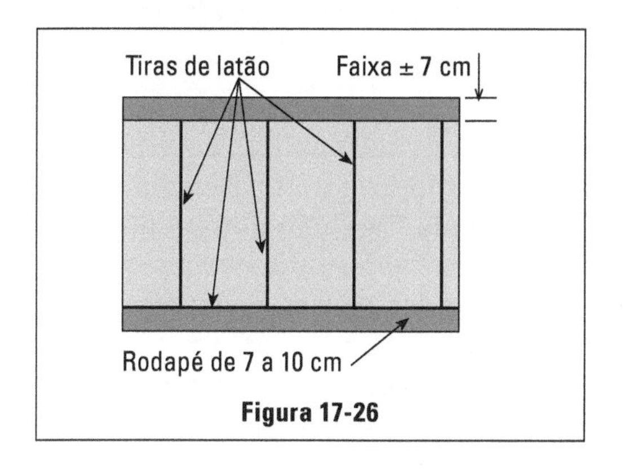

Figura 17-26

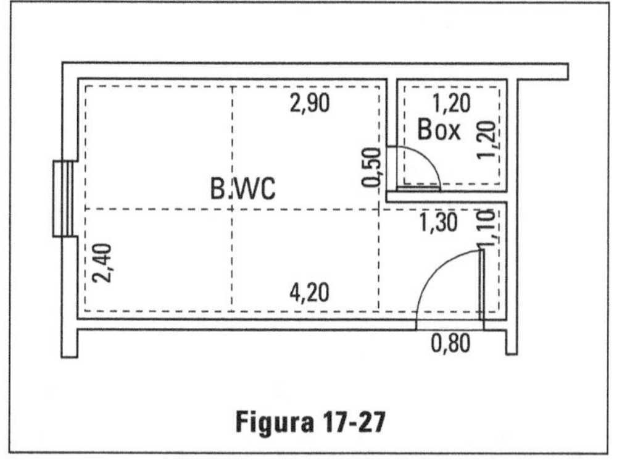

Figura 17-27

Preço real por metro quadrado: 10,08 = R$ 37,73. Bem diferente dos R$ 10,00.

De fato, o que aumenta realmente o custo da aplicação do granilito são o rodapé e as tiras de latão, e não o piso propriamente. Fica aqui a lembrança.

Os preços indicados nesse exemplo guardam uma relação real entre si, mas naturalmente não servem de informação, pois variam com a época. Costuma-se usar tiras de plástico para dilatação em lugar de tiras de latão; são mais econômicas e de bom aspecto.

Lembramos ainda a aplicação em mesas para pias de cozinha e pedras para filtro. Esse uso só se justifica quando há absoluta necessidade de economia; caso contrário, aconselha-se o emprego de mármore. Substâncias normalmente deixadas sobre as mesas de pia, tais como limão, café, vinagre, atacam o cimento do granilito e o corroem fazendo com que ele fique perfurado e com mau aspecto.

Geralmente, tais pedras de pia duram no máximo dois ou três anos. São porém, bem mais baratas do que as de mármore (cerca de 1/10 do preço).

Mármores

Seus empregos mais frequentes são: pisos de terraços, saguão, banheiros, escadas, revestimento de paredes de banheiros, soleiras de portas, peitoris de janelas, mesas de pias, pedras para filtro, lareiras, mesas de balcões, finalmente em forma de cacos (mosaico romano) para pisos.

Entre os tipos de mármores nacionais, os mais conhecidos são o marfim, o preto e o branco.

Entre os estrangeiros, os tipos mais conhecidos são, de Portugal: lióz e extremóz; da Itália: carrara, travertino e calacata.

As espessuras utilizadas são:

a. pisos, degraus, soleiras: 3 cm
b. revestimentos de paredes, espelhos de escadas, peitoris, rodapés: 2 cm
c. mesas de pia: 3 ou 4 cm

A marmoraria fornece as peças polidas, e geralmente as aplica. Devemos preferir a colocação por conta e risco da própria marmoraria porque, desta forma, a responsabilidade por quebra de peças caberá a ela, também porque possuem operários especializados nesse serviço. As peças virão em dimensões que dependem de nossa escolha, até o limite do tamanho dos blocos. Podemos, assim, trabalhar com ladrilhos pequenos ou grandes de acordo com nossa preferência, no entanto esses ladrilhos não devem ser menores do que 30 × 30 cm. Pode-se ainda fazer pisos de um só tipo de mármore ou trabalhar com duas qualidades, quadriculando-os. Nesse caso, é comum empregar-se o branco e o preto. O assentamento das peças é feito com argamassa de cimento e areia, sobre a preparação do piso no andar térreo ou sobre as lajes nas escadas e nos andares superiores. Deve-se aqui, como no caso do granilito, observar que cada peça fique totalmente apoiada sobre a massa, sem espaços vazios, para evitar quebras com o uso.

Note-se que o mármore, apesar de sua grande dureza (resistência ao risco e ao desgaste) facilmente parte-se ao trabalhar à flexão. Podemos saber se uma chapa de mármore está ou não bem assentada batendo-se sobre ela; haverá um som diferente quando se encontrar oca por baixo. O mármore aplicado nos pisos e escadas deverá, logo a seguir, ser protegido como foi o granilito, isto é, com gesso sobre sacos de estopa. Na ocasião da entrega da obra, esse gesso será retirado, fazendo-se um retoque geral no polimento das peças e aplicando cera para proteção e maior brilho.

As pedras que servirão de mesa para pias podem ser trabalhadas de duas formas: com canaletas ou com rebaixo. Ambas procuram evitar que a água utilizada nas pias e que cai sobre a mesa escorra para os bordos externos. As canaletas ou o rebaixo farão a água voltar para a pia.

A Figura 17-28 mostra uma mesa trabalhada em canaletas. A espessura mínima do mármore para esse tipo é 3 cm.

A Figura 17-29 mostra uma mesa com rebaixo, a pedra terá a espessura de 3 cm e nas bordas externas será aplicada uma moldura com cerca de 4 cm de altura para reter a água.

As pedras para essas mesas têm a largura variando desde 55 até 70 cm (mais comum 60 cm). O comprimento varia desde 1,20 m até o limite fixado pelo tamanho do bloco de mármore (geralmente 2,50). Acima desse comprimento, será necessário utilizarmos duas pedras colocadas em continuação.

Não é demais lembrarmos que o preço do mármore é bastante elevado, comparando-o com os dos materiais congêneres, portanto, convém racionar o

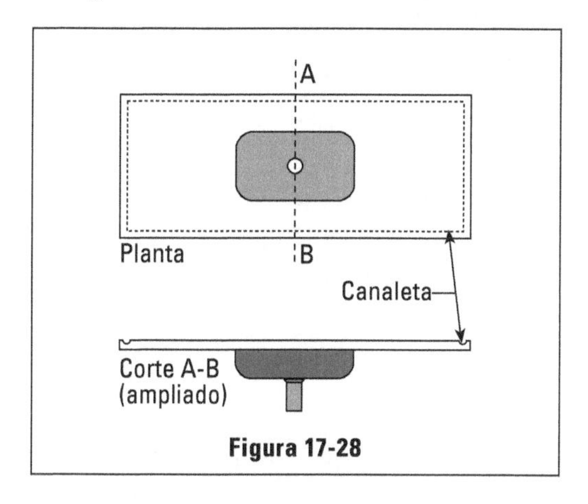

Figura 17-28

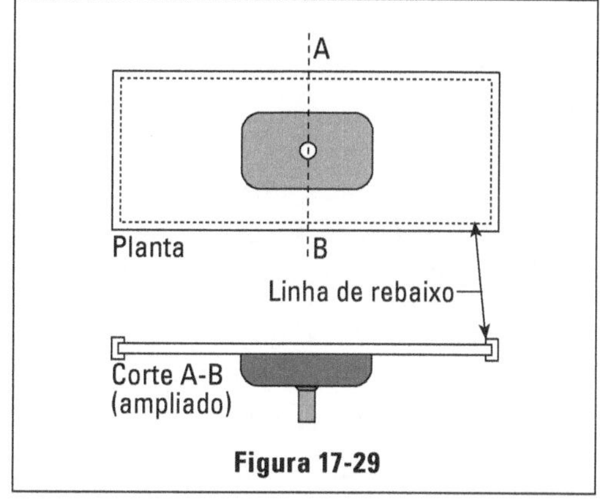

Figura 17-29

seu uso. Em obras de acabamento fino, porém, nada melhor para valorizá-las. Como mesa para pias não há outro qualquer material que se lhe compare, por isso, mesmo em obras mais modestas, este uso não é evitado.

Pelo fato de o mármore ter um preço tão elevado, surge uma solução intermediária e econômica. É o emprego do mármore em cacos rejuntados com granilito. Tal piso é conhecido com nome de "mosaico romano". Os cacos têm dimensões que variam em torno de 5 a 10 cm e podem ser empregados apenas de um tipo de mármore ou de tipos diferentes, variando o aspecto. São assentados com argamassa de cimento e areia enriquecida na superfície com cimento atirado depois da massa estendida.

Os cacos são arruinados, deixando-se entre eles propositadamente folgas de cerca de 1 cm para serem preenchidos com granilito. É necessário que o colocador bata com uma prancha para igualar a superfície de acabamento. Após aproximadamente dois dias, quando os cacos já estiverem firmemente colocados à argamassa, podem ser pisados e procede-se então ao rejuntamento. O rejuntamento é feito com granilito em cor que combine com a dos cacos. Aguarda-se mais dois dias para a pega do granilito, fazendo-se a seguir o polimento. Este é executado de maneira idêntica ao do granilito comum, usando a mesma máquina de disco rotativo com pedras de esmeril. As fases seguintes são as mesmas do granilito, isto é, fazem-se estucamentos para retoques, seguidos de novos polimentos, até termos uma superfície uniforme e perfeita.

Devemos notar que não se empreguem cacos com defeitos, manchas, pois inutilizam a beleza do mosaico. Para pisos de cacos de mármore, o rodapé será de granilito, geralmente da mesma cor daquela usada para o rejuntamento. O rodapé e o piso serão delimitados entre si por tiras de latão, não havendo necessidade do emprego de tais tiras para a divisão do piso em painéis e que serão colocados apenas se interessarem para a estética.

É um piso ideal para terraços fechados (jardins de inverno), mas pode ser também usado para cozinhas, banheiros, copas, halls etc. As firmas que aplicam tal piso são as mesmas que trabalham com o granilito.

Granito

Muito aplicado em locais de grande circulação, por sua alta resistência à abrasão, os pisos de placa de granito podem apresentar diversos padrões de acabamento: levigadas, polidas, lustradas, apicoadas, flameadas e jateadas.

Os tipos de placas de granito mais conhecidas em função da cor são: cinza, Mauá, champagne, juparaná, dourado paulista, preto grafita, preto tijuca, verde ubatuba e verde esmeralda.

Sua colocação é idêntica à colocação das placas de mármore.

Prensados

São pisos marmorizados, fabricados em placas de 30 x 30 cm, utilizando pedaços de mármore prensados.

O material que compõe esse piso passa por equipamentos de elevada capacidade de prensagem, providos de estágios de intensa vibração, que eliminam a formação de bolhas de ar e conferem ao produto uma alta resistência à compressão, à flexão e à abrasão, além de excelentes índices de impermeabilidade.

O mármore utilizado na confecção das placas poderá ser do tipo cerrado ou então de forma granular. O primeiro apresenta um acabamento mais nobre enquanto o outro um acabamento mais funcional.

Sua aplicação é idêntica a das placas de mármore e granito.

Cimentado

Sem dúvida é o mais barato dos pisos laváveis, por isso empregado em calçadas e quintais. Pode ser aplicado, obedecendo a tipos diferentes.

Quanto à base:

- sobre o terreno
- sobre o concreto simples

Quanto ao acabamento:

- lisos
- com roletes
- desempenados ou rústicos

1. Se desejarmos grande economia, e se sobre o cimentado não irão circular grandes cargas (automóveis), podemos aplicá-lo diretamente sobre o solo. Para isso, nivelamos e apiloamos o terreno; a seguir, colocam-se cacos de tijolos, telhas (entulho em geral muito comum nas obras); apiloa-se novamente e com isso se consegue uma base relativamente sólida e uniforme. Segue-se a aplicação de argamassa de cimento e areia (traço 1:3) estendendo-se com a régua. Dá-se depois o acabamento com a desempenadeira ou com a colher de pedreiro.
2. Para cimentados mais resistentes, principalmente nas entradas de autos e garagens, usa-se uma base mais sólida. Aplica-se concreto simples e com pouco cimento (traço 1:3:6) sobre o solo previamente nivelado e apiloado. Esta camada tem a espessura variando em torno de 8 cm. Após a sua pega parcial, aplica-se argamassa de cimento e areia (1:3),

estendendo-se com a régua e dando o acabamento requerido. Para aplicação sobre aterros recentes, convém reforçar ainda mais a base; para isso, aproveitamos os retalhos de ferro que geralmente sobram da armação do concreto da própria obra, ou mesmo adquirimos de outras obras (a preço de ferro velho); estes retalhos sendo estendidos sobre o solo em quadriculados inegavelmente trazem um reforço.

3. Se desejarmos a superfície de acabamento perfeitamente lisa, depois de estendida a massa e uniformizada com a desempenadeira, devemos atirar cimento em pó sobre ela e alisá-la com a colher de pedreiro.
4. Para uma solução intermediária, isto é, acabamento nem completamente liso nem totalmente rústico, após o alisamento com a colher, passa-se sobre o piso um rolete de borracha dura, com saliências que penetram na massa, deixando-a com um aspecto de quadriculado miúdo. Geralmente, evitamos o acabamento muito liso porque fica muito escorregadio.
5. Para acabamento rústico, usamos apenas a desempenadeira para a regularização da superfície.

Os cimentados são também soluções econômicas para pisos e garagens, banheiros, lavanderias, escadas de edícula etc. Pode-se aplicar um corante (geralmente vermelho, óxido de ferro) à argamassa, para variar seu aspecto, principalmente nas escadas. Duvidamos da vantagem estética do seu uso.

Quando o cimentado for aplicado em superfícies muito extensas, precisamos subdividi-las em painéis (1,50 × 1,50 m) com juntas de dilatação. Para isso, usamos ripas de pinho 1/2" × 2" (cerca de 1 × 5 cm). Isso evitará o aparecimento frequente de rachaduras e o levantamento do piso, motivados por contrações e dilatações exageradas.

Borracha

Os pisos de borracha são especialmente indicados para áreas com grande volume de tráfego, devido às suas características de amortecimento do som.

As placas de borracha têm sido desenvolvidas especialmente para ter uma resistência elevada ao desgaste e à abrasão.

Poderá ser aplicado de duas maneiras: com argamassa ou com cola.

Assentamento com argamassa

Deverá ser um contrapiso com argamassa de cimento e areia no traço 1:3, perfeitamente nivelado, com os caimentos devidos e desempenado, cuidando-se para que a superfície não fique muito lisa.

Não podemos esquecer da folga a ser deixada, por causa da espessura da placa, normalmente de 10 mm ou 15 mm.

Após o endurecimento do contrapiso, o mesmo deverá ser varrido e malhado. Em seguida, espalha-se sobre sua superfície, com uma desempenadeira dentada, uma nata pastosa, composta de cimento, PVA e água, numa película aproximada de 1,5 mm.

O consumo dos ingredientes que compõem essa nata, para uma área de 20 m^2, é de:

18 litros de água
1 kg de PVA
1 saco de cimento

Imediatamente após o espalhamento da nata sobre a superfície, assentar as placas com suas concavidades previamente bem preenchidas com argamassa no traço 1:2 de cimento e areia e bater levemente com uma desempenadeira na placa a ser colocada, a fim de diminuir o ar eventualmente existente sob as placas.

A liberação ao trânsito de pessoas deverá ocorrer após 72 horas do término da aplicação.

Assentamento com cola

Para o assentamento com cola, a superfície a revestir deverá estar lisa, isenta de poeira, pintura ou qualquer material solto, bem como totalmente seca.

Recomenda-se a utilização de um adesivo à base de neoprene que será aplicado em uma camada fina e uniforme na face inferior das placas e, em seguida, aplica-se uma camada de adesivo também no contrapelo, utilizando-se uma espátula com dentes finos, cuidando-se para evitar excesso ou a formação de bolsões de adesivo. Quando o adesivo atingir o ponto de aderência, cerca de 20 minutos, as placas deverão ser colocadas em posição e assentadas.

Em determinados casos em que exista a possibilidade de derramamento de água no piso, as placas poderão ser colocadas com adesivo à base de resina epóxi.

Vinílico (paviflex)

É um piso vinílico semi-flexível, em placas, composto por resinas de PVC, fibras plastificantes, cargas inertes e pigmentos.

Após dosados e pesados, os componentes são misturados e laminados a quente, até obter-se a espessura desejada. Em seguida, é cortado em placas que, após rigoroso controle de qualidade, são embalados em caixas de papelão.

Os pisos vinílicos destinam-se ao revestimento de pisos em geral, podendo ser colocados em base de cimento, marmorites, granilitos, cerâmicos e outros, desde que estes estejam firmes e totalmente isentos de umidade. Não pode ser aplicado sobre tacos e assoalhos.

Ideal para hospitais, hotéis, cinemas, lojas e residências, as placas de piso vinílico têm dimensões de 30 × 30 cm e espessura de 1,6 mm, 2 mm, 2,5 mm e 3 mm. A condição básica para a instalação do piso vinílico é um contrapelo seco e firme.

As ferramentas necessárias para a colocação são:

Desempenadeira de aço (para regularização)
Pedra de esmeril (para lixamento)
Espátula n. 10 (limpezas diversas)
Desempenadeira dentada ("meia-lua") para aplicar o adesivo
Riscador de vídia (para recortes)
Metro
Linha de pedreiro (para marcar os eixos de colocação)
Estilete (para cortar rodapés e testeiras)
Pincel (para aplicar adesivo do contato)
Maçarico à gás (para aquecer os ladrilhos nos arremates)
Martelo de borracha (para aplicar rodapé, testeiras etc.)
Palha de aço (limpeza)

Tipos e preparação de contrapiso

O piso vinílico poderá ser assentado sobre contrapiso, cimentado, cerâmicos ou granilito.

O contrapelo constituído de uma camada de argamassa de cimento e areia no traço 1:3 liso, desempenado e absolutamente isento de umidade, constitui a base ideal para a aplicação do piso vinílico. Sobre essa base aplica-se uma ou mais demãos de argamassa reguladora, que é composta por oito partes de água para uma de PVA, acrescida de cimento até ficar pastosa. Após a secagem (mínimo de 12 horas), lixar e eliminar o pó.

Para os contrapisos cerâmicos ou granilitos, a regularização é feita com uma demão de massa PVA, no traço 4:1 e a segunda demão com traço 8:1. Após a secagem, lixar e eliminar o pó.

Para a colagem das placas de pisos vinílicos sobre o contrapiso regularizado, recomenda-se o uso de adesivo fabricado pelo mesmo fabricante das placas vinílicas.

Sua aplicação deve ser feita com desempenadeira dentada, tipo "meia-lua", só no contrapelo.

O adesivo deverá ser bem mexido antes da utilização e espalhado sobre o contrapiso em movimentos circulares, sem que seja aplicado mais de uma vez no mesmo local.

As portas e janelas deverão estar abertas para a boa ventilação do local de aplicação.

Deverá esperar-se o tempo de arejamento, que é de 15 minutos aproximadamente. Após este período, se tocarmos levemente com o dedo sobre o adesivo espalhado e este não grudar, poderemos iniciar a instalação das placas.

Para a colocação em banheiros e áreas sujeitas a ação da água e escadas, sugere-se a utilização de adesivo a base de neoprene, aplicado com desempenadeira lisa no contrapelo e também nas placas vinílicas.

A colocação das placas vinílicas deverá ser iniciada a partir do centro e em direção das paredes. Para isso deverão estar demarcados os eixos longitudinais e transversais que dividem ao meio o ambiente a revestir. (Figura 17-30)

Ao colocar as placas, utiliza-se uma das mãos para acertar o lado com o ladrilho já colocado e a outra para "deitar" o lado oposto.

A colocação em diagonal é feita marcando-se somente o eixo longitudinal, a partir do qual inicia-se o trabalho, usando as próprias placas como guia para o início da colocação. (Figura 17-31)

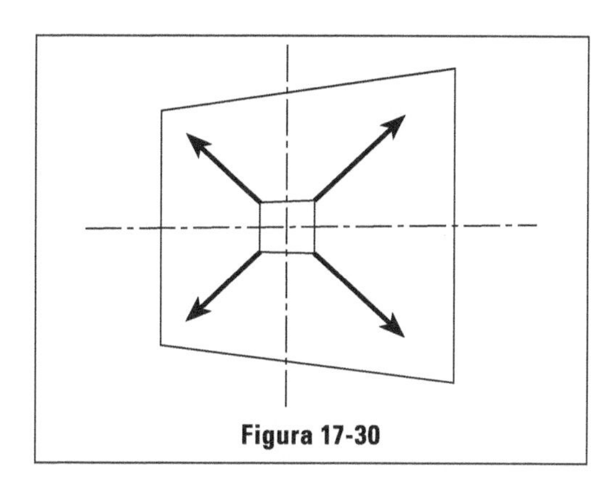

Figura 17-30

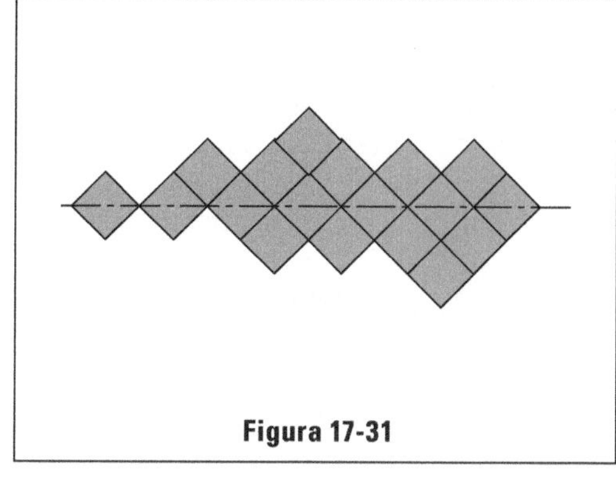

Figura 17-31

Os arremates nas paredes são feitos colocando-se uma placa vinílica inteira (n. 2) sobre a última placa assentada (n. 1). Em seguida, coloca-se sobre a placa n. 2 uma outra placa inteira (n. 3), deslocando-se a (n. 3) até a parede. Com o riscador de vídia e utilizando-se o lado da placa n. 3 como régua, risca-se a placa n. 2 que fica aparente, cortando-se em seguida com o estilete. Essa parte cortada é exatamente o que falta para o arremate na parede. Para facilitar a colocação, curve-a com a mão, coloque-a no local e pressione para baixo.

Essa mesma técnica é utilizada para arremates de cantos vivos, tomando-se o cuidado de colocar a placa n. 2 sobre a última placa colocada, em cada direção que compõe o canto vivo. (Figura 17-32)

Para o caso de cantos curvos, aquecer a placa com o maçarico, a chama voltada para o verso da placa, colocando-a em seguida junto do local de aplicação, cortando-se os excessos com o auxílio do estilete. (Figura 17-33)

A instalação do rodapé é semelhante a do piso e o local deverá estar seco e também regularizado com uma demão de massa de PVA (4:1). Após a secagem, faça uma linha, que deverá ficar 5 mm abaixo da altura do rodapé, servindo de limite de aplicação do adesivo. Com o auxílio de um pincel, aplicar o adesivo no verso do rodapé e também no local da parede.

Após o tempo de arejamento, aproximadamente 30 minutos, instale o rodapé, fazendo forte pressão com o auxílio de um pano, de ponta a ponta, para se obter perfeita aderência. Nos cantos vivos, corte um filete no verso do rodapé, no local da dobra, facilitando, desta forma, a colagem, aquecendo-se com o maçarico se necessário para facilitar a colocação. Não deverá ser feita a emenda no canto vivo, ela deverá ser feita nos cantos. (Figura 17-34)

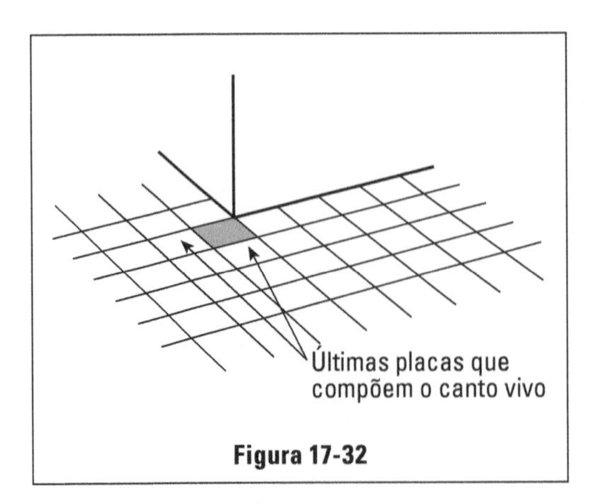

Figura 17-32

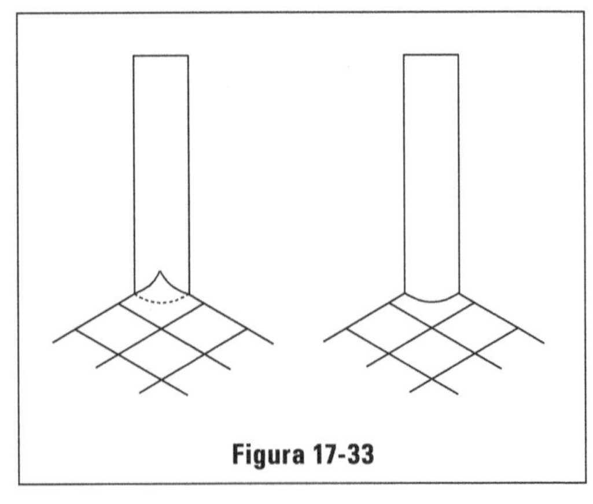

Figura 17-33

Faixa de arremate

Utilizada em soleiras para proteção ou acabamento. (Figura 17-35)

Deve-se tirar a medida do vão e cortar a faixa no mesmo tamanho. Passa-se uma demão de adesivo no contrapiso e outra no verso da faixa de arremate. Após o tempo de arejamento, coloque a faixa no local e aperte firmemente com o auxílio de um pano.

A colocação das placas vinílicas em escada é feita marcando-se o eixo da escada nos espelhos de todos os degraus. Em seguida, com um pincel, aplica-se adesivo nos espelhos e nas placas, que serão colocadas após o tempo de arejamento (30 minutos). As placas serão recortadas no limite do espelho. Terminada a colocação dos espelhos, inicia-se a colocação das testeiras.

Testeiras são perfis flexíveis para a proteção e arremate dos degraus das escadas. As testeiras são cortadas no tamanho da largura da escada, em seguida aplica-se o adesivo nos limites dos degraus e na parte interna da testeira. Após o tempo de arejamento, coloque as testeiras, fixando-as com um pano e martelo de borracha. Depois da colocação dos espelhos e testeiras, começa-se a colocação do piso da escada. As placas do piso da escada deverão coincidir com as do espelho, sendo sua aplicação idêntica a do espelho.

Logo após instalados, o piso deve ser limpo e encerado, com cera própria para pisos vinílicos.

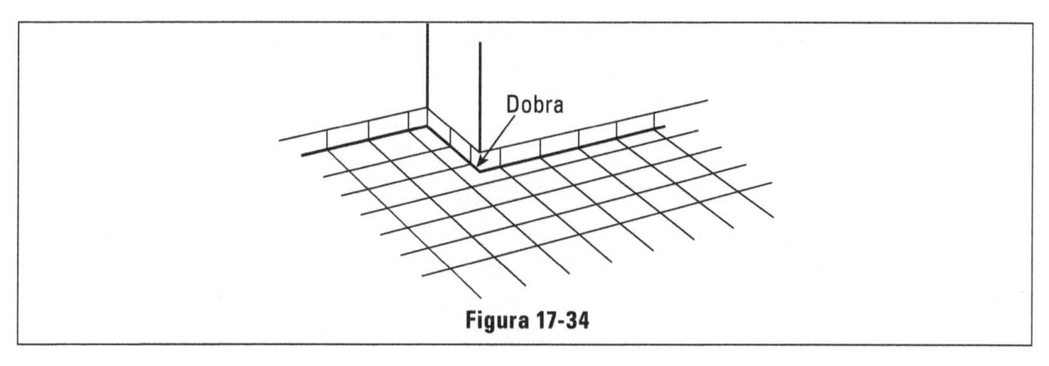

Figura 17-34

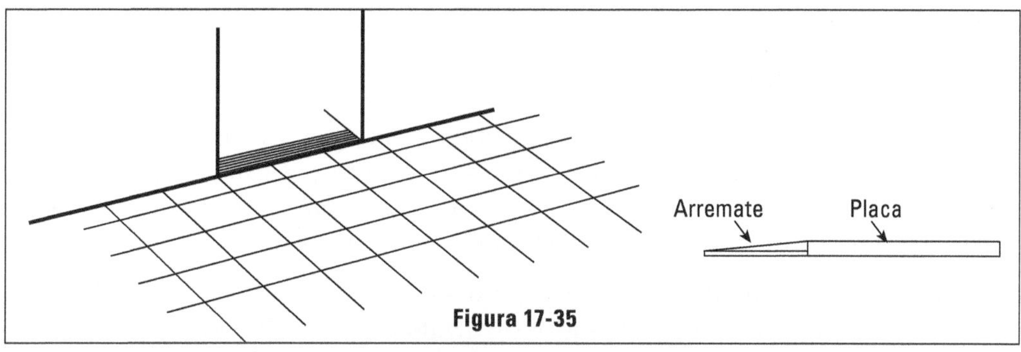

Figura 17-35

Pedras (ardósia, mineira, itacema)

Muito utilizadas para os revestimentos de terraços e sacadas são as pedras de ardósia e a mineira.

A ardósia é encontrada na coloração cinza ou verde. Suas peças têm dimensões variadas, podendo ser regulares, 30 × 30 cm, 10 × 20 cm ou irregulares (normalmente aproveitam-se as sobras de cortes de placas maiores).

Sua colocação é feita com argamassa de cimento e areia, no traço 1:3 ou então com cimentcola, tomando-se o cuidado de que as placas estejam completamente apoiadas sobre a argamassa, evitando-se vazios que acarretam a quebra das placas quando do início da utilização do piso.

A pedra mineira é bastante utilizada em torno de piscinas, por ter uma textura anti-derrapante. Sua colocação é idêntica a da ardósia.

Também muito utilizada em calçadas e corredores, a itacema de dimensões 10 × 20 cm, cujo acabamento final lembra o antigo paralelepípedo e somente as placas utilizadas tem a espessura de 1 cm.

Mosaico português (petit-pave)

É um piso muito utilizado em calçadas e acessos, formado por pedras com formato aproximado de um cubo, com 7 cm de lado.

São utilizados nas cores branca, preta, marrom e vermelha. Sua colocação é feita sobre um berço de areia, com 5 cm de espessura, devidamente nivelado e não compactado.

As pedras são colocadas, justapostas e batidas com soquete de madeira para que fiquem intertravadas. Normalmente são utilizadas cores diferentes para que seja composto algum desenho de forma geométrica, tipo ondas ou o mapa do Estado de São Paulo. As pedras são rejuntadas com uma mistura a seco de cimento e areia no traço 1:3, que é aplicada sobre elas e varrido com escovão para que os vazios entre as pedras sejam preenchidos.

Laminado melamínico

Os pisos laminados melamínicos, popularmente conhecidos como "fórmica", são constituídos de placas de laminado de alta pressão, com um núcleo fenólico e superfície melamínica decorativa e funcional, especialmente formulado para assegurar extraordinária resistência ao desgaste.

As placas são encontradas nas dimensões de 60 × 60 cm, 308 × 20 cm e 308 × 30 cm, estas últimas chamadas de réguas, e sua espessura é de 2 mm.

Possuem superfície de acabamento texturizado anti-derrapante e padrões de acabamento em cores lisas e imitando madeira.

Os pisos laminados melamínicos podem ser aplicados sobre a maioria dos pisos existentes, tais como tacos, cerâmicos, madeira e cimentados.

Sua aplicação é feita com cola adesiva aplicada sobre a superfície a ser revestida. Sobre o material, após o tempo de arejamento são colocadas as placas, fazendo-se forte pressão sobre elas para garantir a perfeita aderência. É de fácil manutenção, dispensando o uso de ceras e vernizes, bastando para limpá-las apenas um pano úmido com um leve detergente doméstico.

Lajotas de concreto

Quando temos plásticos em que circulam veículos, algumas vezes de grande peso, geralmente temos dificuldades na pavimentação; tais fatos ocorrem em pátios de indústrias, em posto de serviço (bomba de gasolina), em garagens etc.

Modernamente surgiram e têm tido grande emprego as lajotas sextavadas de concreto. São feitas em concreto vibrado, o que aumenta a sua resistência, apresentando uma espessura de 8 cm para tráfego leve e de 10 cm para tráfego pesado e intenso. A lajota tem a forma da Figura 17-36.

As saliências de um peça, na colocação, penetram nas reentrâncias da outra peça, fazendo todas estarem intimamente presas e que, portanto, trabalhem em conjunto. Ver Figura 17-37 na qual aparece a área vista por baixo, realçando as junções de saliências e reentrâncias, dando um encaixe com articulação.

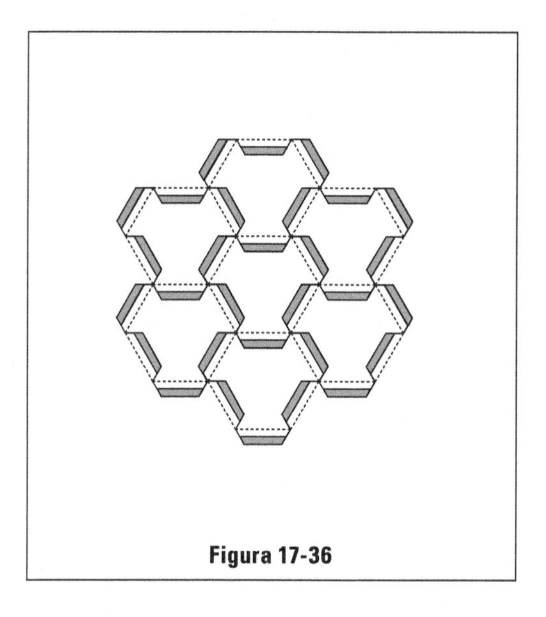

Figura 17-36

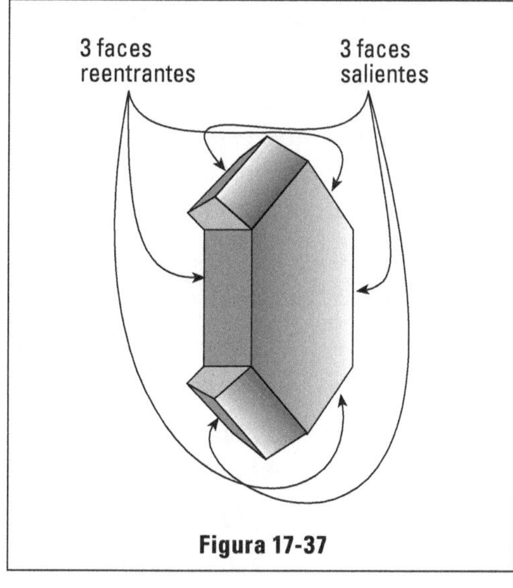

Figura 17-37

Existe ainda um tipo de lajota com 6,5 cm de espessura que serve para praças e logradouros públicos sem tráfego de veículos.

Suas dimensões são de modo a ser aplicada doze peças por metro quadrado.

Modo de aplicação: limpeza e regularização do terreno deve ser de modo a termos uma superfície uniforme; não há necessidade de compressão com rolo a não ser em terrenos de aterro recente. O assentamento é feito simplesmente com areia média solta, sem qualquer aderente ou agregante. É apenas uma arrumação de forma a termos as peças todas em um mesmo nível e com juntas de cerca de 1 cm e bate-se a superfície com soquete de madeira ou borracha, sendo as juntas preenchidas com asfalto líquido (quente).

A vantagem desse tipo de piso está principalmente na facilidade de articulação das peças, fato que evita a sua quebra. O pior que pode acontecer no caso de carga excessiva ou falha no solo é um recalque em conjunto sem quebra de peças. Neste caso, as peças serão retiradas, faz-se o preenchimento do buraco e recolocam-se as peças. Essa operação é fácil e econômica.

Pisos de alta resistência

Os chamados pisos de alta resistência foram desenvolvidos para atender às necessidades de utilização em áreas submetidas ao desgaste por abrasão e pelo arraste de cargas provocado por empilhadeiras e outros veículos pesados, bem como áreas sujeitas ao impacto, agressões químicas e baixas temperaturas.

O princípio básico de um piso de alta resistência é composto de agregados utilizados na composição da argamassa.

Esses agregados, dependendo da utilização dos pisos, poderão ser: rochosos de alta resistência (quartzo e diabase); composto de agregados metálicos e rochosos de alta dureza (óxido de alumínio e quartzo); composto de agregados metálicos (grau de dureza entre 47 e 52, na escala Rockwell).

Para pisos que tenham que ter resistência a ataques químicos, é utilizada uma argamassa sintética, composta de um aglutinado sintético bicomponente à base de resinas epóxicas.

A espessura do revestimento executado com essas argamassas varia de acordo com o tipo de solicitação a trânsito a que o piso será submetido.

Trânsito leve	Tráfego de pessoas, veículos de carga leves ou empilhadeiras: 8 mm
Trânsito médio	Tráfego de veículos e empilhadeiras pesadas, arraste de cargas médias e cargas estáticas elevadas: 10 ou 12 mm
Trânsito pesado	Tráfego de empilhadeiras pesadas, arraste de cargas pesadas, cargas estáticas elevadas: 15 mm

A argamassa é obtida, misturando-se o agregado especificado para o tipo de piso com cimento comum, na proporção de 17 litros de agregado por saco de cimento. Utilizar baixo fator água/cimento.

Para que se adquira a máxima resistência da argamassa, esta deverá ser submetida à vibração por meio de régua-vibradora, bem como à ação de roto-alisador que, sob o efeito combinado de seu peso e rotação, suga o excesso da água de amassamento redistribuindo a nata de cimento entre os grãos, aumentando a resistência à abrasão e melhorando o acabamento superficial.

É importante que o revestimento receba os benefícios de uma cura adequada, logo que se inicie a pega do cimento. Uma cura adequada evitará empenamento do painel e seu consequente descolamento, bem como a ocorrência de microfissuras (pés de galinha). A cura poderá ser química ou natural, por meio de colchão de areia molhada aplicado sobre a superfície e durante sete dias, tomando-se o cuidado de molhá-lo uma ou duas vezes ao dia.

O acabamento da superfície poderá ser feito com desempenadeira metálica ou então no caso dos locais em que se procura evitar a formação de poeira pela raspagem da nata de cimento da superfície até o afloramento dos grãos dos agregados.

O método ideal de execução de um piso de alta resistência é aplicar-se a argamassa sobre o concreto da laje que compõe o piso, quando da sua concretagem. Isso possibilita a formação de um monolito, ficando assim eliminada a possibilidade de eventuais destaques por empenamento.

No caso de aplicação da argamassa sobre a laje já curada, será necessária a interposição de um contrapelo de correção entre a laje e o revestimento final.

Pisos elevados

Originalmente desenvolvidos para facilitar as instalações de Centros de Processamento de Dados (CPD), os pisos elevados, nos últimos tempos, vêm-se impondo nos mais diversos ambientes de trabalho, graças aos novos critérios de ocupação de espaços, sobretudo em escritórios comerciais. Constituído por placas removíveis e intercambiáveis e suportes telescópicos reguláveis, com uma linha completa de acessórios que viabiliza a instalação de uma infra-estrutura no entrepiso, com alta flexibilidade e economia.

Esse espaço (entrepiso) é extremamente útil, no qual se encontra lugar para todo o tipo de instalações: elétricas, telefônicas, ar condicionado e informática. É um espaço que se estende por toda a parte a superfície local e acessível em qualquer ponto, bastando para isso retirar as placas do piso elevado, permitindo a execução dos serviços no ponto em que se façam necessários.

O conjunto de suportes telescópicos, com altura regulável de 90 mm a 1.000 mm, é composto por uma base de apoio em alumínio fundido, uma haste vertical rosqueada bicromatizada, porcas sextavadas auto-travantes, cruzeta de apoio superior em alumínio fundido, recoberta por guarnição auto-aclasiva de feltro asfáltico, com 1,5 mm de espessura. Alturas superiores a 400 mm requerem um tratamento da estrutura com tirantes diagonais de cintas de aço perfuradas.

As placas são em madeira aglomerada, com modulação 600 × 600 mm e espessura de 30 ou 40 mm.

As bordas extrudadas em todo o perímetro, com uma lâmina de PVC também em todo perímetro para proteção contra umidade e absorção de eventuais impactos.

A face superior é revestida com laminado melamínico, carpete, vinil ou borracha e na face inferior uma lâmina de alumínio como proteção contra a condensação de umidade e faíscas elétricas de correntes das instalações do entrepiso.

Em caso de placas com acabamento em carpetes, é aplicada uma lâmina de alumínio, entre o aglomerado e o revestimento superior para proteger o aglomerado contra umidade.

Esquadrias de madeira

As esquadrias de madeira constituem um extenso e importante capítulo para as construções, em que se incluem todo e qualquer trabalho executado pelas marcenarias.

- portas;
- janelas;
- portões;
- gradís;
- portinholas para abrigos;
- subdivisões e prateleiras para armários embutidos.

Portas

Compõe-se basicamente das seguintes peças:

- batente;
- folha;
- guarnição;
- sócolo;

Lembramos ainda que em capítulo anterior, falamos a respeito da colocação dos batentes. É no batente que será pendurada a folha da porta, por meio de dobradiças. A folha é, portanto, a parte móvel, aquela que permite ou não a passagem. Para formar o arremate entre o batente e a parede, emprega-se a guarnição. É ela que esconde as falhas e imperfeições que fatalmente existirão entre a parede e o batente.

Na parte inferior, quando a guarnição se encontra com o rodapé, costuma-se utilizar uma pequena peça de madeira, chamada sócolo.

O sócolo tem a função de fazer o arremate entre a guarnição, rodapé e piso. Atualmente, não se costuma mais utilizá-lo, leva-se a guarnição até o piso e não se dá o acabamento com o rodapé.

Na Figura 18-1, é vista de frente uma porta completa, em que aparecem: folha, guarnição e sócolo.

Na Figura 18-2, vê-se um corte transversal da porta anterior com o batente.

Batente

É geralmente de peroba, salvo nas casas de acabamento fino, quando se procura empregar madeira idêntica à da folha, porém só nos casos em que se pretenda dar o acabamento verniz.

Nos casos comuns, suas dimensões aparecem na Figura 18-3.

Note-se que a espessura deverá ser de 4,5 cm para se ter boa resistência.

E composto de dois montantes (peças verticais) e uma travessa (peça horizontal), conforme mostra a Figura 18-4.

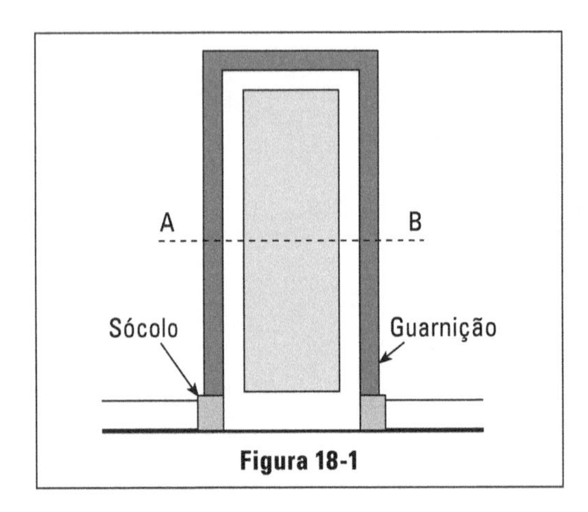

Figura 18-1

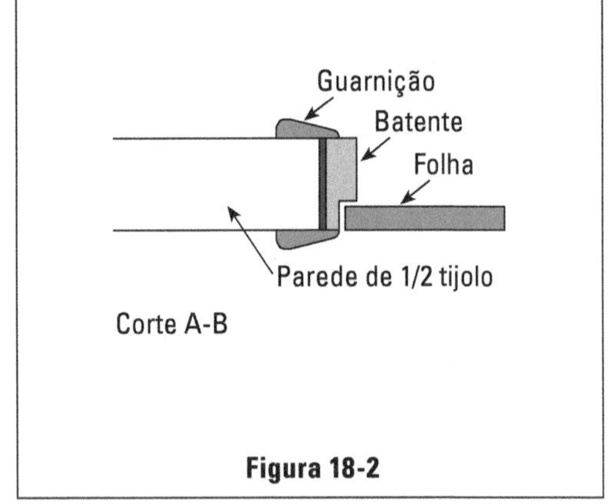

Figura 18-2

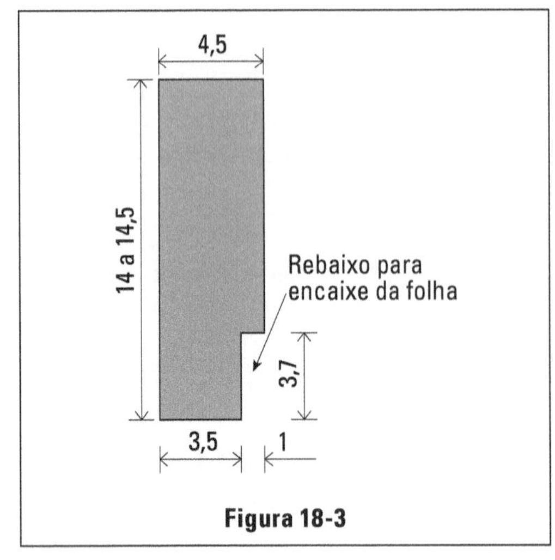

Figura 18-3

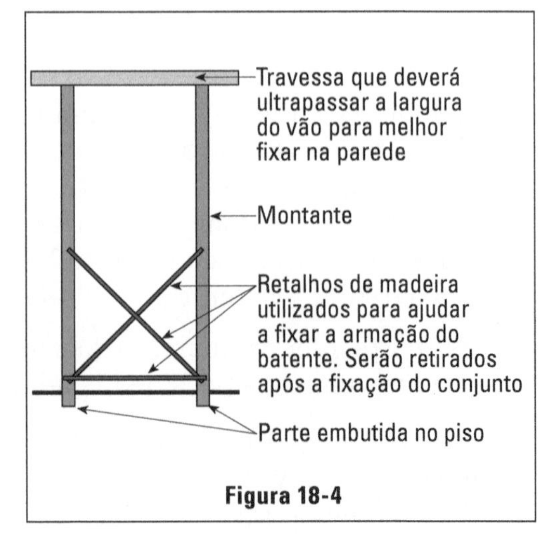

Figura 18-4

Devem, de preferência, ser armadas na própria carpintaria, não sendo boa norma a armação na construção, pois faltam ao carpinteiro da obra ferramentas e locais apropriados para um bom trabalho.

A largura indicada na Figura 18-3, de 14 a 14,5 cm, é para paredes de meio tijolo, devidamente revestidas em ambos os lados.

Quando se empregam materiais diferentes para a execução da alvenaria (bloco concreto, bloco cerâmico, pumex, silico-calcário), é preciso adaptar-se a largura do batente de acordo com a espessura resultante da parede pronta.

A fixação dos batentes já foi vista em capítulo anterior. Para melhor fixação, a travessa superior deverá ser maior do que o vão, para que as abas fiquem chumbadas na parede; os montantes também deverão ser maiores do que a altura do vão para que 2 a 3 cm sejam fixados ao piso.

Chama-se vão livre ou vão luz de um batente a menor largura no sentido horizontal e a menor altura no sentido vertical.

A Figura 18-5 indica o vão luz no sentido horizontal (largura). Vê-se, portanto, que a largura da folha é dois centímetros maior do que vão livre. No entanto, a altura da folha será apenas 1 cm maior que o vão livre, pois só haverá encaixe na parte superior. Assim, para um vão livre de 0,80 × 2,10 m, a folha será de 0,82 × 2,11 m.

Atualmente, costuma-se utilizar batentes metálicos, executados em chapa dobrada de aço galvanizado, pintados com pintura eletrostática em pó.

Normalmente são empregados em conjuntos habitacionais, em que a racionalização da construção é largamente utilizada.

Geralmente as alvenarias são de blocos de concreto cerâmico, silico-calcário ou concreto celular.

O batente envolve a alvenaria nos vãos das portas, eliminando-se assim a necessidade da guarnição. (Figura 18-6)

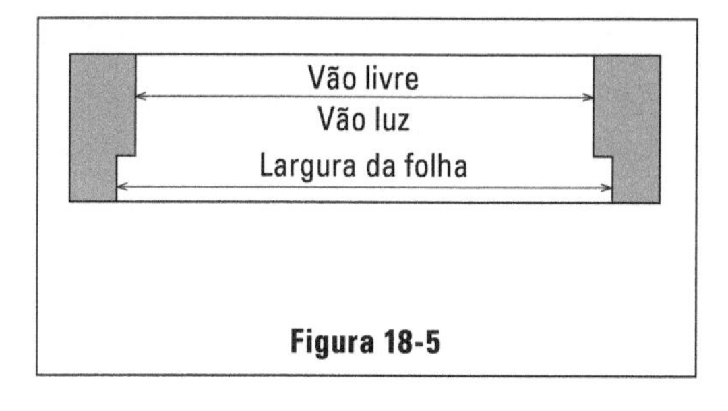

Figura 18-5

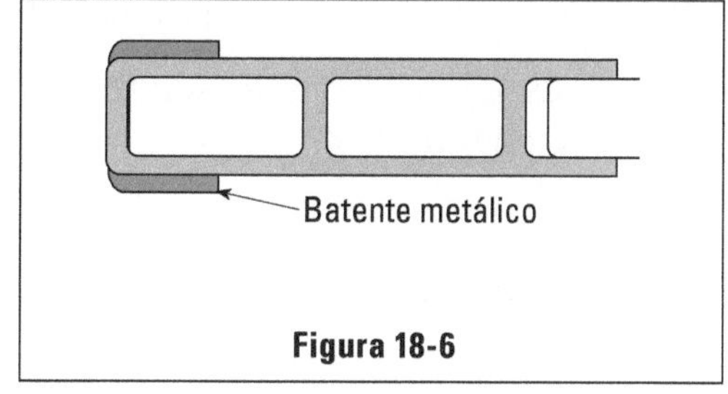

Figura 18-6

Folha

A folha é a peça que se dependura ao batente pelas dobradiças e recebe a fechadura. É popularmente conhecida com o nome de porta, porém é apenas umas de suas partes.

Aparece em diversos tipos e entre esses os mais comuns são:

- portas almofadadas
- portas lisas
- portas envidraçadas
- portas com iluminação e ventilação
- portas com molduras
- portas coloniais
- portas bico de diamante nas duas faces
- portas mexicanas
- portas de correr
- portas de sacadas

Uma folha de porta de boa qualidade deverá preencher os seguintes requisitos:

A madeira utilizada em sua confecção deverá ser seca, ao ar livre ou estufas. Ter tratamento fungicida aplicado à madeira, contra ataques de microorganismos (cupim, mofo, fungos).

- Os adesivos utilizados devem ser de boa qualidade, evitando que as partes se descolem à ação da umidade.
- As folhas das portas deverão ser "encabeçadas" nos quatro lados com madeira maciça, que permite maior rigidez à folha e a possibilidade de pequenos ajustes na largura e altura quando da colocação.
- As folhas deverão ter pequenas aberturas no encabeçamento lateral, que permitem a circulação do ar, evitando-se os problemas de empenamento devido às condições climáticas.
- As folhas deverão ser reforçadas nos locais em que serão fixadas as fechaduras.

Porta de uma almofada lisa

É composta de 2 montantes e 2 travessas, sendo a inferior de maior largura. (Figura 18-7) A almofada, com espessura em torno de 1,5 cm, pode ser de madeira maciça ou de chapa compensada e se encaixa nos montantes e travessas.

Porta com 5 almofadas

As cinco almofadas poderão estar dispostas em desenhos diferentes. (Figuras 18-8 e 18-9) As almofadas serão lisas, quando a folha for usada em vãos internos, e rebaixada para vãos externos. A Figura 18-10 mostra uma almofada rebaixada.

Como variante, podemos ter folhas com 4 almofadas horizontais, semelhante, portanto, à Figura 18-8.

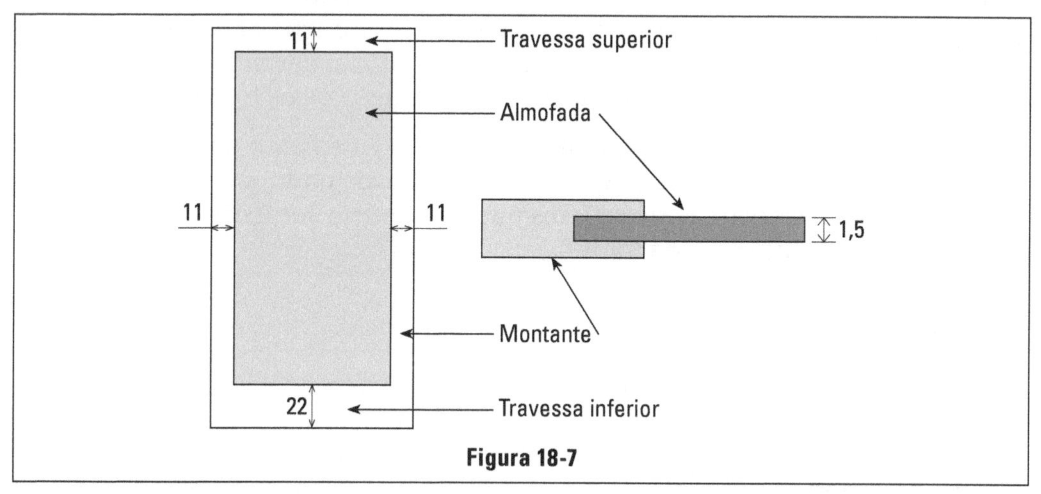

Figura 18-7

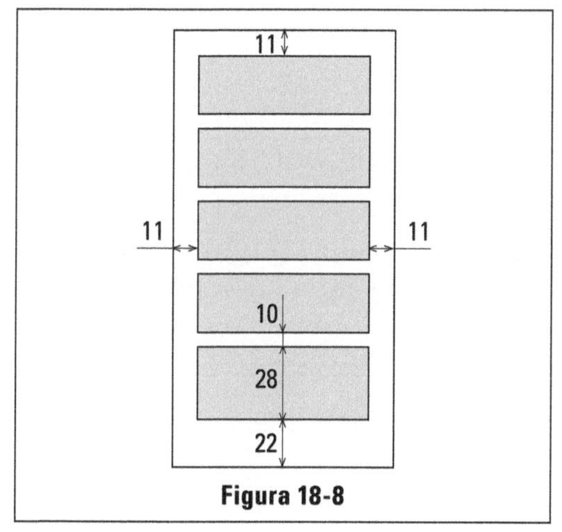

Figura 18-8

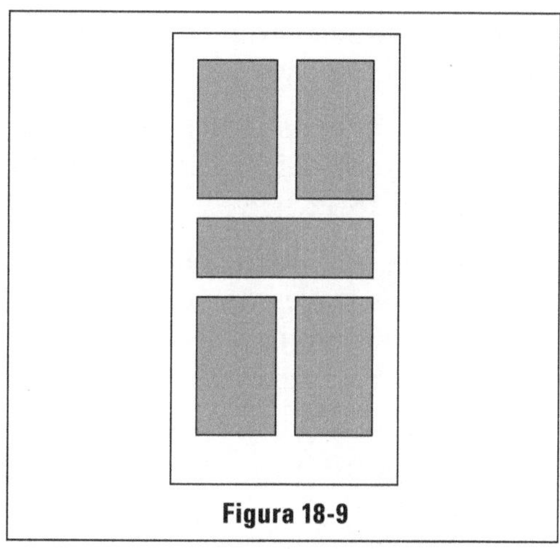

Figura 18-9

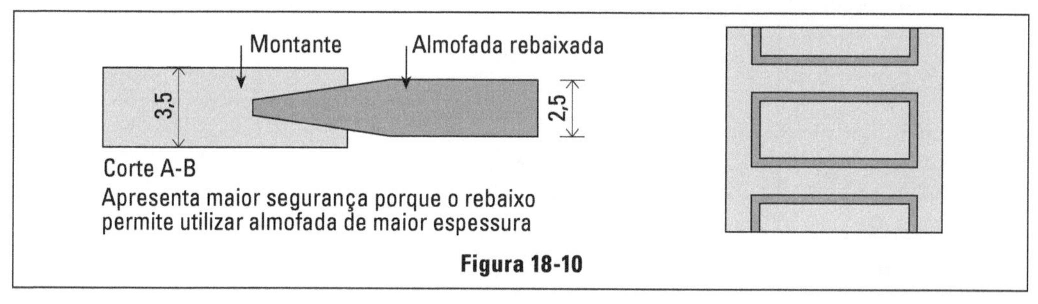

Figura 18-10

Porta de compensada lisa

É um modelo de porta muito conhecido, apresentando a vantagem de ter toda a sua superfície completamente lisa, já que a armação é totalmente recoberta de chapa compensada. É, no entanto, uma compra perigosa, pois este tipo de porta favorece a entrega de material de péssima qualidade com ótima aparência exterior. Tanto a armação quanto o enchimento interior poderão ser feitos com material de má qualidade e, às vezes, bichado (caruncho). É mesmo comum o fato de a folha apresentar, depois de alguns meses de uso, orifícios produzidos pelos carunchos. Nesse caso, a folha estará condenada, devendo ser substituída, pois não há defesa contra a continuação da destruição pelos bichos.

Outro risco próprio desse tipo de porta é o descolamento da chapa compensada superficial, muitas vezes ocasionado por umidade ou sol direto sobre a peça. Isso ocasiona a necessidade de reparos que não podem ser feitos na obra, sendo mais prático a substituição da folha.

Porta envidraçada

Também aqui pode-se dar preferência a diversos modelos. O tipo mais simples é aquele em que se utiliza apenas uma chapa de vidro substituindo a almofada única (Figura 18-11). Apresenta o inconveniente de exigir um vidro de grande espessura (5 mm), pois a peça é grande. O vidro dessa espessura é muito dispendioso (quase o mesmo preço da folha) e poderá quebrar quando a folha bater com o vento.

A solução mais indicada será a subdivisão do vidro em 3 ou 4 partes, com travessas de madeira. Tal subdivisão permite o uso de vidro simples (2 mm), veja Figura 18-12.

Pode-se subdividir em losangos a parte envidraçada. (Figura 18-13) Nesses casos, as travessas de madeira devem apresentar uma vista pequena para não tornar grosseiro o seu aspecto.

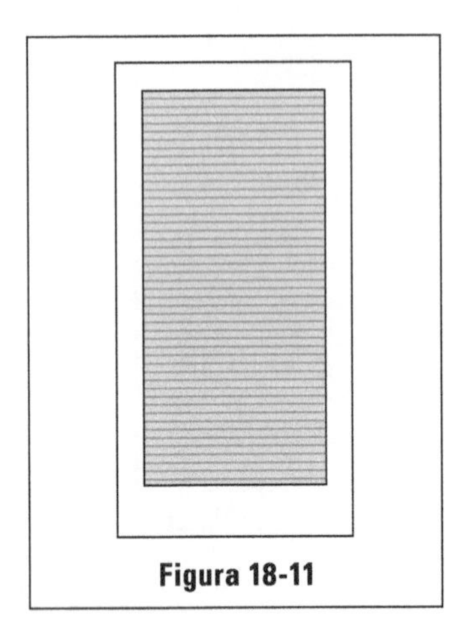

Figura 18-11

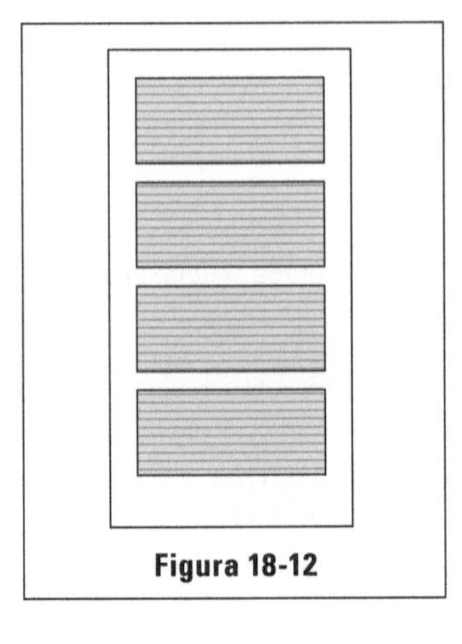

Figura 18-12

Figura 18-13

Quando a porta envidraçada é de vão externo, deveremos reforçá-la. Em geral, a parte envidraçada será móvel, constituindo o postigo e terá rebaixo para encaixe de grade de ferro como proteção. A Figura 18-14 mostra em corte esses detalhes. O postigo é pendurado a um dos montantes pelas dobradiças e trabalha dentro do encaixe apropriado. A grade de proteção será aparafusada aos montantes e travessas. Deve-se, posteriormente, limar a cabeça dos parafusos para que a grade não possa ser facilmente retirada pelo lado externo. Melhor solução ainda será colocar a grade de forma a que só possa ser retirada pelo lado interno. A Figura 18-15 mostra o detalhe.

Portas com iluminação ou ventilação

Este modelo de porta é utilizado normalmente em depósitos, despensas e locais em que não existem janelas para iluminação e ventilação. (Figura 18-16) São encontradas nas dimensões de:

0,62 × 2,11 m
0,72 × 2,11 m
0,82 × 2,11 m

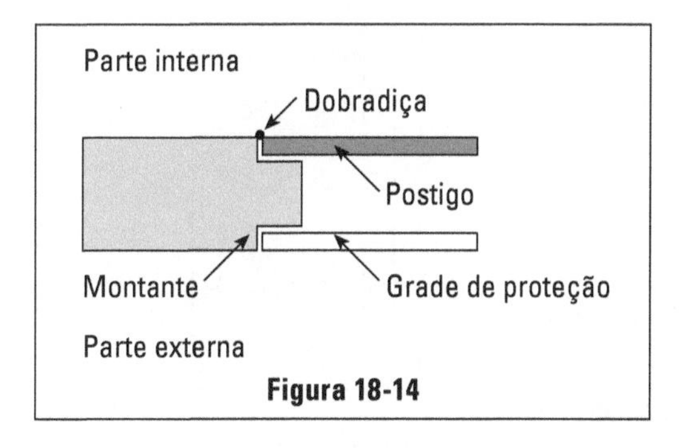

Figura 18-14

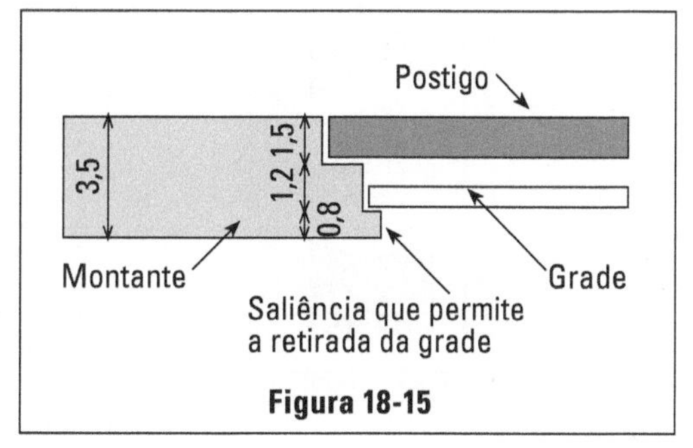

Figura 18-15

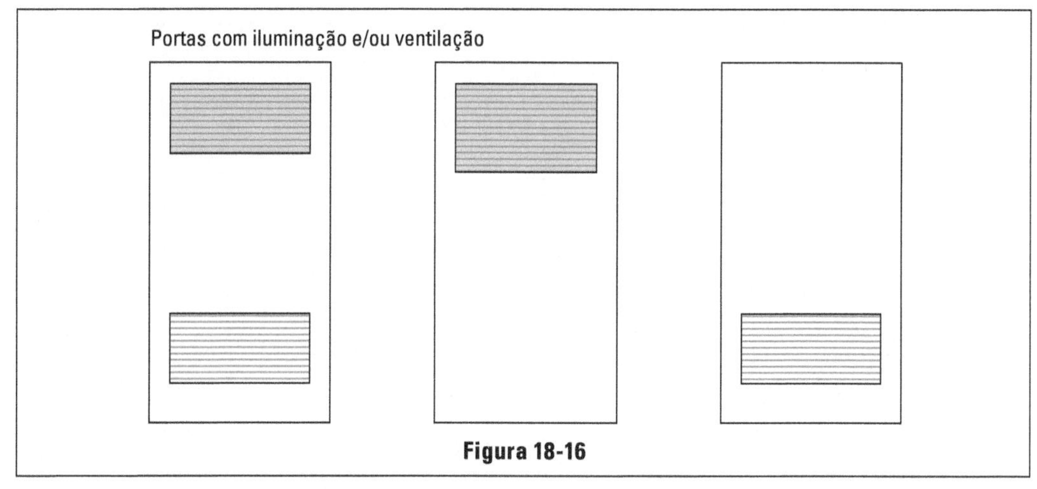

Figura 18-16

Porta com moldura

Com a finalidade de darmos mais uma opção de acabamento aos ambientes, existe esse tipo de porta. Nada mais é do que uma porta lisa, em que foi aplicada sobre sua superfície uma moldura de madeira em desenhos diversos. (Figura 18-17)

As dimensões são as mesmas das portas lisas, podendo ser encontrada com acabamento superior em arco.

Porta colonial

Por se tratar da porta mais trabalhada e robusta, consequentemente mais cara, é utilizada como a porta da entrada principal da casa. É inteiramente fabricada em madeira maciça, podendo ser de 1 a 2 folhas. Para uma folha, temos nas dimensões 0,82 × 2,11 m e 0,92 × 2,11 m e, no caso de 2 folhas, as dimensões totais são: 1,44 × 2,11 m. Normalmente é utilizada com acabamento superior em arco, mas também fabricada reta. (Figura 18-18)

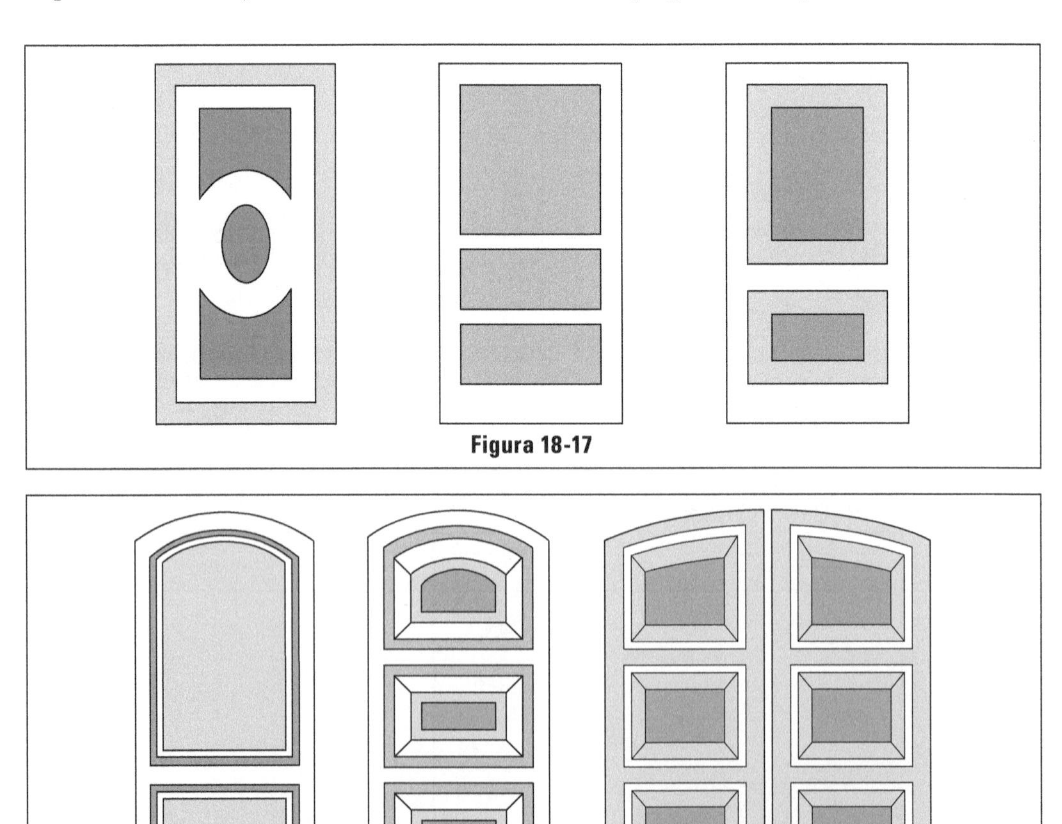

Figura 18-17

Figura 18-18

Porta bico de diamante

Como mais uma opção de porta principal, temos a com acabamento denominado "bico de diamante", também totalmente maciça e com acabamento nas duas faces. (Figura 18-19)

Porta mexicana

A porta mexicana é fabricada em madeira maciça, em peças verticais que se encaixam umas nas outras, formando a folha da porta por meio de cavilhas. Tem a mesma aparência em ambas as faces e as peças verticais podem ou não ter emendas. Muito utilizadas para portas externas de cozinha, áreas de serviço e depósito pela excelente resistência que apresenta. Algumas são fabricadas com travessas horizontais para melhor rigidez. Figura 18-20.

Fabricada nas dimensões de: 0,62 × 2,11 m; 0,72 × 2,11 m; 0,82 × 2,11 m; 0,92 × 2,11 m

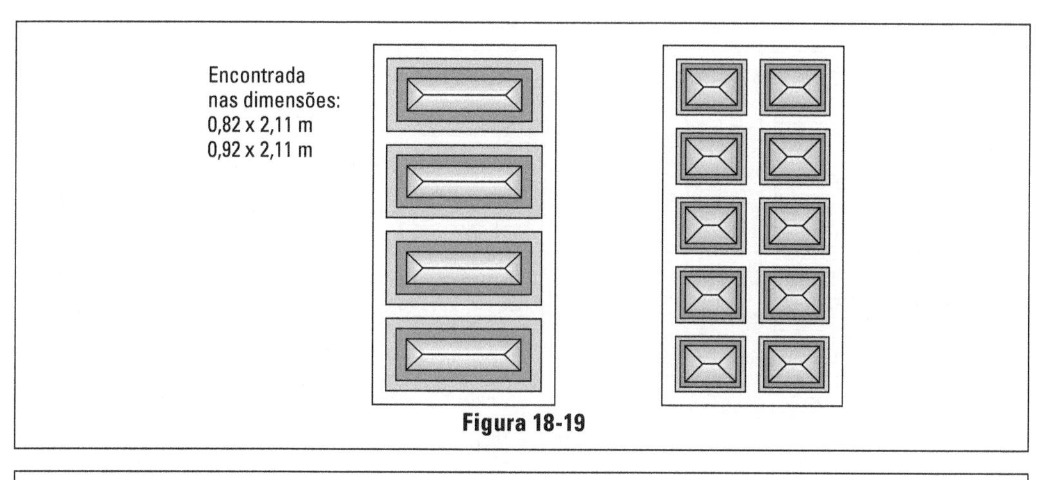

Figura 18-19

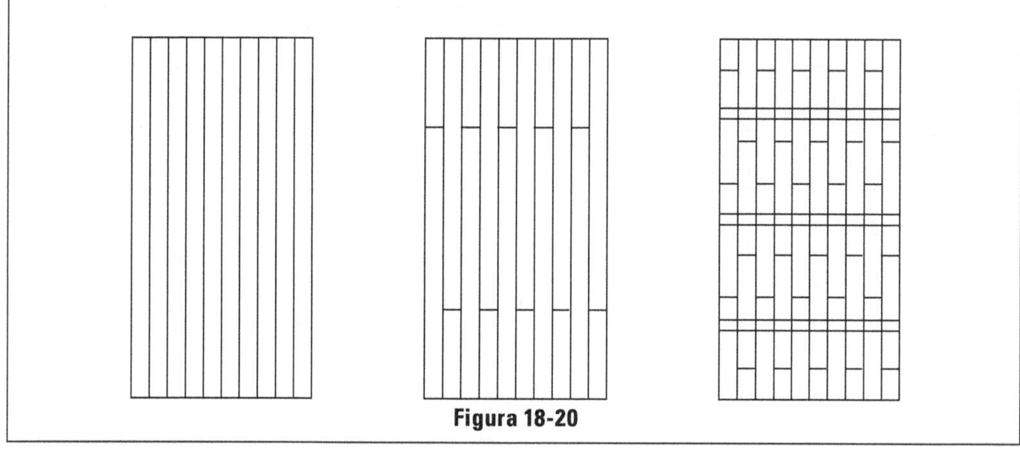

Figura 18-20

Porta de correr

Bastante utilizada em casas de praia ou campo, bem como na divisão de salas com mais de um ambiente, podem ou não ter folhas tipo veneziana. (Figura 18-21)

As dimensões nas portas de 4 folhas são: 2,35 × 2,20 m; 2,75 × 2,20 m; 3,15 × 2,20 m; 3,55 × 2,20 m

As dimensões nas portas de 2 folhas são: 1,21 × 2,20 m; 1,41 × 2,20 m; 1,61 × 2,20 m; 1,81 × 2,20 m

Porta de sacada

Como o próprio nome diz, é uma porta que dá saída para a sacada, alpendre ou terraço. Normalmente é do tipo de abrir e também possui as folhas tipo veneziana. Encontrada nas dimensões de 1,13 × 2,11 m e 1,33 × 2,11 m. (Figura 18-22)

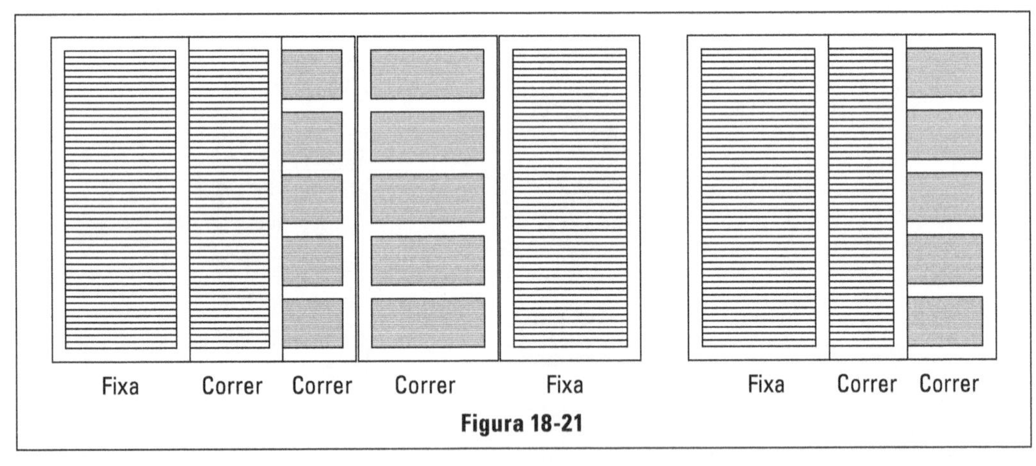

Figura 18-21

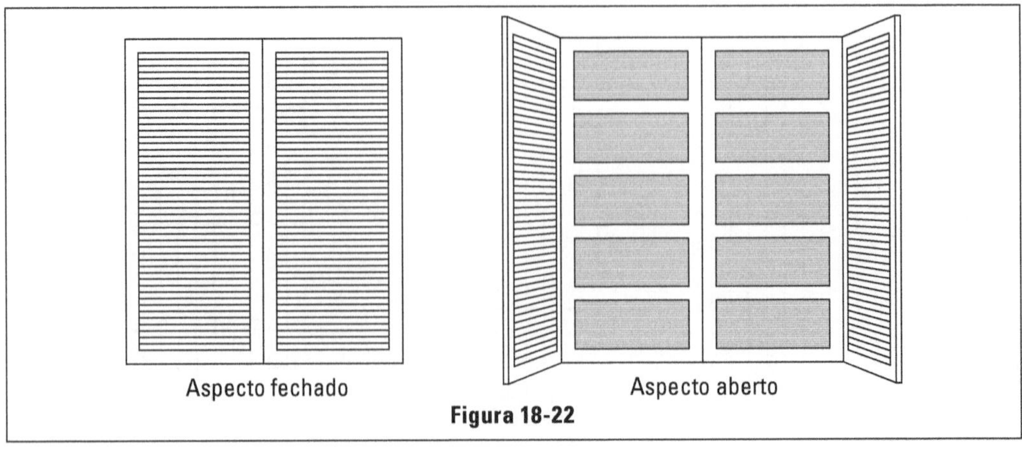

Figura 18-22

Guarnições

A união do batente com a parede não apresenta acabamento, cabendo, portanto, à guarnição esse papel. A guarnição deverá ser do mesmo tipo de madeira utilizada na folha, quando a porta for destinada a acabamento com verniz ou cera, mas, no caso de esquadrias pintadas, essa igualdade não interessa. Suas dimensões estão indicadas na Figura 18-23. Esse desenho representa uma guarnição comum. Podemos, no entanto, encomendar tipos diferentes, inclusive com largura maior do que 7 cm. É pregada ao batente com pregos sem cabeça para melhor acabamento.

Sócolos (ou sócos)

Tem o papel de dar acabamento na união da guarnição com o rodapé (ver Figura 18-1 no início deste capítulo). Tem seção um pouco maior do que a da guarnição empregada. Sua altura deverá ser pouco maior do que a do rodapé. Para rodapé de 10 cm, o sócolo terá 12 cm. A madeira deverá ser a mesma da guarnição e da folha no caso de acabamento a verniz ou cera (Figura 18-24).

Usualmente não são mais utilizados, no entanto, em alguns casos em que o estilo da construção quer relembrar o passado, que é um modismo da atualidade, é imprescindível sua colocação.

Janelas

Com o maior emprego atual de esquadrias metálicas, as janelas em madeira foram relegadas a plano secundário, sendo hoje o seu uso quase restrito aos dormitórios. De fato, os caixilhos basculantes e os de correr executados são preferidos nas salas, cozinhas, banheiros etc. Nos dormitórios, porém, aparece a necessidade de ventilação, mesmo nas horas de chuva e sem o inconveniente de permitir que o ambiente interno seja devassado pelo exterior. Ora, isso só é possível desde que se empreguem as venezianas de madeira ou as persianas metálicas, acompanhadas de caixilho para vidro.

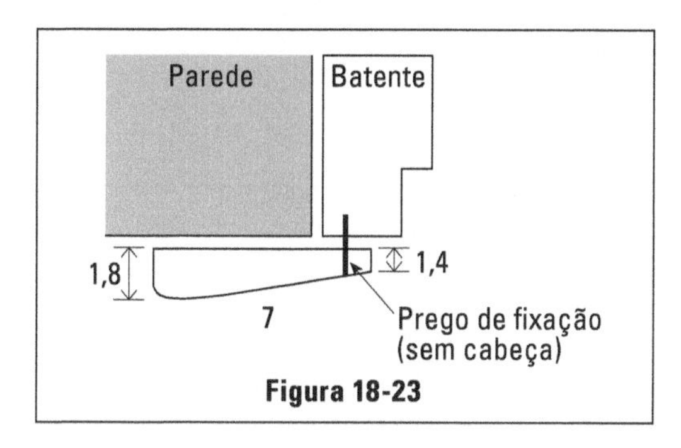

Figura 18-23

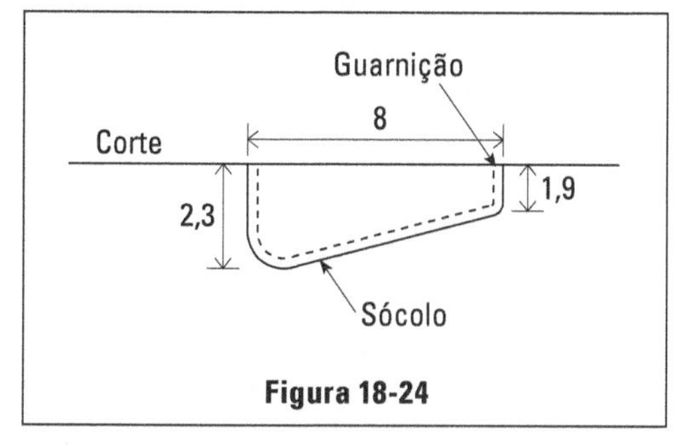

Figura 18-24

A janela de madeira é a mais empregada, pois é completa, composta de venezianas e caixilhos para vidro.

Suas peças são:

1. batente
2. duas folhas de caixilho (guilhotinas)
3. duas, quatro ou mais folhas de venezianas
4. guarnição

1. *Batente*

O batente para esse tipo de esquadria deve ter a forma da Figura 18-25. O corte da figura é idêntico para os dois montantes e para a travessa superior. A travessa inferior tem apenas rebaixo para a veneziana, já que as guilhotinas apenas se apoiam sobre ela. A Figura 18-25 mostra o corte da travessa inferior, chamada peitoril.

O batente será fixado aos tacos que, previamente, foram chumbados na alvenaria (sistema semelhante ao das portas).

2. *Guilhotinas*

Os caixilhos para vidro, em geral, utilizam o sistema chamado de guilhotina. O vão será dividido em dois caixilhos: inferior e superior. Na posição normal o inferior é o caixilho interno e o superior o externo, para que a chuva não penetre pelo espaço entre eles. A Figura 18-26 mostra em corte vertical a posição dos caixilhos.

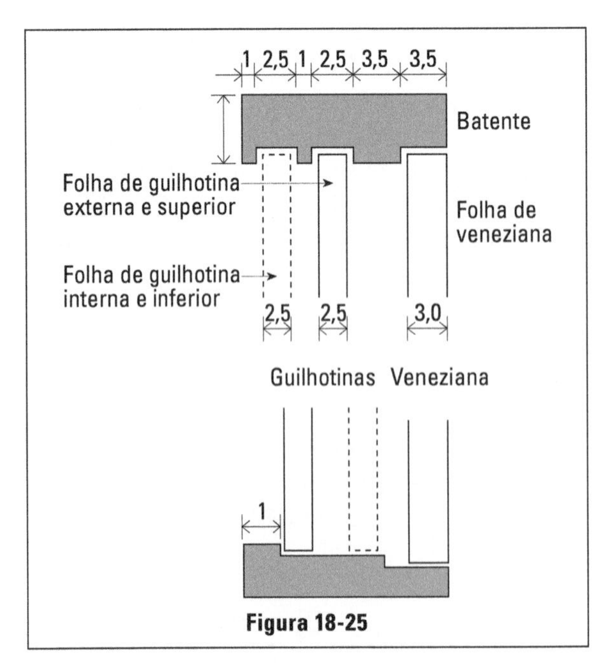

Figura 18-25

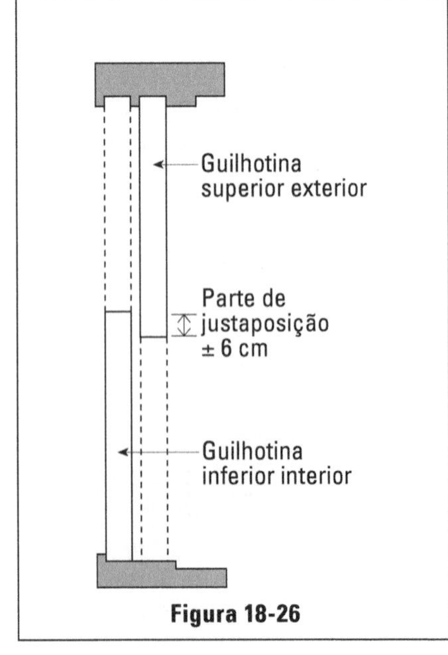

Figura 18-26

A guilhotina inferior poderá ser levantada até encostar na travessa superior, enquanto a de cima poderá ser baixada até o peitoril. Com isso, se poderá regular a entrada de ar por cima ou por baixo. Pode-se ainda colocar borboletas intermediárias, que sustentarão a guilhotina em posição média, permitindo ventilação parcial. A parte de justaposição, indicada na Figura 18-26, evita em parte a entrada de vento, já que o intervalo entre os caixilhos deve ser pequeno (cerca de 1 cm).

Verifica-se que o sistema de guilhotina permite, no máximo, a ventilação por metade do vão, isto é, uma janela de 1,20 × 1,20 só poderá, na melhor das hipóteses, ventilar por 1,20 × 0,60. As únicas soluções para ampliar a área de ventilação, tornando-a total, seria o emprego de guilhotinas que se encaixam nas paredes (superior ou inferior) ou modificação para sistemas de caixilhos de abrir. A primeira solução não satisfaz por dois motivos: constitui um sistema complicado e que facilmente se estraga, tornando difícil o levantamento ou abaixamento da guilhotina porque obriga a abertura de encaixes na alvenaria, que dificilmente poderão ser limpos (ótima moradia para insetos). A segunda solução, isto é, caixilhos de abrir, apresenta o grande inconveniente de dificultar o uso de cortinas que deveriam ser abertas cada vez que se quer abrir a janela.

Cada guilhotina é constituída pelo menos de dois montantes e 2 travessas formando o quadro. À parte envidraçada deverá ser subdividida. Na Figura 18-27 aparecem diversos tipos de guilhotinas usuais. O tipo de um só vidro deve ser evitado porque obriga o uso de vidro grosso (5 mm), o que tornará a peça muito pesada e facilmente o vidro se quebrará.

Os tipos mais empregados são os de números 2, 3, 5 e 7.

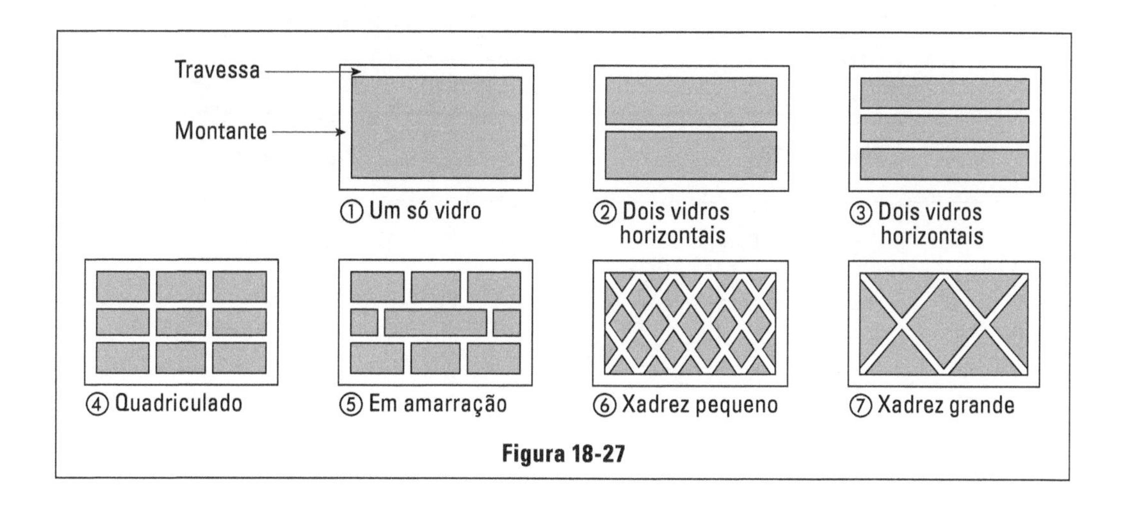

Figura 18-27

3. *Venezianas*

É a peça que permite a ventilação mesmo quando fechada, portanto, permanente. Cada folha de veneziana é composta de dois montantes laterais, duas travessas (superior e inferior) e as palhetas que preenchem o quadro e que permitem a ventilação. (Figura 18-28) Na Figura 18-29, vemos em corte a posição das palhetas que se encaixam nos montantes e são fixadas por meio de cola. As palhetas são colocadas com caimento de dentro para fora para não permitir a entrada de chuva entre elas. Quanto ao número de folhas, podemos ter:

a. venezianas de 2 folhas
b. venezianas de 4 folhas
c. venezianas de mais de 4 folhas

O uso de apenas 2 folhas só se justifica em casos de extrema economia, pois tanto o seu funcionamento como aparência não são bons. O seu funcionamento, desde que colocada em paredes de um tijolo, é prejudicada, pois não chega a abrir totalmente. Na Figura 18-30, vemos que a folha, encontrando a parede, não pode abrir senão pouco mais do que 90°.

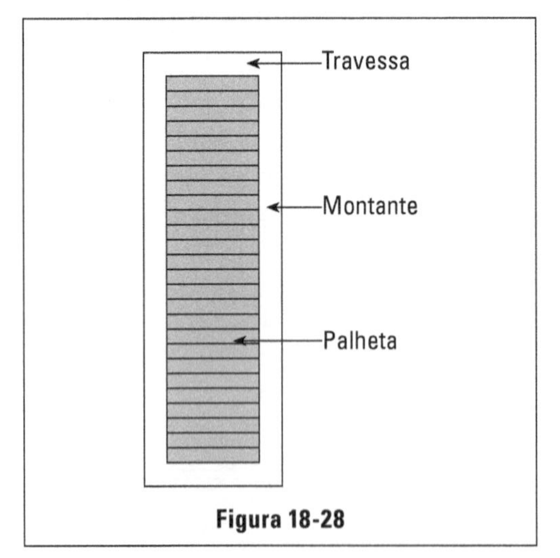

Figura 18-28

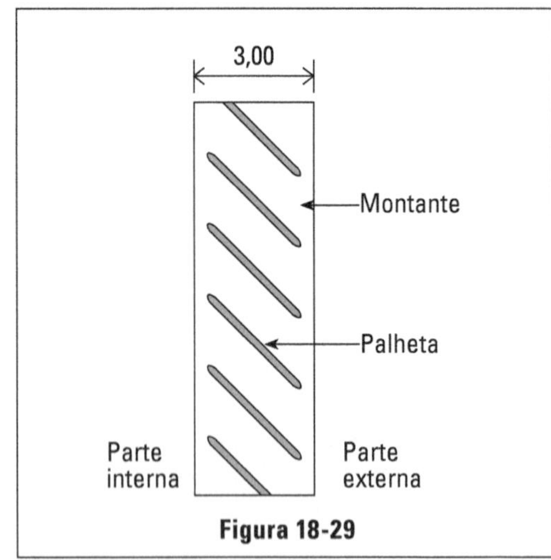

Figura 18-29

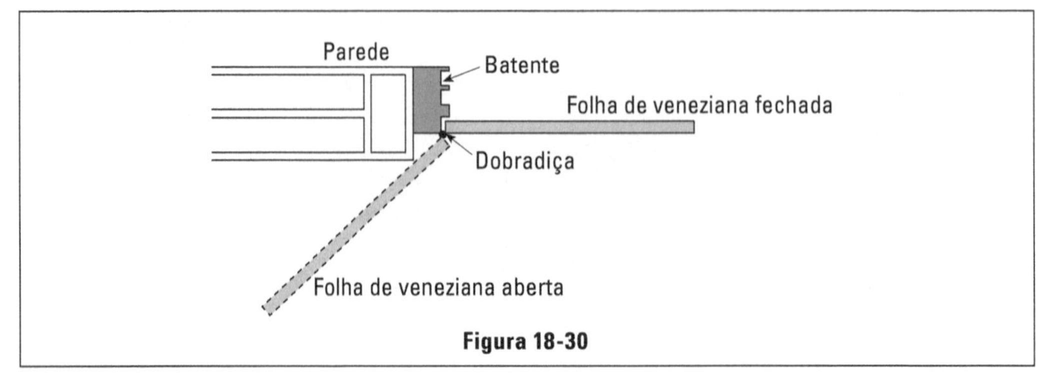

Figura 18-30

Este inconveniente desaparece quando a janela estiver em paredes de meio tijolo, mas este caso é bastante raro, desde que o Código de Edificações proíbe o uso de paredes de meio tijolo para dormitórios, e as janelas com venezianas só têm interesse para esses cômodos. O tipo mais empregado é o de 4 folhas, sendo duas laterais menores e duas centrais maiores. As folhas laterais tem sua largura variando em torno de 22 cm, conforme o vão total da janela e também conforme o fabricante. A Figura 18-31 mostra o funcionamento de janelas com venezianas de 4 folhas.

As duas folhas centrais não devem exceder a 40 cm, pois se tornariam incômodas e o seu peso excessivo sobre as dobradiças faria, com o tempo, vir a descer, não mais funcionando. As dimensões das folhas laterais (22 cm) e das folhas centrais (40 cm), fazem o vão da janela para venezianas de 4 folhas não exceder a 1,20 m, aproximadamente. De fato, as suas dimensões ideais são de 1,20 × 1,20 m.

Se desejarmos vãos mais largos, devemos recorrer às venezianas com maior número de folhas, mas, como não podemos ir pendurando folhas sobre folhas, já que a primeira dobradiça não resistiria ao peso, a solução deverá ser a indicada na Figura 18-32.

São venezianas de 6 folhas, subdivididas em dois grupos pelo montante intermediário, que permitem elevar a largura do vão até 1,70 aproximadamente. As folhas abrem de acordo com a Figura 18-33.

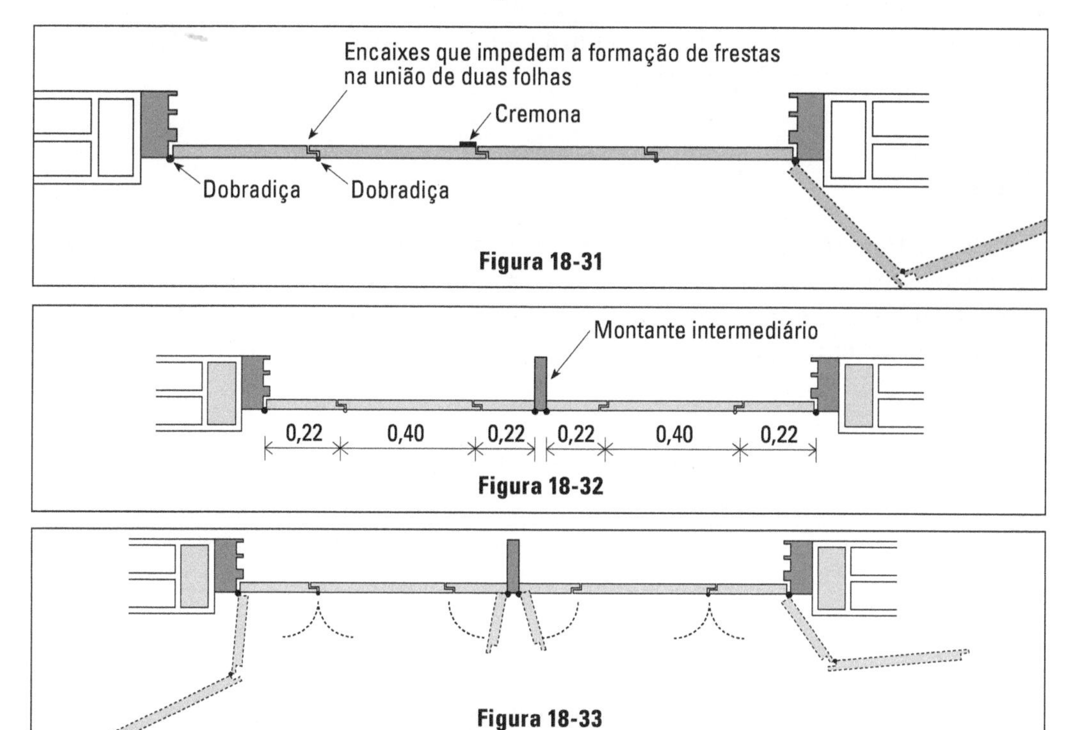

Figura 18-31

Figura 18-32

Figura 18-33

Essa solução permite também o uso de dois pares de guilhotinas, fazendo elas não se tornarem muito pesadas e grandes. Cada guilhotina não deve exceder, também, à largura de 1,20 m.

4. *Guarnições*

Serão idênticas às das portas, porém calculadas para um só lado (interno) já que na face de fora não são empregadas.

Porta-balcão

É conhecida com esse nome a porta que comunica um dormitório com um terraço ou sacada (no pavimento superior). Pode ser considerada como um misto de porta e janela; porta porque permite a comunicação entre duas peças e janela porque permite a iluminação e a ventilação do dormitório.

Internamente se compõe de 2 folhas de portas de abrir, envidraçadas e externamente de 4 folhas de venezianas. A sua largura ideal estará entre 1,20 e 1,40 m, sua altura deve respeitar o fechamento superior dos vãos das demais janelas. Por exemplo, janelas com 1,20 m de altura e peitoril colocado a 1,00 m do piso terão fechamento superior (lumieira) à 2,20 m, portanto, a porta terá 2,20 m de altura.

O funcionamento é idêntico às portas e venezianas, sendo o batente munido de dois rebaixes; um interno para as folhas envidraçadas e outro externo para as venezianas. (Figura 18-34)

Portões

Os portões têm normalmente as larguras de 1,00 m a 1,20 m para entrada de pessoas e de 2,40 a 2,80 m para entrada de autos. No primeiro caso, usa apenas uma folha e, no segundo, 2 folhas. A altura depende daquela do gradíl, geralmente 10 cm mais baixo do que os pilares.

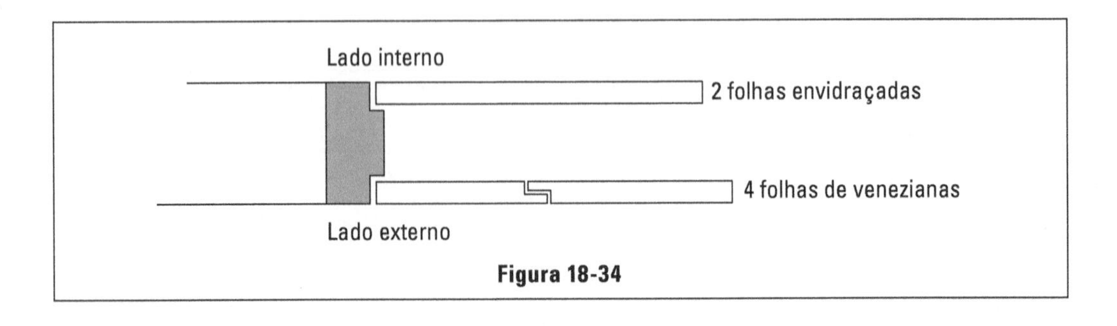

Figura 18-34

É sabido que os portões de madeira, por ficarem expostos ao tempo, facilmente apodrecem, principalmente se não são conservados por pinturas periódicas (cada 2 ou 3 anos). O processo que se usa para prolongar a sua vida útil é o de se evitar encaixe entre suas diversas peças. Deve-se pregar montante em travessa, e vice-versa, sem qualquer encaixe, apenas superpondo as peças. Quem deseja luxo, usará normalmente portão de ferro, portanto não se justifica o projeto de peças complicadas com encaixes para a tentativa de melhor aparência.

Sabe-se que portão de madeira é solução econômica e não estética, a não ser em casas de acabamento rústico, em que a madeira é necessidade do próprio estilo. Nos encaixes, a água penetra e fica retida muito tempo, pois sem ventilação o sol custa a secar, daí a facilidade do apodrecimento da madeira nesses locais.

O tipo de portão mais comum é aquele constituído de duas travessas, em que serão presas as dobradiças, ligadas por diversos montantes espaçados. (Figura 18-35) A madeira a ser usada será a peroba, única, que com preço acessível, resiste ao tempo.

Gradís

É assim chamada a grade de madeira que é colocada sobre as muretas de frente. Sua construção e características serão as mesmas dos portões. A altura será tal que, somada com a da mureta, complete a do portão. São embutidas nos pilares laterais.

Portinholas

São empregadas para fechar os vãos de armários sob pias ou ainda de abrigos para água ou gás, situadas juntos ao gradíl de frente. De preferência utilizarão o sistema de abrir, empregando-se o sistema de correr, caso sejam de ferro

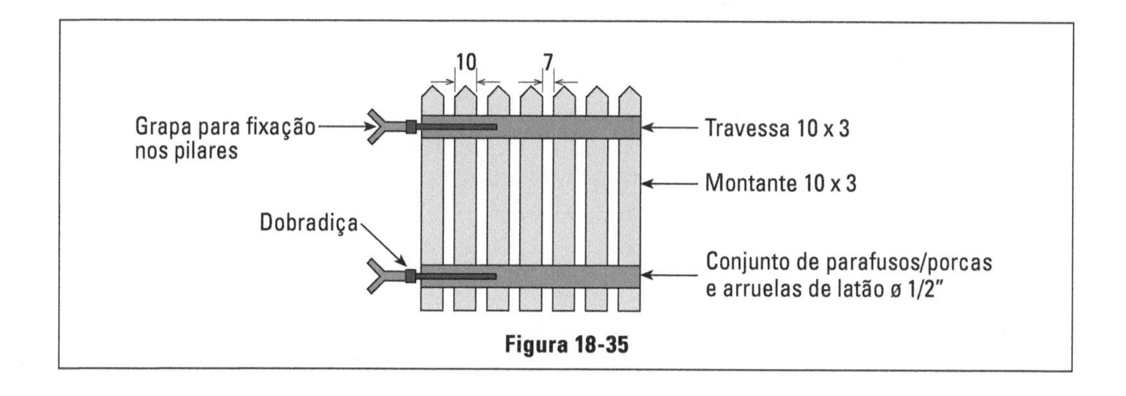

Figura 18-35

em lugar de madeira. Para abrigo de água, por exigência do Sabesp, deverão ter 0,80 m × 0,60 m (largura e altura, respectivamente); para abrigos de gás (exigência da Companhia de Gás) 0,60 m × 0,60 m. As de armários sob pias variarão de acordo com as dimensões das peças. As portas serão idênticas às grades, isto é, com dois montantes e duas travessas formando o quadro e uma almofada, preenchendo a área interior. O montante terá a espessura de 2,5 a 3 cm, menor, portanto, que das portas comuns. São penduradas em batentes completos, isto é, inclusive com travessa inferior.

Subdivisões e prateleiras para armários embutidos

Quando pretendemos subdividir os armários embutidos em prateleiras e gavetas com acabamentos comuns, podemos recorrer à própria carpintaria que nos forneceu portas e janelas. Entretanto, para trabalho mais perfeito e luxuoso, necessitamos de marcenarias especializadas na fabricação de móveis.

As paredes dos armários, para melhor acabamento, poderão ser recobertas com chapas compensadas finas (cerca de 4 mm) ou com material fibroso (eucatex, duratex etc). Essas chapas não deverão ser empregadas diretamente sobre as paredes, pois receberiam umidade e viriam a apodrecer. Deve-se fazer um quadriculado de pequenas ripas de pinho pregadas às paredes e as chapas serão pregadas sobre este ripado.

As subdivisões de armário para dormitórios utilizam prateleiras, gavetas e varal para pendurar cabides. A Figura 18-36 serve para dar exemplo do aproveitamento de um armário de 2,40 × 2,00 m.

No corpo A, temos duas prateleiras, além do piso, para que se possa dependurar vestuários longos (vestidos). A parte B, terá 4 gavetas e 1 prateleira, sobrando para os cabides uma altura menor (1,15), suficiente para costumes masculinos. O corpo C foi totalmente subdividido em prateleiras.

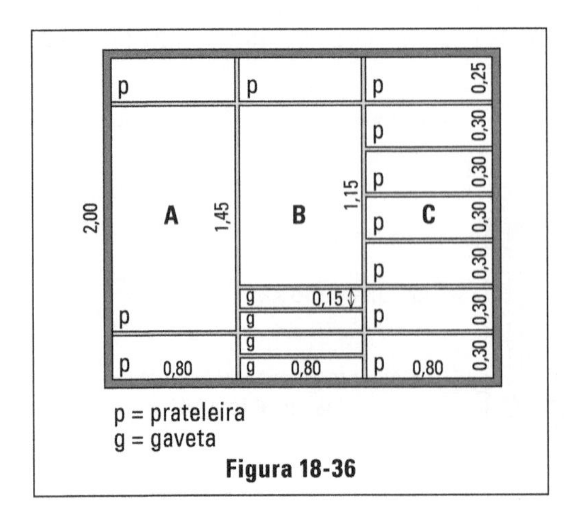

Figura 18-36

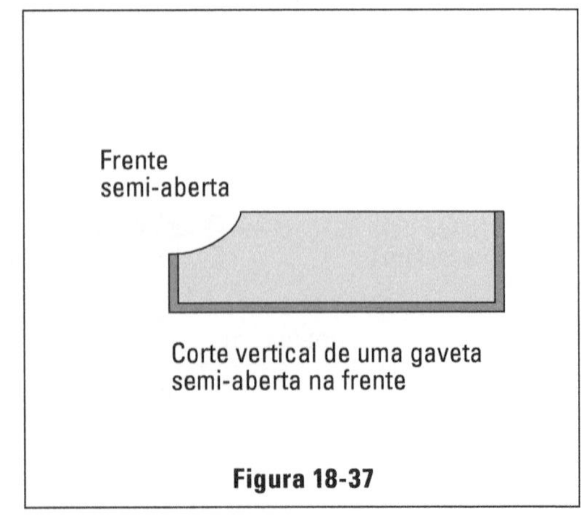

Figura 18-37

As gavetas, em geral, não são totalmente fechadas na frente, mas sim utilizando o sistema das camiseiras (Figura 18-37) e têm a vantagem de não necessitar de puxadores.

A gaveta superior poderá ser totalmente fechada e munida de fechadura tipo Yale para guarda de papéis de certa importância. Existem muitas firmas especializadas em fornecimento de armários embutidos sob encomenda. Muitas usam material denominado "aglomerado"; trata-se de chapa composta de serragem de madeira misturada com cola e prensados; é leve e econômico, porém dificultam a colocação de ferragens (fechaduras, dobradiças etc.) pois não conservam a rosca de penetração dos parafusos.

A seguir, encerrando este capítulo, citaremos as madeiras mais indicadas para cada peça.

Madeiras empregadas:

a. para portas:
   internas: pinho, canela, cedro, embaia;
   externas: cedro, cabreúva
b. janelas: cedro nas guilhotinas e venezianas
c. batentes de portas: peroba ou madeira idêntica à da folha;
   de janelas: sempre peroba
d. portões: sempre peroba

A escolha de madeira dependerá em parte da verba disponível, pois em casos especiais pode-se empregar qualquer madeira de lei, principalmente nas portas internas, inclusive o marfim. Não esquecer, porém, que os preços se elevam bastante.

Janelas tipo "Ideal"

Entre as tentativas de solucionar satisfatoriamente o problema de janelas para dormitórios, principalmente aquelas que ficam na fachada principal, aparece a de uma fábrica conhecida em nosso comércio como janela "Ideal". Vejamos no que consiste. Compõem-se normalmente de duas partes: vidraça e veneziana, cada uma delas em dois painéis que são movimentados simultaneamente, enquanto o painel superior sobe o painel inferior desce. Dessa maneira, a janela se abre a partir do meio, como vemos nas figuras sucessivas. (Figura 18-38)

Esse movimento existe tanto para a parte das vidraças como para a parte das venezianas. Com pedido especial, poderá ser fornecida com terceiro caixilho para tela contra mosquito que ficará entre os outros dois e munido do mesmo movimento.

A madeira utilizada é a peroba para os batentes e palhetas das persianas, enquanto os caixilhos são de faveiro.

O aspecto de frente é bastante satisfatório, o que traz o embelezamento das fachadas. Podem ser fornecidas com dois corpos, como na Figura 18-39. Nessa figura, está representada uma janela Ideal com dois corpos, e com as hastes superior e inferior com fechamento em madeira fornecida pela própria fábrica.

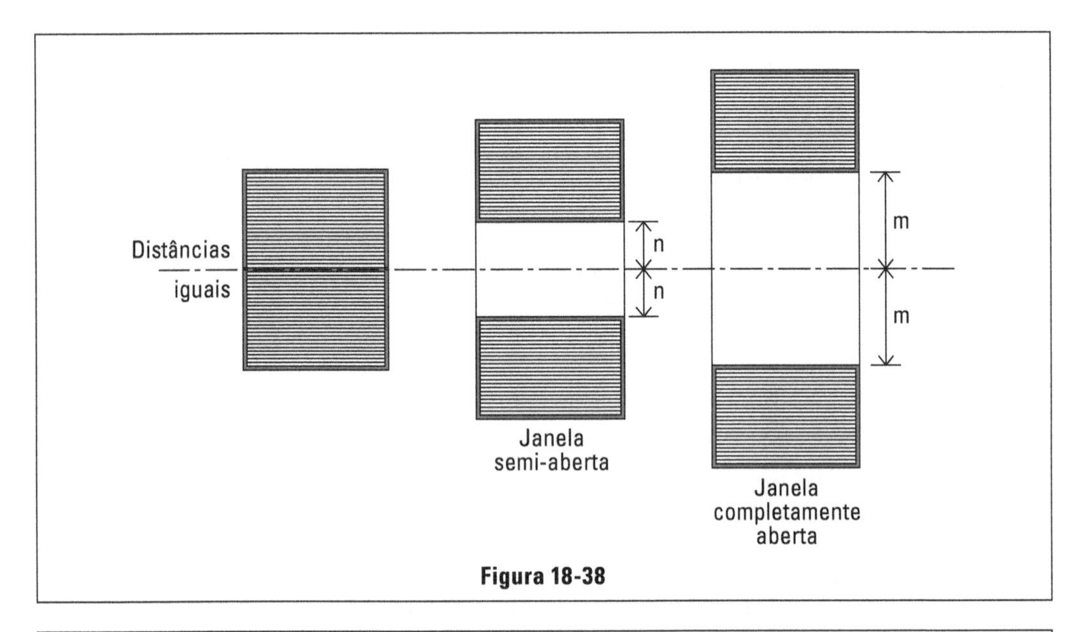

Figura 18-38

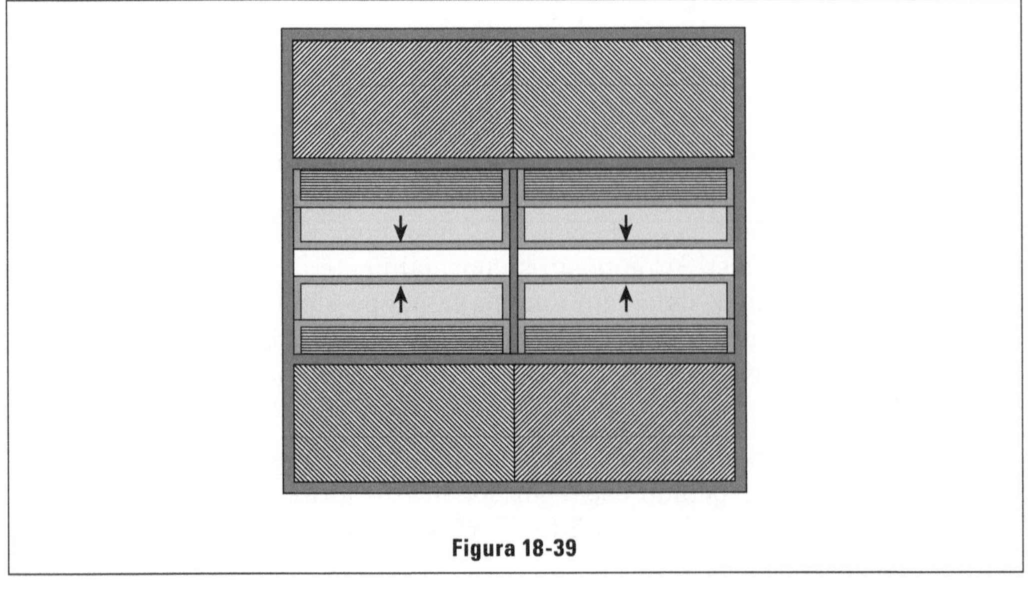

Figura 18-39

As dimensões padronizadas são:

Medidas luz (livre):
altura: 1,00 m – 1,10 m ou 1,20 m
largura: 1,00 m – 1,30 m – 1,60 m ou 1,90 m

Medidas totais correspondentes:
altura de: 2,50 m – 2,80 m
largura: 1,10 m – 1,40 m – 1,70 ou 2,00 m

O conjunto, quando recebe fechamento de madeira superior e inferior, terá sua altura acrescida; por exemplo, para altura livre (luz, 1,20 m) acresce 0,70 m na parte superior e 0,65 m na parte inferior, dando uma altura total aparente de 2,55 m. A madeira mais usada para o fechamento é também o faveiro, podendo ser eventualmente peroba.

Para ter uma ideia do funcionamento, veja na Figura 18-40 as roldanas na viga superior, que permitem o deslizamento de cabos que se prendem nos caixilhos superior e inferior; quando o caixilho superior sobe, solta o cabo, que assim permite que o caixilho inferior desça com o seu próprio peso.

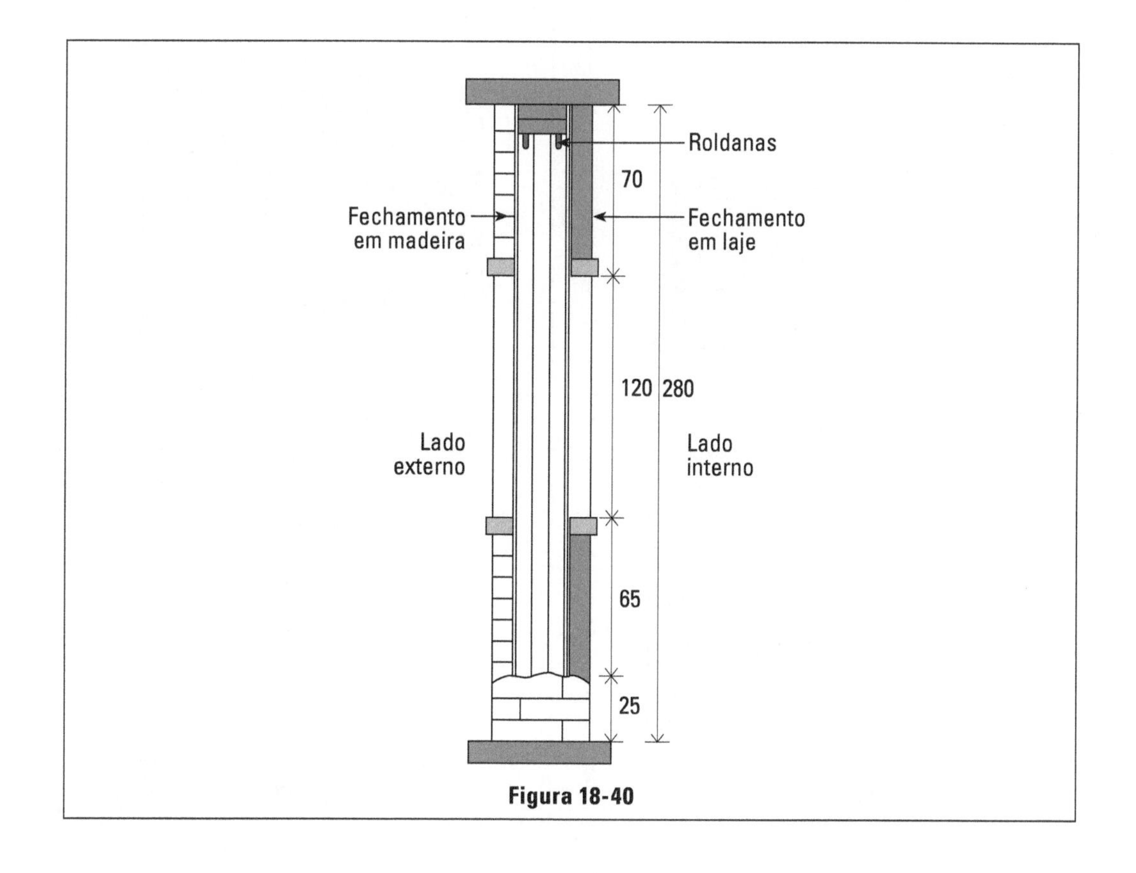

Figura 18-40

A mesma firma que patenteou as janelas "Ideal" (Collavini & Cia. Ltda.) também fabrica janelas "Idelar", que diferem da anterior por terem uma parte da persiana projetada para a frente no seu movimento de abertura.

É aconselhável que para o emprego dessas janelas faça-se o estudo com boa antecedência, pois os vãos devem ser previamente preparados para recebê-las, no que serão assessorados pelos fornecedores.

Janelas e portas "Portatoldo"

Outro modelo padronizado e patenteado de janelas para dormitórios, é o fabricado pela Portatoldo Indústria e Comércio. Vemos na Figura 18-41 uma janela de correr de um só corpo (janela de correr "simplex"). A Figura 18-42 mostra a mesma janela, porém com 2 corpos (janela de correr "duplex").

Nestes dois modelos, as folhas de vidraça correm lateralmente, bem como as folhas de venezianas. Existem ainda as folhas de venezianas externas que são fixas. As Figuras 18-43 e 18-44 mostram janelas com venezianas de abrir e vidros tipo guilhotina, isto é, de levantar em 2 folhas como nos modelos comuns. São as janelas "colonial sem arco" e "colonial retangular".

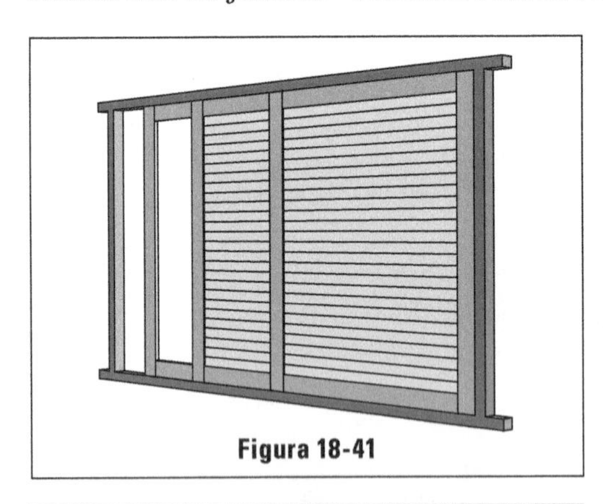

Figura 18-41

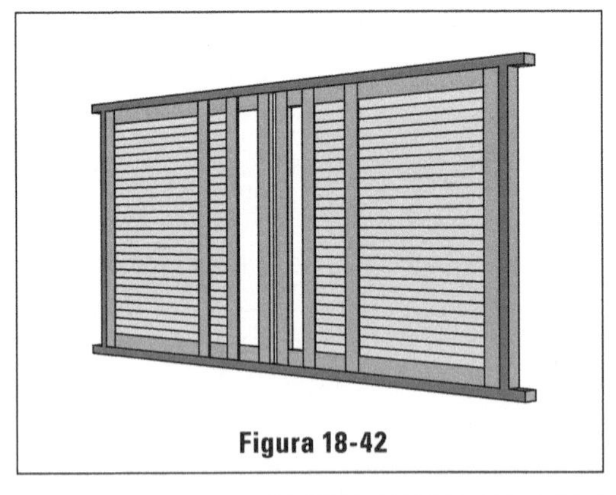

Figura 18-42

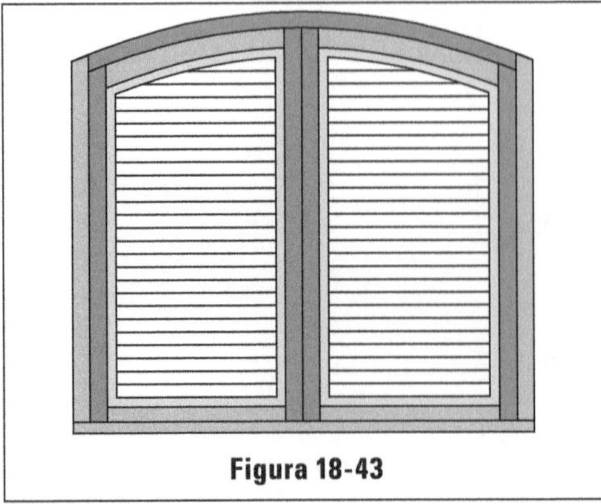

Figura 18-43

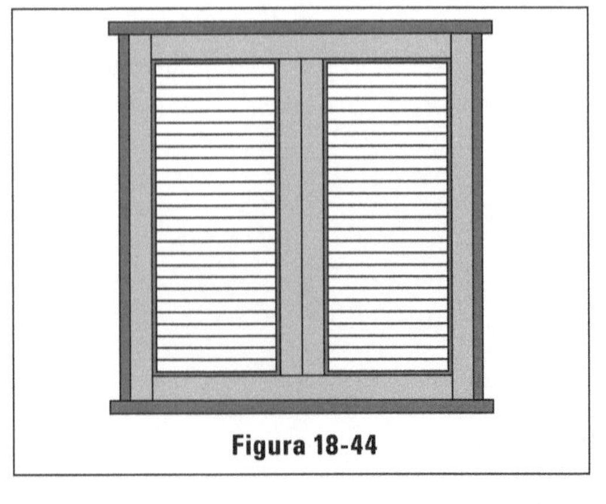

Figura 18-44

As Figuras 18-45 e 18-46 mostram detalhes das janelas de correr.

1. Soleira inclinada para escoamento de água.
2. Perfil sólido de duralumínio que contém os trilhos e o nervo de vedação interna.
3. Sistema de guia superior (patenteado) contra ruídos e empenamento.
4. Os caixilhos não descarrilham.
5. Os rodízios são auto-lubrificantes e silenciosos.
6. Não existem parafusos nos trilhos para que o deslizamento dos caixilhos seja suave e silencioso.
7. Os caixilhos e batentes são construídos com bitolas robustas.
8. As palhetas das persianas são também robustas, para evitar empenamento.
9. São colocadas guarnições de borracha para vedar o vento quando a janela está fechada.

A Figura 18-41 mostra o movimento de correr da janela simplex e a Figura 18-48 a da janela duplex. Outros modelos de janela da Portatoldo é a "janela persiana de luxo", visto na Figura 18-49.

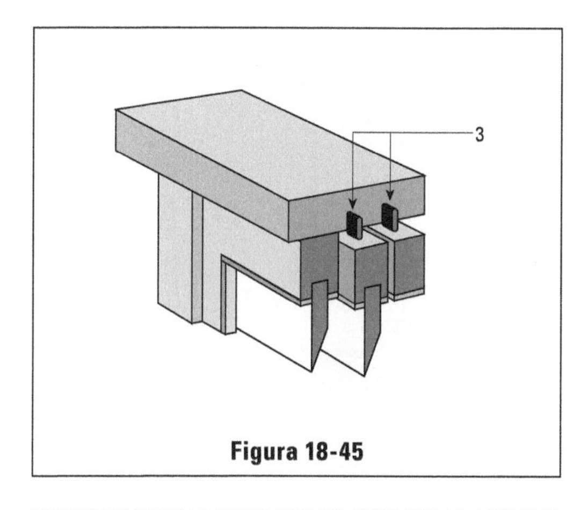

Figura 18-45

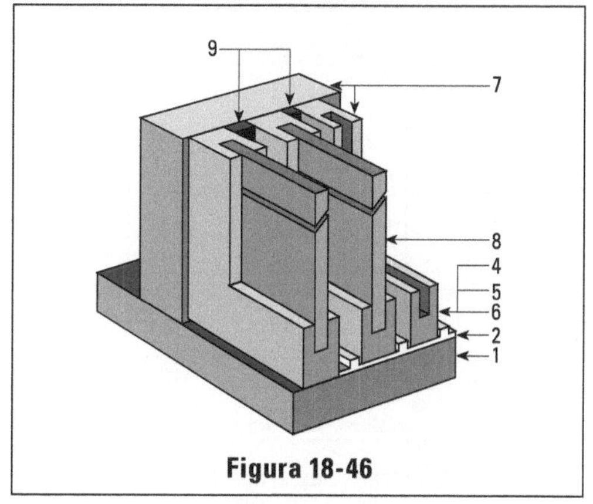

Figura 18-46

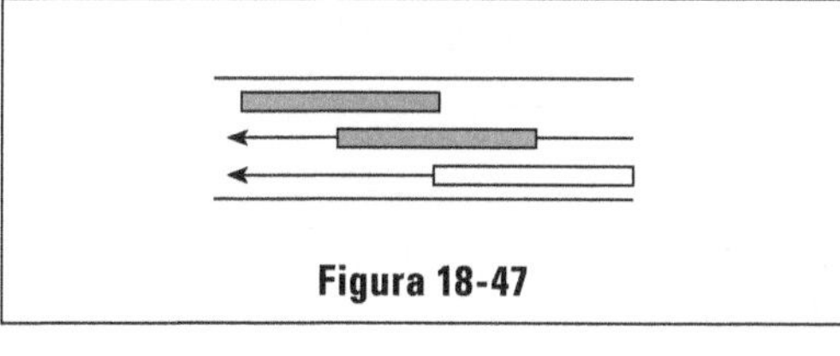

Figura 18-47

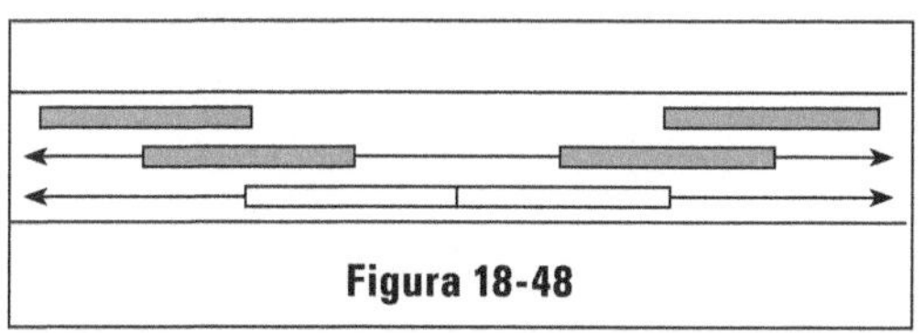

Figura 18-48

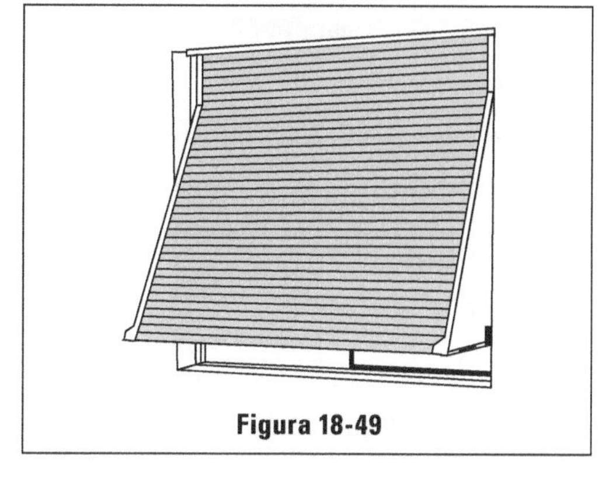

Figura 18-49

As Figuras 18-50 e 18-51 mostram detalhes de frente e em corte desse modelo.

A porta de garagem com sistema de suspensão é outro produto da Portatoldo. Vemos na Figura 18-52 numa porta semi-aberta.

A porta funciona sem contrapesos, apenas com molas, e é de levantamento fácil. (Figura 18-53)

O corte mostra a posição da folha depois de suspensa. A Figura 18-54 mostra um corte horizontal (vista em planta).

Para galpões industriais, existe a porta de aço vista na Figura 18-55. É dobravel à meia altura e mede 8,50 m de largura por 5,50 m de altura (medidas sob encomenda).

As Figuras 18-56 (vista de frente), 18-57 (corte horizontal) e 18-58 (corte vertical) fornecem maiores detalhes do modelo.

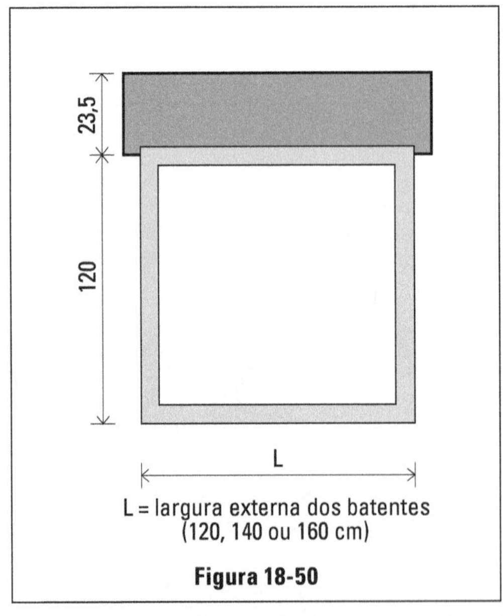

Figura 18-50

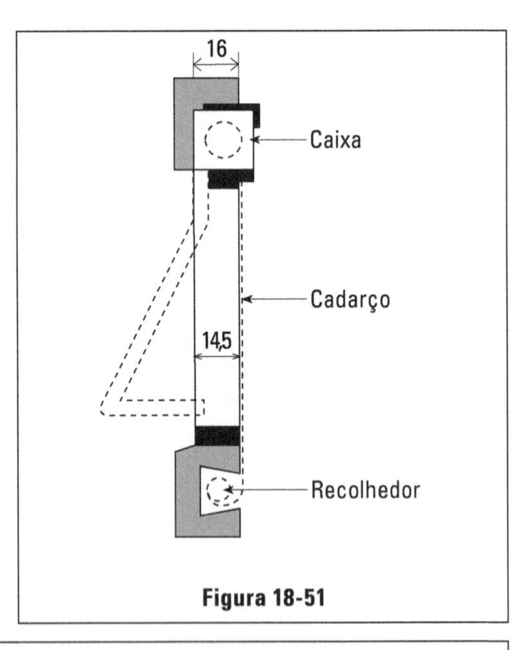

Figura 18-51

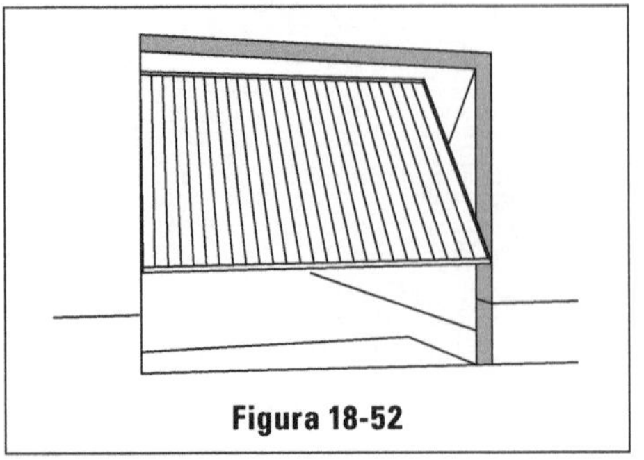

Figura 18-52

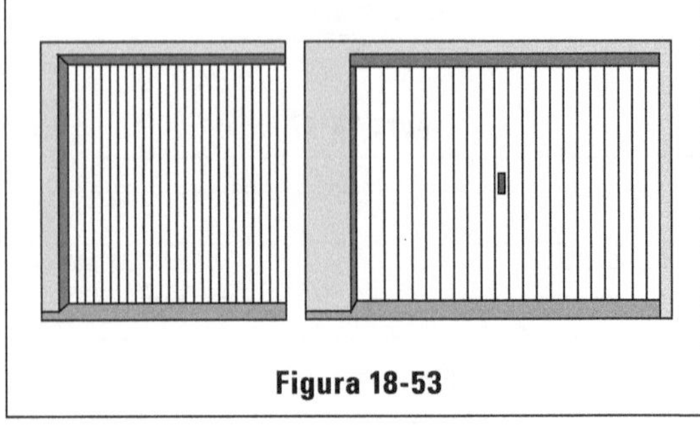

Figura 18-53

As Figuras 18-59 e 18-60 mostram duas variações no sistema de abertura, esquematicamente. Agradecemos a Sincol S.A. Indústria e Comércio pelas informações prestadas.

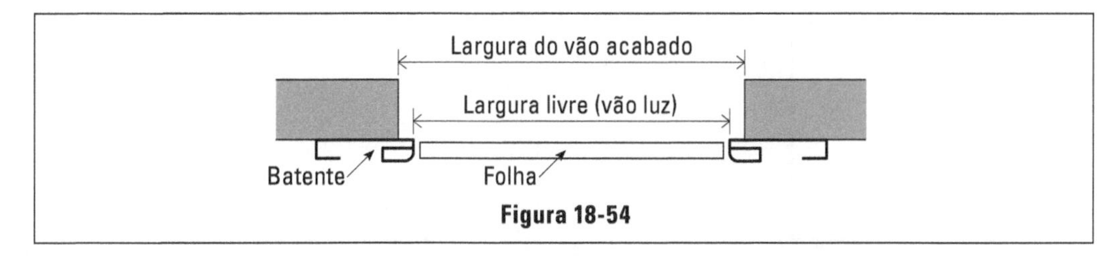

Figura 18-54

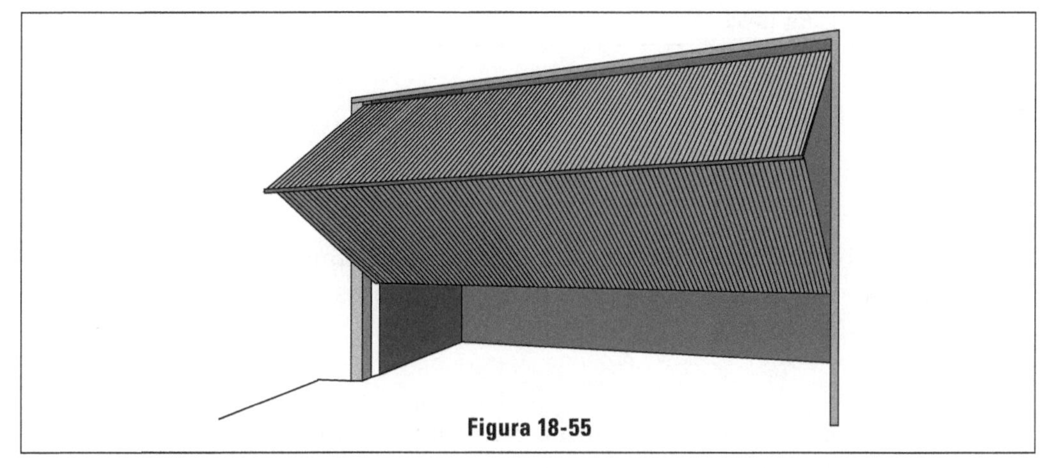

Figura 18-55

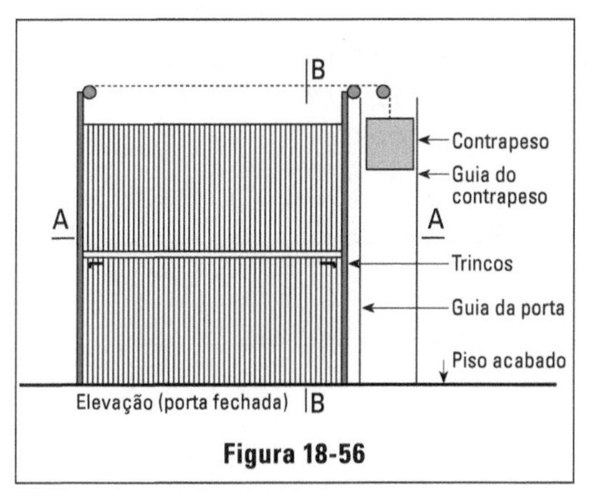

Figura 18-56

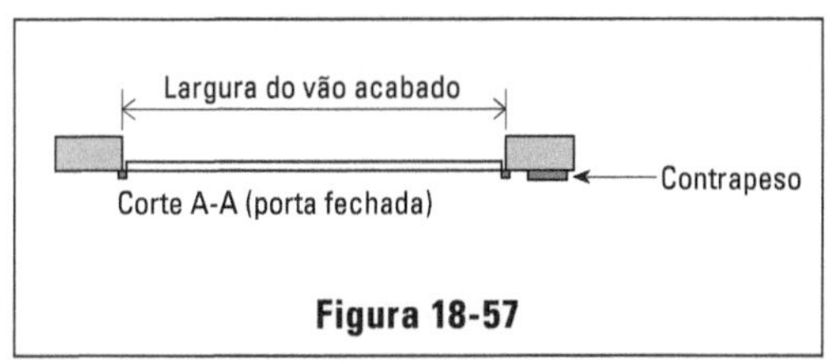

Figura 18-57

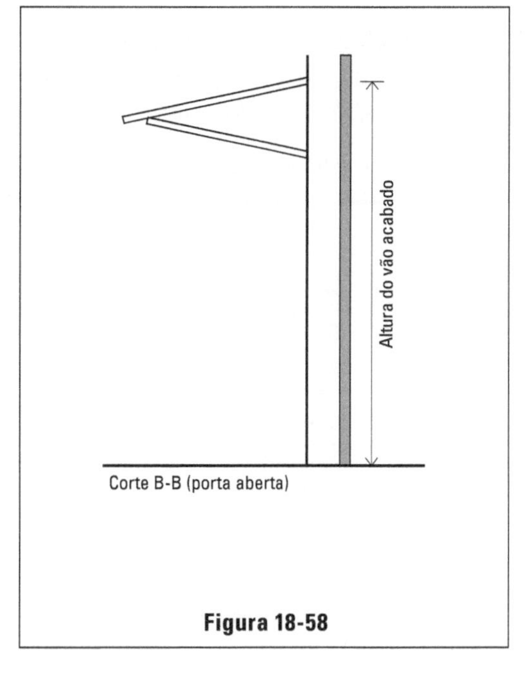

Figura 18-58

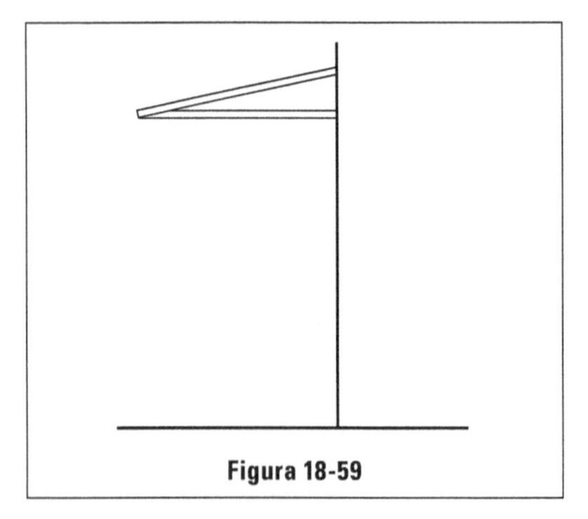
Figura 18-59

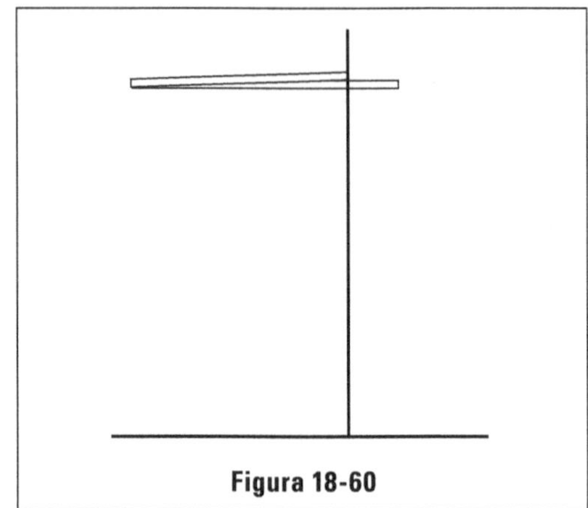
Figura 18-60

Ferragens

Um item importante na construção civil são as ferragens das portas, pois, apesar de caras, são itens decorativos e de segurança.

As peças básicas que compõem as ferragens de uma porta comum são: fechaduras, rosetas, tranquetas, dobradiças, maçanetas, entradas e espelhos.

Fechaduras

Existem dois tipos de fechaduras, conforme a maneira de acionamento, as de cilindro ou tipo yale e as tipo gorge.

As fechaduras de cilindro ou tipo yale, Figura 18-61, são aquelas cuja chave tem o formato de um pequeno serrote. (Figura 18-62) Os cilindros possuem a forma redonda ou ovaladas e são fabricadas em latão.

As fechaduras tipo gorge são aquelas cujas chaves tem o formato de uma bandeirinha; são mais antigas e vulneráveis. (Figura 18-63)

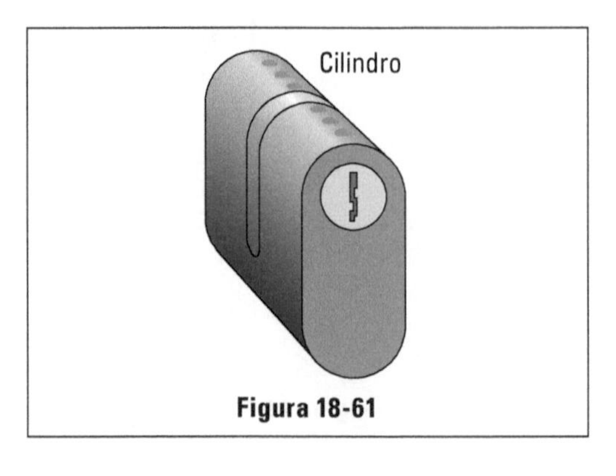

Figura 18-61

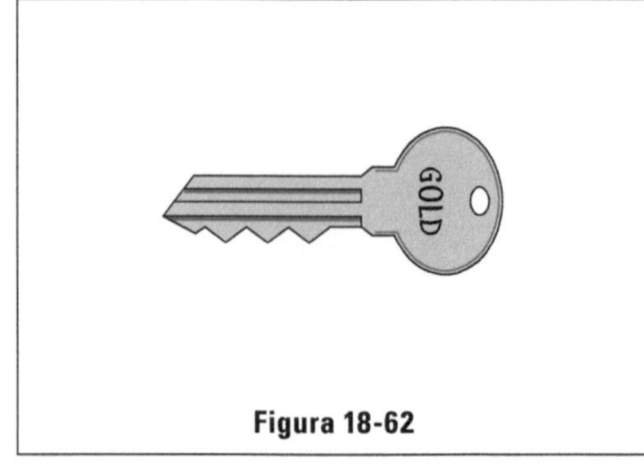

Figura 18-62

Existem vários modelos de fechaduras, no entanto, para o engenheiro o que interessa é como instalá-los. Para isso, basta que sejam definidas as seguintes medidas:

a = comprimento da testa falsa
b = distância entre o centro do furo da maçaneta e o centro do cilindro
c = distância entre a testa falsa e o centro do cilindro
d = largura do encosto de fixação do cilindro
e = altura do encosto de fixação do cilindro

Com essas dimensões, é possível deixar as aberturas necessárias para a colocação das fechaduras. (Figura 18-64)

Existem também fechaduras de cilindro central, muito utilizadas em escritórios, em que o cilindro e a maçaneta, tipo rotatória, constituem um único conjunto. O cilindro só tem uma entrada e na maçaneta oposta existe um pino que trava seu movimento. (Figura 18-65)

As aberturas feitas no batente para o encaixe das linguetas da fechadura são arrematadas com uma peça chamada contra-chapa. (Figura 18-66)

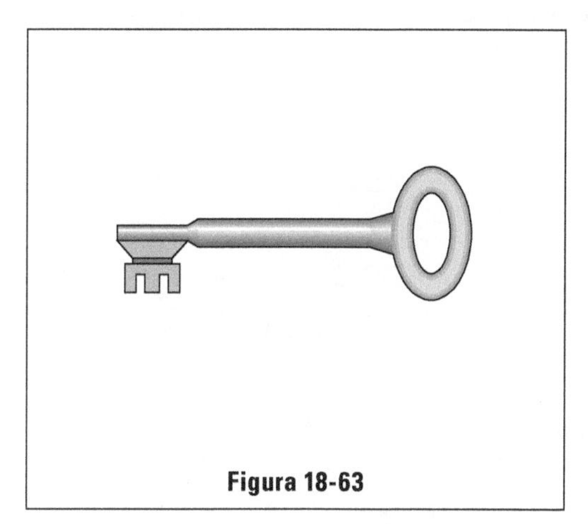
Figura 18-63

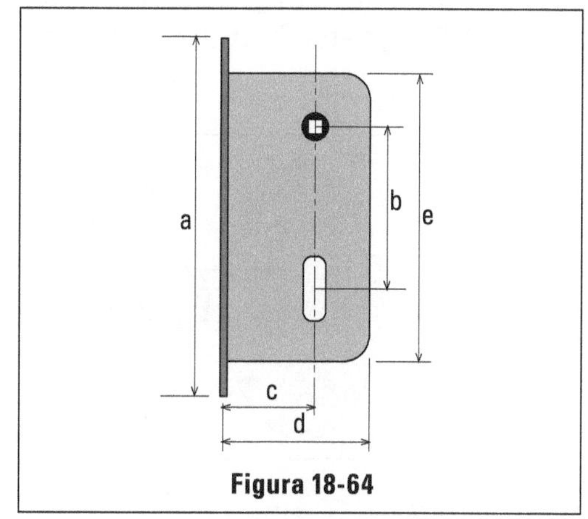

Figura 18-64

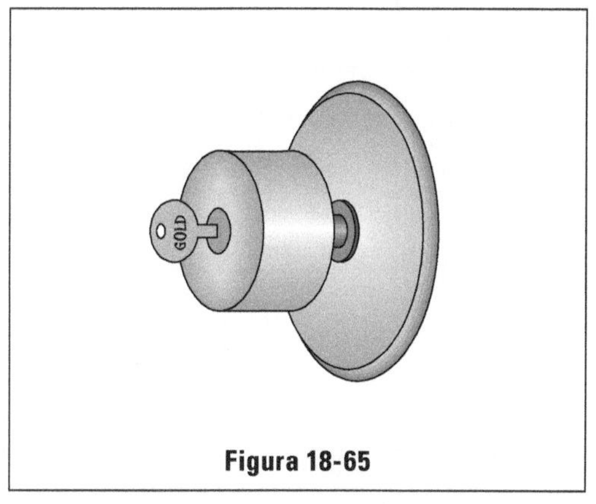

Figura 18-65

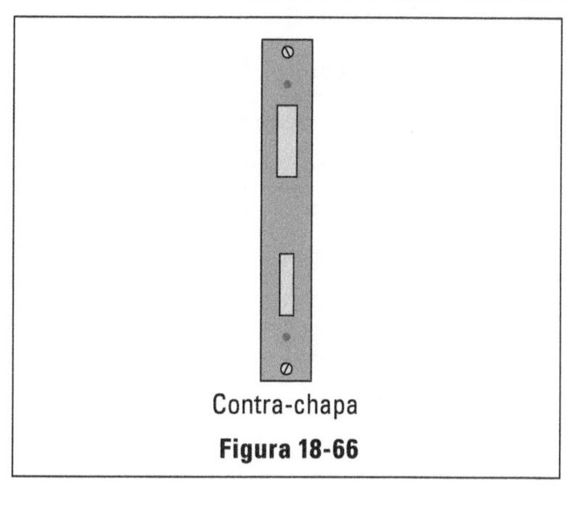
Contra-chapa
Figura 18-66

Maçanetas

São as peças que acionam a abertura da porta após serem destrancadas. As maçanetas podem ser do tipo alavanca ou rotatória. (Figura 18-67)

Rosetas

São as peças que dão o acabamento entre as maçanetas e as portas, sejam do tipo alavanca ou rotatória. (Figura 18-68)

Entradas

As entradas são as peças que dão o acabamento à abertura feita na folha da porta, para a "entrada" da chave. (Figura 18-68)

Essa peça só é utilizada nas fechaduras do tipo gorge.

Tranqueta

Como o próprio nome sugere, tranquetas são pequenas trancas, normalmente utilizadas em portas internas, que não são necessárias as chaves. Bastante utilizadas em banheiros. (Figura 18-69)

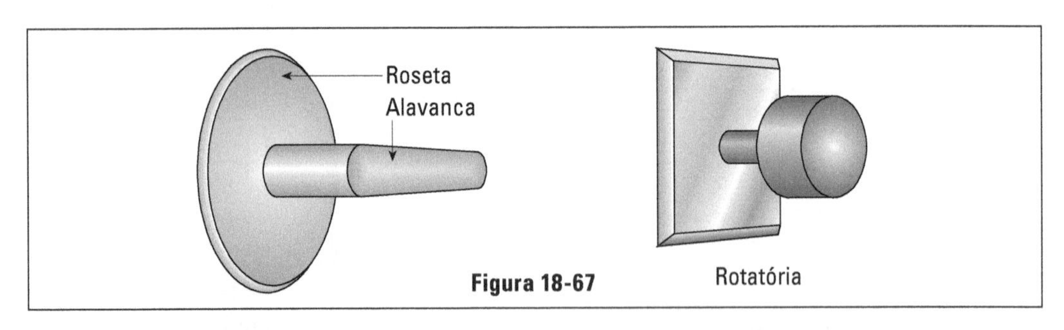

Figura 18-67

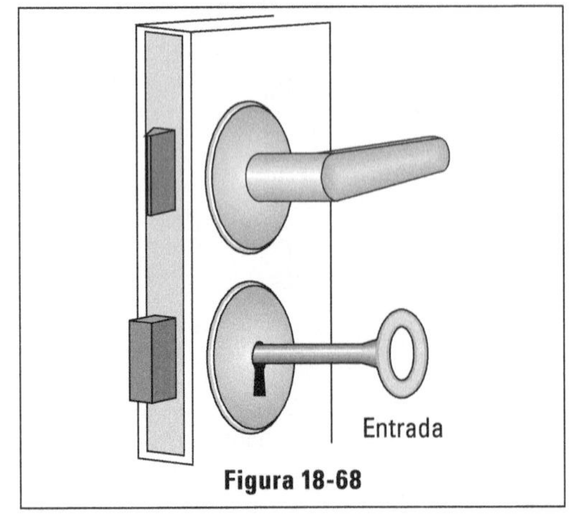

Figura 18-68

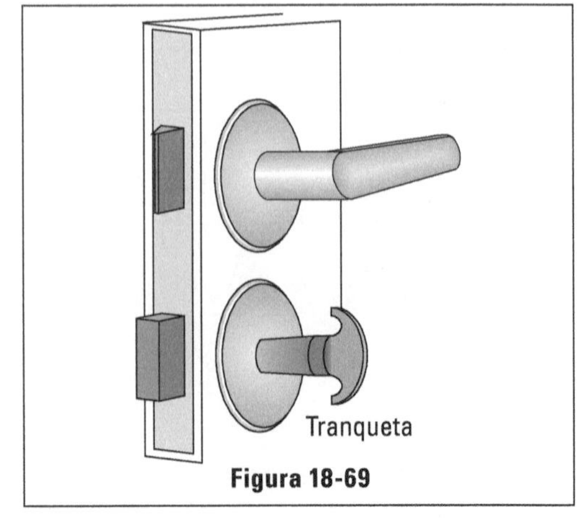

Figura 18-69

Espelhos

É uma peça única, que substitui a roseta e a entrada, servindo para dar o acabamento entre a fechadura e a folha da porta. (Figura 18-70)

Dobradiças

São as peças que servem para a fixação das folhas das portas aos batentes. Podem ser fabricadas em latão laminado, aço laminado ou latão fundido.

Cremarias

Uma outra peça muito utilizada nas portas e venezianas é a cremona.

É acionada por um movimento de rotação da "maçaneta" que provoca o deslocamento para cima ou para baixo das varas de ferro, em sentido divergente para fechar e convergente para abrir. (Figura 18-72)

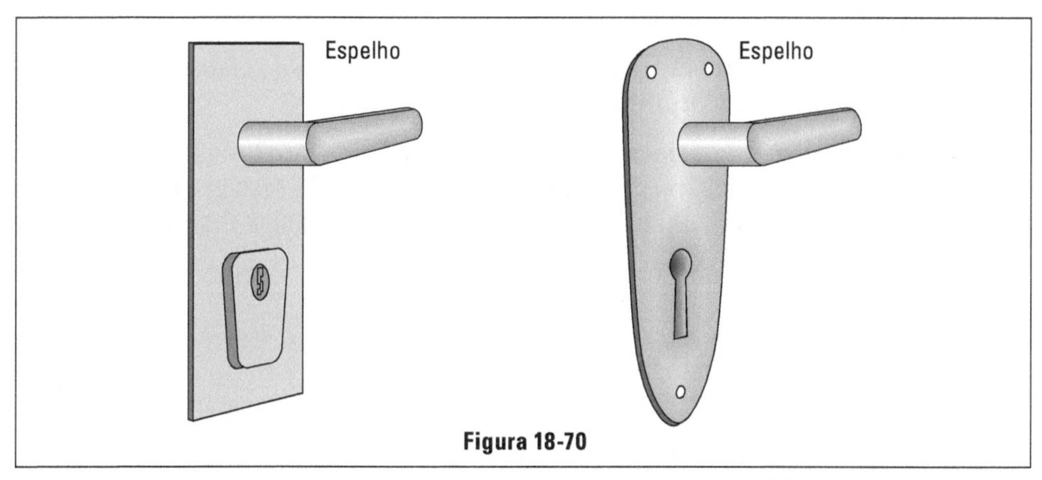

Figura 18-70

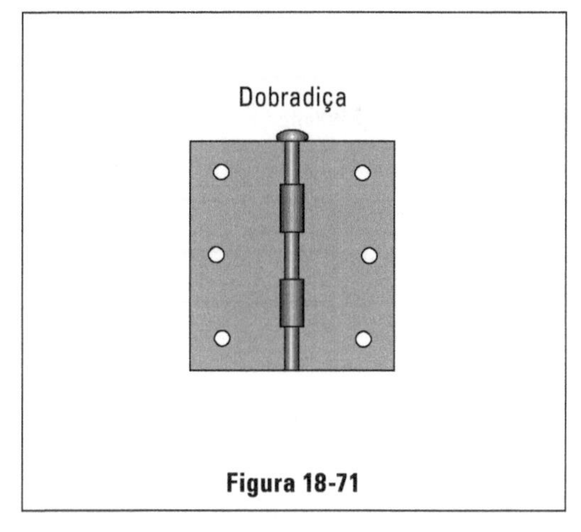

Figura 18-71

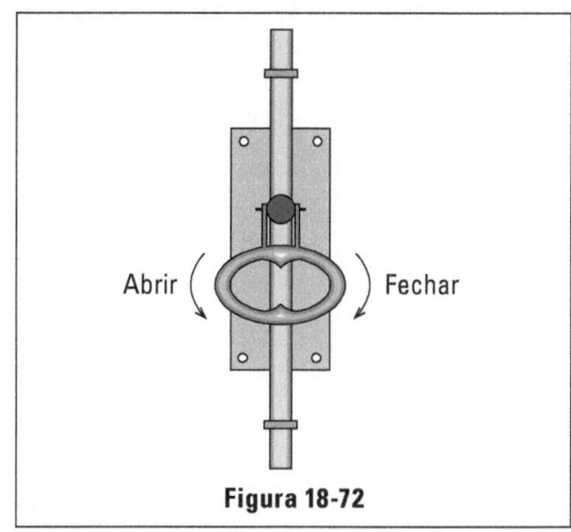

Figura 18-72

Esquadrias metálicas

- Ferro
- Aço galvanizado
- Aluminio
- PVC

As funções básicas de uma janela são: iluminação e ventilação dos ambientes de uma construção.

Os caixilhos utilizados em janelas deverão apresentar as seguintes características para que possam atender a suas funções básicas: estanqueidade (vedação) ao ar, água e poeira; isolação aos ruídos, durabilidade e fácil manutenção.

Os caixilhos atualmente são produzidos em diversos materiais, a saber: ferro, aço galvanizado, alumínio e PVC.

Independente do material a ser utilizado na fabricação dos caixilhos, temos os seguintes tipos que são os mais utilizados no mercado atualmente: o de correr, guilhotina, maximar, abrir, pivotante e basculante. Figura 19-1.

Essa classificação dos caixilhos refere-se sempre à maneira como são abertos.

Tipos de caixilhos mais utilizados para janelas:

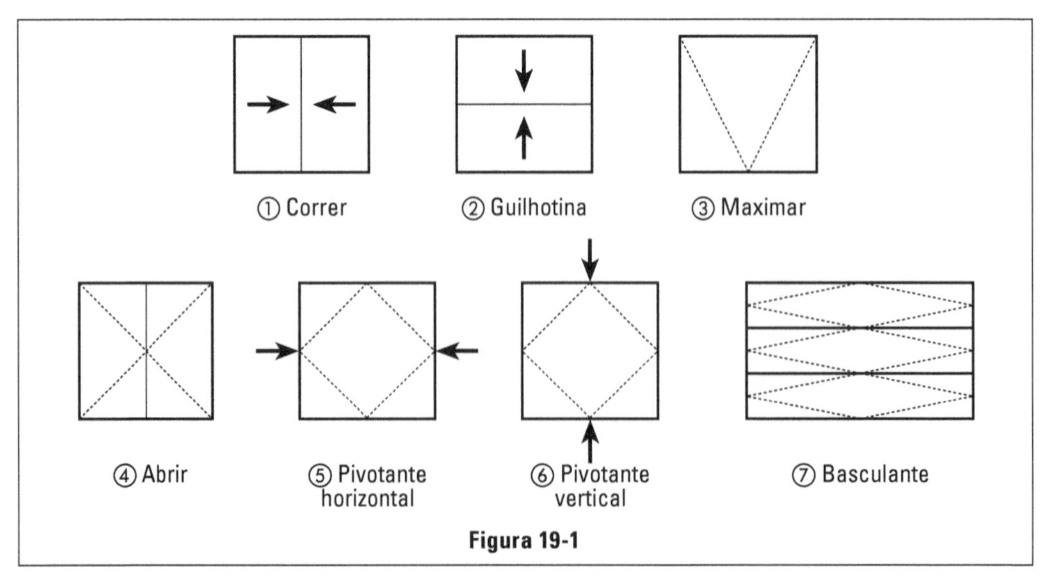

Figura 19-1

Ferro

Procuramos incluir neste capítulo não só as esquadrias de ferro propriamente ditas, mas também todos os produtos fabricados pelas serralherias; vejamos num resumo quais os produtos principais:

a. *Janelas*
fixas basculantes
de abrir
de correr
mistas
persianas de projeção

b. *Portas*
de abrir
de correr
de garagem e lojas

c. *Portões*

d. *Gradís*
de muretas de balcão de escada

e. *Grades de proteção*
fixas pantográficas

f. *Portinholas*
para abrigos de água e gás
para armário sob pias
para alçapões de forro e de poço

g. *Ornatos em geral*

Procuramos abordar cada item separadamente.

As serralherias trabalham com produtos metálicos em geral, no entanto, podemos destacar entre as matérias-primas as seguintes mais utilizadas:

1. Ferro, em peças perfiladas (em U, T, I, e L) quadrados, redondos, chatos etc. e em chapa.
2. Alumínio, perfilados e em chapa.
3. Aço, comum e zincado.

Quanto à junção das diversas peças, são utilizados para tal o rebite e a solda; ainda para se fazer a junção podemos apenas encostar duas peças ou poderemos encaixá-las.

Por sua vez, as esquadrias e peças em geral das serralherias são fixadas aos maciços (alvenaria ou concreto) por meio de "grapas" (Figura 19-2), que geralmente são constituídas de uma barra de ferro quadrada, bipartida na extremidade; as duas partes são separadas, procurando ajudar a fixação ao maciço.

Essa fixação é conseguida com argamassa de cimento e areia (1:3).

Janelas

Fixas: São aquelas que procuram apenas permitir a entrada de luz no ambiente sem se preocupar com a saída de ar. Só se justifica o seu emprego quando a ventilação é obtida em outras janelas e queremos então apenas aumentar a claridade da sala. Essas esquadrias são fáceis de fabricar e por isso de preço baixo; são constituídas de metal em cantoneira (L) para encaixe dos vidros, que são sempre colocados pela face externa, por isso a cantoneira apresenta a aba para fora. (Figura 19-3)

Basculantes: certos compartimentos necessitam receber ventilação quase constante; são eles o banheiro e a cozinha; ora, quase todas as janelas para dar a ventilação permitem ao mesmo tempo a entrada de chuva. O caixilho munido de básculas é o único que ventila sem permitir a entrada de água de chuva. O básculo é um painel de caixilho que gira em torno de eixo horizontal como mostra esquematicamente a Figura 19-4. O conjunto de básculos do mesmo caixilho pode ser acionado por uma única alavanca, o que permite a abertura de todas ao mesmo tempo. A alavanca pode ser acionada parcialmente, correspondendo também a uma abertura parcial dos básculos.

Geralmente, o caixilho basculante é composto de uma parte fixa e de outra móvel (básculos). As Figuras 19-5, 19-6 e 19-7 mostram três soluções para a distribuição dessas áreas. A parte indicada pelas linhas pontilhadas é

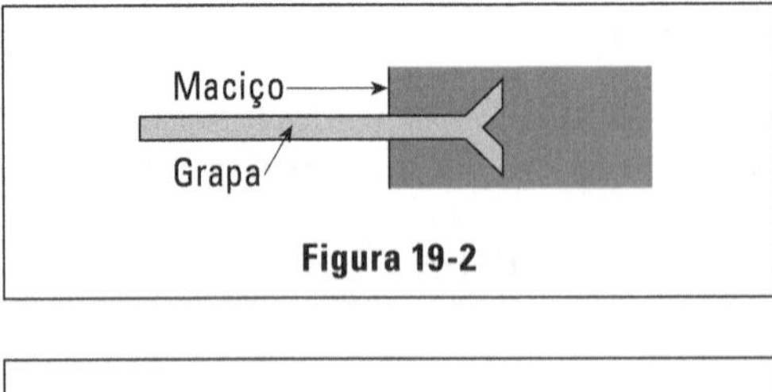

Figura 19-2

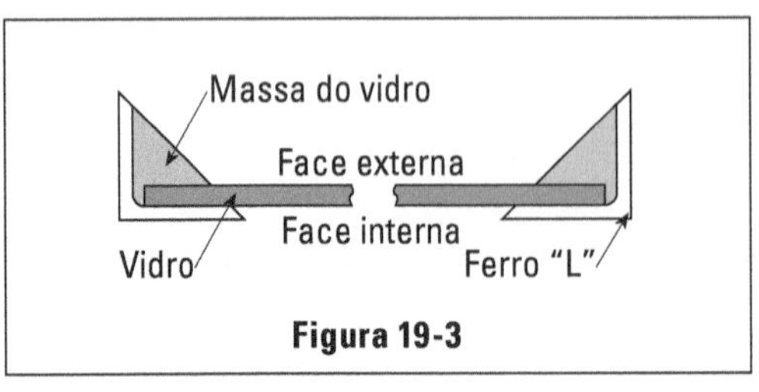

Figura 19-3

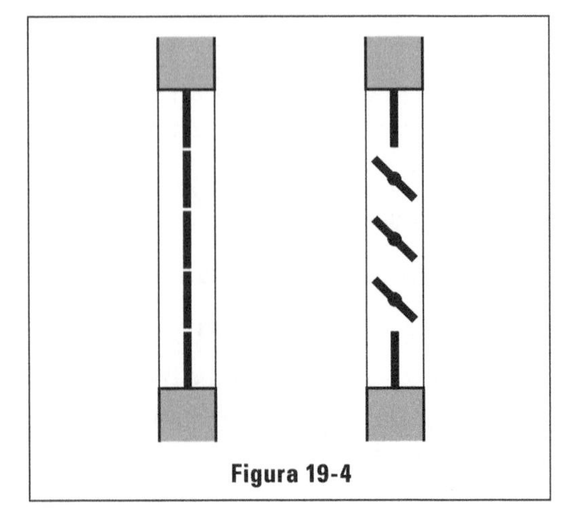

Figura 19-4

aquela composta de básculos; o restante do caixilho será fixo. O comprimento dos básculos não pode ser exagerado, sob pena de elas se enfraquecerem, pois estarão apoiados nos eixos laterais de rotação; este fato obriga a subdivisão das partes basculantes.

O caixilhos representado na Figura 19-5 tem a vantagem de permitir uma área ventilável maior, porém a sua largura não deve exceder a cerca de 1,00 m para não aumentar o comprimento dos básculos. Se quisermos então aumentar a área de iluminação sem aumentar a área de ventilação, podemos adotar a solução da Figura 19-6, pois introduzimos duas áreas laterais fixas; tal modelo pode ser executado até a largura de cerca de 1,40 m. Desejando aumentar ainda mais a largura, devemos recorrer ao modelo da Figura 19-7, em que a área basculante é subdividida em dois corpos independentes, cada um acionado por sua própria alavanca. Podemos com essa solução atingir até a largura de cerca de 2,50 m.

Para larguras ainda maiores, o melhor será utilizarmos dois caixilhos independentes unidos entre si. A forma dessa união está indicada na Figura 19-8, usando para tal ferro U na parte externa e ferro como matajunta na parte interna.

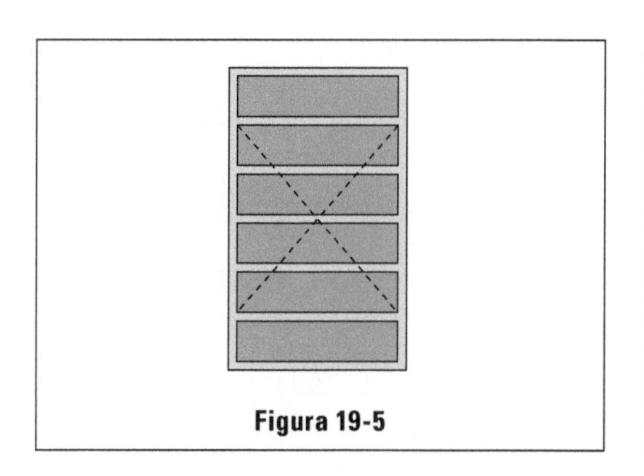

Figura 19-5

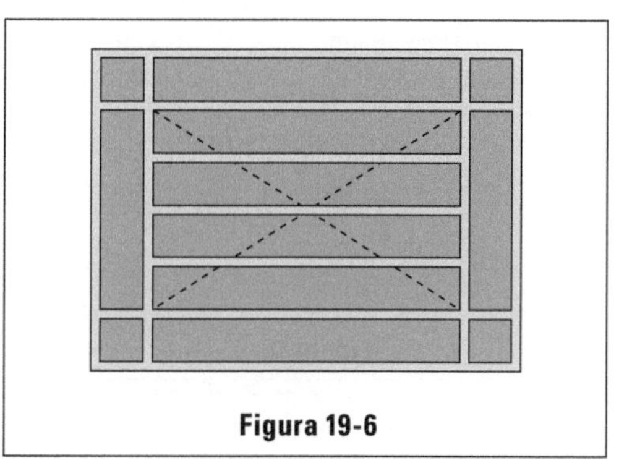

Figura 19-6

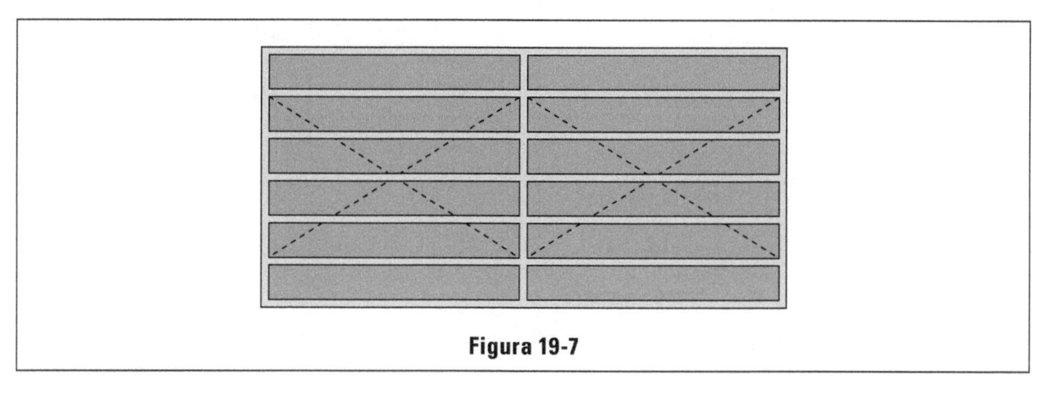

Figura 19-7

O caixilho basculante é composto (Figuras 19-9 e 19-10) de:

1. ferro L de contorno externo
2. ferro T de contorno da parte fixa
3. ferro L dos básculos
4. matajuntas em ferro L com pingadeira
5. vareta da alavanca
6. orelha de alavanca

As bitolas indicadas para cada uma das partes variam em função do tamanho do caixilho. Indicaremos alguns valores aconselháveis:

Para caixilhos até 1,20 × 1,00 (largura × altura):

contorno externo	L de 3/4" × 1/8"
contorno da parte fixa	T de 3/4" × 1/8"
básculos	L de 5/8" × 1/8"
matajuntas e pingadeiras	L de 5/8" × 1/8"

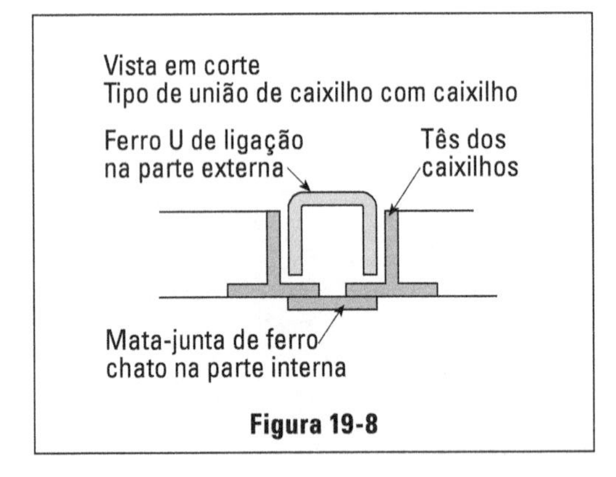

Figura 19-8

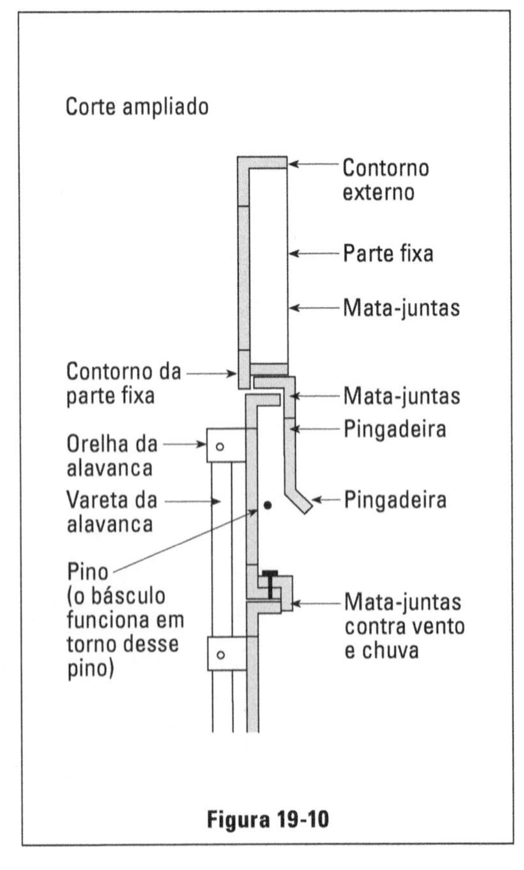

Figura 19-10

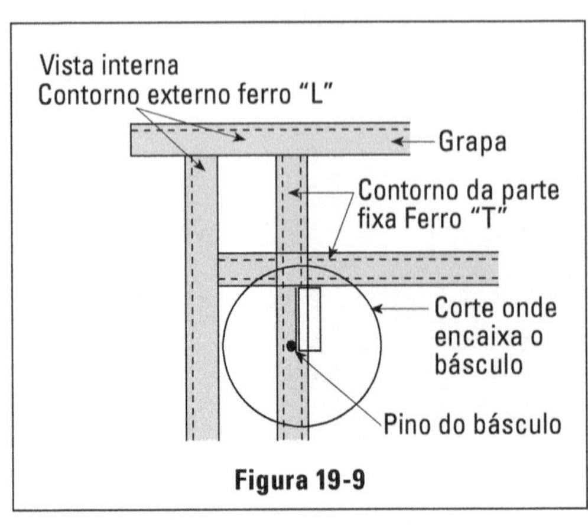

Figura 19-9

Para caixilhos até 3,00 × 1,50:

contorno externo	L de 7/8" × 1/8"
contorno da parte fixa	T de 7/8" × 1/8"
básculos	L de 3/4" × 1/8"
matajuntas e pingadeiras	L de 3/4" × 1/8"

Para caixilhos até 4,00 × 2,00:

contorno externo	L de 1" × 1/8"
contorno da parte fixa	T de 1" × 1/8"
básculos	L de 3/4" × 1/8"
matajuntas e pingadeira	L de 3/4" × 1/8"

Uma das preocupações sempre presentes, quando se projeta uma janela, é a segurança contra roubo. Para isso, desde que o vão não seja murado de grade de proteção, devemos subdividir o vão total de forma a termos vidros de pequena largura.

Os assaltantes costumam fazer entrar uma criança para lhes abrir a porta, de forma que o vão deve ser bem reduzido para impedir, inclusive, a entrada de criança de cerca de 10 anos; verificamos que, para isso, o vão livre não deve ser maior do que 15 centímetros. Indicamos, portanto, a seguinte subdivisão de vidros, conforme a altura do caixilho:

Altura de 0,60 m	– 4 vidros	Altura de 1,10 m	– 7 vidros
Altura de 0,70 m	– 4 vidros	Altura de 1,20 m	– 8 vidros
Altura de 0,80 m	– 5 vidros	Altura de 1,30 m	– 9 vidros
Altura de 0,90 m	– 6 vidros	Altura de 1,40 m	– 10 vidros
Altura de 1,00 m	– 7 vidros	Altura de 1,50 m	– 10 vidros

Ainda como medida de maior segurança, pode ser colocada uma travessa de ferro fixa entre as básculas; desta maneira, mesmo com as básculas retiradas permanecerá o gradeado (Figura 19-11), assim a distância entre ferros se conservará sempre pequena, impedindo a entrada.

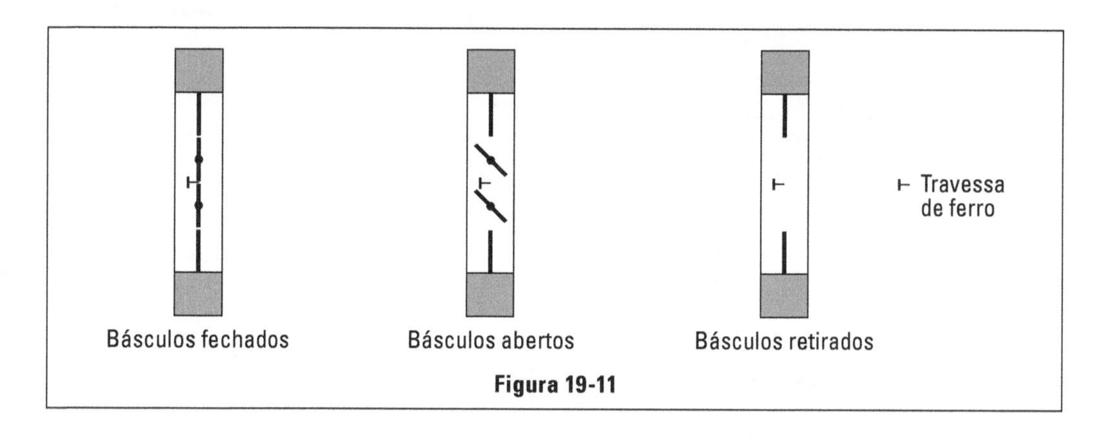

Figura 19-11

O caixilho basculante é uma solução prática e econômica para iluminação e ventilação, porém não é uma peça com aspecto de luxo. Por esses motivos, nas residências é empregado nas cozinhas, copas, banheiros e lavabos, evitando-se o seu uso para salas e, principalmente, para aquelas de frente para rua. É frequentemente empregado para construções industriais em que o luxo não é requerido.

Uma variante do basculante comum é o de básculas verticais, isto é, em vez do eixo de rotação ser horizontal passa a ser vertical. Não vemos qualquer vantagem no seu emprego, pois perderá sua principal virtude: não deixar entrar chuva quando aberta. Nesse tipo, a chuva penetrará no ambiente quando se necessitar de ventilação. Só teria a vantagem de orientar a entrada do vento (por isso usado nas janelas laterais de ônibus). Não vemos no que será útil nas residências essa orientação do ar de ventilação. (Figura 19-12)

Janelas de abrir: São aquelas munidas de folhas, cuja abertura para ventilação se dá em torno de dobradiças laterais colocadas ao longo do batente ou montante; funciona tal como uma porta. Esse tipo de caixilho está praticamente sem uso, pela dificuldade que cria na aplicação de cortinas internas, já que é difícil fechá-las; bastante incômodo além de produzir constantemente rasgos nos tecidos das cortinas. São construídos de um quadro em ferro L munido de grapas e de folhas de abrir também em ferro L. As folhas poderão ser preparadas para receberem um vidro inteiriço ou poderá ser subdividida em painéis menores. O fechamento da janela, quando for constituída de duas folhas, dar-se-á mediante a aplicação de cremona. Como dissemos, seu uso está praticamente abandonado.

Janela de correr: Caracterizam-se pelo fato de suas folhas deslizarem lateralmente apoiadas sobre trilhos; desta forma a janela poderá ser aberta sem que suas folhas descrevam arco, invadindo o ambiente interno; esquematica-

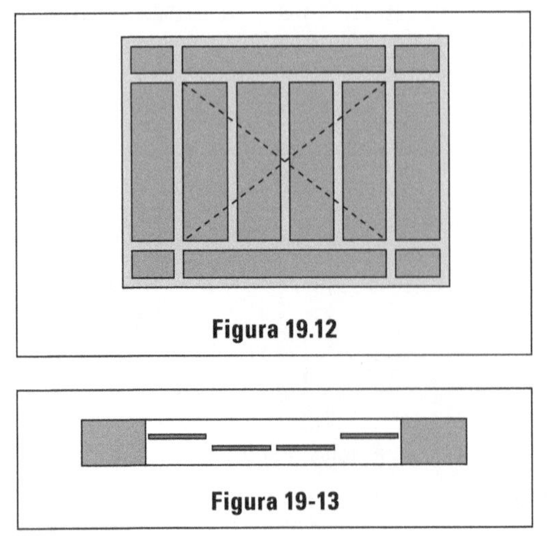

Figura 19.12

Figura 19-13

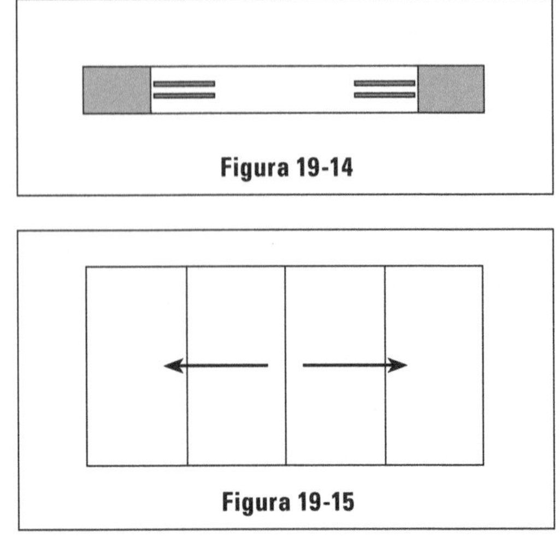

Figura 19-14

Figura 19-15

mente, as Figuras 19-13, 19-14 e 19-15 mostram em vista de frente e em corte uma janela em duas folhas centrais de correr com folhas laterais fixas.

É a solução mais procurada para salas em que se requer uma esquadria mais estética, principalmente quando pertence à fachada principal. É preciso notar, porém, que esse tipo só permite a ventilação pela metade da área total, porque as folhas móveis quando abertas se sobrepõem às fixas. Podem ser construídas nas dimensões mais variáveis, alcançando às vezes altura igual a do pé direito do pavimento.

Quando bem construída funciona perfeitamente; aliás, quando pretendemos utilizar a esquadria de correr só devemos executá-la em ferro; as esquadrias de correr em madeira geralmente funcionam mal, pois um pequeno empenamento já provoca desajuste nas folhas que passam a não correr bem sobre os trilhos.

Vemos na Figura 19-16 um caixilho de correr simples com 4 folhas, sendo as duas centrais móveis (correndo sobre as laterais) e duas laterais fixas. A Figura 19-17 apresenta o mesmo caixilho, agora combinado com duas bandeiras basculantes (sistema misto). A Figura 19-18 mostra em corte os detalhes da suspensão da folha móvel e sua guia inferior. É importante notar que a folha trabalha suspensa por roldanas apoiadas no trilho superior; na parte inferior, a folha não se encosta na guia e é apenas orientada por ela no seu percurso.

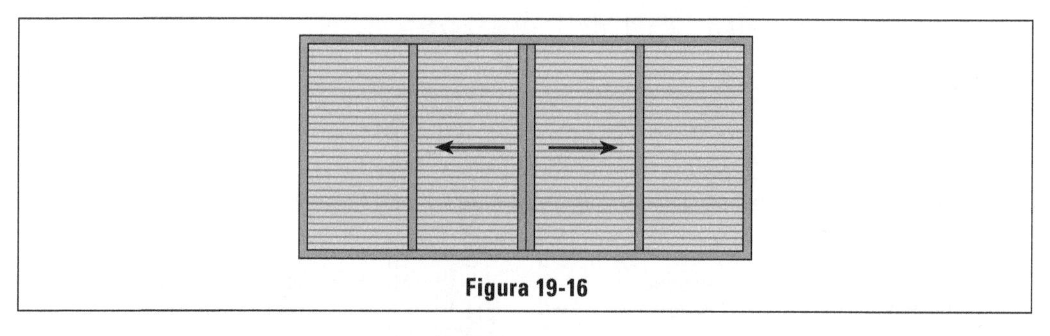

Figura 19-16

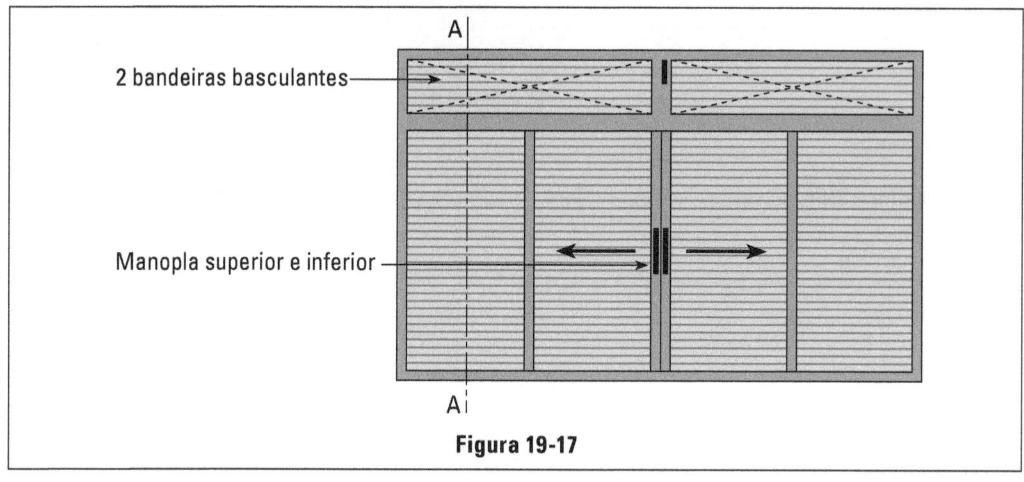

Figura 19-17

As folhas dos caixilhos de correr podem ser preparadas para receber um vidro inteiro, mas podem também sofrer subdivisões para termos diversos vidros menores. Essa subdivisão poderá produzir vidros tão pequenos que dispensam a grade externa como proteção contra ladrões, porém, não é a solução preferida.

Modernamente, a tendência é a de usar vidros bem grandes (inteiriços) e deixar a proteção contra assaltos a cargo da grade externa fixa.

Na Figura 19-18, podemos destacar alguns detalhes, que indicam um bom trabalho de serralheria:

a. Tampa desmontável para lubrificação das roldanas ou para consertos, sendo retirada por meio de parafuso permite tirar as folhas móveis dos caixilhos.
b. Roldana de boa qualidade, funcionando perfeitamente.
c. Guia de latão para que a ferrugem não atrapalhe a sua função.
d. As folhas móveis não devem se arrastar sobre a guia.

As bitolas comuns do ferro utilizado são:

até 3,00 × 1,20 m: T e L de 1" × 1/8"
até 4,00 × 2,00 m: T e L de 1 1/4" × 1/8"

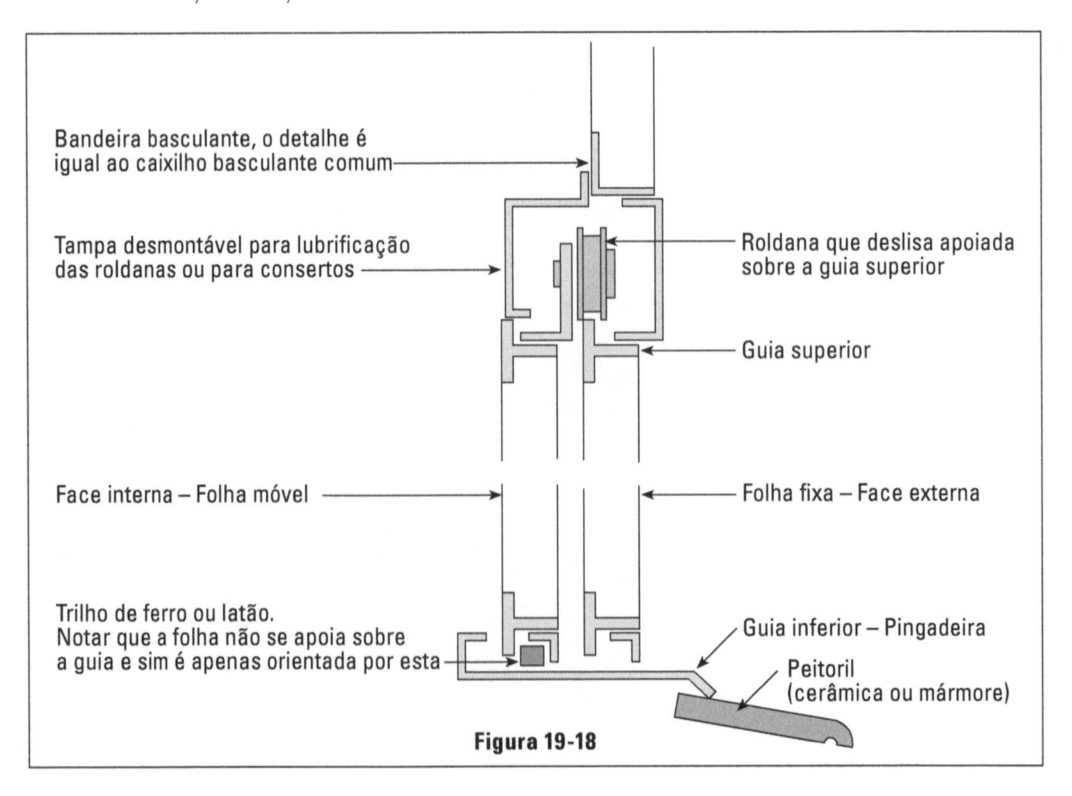

Figura 19-18

Quando os vidros são muito grandes, convém colocar baguetes de ferro de 1/12" para sua fixação. Quando queremos subdividir os vidros, usamos T de 3/4" quando o caixilho é executado em T e L de 1" × 1/8"; quando o caixilho utiliza T e L de 1 1/4" × 1/8", aplicar T de 7/8" para esta subdivisão.

Ao fazermos o caixilho com sistema misto, isto é, com bandeira na parte superior (principalmente para dormitório), devemos indagar se serão utilizadas persianas por fora; neste caso os pinos (eixos) dos básculos devem ser postos na parte inferior para que ela abra para dentro e dê passagem livre à persiana. (Figura 19-19)

As folhas móveis se encontram no centro do caixilho e fecham por meio de um sistema de manoplas com um pino que funciona por molas. Dessa forma, basta encostar as duas manoplas (uma em cada folha) para que o caixilho se feche. Querendo abri-lo, é necessário suspender o pino. As manoplas servem também como ponto de esforço, para empurrar as folhas lateralmente no movimento de abrir e fechar.

Janelas mistas (de correr, com básculas): a elas já nos referimos e está indicada na Figura 19-17. É geralmente usada em dormitórios, porque quando as folhas de correr estão fechadas permitem a ventilação pelos básculos sem o risco de penetração das águas da chuva. São usadas também quando o vão da janela (principalmente a altura) for muito grande; nestes casos, não convém que se façam folhas de correr muito altas, porque não funcionarão bem (tornam-se por demais pesadas). Tal fato ocorre constantemente quando, nas salas de estar ou jardins de inverno, deseja-se um caixilho com a altura total do pé direito. A Figura 19-20 mostra esquematicamente a subdivisão do caixilho para esse caso.

Ao descrever os caixilhos de correr, dissemos que usando o sistema misto nas janelas de dormitórios não poderíamos esquecer que os básculos deverão abrir totalmente para dentro, para não atrapalhar o funcionamento das persianas externas; mais uma vez chamamos a atenção para esse ponto.

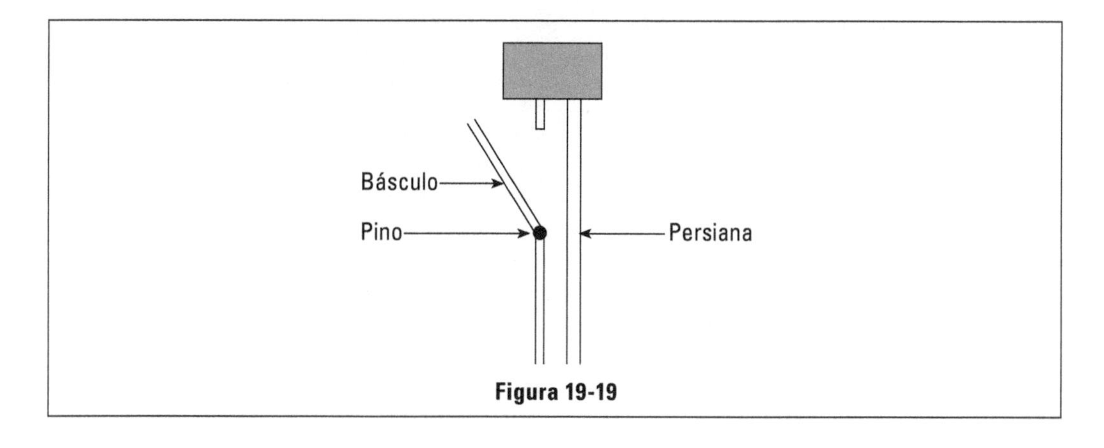

Figura 19-19

Persianas de projeção: Raramente as serralherias comuns fabricam tal peça; elas geralmente são produzidas por indústrias especializadas, já que requerem maquinários, técnica e mão de obra especiais. Trata-se de um substituto para a clássica e antiga veneziana de madeira. São construídas em alumínio, aço comum ou aço zincado. O alumínio é metal ideal para sua fabricação, pois torna a persiana leve e isenta de ferrugem; porém, o preço repentinamente majorado deste metal (justamente quando se começa a produzir alumínio no país) obriga a utilização do aço, mas, aplicando-se aço comum mesmo pintado, a ferrugem aparecerá.

Isso se dará porque o sistema de construção das persianas abriga a atritos entre suas diversas peças. Nestes pontos a tinta protetora se descasca e o tempo se encarrega de enferrujá-las. Para evitar tal fato, tem-se empregado ultimamente o aço zincado, em que o aço comum é quimicamente tratado com zinco, formando-se uma camada protetora, mas, por ser processo relativamente recente, não posso afirmar o sucesso desta medida.

Aconselhamos, sempre que houver verba, o emprego do alumínio.

O corpo da persiana não é rígido, mas sim articulado, já que é composto de palhetas que se unem entre si com articulação. A Figura 19-21 mostra em corte essa articulação. Para fornecer uma ideia de conjunto, a Figura 19-22 apresenta uma persiana em perspectiva. Nessa vista aparecem os dois movimentos que possui: a suspensão da cortina composta de lâminas (ou palhetas) e a projeção do conjunto para fora. A ventilação é possível mesmo com a persiana fechada, por dispositivo especial existente nas lâminas. (Figura 19-23)

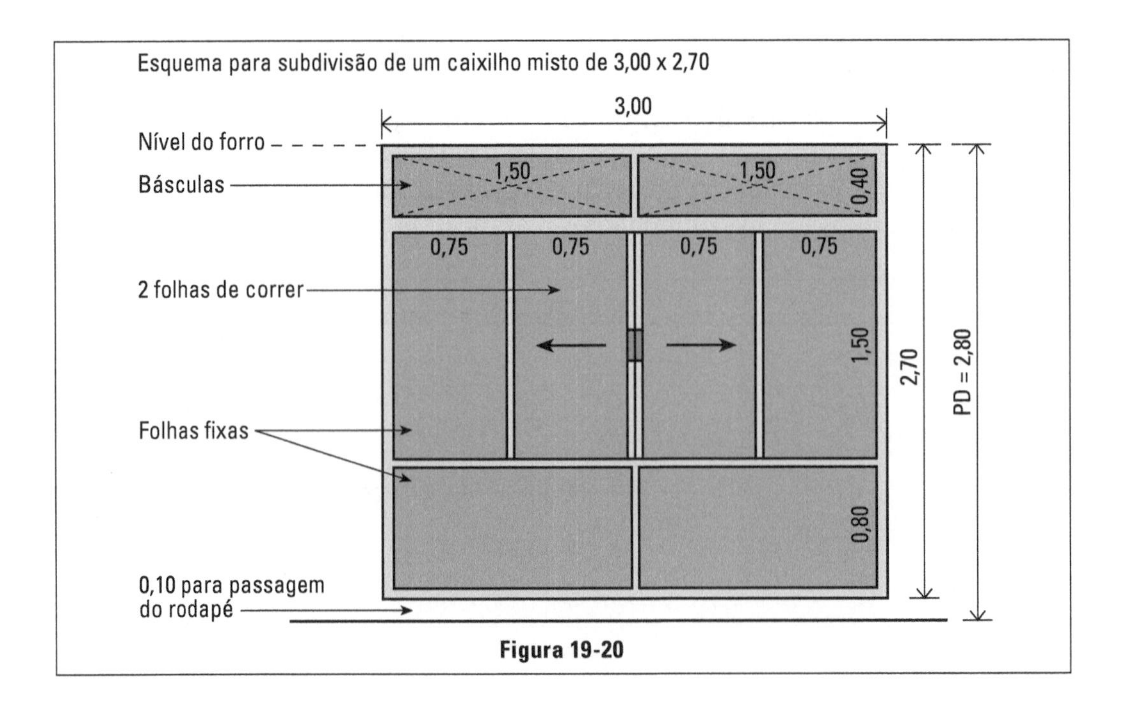

Figura 19-20

Tal ventilação não permite a entrada de água de chuva. O movimento de suspensão da cortina é conseguido pelo fato desta se enrolar na parte superior do vão. Isso exige a colocação de uma caixa para conter tal rolo, caixa esta que, por ser embutida na alvenaria, deve ser colocada juntamente com o batente da janela. Esse é um detalhe de previsão necessário quando se aplicam persianas.

As persianas podem ser aplicadas juntamente com caixilhos para vidros de madeira ou de ferro. As Figuras 19-24 e 19-25 apresentam cortes detalhados e cotados para sua aplicação com as duas modalidades de caixilhos. As cotas que aparecem são apropriadas para uma determinada marca, porém as alterações que sofrem são pequenas. As caixas sobre os vãos devem exceder 15 cm de cada lado, como indica a Figura 19-26. Essas caixas são de madeira, podendo

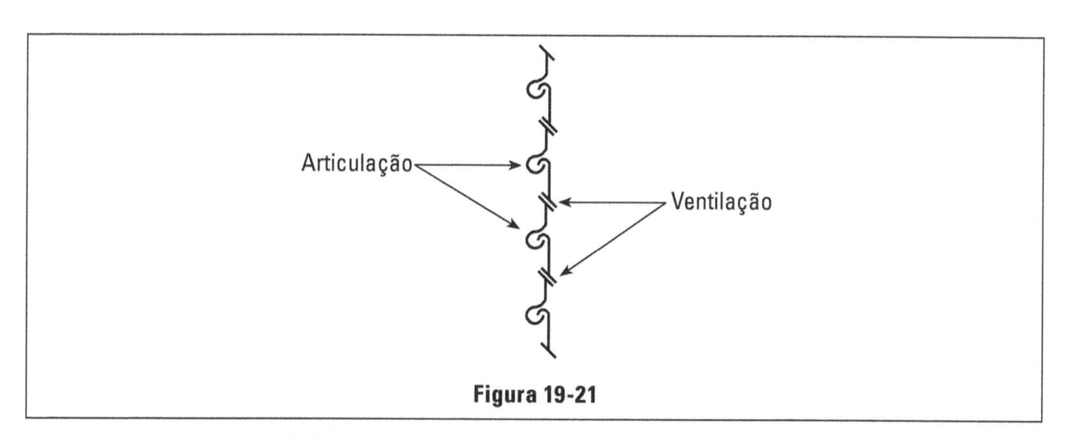

Figura 19-21

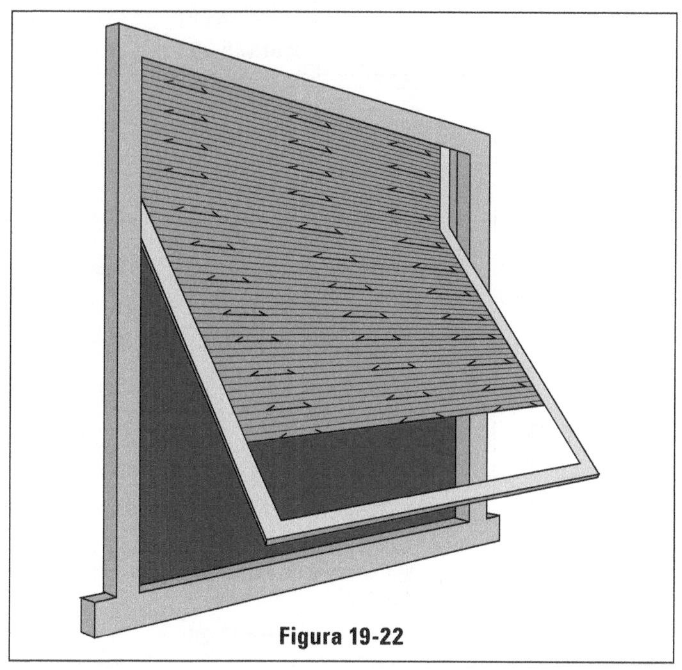

Figura 19-22

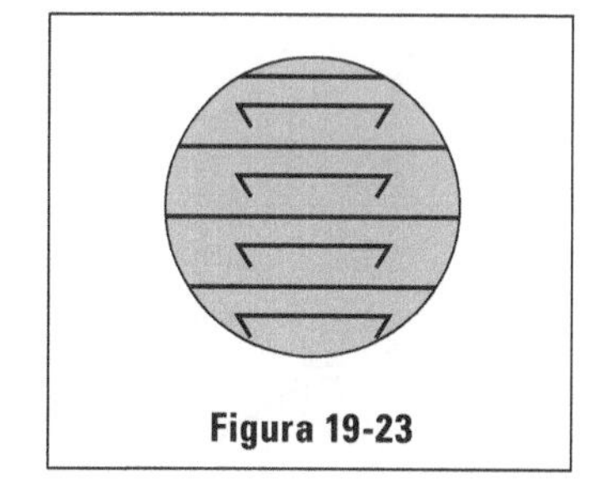

Figura 19-23

ser fornecidas pela firma da persiana ou pela obra; a parte da frente é uma tampa móvel com dobradiças na parte superior (Figura 19-27) para permitir a entrada do rolo, bem como futuros consertos e ajustes.

O movimento de suspensão da cortina é acionado por uma fita que move o rolo superior e corre sobre uma roldana inferior contida dentro de uma caixa apropriada. A Figura 19-28 mostra esquematicamente este conjunto.

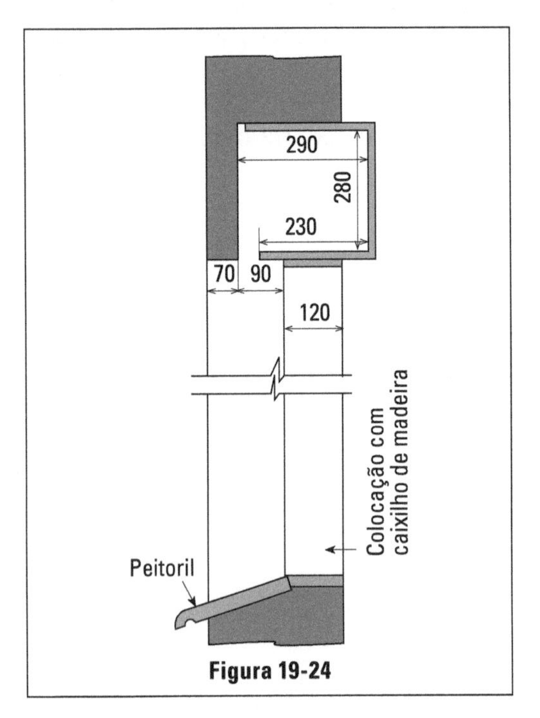

Figura 19-24

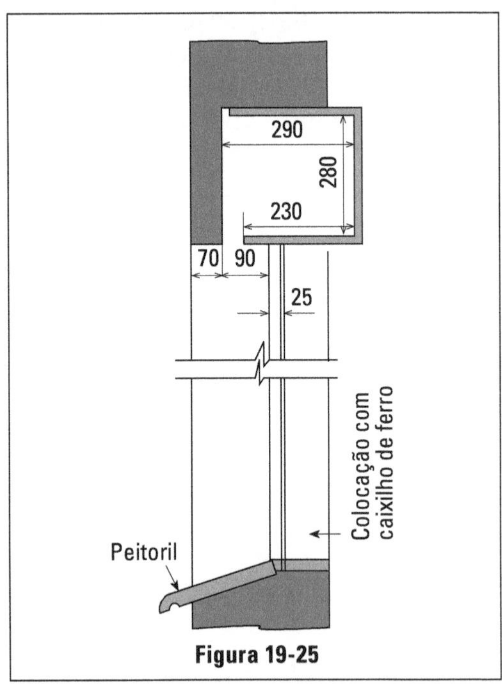

Figura 19-25

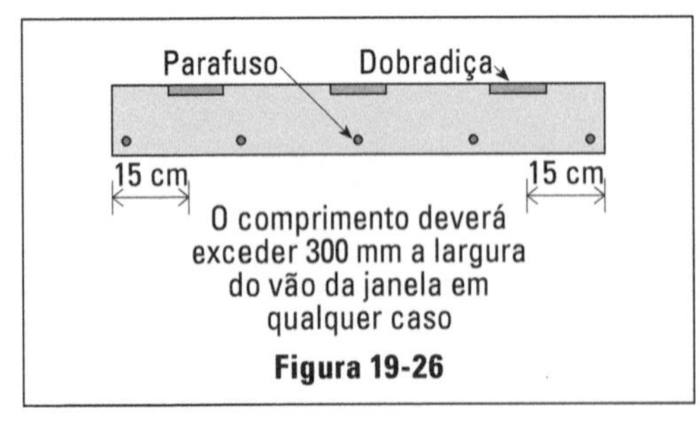

Figura 19-26

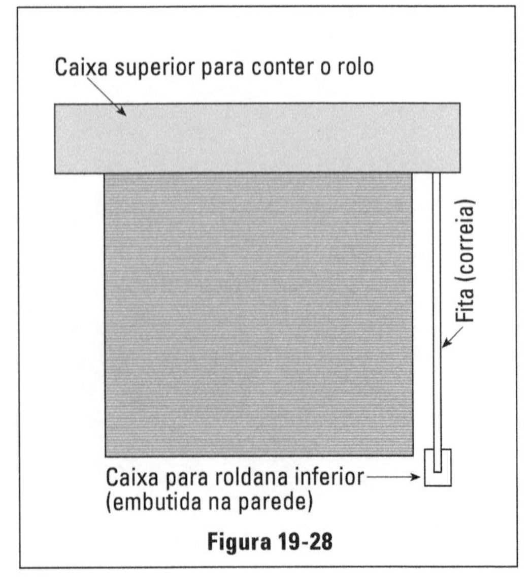

Figura 19-28

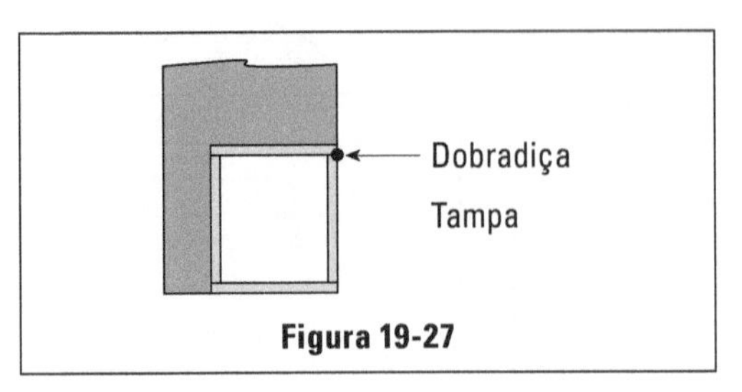

Figura 19-27

Quando se tem dormitório no rés do chão (é o que se dá nas residências térreas), as janelas ficam facilmente acessíveis aos ladrões. Nesses casos, convém notar que as persianas absolutamente não constituem garantia, pois suas lâminas são delgadas e facilmente cortáveis. Aconselhamos a colocação de grade de proteção; esta, no entanto, não pode ser externa, pois atrapalha o movimento de projeção das persianas. Se for colocada entre o caixilho e a persianas, dará um péssimo aspecto e também atrapalha o uso da janela; a solução mais indicada será o emprego de grade pantográfica (tipo sanfona) na parte interna.

Tal solução tem a vantagem de nos dar uma janela totalmente aberta, já que a pantográfica quando encolhida (em um espaço muito pequeno) se localiza na parte lateral, ocupando um espaço muito pequeno; voltaremos ao assunto quando abordarmos grades de proteção.

Porta

O emprego de portas de ferro é exclusivo para vãos externos e com dois únicos objetivos: estética e segurança. Ora, a segurança só existe se for completa; portanto, para este objetivo de nada adiantará a aplicação de porta de ferro na entrada principal se aplicarmos portas de madeira nas outras entradas 250 ou se deixarmos de colocar grades de proteção nas janelas. Tal fato é muito comum, donde se concluí que o objetivo realmente procurado ao se aplicar porta metálica é o estético. Neste ponto, o problema não oferece discussão, pois de fato a porta principal é sempre um detalhe importante na composição da fachada e, inegavelmente, a solução em ferro é muito mais agradável.

De *abrir*: podem ser de uma ou mais folhas, dependendo das dimensões do vão. Cada folha deverá ter a largura mínima de 0,60 m (melhor 0,70 m) para permitir um uso fácil, e máxima de 1,10 m para evitar peso excessivo sobre as dobradiças. Tais limites determinam o número de folhas a ser usado. Assim, para largura de vãos de 0,80 m até 1,10 musar uma única folha; para vãos de 1,20 m até 2,20 m usar duas folhas; para vãos maiores, subdividir conjunto em vãos menores.

Cada folha é composta de almofada e grade na parte externa e postigo na parte interna; o postigo apenas ocupa a área da grade e não a da almofada, como é lógico. A Figura 19-29 mostra uma porta de duas folhas em vista de frente, aparecendo na Figura 19-30 um corte horizontal.

A almofada é geralmente feita em chapa 16 em 2 faces aparelhadas; a sua altura deve ser pequena (cerca de 25 cm) para permitir maior área de vidros. A grade poderá ter desenho variado e geralmente combinado com as demais grades de proteção da obra. Os postigos são de abrir e desempenham o papel de permitir a ventilação do vão, mesmo com a porta fechada. O quadro do postigo poderá permitir a colocação de um só vidro inteiriço ou subdividi-lo em vidros menores com travessas intermediárias.

A Figura 19-30 apresenta os diversos detalhes de sua fabricação, destacando-se a posição do postigo para receber vidro com massa pelo lado externo para dar um aspecto interno melhor.

De *correr*: nos seus detalhes se assemelha ao caixilho de correr; as folhas deslizam suspensas por roldanas na parte superior e orientadas por guia no piso. Cada folha terá o mesmo aspecto descrito no item anterior (de portas de abrir), porém, sem postigo, já que neste tipo não se costuma usar tal dispositivo.

É interessante notar que nas portas de correr, tal como nas janelas, apenas a metade do vão poderá ser aberto, já que ao se abrir uma folha esta vedará a outra. Por esse motivo, só devemos aplicá-la quando a largura do vão exceder a 1,60 m para que tenhamos um mínimo de 0,80 m utilizável para entrada. Não se aconselha o emprego de folhas correndo lateralmente dentro da alvenaria, por motivos já apontados quando abordamos o mesmo assunto para janelas.

De *garagens* e *lojas*: para estas peças é comum o uso de portas de suspensão; sua abertura se dá com o enrolamento da cortina em redor de um rolo

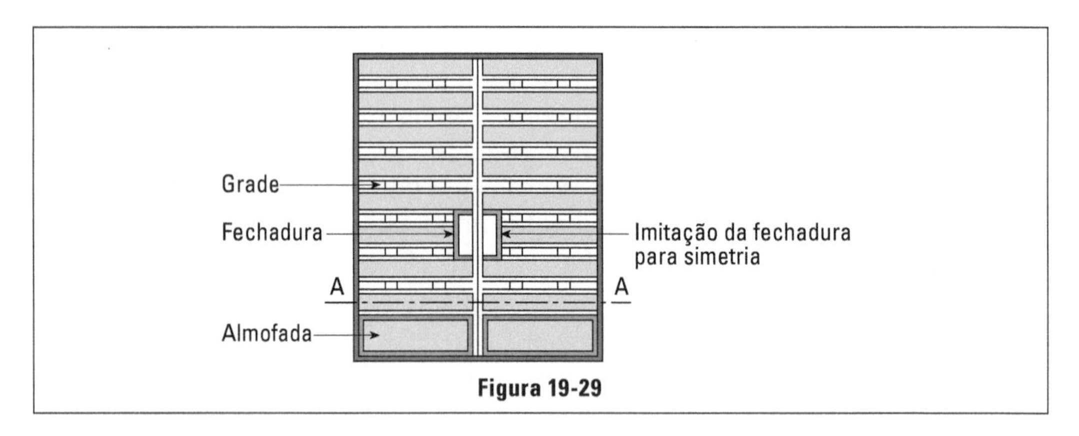

Figura 19-29

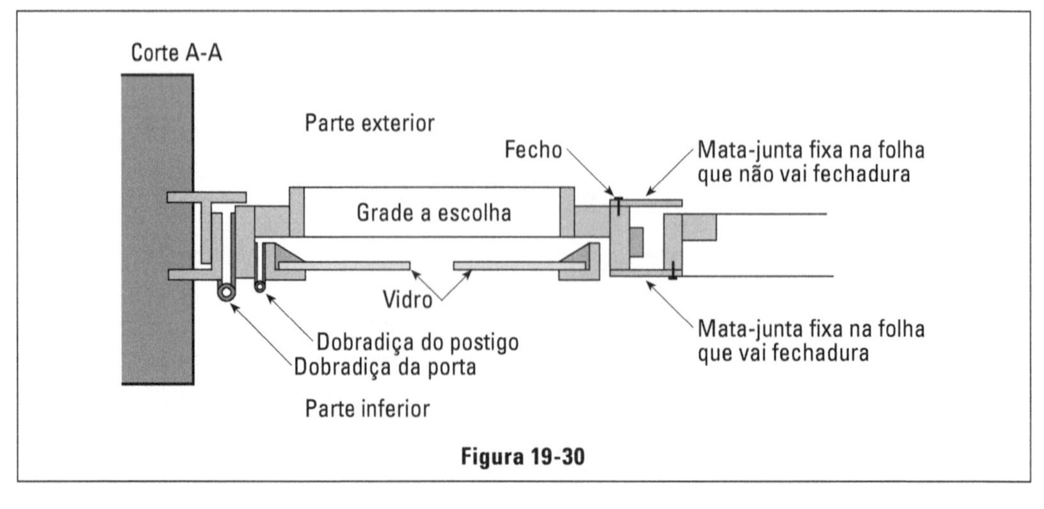

Figura 19-30

colocado na parte superior do vão. Encontramos de dois tipos básicos: de chapa e de grade. As de chapas vedam completamente o vão, não permitindo a entrada de ar ou de luz. A mais antiga é a de chapa de aço ondulada horizontalmente. A Figura 19-31 mostra em corte vertical o perfil da chapa de aço ondulada utilizada; estas chapas têm formas variadas, de acordo com o fabricante; como exemplo aparecem as Figuras 19-32 e 19-33.

As de grade têm apenas objetivo de garantia contra roubo, não vedando porém a luz e o ar. As grades trabalham também pelo sistema de suspensão, aparecendo em desenhos variados. As Figuras 19-34 e 19-35 mostram dois dos tipos utilizados.

As medidas dessas portas podem variar tanto em altura como em largura, sendo fabricadas sob encomenda; a largura não deverá exceder a cerca de 3 m, pois o seu funcionamento não seria bom; se acaso tivermos vãos de maior largura, a solução será subdividi-lo em duas unidades independentes usando um montante (coluna) intermediário; esta coluna será retirada quando as portas

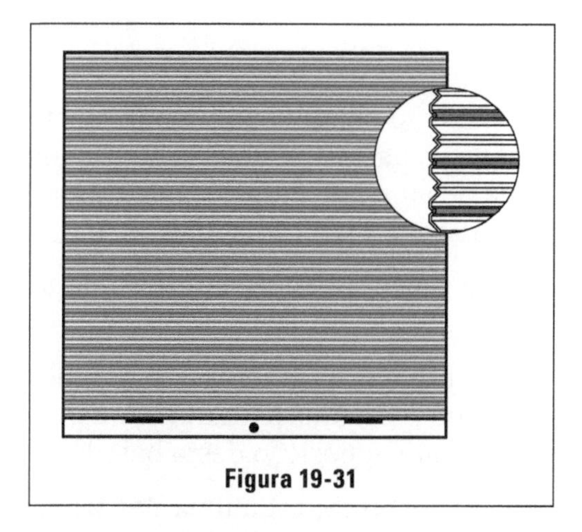

Figura 19-31

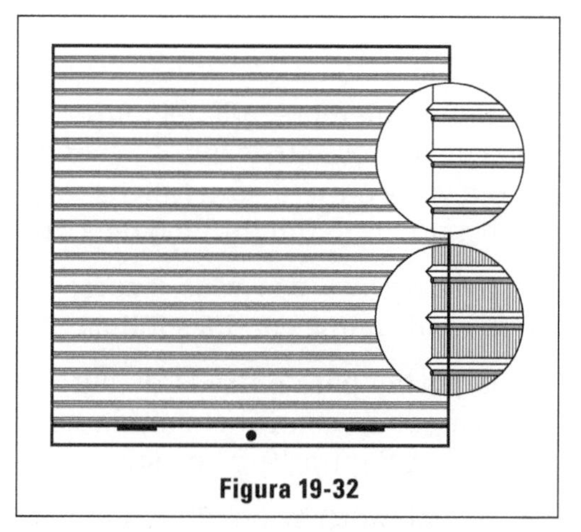

Figura 19-32

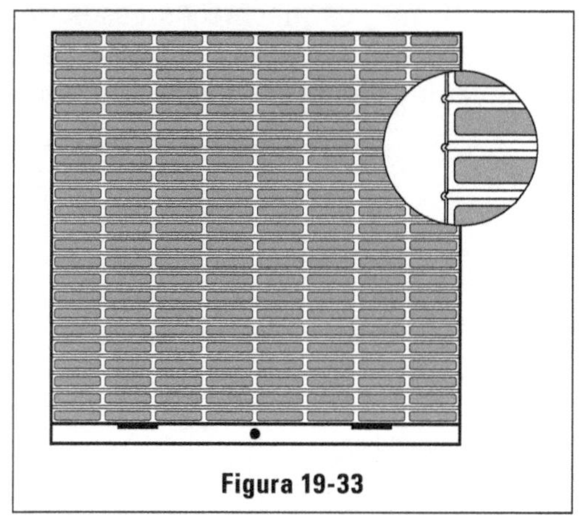

Figura 19-33

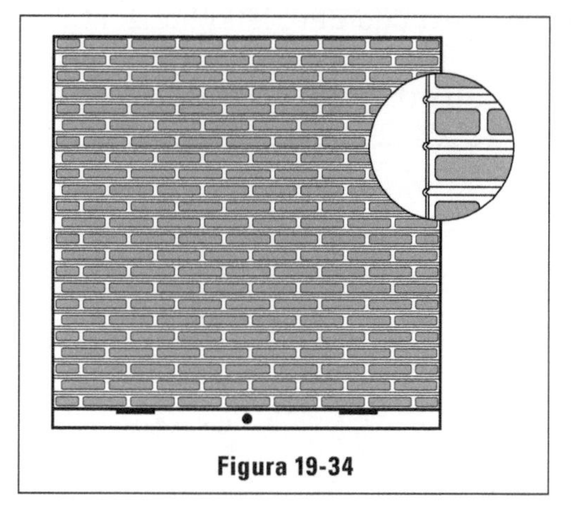

Figura 19-34

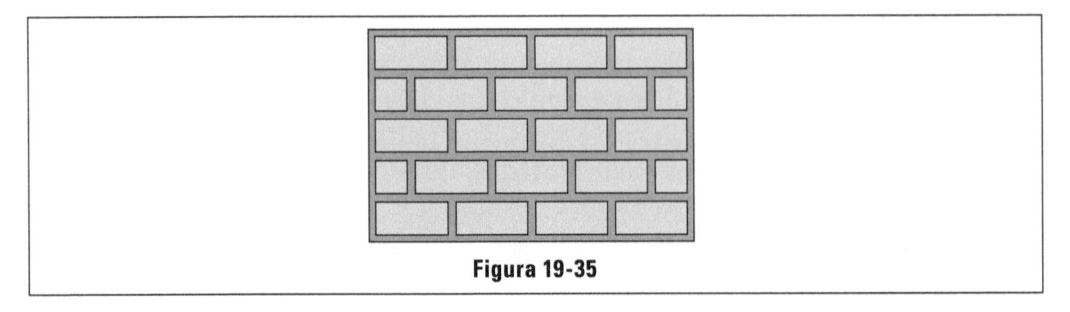

Figura 19-35

forem suspensas, não prejudicando o uso da porta, que assim ficará totalmente livre quando aberta.

As portas onduladas ou articuladas poderão ter uma pequena portinhola de entrada funcionando com dobradiças e que permite a entrada de pessoas mesmo com a cortina cerrada. Esta portinhola (cerca de 0,50 × 1,80) será retirada da cortina antes de suspendê-la.

Portões

É a peça empregada na mureta da frente, com o objetivo de permitir a entrada de pessoas ou de autos. Quando destinado ao uso de pessoas, a largura do portão varia entre 0,80 e 1,20 m. Para entrada de autos de passeio, a largura do vão estará entre um mínimo de 2,20 m (justo demais) até cerca de 3,30 m.

Pela largura dos vãos, ocorre então que o portão menor será de uma só folha e o de autos em duas folhas.

O portão para entrada de autos (normalmente em duas folhas) deverá ter uma batedeira central embutida no piso para que permaneça alinhado quando fechado. A Figura 19-36 mostra, numa vista de cima, a posição desta batedeira.

As dobradiças constituem um eixo vertical, portanto, cada uma das folhas abre segundo um plano horizontal. É importante não esquecermos esses detalhes para que se faça o piso plano ou quase plano na área utilizada para abertura das folhas. Se assim não fizermos, devemos levantar exageradamente

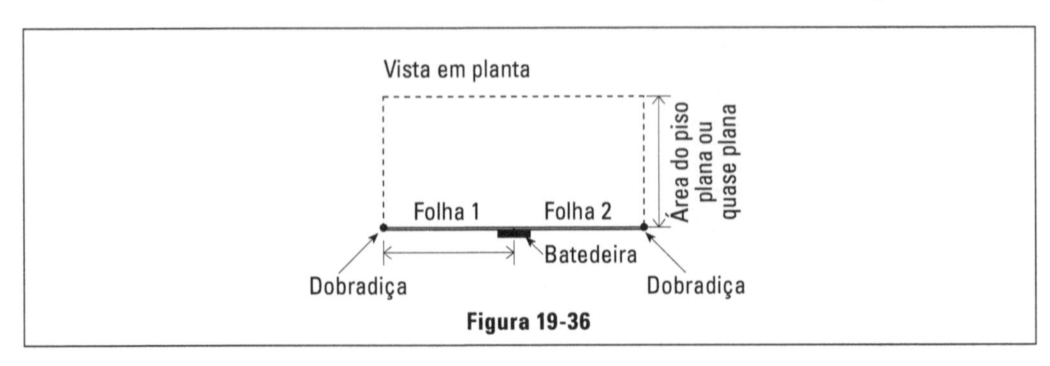

Figura 19-36

o portão para que ele possa se abrir e, com isso, seremos obrigados a colocar a batedeira demasiadamente alta, o que ficará feio e prejudicará a entrada do auto, possivelmente batendo no diferencial do veículo.

A Figura 19-37 mostra um portão visto de frente com as 2 folhas, tendo cada uma delas uma almofada de chapa na parte inferior e grade na superior. O desenho da grade é modelo atual com linhas simples e retas. As Figuras 19-38, 19-39, 19-40 e 19-41 mostram detalhes do portão.

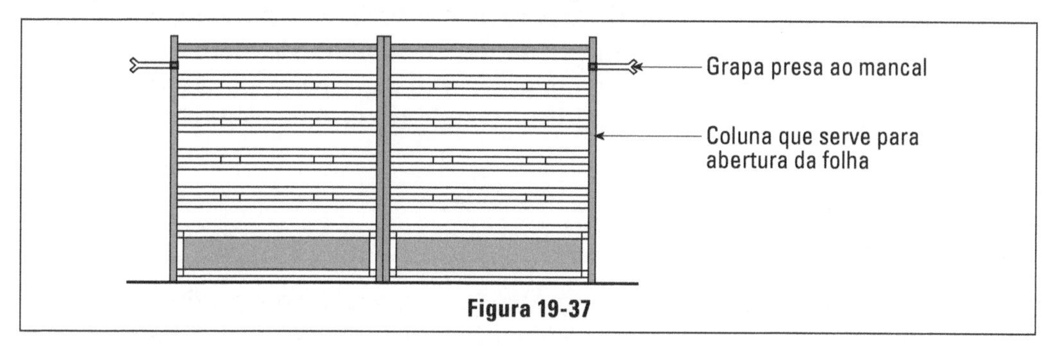

Figura 19-37

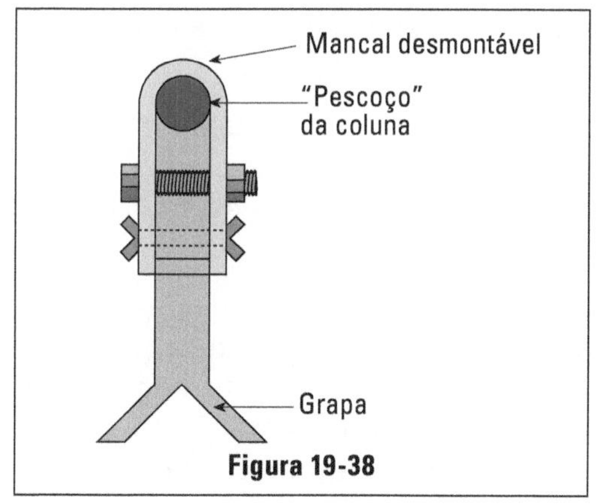

Figura 19-38

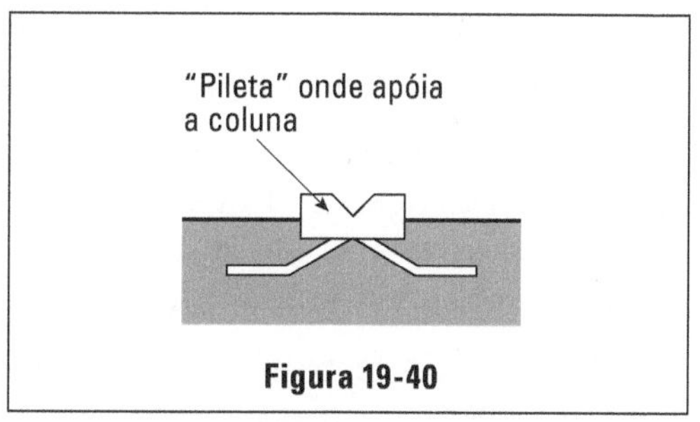

Figura 19-40

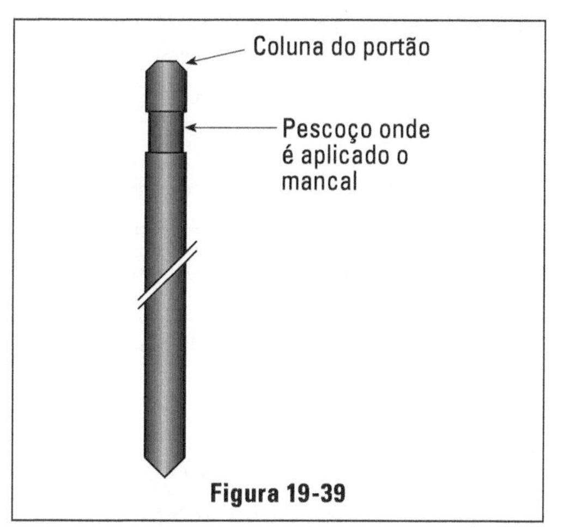

Figura 19-39

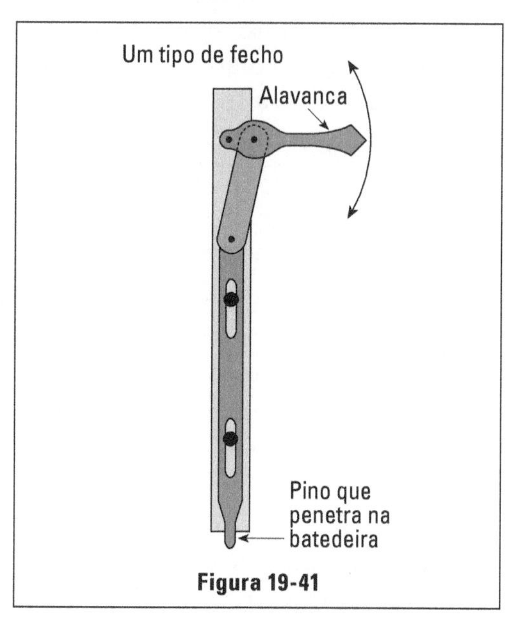

Figura 19-41

Na Figura 19-38, vemos o mancal, que de um lado se fixa ao pilar e de outro sustém a coluna. Vemos que o mancal poderá ser desmontado, retirado-se assim a folha sem necessidade de arrancar a grapa do pilar. Na Figura 19-39, vemos a coluna que é uma das peças da folha; ela tem um estrangulamento denominado "pescoço", em que se encaixa o mancal. A parte inferior da coluna termina em ponta, que se apoia na pileta (Figura 19-40); a pileta será chumbada no piso.

A Figura 19-41 mostra o fecho que é colocado na folha em que não há fechadura; trabalha com sistema de alavanca, descendo um pino que encaixa na batedeira. Este fecho fica colocado entre as duas folhas, de modo que se torna impossível abri-lo com o portão fechado. Tal dispositivo é para evitar que se abra o portão mesmo com a fechadura trancada, já que bastaria para tanto levantar a alavanca.

Gradís

Essa denominação é dada geralmente às peças de ferro (grades) que serão fixadas sobre as muretas, aumentando assim a sua altura sem vedar a vista. É o caso, por exemplo, de um terraço superior; torna-se necessária a construção de uma mureta de proteção com a altura aproximada de 0,90 m.

Ora, se este terraço estiver na fachada, não será uma solução estética o levantamento desta mureta em toda a sua altura em alvenaria fechada; é hábito levantar a alvenaria até um certo ponto, máximo de até 50% da altura total, completando-a com uma grade de ferro.

A grade de ferro não é a única solução, poderíamos empregar gradil de madeira ou ainda elementos vazados e a escolha dependerá do arquiteto. É inegável, no entanto, que o gradil de ferro é a solução mais procurada. Modernamente, está inclusive se abolindo completamente a alvenaria, usando-se a grade de ferro na altura total: desde o chão até a sua terminação superior.

Os gradís de ferro são empregados não só em terraços e balcões, como no exemplo citado, mas também e principalmente no alinhamento da frente, separando o jardim e passeio, e ainda nas escadas internas como ornamento e proteção contra quedas.

Os gradís para terraços e os das muretas da frente não oferecem dificuldades no seu projeto e na sua fabricação porque são horizontais. O mesmo não acontece com os de escada que são inclinados e muitas vezes com inclinações variadas; nestes trabalhos é que se conhece uma boa serralheria. A serralheria é um ramo muito procurado, pois exige pequeno capital. As suas máquinas e os estoques são de pequena monta.

Por essa razão, qualquer operário, tendo trabalhado durante alguns anos no ramo, deseja ter a sua própria oficina. Acontece, porém, que, com pouca prática e tirocínio, conseguirá fabricar a maioria das peças citadas neste capítulo, mas nunca os gradís de escada. Estas peças constituem verdadeira prova de capacidade dos serralheiros. Não se deve, portanto, encarregar de tais trabalhos senão as oficinas que sabemos realmente capazes.

Os gradís horizontais são constituídos de colunas verticais terminadas em grapas inferiores e travessas horizontais também terminadas em grapas. Completando o restante da peça irá uma grade de desenho variado de acordo com o projeto. (Figura 19-42) A altura total do gradil poderá variar, dependendo exclusivamente de escolha.

Antigamente usavam-se grandes alturas, com o intuito principal de proibir a entrada de estranhos. Hoje, no entanto, empregam-se gradís cada vez mais baixos, constituindo, no caso de muretas de frente, apenas um ornamento e lembrete de que o espaço interno é uma propriedade particular e que, portanto, não deve ser invadida.

De fato, é comum vermos hoje gradís de 0,50 ou 0,60 m, alturas estas tão pequenas que os próprios moradores acham mais fácil passar as pernas sobre elas do que abrir o portão. Um fato, no entanto, é inegável: a diminuição da altura do gradil dará a impressão de maior largura de frente dos lotes. Também a tendência moderna é simplificar o mais possível o desenho das grades, sendo comuns as soluções das Figuras 19-43 e 19-44 constituídas em ferro chato (seção retangular). Também deve-se notar que o gradil com ferros horizontais (Figura 19-44) dá impressão de maior largura do lote.

Outra modificação que se observa ultimamente, é a retirada dos pilares intermediários de alvenaria; estes pilares separavam os portões do restante da grade. Hoje procura-se não empregá-los, unindo grade e portão sem qualquer interrupção. A Figura 19-45 mostra uma vista completa de frente desse conjunto.

Os gradís de escada, se bem que escolhidos com antecipação, só deverão ser executados quando o piso da escada estiver pronto, mediante medidas obtidas no local. Faço essa observação, porque é impossível, num conjunto com-

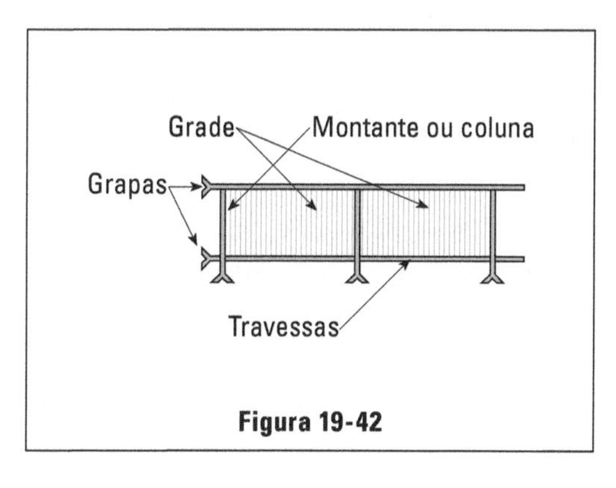

Figura 19-42

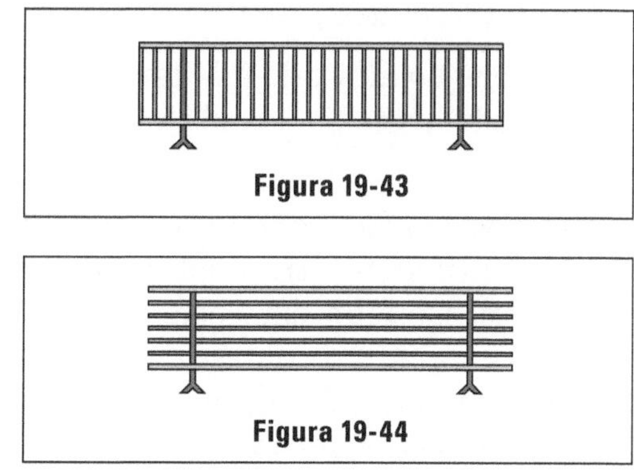
Figura 19-43

Figura 19-44

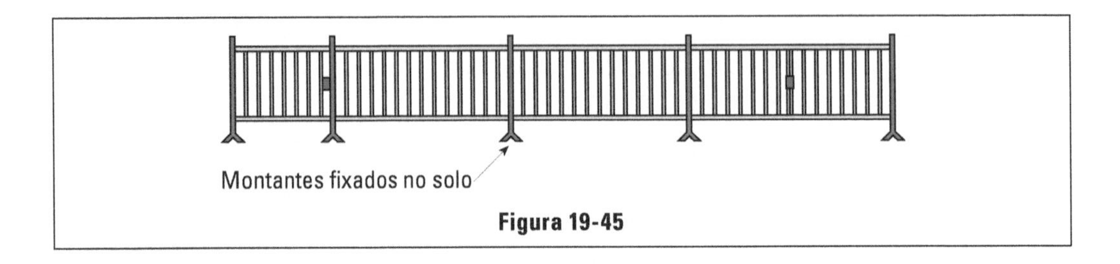

Figura 19-45

plexo como o corpo de escada, obedecer rigorosamente ao projeto; qualquer diferença de medidas inutilizaria o gradil. Os modelos de gradil para escadas são bastante variados, sendo aconselhável a consulta de revistas especializadas em Arquitetura, em que aparecem, com frequência, fotografias de trabalhos executados. Não esquecer, porém, que é uma peça de grande importância para o ambiente em que se aplica, merecendo atenção especial.

Grades de proteção, grades fixas

É uma peça cujo uso seria ideal evitarmos. Não há dúvida, por mais bonita e delicada que seja sempre nos dá a impressão de prisão. Entretanto, reconhecemos a vantagem de, mesmo com essa impressão, estarmos livres da entrada de ladrões. Os bons tempos de se dormir com as portas de entrada abertas já passaram, pelo menos nas grandes cidades.

É hábito a sua colocação sempre que a janela em si não oferece garantia de resistência. Tal fato se dá com as janelas em que os vidros são demasiadamente grandes, com as janelas apenas munidas de venezianas de madeira ou com persianas de alumínio. Às vezes, ainda, as grandes serão colocadas nos vãos munidos de esquadrias basculantes, apesar de estas peças terem ferros bem próximos uns dos outros.

As grades são colocadas na parte externa do vão para que as janelas possam ser adoradas. Quanto à posição exata de sua colocação, as Figuras 19-46, 19-47 e 19-48 mostram três soluções.

A solução indicada na Figura 19-46 deverá ser evitada, já que a grade ficará demasiadamente encostada à janela, aumentando a impressão desagradável de prisão.

A posição ideal é indicada pela Figura 19-47 e é mesmo a mais empregada. A Figura 19-48 mostra a solução para casos em que se deseja aumentar a vista da janela. De fato, empregando-se uma grade totalmente externa, e com dimensões maiores do que as da janela, temos a impressão de que esta é maior do que na realidade. Soluciona também os casos de janelas que para sua abertura exigem espaço externo.

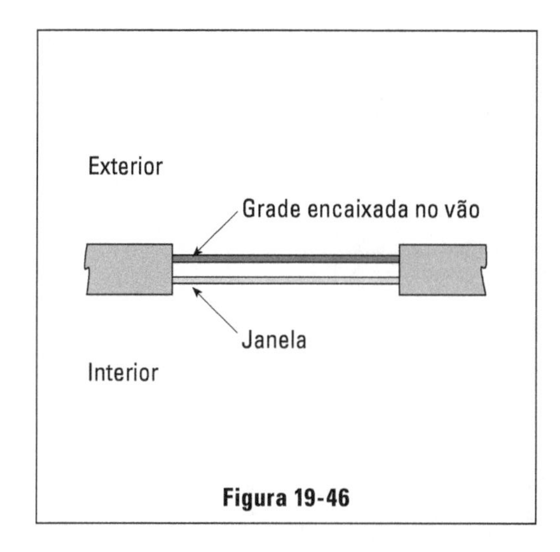

Figura 19-46

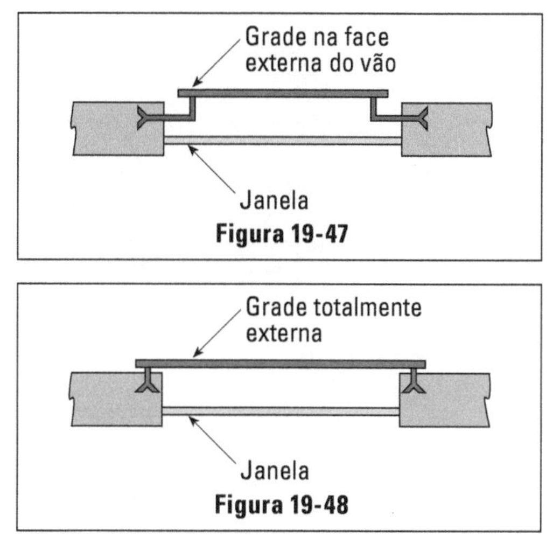

Figura 19-47

Figura 19-48

Não devemos porém esquecer de que tais grades resultam num preço muito mais elevado, já que sua área é aumentada. Vejamos um exemplo: um vão de janela mede 1,50 m × 1,00 m; a grade interna terá por área, 1,5 m, aplicando-se a grade externa com excesso de 15 cm de cada lado; suas medidas serão então 1,80 × 1,30 = 2,34 m.

custo: a) 1,50 m^2 à R$ 75,00 = R$ 112,50
b) 2,34 m^2 à R$ 75,00 = R$ 175,50

As grades são fixadas à alvenaria por meio de grapas, sendo utilizada argamassa de cimento e areia (1:3). Por sua vez, as grapas poderão estar soldadas na grades ou a junção poderá ser apenas por parafusos. O uso de parafusos tem a vantagem de permitir, a qualquer momento, a retirada da grade para maior facilidade de pintura, colocação ou troca de vidros das janelas, porém não oferece tanta segurança como a solda. Se utilizarmos parafusos, é hábito, no final das obras, limarmos as suas cabeças para que desapareçam as fendas, dificultando assim a sua retirada pelos "amigos do alheio".

Os desenhos utilizados para as grades, tal como em outras peças citadas neste capítulo, podem ter grandes variações. Atualmente, a tendência é o uso de linhas simples e retas tal como no caso dos gradís. Com exceção de prédios em que se procura um estilo clássico qualquer, em todos os outros casos a solução mais moderna coincidirá com a mais simples.

A Figura 19-49 é um exemplo de desenho para grades utilizadas antigamente em grande escala. A Figura 19-50 mostra as modificações sofridas no uso atual.

Pode-se notar, nessa comparação, aquilo a que atrás nos referimos, sobre a simplicidade das linhas atuais.

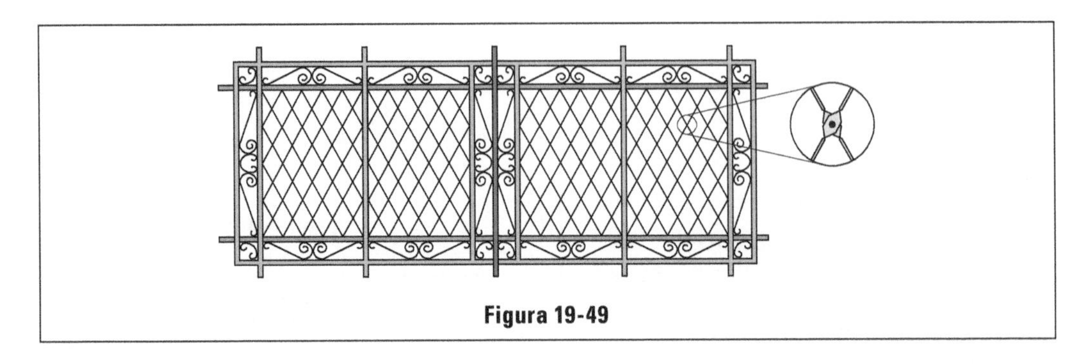

Figura 19-49

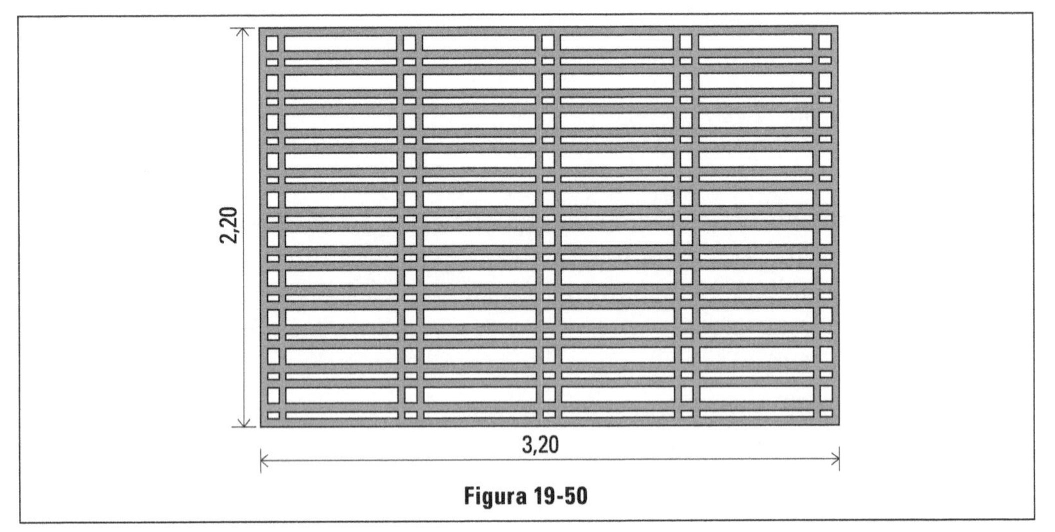

Figura 19-50

Grades pantográficas

São aquelas que, funcionando num sistema de sanfona, podem ser encolhidas lateralmente quando não se tem necessidade de segurança (durante o dia) deixando assim completamente livre o vão da janela. Quando a largura do vão não exceder a cerca de 1,50 m, poderá ser construída num único painel, encolhendo-se de um lado quando fechada. Para vãos maiores, convém dividi-la em dois setores que se encontram no meio do vão quando se fecha. A Figura 19-51 mostra um projeto de grade pantográfica constituída de um único setor. No encontro da grade com o montante, é colocada uma fechadura (geralmente tipo yale) que garante a sua segurança.

É necessário, porém, que se destaque o seu custo bastante elevado; aproximadamente o dobro do custo da grade fixa. Há ainda um detalhe a ser lembrado: a grade funciona com sistema de articulações, que geralmente produzem atrito entre suas diversas peças. Este atrito produz o descascamento da pintura neste locais. É praticamente impossível evitar tal inconveniente, sendo, portanto, necessário que se avise o cliente desse particular para evitar futura reclamação.

A grade pantográfica é colocada na face interna do vão, ao contrário portanto da grade fixa. A sua posição está indicada nas Figuras 19-52 e 19-53.

A utilização de grade pantográfica é mais comum nos seguintes locais:

1. Vão de janelas de dormitórios no andar térreo. Neste caso, estará acompanhada de vidraça (de ferro ou de madeira) no meio do vão, de persiana de projeção ou veneziana de madeira na face externa do vão. A grade será colocada como indicam as Figuras 19-52 e 19-53.
2. Fechando vãos de entrada em lavanderias; hoje a lavanderia contém uma peça de grande valor (máquina de lavar), necessitando, portanto, de proteção; porém como seria incômodo ter esta peça inteiramente fechada, uma solução boa, se bem que custosa, será a colocação de grade pantográfica. Dessa forma, nos dias de lavagem de roupa, poderá ter a sua abertura completamente livre, facilitando o trabalho.
3. Em jardins de inverno, quando queremos ter proteção sem vedar o ambiente para a entrada de ar necessário à vegetação.

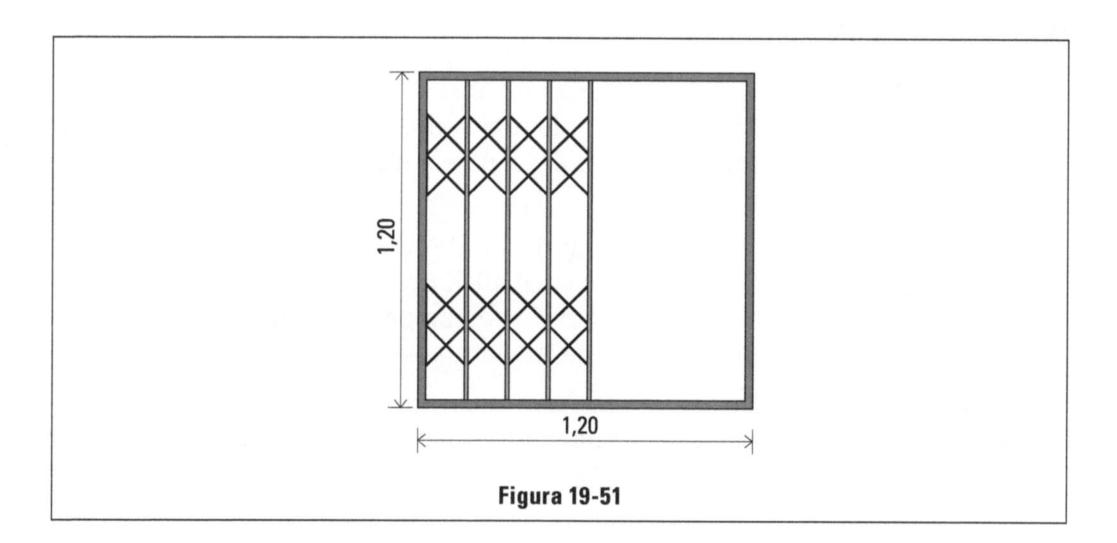

Figura 19-51

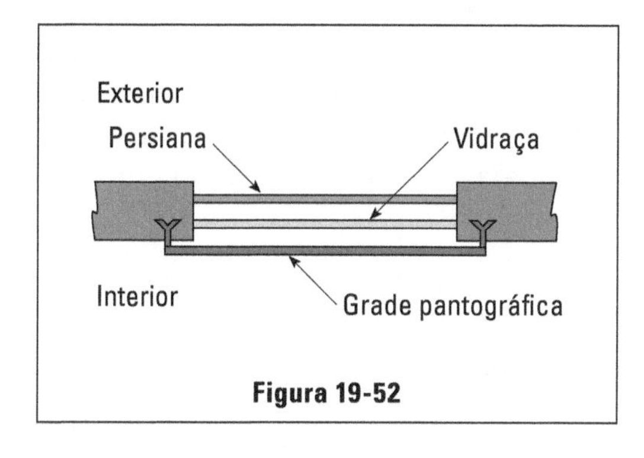

Figura 19-52

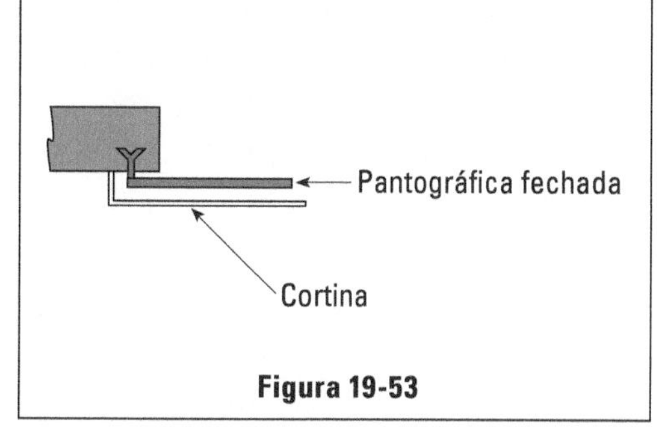

Figura 19-53

Portinholas

São assim chamadas as peças que fecham vãos de armários sob pias ou abrigos de água, gás etc.

Serão empregadas em substituição à madeira, naturalmente com um custo mais elevado, porém também com maior durabilidade. Seus empregos se dão:

1. armário sob pias
2. abrigos de água, gás e telefone
3. alçapões de forro

Este último emprego será para dar maior segurança à habitação contra a entrada de estranhos pelo telhado; naturalmente só haverá vantagem no seu uso quando o forro for de laje, já que o forro de estuque em si não oferece nenhuma segurança. Deverá ser colocada com as dobradiças na parte inferior, pois de outra forma seria facilmente aberta pelo forro.

Aço galvanizado

Com a evolução da industrialização da fabricação dos caixilhos, tendo em vista não só o desenvolvimento tecnológico como também a necessidade de maior rapidez na execução das obras, passou-se a utilizar como rotina o caixilho industrializado.

Esse caixilho é fabricado em uma linha de montagem, na qual todas as fases de fabricação, desde a matéria-prima até o revestimento final do caixilho, são rigorosamente controlados, resultando em um produto final com maior funcionalidade e durabilidade do que aqueles obtidos da fabricação artesanal.

O aço é material constituído de ferro e carbono, podendo ter adicionado em sua composição o cobre, cuja finalidade é a de aumentar a capacidade de resistência à corrosão, o maior problema que atinge as esquadrias fabricadas com esse material.

As esquadrias fabricadas com aço passam por um processo de galvanização após a fase de montagem na indústria. A galvanização atua como uma camada que separa o aço do contato direto com o meio ambiente. É constituída por uma camada de zinco, que atua como cátodo de sacrifício, oxidando-se no lugar do aço, considerando-se que o zinco é um metal mais ativo que o ferro do ponto de vista eletroquímico.

O acabamento final dos caixilhos de aço galvanizado se dará com a pintura, que poderá ser executada na obra após os mesmos estarem devidamente colocados nas alvenarias. Ou então os caixilhos já saírem da fábrica pintados, o que requer, naturalmente, uma proteção maior quando de sua colocação.

O engenheiro deverá ter atenção especial quando da escolha do local de armazenamento dos caixilhos na obra, no período entre seu recebimento e colocação. Os caixilhos não deverão ficar expostos ao tempo, nem em lugares sujeitos à umidade e poeira.

Os caixilhos de aço galvanizados são fixados normalmente por parafusos com bucha, requerendo, desta maneira, que o vão de assentamento esteja no esquadro. Costuma-se utilizar gabaritos de aço para obter tal condição.

Os caixilhos são colocados sobre apoios e cunhas, colocados em suas extremidades inferior e superior para evitar a flexão das guias, caso os apoios fossem colocados no centro, o que deformará as guias, emperrando o caixilho.

Deverá então ser procedido o enchimento, com argamassa de cimento e areia, do vão entre a alvenaria e o caixilho.

A colocação dos vidros poderá ser feita com massa de vidraceiro ou com baguetes.

Alumínio

A utilização do alumínio na fabricação de caixilhos só se tornou viável após o início da fabricação dos perfis por extrusão. Esse processo possibilita a fabricação dos perfis mais leves e adequados para a confecção dos caixilhos. (Figuras 19-54 e 19-55) No Brasil, passou-se a empregar o alumínio em caixilhos na década de 1960.

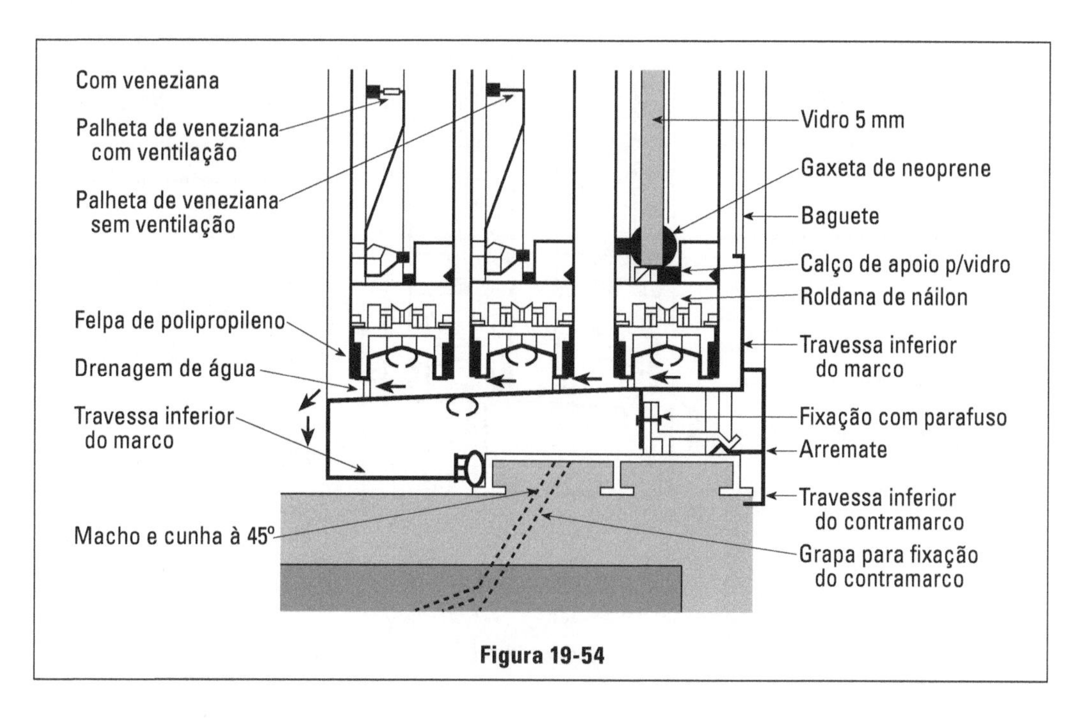

Figura 19-54

Hoje em dia, o alumínio domina o mercado da caixilharia, pela sua versatilidade, qualidade de acabamento, leveza, resistência mecânica e à corrosão (inexistente). A resistência à corrosão dos caixilhos de alumínio é conseguida pelo processo chamado anodização.

A anodização é um processo que consiste na formação de urna película de óxido de alumínio sobre o perfil. Esta camada é extremamente dura, porosa e transparente, o que origina o nome "anodizado natural", que é o caixilho de alumínio na sua cor conhecida. Essa película é obtida, por meio da eletrólise, em que a peça de alumínio é o ânodo (daí anodização), cuja reação com o oxigênío liberado na eletrólise produz sobre a peça a camada de óxido de alumínio. Existem também os perfis de alumínio anodizado na cor preta e na cor bronze, que são obtidas pela impregnação dos poros da camada de óxido de alumínio, por anilina ou sais metálicos.

A etapa final da anodização é a selagem, que consiste em mergulhar o alumínio anodizado em água destilada, a uma temperatura de 100 °C, para se hidratar o óxido de alumínio, provocando o fechamento dos poros das camadas.

A selagem permite a proteção contra a corrosão, causada pelo contato com a atmosfera. Os caixilhos de alumínio são compostos de: contra-marcos, marcos, folhas e acessórios. O contra-marco é um quadro de alumínio separado do caixilho, que deverá ser fixado na alvenaria. Sua função é de garantir as dimensões e o esquadro dos vãos, em que se fixarão os caixilhos.

Os vãos das janelas deverão ter uma folga de 5 cm cada de lado, maior que o contra-marco. O contra-marco deverá estar no nível e no prumo exatos, bem

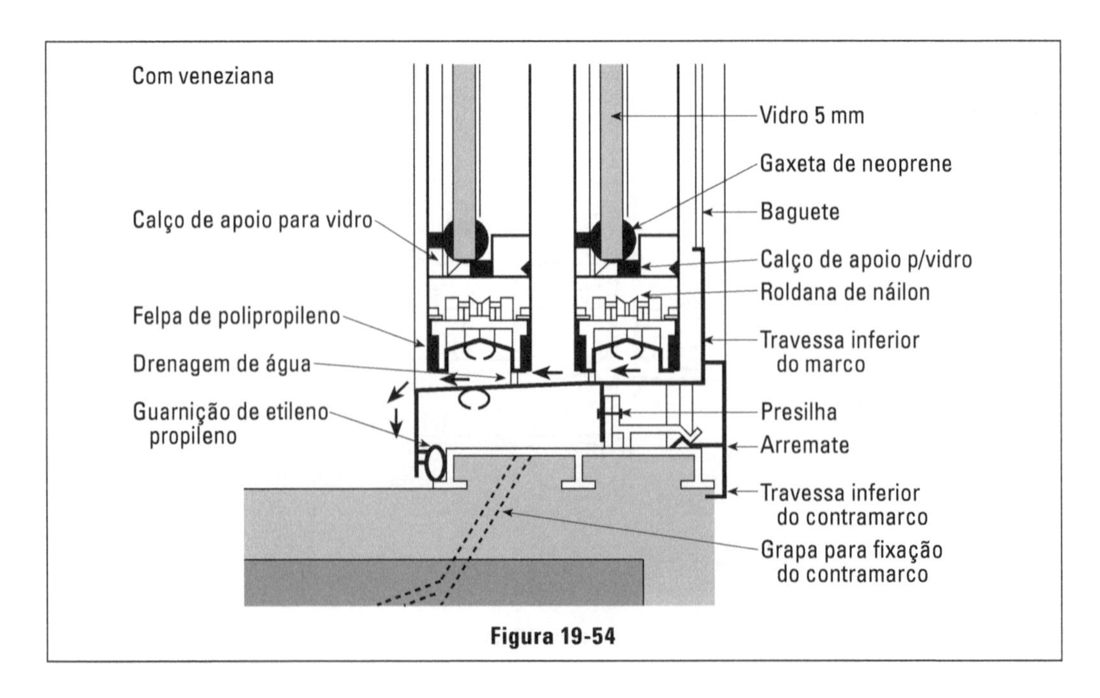

Figura 19-54

como na posição exata para permitir o acabamento do caixilho com o revestimento do ambiente. Para isso deverão ser deixados na alvenaria alguns pontos de referência dos acabamentos. O contra-marco, estando na posição correta, é chumbado à alvenaria com argamassa.

As esquadrias deverão ser colocadas após os revestimento estarem prontos e a sua colocação é feita com parafusos. Os caixilhos já instalados deverão ser protegidos, até o final da obra, de respingos de argamassa, tintas e poeira, com uma camada de vaselina líquida aplicada sobre eles.

PVC

De tecnologia bastante recente para o padrões da construção civil (no Brasil surgiram em 1983) estão as esquadrias de PVC (policloreto de vinila). São fabricadas com perfis de PVC, que possuem a grande vantagem de não serem atacados pelos materiais utilizados na construção civil. Outra vantagem da esquadria de PVC é a não necessidade de pintura e a pequena manutenção das peças com o decorrer do uso. Todos os tipos de caixilhos usuais no mercado podem ser fabricados com PVC.

Com uma pequena participação no mercado, que tende a aumentar com o tempo, o que já é comum de ser visto nas obras, é uma utilização de peças de PVC em caixilhos fabricados com outros materiais. O exemplo mais comum, é a utilização de paletas de PVC nas janelas tipo veneziana, sendo o restante do caixilho em alumínio.

A colocação dos caixilhos de PVC poderá ser feita de três maneiras:

- Chumbamento com grapas direto na alvenaria.
- Fixação, em vãos acabados, com parafuso e bucha.
- Fixação, com a utilização de contra-marcos de alumínio.

O processo de colocação de qualquer uma das opções anteriores é idêntico ao convencional utilizado para caixilhos de outros materiais. Sempre levando-se em conta o nível, prumo, cota de acabamento dos revestimentos e perfeito esquadro dos vãos acabados no caso de fixação com parafuso e bucha.

Vidros

O vidro é um produto obtido pelo resfriamento de uma massa em fusão, pelo calor, de óxidos, tendo como constituinte principal a sílica. Os vidros podem ser agrupados de acordo com o processo de fabricação: recozidos, temperados e laminados.

Os vidros recozidos, conhecidos como vidros comuns, são obtidos pela fusão, a 1.500 °C, da matéria-prima que os compõe; e a sua forma, como a conhecemos, em lâminas, é obtida pelo resfriamento do vidro, que já sai do forno na espessura desejada, como uma lâmina contínua, que é cortada em chapas menores para comercialização.

Os chamados vidros temperados, conhecidos pela sua maior resistência, são fabricados com o aquecimento da chapa de vidro a uma temperatura próxima da fusão, seguida de um rápido resfriamento da superfície por meio de jatos de ar, que provocam tensões entre a superfície fria da chapa e seu interior ainda quente, e que lhe conferem o que se chama de têmpera, tendo maior resistência, seja à compressão, flexão ou choque térmico.

Os vidros laminados são obtidos por meio da colocação de um filme de material conhecido como Butiral Polivinil, que tem o aspecto de um plástico fino, entre duas chapas de vidro comum. Essas chapas são prensadas para que sejam eliminadas as bolhas de ar que se formam e, em seguida, submetidas a um aumento de pressão atmosférica e temperatura (100 °C) em câmaras especiais, conferindo uma perfeita aderência ao conjunto.

Os vidros também podem ser classificados em lisos ou impressos, incolor ou colorido.

Os vidros impressos, também chamados fantasia, têm sua superfície gravada com desenhos variados. Entre os mais utilizados estão: ártico, boreal, mini-boreal, caleidoscópio, canelado, diamante, granito, martelado, moronês, pontilhado, silésia e quadradinho. A sua espessura é de 4 mm e o pontilhado também é fabricado nas espessuras de 8 e 10 mm.

Os vidros coloridos são fabricados pela coloração da própria composição da massa que se transforma em vidro, garantindo cores homogêneas e firmes, mesmo com o passar do tempo. As opções de cor: verde, bronze e cinza.

As espessuras fabricadas são: 4, 5, 6, 8 e 10 mm.

No caso de vidros laminados, as cores tanto podem ser obtidas pelas placas de vidro, como também pela película de polivinil Butiral, permitindo a composição de tons e cores. Uma vantagem do vidro colorido, além da beleza arquitetônica, é a sua capacidade de diminuir a energia solar que penetra no ambiente, medida pelo fator solar. O raio de sol quando atinge a superfície do vidro se comporta da seguinte maneira: uma parte incide diretamente no ambiente, outra parte é refletida pela superfície externa do vidro e uma terceira parte é absorvida pelo vidro e irradiada, uma parte para o ambiente externo e outra para o interno.

Chama-se Fator Solar (FS) a somatória da energia solar que incide diretamente para o ambiente e a energia solar irradiada para o ambiente interno. Os fatores que determinam o Fator Solar (FS) são a cor e a espessura do vidro. O Fator Solar (FS), independentemente da cor do vidro, diminui com o aumento de sua espessura. (Figura 20-1)

Existem também os vidros termo-refletores (espelhados), que são obtidos pela aplicação de um filme metálico, ou metalizando-se diretamente às superfícies do vidro, fabricado nas espessura de 6, 8 e 10 mm.

Enquadrados na categoria de vidros de segurança, como os laminados e os temperados, temos os vidros aramados. É um vidro fabricado com a inserção de uma tela metálica em seu interior, que, em caso de rompimento, mantém presos os fragmentos do vidro. São fabricados na espessura de 7 mm.

O tipo de vidro a ser utilizado e sua forma de fixação são definidas no projeto de arquitetura, porém a espessura é determinada pela fórmula de Herzogenrah, NBR 7199 – Projetos e Execução de Envidraçamentos na Construção Civil. Sugerimos que essa norma regulamentadora, bem como a NBR

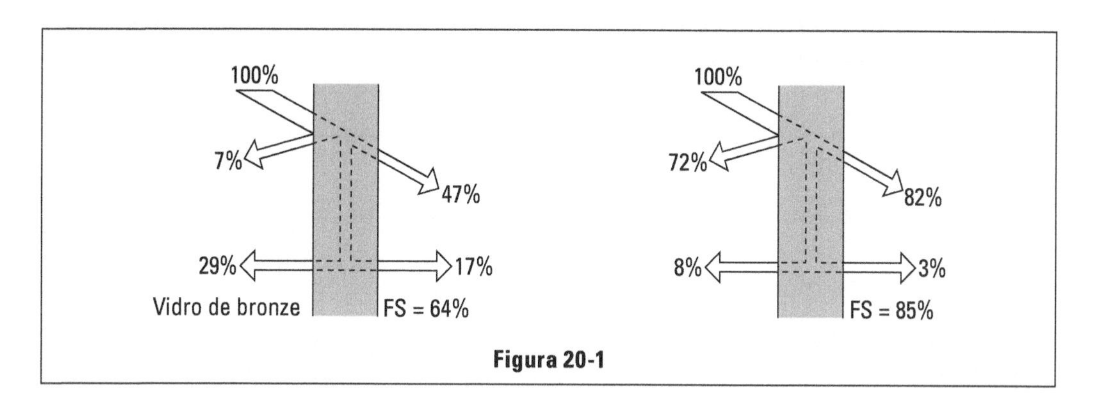

Figura 20-1

7210 – Vidro na Construção Civil –, sejam lidas e regularmente consultadas pelos engenheiros e pessoas ligadas à construção civil.

A colocação dos vidros é uma etapa que requer especial atenção de todos aqueles profissionais envolvidos no serviço: fabricante do vidro, fabricante do caixilho e o engenheiro da obra. Sua colocação deve ser realizada de tal maneira que não sejam provocadas tensões na superfície do vidro e que provoquem sua quebra. Não deverá, em hipótese alguma, existir o contato direto do vidro com o caixilho ou a estrutura da obra.

As formas de fixação dos vidros são: massa de vidraceiro e baguetes. A massa de vidraceiro é a forma mais tradicional de fixação de vidro, a base de gesso e óleo de linhaça. É um material que em pouco tempo resseca e fica quebradiço, obrigando sua total substituição. Outra forma de fixação dos vidros é pelo uso de baguetes, que são perfis normalmente do mesmo material do caixilho, que são encaixados ou presos por meios mecânicos (parafusos, pregos ou rebites) nas folhas ou quadros, podendo ser removidos para a substituição de vidros quebrados.

Dois aspectos são os mais importantes na fixação dos vidros: o apoio e a estanqueidade. Para uma melhor compreensão da importância dos aspectos anteriormente mencionados, vamos falar um pouco a respeito da calafetação dos vidros.

Calafetação é a expressão utilizada para o serviço de preenchimento dos vazios existentes entre o vidro e os caixilhos, com ou sem baguete. Essa calafetação é feita por meio de selantes ou então de gaxetas (guarnições).

Entre os selantes, temos: massa de vidraceiro, os selantes butílicos, acrílicos e de silicone. Os selantes caracterizam-se pela sua capacidade de adesão, absorção de movimentos, elasticidade e resistência às intempéries.

As gaxetas (guarnições) são juntas de vedação, constituídas por perfis extrudados com seções diversas e em materiais, como neoprone, PVC, borracha ou silicone.

Existem também as escovas, constituídas por fibras de polipropileno sobre uma base rígida. Quando a calafetação dos vidros é feita por massa ou selantes, é necessário o uso de calços, de modo a posicionar corretamente o vidro e evitarem-se tensões locais na própria massa ou selante, que poderiam acarretar trincas nos vidros.

Os calços de apoio têm a função de sustentar o peso do vidro, sendo colocados entre o vidro e o perfil do caixilho, sempre nas suas extremidades. Os calços são normalmente fabricados com material plástico.

Quando as folhas dos caixilhos são movimentados, provocam esforços, que podem deslocar os vidros. A fim de distribuir esses esforços em pontos definidos, utilizamos as cunhas, que, para facilidade de instalação, são constituídas por duas partes, sendo apenas uma em cunha para facilitar sua colocação no ponto desejado.

Caso existam pontos nos caixilhos do vidro em que possa haver o contato do vidro com o perfil, podemos utilizar calços de segurança.

A calafetação do vidro, feita por meio de gaxetas, deverá ser feita de tal forma que não haja risco de contato direto do vidro com o caixilho. Poderão ser utilizados calços e cunhas em calafetação feitas com gaxetas.

O conjunto caixilho-vidro, se não for muito bem estudado e executado, traz consequências tão desagradáveis que fabricantes de caixilhos já os entregam com os vidros colocados, com a fixação na obra ficando também sob sua responsabilidade, para que, dessa maneira, evite-se o "jogo de empurra" quando porventura ocorrer algum problema.

Agradecemos à Companhia Vidraria Santa Marina pelas informações prestadas.

Pinturas

Cabe à pintura o acabamento final da maioria das peças de uma construção: portas, janelas, paredes, forros, beirais, portões, grades etc.

De fato, poucos são os materiais que não recebem acabamento de pintura ou verniz; entre eles, podemos citar: aparelhos sanitários, pisos, revestimentos, impermeáveis (azulejos, granilito etc.) e especiais (massa raspada).

Por esse fato, podemos notar quão importante é a pintura no aspecto final de uma construção. Ela deve, pois, ser bem planejada e executada, sob pena de perdermos todos os cuidados anteriores. Uma parede mal pintada terá mau aspecto, mesmo que tenha sido bem revestida, uma porta bem construída não nos dará essa impressão se for mal esmaltada. Entretanto, não é só no aspecto que a pintura é importante. Ela representa também papel decisivo na conservação das peças que cobre. Uma esquadria de ferro depende de uma boa pintura para que não oxide, o madeiramento externo (portas, beirais etc), se não for pintado convenientemente, apodrecerá.

Não abordaremos aqui a escolha das cores. É assunto que não cabe aos engenheiros; a rigor, pertence ao proprietário, arquiteto ou decorador a escolha. As cores da moda variam como a moda dos vestuários, sendo, portanto, difícil para um engenheiro manter-se atualizado. A eles caberá sim a escolha da qualidade e tipo de pintura mais adequada para cada peça, e principalmente com referência à primeira pintura, porque as posteriores em geral são executadas sem a fiscalização do engenheiro.

A primeira pintura, a rigor, nunca deverá ser dispendiosa, porque é provisória; por maiores que sejam os cuidados tomados, sempre aparecerão pequenos defeitos, que obrigam a repeti-la três ou quatro anos depois.

É preciso não esquecer que quase todas a partes são construídas à base de água. Assim são as paredes, assentadas e revestidas com argamassa úmida, assim são os pisos e revestimentos impermeáveis, os forros, a própria construção muitas vezes recebe chuva antes de sua cobertura, ou mesmo depois dela, se ainda existem falhas no telhado e as madeiras utilizadas nas esquadrias e pisos muitas vezes não estão bem secas. Todos esses fatos, acrescidos da pressa em se acabar uma obra, não esperando que o tempo a faça secar, forçam que a pintura seja feita sobre superfícies úmidas. A pintura executada nessas condições não poderá durar e surgirão fatalmente defeitos.

Tomemos como exemplo uma parede. A umidade que existe dentro dela só poderá desaparecer evaporando-se por sua superfície. É o calor dos ambientes interno e externo que atraí a umidade do centro da parede para as superfícies, para depois evaporá-la. Se a superfície, porém, estiver pintada com substância impermeável, a umidade ficará retida, o que favorece a formação do bolor (que é uma bactéria).

Esse bolor começa como manchas de pouca intensidade, que aos poucos vão escurecendo até tornarem negras; este é um acidente muito comum em paredes novas, pintadas a óleo ou tintas sintéticas impermeáveis (látex); podemos mesmo dizer que o único acabamento indicado para paredes novas é a caiação simples e pura; nem sequer a têmpera, que é um cal misturado com cola, deveria ser usada, mas como convencer um cliente que empregou finíssimo acabamento em sua obra a pintar as paredes da sala de estar com caiação?

No entanto, isso seria o certo, deixando um melhor acabamento para cerca de dois ou três anos depois quando as paredes já estiverem secas.

Os acabamentos geralmente empregados variam conforme as peças, o quadro é resumo indicativo:

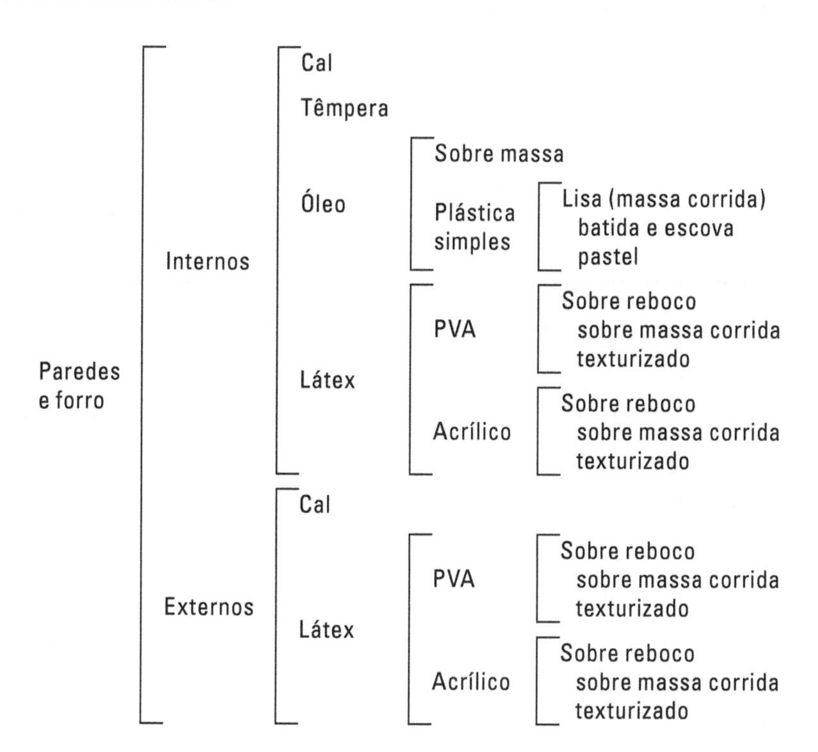

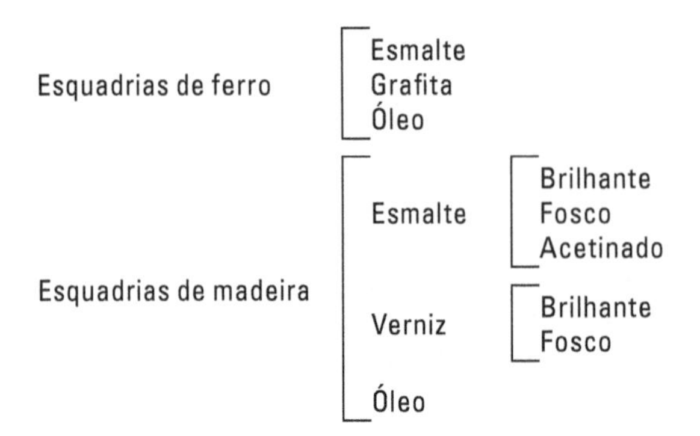

Devido à facilidade de fabricação, existem hoje no mercado inúmeros fabricantes de tintas, ficando muito difícil a escolha daquela que seja a mais apropriada.

Na maioria das vezes, a escolha recairá sobre aquela de menor preço, ou então sobre aquela que, por experiência própria do construtor, do engenheiro, do pintor ou do proprietário, for a mais apropriada. Normalmente, o segundo caso é decorrência de alguma experiência mal sucedida anteriormente.

Para podermos avaliar a qualidade de uma tinta, devemos ter em mente alguns conceitos, a saber:

- estabilidade
- rendimento (cobertura)
- aplicabilidade
- durabilidade
- lavabilidade

Tintas

As tintas são compostas por: pigmento, veículo, solventes e aditivos.

Os pigmentos são partículas sólidas e insolúveis, podendo ser ativos e inertes.

Os pigmentos ativos são os responsáveis pela cor da tinta e os inertes pela consistência e dureza.

O veículo é o responsável pela formação da película protetora, em que a tinta depois de seca se transforma. O veículo é constituído por resinas.

Os solventes são utilizados tanto na fabricação das tintas como em sua aplicação, visando facilitar a aplicação sobre a superfície a ser recoberta. Entre os mais utilizados estão a água, aguarrás, álcool e acetona.

Os aditivos são produtos químicos incorporados às tintas a fim de lhes conferir algumas características especiais. Os mais utilizados são: secantes, molhantes, plastificantes e fungicidas.

Estabilidade

A estabilidade de uma tinta poderá ser verificada quando abrirmos uma lata e a tinta não apresentar excesso de sedimentação, empedramento, formação de pele ou separação dos pigmentos, de tal maneira que, quando dermos uma leve agitada na lata, a tinta se torne homogênea e uniforme.

Devemos estar atentos também para que, quando da abertura da lata, a tinta não apresente odores que não sejam os característicos das tintas.

Rendimento (cobertura)

O rendimento é dado pelo consumo de tinta por metro quadrado de superfície pintada, para que esta fique totalmente coberta. Normalmente, é neste item que se descobre a diferença entre uma tinta de qualidade e outras.

Aplicabilidade

É uma característica da tinta em seu manuseio, uma boa aplicabilidade significa facilidade de espalhamento e acabamento uniforme da superfície.

Durabilidade

Significa o tempo em que a tinta irá resistir à ação das intempéries: sol, chuva, vento.

Lavabilidade

As tintas devem apresentar resistência quando as paredes são limpas com pano úmido e produtos de limpeza comuns, não devendo, após esta operação, apresentarem manchas.

Além de escolher uma tinta de qualidade para a execução da pintura de uma superfície, temos de ter alguns cuidados em relação à ela, caso contrário, estaremos realizando um trabalho que não durará muito tempo, tendo-se em vista que os problemas decorrentes de uma má pintura não aparecem de imediato.

Preparo da superfície de paredes e forros

A superfície deve estar firme, isto é, não poderá estar soltando partículas do revestimento, e deve ser limpa, seca e sem poeira. Deverá se lixada, com lixa de granulação apropriada, eliminando-se as partes soltas dos revestimentos. Caso ocorram áreas com gorduras ou graxas, deverão ser lavadas com água e detergentes comuns.

Em se tratando de paredes com mofo, este poderá ser eliminado com lavagem, utilizando-se uma mistura de água comum e água sanitária (cândida) na proporção de 1:1, e, em seguida, a superfície deverá ser enxaguada, esperando-se a secagem antes de iniciarmos os serviços.

Pequenas irregularidades no revestimento das paredes poderão ser corrigidas com a utilização de massa corrida comum para paredes internas e massa corrida acrílica para paredes externas. Quando, no entanto, o reboco estiver muito ruim, a melhor solução é arrancá-lo até que atinja a alvenaria e refazê-lo.

Como já foi visto em capítulos anteriores, o revestimento (reboco) deverá estar completamente "curado" antes de iniciarmos os serviços de pintura. Isto faz serem eliminados os tão conhecidos problemas de esfarelamento e descascamento das paredes após a pintura.

Outro problema, bastante comum de ocorrer, é o das superfícies revestidas com argamassas "fracas", fazendo partículas de revestimento se desprenderem com o simples passar das mãos sobre elas. Nesse caso, recomenda-se a utilização de uma camada de "fundo preparado", cuja função é de aumentar a coesão da superfície, fixando as partículas soltas.

Preparação de superfícies de madeira

Assim como as paredes e forros, as superfícies de madeira deverão ser lixadas e limpas.

Deveremos também aplicar uma demão de fundo, com a finalidade de melhorar a superfície a ser pintada, seja com óleo, esmalte ou verniz.

As imperfeições encontradas nas superfícies das madeiras deverão ser corrigidas com a aplicação de massa de óleo que, após secagem, deverá ser lixada e limpa para que possa receber pintura.

Preparação de superfícies de ferro

As superfícies de janelas, portas, portões e gradís de ferro deverão ser lixadas, eliminando-se completamente quaisquer indícios de ferrugem.

Após o lixamento, limpar cuidadosamente as superfícies e aplicar uma demão de óxido de ferro, cobrindo-se toda a superfície metálica. Após a secagem aplicar a pintura de acabamento.

No caso de ocorrerem partes de ferrugem, sejam em superfícies novas ou então naquelas já pintadas, recomenda-se a raspagem e lixamento vigoroso até atingir o metal. Em seguida, limpar a superfície e aplicar uma ou duas demãos de óxido de ferro (zarcão), deixando secar.

Havendo necessidade de regularizar a superfície após o lixamento, aplicar sobre a superfície uma camada de massa sintética, que depois de seca deverá ser lixada e limpa para receber o acabamento final.

Caiação simples

É a pintura mais econômica e simples; no entanto é aquela que mais satisfaz sob o aspecto higiênico das peças. A cal não impermeabiliza a parede, permitindo que estas absorvam a umidade interna transferindo-a para o exterior. É facilmente renovada, sempre que se apresenta suja e imperfeita. É preferida para pintura nas paredes externas sempre que não sejam revestidas de pastilhas ou massas raspadas e similares. Também é sempre empregada nos forros em geral e paredes de banheiros, cozinhas, salvos nos acabamentos de grande luxo.

É facilmente preparada na obra e aplicada em três demãos sem qualquer preparação de fundo. Admite a adição de corantes para dar a tonalidade requerida, sempre preferindo-se cores claras e suaves para não manchar.

Para o preparo do leite de cal para a caiação, deve-se proceder da seguinte maneira:

a. Compra de cal virgem de boa qualidade e de branco puro; são poucos os tipos de cal que satisfazem neste particular; a maioria delas produz um leite de cor parda, o qual, mesmo misturado a corantes, produz um péssimo aspecto.

   Portanto, a cal deve ser nova e branca.

b. Queima da cal em recipiente limpo. Geralmente se entregam barricas de folha já anteriormente usadas para tal fim. A queima da cal deve ser feita com pouca água. Depois de terminada a reação só adiciona-se a água necessária para produzir uma pasta maleável; não se deve adicionar água em excesso a ponto de se transformar em leite de cal.

c. Passagem da pasta por meio de peneira fina; deve-se usar uma peneira com cerca de 1 mm de malha. A pasta, passando através dela, ficará isenta de partículas de cal que não queimaram e que iriam atrapalhar a sua aplicação sobre a parede, produzindo riscos.

d. Adição de mais água até se formar um leite mais ou menos denso.

e. Adição de óleo de linhaça na proporção de cerca de 0,5% em volume. O leite assim obtido deve ser conservado sempre coberto para evitar a entrada de poeira.

No ato da aplicação, o oficial adicionará o corante preferido para obtenção da tonalidade pedida. No caso de se querer cor branca, não será misturada corante algum. Outra alternativa (mais usual) é a compra de cal em pó já hidratada, especial para caiação, isto é, mais branca e pura do que a cal hidratada usada para argamassa. O pó é misturado com água, sendo aconselhável acrescentar um pouco de óleo (de qualquer procedência, inclusive óleo de caroço de algodão) para dar mais corrimento na parede. Cerca de 100 mililitros em cada lata de 18 litros é uma dosagem razoável.

A aplicação sobre a parede é feita por meio de brochas (pincéis grandes e rústicos), tomando-se o cuidado de verificar se não estão soltando pelos, que darão mau aspecto à parede, se ficarem aderidos a ela. Não há necessidade de nenhuma preparação nas paredes, apenas observando se estão lisas e sem aderências de placas de argamassas respingadas de outros trabalhos.

Dificilmente duas demãos cobrem a superfície satisfatoriamente; são necessárias três demãos. No caso de aplicação de cores, a primeira demão será com branco e as duas últimas com o corante.

A mesma superfície poderá aceitar três caiações sem necessidade de raspagem. Para aplicação de uma quarta caiação, devemos proceder à raspagem da parede para que não fique uma película muito grossa sujeita ao descascamento.

A raspagem será feita com espátula metálica ajudada por escova de aço.

Têmpera

É uma caiação melhorada pela adição de cola, que dará maior aderência à parede, não saindo tão facilmente quando se passa a mão ou o vestuário. Trata-se de cola de carpinteiro dissolvido em água.

As marchas da operação são as seguintes:

a. Uma ou duas demãos de cal para cobrir o fundo.

b. Aplicação de uma demão de sabão líquido para diminuir o poder de absorção da parede conservando assim certo brilho do material que sobre ela será aplicado. O sabão indicado para tal fim é o de lixívia ou comum de lavadeira: um pedaço deve ser derretido em 10 litros de água. É estendida pela parede com brocha comum.

   A têmpera é preparada com mistura de pasta de cal e gesso crê em proporções iguais (50% de cada). A seguir a pasta assim obtida é misturada com cola de carpinteiro derretida; a proporção da cola será de meio quilo para cada 18 quilos de massa.

c. Uma demão de têmpera final, batida à escova, é aplicada em forma de pasta pouco densa com a mesma brocha usada para a caiação. Ao aplicá-la conseguimos uma camada mais ou menos grossa, que será batida com uma escova para dar o acabamento bem conhecido por todos. Poderemos ainda dar-lhe um acabamento liso. Neste caso, será aplicada em forma líquida, não se usando a escova para batê-la. Convém, no entanto, evitar tal acabamento, pois denuncia demasiadamente os defeitos do revestimento.

É o acabamento ideal para paredes de salas, dormitórios e saguões, salvo nas obras de grande luxo. É uma pintura bastante econômica e não mancha, mesmo aplicada sobre superfícies novas.

Óleo

É um acabamento de certo luxo, principalmente quando aplicado sobre massa plástica. É impermeável e de aderência perfeita, não saindo quando nele se encosta o vestuário. Poderá ter acabamento brilhante ou fosco (mais moderno).

Sem massa plástica

A forma mais simples de aplicá-lo é sem o emprego de massa plástica, porém seu aspecto não é bonito. Geralmente se emprega dessa forma em garagens ou barracões industriais, nos quais não se requer beleza, mas apenas eficiência produzindo uma superfície lavável. A preparação do fundo será feita com:

a. uma demão de cal
b. uma demão de "líquido" impermeável especial para acabamento à óleo
c. uma ou duas demãos de tinta à óleo

Quando se aplica tal acabamento, ficarão aparentes todas as irregularidades do revestimento ainda mais destacadas pelo brilho do óleo.

Com massa plástica

A massa plástica é uma mistura de gesso e alvaiade (1:1), com óleo de linhaça e aguarrás também em partes iguais até produzir pasta, e ainda com pequena adição de secante para que endureça mais depressa depois de aplicado.

Portanto, temos a seguinte dosagem:

50% gesso crê + 50% alvaiade, amassadas com um líquido composto de:

50% óleo de linhaça + 50% aguarrás.

A quantidade de líquido será variável, dependendo da consistência que se quiser dar à pintura. A seguir, junta-se um pouco de secante.

Hoje aplica-se massa plástica à base de látex com maior frequência.

Desde que se use a massa plástica, três acabamentos poderão ser obtidos: liso, batido a escova ou com desenhos especiais (conhecido na prática com o nome de "pastel").

Para se obter o acabamento liso, os trabalhos serão complexos, exigindo muito cuidado dos oficiais e aumentando seu custo. Inicialmente, a parede receberá uma demão de caiação; a seguir se estende uma demão de "líquido" seguido de aplicação da massa plástica. Esta é aplicada por meio de espátula, procurando-se conseguir uma superfície a mais lisa possível, já que o lixamento posterior apenas corrige pequenas saliências.

Portanto, com a própria espátula já se deve ter um plano quase que perfeito. Com lixa de madeira, procura-se, depois de endurecida a pasta, corrigir e alisar ainda mais a superfície. Segue-se a aplicação de duas demãos de óleo. Se desejarmos o aspecto final brilhante, a primeira dernão será de óleo fosco e a segunda de óleo brilhante. Vice-versa se desejarmos o aspecto final fosco, isto é, a primeira demão com óleo brilhante e a segunda com óleo fosco.

É preciso notarmos, no entanto, que tal acabamento depende totalmente uma boa aplicação da massa plástica; se esta não estiver bem lisa, o aspecto é desagradável. É um trabalho que só deverá ser executado por oficiais experientes e de responsabilidade. Na prática, essa aplicação é chamada de "massa corrida".

Para o acabamento batido à escova, a marcha dos trabalhos será a seguinte: uma demão de cal, uma demão de líquido, aplicação da massa plástica pouco densa; antes de secar bate-se com a escova para dar o aspecto rústico; duas demãos a óleo, tal como no caso anterior; para acabamentos brilhantes primeira demão fosco, segunda demão brilhante e vice-versa para acabamento fosco.

Para acabamento à pastel, a sequência dos trabalhos será a mesma. A única diferença está no fato de não se bater a massa com escova, mas sim amoldá-la com pente, com roletes ou com as mãos, produzindo o desenho requerido.

Os forros também poderão ser pintados à óleo. É comum desejarmos nele o acabamento liso com massa plástica e, neste caso, os cuidados devem ser ainda maiores, já que, com a iluminação dos lustres, qualquer pequeno defeito da aplicação da massa será amplamente ressaltado..

Látex PVA

Sem dúvida o látex é o tipo de tinta mais utilizado, atualmente, para a pintura de paredes em geral. Existem dois tipos de látex: PVA e o acrílico. O látex PVA é composto à base de resina de acetato de polivinila (PVA), pigmentos, solventes e aditivos.

É indicado para pintura internas e externas, podendo ser aplicado diretamente sobre o reboco, sobre massa corrida ou sobre massa acrílica. Sua aplicação é feita adicionando-se entre 20% e 30% de água para os casos de uma demão de acabamento.

Caso se utilize o látex de PVA como camada seladora, ele será aplicado diluído com água na proporção 1:1. A aplicação podará ser feita com pincel, trincha ou rolo.

Costuma-se aplicar três demãos em paredes que recebem a primeira pintura, com intervalos de quatro horas entre cada demão.

O rendimento médio, quando aplicado sobre reboco, varia conforme o fabricante, porém, os de linha costumam render sobre reboco 25 a 30 m por galão, por demão e sobre massa corrida ou acrílica 40 a 50 m por galão, por demão.

As embalagens mais comuns são:

latas de 18 litros
balde de 18 litros
galão de 3,6 litros
1/4 galão de 0,9 litro

Os fabricantes, mesmo aqueles mais conceituados no mercado, possuem em sua linha de produtos os chamados látex de 2a linha, mais baratos, porém com rendimento e qualidade inferiores aos de 1ª linha. Isso nos obriga a ter o máximo cuidado, seja na compra do produto ou então na contratação de uma empresa de pintura para realizar o serviço, com esta fornecendo o material e a mão de obra, pois não é difícil comprarmos "gato por lebre" nessa situação.

O ideal é termos os catálogos dos fabricantes, que especificam detalhadamente cada produto.

Massa corrida

Quando queremos dar às superfícies um acabamento liso, aplicamos sobre o reboco uma camada de massa corrida, antes da pintura propriamente dita.

Assim como o látex, a massa corrida é um produto à base de resina de acetato de polivinila (PVA), aditivos, pigmentos e solventes. De consistência pastosa, é indicada para nivelar e corrigir imperfeições das superfícies a serem pintadas, bem como proporcionar-lhes um acabamento liso. O produto já vem pronto para o uso e é aplicado em camadas finas, com espátula ou desempenadeira de aço lisa.

Normalmente é aplicada em 1 a 2 demãos, dependendo das condições da parede, o intervalo entre as demãos é de 1 hora.

Após a secagem, a massa deverá ser lixada para a posterior aplicação do acabamento final. Nunca aplicar a massa em superfícies externas. O rendimento médio é de 8 a 10 m por galão, por demão.

As embalagens mais comuns são:

lata de 18 litro
galão de 3,6 litros
1/4 de galão de 0,9 litro

Látex acrílico

O látex acrílico é um produto à base de resina acrílica estirenada, pigmentos, aditivos e solventes.

Indicando para pinturas externas e internas sobre reboco, massa corrida e massa acrílica, possuindo uma resistência maior que o látex PVA, sendo, por isso, mais indicado para superfícies externas.

Sua preparação também é feita adicionando-se água na proporção entre 10% e 20%. Poderá ser utilizado como selador diluído na proporção 1:1 com água, porém, devido a seu custo, não o recomendamos para essa finalidade.

É aplicado com rolo, pincel ou trincha.

Seu rendimento é igual ao látex comum. As embalagens mais comuns são:

lata de 18 litros
galão de 3,6 litros

Massa acrílica

Assim como o látex acrílico, a massa acrílica é mais resistente que a comum, sendo, portanto, mais indicada para exteriores.

Os pintores detestam essa massa, pois depois de seca o seu lixamento requer muito mais força que a massa comum. É também aplicada com espátula ou desempenadeira de aço lisa, em 1 em 2 demãos, com intervalo de 1 hora entre elas.

O rendimento e as embalagens são os mesmos da massa comum.

Acabamento texturizado

Atualmente bastante aplicado em pinturas, principalmente de superfícies externas, temos o chamado acabamento texturizado.

Esse tipo de acabamento é obtido utilizando-se o "rolo alveolar", que é um rolo com furos em sua superfície, que proporciona o acabamento texturizado.

A textura mais aberta ou fechada é consequência do número de vezes que se passa o rolo sobre a superfície. Mais vezes, textura mais fechada; note-se que o número de passadas do rolo não é número de demãos. Uma demão, neste caso, pode ser aplicada com mais de uma passada de rolo, é o movimento vai e vem do rolo ao que nos referimos.

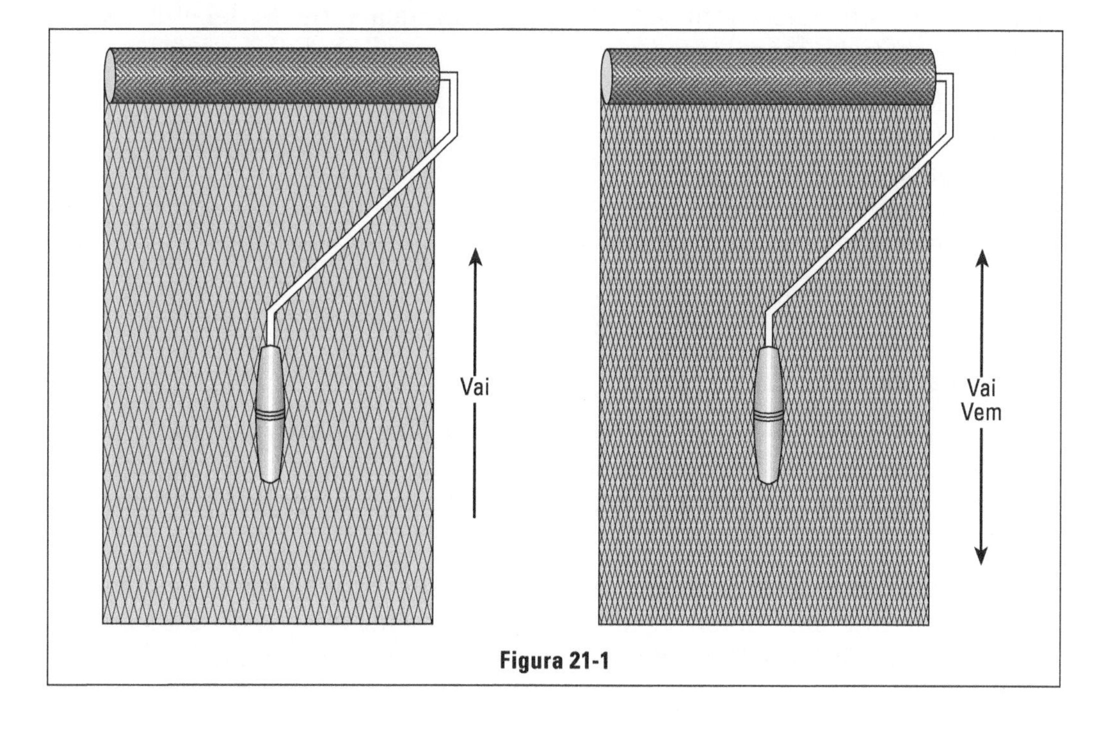

Figura 21-1

Esquemas de pintura normalmente aplicados

Acabamento	Massa corrida/acrílica Látex PVA/acrílico
Acabamento normal	Fundo Látex PVA/acriilico
Acabamento texturizado	Fundo Látex PVA/acrílico, aplicado com rolo alveolar

O látex PVA ou acrílico nunca deverá ser aplicado sobre superfícies pintadas com cal. Caso se deseje pintar uma parede que já esteja pintada com cal, devemos eliminá-la o máximo possível, escovando ou raspando a parede. Em seguida, aplicar uma demão de selador para finalmente aplicar o látex.

A aderência de cal sobre as superfícies não é boa, logo qualquer tinta aplicada sobre a cal não terá boa aderência, descascando-se com o tempo.

O serviço de pintura não deverá ser realizado em dias de chuva ou quando as superfícies a pintar estiverem úmidas.

Defeitos na pintura de superfícies com látex

Embora sejam recomendados todos os cuidados para que se obtenha uma pintura perfeita, muitas vezes isto não acaba ocorrendo e todas aquelas recomendações que não forem seguidas originam uma série de defeitos sobre a superfície pintada, sendo as mais comuns:

- descascamento
- desagregamento
- eflorescência
- saponificação
- manchas
- bolhas

Descascamento

O descascamento ocorre normalmente por dois motivos: aplicação do látex sobre caiação ou aplicação do látex diretamente sobre o reboco, sem que o látex estivesse bem diluído na primeira demão ou a superfície estivesse com muito pó.

A solução para esse problema é raspar e escovar toda a superfície descascada e prepará-la com fundo selador, conforme recomendação do fabricante do produto a ser utilizado. Em seguida dar a pintura de acabamento.

Desagregamento

O desagregamento é caracterizado por aquelas bolhas que aparecem na parede e que esfarelam com o tempo e seu interior está cheio de pó.

Esse pó nada mais é do que parte do reboco, que recebeu a pintura sem que estivesse devidamente curado (28 dias). Para sanar o problema, raspar toda a superfície, corrigindo as imperfeições profundas com reboco. Em seguida, aplicar uma demão de selador e o acabamento final.

Eflorescência

São manchas esbranquiçadas que aparecem na superfície pintada, devido à aplicação da tinta sobre o reboco úmido. Elimina-se o problema aguardando-se a secagem da superfície e depois aplica-se uma demão de selador e acabamento final.

Saponificação

Caracteriza-se pelo aparecimento de manchas na pintura que acarretam o descascamento e a destruição da camada de látex.

Ocorre devido à alcalinidade natural da cal e do cimento, que, na presença de umidade, causa uma reação com a resina que compõe o látex.

Para evitar o problema, recomenda-se a cura apropriada do reboco.

A correção do defeito é feita raspando-se a superfície atingida com a aplicação de uma demão de selador e posterior pintura de acabamento.

Manchas

Podem ocorrer logo após a pintura de uma superfície manchas causadas por pingos de chuva, que, ao molharem a pintura, trazem à superfície os materiais solúveis da tinta, surgindo as manchas.

Para eliminá-las, basta lavar a superfície com água, sem esfregar. A gordura, óleo ou fumaça de cigarros, podem provocar o aparecimento de manchas amareladas nos forros ou paredes pintadas. Antes de repintar essas superfícies, deve-se lavá-las com uma solução de água com 10% de amoníaco.

Bolhas

As bolhas podem ocorrer tanto em paredes externas como internas. Notar que esse tipo de bolha é formado somente pela película de tinta e não pelo reboco. No caso das paredes externas, isso ocorre pela aplicação da massa corrida à base de PVA.

A solução para o problema consiste em remover a massa de PVA, aplicando-se em seguida uma demão de selador, aplicar uma camada de massa acrílica para corrigir imperfeições e finalmente o acabamento.

No caso de paredes internas, o problema é decorrência da não eliminação da poeira após o lixamento da massa corrida ou, então, da aplicação da tinta não devidamente diluída.

O uso da massa corrida muito fraca também pode causar as bolhas. A correção do problema é feita raspando-se a área atingida, com a aplicação em seguida de uma demão de selador e a correção das imperfeições é feita com uma camada de massa corrida PVA com posterior acabamento.

Esmaltes

Os esmaltes são produtos à base de resina alquídica, pigmentos, aditivos especiais e solventes. Indicados para a pintura de superfícies externas e internas de madeira e ferro.

Apresentam acabamento final: brilhante, acetinado e fosco. No entanto, para superfícies externas, utilizar sempre esmaltes brilhantes por serem estes produtos mais resistentes que os foscos e acetinados.

A aplicação dos esmaltes deverá ser feita, diluindo-os com solvente na proporção de 15% na primeira demão e as demais com 10%.

No caso de superfícies muito absorventes, diluir a primeira demão com 30%.

A aplicação de esmalte é feita com rolo de espuma, pincel ou pistola. Normalmente, são aplicadas duas ou três demãos do produto, com intervalos de 12 horas entre as demãos.

O rendimento médio é de 40 a 50 m por galão de 3,6 litros, por demão. Os esmaltes são comercializados em embalagens de:

1 galão : 3,6 litros
1/4 galão : 0,9 litro
1/16 galão : 0,225 litro
1/32 galão : 0,1125 litro

No caso da pintura de esquadrias de ferro, é muito utilizado a grafita, que nada mais é que um esmalte com cor que varia da grafita claro ao escuro. Sua aplicação é a mesma do esmalte comum, bem como as embalagens.

Esquema de pintura normalmente utilizados

Esmalte sobre ferro:

1ª demão de óxido de ferro diluído até 15%
1ª demão de esmalte diluído 15%
2ª demão de esmalte diluído 10%

Esmalte grafita sobre ferro:

1ª demão de grafita diluída 15%
2ª demão de grafita diluída 10%

Esmalte sobre madeira:

1ª demão de esmalte diluído 15%
2ª demão de esmalte diluído 10%

Não esquecer dos cuidados a serem tomados no preparo das superfícies a serem pintadas, descritas anteriormente. No caso de esquadrias em que serão colocados vidros, recomendamos uma demão de esmalte antes de sua colocação e duas demãos de acabamento.

Vernizes

São produtos à base de resinas alquídicas, aditivos especiais e solventes, sendo indicados para a pintura de superfícies externas e internas de madeira.

Apresentam acabamento brilhante ou fosco e são aplicados com rolo de espuma, pincel ou pistola. São aplicados em 2 ou 3 demãos, com intervalos de 12 horas entre cada demão.

O rendimento médio é de 30 a 40 m por galão de 3,6 litros por demão.

São comercializados em embalagens de:

1 galão: 3,6 litros
1/4 galão: 0,9 litros

Os vernizes também são diferenciados nos tipos filtro solar, poliuretano e copal. Os do tipo filtro solar podem ser utilizados interna e externamente, enquanto os outros só são aplicados internamente.

Esquemas de pintura normalmente utilizados

Verniz brilhante (externo ou interno)
1ª demão com diluição de 1:1
2ª demão com diluição de 20%
3ª demão com diluição de 10%

Verniz fosco (externo ou interno)
1ª demão com diluição de 25%
2ª demão com diluição de 10%
3ª demão com diluição de 10%

Óleos

Seguem o mesmo descrito para os esmaltes.

Nas pinturas sobre madeira, podem ocorrer problemas de retardamento indefinido de secagem, manchas, trincas e na aderência.

As manchas e o retardamento da secagem podem ocorrer quando utilizou-se soda cáustica para a remoção da pintura anterior e os resíduos desta permanecem sobre a superfície pintada.

A prevenção do problema se dá com a lavagem da superfície com bastante água. A eliminação das manchas já existentes se dá com a total remoção da camada de pintura.

Com relação às trincas e a má aderência da pintura, isto ocorre devido à utilização da massa corrida PVA para corrigir imperfeições da madeira, principalmente portas. As correções das imperfeições da madeira só deverão ser feitas com massa a óleo. A correção do problema é feita com a remoção total da massa de PVA e a aplicação de uma demão de fundo para superfícies de madeira e posterior acabamento.

Observação: Agradecemos à Glasurit do Brasil – Tintas Suvinil pelas informações obtidas.

Instalação hidráulica

Procuramos incluir neste capítulo todos os trabalhos que são executados pelas firmas ou oficinas de encanadores:

a. distribuição de água (quente e fria)
b. rede de esgotos
c. alimentação de gás
d. recolhimento das águas pluviais (funilaria)

Constitui um setor de grande responsabilidade e que exige dos profissionais um projeto cuidadoso e ainda uma execução bem fiscalizada.

Com os progressos que paulatinamente vem sendo introduzidos nesta atividade, as redes vão se complicando não só na parte geral como também nos detalhes; não é exagero afirmar que as despesas com encanamentos e funilaria em geral atingem 10% do valor da obra e, em certos casos, até o suplantam.

Para maior facilidade de exposição, preferimos encarar cada parte separadamente.

Água fria

Podem ocorrer uma de duas alternativas:

- Existe rede de distribuição de água na rua.
- Não existe a referida rede (neste caso a água será obtida por perfuração de poço).

Alimentação de depósito

Para qualquer das alternativas, o primeiro objetivo do projeto será a alimentação de depósito geralmente situado nos forros, por serem estes os pontos mais indicados para sua colocação. A água será distribuída da caixa d'água para os aparelhos por gravidade; tal fato obriga a colocação do depósito em posição elevada, daí a escolha do forro para sua colocação.

Água de rede

Quando a água é obtida da rede, a entrada no lote é feita obrigatoriamente pelo cavalete. Assim é chamado o dispositivo que permite a colocação do hidrômetro (medidor do consumo de água). A Figura 22-1 mostra esquematicamente a forma do cavalete. O cavalete estará obrigatoriamente dentro de um abrigo, com dimensões livres internas exigidas pela Companhia de Saneamento Básico do Estado de São Paulo, ou seja, 0,80 × 0,60 × 0,30 cm (largura, altura e profundidade, respectivamente). O abrigo deverá ser de alvenaria ou concreto com portinhola de madeira ou ferro. (Figura 22-2)

Devemos requerer à Sabesp a ligação provisória para consumo da obra mediante a apresentação da planta aprovada pela Prefeitura, efetua-se o pagamento da taxa de ligação à Sabesp. À Prefeitura será paga a importância correspondente ao conserto do piso da via pública, importância esta que depende da natureza do piso (macadame, concreto, asfalto etc.). A seguir providenciamos a construção do abrigo para que esteja pronto no dia da ligação.

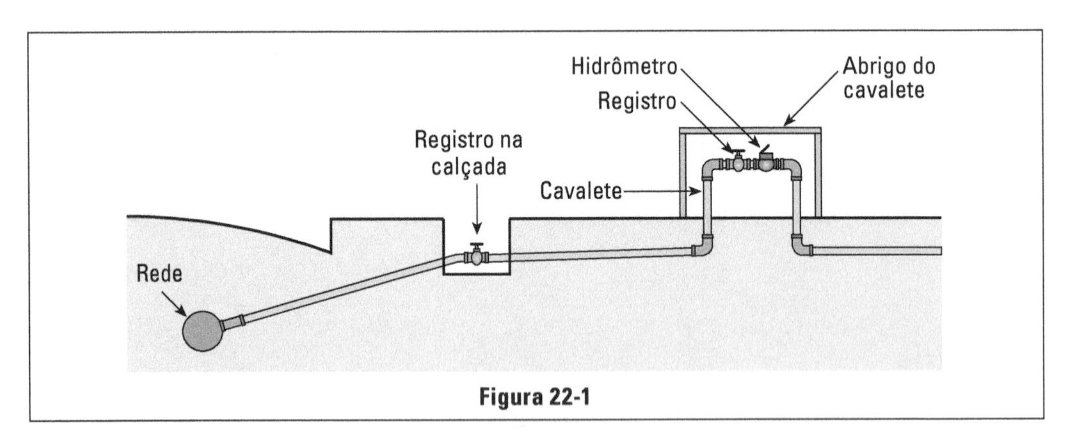

Figura 22-1

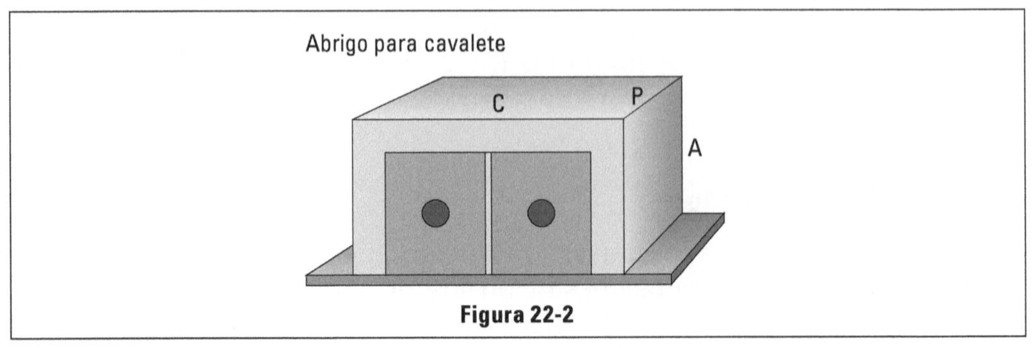

Figura 22-2

A entrada será sempre em cano de 3/4"; apenas em casos muito especiais será concedida entrada em maior diâmetro.

Do cavalete, a água será levada ao depósito, alimentando na passagem:

1. torneira de jardim e quintal
2. torneira na pia da cozinha
3. torneira para filtro (na cozinha ou copa)
4. instalações nas edículas

Nas instalações mais simples, a alimentação dos aparelhos nas edículas (WC e tanque) poderão ser diretas da rua, porém, para melhores serviços, convém colocar um depósito secundário no seu forro. Nesse caso, apenas o depósito será alimentado pela entrada, dele saindo as canalizações para os aparelhos; o tanque poderá ter duas torneiras: uma com água direta da rua, outra com água do depósito secundário. Na Figura 22-3, vemos a entrada anteriormente descrita com as alimentações correspondentes. Examinando os desenhos deste capítulo, verão indicadas apenas por iniciais as alimentações; as convenções usadas são as seguintes:

VD = válvula de descarga
LV = lavatório
T = torneira
TQ = torneira de quintal
TT = torneira de tanque
TP = torneira de pia
TB = torneira de banheira
F = filtro
LD = ladrão
R = registro
H = hidrômetro
BD = bidê
CH = chuveiro

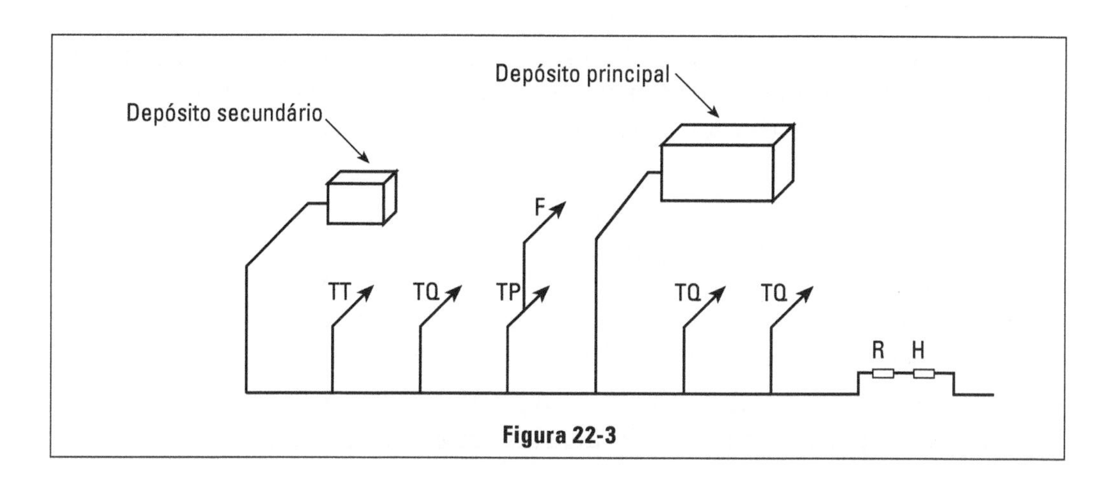

Figura 22-3

Água do poço

Quando a água é obtida por perfuração de poço, nosso objeto imediato e único será a alimentação do depósito, pois qualquer torneira alimentada pela bomba só receberia água com esta funcionando. Pode-se fazer uma única exceção: para o umedecimento de canteiros de jardim, uma torneira alimentada pela bomba terá maior pressão, sendo indicada para ligação de mangueira; melhor ainda se colocarmos um registro que vede a subida da água para o depósito. (Figura 22-4)

A água será retirada do poço e elevada para o depósito por meio de bomba. Seu acionamento ideal é o elétrico, havendo, no entanto, outras soluções, das quais a mais usada no interior é a roda de vento, em que se aproveita a energia das correntes de ar. Existem também bombas manuais, cujo funcionamento é conseguido por meio de movimentos de vai-e-vem dados a uma alavanca. Das bombas elétricas, destacam-se dois tipos principais: centrífuga e de pistão.

A bomba centrífuga é de funcionamento com jato contínuo. Os tipos normais domiciliares funcionam com motor de 1/4 ou 1/3 de HP; tem uma altura máxima de sucção de 7 m e de elevação de 21 m; por altura de sucção se compreende a diferença de nível entre a superfície da água do poço e a bomba; elevação é a condução da água da bomba até o depósito. A sucção de apenas 7 m é uma desvantagem, pois sempre que o poço tiver maior profundidade a bomba deverá ser instalada no seu interior, dificultando os consertos e reparos sempre necessários; tem, no entanto, a vantagem de ser relativamente silenciosa e este fator para domicílios é importante.

A bomba de pistão tem jato intermitente, não servindo para alimentação direta às torneiras; não se pode usar, portanto, a mangueira de jardim ligada à torneira direta da bomba; tem ruído desagradável; a vantagem principal é que admite altura de sucção muito maior, solucionando o problema para poços profundos.

As bombas devem, de preferência, alimentar apenas um depósito. Para a alimentação de dois depósitos (o principal no corpo da casa é o secundário nas edículas) teremos de usar um sistema de dois registros (R1 e R2) indicados na Figura 22-5.

Para alimentar o reservatório principal, é necessário abrir o R1 e fechar o R2; vice-versa para elevar água para a caixa secundária. Ora, este abrir e fechar de registros apresenta um grave perigo: por esquecimento pode-se deixar os dois registros fechados e após algum tempo de trabalho o motor da bomba se queimará por excesso de calor, já que a água não circula.

A ligação da bomba poderá ser feita por chave ou interruptor manual ou por automáticos especiais; no caso de ligação automática, devemos colocar dois, sendo um no depósito e outro na válvula do poço. O automático do depósito tem a função de ligar a bomba sempre que a água baixar de um determinado nível e a de desligar quando o reservatório se encher.

O automático do poço tem a função de só permitir a ligação da bomba quando o nível d´água estiver acima da válvula, evitando que a bomba funcione a seco, queimando o motor. O uso dos automáticos é prático, porém perigoso, pois bastará o mau funcionamento de um deles para que todo o sistema deva ser desligado; quando o automático do depósito não ligar, teremos a caixa vazia.

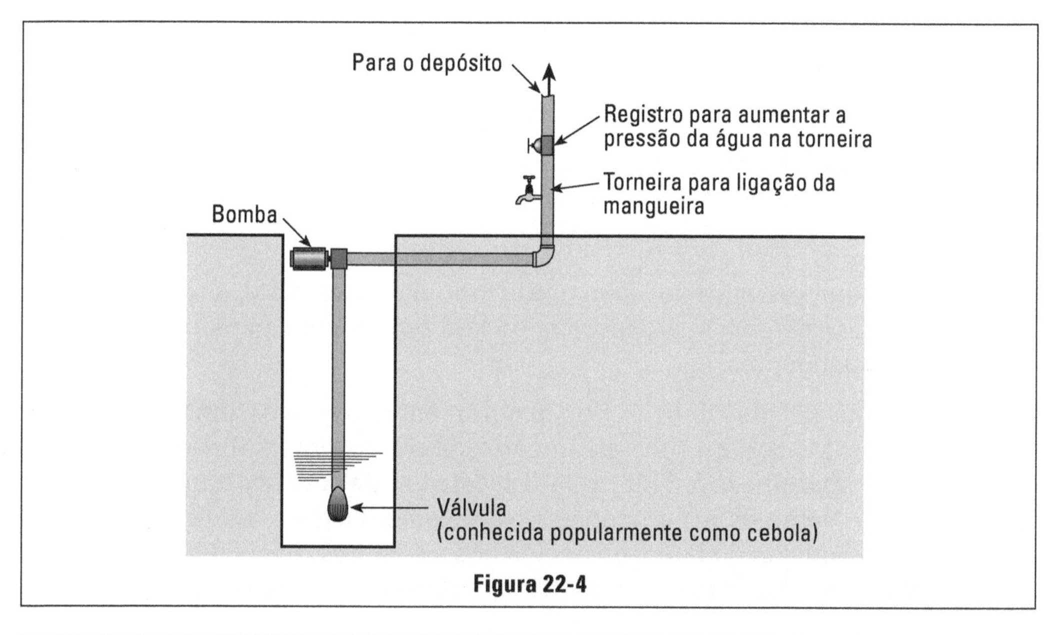

Figura 22-4

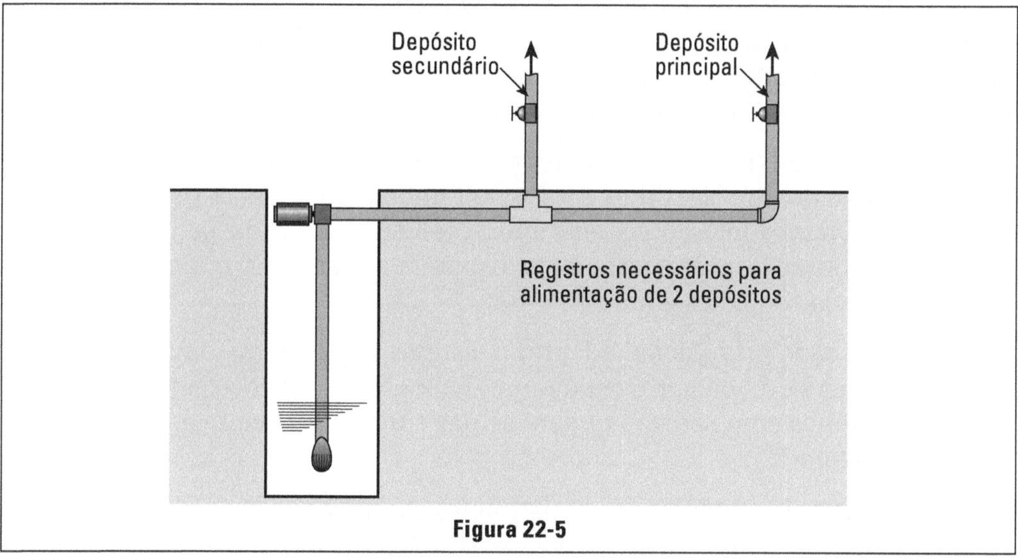

Figura 22-5

Quando o mesmo automático não desligar teremos o forro inundado, pois a caixa, apesar do ladrão, poderá transvazar; quando o automático do poço não ligar teremos novamente a caixa vazia; quando não desligar a bomba funcionará a seco e teremos o motor queimado; chega-se então à conclusão que mais vale ter o trabalho e acionar o pequeno botão do interruptor cada vez que se quer ligar ou desligar a bomba.

Distribuição do depósito para os aparelhos

Conseguida a alimentação do reservatório, torna-se agora necessária a distribuição para os aparelhos.

Teoricamente existem dois sistemas básicos de distribuição:

a. por sangramento
b. por pendentes

Veremos que nenhum dos dois é utilizado na execução dos trabalhos, mas sim um misto. O sistema misto, porém, poderá tender mais para o sangramento ou para os dependentes.

No sistema de distribuição por sangramento, teríamos uma só saída da caixa. Dessa saída seriam sucessivamente sangradas novas alimentações para cada um dos aparelhos. A Figura 22-6 mostra sinteticamente um sistema de sangramento. Notamos a preocupação de economia nas canalizações, o que traz uma alimentação de baixa eficiência nos aparelhos. Basta que se use a válvula de descarga para que deixe de sair água nos outros aparelhos.

Por sistema de distribuição por pendentes se compreende uma saída de caixa para cada aparelho, o que naturalmente é um exagero e por isso nunca aplicado rigidamente. A Figura 22-7 mostra tal sistema; nota-se a abundância de registros necessários e a grande metragem de canos utilizados.

Na prática, os dois processos teóricos são combinados, havendo mais do que uma saída do depósito, mas existindo também algumas derivações nas canalizações. Quanto mais o sistema misto tender para o de pendentes, tanto melhor funcionará a rede, porém mais dispendiosa será pelo maior consumo de registros, tubos conexões e mão de obra.

Caberá a cada profissional adaptar o sistema mais adequado à verba disponível. Geralmente é boa norma combinar, na mesma saída do reservatório, dois ou três aparelhos cujo uso não poderá se dar simultaneamente e cujo consumo não seja exagerado.

Como exemplo podemos citar o banheiro completo da Figura 22-8 (só água fria; adiante examinaremos a distribuição de água quente), em que encontramos três saídas de água fria, sendo uma para a bacia e lavatório, outra para banheira e bidê e a terceira para o chuveiro, servindo de passagem para uma torneira de lavagem. Já é uma distribuição dispendiosa, podendo-se para solução mais econômica transformar as saídas números 2 e 3 numa só, sem grande prejuízo, ou ainda combinar na saída número 1: VD, LV e BD e na saída 2: TB, CH e T.

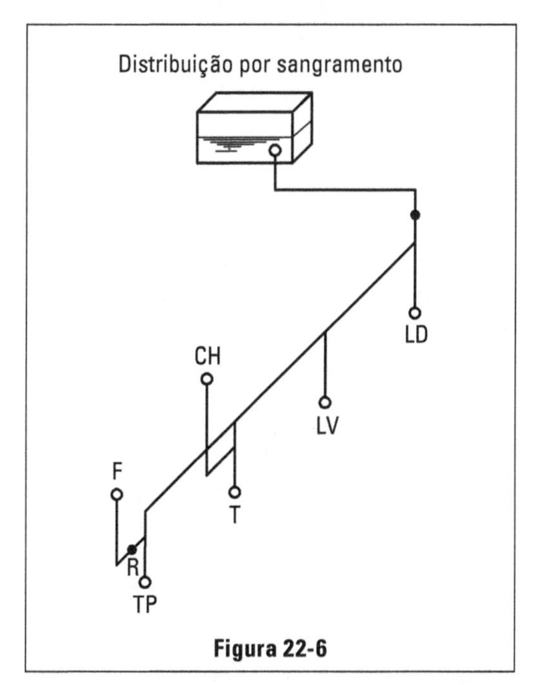

Figura 22-6

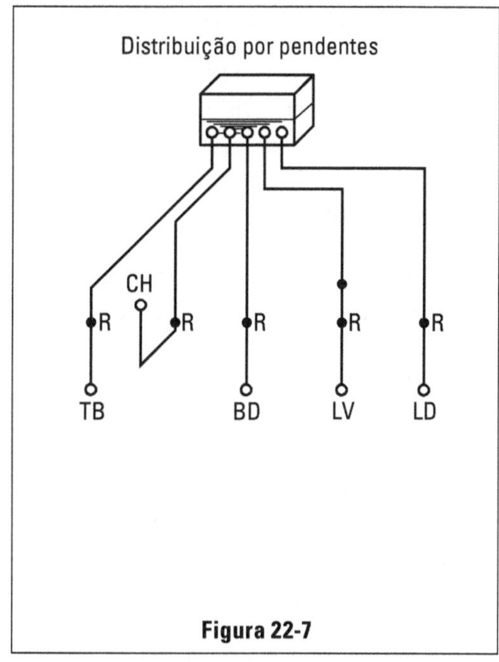

Figura 22-7

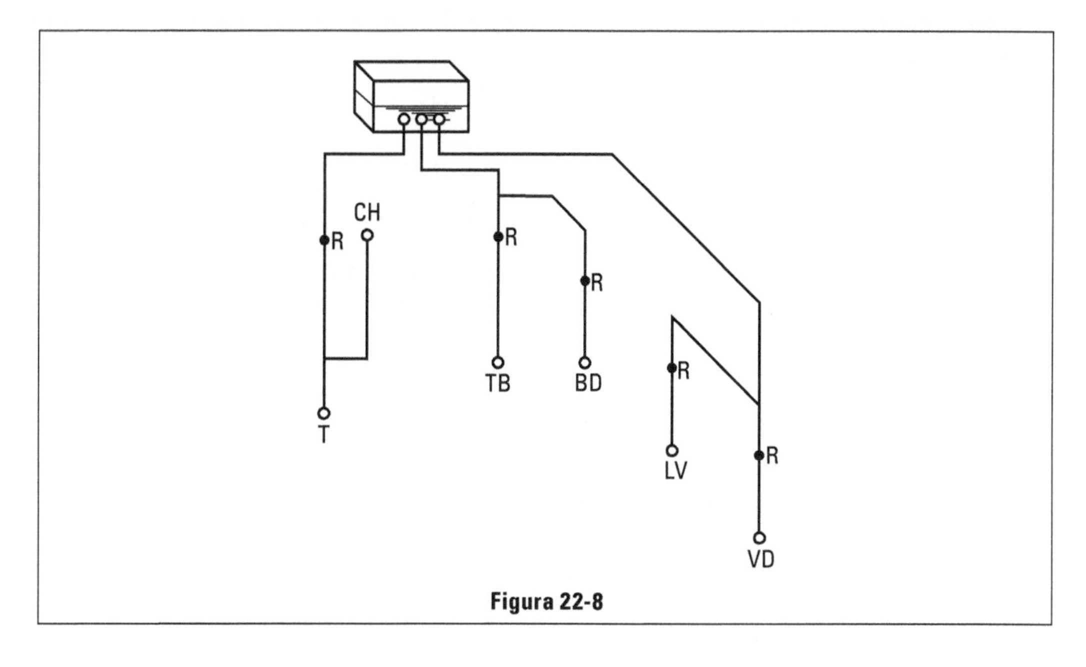

Figura 22-8

A saída 2 poderia ter apenas um registro, desde que fosse colocado antes da derivação. O mesmo ocorre com a saída 3.

A distribuição para cozinha (pia e filtro) deve estar sempre em saída própria, porque poderá ser usada simultaneamente com as peças dos banheiros; principalmente nos casos de prédios de dois pavimentos, em que a cozinha está no térreo e o banheiro no superior, a abertura da torneira da pia roubaria toda a água dos aparelhos do banheiro no caso de saída comum.

A saída para a cozinha poderá eventualmente ser comum com os aparelhos (bacia e lavatório) de um lavabo no andar térreo, caso exista.

Água quente

Constitui um conforto sempre procurado, a saída de água quente em certos aparelhos, principalmente dos quartos de banho. As soluções existentes são diversas, porém umas mais completas que as outras e também mais dispendiosas.

Em tempos passados, quando ainda eram pouco utilizados o gás e a energia elétrica, a solução era encontrada nos próprios fogões a lenha que aqueciam a água por meio de serpentinas. Esta água era levada por canalizações à pia da cozinha e eventualmente à torneira da banheira. Hoje tal sistema está abandonado nas grandes cidades pelo desuso do fogão à lenha, porém continua a existir em cidades menores e nas propriedades agrícolas.

Em cidades de maior progresso, as soluções são encontradas com o gás e com a energia elétrica. O quadro a seguir dá um resumo dos processos de aquecimento.

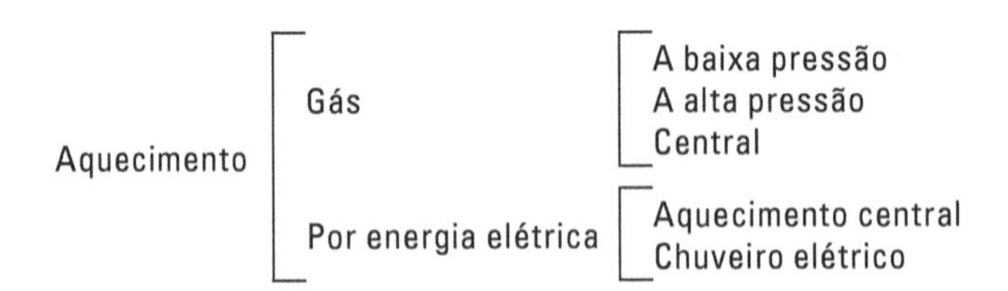

O sistema a gás com baixa pressão usa um aquecedor adequado, capaz apenas de fornecer água quente pelo próprio aparelho, não sendo possível distribuí-la por canalização. A sua instalação é simples, porém a solução é incompleta. Devemos ter uma tubulação levando o gás até o local em que será instalado o aparelho (cozinha ou banheiro). No aquecedor entrará o gás e a água, processando-se o aquecimento. As saídas do aparelho são duas: uma superior, por meio de pequeno chuveiro, outra inferior (pequena torneira), destinada a encher a banheira para banhos de imersão. Não podemos ter água quente em qualquer outro aparelho, salvo conduzindo-a por pequena mangueira de borracha ou de plástico ligada à torneira do aquecedor. O gás será normalmente o de rua, isto é, aquele fornecido por canalização pela companhia de gás local.

Com um aquecedor a alta pressão, a solução será mais completa, pois a saída do aparelho se dará por canalização, havendo pressão suficiente para conduzir a água para qualquer aparelho do quarto de banho. Os aparelhos normalmente alimentados serão: chuveiro, banheira, lavatório e bidê, não sendo aconselhável a alimentação da pia da cozinha pela sua grande distância do aparelho.

O gás para esses aquecedores poderá ser o de rua, ou também o liquefeito fornecido em botijões pelas companhias especializadas.

O aquecedor a alta pressão vem munido de um pequeno bico, por onde escapa quantidade mínima de gás; recebe o nome de "piloto" e pode ser mantido sempre aceso quando se abre qualquer torneira, a água circulando pelo aparelho automaticamente acima da saída de gás pelos bicos normais, cabendo ao "piloto" inflamá-lo. Assim, automaticamente o aquecedor se ligará e, durante a noite, porém, convém apagar e fechar o "piloto", já que o aparelho não será usado. Para que o sistema a gás com alta pressão funcione bem, é necessário que haja bom desnível entre ele e a caixa d´água, que deve estar, ao menos, a 4 m acima do nível do piso do banheiro, caso contrário acontecerá um superaquecimento ou o aquecedor se desligará automaticamente por insuficiência de vazão.

O aquecimento central a gás é um sistema altamente dispendioso e deverá ser colocado fora da casa para prevenir acidentes e é uma ampliação do sistema anterior.

O aquecedor central é um aparelho elétrico, geralmente colocado no forro. Contém um pequeno reservatório (50 a 200 litros) devidamente revestido de material refratário para pouca perda de calor. Imerso na água do reservatório existe uma tubo que possui no seu interior uma resistência. Cabe a esta resistência, quando ligada, o aquecimento da água. A água, vindo ao reservatório, entra pela parte inferior do aparelho saindo depois de aquecida pela parte superior.

Dessa forma, só sairá água quente, quando esta puder ser substituída pela mesma quantidade de água fria. Esta condição é necessária para não se queimar a resistência e existe ainda um "respiro" no aparelho com retorno para o reservatório, para evitar explosão no caso de superaquecimento. O aquecedor deverá estar em nível inferior ao reservatório para receber água por gravidade. A Figura 22-9 mostra a instalação de um aquecedor central.

Existem diversas regras para o perfeito funcionamento segurança do aparelho.

1. O tubo alimentador deve servir apenas ao aquecedor, sendo proibido qualquer sangramento para alimentar outro aparelho.

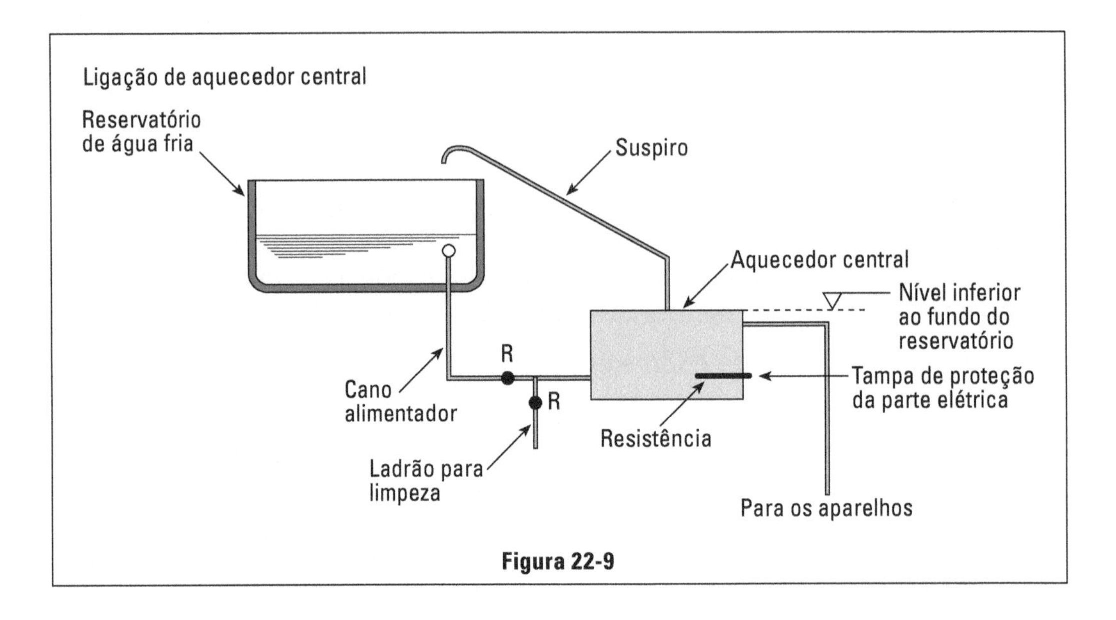

Figura 22-9

2. O aquecedor deve ter seu nível superior abaixo do fundo do reservatório para haver condução de água por gravidade.
3. O tubo alimentador não deve sair do fundo do reservatório, mas sim um pouco acima (± 10 cm.) para não receber impurezas.
4. O ladrão é indispensável para a limpeza do aparelho. Poderá ser ligado ao esgoto ou mesmo descarregar dentro da banheira ou box de chuveiro.
5. A tubulação do respiro não deve ter qualquer válvula, mas sim funcionar completamente aberta para permitir a saída de água pelo aumento de volume na mudança de fria para quente. Serve também para a saída de vapor no caso da água entrar em ebulição. O tubo não deve estar em contato com a água do reservatório, pois, neste caso, haveria retorno por meio de sifão, dando-se o resfriamento da água do aquecedor.
6. O encanamento de distribuição para os aparelhos deverá sempre estar em declive até a saída e nunca em aclive para não haver acumulação de ar dentro dos canos.
7. Em frente a tampa de proteção da parte elétrica, deverá ser fixado espaço suficiente para troca da resistência.
8. Para os aparelhos até 200 litros (domiciliares), o cano alimentar deve serde 1 1/4"; o respiro de 1/2". A distribuição para os aparelhos em 3/4" até 100 litros e 1" de 100 a 200 litros.

Como funcionamento, o aquecimento central constitui a melhor solução para o problema da água quente, porém é entre todos o mais dispendioso, somente ultrapassado pelo custo do aquecimento central a gás, não só pelo custo do aparelho como pela sua instalação, que necessita de muito material (canos e conexões). O consumo de energia é também bastante elevado, caso funcione no máximo de eficiência, que consiste em mantê-lo sempre ligado. O aquecimento da água é lento, gastando cerca de 6 a 8 horas para levar da temperatura ambiente até próximo da ebulição. Este fato faz só ter eficiência se for mantido sempre ligado.

O chuveiro elétrico constitui, entre todas as soluções, a mais precária, porém a mais simples e econômica. Consegue-se comprar ainda hoje um chuveiro por cerca de metade do salário mínimo e sua instalação é econômica. Bastará um ponto de força (220 V) no local e a saída do cano em 3/4".

Aquece-se a água instantaneamente e a maioria dos tipos tem uma saída d´água por um bico, onde se encaixa pequeno tubo plástico capaz de levar água para o lavatório, bidê etc. O chuveiro apresenta ainda o inconveniente de só permitir saída de água em temperatura elevada (+ 40 °C) quando a vazão é pequena. Ficamos, portanto, entre duas alternativas. Pouca água com alta temperatura ou muita água com baixa temperatura. É inegavelmente, em função do baixo custo, uma peça quase que indispensável mesmo nas obras de bom acabamento, como acessório de reserva para uma emergência. Nas obras econômicas, é o único dispositivo que se pode usar para obtermos água quente para banho.

Encerrado o problema da água quente, podemos afirmar que para nossa cidade a melhor solução em obras em que haja verba será:

a. Colocar aquecimento central funcionando para os banheiros e cozinha.

b. Deixar no quarto de banho um terminal de tubo de gás para, numa emergência (racionamento de energia elétrica), ser possível a instalação do aquecedor à gás (alta pressão) sem grandes reformas.

c. Colocar um chuveiro elétrico de emergência para ser usado quando houver qualquer desarranjo no aquecedor central.

Para sanitário de serviço (nas edículas), o chuveiro elétrico será a melhor solução.

Dispositivo de emergência no depósito

Os depósitos devem ter dois dispositivos de emergência, ladrão e saída de limpeza. O ladrão é uma saída na parte superior, acima do nível fixado pela boia, para permitir livre escoamento das águas quando a boia deixar de fechar no ponto fixado. Tal dispositivo evita a inundação do forro e a saída de limpeza deve estar exatamente no fundo da caixa para que por ela escoem os depósitos

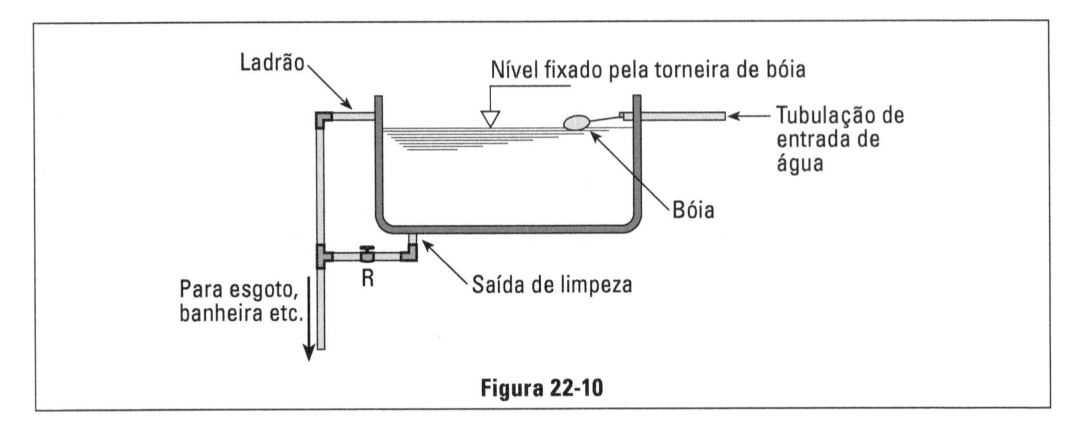

Figura 22-10

de impurezas quando se quer processar a sua limpeza. As duas saídas podem se encontrar, descendo posteriormente pela mesma tubulação, havendo um registro na saída de limpeza. (Figura 22-10) Essa tubulação poderá descarregar no esgoto, na banheira, ou box do chuveiro.

Quando se processar a limpeza da caixa, todos os registros de outras saídas devem estar fechados para que as impurezas só escoem pelo ladrão. Logo após terminada a limpeza, devemos descarregar água por todos os aparelhos e torneiras para que alguma impureza que porventura tenha penetrado nos encanamentos não tenha tempo de constituir depósito.

Aparelhos sanitários

Com a permanente tentativa de aumentar a comodidade domiciliar, paulatinamente vai crescendo a quantidade dos aparelhos sanitários e o aperfeiçoamento de seu acabamento. À variedade hoje existente é bem grande e a seguir faremos um resumo dos mais utilizados, incluindo peças diversas de embutir.

Nos banheiros	Nas cozinhas	Nas edículas	Acessórios
Banheira	Pia com tampo	Tanque	Saboneteiras
Lavatório	Filtro		Porta-papel
Bacia			Porta-toalha
Bidê			Cabides
Chuveiro			Armário com espelho
Ducha			Exaustor
			Depósito de água

A escolha do tipo e modelo destas peças cabe ao arquiteto, decorador ou proprietário e ao engenheiro construtor interessa apenas a definição do que foi escolhido para que possam ser deixados instalados as partes de alimentação e esgotamento das peças.

Os diâmetros da rede de alimentação das peças é definido no projeto de instalação hidráulica, bem como a posição de saída das tubulações.

A seguir, a título informativo, forneceremos os diâmetros das tubulações de alimentação dos principais aparelhos que utilizam água em uma residência.

Peças	**Diâmetros**
Bacia sanitária com válvula de descarga	1 1/2
Bacia sanitária com caixa de descarga	1/2
Lavatório	1/2
Bidê	1/2
Chuveiro	1/2 ou 3/4
Pia de cozinha	1/2 ou 3/4
Tanque	1/2
Filtro	1/2
Torneira de jardim	1/2
Ramal domiciliar para pequenas residências	3/4

Indicamos também, para cada aparelho, a altura de saída da tubulação de água que os alimentam em referência ao piso acabado.

Peças	**Altura dos tubos de alimentação (metros)**
Bacia sanitária	0,30
Lavatório	0,60
Banheira	0,50
Bidê	0,15
Chuveiro	2,10 a 2,30
Pia de cozinha	1,20
Tanque	1,20
Filtro	1,80
Torneira de jardim	0,75
Caixa de descarga	2,20
Caixa de descarga embutida	1,40
Caixa acoplada	0,30
Resgistro para banheira	0,80
Registro para chuveiro	1,30
Válvula de descarga tipo "Hydra"	1,10

Indicaremos também as distâncias recomendadas para as tubulações de esgotamento medidas entre o centro das tubulações e parede acabada no caso de bacias sanitárias e bidês e do centro da tubulação de esgotamento e o piso acabado, no caso de pias de cozinhas e lavatórios.

Peças	Distâncias recomendadas
Bidê	0,20
Bacia sanitária com válvula de descarga	0,26
Bacia sanitária acoplada	0,22
Bacia sanitária com caixa de descarga	0,10
Bacia sanitária com caixa de descarga embutida	0,10
Lavatório	0,50
Pia de cozinha	0,50 a 0,70
Tanque	0,50

Banheiras

Com a diminuição da área dos banheiros, as banheiras ficaram por um tempo fora de moda, pois ocupavam grande espaço e eram caras e pesadas, sendo fabricadas em ferro esmaltado.

Com advento das banheiras munidas de dispositivos de hidromassagem e fabricadas em fibras de vidro, o que as tornou mais leves, são hoje as banheiras novamente muito utilizadas entre nós, adquirindo um status de nobreza entre as peças sanitárias.

Fabricadas para ficarem embutidas na alvenaria, que lhe servirão de apoio, possuem as mais variadas dimensões, sendo suas formas usuais a retangular e as redondas.

A entrada de água pode ser por uma simples torneira, nos casos de maior economia, ou por misturadores combinados ao ladrão lateral, dispositivo usado quando temos água quente e fria havendo dois registros colocados na parede para controlar mais ou menos entrada de cada uma das águas, conseguindo assim a temperatura requerida. A saída da água se dará por válvulas no fundo e como emergência pelo ladrão lateral para que não haja extravasamento quando se esquece a entrada aberta.

Lavatórios

São peças fabricadas em louça esmaltada, em cores e modelos variados, sendo recomendável a escolha da peça a ser instalada pelo catálogo dos fabricantes ou em grandes lojas que normalmente possuem um show-room daquilo que comercializam.

Existem dois tipos básicos de lavatório: com ou sem coluna.

A coluna é uma peça acessória para melhorar o aspecto e esconder o sifão de descarga, normalmente utilizado em obra de melhor padrão.

A entrada de água pode se dar por torneira ou por misturador. O misturador só será necessário quando houver água quente para que se possa combiná-la com a fria, conseguindo uma temperatura que nos agrade.

A descarga do aparelho se dá por meio de válvula com sifão.

O sifão do lavatório tem a utilidade de oferecer mais uma garantia contra a vinda de mau cheiro de esgoto, serve para facilitar o desentupimento e a limpeza dos canos de descarga, bem como evitar que certas peças miúdas (alianças, anéis, brincos) desapareçam diretamente pelo esgoto. Antigamente eram fabricados com tubos de chumbo, que amassavam com facilidade, hoje são de latão niquelado ou PVC.

Os lavatórios sem coluna são fixados às paredes por meio de parafusos com bucha. Finalmente, temos a opção de usar tampos de mármore nas pias dos banheiros e nelas serão embutidos as cubas (pias) apropriadas. Nesses casos, é costume aproveitar-se o espaço interior para armário.

Bacias

Fabricadas em louça esmaltada, são também encontradas nas mais variadas cores e modelos. Diferenciam-se também pelo tipo de alimentação utilizada, podendo ser válvula de descarga (Hydra), caixa acoplada ou caixa de descarga. Sem dúvida, o tipo mais utilizado em residências é o da válvula de descarga tipo "Hydra".

Já em caso de edifícios, temos as bacias acopladas como sendo a melhor aceitação, em razão da redução no custo da tubulação de alimentação, pois necessitam de um diâmetro menor, e atendem muito bem no aspecto de funcionamento, manutenção e estética.

Bidê

Assim como as banheiras, os bidês acabaram caindo em desuso, porém passaram de uns tempos para cá a ocupar lugar de destaque nos banheiros.

Podem ser instalados com ou sem ducha. Nas instalações sem ducha, deverão ter dois registros fixados ao próprio aparelho, dando descargas laterais de água quente e fria.

Quando instalado com ducha, aparece um terceiro registro que, ao ser aberto, permite a saída de água por crivo no fundo da peça. O esgoto tem saída pelo piso.

Chuveiros

Atualmente é de preferência instalado em cabine apropriada. O hábito anterior era colocá-lo sobre a banheira e que tornava os banhos perigosos e incômodos, pois havia o grande risco de escorregamento com quedas, às vezes sérias. Além disso, após o banho, o piso do quarto estava completamente molhado, exigindo uma limpeza. À cabine apropriada dá-se o nome de "box" e suas paredes laterais não precisam ir até o forro.

Geralmente alcançam altura de 1,80 m até 2,00 m e estas paredes podem ser de tijolo em "espelho" revestido de ambos os lados com azulejos ou similares. Para economia de espaço, podemos projetá-las também em caixilhos finos de ferro com vidros fantasia ou lisos, além da economia de espaço, tem a vantagem de embelezar a peça tornando-a clara.

Quando circulam água quente e fria, o chuveiro terá dois registros para se poder controlar a temperatura do banho. Se, além disso, queremos instalar chuveiro elétrico, deverá estar numa canalização independente com o seu próprio registro.

Quando temos apenas água fria e desejarmos instalar chuveiro elétrico aconselhamos a deixar também duas canalizações independentes, cada uma com seu próprio registro, porque o chuveiro elétrico permite a passagem de pouca água, sendo desagradável tomar um banho frio nestas condições. Desta forma, ficará um chuveiro para banho frio e outro elétrico para banho quente.

O "Box" é também lugar mais aconselhável para a colocação da torneira de lavagem, assim chamada àquela que fica a cerca de 0,50 m acima do piso e destinada a encher baldes etc. para lavagem do quarto de banho. Com essa torneira, evitamos que empregadas domésticas tentem encher baldes nos aparelhos, danificando-os.

Duchas

Diferenciam-se dos chuveiros somente pela pressão da água, sendo mais um "termo" do que um equipamento. Normalmente chamados assim, os chuveiros de apartamentos com aquecimento a gás e que, pela altura do edifício, possuem uma grande pressão de saída.

Pia com tampo

A pia é uma bacia de ferro esmaltada, adquirida juntamente com a banheira, já que as mesmas fábricas as produzem. Podem ser simples ou duplas e estas serão duas bacias justapostas, em tamanho variável, controladas por número. Assim, as pias simples obedecem aproximadamente às seguintes medidas internas livres:

n. 0 – 44 × 27 × 14 (comprimento, largura, altura)
n. 1 – 47 × 30 × 14
n. 2 – 56 × 33 × 14
n. 3 – 65 × 40 × 16
n. 4 – 69 × 42 × 18

Para residências econômicas é hábito o emprego da pia n. 1 e para obras melhores a n. 2.

As pias estarão adaptadas na mesa de mármore e granilito, cujos detalhes já foram abordados em capítulo anterior.

Alimentação de água para pia é feita por torneira normalmente fixada à parede, podendo, no entanto, em acabamento de luxo, sair da própria mesa. A água deverá vir diretamente da rua para evitar que seu uso descarregue a água do depósito mais indicada para ser consumida pelo quarto de banho. Havendo verba, será preferível a colocação de mais uma torneira, alimentada pelo depósito, para ser usada na emergência de falta de água na rede.

Quando há água quente corrente vinda de aquecimento central, teremos uma torneira da rua e um misturador para controlar as saídas de água quente e fria do aquecedor central e depósito, respectivamente. Cada uma das saídas terá seu próprio registro. Pode-se ainda empregar cubas ou pias de aço inoxidável com válvulas tipo americano. Essas válvulas são de grande abertura e munidas de passador que veda a passagem de impurezas de grande porte para não entupir o esgoto.

As próprias mesas poderão ser também de aço inoxidável.

Filtro

O local preferido para sua colocação será a copa ou a cozinha, igualmente sobre a pia, para, no caso de vazamento, a água cair sobre ela sem molhar o chão. Deve-se escolher entre a vela comum ou a filtragem rápida (sistema "Lete"). No primeiro caso, deve-se deixar a torneira em posição elevada, pois sob ela ficarão a vela e a talha de barro (esta geralmente sobre uma pedra de mármore).

A Figura 22-11 mostra as suas alturas detalhadas. A Figura 22-12 mostra a canalização correspondente. Caso se pretenda colocar a vela de filtragem rápida, não há necessidade da pedra e o ponto para a torneira será bem baixo (cerca de 0,40 m sobre a mesa da pia) e será também munido de registro próprio.

Tanque

Geralmente é colocado nas edículas, sob um telhado para abrigo, nos casos de maior economia. Atualmente, com a tendência do uso cada vez mais popular das máquinas de lavar, costuma-se preparar um compartimento apropriado para conter não só a máquina como também o tanque.

Este lugar chamado lavanderia será também incorporado à edícula juntamente com garagem, dormitório de criada e sanitário e poderá estar anexo à cozinha. Quanto ao modelo e acabamento dos tanques, já foram abordados em capítulo anterior (louça esmaltada). Na lavanderia, a tubulação necessária consiste de uma ou duas torneiras no tanque, ponto de água para ligação de máquina com respectivo ponto de esgoto no piso para descarga. No caso de uma só torneira no tanque, esta virá da rua. Caso a verba permitir, poderá deixar mais uma torneira com água proveniente do reservatório secundário (sobre o forro da edícula).

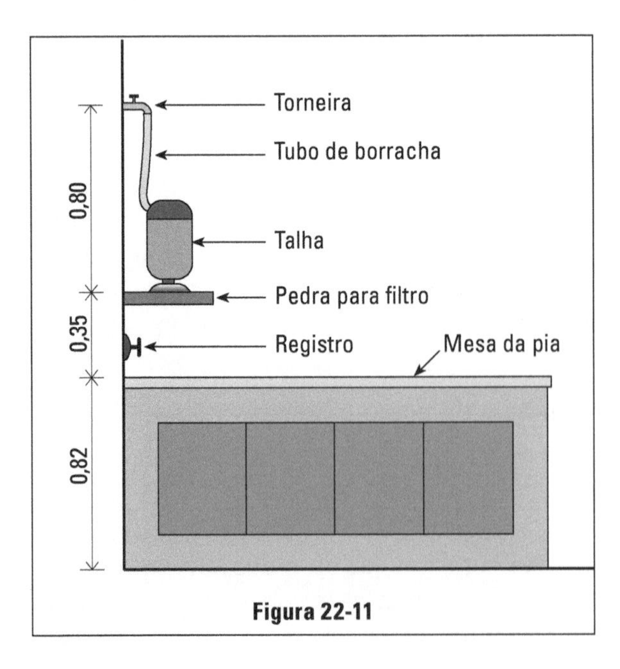

Figura 22-11

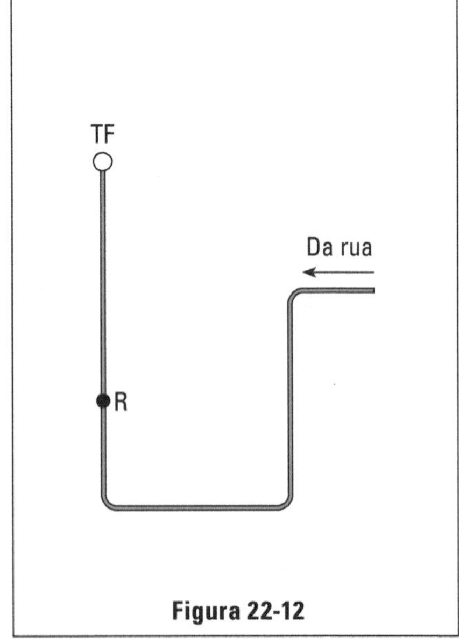

Figura 22-12

Saboneteiras

São peças de louça de 15 × 15 cm, encaixando-se exatamente no espaço de um azulejo. Existem também as meia-saboneteiras de 15 × 7,5 cm, que podem ser com alça ou sem alça e são encontradas nas cores exatas dos aparelhos sanitários. É hábito aplicá-las nos locais:

a. no “box”: saboneteira com alça
b. na banheira: saboneteira com alça
c. no bidê: meia-saboneteira
d. na pia da cozinha: saboneteira sem alça

Porta-papel

Também fabricados em louça na cor dos aparelhos, ocupam espaço de um azulejo para serem embutidos no seu lugar (15 × 15 cm). São colocados ao lado das bacias. Os porta-papéis podem ser também metálicos com portinhola basculante (metal niquelado).

Porta-toalhas

São munidos de dois suportes de louça para serem embutidos nas paredes: entre os dois suportes será fixada uma barra (madeira esmaltada ou plástico).

São normalmente colocados:

a. ao lado dos lavatórios
b. próximo do box
c. próximo da banheira
d. ao lado das pias na cozinha
e. ao lado dos tanques

Apenas o emprego indicado no item a é comum; os outros itens já constituem emprego supérfluo.

Cabides

Também são encontrados de louça na cor dos demais aparelhos. Poderão ser de um ou dois ganchos. Devem ser colocados ao lado do “box” e da banheira, podendo ainda substituir os portas-toalhas ao lado dos lavatórios sempre que não houver espaço para colocá-los.

Armário com espelho

Sobre os lavatórios deveremos ter um espelho. É aconselhável que este espelho seja a porta de um pequeno armário, sempre necessário para guarda dos utensílios usados no lavatório: pastas, escovas, pentes etc. São encontrados em dois tipos principais: popular e de luxo. O tipo popular é menor e de menor preço. O de luxo vem munido de espelho de cristal em dimensão maior do que a do armário, fazendo este não ser visível. Podemos ainda encontrar espelho simples sem armário.

Existem modelos compostos de 3 partes sendo as duas laterais móveis, permitindo a vista da parte posterior da cabeça. É hábito colocar-se dois pontos de luz, um de cada lado do espelho. Para isso existem arandelas especiais em louça da cor dos espelhos.

Exaustor

É um ventilador colocado na parte externa da cozinha ou do banheiro, cujas pás levam o ar interno para o exterior. Quando colocado na cozinha, de preferência estará sobre o fogão e com o seu eixo 0,50 m abaixo do forro. Neste caso, destina-se a expulsar o ar impregnado de gordura e odor de alimentos. Pode ainda ser colocado no quarto de banho para apressar a renovação de ar. A sua eficiência é relativa, não sendo certo esperar milagres de tal aparelho. Certas pessoas esperam que, com a colocação de exaustor na cozinha, as suas paredes nunca fiquem impregnadas de gorduras e isso não se dá, pois o exaustor apenas diminui tal inconveniente.

Depósitos de água

As caixas d'água a serem colocadas no forro poderão ser construídas no local ou adquiridas já prontas. A feitura na própria obra só se justifica quando seu tamanho for muito grande (acima de 3,00 m^3) ou quando a queremos de alguma forma especial. A tarefa, para construí-las, é grande e, principalmente, difícil será a sua impermeabilização. Para os casos comuns, é preferível adquiri-la já pronta.

Podem ser de concreto ou de cimento amianto e estas só devem ser usadas até o limite de mil litros. Para capacidades iguais ou superiores, damos preferência ao concreto.

Firmas especializadas que as vendem encarregam-se de colocá-las no local exato requerido, no forro. Para isso possuem maquinário (roldanas, cordas etc.) e pessoal apropriado. Nos domicílios, é aconselhável evitar o projeto de caixas excessivamente grandes, sendo preferível a substituição por duas ou três menores trabalhando em comunicação. Desta forma, não concentraremos cargas e não criaremos problemas de impermeabilização e estabilidade, que crescem em progressão geométrica com o tamanho do depósito.

Tubos e conexões

Rede de água fria e água quente

Os tubos e conexões para as redes de distribuição de água fria e água quente em instalações prediais são de PVC, cobre e ferro galvanizado.

Os materiais mais utilizados nas tubulações e conexões, atualmente, são água fria: tubos de PVC e água quente: cobre. Existe uma linha de tubos de PVC para água quente, porém é pouco utilizada.

Já no sentido inverso, é grande o número de construtoras, principalmente de edifícios, que utilizam o cobre na rede de distribuição de água fria. São empresas que, ao computarem seus custos, pensam mais à frente, prevendo o custo de manutenção, que, no caso do cobre, é bem menor, muito embora inicialmente se requeira um investimento maior.

Tubos de PVC

O PVC rígido é sem dúvida o material mais utilizado nas redes de distribuição de água fria e isso se deve principalmente às seguintes vantagens apresentadas por esse produto: facilidade na instalação, alta resistência à pressão, leveza, facilidade de manuseio e transporte, durabilidade, menor perda e baixo custo.

Tubos de PVC para instalações prediais de rede de água fria são da "linha hidráulica". Esses tubos, de acordo com o tipo de junta, classificam-se em roscáveis e soldáveis.

O sistema de junta roscável permite a montagem e a desmontagem das ligações,sem danificar os tubos ou conexões, permitindo o reaproveitamento de todos os materiais utilizados em outras instalações.

O sistema de junta soldada não permite o reaproveitamento das conexões já utilizados, porém tem a vantagem de transformar a junta em ponto de maior resistência e proporcionará maior rapidez nas instalações pela facilidade de execução, dispensando qualquer ferramenta especial, tal como morsa ou tarraxa.

Os tubos e conexões de linha hidráulica, soldada, são fabricados na cor marrom, nos diâmetros nominais 20, 25, 32, 40, 50, 75, 85 e 110 mm e são fornecidos em barras de 6 m de comprimento, com ponta e bolsa. (Figura 22-13)

Os tubos conjuntos roscados são fabricados na cor branca, nos diâmetros 1/2", 3/4", 1", 1 1/4", 1 1/2", 2", 3"e 4". (Figura 22-14)

Além da qualidade dos tubos, outro fator determinante nas instalações hidráulicas é a correta execução das juntas. A execução das juntas em tubos de PVC é bastante simples em ambos os casos.

Os tubos deverão ser cortados com serras de ferro ou serrotes de dentes pequenos, perpendicularmente ao eixo longitudinal, para que sejam evitados vazamentos provocados pela má condição de soldagem ou dificuldade de corte da rosca. Após o corte dos tubos, as pontas deverão ser chanfradas com uma lima, sendo esta uma operação simples e muito importante para se obter um melhor resultado.

Para a execução de uma junta soldada, são necessários os materiais a seguir:

- serra de ferro ou serrote
- lima meia cana murça
- lixa de água n. 320
- pincel
- papel absorvente
- solução limpadora
- solda para PVC

Entende-se por solda para PVC basicamente um solvente com pequenas quantidades de resina PVC.

A solda, quando aplicada na superfície dos tubos, dissolve uma pequena camada de PVC e, ao encaixarem-se as duas partes, ocorre a fusão das duas paredes, formando um único conjunto.

Após devidamente esquadrejadas e chanfradas, deve-se tirar o brilho das paredes da bolsa e da ponta a serem soldadas para facilitar a ação da solda; isto é feito utilizando-se a lixa d'água n. 320 (fina). Tomar o cuidado de não lixar

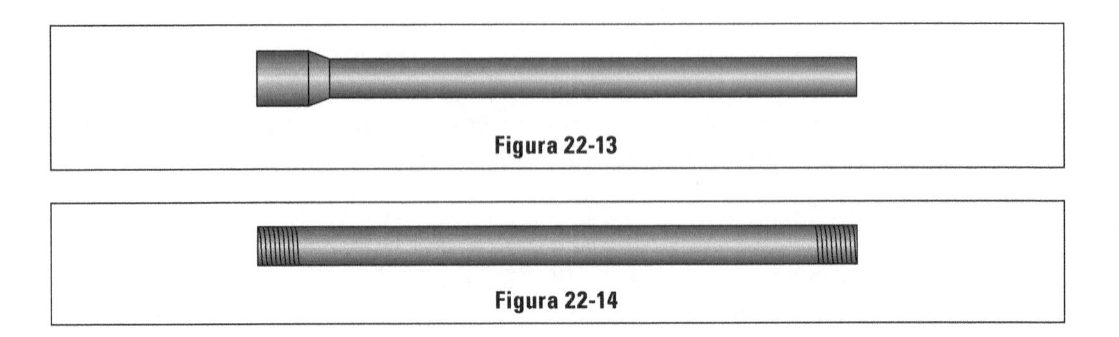

Figura 22-13

Figura 22-14

demais, para se evitar qualquer folga entre os tubos e as bolsas. Limpar a ponta e a bolsa dos tubos, utilizando solução limpadora, que elimina impurezas e gorduras. A solda deve ser aplicada com pincel chato, nunca com as mãos, em uma camada bem fina e uniforme na bolsa, cobrindo seu terço inicial e outra camada um pouco mais larga na ponta do tubo. Encaixar em seguida a ponta da bolsa até que se atinja o seu fundo, sem torcer.

O excesso de solda deverá ser removido, utilizando papel absorvente.

Deixar secar para utilizar o tubo.

Para instalar os registros ou conexões galvanizadas na linha de PVC, utiliza-se o adaptador ou luva SRM (rosca metálica) nas peças metálicas, utilizando-se a fita veda-rosca para garantir a estanqueidade. Em seguida, soldam-se as pontas dos tubos nas bolsas das conexões de PVC.

Importante: nunca fazer a operação inversa, pois o esforço de torção pode danificar a soldagem, ainda em processo de secagem. Nunca se deve utilizar a tubulação imediatamente e se deve aguardar ao menos uma hora para a secagem.

No caso de submeter a tubulação ao teste de pressão, aguardar pelo menos 24 horas.

No caso da junta roscada, são necessários os seguintes materiais:

- serra ou serrote
- morsa
- tarracha para tubos de PVC
- fita veda-rosca

A preparação do tubo é igual àquela para juntas soldáveis.

O tubo deve ser fixado na morsa, evitando o excesso de aperto que pode causar deformação do tubo e consequentemente defeito na rosca.

Em seguida, encaixar a tarraxa pelo lado da guia na ponta do tubo. Faça uma pequena pressão na tarraxa, girando uma volta para a direita e meia volta para a esquerda. Repetir essa operação até atingir o comprimento da rosca desejada, sempre mantendo a tarraxa perpendicular ao tubo.

Para garantir a vedação e também evitar o enfraquecimento do tubo, o comprimento da rosca no tubo deve ser ligeiramente menor que o comprimento da rosca interna nas conexões. Antes da utilização, a rosca deve ser limpa e envolta com fita veda-rosca.

Conexões de PVC

As conexões tem a finalidade de possibilitar a união de tubos de diâmetros iguais ou diferentes e tubos de materiais diferentes. As mais utilizadas são:

– redução	– cruzeta	– luva	– curva	– joelho
– cap	– junção	– nípel	– plugue	– tê

Adaptador

Conexão que permite a conexão de tubos PVC soldável aos registros, válvulas e torneiras.

Redução

Conexão que permite unir dois tubos ou peças de diâmetros diferentes.

Cap (terminal)

Conexões utilizadas nas pontas dos tubos por não possuírem continuidade ou ligações com outros tubos, peças ou conexões.

Cruzeta

Conexão que permite a união de quatro tubos de mesmo diâmetro.

Curva

Conexão que permite o desvio da direção de um tubo a 45° ou 90°.

Diferenciam-se dos joelhos porque possuem um raio de curva maior, também chamados de "curva larga".

Joelho

Conexão que permite o desvio de direção de tubo, a 45° ou 90°, também conhecidos como cotovelos ou curvas.

Junção

Conexão que permite a instalação de um tubo, derivando-se do tubo principal a 45°.

Luva

Conexão que permite unir dois tubos de diâmetros iguais.

Nípel

Conexão que permite a união de dois tubos ou peças de mesmo diâmetro com rosca interna.

Plugue

Conexão que permite a vedação temporária da ponta de um tubo ou de uma conexão. As conexões existem nos tipos roscáveis.

A seguir alguns detalhes de ligação de aparelhos ou peças das redes de água fria.

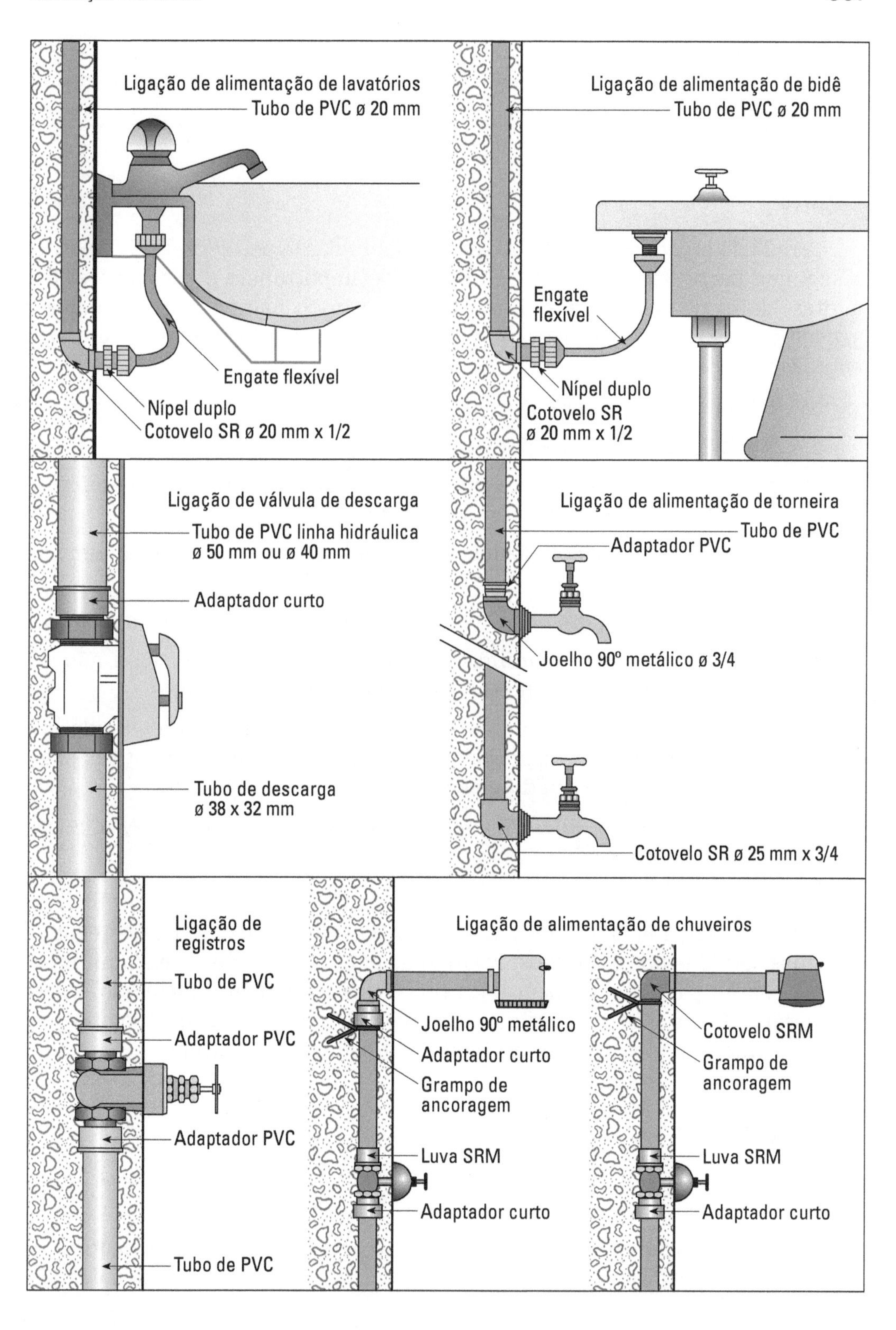
Ligação de alimentação de lavatórios
Tubo de PVC ø 20 mm
Engate flexível
Nípel duplo
Cotovelo SR ø 20 mm x 1/2
Ligação de alimentação de bidê
Tubo de PVC ø 20 mm
Engate flexível
Nípel duplo
Cotovelo SR ø 20 mm x 1/2
Ligação de válvula de descarga
Tubo de PVC linha hidráulica ø 50 mm ou ø 40 mm
Adaptador curto
Tubo de descarga ø 38 x 32 mm
Ligação de alimentação de torneira
Tubo de PVC
Adaptador PVC
Joelho 90º metálico ø 3/4
Cotovelo SR ø 25 mm x 3/4
Ligação de registros
Tubo de PVC
Adaptador PVC
Adaptador PVC
Tubo de PVC
Ligação de alimentação de chuveiros
Joelho 90º metálico
Adaptador curto
Grampo de ancoragem
Luva SRM
Adaptador curto
Cotovelo SRM
Grampo de ancoragem
Luva SRM
Adaptador curto

Os tubos de cobre e ferro galvanizado são trabalhados da mesma forma que os tubos de PVC roscáveis e as conexões existentes apresentam a mesma utilização das de PVC.

Esgoto

A rede de esgoto destina-se ao recolhimento das águas servidas e constitui a segunda parte deste capítulo. É de grande importância e responsável por muitas "dores de cabeça" em obras prontas, quando não foi bem planejada e executada. Os fatores positivos, que influem numa rede bem planejada e executada, são:

1. Bitola suficiente para a vazão de cada ramal e tronco.
2. Declividade adequada para um bom escoamento.
3. Eliminação, tanto quanto possível, de curvas acentuadas (preferível substituir curva de 90° por duas de 45°).
4. Abundância de caixas de inspeção e desentupimento (principalmente nas curvas).
5. Base sólida para apoio das manilhas ou tubos, evitando recalques.
6. Boa conexão entre manilhas ou tubos para que vazamentos não venham a solapar o terreno sob a rede provocando recalques.
7. Se possível, colocação de caixa de gordura na cozinha, evitando que substâncias gordurosas ocasionem depósitos nas paredes internas dos tubos diminuindo seu diâmetro.
8. Uso adequado da rede, não jogando nas bacias panos ou papéis que não sejam os apropriados.

A rede é formada de ramais e um tronco. Os ramais se destinam a recolher as águas servidas dos aparelhos, levando-as para o tronco; este encaminha-se para a rua ou para o poço negro. Os tubos que compõem o chamado esgoto secundário e os tubos de ventilação são de PVC. Já os tubos que compõem o esgoto primário poderão ser de PVC ou manilha de barro vidrado.

Tubos de PVC

Os tubos de PVC utilizados para o sistema de esgoto são chamados "Linha Sanitária".

Os tubos e as conexões da linha sanitária permitem a opção ao sistema de acoplamento, como: juntas elásticas com anel de borracha ou junta soldada.

A bolsa de dupla atuação (Figura 22-15), nos diâmetros 50, 75 e 100 mm, permite escolher o sistema de junta mais adequado para cada situação da obra.

Os tubos são fabricados com ponta e bolsa ou ponta lisa, na cor branca, nos comprimentos de 3 a 6 m.

A canalização de esgoto, que vai desde a ligação ao coletor público ou da fossa séptica até as caixas sifonadas, tem o nome de "esgoto primário", que é caracterizado pela existência de gases provenientes da decomposição dos materiais orgânicos.

O restante dos trechos, depois de cada caixa sifonada até os pontos de ligação às peças sanitárias ou aos ralos secos, tem o nome de "esgoto secundário", em que não há a presença de gases.

A função da caixa sifonada ou sifão na instalação sanitária é a de desconectar o esgoto secundário do esgoto primário por uma camada d'água, a qual chamamos de "fecho hídrico".

Para garantir a eficiência do sistema, a lâmina de água do fecho hídrico deve ter no mínimo 5 cm. (Figura 22-16) A importância do sistema de ventilação numa canalização é a de proteger o fecho hídrico, compensando a variação de pressão interna da tubulação. (Figura 22-17)

Quando ocorre a descarga de um vaso sanitário, movimenta-se grande volume de água em alta velocidade. Isto pode provocar a formação de um vácuo

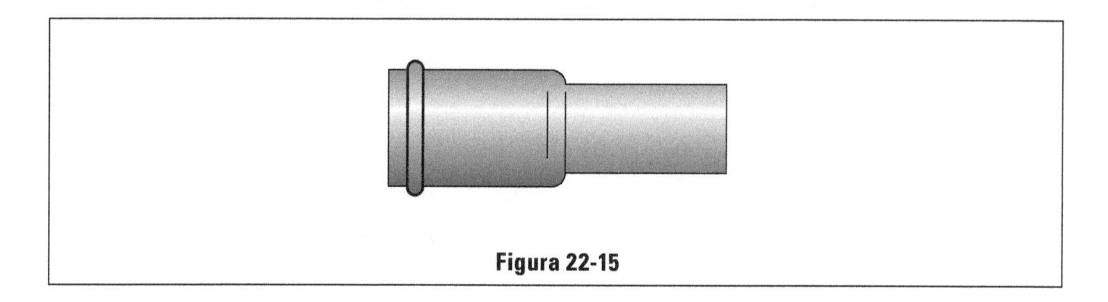

Figura 22-15

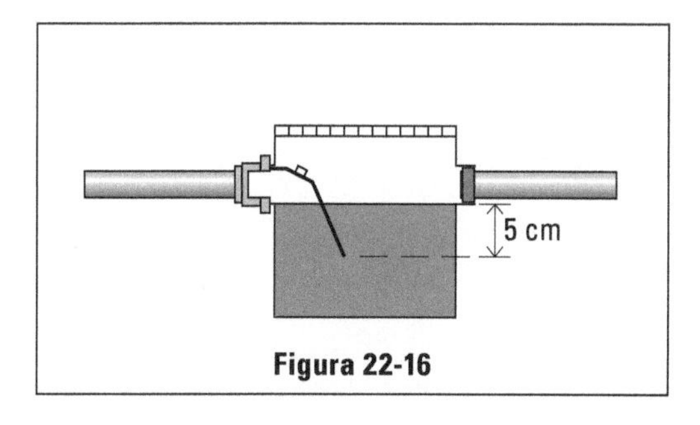

Figura 22-16

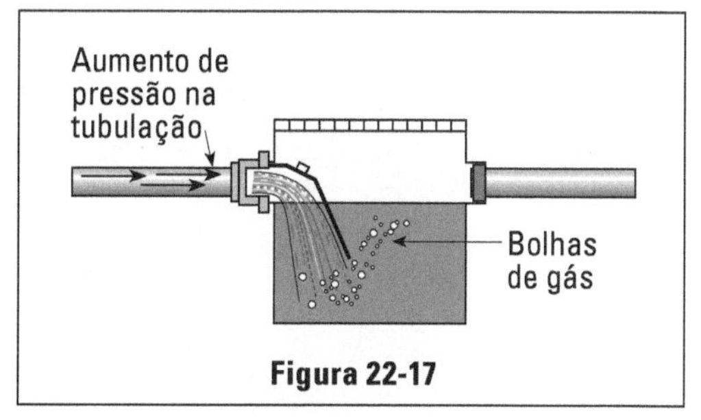

Figura 22-17

na tubulação e pode succionar a água do fecho hídrico. Outro fenômeno é o rompimento do fecho hídrico por aumento de pressão interna da tubulação. (Figura 22-18)

Para evitar esses problemas desagradáveis, é necessário uma tubulação que compense essas variações de pressão interna. A tubulação que protege o fecho hídrico tem o nome de "tubulação de ventilação" e deve estar localizada entre o vaso sanitário e a caixa sifonada. (Figura 22-19)

Para permitir a opção entre a junta soldada e a junta elástica, a bolsa dos tubos sanitário e das conexões destinadas a esgoto primário, apresenta dois diâmetro internos. Na extremidade inicial, numa faixa de 3 cm, o diâmetro é menor e no meio desta área existe um sulco para alojar o anel de vedação.

No fundo da bolsa, o diâmetro é um pouco reduzido e se destina a utilização da junta soldada. A escolha do sistema de junta é feita de acordo com sua preferência, porém, em certos casos, exige-se a junta elástica, tais como:

- coluna de ventilação
- coluna para captação de águas pluviais

São esses locais que sofrem grandes variações de temperaturas e a consequente movimentação da tubulação ou ponto de concentração dos esforços. Nunca se deve utilizar os dois sistemas de juntas numa mesma bolsa. O preparo do tubo, bem como a execução de juntas soldadas, seguem o descrito no item de água fria visto anteriormente.

Para a execução da junta elástica, são necessárias os seguintes materiais:

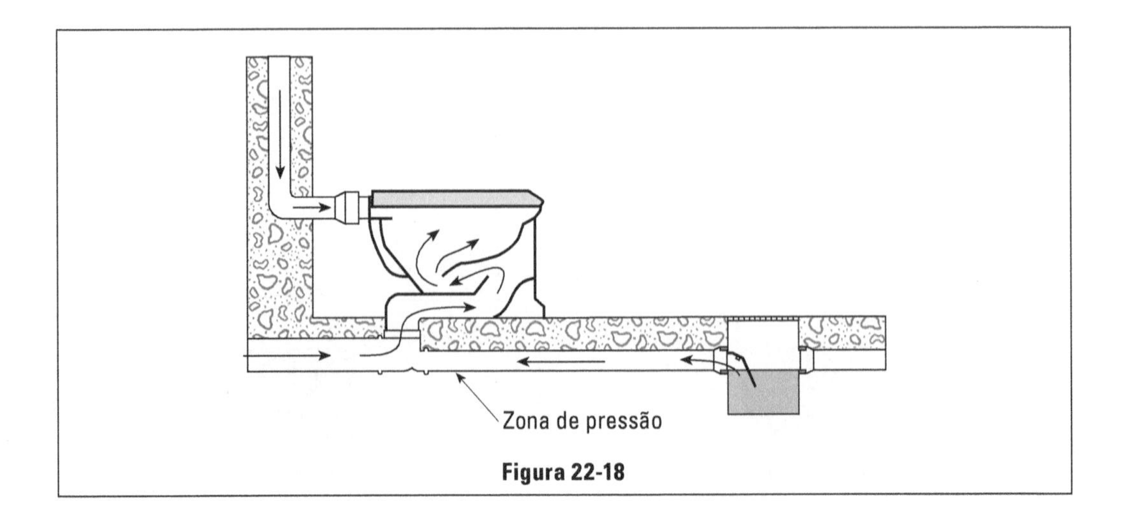

Figura 22-18

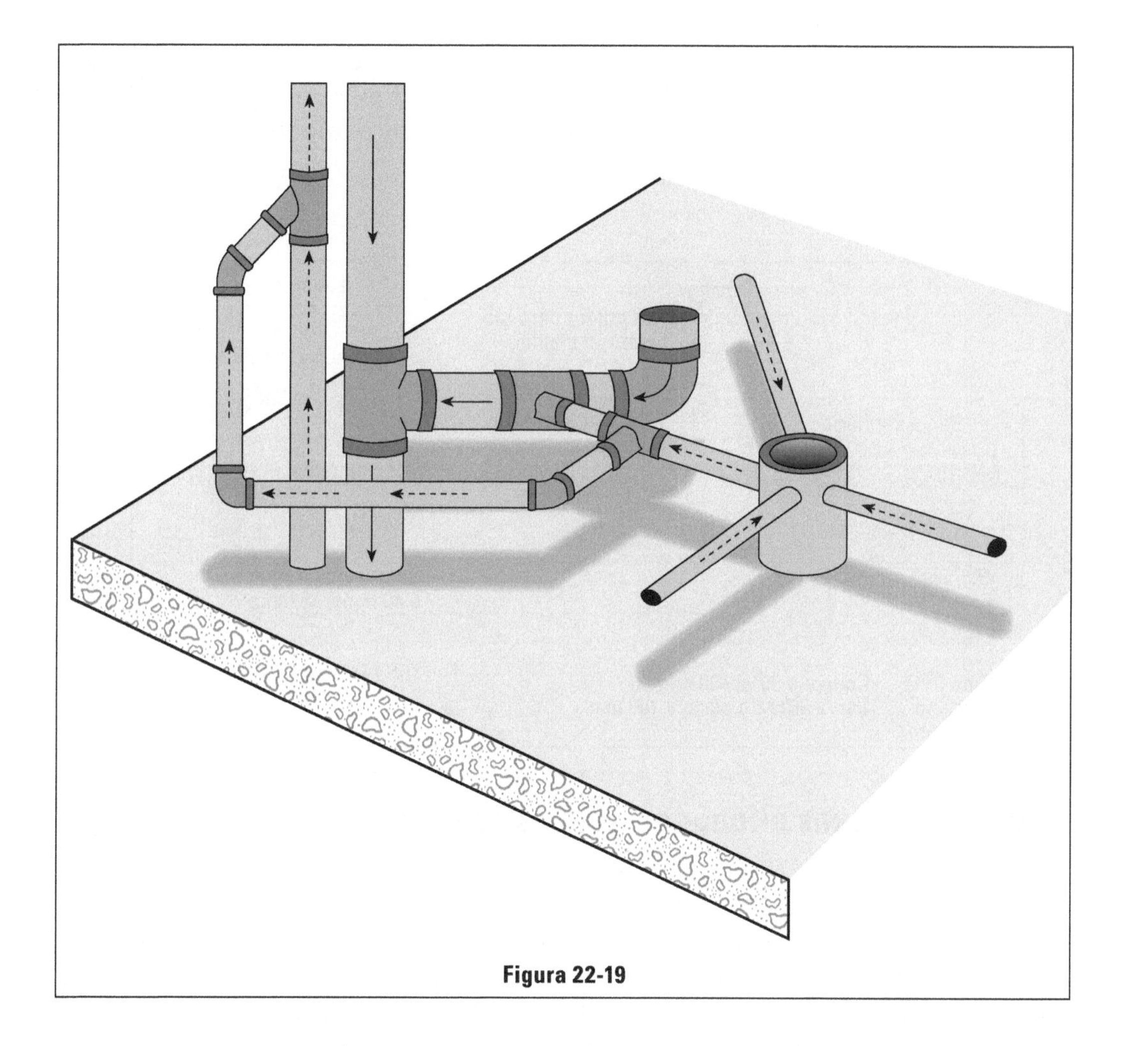

Figura 22-19

- serra ou serrote
- lima meia-cana murça
- anel de borracha
- pasta lubrificante
- estopa ou pano

Depois do preparo dos tubos, deve-se limpar com uma estopa a ponta e a bolsa dos tubos, especialmente o sulco de encaixe do anel de borracha.

Em seguida marcar na ponta do tubo a profundidade do encaixe, colocando-se corretamente o anel de borracha no sulco da bolsa do tubo. Aplicar uma camada de pasta lubrificante na ponta do tubo e na parte visível do anel de borracha.

Introduzir a ponta do tubo, forçando o encaixe até o fundo da bolsa, depois recuar o tubo, aproximadamente 1 cm, para permitir eventuais dilatações. Não deixar esta folga se a instalação for feita em dias muito quentes.

A seguir, alguns detalhes de ligações de esgoto e de peças sanitárias.

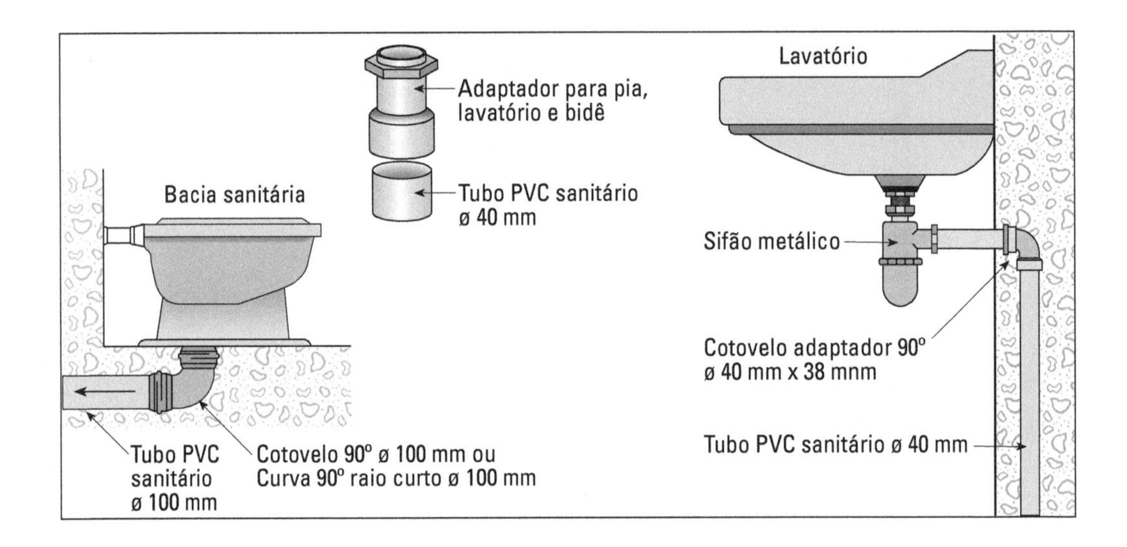

Conexões, caixas sifonadas, ralos sifonados, caixas secas e ralos secos

Caixa sifonadas

São caixas projetadas com a finalidade de coletar o esgoto do bidê, lavatório, banheiras e ralos, ou seja, o esgoto secundário, conduzindo o para a tubulação do esgoto primário.

São compostas de uma peça chamada de corpo, um anel de fixação do porta-grelha e a grelha. (Figura 22-20)

A saída em bolsa das caixas elimina o uso de uma luva quando da sua interligação com o ramal de esgoto. O sifão, que é ligado à saída da caixa, é dotado de um plugue para inspeção e limpeza eventuais.

Com a variedade existente de diâmetro de saída, altura e diâmetro de corpo, além do número de entradas, é possível escolher o tipo de caixa que seja mais adequada à instalação que se quer atender.

Por questões práticas, o diâmetro de saída da caixa sifonada poderá ser o mesmo do ramal de esgoto a ela conectado.

Quanto ao número de entradas, poderá optar-se pela caixa de uma, três ou sete entradas, dependendo do número de aparelhos que para ela irão contribuir.

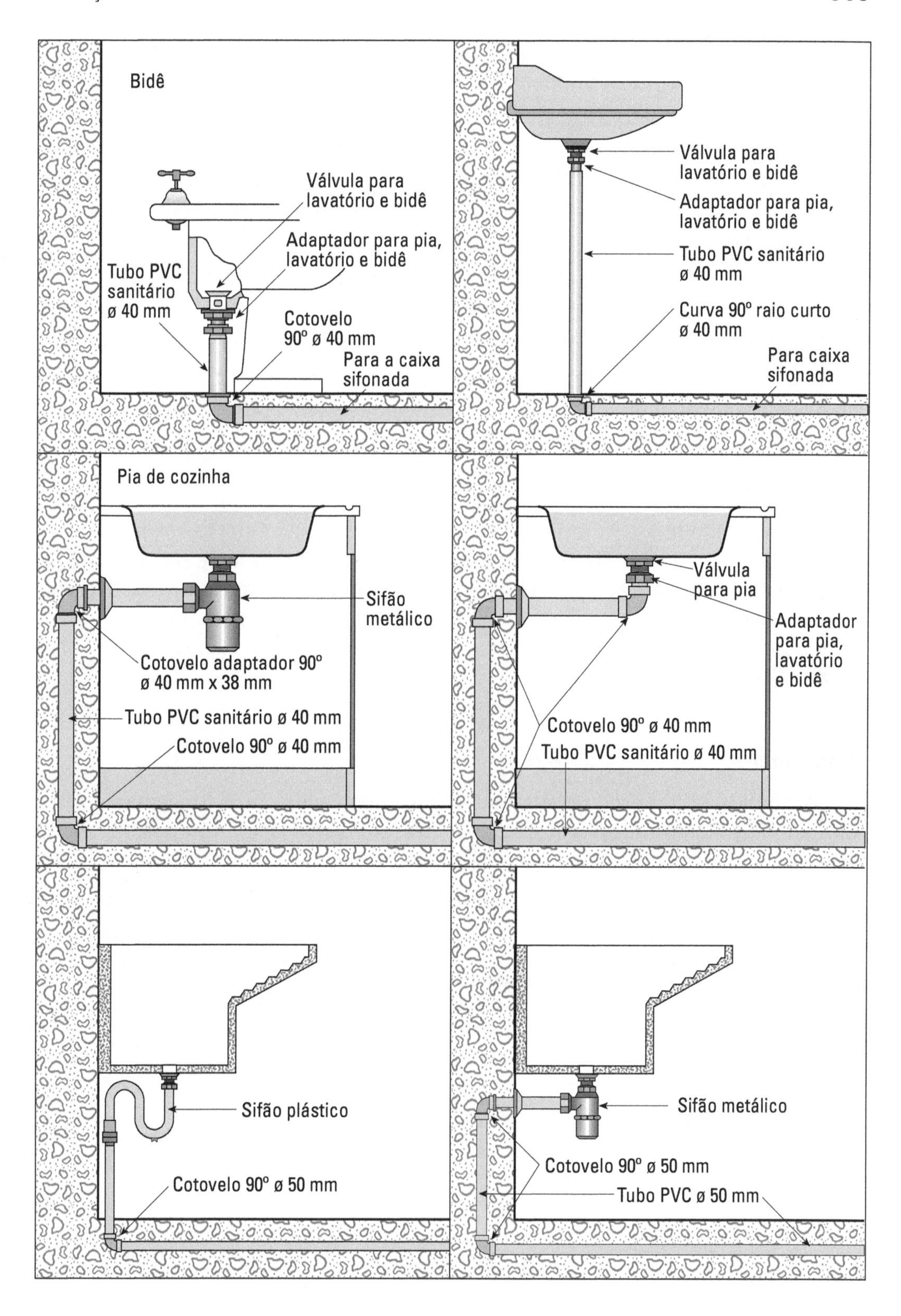
Bidê
Válvula para lavatório e bidê
Adaptador para pia, lavatório e bidê
Tubo PVC sanitário ø 40 mm
Cotovelo 90º ø 40 mm
Para a caixa sifonada
Válvula para lavatório e bidê
Adaptador para pia, lavatório e bidê
Tubo PVC sanitário ø 40 mm
Curva 90º raio curto ø 40 mm
Para caixa sifonada
Pia de cozinha
Sifão metálico
Cotovelo adaptador 90º ø 40 mm x 38 mm
Tubo PVC sanitário ø 40 mm
Cotovelo 90º ø 40 mm
Válvula para pia
Adaptador para pia, lavatório e bidê
Cotovelo 90º ø 40 mm
Tubo PVC sanitário ø 40 mm
Sifão plástico
Cotovelo 90º ø 50 mm
Sifão metálico
Cotovelo 90º ø 50 mm
Tubo PVC ø 50 mm

Evidentemente que por questões práticas, mesmo que a instalação possua três ou menos aparelhos, pode-se adotar a caixa de sete entradas para facilitar a escolha da melhor posição de cada uma das ligações dos ramais.

Para a abertura dos furos de entrada das caixas, utiliza-se uma furadeira elétrica ou manual, fazendo furo ao lado de furo. O arremate final se faz com uma lima meia-cana. Não se deve abrir os furos dando pancadas com martelo ou usando fogo.

Como nas construções geralmente não se consegue determinar com exatidão a altura final do piso acabado, tanto nos casos de lajes rebaixadas como nos de forro falso, é necessário o uso de prolongamento.

Para a instalação do prolongamento, corta-se a peça na medida necessária e substitui-se o anel de fixação que acompanha a caixa sifonada por ele.

Ralos sifonados

Os ralos sifonados foram projetados para captar as águas provenientes de chuveiros e lavagem de pisos. Quando existir a possibilidade de retorno dos gases para o interior da residência, originando o mau cheiro característico, torna-se necessário que o ralo seja conectado a uma caixa sifonada. Por sua vez, as tubulações de esgotos devem ser conectadas diretamente à atmosfera por tubos de ventilação. (Figura 22-21)

Ralos secos

A finalidade, emprego e instalação de ralos secos são as mesmas do ralo sifonado explicado anteriormente. No entanto, o ralo seco não possui o sifão

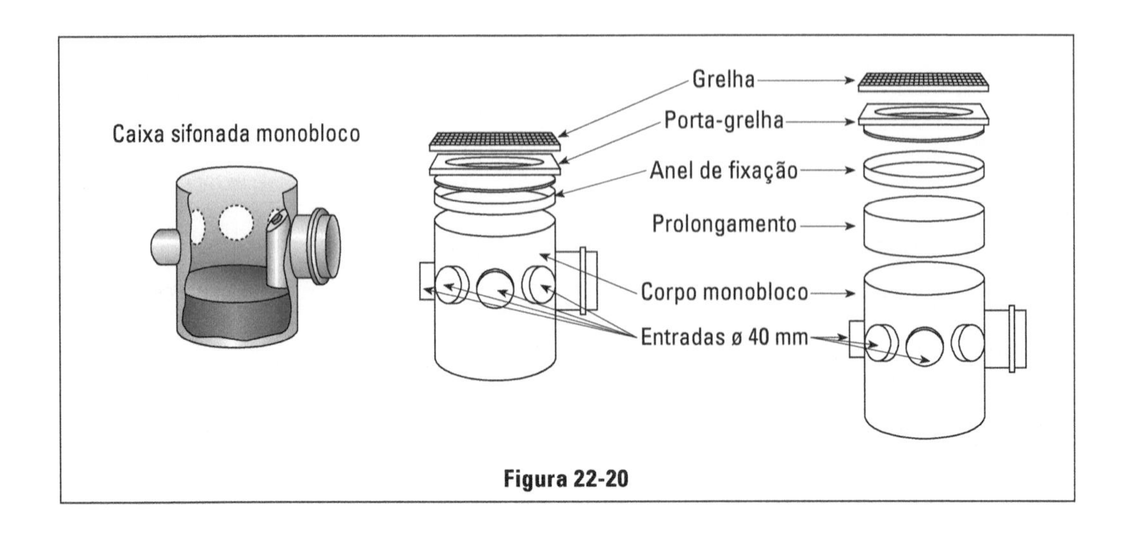

Figura 22-20

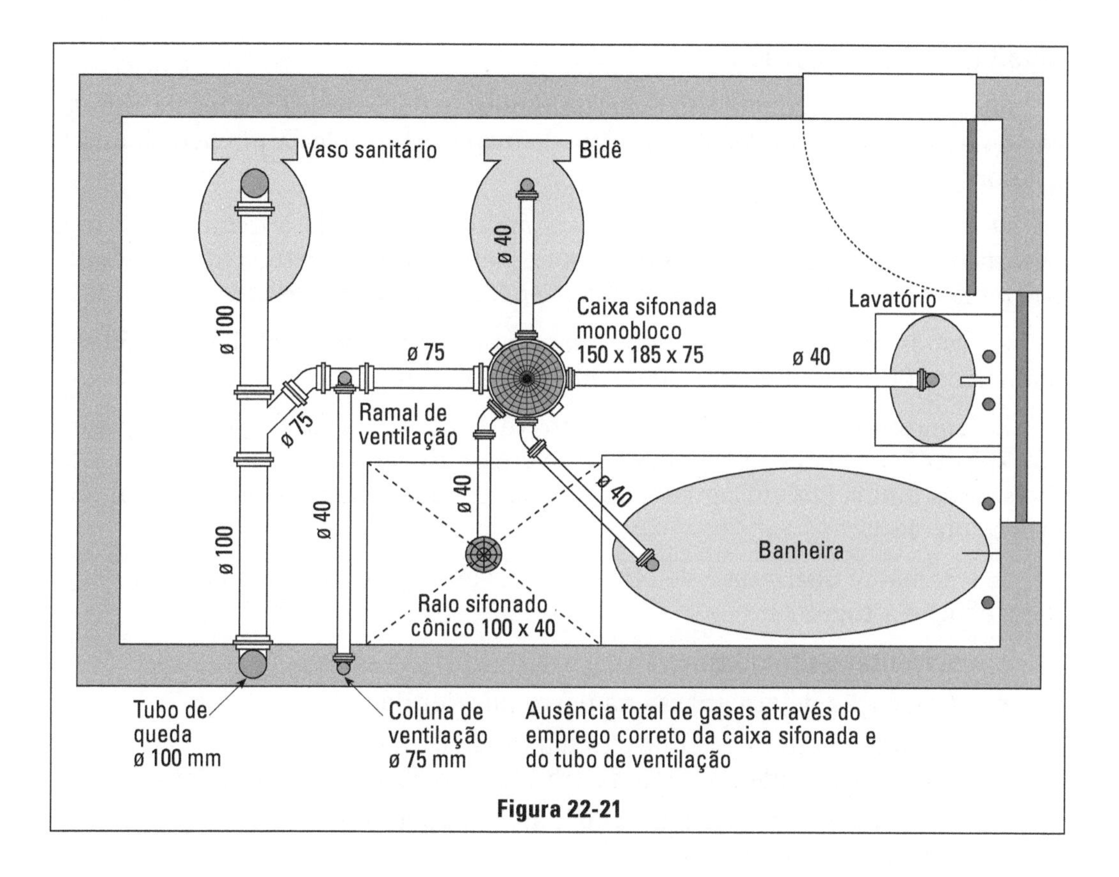

Figura 22-21

de proteção interna. Por não serem sifonados, não ocorre acúmulo de água no seu interior, o que facilita a sua utilização para a coleta de águas de terraço ou áreas de serviço, permitindo um rápido escoamento das águas.

Caixas secas

As caixas secas têm a mesma função das caixas de areia, ou seja, coleta águas de pisos, terraços ou tanques, enquanto ocorre a deposição de sólidos no seu fundo.

A sua ligação, quando feita no esgoto primário, deve ser por meio de uma caixa sifonada (no caso de box de banheiro).

Para a coleta de águas pluviais, nunca se deve conectar a saída da caixa seca à rede de esgotos e sim às tubulações próprias para recolherem as águas de chuvas.

Agradecemos a Brasilit S.A. e Tubos e Conexões Tigre pelas informações prestadas.

Manilha de barro vidrado

Os tubos de barro vidrado eventualmente podem ser utilizados na tubulação de esgoto primário que liga a caixa de inspeção ao coletor público chamado coletor predial. (Figura 22-22)

Os tubos cerâmicos são fabricados com argila, fazendo a manilha ser uma peça rígida, não ocorrendo o problema de deflexão ou achatamento sob carga. São muito resistentes ao ataque químico e possuem grande resistência à abrasão.

Os tubos podem ser fabricados em comprimentos de: 1,00, 1,25 e 1,50 m e diâmetros 100, 150, 200, 250, 300, 350, 375, 400 e 450 mm.

As conexões e peças fabricadas são: tê, junção, curva longa, curva, selim 90°, selim 45°, redução, luva, curva 90° e curva 45°. Os tubos são do tipo ponta-bolsa e as juntas podem ser executadas nas modalidades com argamassa, com asfalto ou elástica.

A argamassa utilizada é de cimento e areia no traço 1:3, sendo a sequência de execução a seguinte:

- Assentamento do tubo.
- Colocação de argamassa na parte interior da bolsa.
- Encaixar o tubo seguinte, tomando-se o cuidado de deixá-lo alinhado e na declividade prevista, retirando-se o excesso de argamassa.
- Preencher com argamassa as partes superiores e laterais das bolsas, retirando-se o excesso.

As juntas de asfalto são executadas da seguinte maneira:

- Encaixar o tubo na posição correta.
- Envolver interiormente a bolsa com corda alcatroada.
- Na ponta do tubo fazer um "cachimbo de barro" em toda a volta, cuja finalidade é servir de guia para a colocação do asfalto.
- Deixar secar por 30 minutos e, em seguida, a vala poderá ser aterrada. (Figura 22-23)

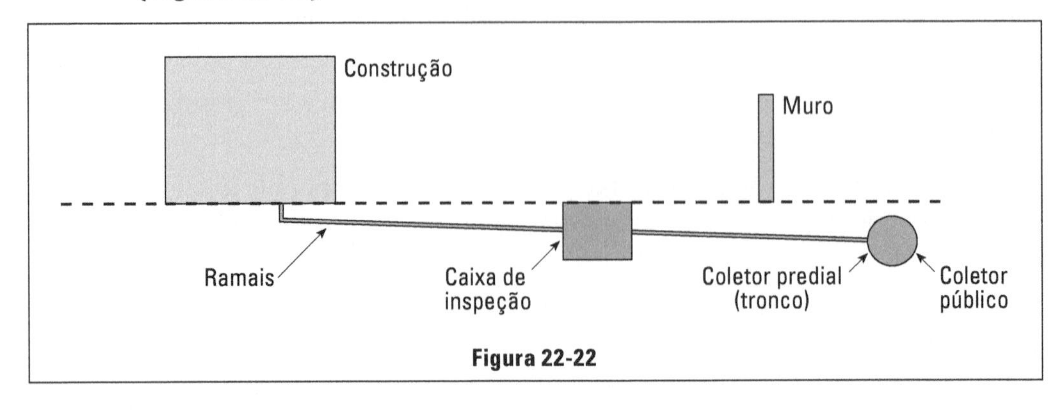

Figura 22-22

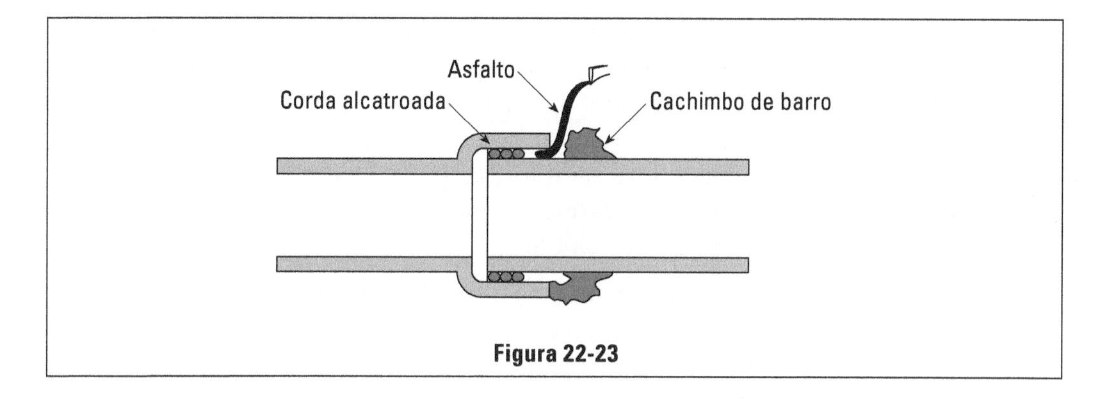

Figura 22-23

A junta elástica é executada utilizando-se um anel de borracha, que é colocado no encaixe existente na ponta do tubo, em seguida, passa-se uma fina camada de lubrificante na superfície interna da bolsa.

Com o tubo já na posição correia, encaixa-se a ponta (com anel de borracha) com a bolsa do outro tubo, aplicando-se uma leve pressão até o total acoplamento dos tubos.

Fossa séptica

Quando a rua não possui rede de esgotos, devemos recorrer ao poço negro para o lançamento das águas servidas. Nesse caso, duas soluções principais poderão ser procuradas:

1. O tronco despeja diretamente no poço negro.
2. O tronco despeja na fossa séptica e a esta se ligará o poço negro.

Antes de indicarmos a melhor solução para cada caso, vejamos o que são poço negro e fossa séptica. Compreende-se como poço negro a simples perfuração do solo, com diâmetro de cerca de 1,00 m, sem qualquer revestimento das paredes laterais ou outra qualquer providência. A profundidade varia de acordo com o nível em que for encontrado o lençol d`água, sendo interessante perfurar até encontrá-lo, desde que não se ultrapasse cerca de 10 m.

As águas servidas que serão lançadas no seu interior infiltrar-se-ão no subsolo, só se dando o preenchimento quando as paredes se tornarem impermeáveis pelos depósitos sólidos. Neste caso, não adiantarão seu esvaziamento por carros-bomba, pois novamente se encherá em poucos dias.

Fossa séptica é um vasilhame de concreto construído de forma especial para que os detritos sólidos fiquem nela depositados, saindo apenas a parte líquida dos esgotos. A parte sólida tenderá a se decompor por fermentação. Desta forma, dificilmente encherá. O enchimento da fossa será constante quando usado por um número de pessoas acima da especificação em função de sua capacidade, pois a parte sólida não terá tempo de fermentar e decompor-se. A Figura 22-24 mostra esquematicamente uma fossa séptica vista em corte. O número de pessoas que a usam dependerá de sua capacidade. Tais dados serão fornecidos pela firma fornecedora, sendo prudente trabalhar com folga para evitar enchimentos constantes; quando tal se der, poderá, mediante retirada da tampa, ser limpa, voltando a funcionar.

Convém ainda dizer que, se lançarmos o esgoto diretamente no poço negro, haverá contaminação do terreno adjacente (raio de cerca de 15 m) e inutilização de poços de água potável. É preciso, pois, verificar se no próprio terreno ou nas construções vizinhas existem poços próximos e, no caso positivo, instalar fossa séptica obrigatorimente.

Mesmo não havendo rede de esgoto da Sabesp, convém, prudentemente, prever o futuro, e, portanto, deixar a saída preparada para ligação.

Funilaria

A funilaria é constituída por peças de folhas de zinco ou cobre que têm a função de recolher às águas de chuva que caem sobre o telhado e conduzi-las até o solo. Encontra-se neste capítulo porque sua mão de obra pertence aos encanadores, tais como os encanamentos de água e rede de esgoto.

As peças que vão sobre o telhado são:

a. calhas
b. águas furtadas
c. rufos

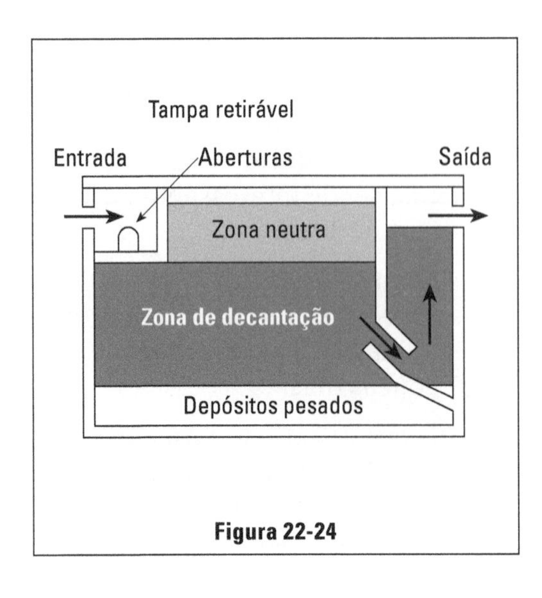

Figura 22-24

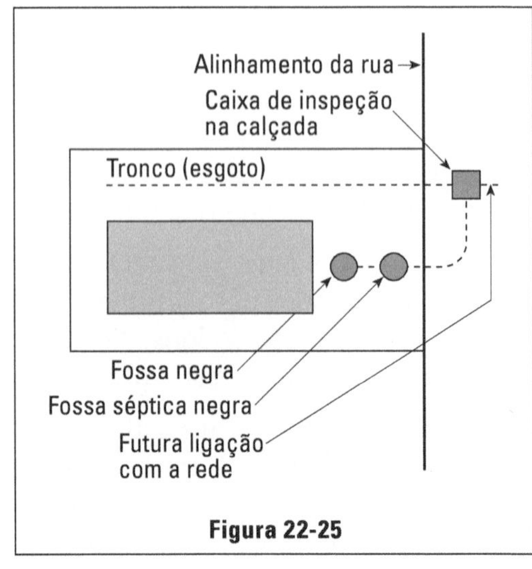

Figura 22-25

As águas recolhidas pelas peças são recolhidas pelos:
d. funis

e levadas até o solo por:
e. curvas
f. condutores.

No solo, as águas poderão escorrer pela superfície ou por canalizações subterrâneas em manilhas de barro.

Calhas

São sempre colocadas na terminação de um painel do telhado e se este painel termina em beiral, a calha será de beiral; se termina em platibanda, a calha será de platibanda; esquematicamente as Figuras 22-26 e 22-27 mostram a posição ocupada pelas calhas de beiral e platibanda, respectivamente.

As calhas de beiral devem ser fixadas na ponta dos caibros e, para melhorar sua estabilidade, são apoiadas em suportes de ferro que vão aparafusados no madeiramento. Podem ser de seção semicircular ou retangular; a preferência dependerá do estilo de construção.

As calhas de platibanda são geralmente de seção semicircular e vão apoiadas de um lado nos caibros e do outro deverão ser embutidas na platibanda para evitar que escorra água entre elas e a parede. Para maior garantia contra a penetração de água neste local, é hábito usarmos uma chapa protetora como aparece na Figura 22-28; a necessidade desta chapa se explica pelo fato do madeiramento do telhado fazer movimentos, arrastando consigo a calha e produzindo falha no seu embutimento na platibanda. A chapa estará desligada do madeiramento, portanto livre de movimentos. São as calhas rufadas.

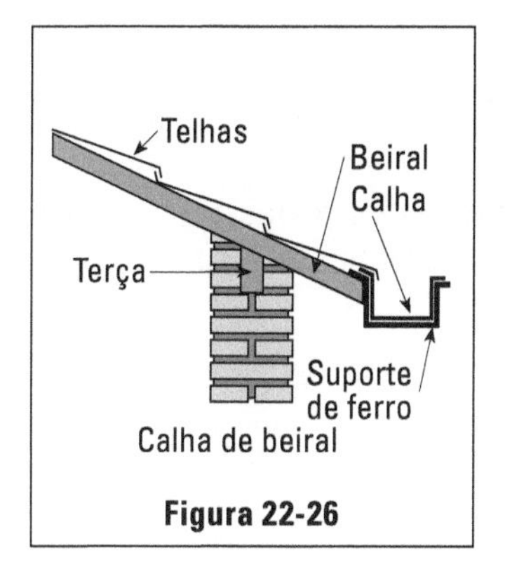

Calha de beiral

Figura 22-26

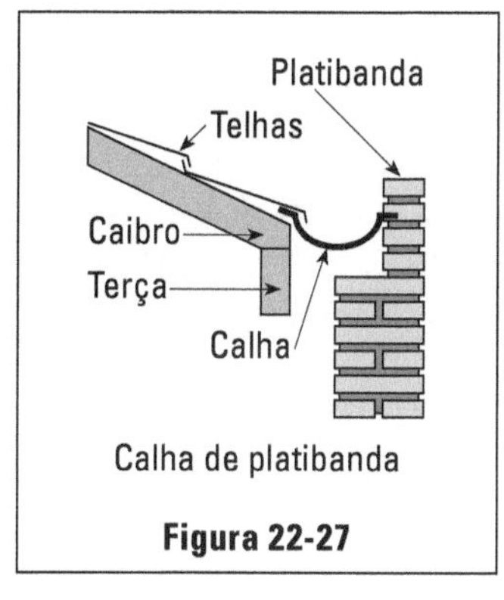

Calha de platibanda

Figura 22-27

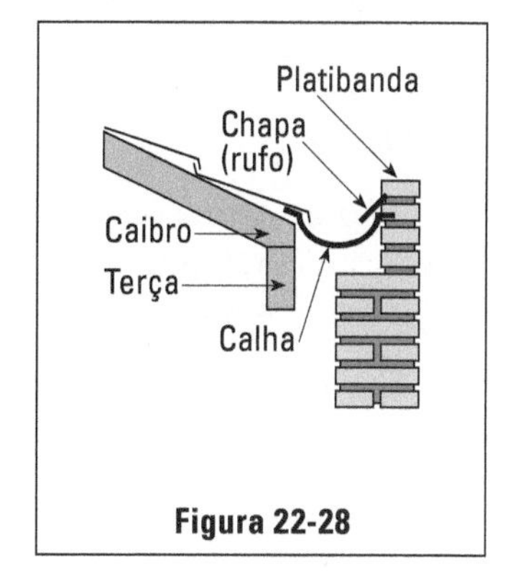

Figura 22-28

As calhas poderão ser de chapa (lata) ou de cobre. As de lata deverão ser constantemente pintadas para evitar a ferrugem; mesmo assim não é possível evitar totalmente sua oxidação tendo, portanto, vida limitada e com bastante cuidado poderão durar aproximadamente 15 a 20 anos. As calhas de cobre não estão sujeitas a oxidação, sendo, portanto, eternas em condições normais, porém seu preço resulta acima do dobro das de lata. O cobre não deve ser usado em obras próximas a indústrias que lancem fumaças ácidas (corrosivas), pois há casos em que a calha se desfaz totalmente quando atacada por tais resíduos.

As espessuras das chapas são especificadas por numeração, sendo a mais grossa de número mais baixo. São utilizadas as de número 20, 22, 24, 26, 28. A número 24 e 26 são as mais indicadas por terem espessura média.

Podem ser preparadas na obra, sendo, nestes casos, adquiridas as chapas e cabendo ao funileiro o seu dobramento. Isso representa uma certa economia, porém a perfeição das peças não é obtida. Firmas especializadas, com maquinário apropriado, poderão nos fornecer as calhas e outras peças de funilaria em pedaços de 3 metros, com acabamento perfeito; caberá então ao funileiro da obra a sua colocação no telhado e a solda das diversas partes. Tal solução é a mais indicada principalmente em calhas de beirais que ficarão à vista.

Águas furtadas

São colocadas nas linhas de igual nome dos telhados (águas furtadas ou rincões). A Figura 22-19 mostra a colocação da água furtada, apoiada nos caibros dos dois painéis que se encontram no rincão. Sua capacidade é reduzida, porque a peça tem grande caimento, já que acompanha a viga. Sua largura depende do caimento do telhado e quanto maior for a rampa menor poderá ser sua dimensão; geralmente varia em torno de 40 cm, 20 de cada lado.

Podem ser também de lata ou de cobre.

Rufos

São as peças colocadas na união dos painéis com as paredes para evitar penetração de água entre a telha e parede (Figura 22-30) e ficam embutidas na platibanda e simplesmente apoiadas nas telhas.

Também podem ser de lata ou de cobre.

Funís

Têm o papel de recolher as águas das calhas nos pontos em que chega uma água furtada, conduzindo-as por meio das curvas para os condutores. A Figu-

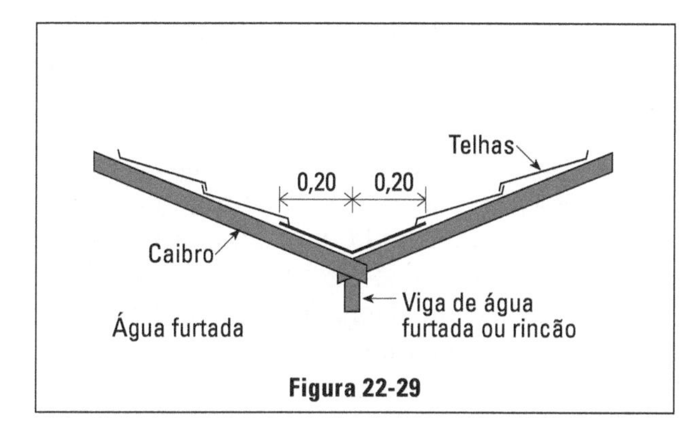

Figura 22-29

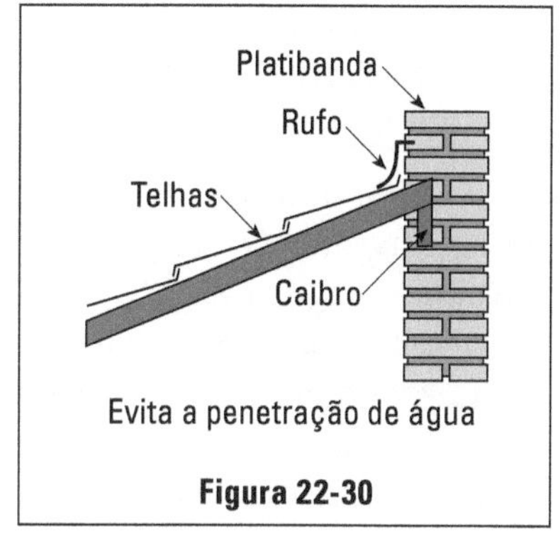

Figura 22-30

ra 22-31 indica essa posição. Nestes locais, a água furtada descarrega grande quantidade de água, sendo necessário o funil para não haver extravazamento.

Curvas

Encarregam-se de levar as águas dos funis aos condutores. (Figura 22-32) O funil, sendo colocado no beiral, está afastado das paredes e os condutores deverão estar encostados a elas, daí a necessidade das curvas.

Condutores

São tubos verticais que levam as águas de chuvas até o solo. Podem ser de folha (lata) ou de cobre quando colocados externamente, de cimento-amianto, de ferro ou PVC quando embutidos nas paredes. O emprego de cobre para condutores é quase que inútil, pois já que são colocados verticalmente não haverá água parada em contato com eles, eliminando o risco da oxidação da lata; é mesmo comum em obras de melhor acabamento aplicarmos o cobre nas calhas, águas-furtadas e a lata nos condutores.

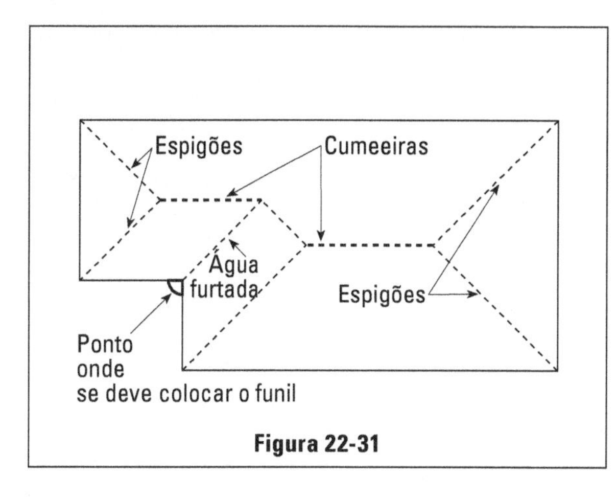

Figura 22-31

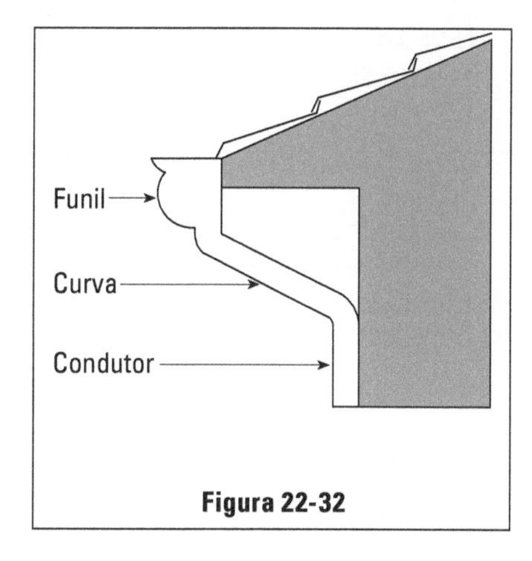

Figura 22-32

Devemos, tanto quanto possível, evitar condutores embutidos, já que em caso de vazamento virão a umedecer as paredes. Só devemos aplicá-los quando a estética não permitir os externos.

Os condutores de chapas (lata ou cobre) poderão ser de seção circular ou retangular. O retangulares serão colocados nas paredes sem qualquer separação (Figura 22-33), sendo sua fixação conseguida com tiras cortadas do próprio material e pregadas na alvenaria. As de seção circular serão colocadas com presilhas de ferro apropriadas, (embutidas na alvenaria) ver Figura 22-34. Essa última colocação é preferível, porque é de melhor acabamento, bem como permite a pintura total do condutor evitando ferrugem.

Escoamento das águas de chuva

As águas pluviais, que são descarregadas pelos condutores, poderão ser levadas à rua pela superfície ou por canalização subterrânea; esta não poderá ser ligada ao esgoto já que a Sabesp não o permite. Em São Paulo, não temos rede mista (esgoto e águas de chuva), daí a proibição. Mesmo que não haja rede de esgoto na rua e que se descarregue em fossa negra, não devemos lançar nela as águas de chuvas, pois trará o enchimento rápido do poço. As canalizações de água de chuva deverão ser descarregadas no meio fio ou em rede de águas pluviais da Prefeitura, caso exista.

Fases do serviço de encanamento

Águas

Os oficiais encanadores comparecem à obra quando a alvenaria estiver pronta para o embutimento dos canos e registros. Nessa ocasião, a caixa d`água deverá ser colocada (antes da cobertura do telhado) e feita a sua ligação aos diversos ramais. Deve-se testar a canalização para verificar possíveis vazamentos antes do revestimento das paredes.

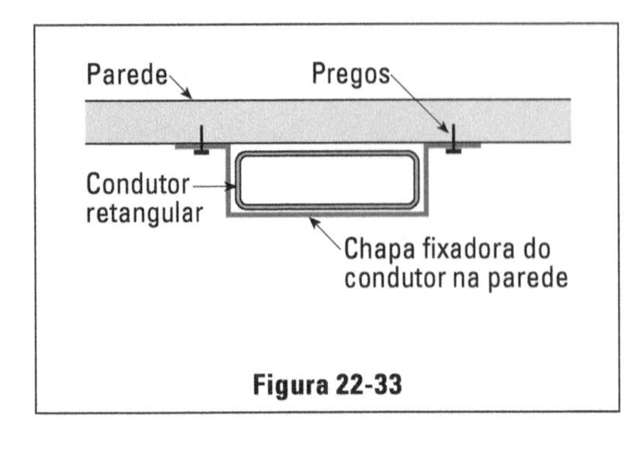

Figura 22-33

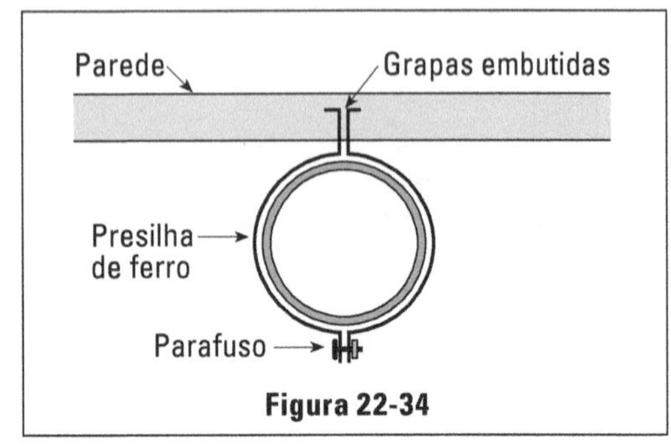

Figura 22-34

A segundo fase de trabalho será quase no final da obra, depois de prontos os pisos para a colocação dos aparelhos.

Esgoto

Deverá ser feito e terminado logo que as paredes forem levantadas e antes da preparação dos pisos, restando para o final das obras apenas a ligação dos aparelhos.

Funilaria

Deverá ser executada depois da cobertura provisória do telhado e antes da definitiva (embasamento das telhas). Os condutores serão colocados provisoriamente, até que, havendo o nível exato dos pisos externos, possam ser definitivamente fixados. A colocação provisória dos condutores é necessária para evitar que as águas do telhado e principalmente dos funis caiam de grande altura e em grande quantidade umedecendo as paredes.

Instalação elétrica e de telefonia

Seguindo a mesma orientação do capítulo anterior, não iremos invadir o vasto campo da eletricidade, mas abordar os pontos que interessam para o engenheiro administrador de uma obra. Este, normalmente, não projeta a instalação completa, mas apenas indica a posição dos pontos luminosos, interruptores, tomadas de corrente e aparelhos especiais, cabendo ao especialista o projeto envolvendo número e distribuição de circuitos, espessura dos fios e diâmetro dos condutos. Após a apresentação do projeto pela firma ou profissional especializado, caberá ao engenheiro administrador uma revisão geral para possíveis sugestões e modificações quanto à execução.

Portanto, o primeiro passo a ser dado nesse setor será a feitura de uma planta na qual se indica a posição dos pontos luminosos, tomadas etc. logo no início da obra para que possa ser projetada a instalação. Essa planta poderá ser a construtiva ou de obra ou, ainda, poderemos elaborar planta especial. Nela, os pontos serão representados por símbolos, que variam de tipos de profissional a profissional. Para pequenas construções, a variedade de símbolos é pequena e permite a indicação dos mais comuns:

a. ponto luminoso no forro
b. ponto luminoso na parede
c. interruptores (a linha pontilhada deverá unir-se ao ponto luminoso correspondente)
d. tomada de corrente (baixa, próxima do rodapé)
e. tomada de corrente (alta, cerca de 1,20 m)
f. ponto para telefone
g. quadro de distribuição
h. ligação em paralelo

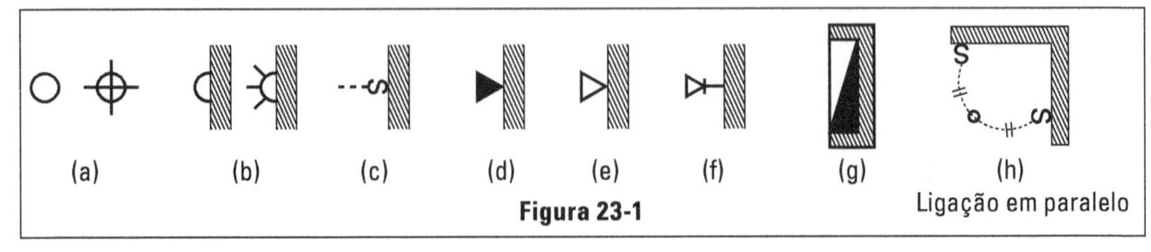

Figura 23-1

Ligação em paralelo

Dois traços paralelos, cortando as linhas pontilhadas que ligam o ponto luminoso aos dois interruptores que trabalham em paralelo.

Posição dos pontos luminosos

Quando colocado no forro de pequena sala, que requer apenas um ponto, estará de preferência no centro. (Figura 23-2) O ponto será marcado pela interseção das duas diagonais. Se a sala pelo seu tamanho requer dois pontos, eles serão de preferência colocados segundo a Figura 23-3. Para colocação de 3 pontos, ver a Figura 23-5 e assim por diante.

Os pontos colocados nas paredes deverão estar sempre acima de 2 m para que o feixe luminoso não ofusque a nossa vista. Quanto à sua distribuição, dependerá das possibilidades encontradas, já que portas e janelas, às vezes, dificultam a simetria, sempre procurada porque dá melhor uniformidade de iluminação. Como exemplo a Figura 23-5 mostra a distribuição numa peça com 4 pontos. Muitas vezes, esses pontos são colocados apenas como efeito

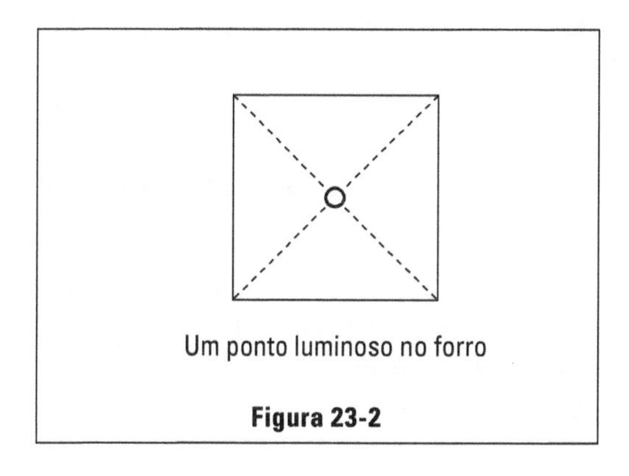

Um ponto luminoso no forro

Figura 23-2

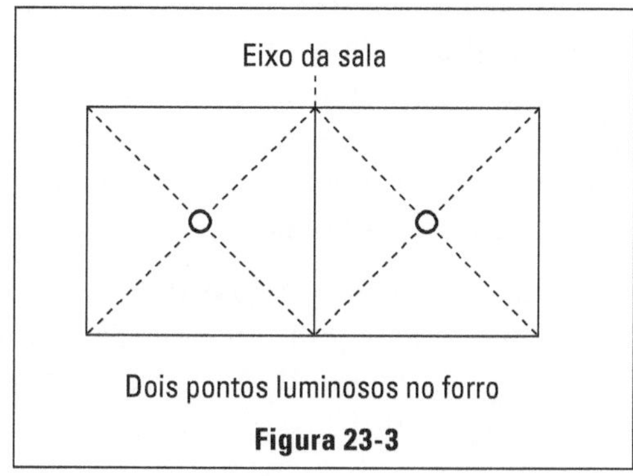

Dois pontos luminosos no forro

Figura 23-3

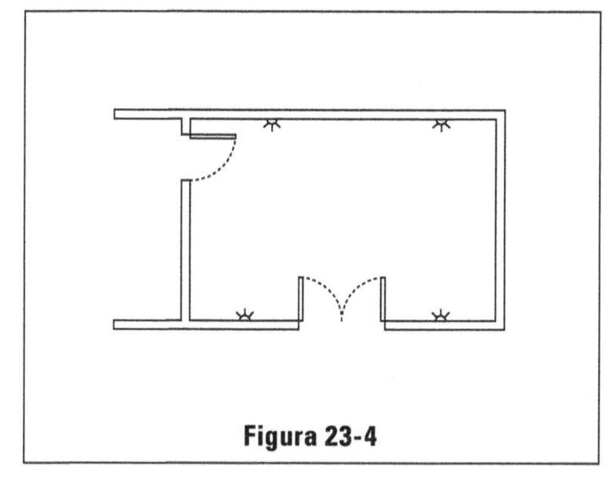

Figura 23-4

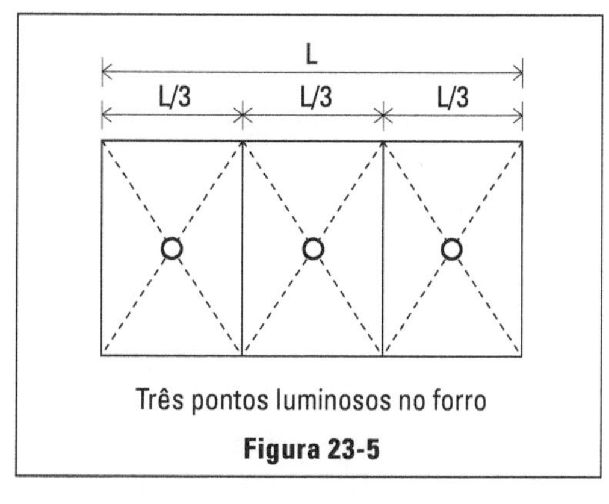

Três pontos luminosos no forro

Figura 23-5

ornamental, ou ainda para servir a determinado fim e não para iluminar toda a sala. Como exemplo de ornamento, temos duas arandelas colocadas ao lado de lareira ou de espelho nas salas de estar e, como exemplo de utilidade restrita, temos a colocação de arandelas ao lado do espelho sobre o lavatório nos banheiros.

Os interruptores deverão ser colocados nas próprias salas e, sempre que possível, próximos à porta de acesso principal. Sempre devemos notar ainda o sentido de abertura das portas para que não fiquem atrás das folhas quando abertas (Figura 23-6). Sempre que numa sala existam duas portas de acesso, sem que se possa caracterizar a de maior uso, devemos recorrer ao sistema de paralelo, pois é bastante incômodo e perigoso atravessar a peça às escuras para encontrar o interruptor no outro extremo. Tal fato é comum nas salas que têm saída para o exterior e ao mesmo tempo acesso para o restante da casa. Vemos na Figura 23-7 que quem vem do exterior poderá acionar o interruptor logo ao abrir a porta de entrada e apagar a luz ao sair da sala usando o outro interruptor, sem a necessidade de atravessar a peça às escuras.

Posição dos interruptores

Os interruptores são colocados a cerca de 1,30 m acima do piso, em caixas de tamanho variável: para um só interruptor a caixa terá 2" × 4", sendo a vertical a maior dimensão. Para conter diversos interruptores, as caixas poderão ter 4" × 4" ou 6" × 4", sendo, neste último caso, a maior dimensão (6") a horizontal; porém é bom que se note que mesmo uma caixa de 2" × 4" poderá conter dois ou três interruptores.

Outra ligação em paralelo muito necessária é, nos casos de sobrados, a iluminação do saguão de escada; deveremos ter dois interruptores ligados em paralelo, um no pavilhão térreo, próximo ao início da escada e outro no pavimento superior, próximo ao fim da escada.

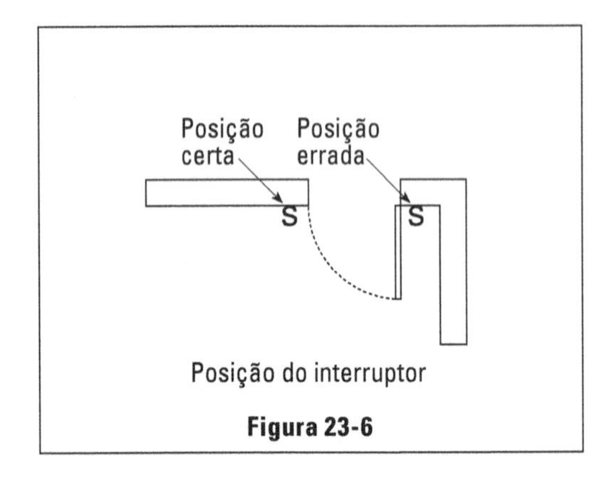

Posição do interruptor

Figura 23-6

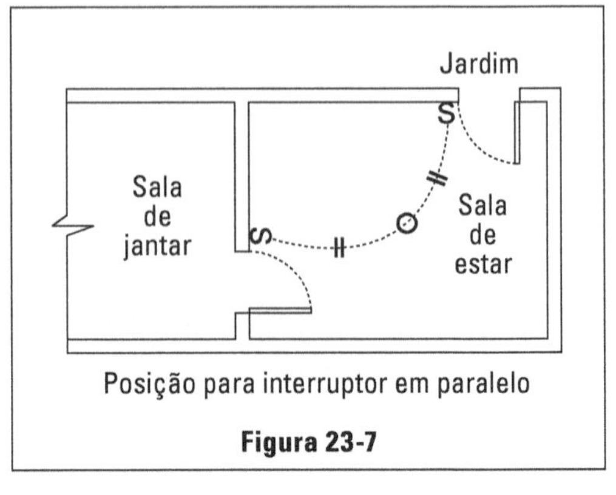

Posição para interruptor em paralelo

Figura 23-7

Quando o número de pontos numa mesma sala for elevado, poderemos com um só interruptor acionar dois ou mais pontos para evitar um número excessivo de caixas.

Posição das tomadas de corrente

A quantidade de tomadas numa mesma sala varia com a verba disponível para o projeto, já que cada extensão a mais representa despesa. No entanto, há um mínimo indispensável que será de uma tomada em cada peça principal (salas, dormitórios, banheiro, cozinha etc.). O número ideal poderá também sofrer variações em função do tamanho e distribuição das salas. Indicaremos, porém, o que nos parece razoável:

1. Dormitórios: uma tomada geral (ligação de enceradeiras, aspiradores etc.); uma tomada para cada cama (mesa de cabeceira, arandelas, rádio).
2. Banheiro: uma tomada geral; uma tomada próxima ao lavatório (máquina de barbear).
3. Saguão de escadas: uma tomada geral.
4. Sala de estar: uma tomada geral; uma tomada para rádio; uma tomada para televisão; uma tomada no interior das lareiras (ligação de aquecedor de ambiente); tomadas facultativas para colocação de abajures.
5. Sala de jantar: uma tomada geral; uma tomada sob a mesa para ligação de aparelhos domésticos (torradeiras etc.) ou de campainha.
6. Cozinha e copa: uma tomada geral; uma tomada para geladeira; uma tomada ao lado do fogão para acendedor; uma ou duas sobre as mesas da pia para ligação de aparelhos elétricos (liquidificadores, batedeiras etc.); uma tomada próxima do forro para exaustor.
7. Demais salas: dormitório de empregada, lavanderia, garagem, lavabos etc.; uma tomada para uso geral em cada peça.

Entrada de luz e força

São necessários dois quadros: um conterá o relógio medidor com a chave geral, outro será o de distribuição em que a entrada geral será subdividida em diversos circuitos. Os dois quadros poderão se transformar num só, contendo relógio, chave geral e chaves de distribuição. Vejamos as diversas alternativas:

a. Quando a construção é no alinhamento da rua, a entrada se dará diretamente ao prédio, por via aérea ou por caminho subterrâneo, dependendo da rede na rua. Em qualquer dos casos, será colocado um quadro o mais próximo possível da porta de entrada, hall, terraço etc. Nesse caso, o quadro poderá ser único e conter todas as chaves necessárias.

b. Quando a construção for recuada, duas soluções poderão ocorrer: se nos conformarmos com entrada aérea (mais econômica, porém anti-estética) será colocado também um só quadro completo; porém, se desejarmos entrada subterrânea, colocaremos um poste no alinhamento da rua, tendo na sua base um quadro de ferro que conterá o relógio e a chave geral: deste ponto a fiação caminhará sob a terra até um quadro de madeira colocado no interior da casa e que conterá as chaves de distribuição. O poste será de madeira (0,15 × 0,15 × 6,00 m) em peroba, ou de ferro (tubo de 4"). Este poste se destina a receber no seu topo os fios que vem do poste da rua. A fiação da caixa de ferro externa, até o quadro de distribuição, deverá passar dentro de tubos para melhor proteção, já que estará sob a terra. O quadro de distribuição deverá estar numa peça de fácil acesso: saguão de escada, corredor etc., evitando a sua colocação em dormitórios ou salas.

A passagem de fios do corpo principal da construção para as edículas poderá ser aérea ou subterrânea, dependendo da verba disponível, já que a segunda, mais procurada, é também mais dispendiosa.

Fases do serviço

Os trabalhos de instalação elétrica, como no caso de instalação hidráulica, não são contínuos. Os oficiais eletricistas não terão trabalho constante durante a construção, devendo comparecer em certas datas e retirar-se em outras.

1ª fase – Tubulação

É a colocação dos condutos e, mesmo nesta fase, o trabalho não é contínuo, havendo época em que se fará a tubulação em lajes e outra para o embutimento dos condutos na alvenaria. Geralmente, a primeira necessidade da presença do eletrícista se dará na montagem das máquinas (betoneiras, guinchos, vibradores, serras circulares) quando fará uma instalação provisória. A seguir comparecerá antes da fundição da primeira laje para colocação das caixas e condutos sobre as formas de madeira. Quando houver um certo adiantamento de alvenaria, iniciará então a colocação dos tubos nas paredes.

Na construção de casas de um só pavimento, temos necessidades do eletricista quando estivermos preparando a cobertura, já que neste ponto a alvenaria estará praticamente pronta.

Nos sobrados, virá inicialmente na fundição da laje e depois na época da cobertura.

2ª fase – Fiação

Após a tubulação, passará certo tempo sem a necessidade de sua presença. Virá apenas para a segunda fase (fiação), quando o revestimento estiver pronto. Nesta fase, passará todos os fios no interior dos condutos e preparará as ligações no forro, começando também a montagem das chaves de circuito no interior do quadro. É importante não deixarmos a fiação muito para o final da obra, pois é nesta operação que se verifica a existência de entupimentos dos condutos.

Quando se funde a laje ou se reveste as paredes, poderá acontecer a entrada de argamassa no interior dos tubos, entupindo-os; Outras vezes, curvas fechadas ou má conexão entre dois tubos também poderão impedir a passagem de fios. Tais acidentes deverão ser conhecidos antes da terminação da obra, porque exigem a substituição dos tubos, o que traria graves inconvenientes de remendo e retoques caso a pintura já se encontre adiantada ou pronta.

3ª fase – Terminação

Na última fase, serão feitas as terminações finais: colocação de tomadas, interruptores com os respectivos espelhos, lustres etc. Deverá ser feita após a pintura para que esta não manche os espelhos. Será também totalmente terminado o quadro de distribuição e testados todos os circuitos, assim que houver ligação de luz.

Modalidade de contratos

Este assunto é abordado com amplos detalhes no segundo volume de nossa obra quando teremos oportunidade de oferecer, inclusive, modelos completos de contratos e orçamentos.

Queremos apenas adiantar que a modalidade mais comum em pequenas obras é a de empreitada de mão-de-obra de eletricista. Também muito usado é o sistema de incluirmos por conta do eletricista o fornecimento de todo o material: tubos (conduites), caixas, fios, interruptores, tomadas, quadros de distribuição etc., excetuando aqueles que depender de escolha direta do cliente, tais como lustres e aparelhos luminosos em geral, chuveiros elétricos, aquecedores centrais e exaustores. Essa forma de contrato é mais cômoda e garantida, pois não haverá necessidade de compra e fiscalização do uso dos materiais, cabendo apenas ao engenheiro a observação de um bom trabalho e perfeita obediência ao projeto.

Impermeabilização

Um dos grandes problemas na construção civil são os chamados "vícios de construção". São assim chamadas as falhas, quando da execução do serviço, que não foram previstas ou detectadas pelo engenheiro. Um dos problemas mais comuns são aqueles cuja ocorrência se dá com a presença da água.

O concreto e as argamassas utilizadas nos revestimentos possuem poros, trincas e pequenas fissuras, na maioria das vezes imperceptíveis, mas que, com a presença da água, seja por capilaridade ou percolação, acabam dando origem a pontos de umidade ou até mesmo vazamentos. A solução para esse problemas é sempre de difícil execução e, claro, bem dispendiosa.

A fim de prevenir-se da ocorrência de tais problemas, devemos realizar um trabalho que nos possibilite evitar o contato da água com a construção. A esse trabalho dá-se o nome de impermeabilização, normalmente executado em áreas molhadas (banheiros, cozinhas, áreas de serviço), lajes de cobertura, caixas d`água de concreto armado, poços de elevadores, terraços e floreiras.

Esse trabalho deverá ser realizado por empresas especializadas, considerando-se tratar de serviços que requerem, além de muita técnica, bastante vivência na solução dos problemas, pois, em se tratando de água, não tenha dúvida: a água sempre achará um caminho para sair, que nem sempre é aquele o qual imaginamos. Todo serviço de impermeabilização deverá preceder-se do que chamamos preparação da base.

Para a preparação da base, deverão ser adotados alguns cuidados básicos, descritos a seguir:

A área a ser impermeabilizada deverá estar isenta de qualquer tipo de sujeira (pó, restos de madeiras, pontas de ferro, tijolos, óleos ou graxa). A limpeza da área deverá ser feita com água em abundância.

Todas as tubulações ou peças embutidas deverão já estar fixadas em seus lugares. Eventuais ninhos ou cavidades deverão ser cuidadosamente preenchidas com argamassa de cimento e areia no traço 1:3.

Após esses serviços, iniciaremos o preparo da base, que consiste na aplicação de uma camada de argamassa de regularização, obedecendo-se aos caimentos necessários.

Os ralos deverão ser chumbados com argamassa expansiva "grout". O preparo da argamassa de regularização se possível deverá ser feito em betoneira. O traço utilizado para a argamassa é 1:3. A textura do acabamento da superfície deverá ser rústica, obtida com desempenadeira de madeira. Após a aplicação da argamassa, deve-se esperar no mínimo 48 horas para o início dos serviços de impermeabilização.

A camada de regularização deverá ter no mínimo 2 cm de espessura, devendo nos cantos e arestas (verticais e horizontais) serem arrendondadas em meia-cana (R = 8 cm, NB 279). As superfícies horizontais deverão ter caimento mínimo de 1% em direção aos pontos de escoamento da água.

A seguir descreveremos alguns processos mais utilizados na construção civil para serviços de impermeabilização:

- impermeabilização rígida
- cristalização
- manta asfáltica
- resina acrílica termoplástica

Impermeabilização rígida

Pode ser considerado com o primeiro sistema de impermeabilização utilizado e consiste na adição de produto impermeabilizante à argamassa de cimento e areia.

A argamassa poderá ser utilizada para revestimentos de subsolos, alicerces, caixas d`água e revestimentos de paredes em geral. A condição básica, para o bom funcionamento do sistema de impermeabilização rígida, é que a superfície sobre a qual esta for aplicada não apresente trincas ou fissuras. Isso, quando acontece, significa que a estrutura está trabalhando e, se fizermos o serviço de impermeabilização, nada irá resolver, pois a fissura ou trinca irá se propagar para a camada da argamassa impermeabilizante.

A superfície a impermeabilizar deverá estar totalmente limpa e áspera para melhor aderência da argamassa. A aplicação consiste em se dar duas ou três demãos de argamassa, intercaladas com uma camada de chapisco entre elas e a espessura final do revestimento variará entre 2 e 3 cm.

Cristalização

É executada com a utilização de cimento cristalizante, que são cimentos dotados de aditivos químicos minerais, de pega rápida e ultra-rápida, resistente a sulfatos, que penetram por porosidade nos capilares da estrutura, cristalizando-se em presença de água ou umidade (NBR 11.905).

Após a execução do preparo da base da superfície a impermeabilizar, esta deverá ser encharcada com água. Em um recepiente, fazemos a mistura do cimento cristalizante, adesivo acrílico e água na proporção de 1 parte de cimento, 8 de água e 2 de adesivo até formar pasta com consistência de tinta.

Dá-se sobre a superfície a impermeabilidade, uma demão do produto aplicada com trincha.

Após um intervalo de 30 minutos, aplicar mais duas demãos em sentido cruzado ao da demão anterior. No caso de detectar-se um ponto de vazamento, poderá ser executado o tamponamento com cimento cristalizante de endurecimento rápido, aplicando-se puro sobre o furo. Esse processo de impermeabilização poderá se utilizado em piscinas, poços de elevadores e áreas molhadas.

Manta asfáltica

Após o preparo e a limpeza da superfície, aplicamos uma demão de "primer" (pintura de ligação), com pincel ou rolo, aguardando-se, aproximadamente, 4 horas para a secagem.

Em seguida iniciamos a colocação da manta asfáltica, que deverá ser aquecida com maçarico na superfície, à medida que for sendo desenrolada, procedendo-se sua colagem com o auxílio de espátula.

Após a colocação da primeira manta, as demais deverão ser colocadas com uma sobreposição de 10 cm nas bordas para que haja uma perfeita continuidade em toda a superfície impermeabilizada. Durante a aplicação, deverão ser eliminadas todas as bolhas de ar que se formem entre a manta e a superfície.

A fim de que seja testada a eficiência do sistema, deverá ser executado o teste de lâmina d'água (NBR 9574/86 item 5.14), com a duração mínima de 72 horas. A lâmina d'água deverá ter pelo menos 5 cm.

Após o teste, deverá ser feita uma camada de proteção mecânica sobre a manta, com argamassa de cimento e areia (traço 1:4) e espessura de 1 cm no caso de áreas molhadas.

No caso em que esse sistema seja aplicado em floreiras, a proteção mecânica deverá ter espessura de 3 cm e executada com argamassa de cimento e areia, traço 1:3. Recomenda-se esse sistema para áreas molhadas e floreiras.

Para as lajes dos subsolos e coberturas, terraços e piscinas, recomenda-se a utilização do tipo de impermeabilização com manta asfáltica, reforçada com a aplicação de asfalto oxidado.

Após o preparo da base, aplicar uma camada de "primer" e tão logo esta camada esteja completamente seca, iniciar a aplicação do asfalto oxidado, juntamente com as mantas asfálticas. A camada de asfalto deverá ir à frente da manta asfáltica, porém não mais que 50 cm. Deverão ser evitadas as bolhas de ar que eventualmente venham a se formar sob a manta e observar as sobreposições nas emendas.

Concluída a colocação da manta, proceder a um banho de asfalto com um consumo mínimo de 2 kg/m em toda a área. No caso de utilizar-se esse sistema em piscinas, não deverá ser aplicado o banho de asfalto oxidado. Faz-se então o teste da lâmina d`água e, por fim, a proteção mecânica.

Resina acrílica termoplástica

Por ser indicada para situações em que a água exerça pressão na estrutura (caixa d'água), recomenda-se que as caixas sejam postas com carga, por pelo menos 72 horas, para que possam ser detectados vazamentos em fissuras e junções de tubulações. Tratamento especial deve ser dado para esses casos antes de iniciarmos a impermeabilização das superfícies dos reservatórios.

O tratamento das fissuras e junções deverá ser feito com mastique à base de poliuretano. Após o tratamento das fissuras e junções, encher o reservatório e deixar a estrutura ficar encharcada e proceder o esvaziamento. Preparar em um recipiente uma mistura de cimento cristalizado, adesivo acrílico e água, obtendo-se uma calda de cimento na proporção de 1 parte de cimento, 8 de água e 2 de adesivo. Aplicar em duas demãos cruzadas e a segunda demão só será aplicada após a secagem da primeira.

Após essa etapa, preparar a resina acrílica, na proporção indicada pelo fabricante escolhido e aplicá-la sobre a superfície. A segunda demão é aplicada com o reforço da tela de poliéster e, posteriormente, aplicar as demais demãos (mínimo de 2), aguardando sempre a secagem entre uma e outra demão. Realizar o enchimento do reservatório para testar a estanqueidade do sistema.

Os métodos descritos são meramente informativos, existindo outros processos utilizados no mercado e que deverão ser estudados antes da definição do mais adequado a cada caso. O mais importante é a escolha apropriada, pois não podemos nos limitar simplesmente a escolher o mais sofisticado e consequentemente o mais oneroso.

Limpeza geral e verificação final

Terminados todos os serviços construtivos, devemos remover todo o entulho da obra, sendo cuidadosamente removidos para não provocar danos a serviços já executados. A remoção do entulho deverá ser feita o mais rápido possível, não podendo ficar acumulado sobre a calçada.

A Prefeitura de São Paulo, por meio de suas Regionais, possui um serviço de remoção de entulhos, cujos preços são bastante compensadores, se comparados aos de empresas particulares que prestam este tipo de serviço.

Pode-se também optar pelo aluguel de uma máquina, bob-cat ou pá-carregadeira e um caminhão basculante, porém teremos, além de um custo elevado, o problema de acharmos um local em que o depósito do entulho não seja proibido, pois a multa, além de certa, é bem alta.

Os pisos cimentados, mosaicos, ladrilhos cerâmicos e pedras que não têm a superfície polida serão limpos com uma solução de ácido muriático na proporção de 1:6 (1 parte de ácido para seis de água).

Os salpicos de argamassa e tintas serão retirados com esponja de aço e espátula.

Os pisos vinílicos, borrachas, cerâmicos esmaltados deverão ser limpos com pano úmido, quando de sua colocação, para que sejam removidos todos os excessos de argamassa.

Na limpeza final, deverão ser utilizadas espátulas, palha de aço e escovas para se retirar eventuais respingos de tinta ou argamassa e, posteriormente, procedida uma limpeza com água e sabão.

Os pisos vinílicos e de borracha deverão ser encerados com produtos específicos para estes tipos de piso. Os pisos cerâmicos poderão também ser lavados com uma solução bem diluída de ácido muriático, sendo posteriormente enxaguados com água em abundância.

Os azulejos, aparelhos sanitários e peças esmaltadas serão limpos inicialmente com pano seco, removendo-se os salpicos de argamassa e tinta com esponja de aço fina. A lavagem final se dará com água e os vidros serão limpos com esponja de aço, espátula, removedor e água.

Os metais sanitários serão limpos com removedor, bem como as ferragens das esquadrias.

As esquadrias metálicas serão limpas com pano úmido, sem o uso de escovas, espátulas ou produtos que agridam a pintura ou o tratamento das superfícies destas peças. Os pisos de madeira receberão raspagem e depois serão encerados ou receberão o acabamento com verniz sintético. Os pisos que receberam polimento, tais como granilito, mármore ou granito, serão protegidos com estopa e gesso, logo após o polimento. Essa proteção será retirada no término da obra e a limpeza se dará com água, esponja de aço fina e espátula, podendo serem encerados no final.

Terminados os serviços de limpeza, deverá ser feita uma rigorosa verificação das perfeitas condições de funcionamento e segurança de todas as instalações de água, esgoto, águas pluviais, instalações elétricas, aparelhos sanitários e equipamentos diversos, ferragens, caixilharia e portas.